Einführung in die Festigkeitslehre

Volker Läpple

Einführung in die Festigkeitslehre

Lehr- und Übungsbuch

4., aktualisierte Auflage

Volker Läpple
Hochschule Reutlingen
Reutlingen, Deutschland

Ergänzendes Material zu diesem Buch finden Sie unter www.springer.com.

ISBN 978-3-658-10610-2 ISBN 978-3-658-10611-9 (eBook)
DOI 10.1007/978-3-658-10611-9

Die Deutsche Nationalbibliothek verzeichnet diese Publikation in der Deutschen Nationalbibliografie; detaillierte bibliografische Daten sind im Internet über http://dnb.d-nb.de abrufbar.

Springer Vieweg

Lektorat: Thomas Zipsner

Gedruckt auf säurefreiem und chlorfrei gebleichtem Papier.

Springer Vieweg ist Teil von Springer Nature
Die eingetragene Gesellschaft ist Springer Fachmedien Wiesbaden GmbH

Vorwort zur 4. Auflage

Die **Festigkeitslehre** ist eine technische Disziplin, die sich mit der Ermittlung der inneren Beanspruchung fester Körper sowie mit der Beurteilung des daraus resultierenden Werkstoffverhaltens beschäftigt. Mit den Methoden der Festigkeitslehre können Bauteile wirtschaftlich dimensioniert und sicher ausgelegt werden.

Während die Verfahren der Elastostatik bzw. der Elastizitätstheorie nur die Ermittlung von Spannungen und Verformungen im Werkstück erlauben, muss in der Festigkeitslehre zusätzlich die Reaktion des Werkstoffs auf die jeweilige Beanspruchung berücksichtigt werden. Die Festigkeitslehre ist dementsprechend ein interdisziplinäres Fachgebiet. Sie erfordert nicht nur mathematische und physikalische Grundkenntnisse sondern vor allem auch Kenntnisse aus der Mechanik und der Werkstoffkunde.

Obwohl Spannungen und Verformungen in realen, komplexen Bauteilen heute mit Hilfe leistungsfähiger Programme berechnet werden können, ist es aus wirtschaftlichen und zeitlichen Gründen häufig nicht geboten, in allen Phasen der Bauteilentwicklung derartige Berechnungen durchzuführen. Auch die Überprüfung der Plausibilität von Festigkeitsberechnungen sowie die Beurteilung des eng mit der Beanspruchung verknüpften Werkstoffverhaltens muss vom Konstrukteur selbst durchgeführt werden. Hierfür müssen Hilfsmittel zur Verfügung gestellt werden, die es erlauben, auf einfache Weise das Bauteilverhalten unter Berücksichtigung von Geometrie und Beanspruchung abzuschätzen. Eine der Hauptschwierigkeiten dabei ist es, reale, meist komplexe Bauteile auf einfachere und damit berechenbare Körper zu reduzieren, ohne die für das Werkstoffverhalten maßgeblichen Einflussfaktoren zu vernachlässigen.

Das Ziel des vorliegenden Lehr- und Übungsbuches ist es, auf möglichst einfache und anschauliche Weise, Hilfsmittel zur sicheren und wirtschaftlichen Berechnung und Dimensionierung von Bauteilen zur Verfügung zu stellen. Die mathematisch-physikalischen sowie die werkstoffkundlichen Grundlagen bleiben dabei auf das Nötigste beschränkt, um Raum für vielfältige Übungsaufgaben zu schaffen. Der dargebotene Lehrstoff kann anhand von mehr als 140 Aufgaben mit unterschiedlichem Schwierigkeitsgrad eingeübt werden. Ergebnisse zu allen Übungsaufgaben erlauben eine sofortige Kontrolle des Lernerfolgs. Ausführliche Lösungsvorschläge sowie Lösungsvarianten finden Sie im separat verfügbaren **Lösungsbuch zur Einführung in die Festigkeitslehre**.

Das vorliegende Lehr- und Übungsbuch eignet sich vorlesungsbegleitend im Rahmen des Studiums des Ingenieurwesens an Hochschulen und Universitäten. Aber auch Technikern und Ingenieuren in der Praxis soll es wertvolle Hinweise zur Beurteilung des Festigkeitsverhaltens liefern.

Die große Nachfrage, auch zur 3. Auflage des Lehr- und Übungsbuches, machte nunmehr eine Neuauflage erforderlich. Gestärkt durch die vielfältigen positiven Zuschriften aus dem Leserkreis wurde das didaktische Konzept der 3. Auflage beibehalten und eine Aktualisierung vorgenommen. Die 4. Auflage enthält **drei vollständig gelöste Musterklausuren**, das bewährte **Verzeichnis englischer Fachausdrücke** sowie das aus der 3. Auflage bewährte **Manuskript** zum sofortigen Vorlesungseinsatz und eine **Formelsammlung**. Zum besseren Verständnis und zum schnelleren Informationstransport wurden wichtige Formeln farblich unterlegt. Die früher auf einer CD beigelegten 300 Farbfolien zur Vorlesungsgestaltung werden jetzt auf der Verlagshomepage beim Buch zum Download bereitgestellt.

Mein besonderer Dank gilt dem Verlag Springer Vieweg, insbesondere Herrn Dipl.-Ing. Thomas Zipsner, für die sorgfältige Drucklegung und die angenehme Zusammenarbeit. Gedankt sei an dieser Stelle auch allen Lesern für die wertvollen Hinweise, die zur Verbesserung der vorliegenden 4. Auflage geführt haben.

Anregungen für Ergänzungen sowie Verbesserungsvorschläge werden weiterhin stets gerne entgegen genommen.

Schorndorf, im August 2016 *Volker Läpple*

Anmerkungen zur Bewertung der Schwierigkeit der Aufgaben

Das vorliegende Lehrbuch enthält mehr als **140 Aufgaben** mit unterschiedlichen Schwierigkeitsgraden zu allen Themengebieten.

Die meist praxisorientierten Aufgaben ermöglichen es Ihnen, das erlernte Wissen zu überprüfen, anzuwenden und zu vertiefen. Weiterhin können die Aufgaben zur selbstständigen und gezielten Klausurvorbereitung eingesetzt werden.

Es wird empfohlen, die Aufgaben parallel zu den einzelnen Kapiteln des Lehrbuchs durchzuarbeiten. Die ausführlichen Lösungen sowie Lösungsvarianten zu allen Aufgaben finden Sie im separat verfügbaren **Lösungsbuch zur Einführung in die Festigkeitslehre**.

Die Bewertung der Schwierigkeit der Aufgaben erfolgt gemäß der Symbolik:

○○○○● Einfache Aufgabe. Die Lösung erfordert nur geringe einschlägige Vorkenntnisse und dient der Einführung in das Themengebiet. Häufig stehen einfache Formeln zur Lösung der Aufgabe zur Verfügung.

○○○●● Aufgabe mit mäßigem Schwierigkeitsgrad. Zur Lösung der Aufgabe sind Grundkenntnisse aus der Mechanik und Festigkeitslehre erforderlich. Weiterhin müssen bereits einfache Zusammenhänge und grundlegende Mechanismen verstanden werden.

○○●●● Aufgaben mit mittlerem Schwierigkeitsgrad. Die Lösung erfordert ein fundiertes Basiswissen insbesondere auf den Gebieten der Mechanik und der Festigkeitslehre sowie die Fähigkeit, themenübergreifende Zusammenhänge und komplexere Mechanismen zu verstehen. Mathematische Grundkenntnisse sind zur Lösung der Aufgabe in der Regel erforderlich.

○●●●● Schwierige Aufgabe. Die Aufgabe erfordert die Analyse der Problemstellung, die Entwicklung einer geeigneten Lösungsstrategie sowie das Aufzeigen und die Formulierung einer möglichen Lösung. Alternative Lösungen sind möglich. Vertiefte mathematische Kenntnisse sind zur Lösung der Aufgabe in der Regel erforderlich.

●●●●● Sehr schwierige Aufgabe meist mit hohem Praxisbezug. Die Lösung erfordert vom Bearbeiter die Entwicklung einer eigenständigen Lösungsstrategie und sehr fundierte Kenntnisse, insbesondere aus der Festigkeitslehre. Vertiefte mathematische Kenntnisse sowie Grundkenntnisse aus der Werkstoffkunde sind Voraussetzung zur erfolgreichen Lösung der Aufgabe.

Inhaltsverzeichnis

Griechisches Alphabet

Α	α	Alpha	Ζ	ζ	Zeta	Λ	λ	Lambda	Π	π	Pi	Φ	φ	Phi
Β	β	Beta	Η	η	Eta	Μ	μ	Mü	Ρ	ρ	Rho	Χ	χ	Chi
Γ	γ	Gamma	Θ	ϑ	Theta	Ν	ν	Nü	Σ	σ	Sigma	Ψ	ψ	Psi
Δ	δ	Delta	Ι	ι	Jota	Ξ	ξ	Ksi	Τ	τ	Tau	Ω	ω	Omega
Ε	ε	Epsilon	Κ	κ	Kappa	Ο	ο	Omikron	Υ	υ	Ypsilon			

Vorsätze dezimaler Teile und Vielfache

Vorsatz	**Piko**	**Nano**	**Mikro**	**Milli**	**Zenti**	**Dezi**	**Deka**	**Hekto**	**Kilo**	**Mega**	**Giga**	**Tera**
Zeichen	p	n	μ	m	c	d	da	h	k	M	G	T
Zehnerpotenz	10^{-12}	10^{-9}	10^{-6}	10^{-3}	10^{-2}	10^{-1}	10^{1}	10^{2}	10^{3}	10^{6}	10^{9}	10^{12}

Wichtige Formelzeichen

Lateinische Buchstaben

A Bruchdehnung
A_m Fläche innerhalb der Profilmittellinie
A_0 Anfangsquerschnittsfläche
A_u Querschnittsfläche an der Bruchstelle
A_R Restfläche

c Konstante
C_O Oberflächenfaktor (Rauheitsfaktor)
C_G Größenfaktor
C_T Temperaturfaktor
C_V Randschichtfaktor

d_a Außendurchmesser
d_i Innendurchmesser
D Diskriminante

e Exzentrizität
E Elastizitätsmodul

f Frequenz oder Korrekturfaktor
F Kraft
F_d Druckkraft
F_K Knickkraft

G Schubmodul (Gleitmodul)

H Flächenmoment 1. Ordnung

I Flächenmoment 2. Ordnung
I_i Hauptflächenmoment (i = 1, 2)
I_p polares Flächenmoment 2. Ordnung
I_t Torsionsflächenmoment (Drillwiderstand)

k k-Faktor (DMS) oder Neigungsexponent

l (Stab-)Länge
l_K Knicklänge
L_0 Anfangsmesslänge
L_u Länge der Probe nach dem Bruch

m Poisson-Zahl oder Exponent
M Mittelspannungsempfindlichkeit

M_b Biegemoment

n_χ dynamische Stützziffer
n_{pl} plastische Stützziffer
N Schwingspielzahl
N_B Bruchschwingspielzahl
N_D Eckschwingspielzahl
N_G Grenzschwingspielzahl

p_a Außendruck
p_i Innendruck
P_A Ausfallwahrscheinlichkeit
$P_Ü$ Überlebenswahrscheinlichkeit

Q Querkraft

r_a Außenradius
r_i Innenradius
R Spannungsverhältnis oder Radius
R_{eH} obere Streckgrenze
R_{eL} untere Streckgrenze
R_m Zugfestigkeit
R_p Dehngrenze

s Wanddicke
S_B Sicherheit gegen Bruch
S_D Sicherheit gegen Schwingbruch
S_F Sicherheit gegen Fließen
S_K Sicherheit gegen Knickung

t Nietteilung
t_{min} kleinste Wanddicke

U_m Messspannung
U_S Speisespannung

w Durchbiegung
W_b axiales Widerstandsmoment
W_t Widerstandsmoment gegen Torsion

z_S Schwerpunktkoordinate
Z Brucheinschnürung

Wichtige Formelzeichen (Fortsetzung)

Griechische Buchstaben

α_k Formzahl

β_k Kerbwirkungszahl

γ Schiebung

ΔL Verlängerung

ε (technische) Dehnung
ε_a Axialdehnung oder Dehnungsamplitude
ε_{el} elastische Dehnung
ε_F Dehnung bei Fließbeginn
ε_{ges} Gesamtdehnung
ε_{Hi} Hauptdehnung, ungeordnet (i = 1, 2, 3)
ε_i Hauptdehnung, geordnet (i = 1, 2, 3)
ε_l Längsdehnung
ε_m mittlere Dehnung
ε_{pl} plastische Dehnung
ε_q Querdehnung
ε_r Radialdehnung
ε_t Tangentialdehnung

ϑ Temperatur (in Grad Celsius)

κ Unrundheit

λ Schlankheitsgrad
λ_G Grenzschlankheitsgrad

μ Querkontraktionszahl

σ Normalspannung
σ_a Axialspannung oder Spannungsamplitude
σ_{AD} dauernd ertragbare Spannungsamplitude
σ_b (maximale) Biegespannung
σ_{bB} Biegefestigkeit
σ_{bF} Biegefließgrenze
σ_{bW} Biegewechselfestigkeit
σ_d (Druck)Normalspannung
σ_{dB} Druckfestigkeit
σ_{dF} natürliche Quetschgrenze (Druckfließgrenze)
σ_{dp} Stauchgrenze
σ_{dP} Druckproportionalitätsgrenze

σ_E Elastizitätsgrenze
σ_{Hi} Hauptnormalspannung, ungeordnet (i = 1, 2, 3)
σ_i Hauptnormalspannung, geordnet (i = 1, 2, 3)
σ_K Knickspannung
σ_m Mittelspannung
σ_n Nennspannung
σ_o Oberspannung
σ_O dauernd ertragbare Oberspannung
σ_P Proportionalitätsgrenze
σ_r Radialspannung
σ_{Sch} Schwellfestigkeit
σ_t Tangentialspannung
σ_u Unterspannung
σ_U dauernd ertragbare Unterspannung
σ_V Vergleichsspannung
σ_W Wechselfestigkeit
σ_{zdW} Zug-Druck-Wechselfestigkeit
σ_{zul} zulässige Normalspannung

τ Schubspannung
τ_a mittlere Abscherspannung
τ_{aB} Scherfestigkeit
τ_{AD} dauernd ertragbare Spannungsamplitude
τ_{Hi} Hauptschubspannung (i = 1,2,3)
τ_m Mittelspannung
τ_n Nennspannung
τ_{max} maximale Schubspannung
τ_{Sch} Schwellfestigkeit
τ_{sW} Schubwechselfestigkeit
τ_t Torsionsschubspannung
τ_{tB} Torsionsfestigkeit
τ_{tF} Torsionsfließgrenze
τ_{tW} Torsionswechselfestigkeit
τ_W Wechselfestigkeit
τ_{zul} zulässige Schubspannung

φ Verdrehwinkel

χ^+ bezogener Spannungsgradient

Lösungsbuch zur Einführung in die Festigkeitslehre (mit Formelsammlung)

1 Einleitung

Die Beanspruchbarkeit technischer Bauteile und Konstruktionen ist begrenzt. Es ist die Aufgabe der Festigkeitslehre, Konzepte bereitzustellen, die eine sichere und wirtschaftliche Bauteilauslegung unter Berücksichtigung von Art und Höhe der **Belastung** sowie von **Geometrie** und **Werkstoffart** erlauben. Bild 1.1 zeigt das Prinzip eines Festigkeitsnachweises.

Als Reaktion auf eine äußere Beanspruchung (z. B. Kräfte, Momente, Temperaturänderungen) entstehen im Bauteilinnern in Abhängigkeit der Geometrie (Form und Abmessungen) innere **Beanspruchungen**. Als Maß für diese inneren Beanspruchungen definiert man die mechanische Spannung σ bzw. τ. Für geometrisch einfache Bauteile lassen sich diese Spannungen mit Hilfe von Formeln berechnen. Für komplexe Bauteilgeometrien stehen leistungsfähige Berechnungsprogramme zur Verfügung.

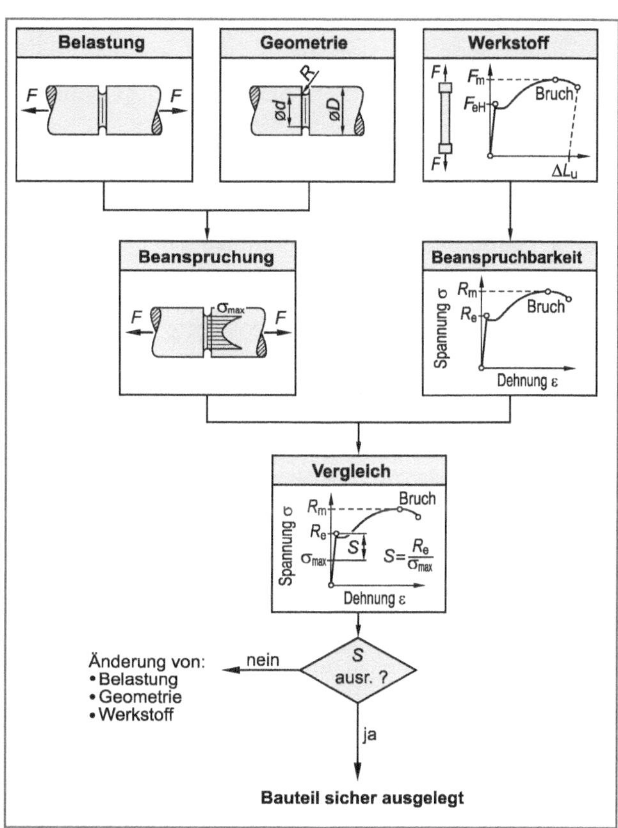

Bild 1.1 Prinzip eines Festigkeitsnachweises

Erreicht die innere Beanspruchung in einem Bauteil bestimmte, von der Werkstoffart abhängige Grenzen, dann muss mit einem Versagen gerechnet werden. Ein derartiges Werkstoffversagen ist zum Beispiel die plastische Verformung oder der Bruch. Die **Beanspruchbarkeit** wird durch Werkstoffkennwerte festgelegt, die teilweise in genormten Versuchen (z. B. im Zugversuch) ermittelt werden.

Durch Vergleich der Beanspruchung des Bauteils mit seiner Beanspruchbarkeit ergibt sich schließlich in Abhängigkeit von Belastung, Geometrie und Werkstoff die **Sicherheit gegen Versagen** (S). Diese Sicherheit darf bestimmte beispielsweise in Normen oder Richtlinien vorgegebene **Sicherheitsbeiwerte** nicht unterschreiten.

Die Wahl eines geeigneten Sicherheitsbeiwertes ist für die sichere und wirtschaftliche Auslegung eines technischen Bauteils von großer Bedeutung. Wird ein zu hoher Sicherheitsbeiwert gewählt, dann führt dies zu einer **Überdimensionierung** des Bauteils und damit zu erhöhten Werkstoff- und Fertigungskosten sowie zu einer Erhöhung des Bauteilgewichts. Ein zu geringer Sicherheitsbeiwert bedeutet andererseits eine **Unterdimensionierung** und kann dementsprechend ein vorzeitiges Bauteilversagen nach sich ziehen.

2 Grundbelastungsarten

Bauteile können auf unterschiedliche Weise beansprucht werden. Man unterscheidet zwischen:

- **äußerer Beanspruchung**
  - mechanisch (z. B. Zug- oder Druckkräfte)
  - thermisch (z. B. Wärmedehnungen)
  - chemisch (z. B. korrosive Umgebung)
- **innerer Beanspruchung**
  - Eigenspannungen (z. B. Schweißeigenspannungen)

Zur Durchführung von Festigkeitsnachweisen versucht man die vielfältigen Bauteilformen der Technik auf einfach zu berechnende Grundformen wie Stab, Rohr, Scheibe, Platte und Schale zurückzuführen. Diese Bauteile können verschiedenen Belastungen ausgesetzt sein, die man in fünf **Grundbelastungsarten** einteilen kann (Bild 2.1):

- **Zug**
- **Druck**
- **Biegung**
- **Schub (Abscherung)**
- **Torsion**

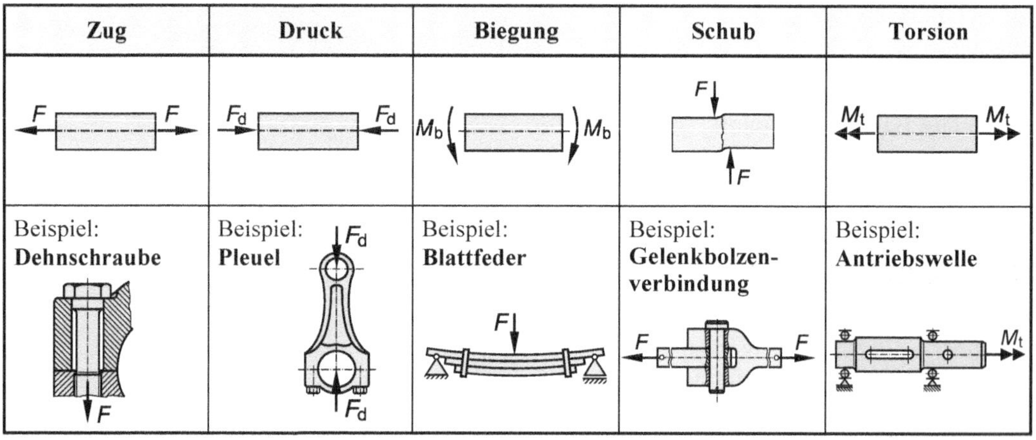

Zug	Druck	Biegung	Schub	Torsion
Beispiel: **Dehnschraube**	Beispiel: **Pleuel**	Beispiel: **Blattfeder**	Beispiel: **Gelenkbolzen-verbindung**	Beispiel: **Antriebswelle**

Bild 2.1 Grundbelastungsarten mit typischen Beispielen

Ziel dieses Kapitels ist die Bereitstellung von Grundgleichungen zur Ermittlung der **inneren Beanspruchung** eines Bauteils in Abhängigkeit der äußeren Belastung sowie die für den jeweiligen Belastungsfall maßgeblichen Werkstoffkennwerte (**Beanspruchbarkeit**). Die Berechnungen sollen schwerpunktmäßig für gerade prismatische Stäbe erfolgen. Ein **Stab** ist dabei ein geometrischer Körper, dessen Querschnittsabmessungen klein sind im Vergleich zu seiner Länge. Die Bezeichnung „gerade" bedeutet, dass die Stabachse nicht nennenswert gekrümmt ist. „Prismatisch" heisst, dass keine Veränderung der Querschnittsfläche längs der Stabachse erfolgt. In Kapitel 6 werden die Grundbelastungsarten überlagert und Festigkeitsnachweise bei kombinierter Beanspruchung durchgeführt (z. B. kombinierte Zug- und Torsionsbeanspruchung).

2.1 Zug

Eine **reine Zugbeanspruchung** liegt vor:

- bei geraden, prismatischen Stäben mit symmetrischem Querschnitt, falls die Belastung zentrisch in Achsrichtung wirkt,
- bei geraden, prismatischen Stäben mit nicht symmetrischem Querschnitt sofern die Wirkungslinie der resultierenden Zugbeanspruchung durch den Flächenschwerpunkt geht.

Abrupte Querschnittsveränderungen (technische Kerben) dürfen also nicht auftreten d. h. es muss ein ungestörter Kraftlinienverlauf vorliegen (siehe auch Kapitel 7). Typische, durch eine reine Zugbeanspruchung beanspruchte Bauteile sind beispielsweise:

- Seile
- Schrauben
- Rohrleitungen unter Innendruck

2.1.1 Spannungsermittlung bei Zugbeanspruchung

Um die Beanspruchung im Bauteil unter der Wirkung einer Zugkraft zu ermitteln, soll ein Stab mit der Querschnittsfläche A betrachtet werden. Der Stab wird durch die Kraft F auf Zug beansprucht (Bild 2.2).

Als Reaktion auf die äußere Belastung F muss sich eine innere Beanspruchung ergeben. Zur Ermittlung dieser inneren Beanspruchung wird das **Schnittprinzip** angewandt. Man denkt sich den Stab dabei an einer beliebigen Stelle durchgeschnitten. Alleine betrachtet, würde die untere Hälfte dann unter der Wirkung der Kraft F nach unten fallen. Um dies zu verhindern, muss an der Schnittfläche jeweils eine entgegen gerichtete Kraft als Ersatz angebracht werden. Aus Gleichgewichtsgründen muss diese Schnittkraft betragsmäßig der äußeren Kraft F entsprechen. Diese Schnittkraft F kann jedoch nicht als Einzelkraft im Flächenmittelpunkt wirken, da sonst nur ein kleines, zentrales Volumenelement belastet und verformt würde und die benachbarten Volumenelemente hingegen keine Verformung erfahren würden. Aufgrund des formschlüssigen Werkstoffzusammenhangs (Gefüge) ist dies nicht möglich. Auch würde sich hierbei keine parallele Verschiebung des Stabquerschnitts vor und nach der Belastung ergeben. Vielmehr muss man sich die Schnittkraft F, wie durch die Pfeile dargestellt, gleichmäßig über den gesamten Querschnitt verteilt vorstellen.

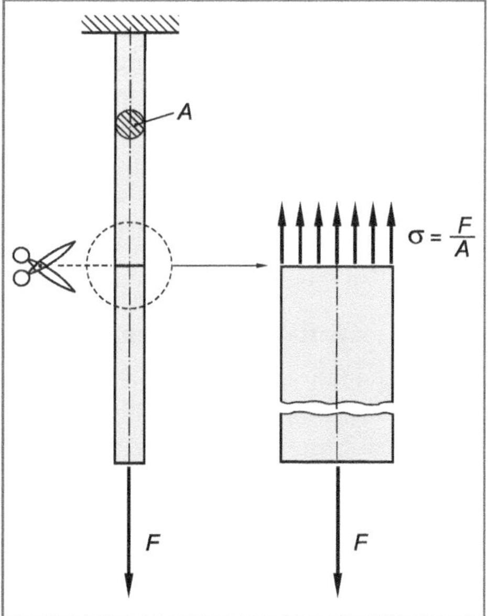

Bild 2.2 Gerader, prismatischer Stab unter Zugbeanspruchung
a) ungeschnitten
b) geschnitten

Als Maß für die innere Beanspruchung bezieht man die Kraft F auf die Querschnittsfläche A und berechnet somit die innere Kraft pro Querschnittsfläche. Diese von der Bauteilgeometrie (Querschnittsfläche) unabhängige Größe wird als **mechanische Spannung** bezeichnet.

Unter Zugbeanspruchung errechnet sich die **Zug(normal)spannung σ** als Quotient aus Zugkraft F (Spannungskomponente senkrecht zur betrachteten Schnittfläche) und der Querschnittsfläche A senkrecht zur Zugkraft:

$$\sigma = \frac{F}{A} \qquad (2.1)$$

Grundgleichung zur Spannungsermittlung bei reiner Zugbeanspruchung

F (Zug-)Kraftkomponente senkrecht zur Schnittfläche (N), siehe auch Kapitel 2.4.1
A Schnittfläche (mm^2)
σ (Zug-)Normalspannung (N/mm^2) [1)]

In Kapitel 3.1 erfolgt eine allgemeine Ableitung des Spannungsbegriffes.

An den Krafteinleitungsstellen entstehen örtlich komplexe Spannungszustände. Nach dem **Prinzip von *de Saint-Venant*** [2)] sind jedoch die Beanspruchungen in hinreichendem Abstand von den Krafteinleitungstellen abgeklungen, d. h. die Spannungen und die Verformungen sind nicht mehr von der Kräfteverteilung im Gebiet der Einleitung, sondern nur noch von ihrer statischen Resultierenden abhängig.

2.1.2 Werkstoffverhalten und Kennwerte bei Zugbeanspruchung

Die Berechnung von Spannungen und Verformungen ist nur ein Teil des Festigkeitsnachweises. Der zweite Teil besteht in der Ermittlung der Beanspruchbarkeit (Bild 1.1). Die Beanspruchbarkeit wird durch Werkstoffkennwerte gekennzeichnet, die meist in genormten Versuchen ermittelt werden. Im Falle einer reinen Zugbeanspruchung erhält man die erforderlichen Kennwerte aus dem einfach durchzuführenden, einachsigen **Zugversuch**. Die wichtigsten Kennwerte technisch bedeutsamer Werkstoffe sind im Anhang 1 (Werkstofftabellen) zusammengestellt.

2.1.2.1 Kraft-Verlängerungs- und Spannungs-Dehnungs-Diagramm

Zur Durchführung des Zugversuchs nach DIN EN ISO 6892-1 wird eine genormte Probe (z. B. nach DIN 50 125) in der Regel in einer servohydraulisch oder elektromechanisch betriebenen Prüfmaschine stetig bis zum Bruch verformt (Bild 2.3). Gleichzeitig wird die Zugkraft F und die Probenverlängerung ΔL gemessen. Man erhält dabei zunächst das **Kraft-Verlängerungs-Diagramm** (Bild 2.3).

Da die Zugkraft sowie die Verlängerung der Probe von der Probengeometrie (Querschnittsfläche und Länge der Probe) abhängig sind, können dem Kraft-Verlängerungs-Diagramm keine Werkstoffkennwerte entnommen werden. Zur Ermittlung von Kennwerten, die von der Probengeometrie unabhängig sind, **Werkstoffkennwerte** also, bezieht man die Kraft F auf die als konstant angenommene Anfangsquerschnittsfläche A_0 der Probe (in Normenwerken teilweise auch mit S_0 bezeichnet) und erhält auf diese Weise die **Zugspannung σ**:

$$\sigma = \frac{F}{A_0} \qquad (2.2)$$

---

1) Anstelle von N/mm^2 ist auch die Einheit MPa (Megapascal gebräuchlich). Es gilt $1\ MPa = 10^6\ Pa = 10^6 \cdot 10^{-6}\ N/mm^2 = 1\ N/mm^2$
2) ***Barré de Saint-Venant*** (1797 ... 1886)

In analoger Weise bezieht man auch die Verlängerung der Probe (ΔL) auf deren Anfangslänge (L_0) und errechnet die (technische) **Dehnung ε:**

$$\varepsilon = \frac{\Delta L}{L_0} \qquad \textbf{(technische) Dehnung} \qquad (2.3)$$

Die Dehnung ε ist dimensionslos, sie wird bisweilen jedoch auch in Prozent (%) oder Promille (‰) angegeben. Mitunter ist auch die Angabe m/m, mm/mm oder µm/m gebräuchlich.

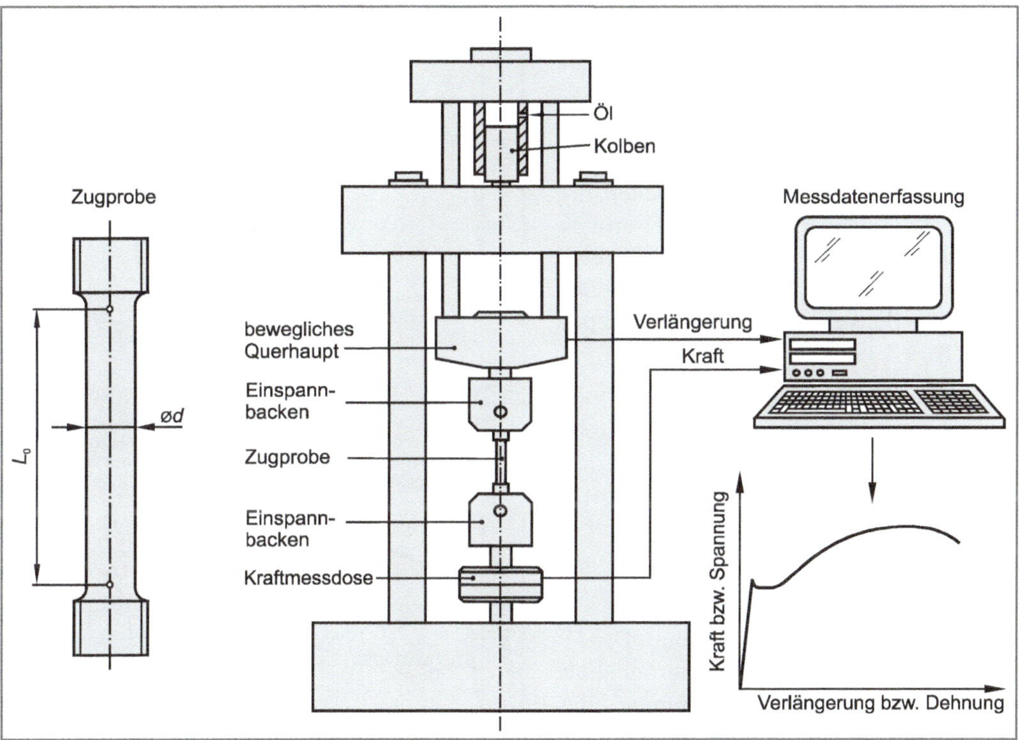

Bild 2.3 Zugprüfmaschine mit Rundzugprobe (schematisch)

Aus dem Kraft-Verlängerungs-Diagramm entsteht auf diese Weise das **Spannungs-Dehnungs-Diagramm**. Kraft-Verlängerungs- und Spannungs-Dehnungs-Diagramm unterscheiden sich lediglich im Maßstab der Koordinatenachsen um die Faktoren A_0 bzw. L_0.

Spannungs-Dehnungs-Diagrammen können in Abhängigkeit von Werkstoffart und Werkstoffverhalten wichtige Kennwerte entnommen werden, die Aussagen zum Festigkeits- und Verformungsverhalten des Werkstoffs erlauben.

Zur Berechnung der Spannung σ wird die Kraft F auf die Anfangsquerschnittsfläche A_0 (Gleichung 2.2) und nicht auf die momentane Querschnittfläche A bezogen. In analoger Weise wird die Dehnung ε als Quotient aus Verlängerung ΔL und Anfangsmesslänge L_0 (Gleichung 2.3) und nicht als Quotient aus Verlängerung und momentaner Länge L errechnet. Daher stellen die Größen σ und ε lediglich Nennwerte dar und kennzeichnen nicht die wahren Spannungen bzw. Dehnungen der Probe. Dieser Fehler kann insbesondere bei größeren Verformungen (z. B. in der Umformtechnik) nicht mehr vernachlässigt werden.

2.1.2.2 Grundtypen von Spannungs-Dehnungs-Diagrammen

Die Spannungs-Dehnungs-Diagramme metallischer sowie vieler nicht metallischer Werkstoffe lassen sich vier Grundtypen zuordnen, die in Bild 2.4 zusammenfassend dargestellt sind.

Typ 1 stellt den allgemeinsten Fall eines Spannungs-Dehnungs-Diagrammes dar. Zwischen Spannung und Dehnung herrscht über den gesamten Bereich der Verformung kein linearer Zusammenhang. Darüber hinaus beobachtet man nach Überschreitung des Spannungsmaximums eine örtliche Einschnürung der Probe (Kapitel 2.1.2.3), d. h. trotz abnehmender Kraft erfolgt eine weiter zunehmende Verlängerung. Ein derartiges Werkstoffverhalten zeigen beispielsweise unlegiertes Kupfer, Reinaluminium oder unlegierte Baustähle bei erhöhter Temperatur (Bild 2.4a).

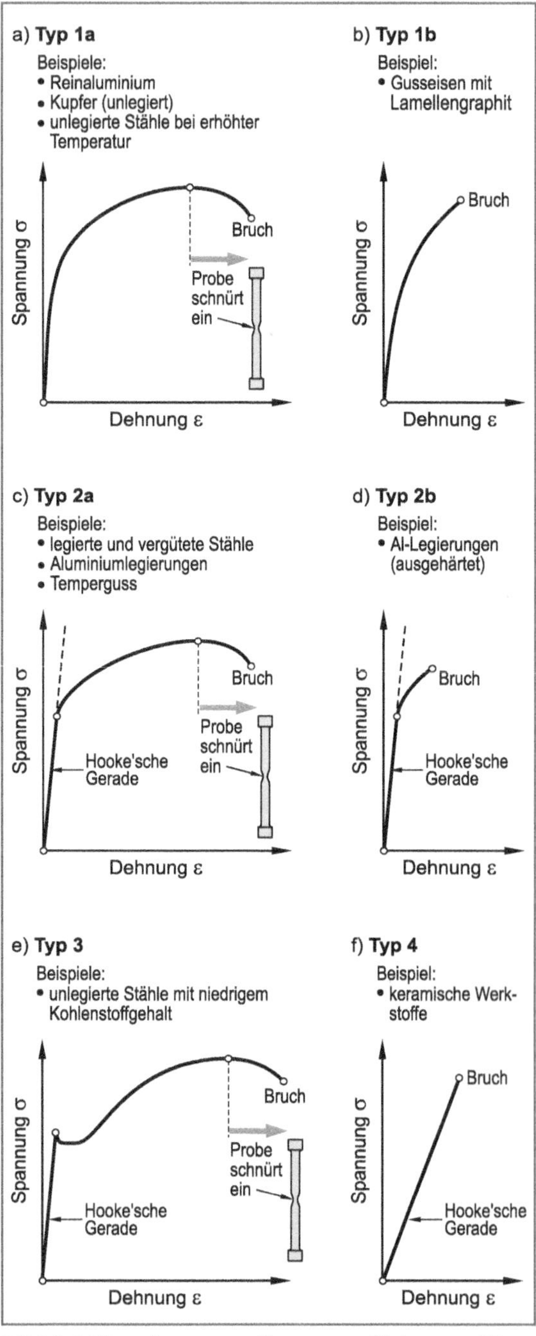

Bild 2.4 Grundtypen von Spannungs-Dehnungs-Diagrammen

Eine Variante vom Typ 1 weist keine Einschnürung auf, die Probe bricht ohne größere Verformungen mit Erreichen der maximal ertragbaren Spannung (Bild 2.4b). Dieses Werkstoffverhalten beobachtet man beispielsweise beim Gusseisen mit Lamellengraphit.

Typ 2 unterscheidet sich vom Typ 1 durch eine anfängliche Proportionalität zwischen Spannung und Dehnung, die sich als Gerade (Hookesche Gerade, Kapitel 2.1.2.3) im Diagramm abzeichnet. Der Werkstoff verhält sich in diesem Bereich linear-elastisch. Nach Überschreiten einer bestimmten Beanspruchung beobachtet man, analog zum Typ 1, eine örtliche Einschnürung des Probestabes und schließlich einen Bruch an dieser Stelle (Bild 2.4c). Beispiele für ein Spannungs-Dehnungs-Verhalten entsprechend Typ 2 sind legierte sowie vergütete Stähle, Aluminiumlegierungen oder Temperguss.

Eine Reihe von Werkstoffen, wie zum Beispiel bestimmte ausgehärtete Aluminiumlegierungen, brechen bereits bei relativ geringer plastischer Verformung und zeigen keine Einschnürung (Bild 2.4d).

Typ 3 eines Spannungs-Dehnungs-Diagrammes zeigt zwei voneinander getrennte Bereiche. Der Werkstoff verhält sich anfänglich linear-elastisch d. h. Spannung und Dehnung sind proportional zueinander, so dass sich, analog zu Typ 2, eine Gerade im Diagramm abzeichnet (Bild 2.4e). Der Übergang zum zweiten Bereich des Diagramms vollzieht sich dann mit einem mehr oder weniger ausgeprägten waagerechten Kurvenverlauf. In diesem Bereich beobachtet man eine deutlich sichtbare plastische Verformung („fließen") des Werkstoffs bei gleichbleibender Beanspruchung. Der weitere Kurvenverlauf ist dann analog zum Typ 1 bzw. 2. Ein derartiges Spannungs-Dehnungs-Verhalten zeigen in der Regel unlegierte Baustähle mit niedrigem Kohlenstoffgehalt.

Typ 4 zeigt das Spannungs-Dehnungs-Diagramm (ideal) spröder Werkstoffe. Diese Werkstoffe verhalten sich weitgehend linear-elastisch bis zum Bruch, d. h. am Ende der Hookeschen Geraden tritt der Bruch ein (Bild 2.4f). Ein derartiges Werkstoffverhalten zeigen beispielsweise keramische Werkstoffe wie Aluminiumoxid oder Siliciumnitrid.

2.1.2.3 Ermittlung von Werkstoffkennwerten

Die Vorgehensweise zur Ermittlung von Werkstoffkennwerten soll nachfolgend für duktile Metalle [1] mit Spannungs-Dehnungs-Diagrammen vom Typ 2 und 3 sowie für spröde Werkstoffe mit Spannungs-Dehnungs-Diagrammen vom Typ 4 aufgezeigt werden.

a) Duktile Metalle

Die Mehrzahl der technischen Konstruktionswerkstoffe sind duktile Metalle und weisen ein Spannungs-Dehnungs-Diagramm von Typ 2 oder vom Typ 3 auf. Diese Werkstoffe zeigen zu Beginn der Belastung einen linearen Zusammenhang zwischen Kraft und Verlängerung bzw. Spannung und Dehnung. Die sich im Spannungs-Dehnungs-Diagramm darstellende (steile) Gerade wird als **Hookesche Gerade** bezeichnet (Bild 2.5). Die Bezeichnung geht auf den englischen Physiker ***Robert Hooke*** zurück, der im Jahre 1678 diesen Zusammenhang an Uhrfedern erstmals nachwies. Im Bereich der Hookeschen Geraden verhält sich der Werkstoff linear-elastisch, d. h. die Atome werden aus ihrer Ruhelage ausgelenkt. Wird die Probe wieder entlastet, dann verschwindet die Verformung wieder vollständig. Es gilt das **Hookesche Gesetz** [2] $\sigma = E \cdot \varepsilon$ (Kapitel 2.1.4.1).

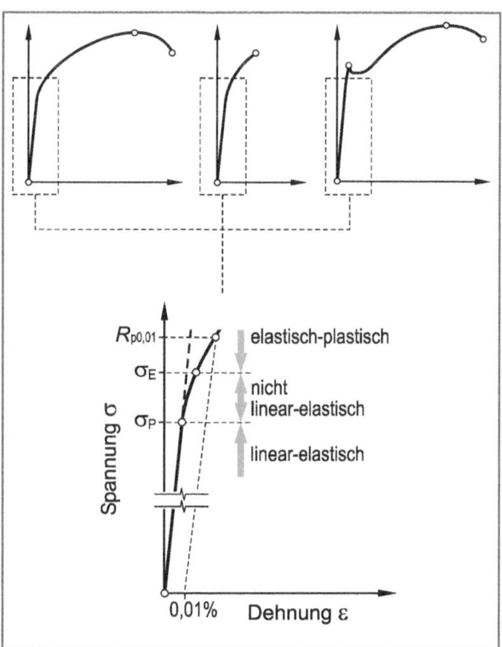

Bild 2.5 Spannungs-Dehnungs-Verhalten duktiler Metalle (Typ 2 und 3) zu Beginn der Beanspruchung

[1] duktil = verformungsfähig

[2] Die Gesetzmäßigkeit wurde erstmals 1678 von ***Robert Hooke*** (1635 ... 1703) veröffentlicht, allerdings als linearer Zusammenhang zwischen Belastung und Längenänderung elastisch beanspruchter Federn (ut tensio, sic vis = wie die Kraft, so die Streckung). Die Formulierung als linearer Zusammenhang zwischen Spannung und Dehnung ($\sigma = E \cdot \varepsilon$) erfolgte erst 1727 durch ***Leonhard Euler*** (1707 ... 1783).

Mit Erreichen der Spannung σ_P, die als **Proportionalitätsgrenze** bezeichnet wird, endet das linear-elastische Werkstoffverhalten und damit die Hookesche Gerade (Bild 2.5).

Bei weiter zunehmender Beanspruchung über σ_P hinaus, nimmt die Dehnung im Vergleich zur Spannung überproportional zu. Das Spannungs-Dehnungs-Diagramm zeigt nunmehr einen gekrümmten Kurvenverlauf. Der Werkstoff verhält sich allerdings noch immer elastisch d. h. nach einer Entlastung ist noch keine plastische Verformung (bleibende Dehnung) festzustellen. Erst mit Erreichen der als **Elastizitätsgrenze** σ_E bezeichneten Spannung beobachtet man nach Entlastung plastische (bleibende) Verformungen, der Werkstoff verhält sich dementsprechend nicht mehr rein elastisch.

Die in DIN EN ISO 6892-1 nicht enthalten Kennwerte σ_P und σ_E liegen in der Regel dicht beieinander oder fallen zusammen und sind messtechnisch nicht exakt erfassbar. Häufig wird daher als Ersatzwert für σ_E die **technische Elastizitätsgrenze** $R_{p0,01}$ (auch als **0,01%-Dehngrenze** bezeichnet) ermittelt. $R_{p0,01}$ ist diejenige Spannung, die nach einer Entlastung eine bleibende Dehnung von 0,01% verursacht (Bild 2.5).

Bei einer Beanspruchung über $R_{p0,01}$ bzw. σ_E hinaus, beobachtet man bei duktilen Metallen in Abhängigkeit von Werkstoffart bzw. Werkstoffzustand entweder eine ausgeprägte Streckgrenze oder eine kontinuierliche Abweichung des Spannungs-Dehnungs-Diagrammes von der Hookeschen Geraden.

Duktile Metalle mit ausgeprägter Streckgrenze

Wird der Probestab über $R_{p0,01}$ bzw. σ_E hinaus beansprucht, dann setzt plastische Verformung durch ausgeprägte Versetzungsbewegungen ein. Die Verformung ist nunmehr irreversibel, d. h. nach Entlastung der Probe nimmt diese nicht mehr ihre Ausgangslänge an. Lediglich der elastische Anteil der Dehnung verschwindet wieder, während der plastische Verformungsanteil zu einer bleibenden Probenverlängerung führt. Am Ende der Hookeschen Geraden beginnt der Werkstoff also zu „**fließen**".

Bei einer Reihe normalgeglühter, unlegierter Stähle mit niedrigem Kohlenstoffgehalt, wie zum Beispiel die unlegierten Baustähle nach DIN EN 10025-2, wird mit zunehmender Belastung ein Punkt erreicht, bei dem sich der Probestab unter nahezu gleich bleibender oder abnehmender Beanspruchung stark verlängert (Punkt 3 in Bild 2.6). Dieser Punkt wird als **Streckgrenze** bezeichnet und der ausgeprägte Fließbereich als **Lüders-Dehnung**, Bild 2.6.

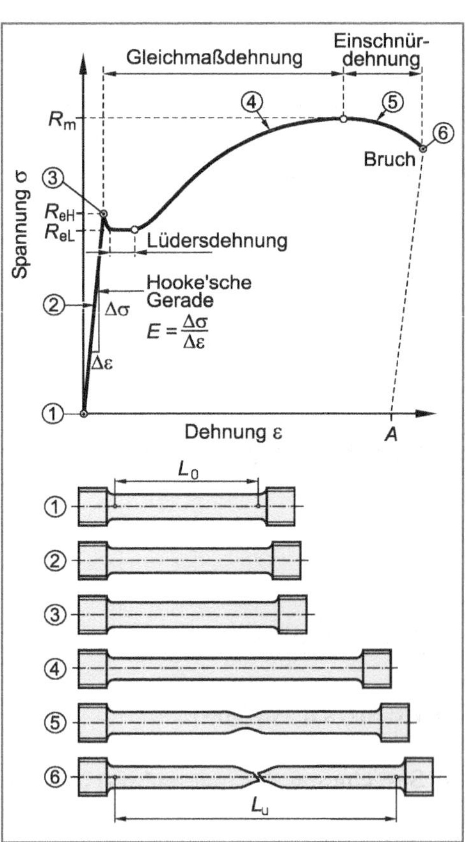

Bild 2.6 Spannungs-Dehnungs-Diagramm duktiler Metalle mit ausgeprägter Steckgrenze. Proportionalitäts- und Elastizitätsgrenze sind aus Gründen der Übersichtlichkeit nicht eingezeichnet

In der Regel unterscheidet man zwischen einer oberen und einer unteren Streckgrenze (s. u.). Die Spannung an der oberen Streckgrenze (R_{eH}) wird unter anderem von der Prüfgeschwindigkeit sowie von der Geometrie der Probe beeinflusst. Im Sinne der Vergleichbarkeit der Ergebnisse sind diese Größen daher in DIN EN ISO 6892-1 genormt.

Um den Werkstoff im Anschluss an den Fließbereich weiter zu verformen, bedarf es einer zunehmenden Kraft bzw. Spannung, da der Werkstoff verfestigt d. h. durch Versetzungsneubildung werden die Abgleitvorgänge zunehmend behindert. Mit zunehmender Beanspruchung verläuft das Spannungs-Dehnungs-Diagramm flacher und überschreitet schließlich ein Maximum. Bis zu diesem Punkt hat sich die Probe über die gesamte Messlänge gleichmäßig verformt d. h. die zylindrische Probenform wird beibehalten. Dieser Bereich wird daher als **Gleichmaßdehnung** bezeichnet (Bild 2.6).

Jenseits des Spannungsmaximums beginnt sich die Probe innerhalb der Messlänge an der zufällig schwächsten Stelle einzuschnüren. Die plastische Verformung der Probe konzentriert sich nur noch auf diesen Einschnürbereich. Man spricht daher auch vom Bereich der **Einschnürdehnung** (Bild 2.6). Da der tragende Querschnitt zunehmend vermindert wird, sinkt auch die ertragbare Kraft F und somit die Spannung $\sigma = F / A$. Es muss an dieser Stelle allerdings nochmals angemerkt werden, dass zur Ermittlung des (technischen) Spannungs-Dehnungs-Diagrammes die Zugkraft gemäß Gleichung 2.2 auf die Anfangsquerschnittsfläche A_0 und nicht auf die momentane Querschnittsfläche A bezogen wird. Tatsächlich nimmt die Spannung im Einschnürquerschnitt hingegen zu (wahre Spannung).

Sobald der Restquerschnitt die Beanspruchung nicht mehr aufzunehmen vermag, tritt der Bruch der Probe ein (Punkt 6 in Bild 2.6). Bild 2.7 zeigt einen nach deutlicher Einschnürung gebrochenen Probestab. Die Bruchvorgänge, Bruchformen und Bruchflächen des Zähbruchs werden in [1] ausführlich beschrieben.

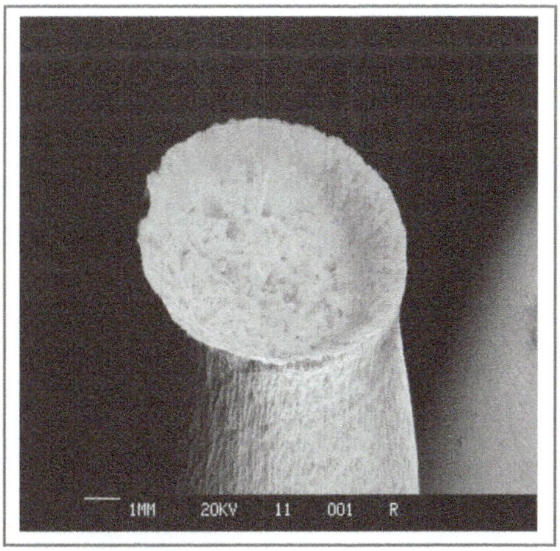

1MM 20KV 11 001 R

Bild 2.7 Nach einer deutlichen Einschnürung gebrochene Rundzugprobe (Werkstoff: S235JR)

Dem Spannungs-Dehnungs-Diagramm entnimmt man die nachfolgend genannten Werkstoffkennwerte (Bild 2.6).

- **Zugfestigkeit**: Die Zugfestigkeit R_m ist die höchste ertragbare Belastung F_m bezogen auf die Anfangsquerschnittsfläche A_0:

$$R_m = \frac{F_m}{A_0} \quad \textbf{Zugfestigkeit} \qquad (2.4)$$

R_m Zugfestigkeit (N/mm^2)
F_m Höchstzugkraft bzw. Maximum im Kraft-Verlängerungs-Diagramm (N)
A_0 Anfangsquerschnittsfläche (mm^2)

- **Streckgrenze**: Die Streckgrenze ist diejenige Spannung, bei der mit zunehmender Verlängerung der Probe die Zugkraft erstmals konstant bleibt oder abfällt (Punkt 3 in Bild 2.6). In der Regel unterscheidet man eine **obere Steckgrenze R_{eH}** und eine **untere Streckgrenze R_{eL}**.

Die obere Streckgrenze ist definiert als die obere Streckgrenzenkraft F_{eH} bezogen auf die Anfangsquerschnittsfläche A_0, die untere Streckgrenze als untere Streckgrenzenkraft F_{eL} bezogen auf die Anfangsquerschnittsfläche A_0 (Bild 2.6):

$$R_{eH} = \frac{F_{eH}}{A_0} \text{ bzw. } R_{eL} = \frac{F_{eL}}{A_0}$$ **Obere Streckgrenze und untere Streckgrenze** (2.5)

R_{eH} obere Streckgrenze (N/mm^2)
F_{eH} obere Streckgrenzenkraft (N)
R_{eL} untere Streckgrenze (N/mm^2)
F_{eL} untere Streckgrenzenkraft (N)
A_0 Anfangsquerschnittsfläche (mm^2)

- **Bruchdehnung:** Die Bruchdehnung A ist definiert als die *bleibende* Dehnung der Probe nach dem Bruch (Bild 2.8):

$$A = \frac{L_u - L_0}{L_0} \cdot 100\%$$ **Bruchdehnung** (2.6)

A Bruchdehnung (%)
L_u Länge der Probe nach dem Bruch (mm)
L_0 Anfangsmesslänge (mm)

Alternativ kann die Bruchdehnung auch als bleibender Dehnungsanteil aus dem Spannungs-Dehnungs-Diagramm ermittelt werden, indem man eine Parallele zur Hookeschen Geraden durch denjenigen Kurvenpunkt konstruiert, der den Probenbruch kennzeichnet (z. B. Bild 2.6).

- **Brucheinschnürung:** Die Brucheinschnürung Z ist definiert als die größte prozentuale Querschnittsänderung:

$$Z = \frac{A_0 - A_u}{A_0} \cdot 100\% = \frac{d_0^2 - d_u^2}{d_0^2} \cdot 100\%$$ **Brucheinschnürung** (2.7)

Z Brucheinschnürung (%)
A_0 Anfangsquerschnittsfläche (mm^2)
A_u Querschnittsfläche an der Bruchstelle (mm^2)

Die Brucheinschnürung lässt sich nicht direkt dem Spannungs-Dehnungs-Diagramm entnehmen. Zu ihrer Ermittlung muss die Querschnittsfläche der Probe vor und nach dem Bruch ermittelt werden (Bild 2.8).

- **Elastizitätsmodul:** Der Elastizitätsmodul E kennzeichnet das elastische Verformungsvermögen des Werkstoffs. Bei linearer Elastizität ergibt sich der Elastizitätsmodul aus der Steigung der Hookeschen Geraden im Spannungs-Dehnungs-Diagramm (Kapitel 2.1.4.1 und Bild 2.6).

$$E = \frac{\Delta\sigma}{\Delta\varepsilon}$$ **Elastizitätsmodul** (2.8)

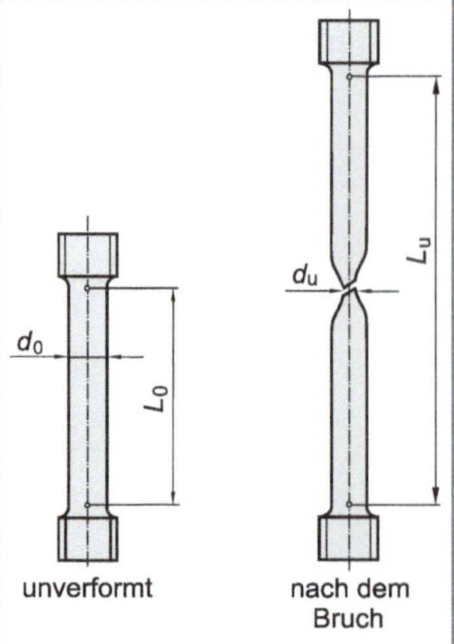

Bild 2.8 Abmessungen am Probestab vor der Prüfung und nach dem Bruch

Der Elastizitätsmodul kann als diejenige Spannung interpretiert werden, die erforderlich ist, um den Probestab auf das Doppelte seiner Länge gegenüber dem unbelasteten Zustand zu dehnen. In der Praxis ist allerdings eine derart hohe Dehnung in der Regel nicht erreichbar, da zuvor eine plastische Verformung und anschließend ein Bruch eintritt.

- **Querkontraktionszahl:** Wird neben der Längsdehnung ε bzw. ε_l auch die Durchmesserveränderung Δd der Probe ermittelt, dann kann die Querdehnung ε_q errechnet werden:

$$\varepsilon_q = \frac{\Delta d}{d_0} \qquad \textbf{Querdehnung} \qquad (2.9)$$

Im Gültigkeitsbereich der Hookeschen Geraden (linear-elastisches Werkstoffverhalten) definiert man dann die **Querkontraktionszahl** μ als Verhältnis aus Querdehnung ε_q und Längsdehnung ε_l (siehe auch Kapitel 2.1.4.3):

$$\mu = -\frac{\varepsilon_q}{\varepsilon_l} \qquad \textbf{Definition der Querkontraktionszahl} \qquad (2.10)$$

Duktile Metalle ohne ausgeprägte Streckgrenze

Die Mehrzahl duktiler Metalle und Metalllegierungen zeigen ein Spannungs-Dehnungs-Verhalten ohne ausgeprägte Streckgrenze. Das Werkstoffverhalten ist gekennzeichnet durch einen kontinuierlichen Übergang zwischen dem Bereich elastischer und plastischer Verformung. Oberhalb der messtechnisch nicht erfassbaren Elastizitätsgrenze σ_E beobachtet man eine zunehmende Abweichung des Kurvenverlaufs von der Hookeschen Geraden (Bild 2.9). Mit steigender Belastung wird der Kurvenverlauf zunehmend flacher. Bei ausreichendem Verformungsvermögen des Werkstoffs strebt das Spannungs-Dehnungs-Diagramm einem Maximum zu. Die Probe schnürt sich mehr oder weniger stark ein und bricht anschließend relativ rasch. Werkstoffe mit geringer Plastizität brechen hingegen vor Erreichen eines Spannungsmaximums d. h. sie zeigen keine Einschnürung. Ein typisches Beispiel sind die ausgehärteten Aluminiumlegierungen (Bild 2.4d).

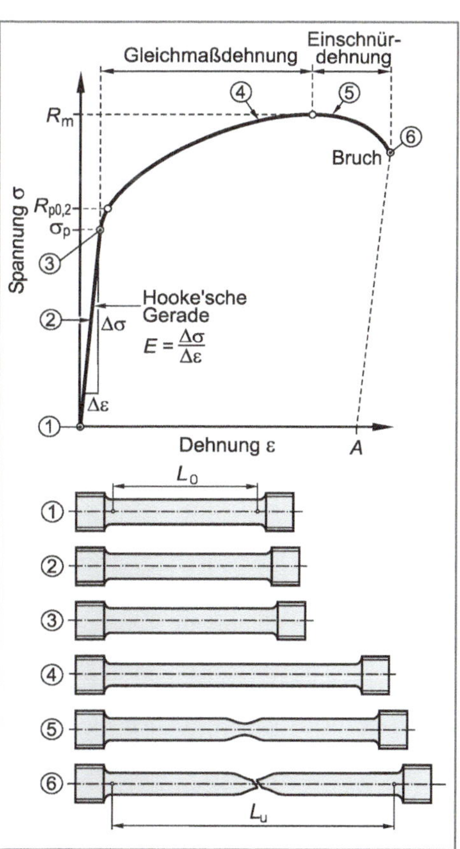

Bild 2.9 Spannungs-Dehnungs-Diagramm duktiler Metalle ohne ausgeprägte Streckgrenze (die Elastizitätsgrenze ist nicht eingezeichnet)

Da der Beginn der plastischen Verformung, wie bereits erwähnt, bei Metallen ohne ausgeprägte Streckgrenze messtechnisch nicht erfassbar ist, wird ersatzweise diejenige Spannung ermittelt, die nach der Entlastung eine festgelegte bleibende Dehnung (z. B. 0,01%, 0,2% oder 1%) hervorruft. Diese Kennwerte werden als **Dehngrenzen** bezeichnet und erhalten als Formelzeichen R_p (z. B. $R_{p0,01}$, $R_{p0,2}$ oder R_{p1}). Im Maschinenbau wird häufig die **0,2%-Dehngrenze** ($R_{p0,2}$) als maßgeblicher Werkstoffkennwert für den Beginn ausgeprägter plastischer Verformungen zugrunde gelegt.

Zur Ermittlung von Dehngrenzen konstruiert man im **Feindehnungsdiagramm**, ausgehend von einer festgelegten bleibenden Dehnung (z. B. 0,01%, 0,2% oder 1%), eine Parallele zur Hookeschen Geraden. Ihr Schnittpunkt mit der Abszisse des Koordinatensystems liefert den gesuchten Werkstoffkennwert (Bild 2.10).

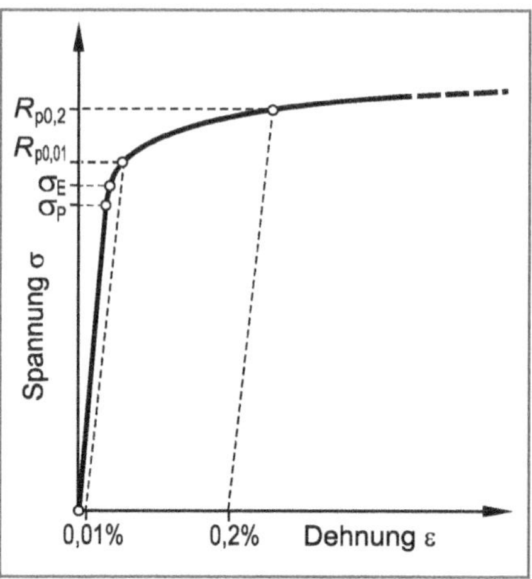

Bild 2.10 Prinzip der Ermittlung von Dehngrenzen im Feindehnungsdiagramm (hier: 0,01%- und 0,2%-Dehngrenze)

b) Spröde Werkstoffe bzw. sprödes Werkstoffverhalten

Bei spröden Werkstoffen bzw. bei sprödem Werkstoffverhalten beobachtet man kein bzw. ein eingeschränktes plastisches Verformungsvermögen. Bei ideal sprödem Werkstoffverhalten (z. B. keramische Werkstoffe) verhält sich der Werkstoff linear-elastisch bis zum Bruch. Eine Abweichung vom linear-elastischen Anstieg kann auf eine gewisse Plastizität hindeuten. Neben dem Elastizitätsmodul E ist die Zugfestigkeit R_m der einzige Werkstoffkennwert (Bild 2.11). Eine Streck- bzw. Dehngrenze wird nicht ermittelt, Bruchdehnung und Brucheinschnürung sind Null.

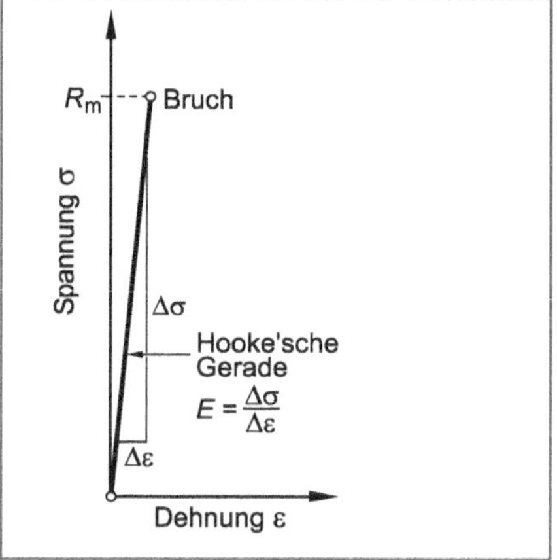

Bild 2.11 Spannungs-Dehnungs-Verhalten eines spröden Werkstoffs

Der Zugversuch zeigt, dass sich duktile Werkstoffe vor dem Bruch mehr oder weniger ausgeprägt plastisch verformen, während ein spröder Werkstoff bereits nach relativ geringer, nahezu rein elastischer Verformung bricht.

Auf eine Konstruktion übertragen bedeutet dies, dass ein Bauteil aus einem duktilen Werkstoff entweder durch plastische Verformungen („Fließen") oder durch Bruch versagen bzw. funktionsunfähig werden kann. Für Bauteile aus einem spröden Werkstoff bzw. bei sprödem Werkstoffverhalten kommt als Versagensmöglichkeit nur ein Bruch in Frage. Die Festigkeitsberechnung, die ein solches Versagen ausschließen soll, muss sich dementsprechend nach den jeweils möglichen Versagensarten richten. Man führt daher bei duktilen Werkstoffen einen Festigkeitsnachweis gegen Fließen und Bruch durch, während man bei spröden Werkstoffen üblicherweise nur gegen Bruch rechnet.

Für Festigkeitsnachweise muss die zulässige Spannung ggf. mit einem ausreichenden Sicherheitsabstand (Kapitel 2.1.3) unter demjenigen Werkstoffkennwert bleiben, der für die jeweilige Versagensart maßgebend ist. Für den Versagensfall „Fließen" ist dieser Kennwert unter Zugbeanspruchung die Streckgrenze R_e bzw. die Dehngrenze R_p (z. B. $R_{p0,2}$).

Für den Versagensfall „Bruch" ist die Zugfestigkeit R_m maßgebend. Erreicht also die wirkende Spannung σ im Bauteil die Festigkeitsgrenzen (Streck- bzw. Dehngrenze oder Zugfestigkeit) dann ist mit einem Versagen (plastisches Fließen oder Bruch) zu rechnen.

In Tabelle 2.1 sind die maßgeblichen Werkstoffkennwerte aus dem Zugversuch tabellarisch zusammengestellt.

Tabelle 2.1 Werkstoffkennwerte aus dem Zugversuch

Kennwerte der Elastizität	Verformungskennwerte	Festigkeitskennwerte
Elastizitätsmodul *E* Dimension: N/mm^2 Berechnung: $E = \Delta\sigma / \Delta\varepsilon$	**Bruchdehnung *A*** Dimension: % oder dimensionslos Berechnung: $A = (L_u - L_0) / L_0$	**Zugfestigkeit R_m** Dimension: N/mm^2 Berechnung: $R_m = F_m / A_0$
Querkontraktionszahl μ dimensionslos Berechnung: $\mu = -\varepsilon_q / \varepsilon_l$	**Brucheinschnürung *Z*** Dimension: % oder dimensionslos Berechnung: $Z = (A_0 - A_u) / A_0$	**Streckgrenze R_e** (R_{eH}, R_{eL}) Dimension: N/mm^2 Berechnung: $R_e = F_e / A_0$
		Dehngrenze R_p Dimension: N/mm^2 Ermittlung aus dem Feindehnungsdiagramm (Bild 2.10)

2.1.3 Zulässige Spannung bei Zugbeanspruchung

Mit einem Versagen ist zu rechnen, sobald die im Bauteil wirkende Spannung die Festigkeitsgrenzen erreicht. Bei der Festlegung der zulässigen Belastung wird man aus Sicherheitsgründen nicht bis an die Festigkeitsgrenzen (R_e bzw. R_p oder R_m) gehen, sondern man begrenzt die im Bauteil wirkenden Spannungen auf die **zulässige Spannung** σ_{zul}.

Die zulässige Spannung σ_{zul} erhält man, indem man den jeweiligen Festigkeitskennwert (z. B. R_e bzw. R_p oder R_m) durch einen **Sicherheitsbeiwert *S*** dividiert. Mit Hilfe des Sicherheitsbeiwertes sollen alle Unsicherheiten einer Festigkeitsberechnung abgedeckt werden. Derartige Unsicherheiten sind beispielsweise:

- Lastannahmen (z. B. Belastungsschwankungen, tatsächliche Höhe der Beanspruchung),
- Werkstoffkennwerte (Gefügeinhomogenitäten, Werkstofffehler),
- Spannungsermittlung (Idealisierungen der Bauteilgeometrie).

Die Höhe des Sicherheitsbeiwerts hängt ab von:

- Anzahl und Einfluss der auszugleichenden Unsicherheitsfaktoren,
- Gefährdungspotenzial das mit dem Erreichen der Grenzbeanspruchung verbunden ist,
- Folgen im Falle des Versagens.

Wenngleich eine plastische Verformung in der Regel zum Verlust der Funktionsfähigkeit eines Bauteils führt, so kann der Sicherheitsbeiwert gegen plastische Verformung (Fließen) dennoch niedriger angesetzt werden, da sich ein Bruch durch mehr oder weniger ausgeprägte plastische Verformungen ankündigt (**Zähbruch**). Die Sicherheit gegen Bruch ist andererseits umso höher anzusetzen, je geringer die Verformungsfähigkeit des Werkstoffes ist, da sich der

Bruch bei einem spröden Werkstoff nicht durch nennenswerte plastische Formänderungen ankündigt (**Sprödbruch**). In Tabelle 2.2 sind Kennwerte zur Ermittlung der zulässigen Spannung unter Zugbeanspruchung sowie Sicherheitsbeiwerte zusammengestellt. Weitere Sicherheitsbeiwerte, wie sie in der FKM-Richtlinie [2] empfohlen werden, sind im Anhang 2 zusammengestellt.

Tabelle 2.2 Kennwerte zur Bestimmung der zulässigen Spannung unter reiner Zugbeanspruchung

Werkstoff bzw. Werkstoffzustand	Versagensart	Werkstoffkennwert	Sicherheitsbeiwert [1)]
duktil	Fließen	R_e bzw. $R_{p0,2}$	$S_F = 1{,}2 \ldots 2{,}0$
	Bruch	R_m	$S_B = 2{,}0 \ldots 4{,}0$
spröde	Bruch	R_m	$S_B = 4{,}0 \ldots 9{,}0$

[1)] Anhaltswerte, sofern keine einschlägigen Berechnungsvorschriften vorliegen.

Zusammenfassend errechnet sich die zulässige Spannung σ_{zul} unter Zugbeanspruchung wie folgt:

Bauteile aus duktilen Werkstoffen bzw. duktiles Werkstoffverhalten

- Fließen: $$\sigma_{zul} = \frac{R_e}{S_F} \text{ bzw. } \frac{R_p}{S_F} \quad \text{mit } S_F = 1{,}2 \ldots 2{,}0 \qquad (2.11)$$

- Bruch: $$\sigma_{zul} = \frac{R_m}{S_B} \quad \text{mit } S_B = 2{,}0 \ldots 4{,}0 \qquad (2.12)$$

Maßgebend für den Festigkeitsnachweis ist der niedrigere der beiden Werte für σ_{zul}.

Bauteile aus spröden Werkstoffen bzw. sprödes Werkstoffverhalten

- Bruch: $$\sigma_{zul} = \frac{R_m}{S_B} \quad \text{mit } S_B = 4{,}0 \ldots 9{,}0 \qquad (2.13)$$

2.1.4 Formänderung durch einachsige Normalspannung

Mechanische Spannungen bewirken in einem deformierbaren Körper Formänderungen, die sich durch Längen- und/oder Winkeländerungen äußern können. Der Zusammenhang zwischen Formänderungen und Spannungen wird durch **Stoffgesetze** hergestellt.

2.1.4.1 Hookesches Gesetz

Im Gültigkeitsbereich der Hookeschen Geraden besteht zwischen Normalspannung σ und Dehnung ε ein linearer Zusammenhang, der durch das **Hookesche Gesetz** ausgedrückt werden kann:

$$\sigma = E \cdot \varepsilon$$ **Hookesches Gesetz bei einachsiger Beanspruchung** (2.14)

Die Gesetzmäßigkeit wurde erstmals 1678 von ***Robert Hooke*** (1635 ... 1703) veröffentlicht, allerdings als linearer Zusammenhang zwischen Belastung und Längenänderung elastisch beanspruchter Federn (*ut tensio, sic vis* = wie die Kraft, so die Streckung). Die Formulierung als linearer Zusammenhang zwischen Spannung und Dehnung ($\sigma = E \cdot \varepsilon$) erfolgte erst 1727 durch ***Leonhard Euler*** (1707 ... 1783).

Gleichung 2.14 gilt nur bei einachsiger Zug- oder Druckbeanspruchung. Bei mehrachsiger Beanspruchung muss das Hookesche Gesetz erweitert werden (Kapitel 5).

Der Proportionalitätsfaktor E in Gleichung 2.14 wird als **Elastizitätsmodul** (kurz: **E-Modul**) bezeichnet und entspricht der Steigung der Hookeschen Geraden im Spannungs-Dehnungs-Diagramm (Bilder 2.5 und 2.6 sowie Bilder 2.9 bis 2.11). Der Elastizitätsmodul E hat innerhalb einer Werkstoffgruppe ähnliche Werte:

Stähle und Stahlguss: E = 200000 ... 210000 N/mm^2
Al und Al-Legierungen: E = 60000 ... 80000 N/mm^2
Mg und Mg-Legierungen: E = 40000 ... 45000 N/mm^2

Die Elastizitätsmoduln wichtiger Konstruktionswerkstoffe finden sich im Anhang 1 (Werkstofftabellen).

Anschaulich entspricht der Zahlenwert des Elastizitätsmoduls, wie bereits erwähnt, derjenigen Spannung mit der man einen Zugstab beanspruchen muss, um eine elastische Dehnung von 100% (also eine Verdoppelung der Ausgangslänge) zu erreichen. Es muss jedoch angemerkt werden, dass nahezu alle Werkstoffe bereits weit vorher eine plastische Verformung oder einen Bruch erleiden.

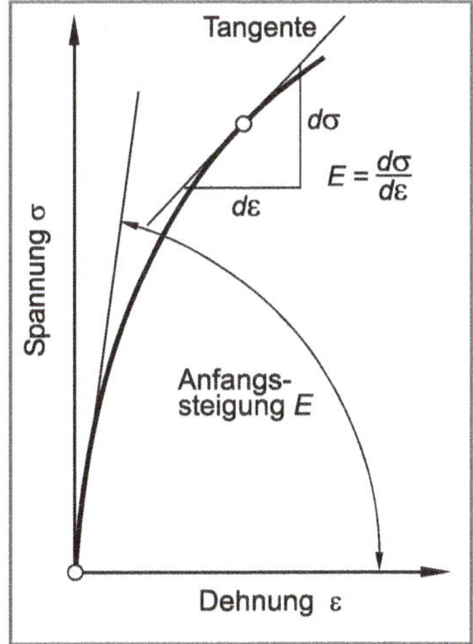

Bild 2.12 Nicht lineare Elastizität

2.1.4.2 Nicht lineare Elastizität

Das Hookesche Gesetz gilt nicht für alle Werkstoffe. Bei einigen Metallen und insbesondere bei nicht metallischen Werkstoffen, insbesondere den Kunststoffen, beobachtet man nicht lineare Elastizitätserscheinungen. Ein bekanntes Beispiel für **nicht lineare Elastizität** bei Metallen ist das Gusseisen mit Lamellengraphit, dessen Elastizitätsmodul E

in Abhängigkeit der Spannung 80000 N/mm^2 bis 130000 N/mm^2 betragen kann. Unter Zugbeanspruchung sinkt der Elastizitätsmodul aufgrund lokaler Plastifizierung an den Enden der Graphitlamellen. Unter Druckbeanspruchung verhält sich der Werkstoff hingegen über weite Spannungsbereiche linear-elastisch, d. h. der Elastizitätsmodul ist konstant.

Bei nicht linearer Elastizität wird als Maß für den Elastizitätsmodul entweder die Anfangssteigung oder die Steigung (Tangente) der Kurve in einem bestimmten Kurvenpunkt angegeben (Bild 2.12).

2.1.4.3 Poissonsches Gesetz

Die Zugbeanspruchung eines elastischen Körpers führt nicht nur zu einer Längenänderung (ΔL) bzw. zu einer Dehnung in Beanspruchungsrichtung (ε bzw. ε_l), sondern auch zu einer Verformung in Querrichtung. Eine Zugspannung führt dementsprechend zu einer Längenzunahme bei gleichzeitiger Querkontraktion (Stab wird länger und dünner), eine Druckbeanspruchung hingegen zu umgekehrten Verhältnissen. Die Formulierung dieser Gesetzmäßigkeit geht auf den französischen Mathematiker ***Siméon Denis Poisson*** (1781 ... 1840) zurück und wird als **Poissonsches Gesetz** bezeichnet:

$$\varepsilon_q = -\mu \cdot \varepsilon_l \qquad \textbf{Poissonsches Gesetz} \qquad (2.15)$$

Die dimensionslose Werkstoffkonstante μ (mitunter auch ν) wird als **Querkontraktionszahl** oder **Querzahl** bezeichnet. Den Kehrwert $m = 1/\mu$ nennt man **Poisson-Zahl**. Das negative Vorzeichen berücksichtigt, dass eine Längsdehnung (Zugbeanspruchung) mit einer Querstauchung bzw. eine Längsstauchung (Druckbeanspruchung) mit einer Querdehnung einhergeht. Die Querkontraktionszahl kann im Zugversuch ermittelt werden, falls spezielle Querdehnungsaufnehmer eingesetzt werden (Kapitel 2.1.2).

Die Querkontraktionszahl kann Werte zwischen $\mu = 0$ (keine Querdehnung) und $\mu = 0{,}5$ (inkompressibler Werkstoff) annehmen. Für Metalle findet man bei linear-elastischem Verhalten: $0{,}25 \le \mu \le 0{,}40$. Häufig wird mit den folgenden Werten gerechnet:

Beton:	$\mu \approx 0$
Stähle und Stahlguss:	$\mu = 0{,}30$
Gusseisen mit Lamellengraphit:	$\mu = 0{,}25 \ldots 0{,}27$
Al und Al-Legierungen:	$\mu = 0{,}33$
Mg und Mg-Legierungen:	$\mu = 0{,}35$
Kupfer:	$\mu = 0{,}34$
Zink:	$\mu = 0{,}39$
Elastomere:	$\mu \approx 0{,}5$

2.1.5 Aufgaben

Aufgabe 2.1 ○○○●●

Ein Zugstab aus Vergütungsstahl 34CrMo4 mit Kreisringquerschnitt (d_a = 25 mm, s = 2,5 mm) und einer Länge von l_0 = 1,2 m (im unbelasteten Zustand) wird durch eine mittig angreifende statische Kraft von F = 60 kN auf Zug beansprucht.

Werkstoffkennwerte 34CrMo4:

$R_{p0,2}$ = 680 N/mm²
R_m = 1050 N/mm²
E = 208000 N/mm²
μ = 0,30

a) Ermitteln Sie die Normalspannung im Zugstab.

b) Berechnen Sie die Sicherheiten gegen Fließen (S_F) und gegen Bruch (S_B). Sind die Sicherheiten ausreichend?

c) Bestimmen Sie die Verlängerung Δl des Zugstabes bei der angegebenen Belastung.

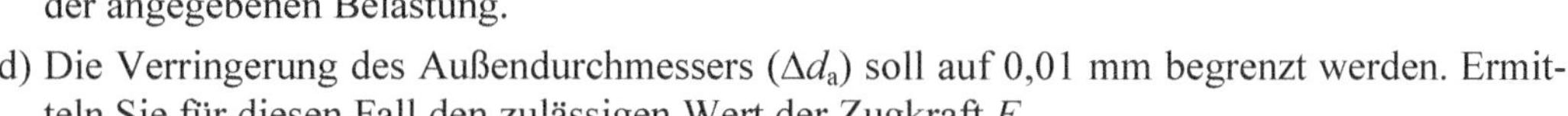

d) Die Verringerung des Außendurchmessers (Δd_a) soll auf 0,01 mm begrenzt werden. Ermitteln Sie für diesen Fall den zulässigen Wert der Zugkraft F.

e) Eine zweite Variante des Zugstabes aus derselben Stahlsorte (34CrMo4) soll eine Zugkraft von F^* = 150 kN aufnehmen. Berechnen Sie die erforderliche Wandstärke s, falls der Außendurchmesser unverändert bleiben soll (d_a = 25 mm) und eine Sicherheit von S_F = 1,4 gegenüber Fließen gefordert wird.

Aufgabe 2.2 ○○○○●

Ein Zugstab mit Vollkreisquerschnitt und einer Länge von l_0 = 1500 mm aus Vergütungsstahl C35E (R_e = 430 N/mm²; R_m = 630 N/mm²; E = 210000 N/mm²) soll als Zuganker verwendet werden. Der Stab muss eine statische Betriebskraft von F = 15500 N aufnehmen.

a) Ermitteln Sie den erforderlichen Durchmesser d des Zugstabes, damit die Betriebskraft mit Sicherheit aufgenommen werden kann (S_F = 1,5 und S_B = 2,0).

b) Berechnen Sie für die Betriebskraft von F = 15500 N die Dehnung ε sowie die Verlängerung Δl des Zugstabes.

c) Bestimmen Sie diejenige statische Zugkraft F_B, die zu einem Bruch des Zugstabes führt.

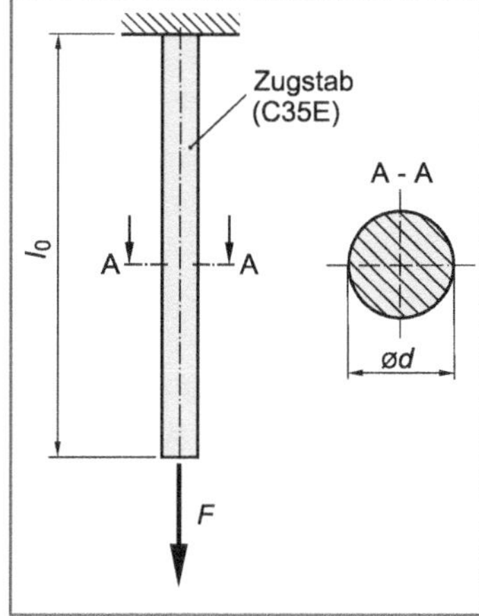

Aufgabe 2.3 ○○○●●

Ein Wassertank ist an vier Stahlbändern aus S275JR befestigt (siehe Abbildung). Die Masse des leeren Tanks beträgt $m_L = 2000$ kg, die des gefüllten Tanks $m_V = 3600$ kg ($g = 9{,}81$ m/s^2). Die Stahlbänder haben eine Querschnittsfläche von 25 mm x 4 mm. Der Abstand der Stahlbänder vom linken und rechten Ende des Tankes beträgt jeweils $a = 500$ mm.

Werkstoffkennwerte S275JR:

R_e = 265 N/mm^2
R_m = 470 N/mm^2
E = 210000 N/mm^2
μ = 0,30

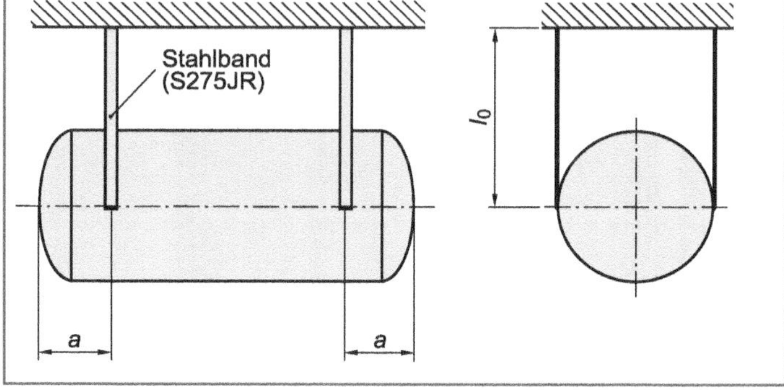

a) Berechnen Sie die Spannung in den Bändern bei leerem und bei vollem Tank.

b) Ermitteln Sie bei vollem Wassertank die Sicherheiten der Bänder gegen Versagen. Sind die Sicherheiten ausreichend?

c) Um welchen Betrag Δl senkt sich der Tank beim Befüllen, falls die Länge der Bänder bei leerem Tank $l_0 = 1{,}5$ m beträgt?

Aufgabe 2.4 ○○○●●

Die Abbildung zeigt eine Zugstange mit Vollkreisquerschnitt aus Werkstoff S275JR ($R_e = 260$ N/mm^2; $R_m = 480$ N/mm^2). Die Stange wird durch die Masse m belastet ($g = 9{,}81$ m/s^2).

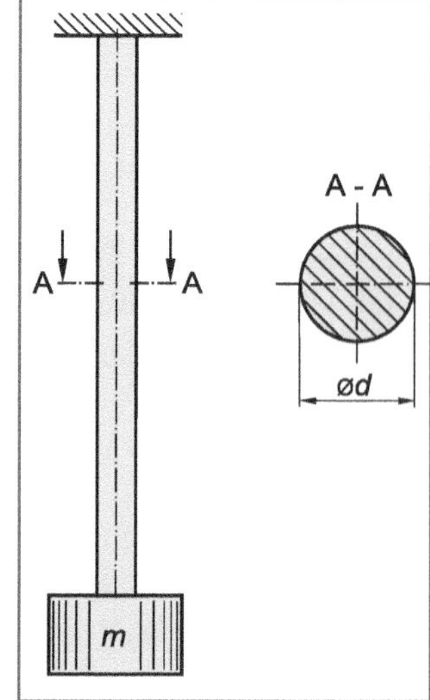

a) Berechnen Sie den Durchmesser d der Zugstange, damit eine Masse von $m = 2500$ kg mit Sicherheit ($S_F = 1{,}5$ bzw. $S_B = 2{,}0$) aufgenommen werden kann.

b) Bei einer alternativen Ausführung wird eine Zugstange aus der Gusseisensorte EN-GJL-300 ($R_m = 300$ N/mm^2) mit einem Durchmesser von $d = 20$ mm verwendet. Ist die Sicherheit ausreichend, falls die Stange mit der Masse von $m = 2500$ kg belastet wird?

c) Ermitteln Sie die zulässige Masse m für den Fall einer Zugstange aus Werkstoff EN-GJL-300, falls eine Sicherheit von $S_B = 4{,}0$ gegen Bruch gefordert wird.

Aufgabe 2.5 ○○●●●

Das dargestellte Stabwerk ist an seinem linken Ende gelenkig gelagert und trägt an seinem freien, rechten Ende die Masse $m = 1500$ kg ($g = 9{,}81$ m/s^2). Das Stabwerk wird in zwei Varianten gefertigt:

Variante 1: Baustahl S275JR ($R_m = 510$ N/mm^2; $R_e = 275$ N/mm^2; $E = 210000$ N/mm^2)

Variante 2: EN AW-Al Mg5-H14 ($R_m = 350$ N/mm^2; $R_{p0,2} = 270$ N/mm^2; $E = 70000$ N/mm^2)

a) Berechnen Sie die Kraft F_S am Zugstab.

b) Ermitteln Sie die Spannung im Zugstab (Kreisringquerschnitt mit $d_a = 50$ mm und $s = 5$ mm).

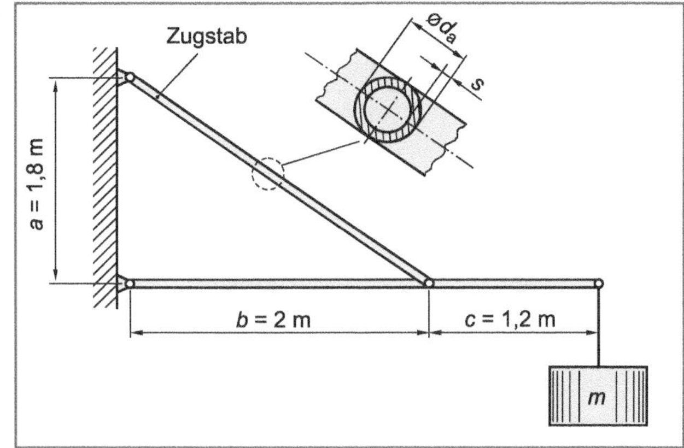

c) Errechnen Sie die Verlängerung Δl des Zugstabes, falls das Stabwerk aus S275JR bzw. aus EN AW-Al Mg5-H14 gefertigt wird.

d) Bestimmen Sie die Belastung m_1, die zu einem Bruch des Zugstabs führt, falls das Stabwerk aus S275JR bzw. aus EN AW-Al Mg5-H14 gefertigt wird.

e) Berechnen Sie die Wandstärke s des Zugstabs ($d_i = 40$ mm), damit eine erhöhte Belastung von $m_2 = 3250$ kg mit Sicherheit ($S_F = 1{,}5$ bzw. $S_B = 2{,}0$) aufgenommen werden kann, falls das Stabwerk aus S275JR bzw. EN AW-Al Mg5-H14 gefertigt wird.

Aufgabe 2.6 ○○●●●

Die dargestellte gelenkig gelagerte Konstruktion soll durch ein Stahlseil aus einem Spannstahl gehalten werden. Das Stahlseil hat eine Querschnittsfläche von $A = 100$ mm^2.

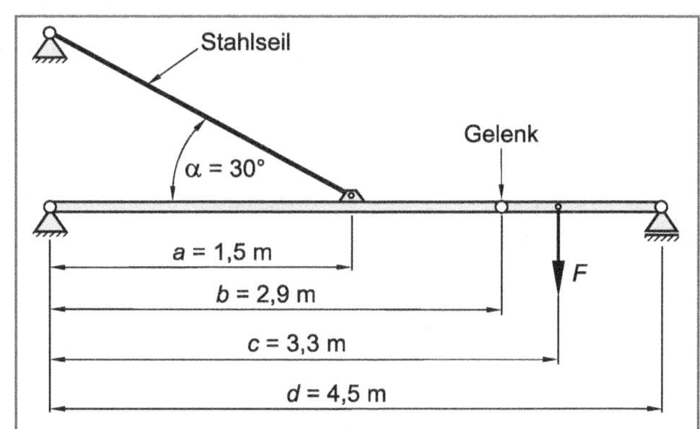

Ermitteln Sie die zulässige Belastung F, falls die Verlängerung des Stahlseils auf 0,5 mm begrenzt werden muss.

Werkstoffkennwerte des Spannstahls:

$R_{p0,2} = 720$ N/mm^2
$R_m = 950$ N/mm^2
$E = 210000$ N/mm^2
$\mu = 0{,}30$

Aufgabe 2.7

Ein Vierkantprofilstab aus der unlegierten Vergütungsstahlsorte C60E+QT mit einer Kantenlänge von a = 36 mm wird aus Gründen des Korrosionsschutzes allseitig mit einer s = 7 mm dicken Lage aus der nicht rostenden Stahlsorte X6CrNiMoTi17-12-2 plattiert (kraftschlüssige Verbindung). Der hierdurch entstehende Verbundstab wird durch die im Flächenschwerpunkt S angreifende Zugkraft statisch beansprucht.

Es kann für beide Stahlsorten ein linear-elastisch ideal-plastisches Werkstoffverhalten angenommen werden (siehe Abbildung). Eigenspannungen durch das Plattieren können vernachlässigt werden.

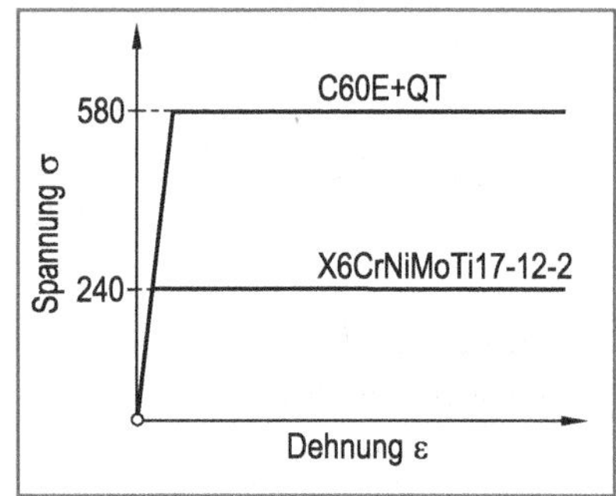

Werkstoffkennwerte von C60E+QT:

R_e = 580 N/mm²
E = 212000 N/mm²
μ = 0,30

Werkstoffkennwerte von X6CrNiMoTi17-12-2:

$R_{p0,2}$ = 240 N/mm²
E = 212000 N/mm²
μ = 0,30

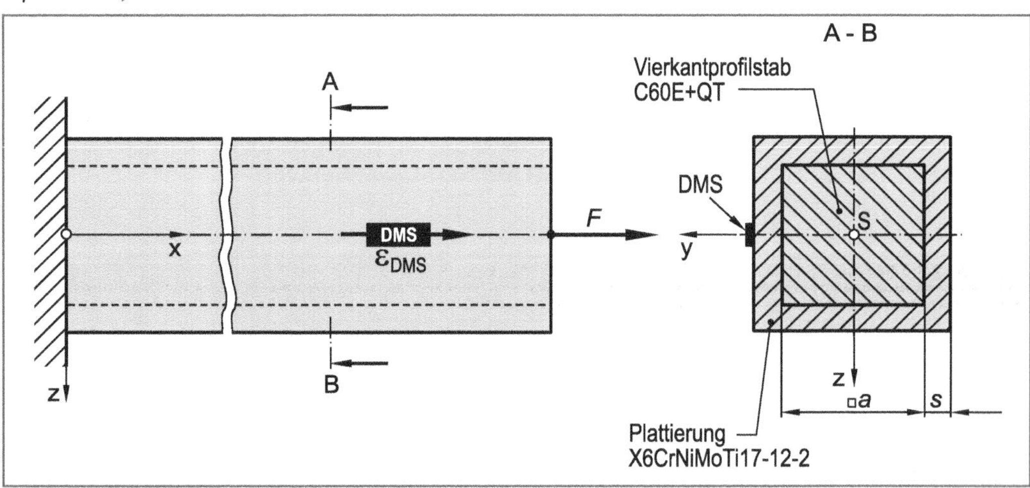

a) Berechnen Sie die zulässige Zugkraft F_1, damit Fließen mit einer Sicherheit von S_F = 1,4 an keiner Stelle des Verbundstabes eintritt.

b) Ermitteln Sie diejenige Zugkraft F_2, die erstmals zu einem Fließen des Verbundstabes führt.

c) Berechnen Sie die Spannungen im Vierkantprofilstab sowie in der Plattierung bei einer Zugkraft von F_3 = 800 kN.

Zur Kontrolle der Beanspruchung wird in Längsrichtung des Verbundstabes ein Dehnungsmessstreifen appliziert (siehe Abbildung).

d) Ermitteln Sie die wirkende Zugkraft F_4 bei einer Dehnungsanzeige von ε_{DMS} = 1,800 ‰.

Aufgabe 2.8 ○○●●●

Ein Stahlseil ($R_{p0,2}$ = 980 N/mm², E = 212 000 N/mm²) mit einem Durchmesser von 50 mm und einer Länge von 75 m wurde aus Gründen des Korrosionsschutzes mit einer thermoplastischen Kunststoffschicht (E = 12 500 N/mm²) mit einer Dicke von 3 mm ummantelt. Stahlseil und Kunststoffmantel können als fest miteinander verbunden betrachtet werden.

Berechnen Sie für eine Zugkraft von F = 1250 kN die Verlängerung der Stahlseils sowie die Spannungen im Stahlkern und im Kunststoffmantel. Das Werkstoffverhalten des Kunststoffmantels kann als linear-elastisch betrachtet werden. Spannungen infolge unterschiedlicher Querkontraktion von Mantel und Kern sollen unberücksichtigt bleiben.

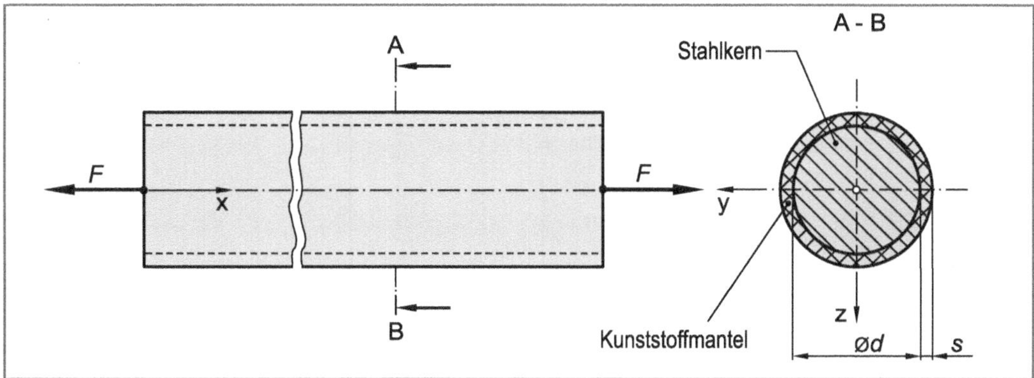

2.2 Druck

Eine an einem geraden, prismatischen Stab zentrisch angreifende Druckkraft F_d führt zu einer reinen **Druckspannung** in der Querschnittsfläche A. Typische, durch reine Druckbeanspruchung beaufschlagte Bauteile sind zum Beispiel:

- Stützen
- dehnungsbehinderte Teile wie z. B. Temperatur beaufschlagte Rohrleitungen
- Pleuel in Verbrennungsmotoren.

2.2.1 Spannungsermittlung bei Druckbeanspruchung

Die Druckbeanspruchung kann als Umkehrung der Zugbeanspruchung aufgefasst werden. Dementsprechend errechnet sich die Druck(normal)-spannung σ_d als Quotient aus Druckkraft F_d (Kraftkomponente senkrecht zur Querschnittsfläche) und der Querschnittsfläche A (Bild 2.13):

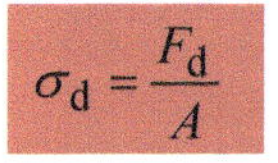

$$\sigma_d = \frac{F_d}{A}$$

Grundgleichung zur Spannungsermittlung bei reiner Druckbeanspruchung (2.16)

F_d (Druck-)Kraftkomponente senkrecht zur Schnittfläche (N), siehe auch Kapitel 2.4.1
A Schnittfläche (mm^2)
σ_d (Druck-)Normalspannung (N/mm^2)

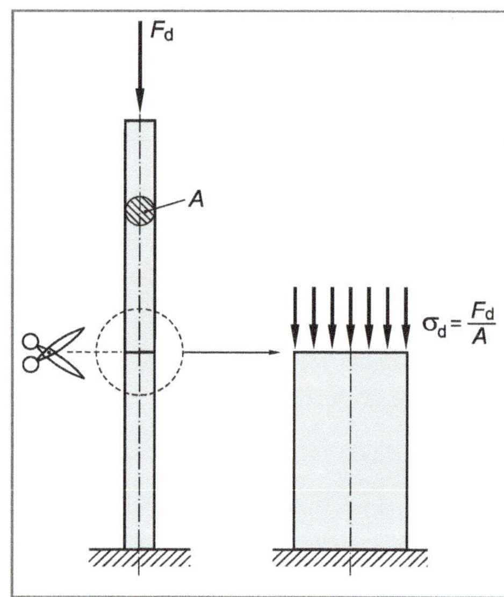

Bild 2.13 Gerader, prismatischer Stab unter Druckbeanspruchung
a) ungeschnitten
b) geschnitten

Analog zur Zugbeanspruchung liegt auch hier eine einachsige Beanspruchung vor. Im Unterschied zur Zugspannung erhalten Druckspannungen üblicherweise ein negatives Vorzeichen oder den Index d, bisweilen auch beides.

2.2.2 Werkstoffverhalten und Kennwerte bei Druckbeanspruchung

Festigkeitskennwerte für druckbeanspruchte Bauteile werden im **Druckversuch** nach DIN 50106 ermittelt. Der Druckversuch hat dabei eine besondere Bedeutung für Werkstoffe wie Beton, Ziegel, Holz, usw. Auch metallische Werkstoffe werden im Druckversuch geprüft. Eine große Bedeutung hat der Druckversuch hierbei für spröde Werkstoffe (z. B. Gusseisen mit Lamellengraphit) oder auf Druck beanspruchte Metalle (z. B. Lagermetalle). Auf die Beschreibung des Druckversuchs soll verzichtet und auf die Norm verwiesen werden.

2.2.2.1 Duktile Werkstoffe

In Analogie zum Zugversuch wird beim Druckversuch eine dem Spannungs-Dehnungs-Diagramm vergleichbare **Druckspannungs-Stauchungs-Kurve** ermittelt. Bild 2.14 zeigt beispielhaft die Spannungs-Dehnungs-Diagramme bei Zug- und Druckbeanspruchung für duktile Metalle mit und ohne ausgeprägte Streckgrenze. Im Bereich der elastischen Beanspruchung stimmen die Spannungs-Dehnungs- bzw. die Druckspannungs-Stauchungs-Kurven weitgehend überein, der Elastizitätsmodul ist also für Zug- und Druckbeanspruchung identisch und die Hookesche Gerade weist am Übergang von Zug nach Druck keinen Knick auf. Bei höheren Beanspruchungen beobachtet man jedoch erhebliche Unterschiede. Mit Erreichen der Proportionalitätsgrenze σ_{dP} endet das linear-elastische Werkstoffverhalten.

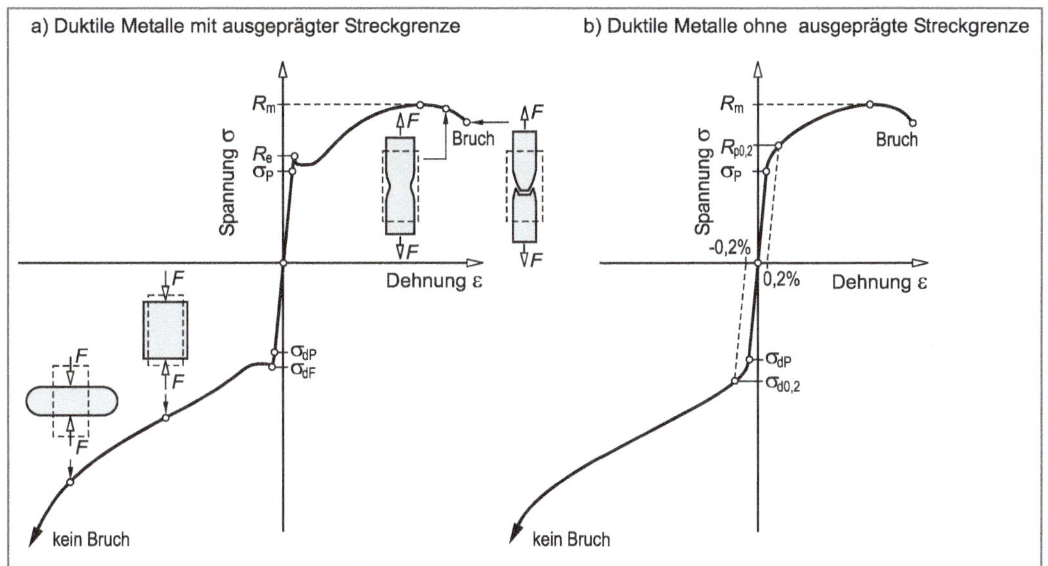

Bild 2.14 Spannungs-Dehnungs- bzw. Druckspannungs-Stauchungs-Diagramme duktiler Metalle

Werkstoffe, die im Zugversuch eine ausgeprägte Streckgrenze aufweisen (Kapitel 2.1.2.3) zeigen auch bei Druckbeanspruchung eine entsprechende Unstetigkeit im Druckspannungs-Stauchungs-Diagramm. Der entsprechende, den Beginn einer plastischen Verformung kennzeichnende Werkstoffkennwert wird in Analogie zur Streckgrenze R_e im Zugversuch, als **natürliche Quetschgrenze** $\boldsymbol{\sigma_{dF}}$ (mitunter auch **Druckfließgrenze**) bezeichnet (Bild 2.14a).

Die Quetsch- bzw. Druckfließgrenze ist der Quotient aus der Druckkraft F_F mit Erreichen der ersten Unstetigkeit der Druckspannungs-Stauchungs-Kurve und der Anfangsquerschnittsfläche A_0. Die Quetsch- bzw. Druckfließgrenze σ_{dF} entspricht betragsmäßig etwa Streckgrenze R_e.

$$\sigma_{dF} = \frac{F_F}{A_0} \approx R_e \qquad \textbf{Natürliche Quetschgrenze (Druckfließgrenze)} \qquad (2.17)$$

σ_{dF} natürliche Quetschgrenze oder Druckfließgrenze (N/mm^2)
F_F Druckkraft bei der ersten Unstetigkeit der Druckspannungs-Stauchungs-Kurve (N)
A_0 Anfangsquerschnittsfläche (mm^2)

Bei Werkstoffen ohne ausgeprägte Steckgrenze (Kapitel 2.1.2.3) wird anstelle der Quetschgrenze ersatzweise die **Stauchgrenze** σ_{dp} ermittelt (Bild 2.14b). Die Stauchgrenze ist der Quotient aus derjenigen Kraft F_P, die zu einer bleibenden Stauchung von p-% führt, bezogen auf die Anfangsquerschnittsfläche A_0. Die Stauchgrenze σ_{dp} entspricht betragsmäßig etwa der Dehngrenze R_p.

$$\sigma_{dp} = \frac{F_P}{A_0} \approx R_p \qquad \textbf{Stauchgrenze} \qquad (2.18)$$

σ_{dp} Stauchgrenze (N/mm²)
F_p Druckkraft, die zu einer bleibenden Stauchung von p-% führt (N)
A_0 Anfangsquerschnittsfläche (mm²)

Besonders vereinbarte Stauchgrenzen sind die **0,2%-Stauchgrenze $\sigma_{d0,2}$** (entspricht etwa der 0,2%-Dehngrenze $R_{p0,2}$ bei Zugbeanspruchung) die zu einer bleibenden Stauchung von 0,2% führt und die **2%-Stauchgrenze σ_{d2}**, die zu einer bleibenden Stauchung von 2% führt.

Da mit abnehmender Höhe der Probe der Durchmesser zunimmt, steigt die Druckspannungs-Stauchungs-Kurve duktiler Werkstoffe kontinuierlich an, ohne dass ein Bruch zu erwarten ist. Die Probe wird mehr oder weniger zusammengedrückt. Da also ein Bruch bei duktilen Werkstoffen unter Druckbeanspruchung nicht auftritt bzw. bei vielen technischen Bauteilen vorher mit einem Versagen durch Knickung (Kapitel 8) zu rechnen ist, wird eine der Zugfestigkeit entsprechende Druckfestigkeit bei duktilen Werkstoffen nicht ermittelt.

2.2.2.2 Spröde Werkstoffe

Spröde Werkstoffe können unter Druckbeanspruchung in der Regel weit höhere Belastungen ertragen als unter Zuglast. Bild 2.15 zeigt, dass die Druckfestigkeit spröder Werkstoffe (z. B. Gusseisen mit Lamellengraphit) ein Vielfaches der Zugfestigkeit R_m betragen kann.

Während spröde Werkstoffe unter Zugbeanspruchung durch einen **Trennbruch** versagen, sobald die Zugspannung die Zugfestigkeit R_m erreicht, ist unter Druckbeanspruchung mit einem **Scher-** bzw. **Schiebungsbruch** durch Abscherung zu rechnen, sobald die Druckspannung die Druckfestigkeit σ_{dB} erreicht (siehe auch Kapitel 6.1). Dieses Werkstoffverhalten wird auch experimentell betätigt.

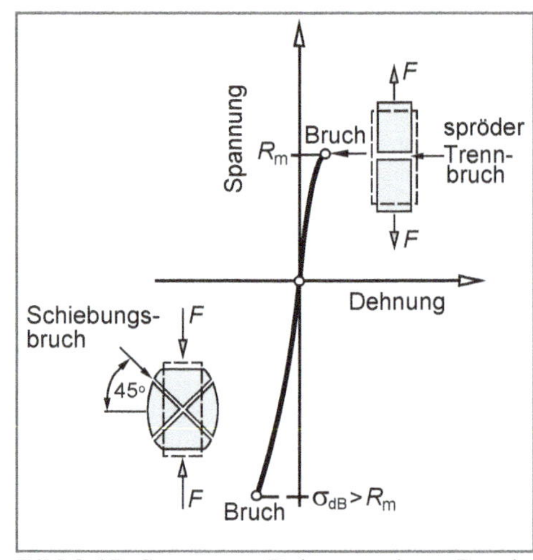

Bild 2.15 Spannungs-Dehnungs- bzw. Druckspannungs-Stauchungs-Diagramm spröder Metalle

Der für Festigkeitsberechnungen relevante Werkstoffkennwert unter Druckbeanspruchung ist die **Druckfestigkeit σ_{dB}**. Der Kennwert ist definiert als der Quotient aus Druckkraft F_B beim Anriss oder Bruch der Probe, bezogen auf die Anfangsquerschnittsfläche A_0:

$$\sigma_{dB} = \frac{F_B}{A_0} \quad \textbf{Druckfestigkeit} \quad (2.19)$$

σ_{dB} Druckfestigkeit (N/mm²)
F_B Druckkraft beim Anriss oder Bruch der Probe (N)
A_0 Anfangsquerschnittsfläche (mm²)

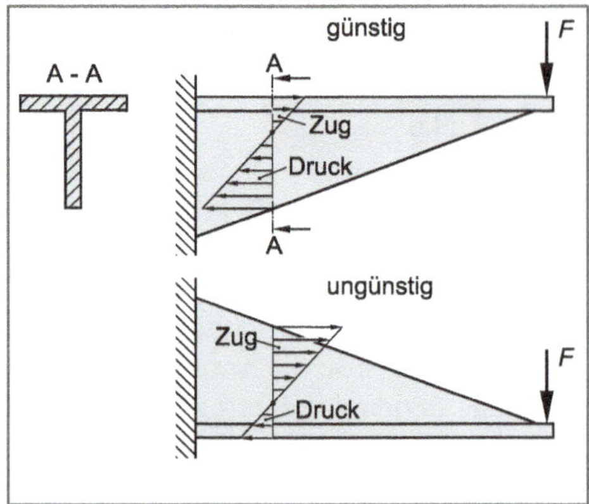

Bild 2.16 Werkstoffgerechtes Konstruieren am Beispiel eines Kragarms aus (sprödem) Gusseisen mit Lamellengraphit

Wird bei der Konstruktion von Bauteilen aus spröden Werkstoffen darauf geachtet, dass die höchst beanspruchten Querschnitte überwiegend Druckspannungen ausgesetzt sind, dann kann ihre Beanspruchbarkeit deutlich verbessert werden. Bild 2.16 verdeutlicht diesen Sachverhalt am Beispiel eines Kragarms aus Gusseisen mit Lamellengraphit (werkstoffgerechtes Konstruieren).

2.2.3 Zulässige Spannung bei Druckbeanspruchung

Ein Versagen unter Druckbeanspruchung kann bei duktilen Werkstoffen durch Fließen oder Knickung erfolgen. Bei spröden Werkstoffen unter Druckbeanspruchung ist Bruch oder Knickung als mögliche Versagensursache zu berücksichtigen. Die Berechnung der Knickkraft F_K bzw. der Knickspannung σ_K für den Versagensfall Knickung erfolgt in Kapitel 8.

In Tabelle 2.3 sind Kennwerte zur Bestimmung der zulässigen Spannung unter reiner Druckbeanspruchung sowie Richtwerte für Sicherheitsbeiwerte zusammengestellt. Die Zahlenwerte entsprechen dabei den Sicherheitsbeiwerten wie sie üblicherweise für die Zugbeanspruchung (Tabelle 2.2) verwendet werden.

Tabelle 2.3 Kennwerte zur Bestimmung der zulässigen Spannung unter reiner Druckbeanspruchung

Werkstoff bzw. Werkstoffzustand	Versagensart	Werkstoffkennwert	Ersatzwert	Sicherheitsbeiwert [1]
duktil	Fließen	σ_{dF} bzw. $\sigma_{d0,2}$	R_e bzw. $R_{p0,2}$	$S_F = 1{,}2 \ldots 2{,}0$
	Knickung [2]	σ_K	----	$S_K = 2{,}5 \ldots 5{,}0$
spröde	Bruch	σ_{dB}	[3]	$S_B = 4{,}0 \ldots 9{,}0$
	Knickung [2]	σ_K	----	$S_K = 2{,}5 \ldots 5{,}0$

[1] Anhaltswerte, falls keine einschlägigen Berechnungsvorschriften vorliegen.
[2] Kapitel 8
[3] In der Regel ist bei spröden Werkstoffen $\sigma_{dB} > R_m$

Zusammenfassend errechnet sich die zul. Spannung σ_{zul} unter Druckbeanspruchung wie folgt:

Bauteile aus duktilen Werkstoffen bzw. duktiles Werkstoffverhalten

- Fließen: $$\sigma_{zul} = \frac{\sigma_{dF}}{S_F} \text{ bzw. } \frac{\sigma_{dp}}{S_F} \quad \text{mit } S_F = 1{,}2 \ldots 2{,}0 \qquad (2.20)$$
- Knickung [1]: $$\sigma_{zul} = \frac{\sigma_K}{S_K} \quad \text{mit } S_K = 2{,}5 \ldots 5{,}0 \qquad (2.21)$$

Maßgebend für den Festigkeitsnachweis ist der niedrigere der beiden Werte.

Bauteile aus spröden Werkstoffen bzw. spröder Werkstoffzustand

- Bruch: $$\sigma_{zul} = \frac{\sigma_{dB}}{S_B} \quad \text{mit } S_B = 4{,}0 \ldots 9{,}0 \qquad (2.22)$$
- Knickung [1]: $$\sigma_{zul} = \frac{\sigma_K}{S_K} \quad \text{mit } S_K = 2{,}5 \ldots 5{,}0 \qquad (2.23)$$

Maßgebend für den Festigkeitsnachweis ist auch hier der niedrigere der beiden Werte.

[1] Siehe Kapitel 8

2.2.4 Aufgaben

Aufgabe 2.9 ○○○○●

Eine Stahlstütze aus Werkstoff S235JR mit Kreisringquerschnitt soll eine axiale Druckkraft von $F = 120$ kN aufnehmen. Die Stütze hat die Länge $l_0 = 1600$ mm und einen Außendurchmesser von $d_a = 100$ mm.

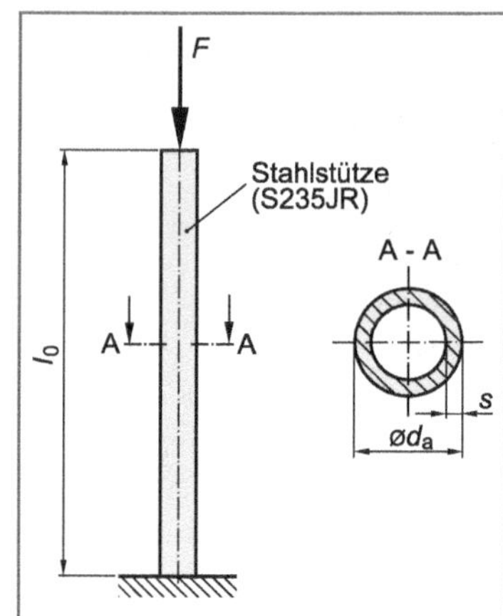

Werkstoffkennwerte S235JR:

$R_e = 235$ N/mm²
$R_m = 390$ N/mm²
$E = 210000$ N/mm²

a) Auf welche Weise kann die Stütze versagen?

b) Berechnen Sie die mindestens erforderliche Wandstärke s, damit die Druckkraft F mit Sicherheit ($S_F = 1{,}5$) aufgenommen werden kann (Berechnung nur gegen Fließen).

c) Um welchen Betrag Δl verkürzt sich die Stütze für die in Teil b) errechnete Wandstärke unter Wirkung der Druckkraft von $F = 120$ kN?

Aufgabe 2.10 ○○●●●

Die Abbildung zeigt eine einfache hydraulische Hebevorrichtung. Die maximale Belastung der Hebevorrichtung soll $m = 10000$ kg betragen ($g = 9{,}81$ m/s²). Die Kolbenstange wurde aus Vergütungsstahl C60E gefertigt. Eine mögliche Knickung der Kolbenstange soll nicht betrachtet werden.

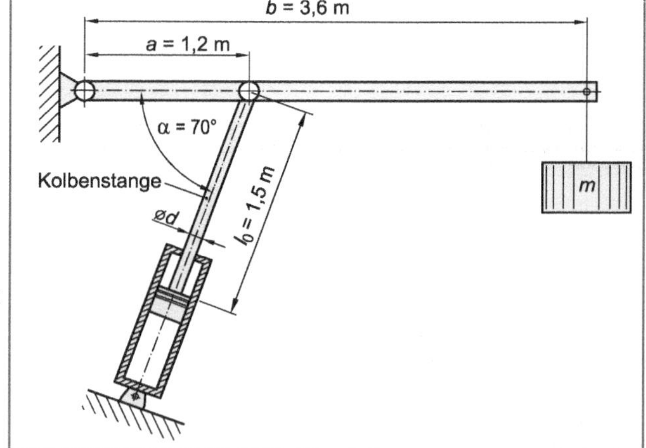

Werkstoffkennwerte C60E (vergütet):

$R_{p0,2} = 580$ N/mm²
$R_m = 950$ N/mm²
$E = 210000$ N/mm²
$\mu = 0{,}30$

a) Berechnen Sie den erforderlichen Durchmesser d der Kolbenstange (Vollkreisquerschnitt), damit Fließen mit Sicherheit ($S_F = 1{,}20$) ausgeschlossen werden kann.

b) Ermitteln Sie die Verkürzung Δl der Kolbenstange bei einer Belastung von $m = 10000$ kg und dem in Teil a) berechneten Durchmesser d (Länge im unbelasteten Zustand $l_0 = 1{,}5$ m).

c) Bei einer anderen Ausführung der Kolbenstange wird ein Durchmesser von $d_1 = 80$ mm gewählt (Vollkreisquerschnitt). Berechnen Sie die maximale Belastbarkeit m^* der Hebevorrichtung, falls die Durchmesservergrößerung der Kolbenstange maximal 0,015 mm betragen darf.

Aufgabe 2.11 ○○●●●

Zwischen den ebenen, starren Druckplatten einer Hydraulikpresse werden drei eben aufeinander liegende Metallscheiben mit gleichem Durchmesser (d = 50 mm) jedoch aus verschiedenen Werkstoffen (Magnesium, Kupfer und Stahl) auf Druck beansprucht (siehe Abbildung). Bei der zunächst unbekannten Druckkraft F wird an einer Messuhr die gemeinsame Verkürzung Δl = 0,25 mm ermittelt.

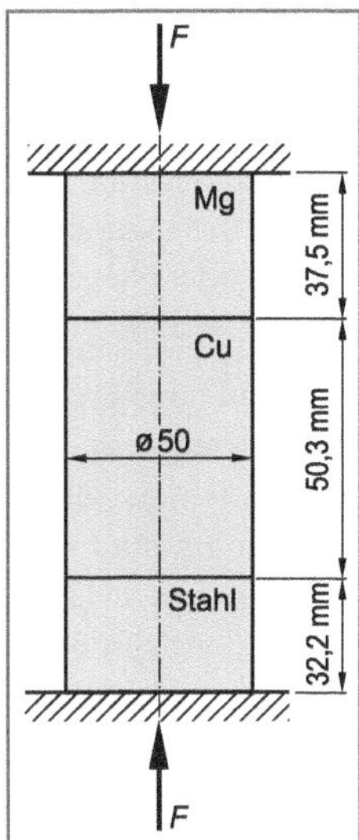

Scheibe 1: Magnesium: $E = 45000\ \text{N/mm}^2$
Scheibe 2: Kupfer: $E = 120000\ \text{N/mm}^2$
Scheibe 3: Stahl: $E = 210000\ \text{N/mm}^2$

a) Berechnen Sie die Druckkraft F.

b) Ermitteln Sie die Spannungen in den einzelnen Metallscheiben.

c) Berechnen Sie die Verkürzungen der einzelnen Metallscheiben unter Wirkung der Druckkraft F.

2.3 Gerade Biegung

Prismatische Stäbe mit beliebigem Querschnitt deren Querschnittsabmessungen klein gegenüber ihrer Länge sind, bezeichnet man als **Balken**. Die Verbindungslinie aller Flächenschwerpunkte S ist die **Balkenachse** und die von den Kraftvektoren (Einzelkräfte oder Streckenlasten) aufgespannte Ebene wird als **Lastebene** bezeichnet (Bild 2.17).

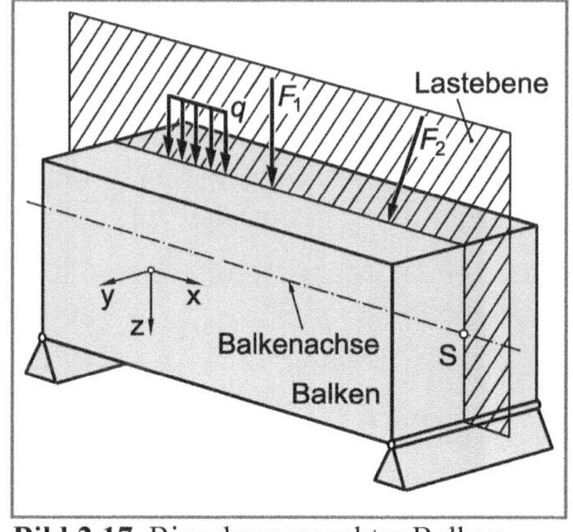

Bild 2.17 Biegebeanspruchter Balken

Ein Balken wird auf Biegung beansprucht, falls die Balkenachse in der Lastebene liegt. Ist diese Bedingung nicht erfüllt, dann tritt neben einer Biegebeanspruchung auch noch eine Verdrehung auf bzw. der Balken kippt. Dieser Fall soll hier allerdings nicht betrachtet werden.

Von **gerader Biegung** oder **einachsiger Biegung** spricht man, sofern an einem Balken Kräfte (Einzelkräfte oder Streckenlasten) oder Momente angreifen, deren Momentenvektor M_b mit einer der beiden Hauptachsen [1] des Balkenquerschnitts zusammenfällt. Dies ist beispielsweise der Fall bei Balken mit mindestens einer Symmetrieebene, die in der Symmetrieebene (Bild 2.18a) oder senkrecht dazu (Bild 2.18b) belastet werden.

Fällt der Biegemomentenvektor nicht mit einer der Hauptachsen zusammen, wie zum Beispiel bei Belastungen schräg zur Symmetrieebene (Bild 2.18c) oder bei unsymmetrischen Querschnitten (Bild 2.18d), dann spricht man von **schiefer Biegung** oder **zweiachsiger Biegung**. Bisweilen ist auch die Bezeichnung **allgemeine Biegung** üblich. Die schiefe Biegung wird in Kapitel 9 besprochen.

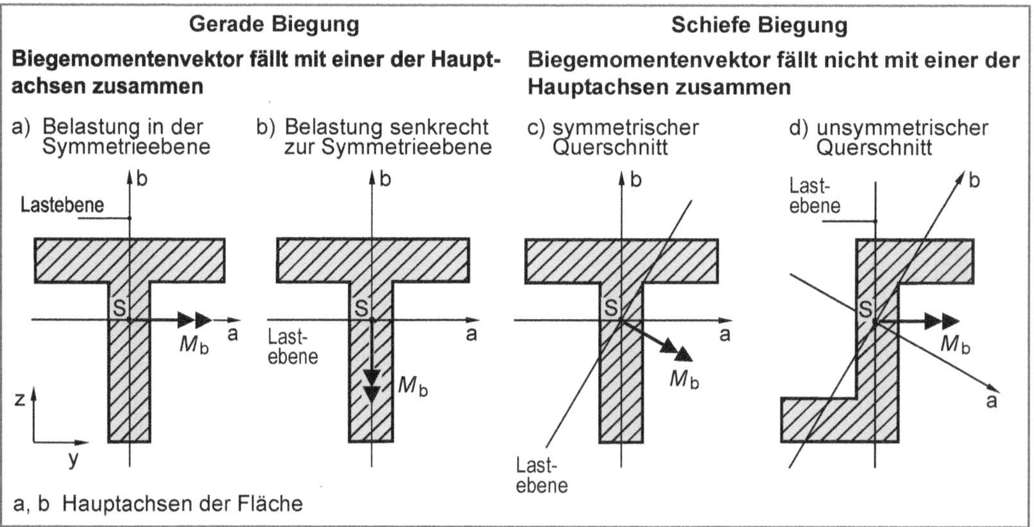

Bild 2.18 Gerade und schiefe Biegung

[1] Zwei zueinander senkrecht stehende Achsen durch den Schwerpunkt einer Fläche bezüglich derer die axialen Flächenmomente 2. Ordnung Extremwerte annehmen d. h. das gemischte Flächenmoment Null wird, werden als **Hauptachsen** bezeichnet. Für einfach symmetrische Querschnitte (z. B. T-Profil in Bild 2.18) sind die Symmetrieachse und deren Senkrechte durch den Flächenschwerpunkt S stets Hauptachsen (siehe auch Kapitel 9).

2.3.1 Spannungsermittlung bei gerader Biegung

Zur Ermittlung der Spannungen bei gerader Biegung müssen die folgenden Annahmen getroffen werden:

1. Lastebene und Balkenachse (vor der Biegung) fallen zusammen, andernfalls würde sich der Balken, abhängig von der Lagerung zusätzlich verdrehen oder kippen.
2. Es tritt eine **reine Biegung (querkraftfreie Biegung)** auf, d. h. die Schnittgrößen Q_y und Q_z (Querkräfte) sind Null. Außerdem soll keine Normalkraft (N) und kein Torsionsmoment (M_t) wirken. In der Querschnittsfläche tritt also nur ein gleichbleibendes Biegemoment M_b = konst. mit seinen Komponenten M_{by} und M_{bz} auf (Bild 2.19). Eine reine Biegung tritt beispielsweise auf, falls der Balken mit einem Biegemoment (Bild 2.20a) oder einem Kräftepaar (Bild 2.20b) beansprucht wird.

   Wird ein Balken hingegen durch ein veränderliches Biegemoment $M_b(x)$ beansprucht, dann treten in jeder Querschnittsfläche des Balkens Querkräfte $Q(x)$ und damit Schubspannungen auf, da gilt: $Q(x) = dM(x)/dx$ (**Querkraftschub**). Dies ist zum Beispiel bei einseitig eingespannten Balken (Bild 2.20c) oder durch Streckenlasten beanspruchten Balken der Fall. Diese Schubspannungen sind nur bei kleinen Querschnittsabmessungen im Vergleich zur Balkenlänge gegenüber der Biegespannung vernachlässigbar. Hierauf wird in Kapitel 10 näher eingegangen.
3. Zur Balkenachse senkrechte Querschnittsebenen bleiben auch nach der Verformung in sich eben (keine Verwölbung) und stehen senkrecht zur neutralen Faser (**Bernoullische Hypothese**)
4. Konstanter d. h. nicht von der Spannung abhängiger Elastizitätsmodul.

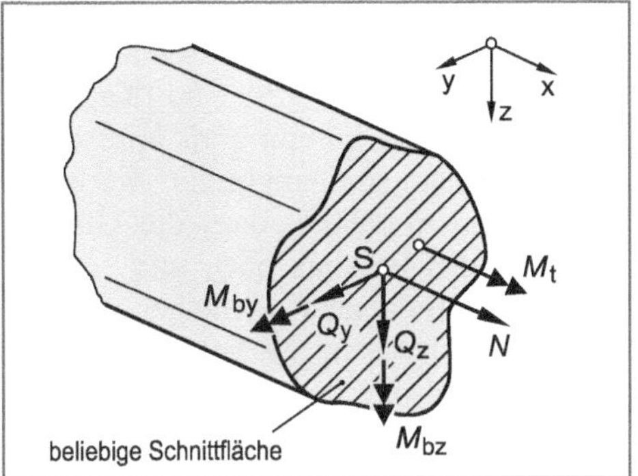

Bild 2.19 Schnittgrößen an einem Balkenquerschnitt

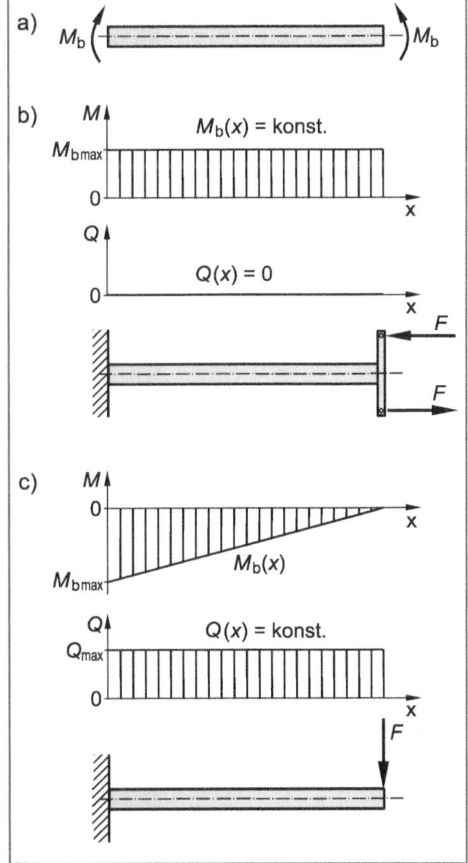

Bild 2.20 Momenten- und Querkraftverlauf unterschiedlich beanspruchter Balken (Beispiele)

Die Grundgleichungen der geraden, reinen Biegung, sollen am Beispiel eines Biegebalkens mit kreiszylindrischem Querschnitt hergeleitet werden (Bild 2.21).

Ein durch ein Biegemoment M_b belasteter Balken wird elastisch verformt, d. h. die Balkenachse erfährt eine Krümmung (Bild 2.21). Sofern das Biegemoment längs der Balkenachse konstant bleibt bzw. die Schubspannungen vernachlässigbar sind (Kapitel 10) kann die Krümmung als Kreisbogen mit Radius R angesetzt werden. Unter der Annahme, dass die Querschnitte des Balkens eben und senkrecht zur Balkenachse bleiben (Bernoullische Hypothese) werden Werkstoffteilchen an der Außenseite der Krümmung gedehnt, an der Innenseite hingegen gestaucht. Werkstoffteilchen, die mit der Balkenachse (Verbindungslinie aller Flächenschwerpunkte) zusammenfallen, erfahren bei reiner Biegung keine Dehnung. Die Balkenachse wird dann auch als **neutrale Faser** bezeichnet.

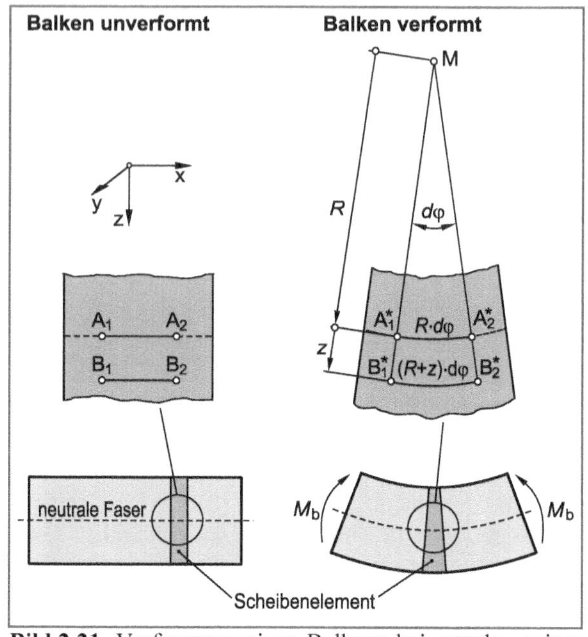

Bild 2.21 Verformung eines Balkens bei gerader, reiner Biegung

Markiert man außerhalb der neutralen Faser ein Linienelement (z. B. Strecke B_1B_2), dann wird es durch die Biegebeanspruchung gedehnt, falls es relativ zur neutralen Faser vom Krümmungsmittelpunkt M entfernt liegt. Liegt es hingegen auf der Seite des Krümmungsmittelpunktes, dann wird das Linienelement gestaucht. Die ursprüngliche Strecke B_1B_2 im gedehnten Bereich erfährt also durch die Biegung die Längenänderung [1]:

$$\overline{B_1^* B_2^*} = (R+z) \cdot d\varphi \tag{2.24}$$

Das Linienelement auf der neutralen Faser erfährt durch die Biegebeanspruchung hingegen keine Veränderung seiner ursprünglichen Länge:

$$\overline{A_1^* A_2^*} = \overline{A_1 A_2} = R \cdot d\varphi \tag{2.25}$$

Für die Dehnung $\varepsilon(z)$ im Abstand z von der neutralen Faser ergibt sich damit die **Verträglichkeitsbedingung**:

$$\varepsilon(z) = \frac{(R+z) \cdot d\varphi - R \cdot d\varphi}{R \cdot d\varphi} = \frac{z}{R} \tag{2.26}$$

Gleichung 2.26 zeigt zunächst, dass sich die Biegedehnung (unter den oben genannten Voraussetzungen) linear über dem Querschnitt ändert. Unter der Voraussetzung eines konstanten Elastizitätsmoduls ergibt sich mit Hilfe des Hookeschen Gesetzes für die Spannungsverteilung in der Querschnittsfläche:

$$\sigma(z) = E \cdot \varepsilon(z) = \frac{E}{R} \cdot z \tag{2.27}$$

[1] φ im Bogenmaß

Die Spannungen im Stabquerschnitt unter Biegebeanspruchung sind also an der neutralen Faser ($z = 0$) Null und nehmen zu Rändern hin linear zu (Zugseite) bzw. ab (Druckseite). Die für Festigkeitsnachweise wichtige maximale Biegespannung, die nachfolgend mit σ_b bezeichnet werden soll, findet man also am Rand ($z = z_{max}$). Dort gilt:

$$\sigma_b = \sigma(z_{max}) = \frac{E}{R} \cdot z_{max} \tag{2.28}$$

Gleichung 2.28 ist für die Berechnung der maximalen Biegespannung ungeeignet, da der Krümmungsradius R bei Balken in der Regel schwierig zu ermitteln ist bzw. überhaupt nicht ermittelt werden kann. Es muss also ein Zusammenhang zwischen der in der Regel bekannten äußeren Belastung (Biegemoment M_b) und den Spannungen im Bauteil gefunden werden. Den gesuchten Zusammenhang erhält man, indem man eine **Gleichgewichtsbedingung** zwischen den in den Querschnittsflächen wirkenden Spannungen und dem äußeren Biegemoment herstellt.

Hierzu betrachtet man entsprechend Bild 2.22 ein „unendlich" schmales Flächenelement dA der Querschnittsfläche das sich im Abstand z von der neutralen Faser entfernt befindet. Im Flächenelement wirkt die Spannung $\sigma(z)$. Bezüglich der y-Achse (neutrale Faser) ergibt sich damit das Teilmoment:

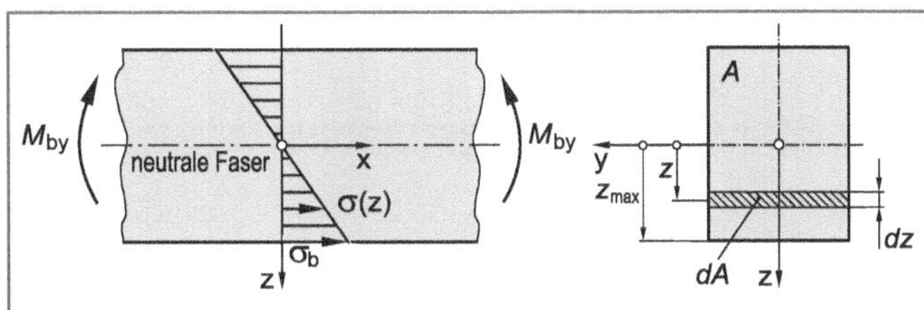

Bild 2.22 Schnittspannungen am Biegestab

$$dM_{by} = \sigma(z) \cdot dA \cdot z \tag{2.29}$$

Das Gesamtmoment M_{by} ergibt sich als Summe aller Teilmomente dM_{by} über den gesamten Querschnitt, d. h. als Integral über die Querschnittsfläche A. Aufgrund des Momentengleichgewichts muss dieses Gesamtmoment dem äußeren Biegemoment um die y-Achse (M_{by}) äquivalent sein. Aus Gleichung 2.29 ergibt sich mit Gleichung 2.27 und Integration über A:

$$M_{by} = \int_A \sigma(z) \cdot z\, dA = \frac{E}{R} \int_A z^2\, dA = \frac{E}{R} \cdot I_y \tag{2.30}$$

Der Integralausdruck $\int_A z^2\, dA$ (2.31)

wird als **axiales Flächenmoment 2. Ordnung** (siehe auch Kapitel 9.1.2) bezeichnet. Üblicherweise verwendet man hierfür das Formelzeichen I, ergänzt durch einen Index (z. B. x, y oder z) welcher die Biegeachse bezeichnet. I_y bedeutet also axiales Flächenmoment 2. Ordnung bezüglich der y-Achse. Die Dimension des axialen Flächenmomentes ist beispielsweise m^4, cm^4 oder mm^4. Für praktische Berechnungen verwendet man häufig mm^4.

Da der Integralausdruck für I (Gleichung 2.31) bei komplexen Querschnitten mitunter schwierig zu ermitteln ist, findet man die entsprechenden Werte für technisch wichtige Querschnittsgeometrien in Tabellenwerken. Voraussetzungen für die Integration ist allerdings die mathematische Beschreibbarkeit der Flächenberandung.

In Tabelle 2.4 sind für ausgewählte, technisch wichtige Querschnittsgeometrien die axialen Flächenmomente 2. Ordnung zusammengestellt.

Die Spannungsverteilung im Balkenquerschnitt erhält man aus Gleichung 2.27 und 2.30, indem man den Krümmungsradius R eliminiert.

Gleichung (2.27): $\sigma(z) = \frac{E}{R} \cdot z$

Gleichung (2.30): $M_b = \frac{E}{R} \cdot I$

und damit letztlich:

$$\sigma(z) = \frac{M_b}{I} \cdot z$$ **Spannungsverteilung bei gerader, reiner Biegung** (2.32)

Die größte Biegespannung $\sigma(z_{max}) \equiv \sigma_b$ tritt an Stellen des Querschnitts auf, die den größten Abstand zur neutralen Faser (Zug- oder Druckseite) haben (Bild 2.22), also:

$$\sigma_b = \frac{M_b}{I} \cdot z_{max} \tag{2.33}$$

Da für Festigkeitsnachweise in der Regel die größte im Querschnitt herrschende Spannung von Interesse ist, fasst man den Ausdruck I / z_{max} zum **axialen Widerstandsmoment** W_b zusammen:

$$W_b = \frac{I}{z_{max}}$$ **Definition des axialen Widerstandsmomentes** (2.34)

Das Formelzeichen für W_b wird üblicherweise ebenfalls durch einen die Biegeachse kennzeichnenden Index (z. B. x, y oder z) ergänzt. Die Dimension des axialen Widerstandsmomentes ist beispielsweise m^3, cm^3 oder mm^3, wobei in der Praxis häufig mit mm^3 gerechnet wird. Ebenso wie das axiale Flächenmoment 2. Ordnung (I), ist auch das axiale Widerstandsmoment (W_b) für technisch wichtige Querschnittsgeometrien in Tabelle 2.4 zusammengestellt.

Für geometrisch einfache Querschnitte kann das axiale Flächenmoment 2. Ordnung (I) nach Gleichung 2.31 ermittelt werden (Aufgabe 2.17 und 2.18). Für zusammengesetzte Querschnitte dürfen die axialen Flächenmomente addiert oder subtrahiert werden. Das axiale Widerstandsmoment (W_b) erhält man dann gemäß $W_b = I / z_{max}$, wobei z_{max} der maximale Abstand der Randfaser des Querschnitts zur Biegeachse ist. Es ist zu beachten, dass axiale Widerstandsmomente *nicht* addiert oder subtrahiert werden dürfen (Aufgabe 2.20 und 2.21).

Aus Gleichung (2.33) und mit Gleichung (2.34) folgt schließlich die Grundgleichung zur Spannungsermittlung bei gerader, reiner Biegung:

$$\sigma_b = \frac{M_b}{W_b}$$ **Grundgleichung zur Spannungsermittlung bei gerader, reiner Biegung** (2.35)

σ_b maximale Biegespannung im Querschnitt (N/mm^2)
M_b Biegemoment (Nmm)
W_b axiales Widerstandsmoment (mm^3)

Tabelle 2.4 Axiale Flächenmomente 2. Ordnung und axiale Widerstandsmomente ausgewählter Querschnitte

Profil	axiales Flächenmoment	axiales Widerstandsmoment
gleichschenkliges Dreieck 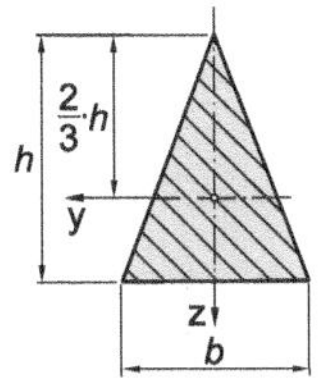 (h, $\frac{2}{3}\cdot h$, y, z, b)	$I_y = \frac{b \cdot h^3}{36}$ $I_z = \frac{h \cdot b^3}{48}$	$W_{by} = \frac{b \cdot h^2}{24}$ $W_{bz} = \frac{h \cdot b^2}{24}$
gleichseitiges Dreieck 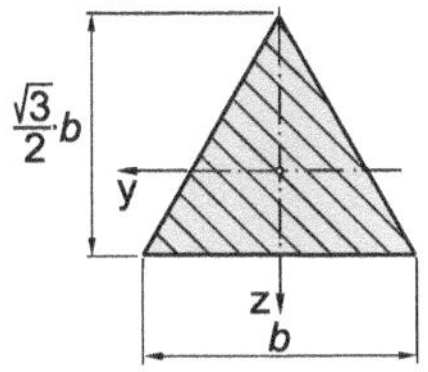 ($\frac{\sqrt{3}}{2}\cdot b$, y, z, b)	$I_y = \frac{b^4}{32 \cdot \sqrt{3}}$ $I_z = \frac{b^4}{32 \cdot \sqrt{3}}$	$W_{by} = \frac{b^3}{32}$ $W_{bz} = \frac{b^3}{16 \cdot \sqrt{3}}$
Quadrat 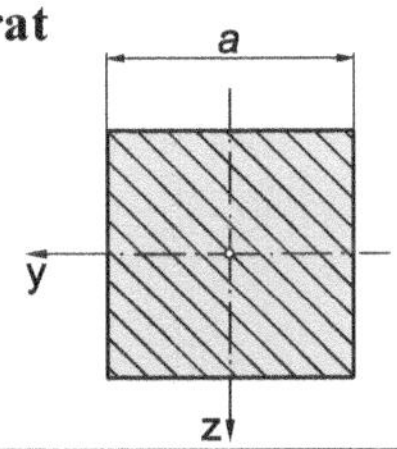 (a, y, z)	$I_y = I_z = \frac{a^4}{12}$	$W_{by} = W_{bz} = \frac{a^3}{6}$
Rechteck 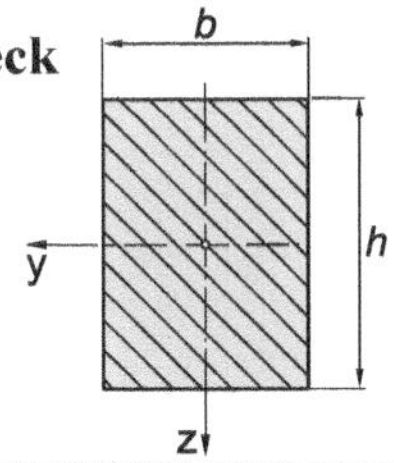 (b, h, y, z)	$I_y = \frac{b \cdot h^3}{12}$ $I_z = \frac{h \cdot b^3}{12}$	$W_{by} = \frac{b \cdot h^2}{6}$ $W_{bz} = \frac{h \cdot b^2}{6}$
Trapez 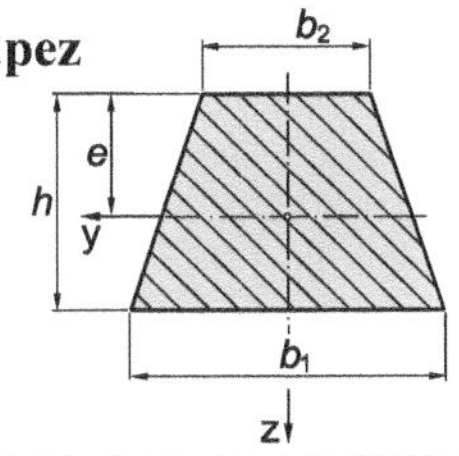 (b_2, e, h, y, b_1, z)	$I_y = \frac{h^3}{36} \cdot \frac{b_1^2 + 4 \cdot b_1 \cdot b_2 + b_2^2}{b_1 + b_2}$ $e = \frac{h}{3} \cdot \frac{2 \cdot b_1 + b_2}{b_1 + b_2}$	$W_{by} = \frac{h^2}{12} \cdot \frac{b_1^2 + 4 \cdot b_1 \cdot b_2 + b_2^2}{2 \cdot b_1 + b_2}$

Fortsetzung Tabelle 2.4 Axiale Flächenmomente 2. Ordnung und axiale Widerstandsmomente ausgewählter Querschnitte

Profil	axiales Flächenmoment	axiales Widerstandsmoment
Sechseck (a; y; z)	$I_y = I_z = \frac{5\cdot\sqrt{3}}{16}\cdot a^4$	$W_{by} = \frac{5}{8}\cdot a^3$ $W_{bz} = \frac{5\cdot\sqrt{3}}{16}\cdot a^3$
Achteck (y; z; a)	$I_y = I_z = (1+2\sqrt{2})\cdot\frac{a^4}{6}$	$W_{by} = W_{bz} = 0{,}6906\cdot a^3$
Vollkreis (ød; y; z)	$I_y = I_z = \frac{\pi}{64}\cdot d^4$	$W_{by} = W_{bz} = \frac{\pi}{32}\cdot d^3$
Kreisring [1] (øD; ød; y; z)	$I_y = I_z = \frac{\pi}{64}\cdot(D^4 - d^4)$	$W_{by} = W_{bz} = \frac{\pi}{32}\cdot\frac{D^4 - d^4}{D}$
Ellipse (y; a; b; z)	$I_y = \frac{\pi}{4}\cdot a^3 b$ $I_z = \frac{\pi}{4}\cdot b^3 a$	$W_{by} = \frac{\pi}{4}\cdot a^2 b$ $W_{bz} = \frac{\pi}{4}\cdot b^2 a$

[1] Dickwandig. Für einen *dünnwandigen* Kreisring mit $t << d_m$ (t =Wanddicke; d_m = mittlerer Durchmesser) gilt:

$I_y = I_z = \frac{\pi}{8}\cdot d_m^3\cdot t$ und $W_{by} = W_{bz} = \frac{\pi}{4}\cdot d_m^2\cdot t$ (siehe auch Aufgabe 10.3)

Fortsetzung Tabelle 2.4 Axiale Flächenmomente 2. Ordnung und axiale Widerstandsmomente ausgewählter Querschnitte

Profil	axiales Flächenmoment	axiales Widerstandsmoment
Ellipsenring	$I_y = \frac{\pi}{4} \cdot (a_1^3 \cdot b_1 - a_2^3 \cdot b_2)$ $I_z = \frac{\pi}{4} \cdot (b_1^3 \cdot a_1 - b_2^3 \cdot a_2)$	$W_{by} = \frac{\pi}{4} \cdot \frac{a_1^3 \cdot b_1 - a_2^3 \cdot b_2}{a_1}$ $W_{bz} = \frac{\pi}{4} \cdot \frac{b_1^3 \cdot a_1 - b_2^3 \cdot a_2}{b_1}$
halber Vollkreis	$I_y = \left(\frac{\pi}{8} - \frac{8}{9 \cdot \pi}\right) \cdot r^4$ $I_z = \frac{\pi}{8} \cdot r^4$ $e = \left(1 - \frac{4}{3 \cdot \pi}\right) \cdot r$	$W_{by} = \frac{I_y}{e} = 0{,}1907 \cdot r^3$ $W_{bz} = \frac{\pi}{8} \cdot r^3$

2.3.2 Axiale Flächenmomente 2. Ordnung und axiale Widerstandsmomente zusammengesetzter Querschnitte

Zur Berechnung der axialen Flächen- und Widerstandsmomente einfacher Querschnitte sind in Tabelle 2.4 die entsprechenden Beziehungen zusammengestellt. Die Querschnittsgeometrien technischer Bauteile sind in der Regel komplexer, sie setzen sich jedoch häufig aus diesen einfachen Querschnitten zusammen. Typische Beispiele sind I- oder U-Profile. In diesem Fall lassen sich die entsprechenden axialen Flächen- und Widerstandmomente ebenfalls auf einfache Weise ermitteln. Die Vorgehensweise soll am Beispiel des in Bild 2.23 dargestellten Profils erläutert werden (siehe auch Kapitel 9.1.3.1).

1. Das Gesamtprofil wird in einem ersten Schritt in einfach zu berechnende Teilflächen (z. B. Rechtecke) zerlegt.
2. Falls die Querschnittsfläche bezüglich der betrachteten Achse durch den Flächenschwerpunkt S (Biegeachse) nicht symmetrisch ist, muss zunächst die Lage des Flächenschwerpunktes des Gesamtquerschnitts berechnet werden. Dies erfolgt mit Hilfe des **Teilschwerpunktsatzes**:

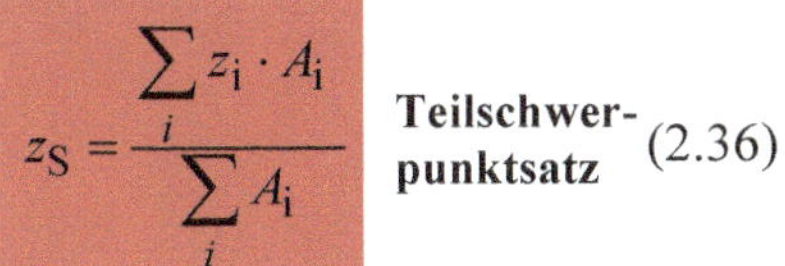

$$z_S = \frac{\sum_i z_i \cdot A_i}{\sum_i A_i}$$ **Teilschwerpunktsatz** (2.36)

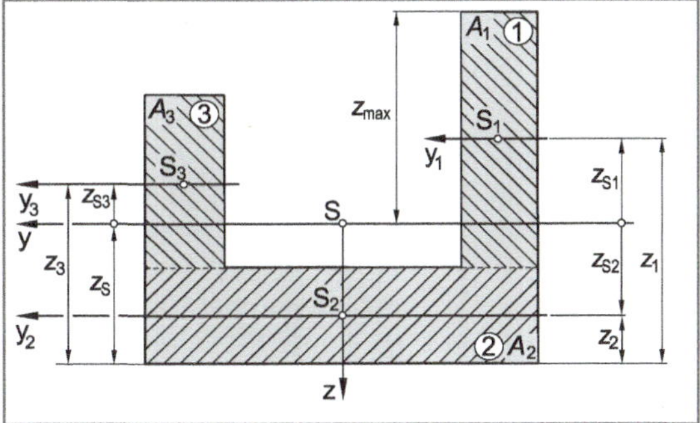

Bild 2.23 Ermittlung der axialen Flächen- und Widerstandsmomente zusammengesetzter Querschnitte

3. Berechnung der axialen Flächenmomente 2. Ordnung der Teilflächen bezüglich einer Achse durch den Flächenschwerpunkt S der Gesamtfläche. Hierzu bedient man sich des **Satzes von Steiner** (siehe auch Kapitel 9.1.3.1):

   Ist das axiale Flächenmoment 2. Ordnung I_y bezüglich einer Achse durch den Flächenschwerpunkt bekannt (y-Achse in Bild 2.24), dann errechnet sich das axiale Flächenmoment 2. Ordnung $I_{y'}$ bezüglich einer hierzu parallelen Achse (y'-Achse in Bild 2.24) gemäß:

$$I_{y'} = I_y + z_S^2 \cdot A \qquad (2.37)$$

Axiales Flächenmoment bei Parallelverschiebung der Koordinatenachse

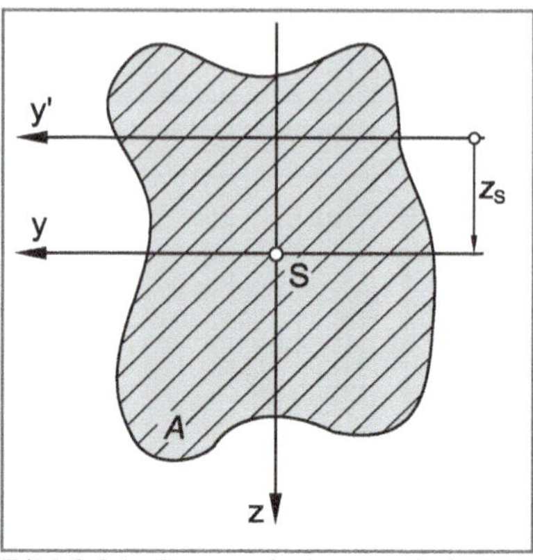

Bild 2.24 Geometrische Verhältnisse zur Anwendung des Satzes von Steiner

Auf das Beispiel in Bild 2.23 übertragen, bedeutet dies die Umrechnung der axialen Flächenmomente der Teilflächen bezüglich der Achsen durch ihre jeweiligen Teilschwerpunkte (y_1-, y_2- und y_3-Achse) auf die y-Achse durch den Gesamtflächenschwerpunkt S. Die Vorgehensweise ist nachfolgend tabellarisch zusammengestellt.

Teilfläche	Abstand zwischen Teil- und Gesamtflächenschwerpunkt	Flächeninhalt	axiales Flächenmoment bezüglich einer Achse durch den	
			Teilflächenschwerpunkt	Gesamtflächenschwerpunkt
1	z_{S1}	A_1	I_{y1}	$I_{yS1} = I_{y1} + z_{S1}^2 \cdot A_1$
2	z_{S2}	A_2	I_{y2}	$I_{yS2} = I_{y2} + z_{S2}^2 \cdot A_2$
3	z_{S3}	A_3	I_{y3}	$I_{yS3} = I_{y3} + z_{S3}^2 \cdot A_3$

4. Das axiale Flächenmoment 2. Ordnung I_{yS} des Gesamtquerschnitts ergibt sich durch Addition der (auf die y-Achse umgerechneten) axialen Flächenmomente der Teilquerschnitte:

$$I_{yS} = I_{yS1} + I_{yS2} + I_{yS3}$$

Axiale Flächenmomente 2. Ordnung dürfen addiert und subtrahiert werden, sofern sie auf die gleiche Achse bezogen sind. Dies gilt jedoch nicht für die axialen Widerstandsmomente.

5. Das axiale Widerstandsmoment W_{by} der Gesamtfläche (bezüglich der y-Achse) erhält man entsprechend Gleichung 2.34 als Quotient aus axialem Flächenmoment 2. Ordnung (I_{yS}) und dem maximalen Abstand der Flächenberandung zur Biegeachse (z_{max}).

$$W_{by} = \frac{I_{yS}}{z_{max}}$$

[1] ***Jakob Steiner*** (1796 ... 1863). Die Grundlagen des Steiner'schen Satzes wurden jedoch bereits von ***Christian Huygens*** (1629 ... 1695) gelegt.

2.3.3 Werkstoffverhalten und Kennwerte bei Biegebeanspruchung

In Analogie zur Zug- bzw. Druckbeanspruchung, muss beim Festigkeitsnachweis biegebeanspruchter Bauteile das Werkstoffverhalten (duktil oder spröde) berücksichtigt werden.

2.3.3.1 Duktile Werkstoffe

Unter einachsiger Zugbeanspruchung sind die Streck- oder Dehngrenze (R_e bzw. R_p) bzw. die Zugfestigkeit die maßgeblichen Werkstoffkennwerte. Sie werden im Zugversuch ermittelt (Kapitel 2.1.2). Relevante Werkstoffkennwerte für Festigkeitsnachweise unter Druckbeanspruchung sind die natürliche Quetsch- bzw. Druckfließgrenze σ_{dF} oder die Stauchgrenze σ_{dp}, in der Regel $\sigma_{d0,2}$ oder σ_{d2} (Kapitel 2.2.2). Die Kennwerte ergeben sich aus dem Druckversuch.

Es liegt nun nahe anzunehmen, dass die für Biegebeanspruchung maßgeblichen Werkstoffkennwerte einem Biegeversuch entstammen. Dies ist jedoch nicht der Fall, da ein Biegeversuch für duktile Werkstoffe nicht existiert. Ein derartiger Versuch ist auch nicht erforderlich, da sich die Biegebeanspruchung aus Zug- und Druckbeanspruchungen zusammensetzt (Bild 2.25). In der Zug- bzw. Druckzone eines Biegebalkens spielen sich prinzipiell dieselben Vorgänge ab, wie beim Zug- bzw. Druckversuch.

Bei duktilen Werkstoffen beginnt der Biegestab zu fließen, sobald die maximale Spannung σ_b in der Randfaser die Streck- bzw. Dehngrenze (Zugseite) oder die Druckfließ- bzw. Stauchgrenze (Druckseite) erreicht.

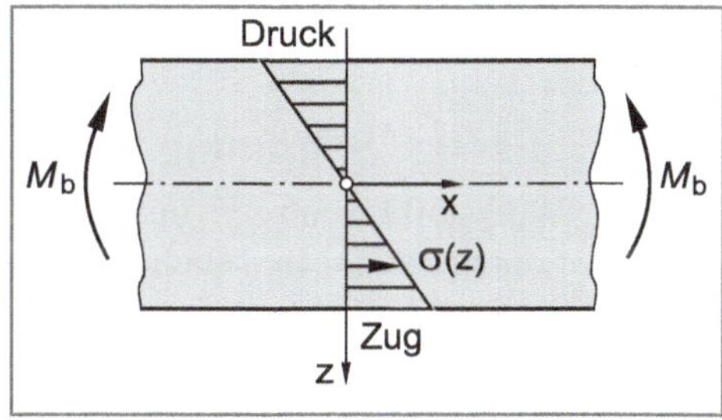

Bild 2.25 Spannungsverteilung im Biegebalken

Man führt als Werkstoffkennwert bei Biegebeanspruchung von duktilen Werkstoffen die **Biegefließgrenze σ_{bF}** ein. Sie ist definiert als Quotient aus Biegemoment bei Fließbeginn (M_{bF}) und axialem Widerstandsmoment der Querschnittsfläche (W_b). Die Biegefließgrenze entspricht bei duktilen Metallen etwa der Streck- bzw. Dehngrenze.

$$\sigma_{bF} = \frac{M_{bF}}{W_b} \approx R_e \text{ bzw. } R_p \qquad \textbf{Biegefließgrenze} \qquad (2.38)$$

Unter Biegebeanspruchung beginnt das Fließen zuerst an den höchst beanspruchten Randfasern, während Werkstoffbereiche in der Balkenmitte noch elastisch beansprucht werden und dementsprechend eine **Stützwirkung** ausüben. Zur weiteren plastischen Verformung eines Biegebalkens ist daher eine Erhöhung des Biegemomentes nötig. Demzufolge findet man für die Biegefließgrenze mitunter auch die Beziehung:

$$\sigma_{bF} \approx 1{,}1 \ldots 1{,}2 \cdot R_e$$

Wird der Stab aus einem duktilen Werkstoff über die Biegefließgrenze hinaus weiter verformt, dann könnte angenommen werden, dass ein Bruch eintritt, sobald die maximale Spannung σ_b auf der Zugseite die Zugfestigkeit R_m erreicht. Da duktile Werkstoffe unter Biegebeanspruchung jedoch nicht brechen, muss der Versagensfall Bruch auch nicht berücksichtigt werden.

2.3.3.2 Spröde Werkstoffe

Für spröde Werkstoffe wird als Werkstoffkennwert die **Biegefestigkeit σ_{bB}** eingeführt. Sie ist definiert als Quotient aus Biegemoment beim Bruch (M_{bB}) und axialem Widerstandsmoment (W_b) der Querschnittsfläche:

$$\sigma_{bB} = \frac{M_{bB}}{W_b} \geq R_m \quad \textbf{Biegefestigkeit} \tag{2.39}$$

Bei ideal sprödem, d. h. linear-elastischem Werkstoffverhalten entspricht die Biegefestigkeit σ_{bB} der Zugfestigkeit R_m, da ein Trennbruch dann eintritt, sobald die Spannung in der Randfaser (σ_b) die Zugfestigkeit erreicht.

In der Praxis brechen spröde metallische Werkstoffe unter Biegebeanspruchung in der Regel bei weit höheren Spannungen als der im Zugversuch ermittelten Zugfestigkeit R_m. Der Bruch geht dabei stets von der Zugseite des Biegestabes aus und verläuft senkrecht zur größten Normalspannung. Der Grund für diese Beobachtung liegt darin, dass spröde Werkstoffe infolge ihres doch vorhandenen Plastifizierungsvermögens häufig eine Zug-Druck-Anisotropie aufweisen. Für Gusseisen mit Lamellengraphit gilt damit beispielsweise:

$\sigma_{bB} = 2{,}0 \ldots 2{,}5 \cdot R_m$ (für Gusseisen mit Lamellengraphit)

2.3.4 Zulässige Spannung bei Biegebeanspruchung

Duktile Werkstoffe versagen unter Biegebeanspruchung durch Fließen, spröde Werkstoffe hingegen durch Bruch. In Tabelle 2.5 sind Kennwerte zur Bestimmung der zulässigen Spannung unter Biegebeanspruchung sowie Richtwerte für Sicherheitsbeiwerte zusammengestellt. Die Sicherheitsbeiwerte entsprechen dabei den Werten wie sie für die Zug- bzw. Druckbeanspruchung (Tabelle 2.2 und 2.3) eingeführt wurden.

Tabelle 2.5 Kennwerte zur Bestimmung der zulässigen Spannung unter Biegebeanspruchung

Werkstoff bzw. Werkstoffzustand	Versagensart	Werkstoffkennwert	Ersatzwert	Sicherheitsbeiwert [1]
duktil	Fließen	σ_{bF}	$\approx R_e$	$S_F = 1{,}2 \ldots 2{,}0$
	Bruch	tritt unter Biegebeanspruchung nicht auf		
spröde	Bruch	σ_{bB}	$\geq R_m$ [2]	$S_B = 4{,}0 \ldots 9{,}0$

[1] Anhaltswerte, falls keine einschlägigen Berechnungsvorschriften vorliegen.
[2] für Gusseisen mit Lamellengraphit: $\sigma_{bB} = 2{,}0 \ldots 2{,}5 \cdot R_m$

Zusammenfassend errechnet sich die zulässige Spannung σ_{zul} unter Biegebeanspruchung damit wie folgt:

Bauteile aus duktilen Werkstoffen bzw. duktiles Werkstoffverhalten

• Fließen: $$\sigma_{zul} = \frac{\sigma_{bF}}{S_F} \quad \text{mit } S_F = 1{,}2 \ldots 2{,}0 \tag{2.40}$$

Bauteile aus spröden Werkstoffen bzw. sprödes Werkstoffverhalten

• Bruch: $$\sigma_{zul} = \frac{\sigma_{bB}}{S_B} \quad \text{mit } S_B = 4{,}0 \ldots 9{,}0 \tag{2.41}$$

2.3.5 Aufgaben

Aufgabe 2.12 ○○○●●

Der dargestellte Kastenträger aus Werkstoff S275JR ist beidseitig gelenkig gelagert und wird durch die statisch wirkende Kraft $F = 25$ kN auf Biegung beansprucht. Das Eigengewicht des Trägers sowie Schubspannungen durch Querkräfte sollen vernachlässigt werden.

Berechnen Sie die mindestens erforderliche Wandstärke s, damit Fließen mit Sicherheit ($S_F = 1{,}5$) ausgeschlossen werden kann.

Werkstoffkennwerte S275JR:

$R_e = 275$ N/mm^2
$R_m = 540$ N/mm^2
$E = 208000$ N/mm^2
$\mu = 0{,}30$

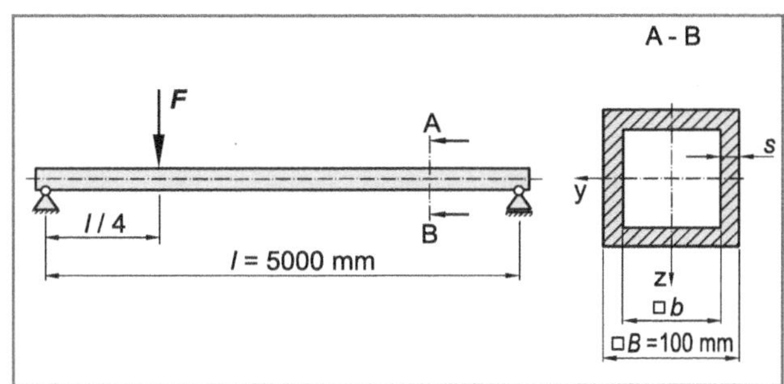

Aufgabe 2.13 ○○●●●

Ein einseitig eingespannter T-Träger aus dem unlegierten Baustahl S355J2 wird durch die statisch wirkende Kraft $F = 1$ kN auf Biegung beansprucht. Das Eigengewicht des Trägers, Schubspannungen durch Querkräfte sowie die Kerbwirkung an der Einspannstelle sollen bei allen Aufgabenteilen vernachlässigt werden.

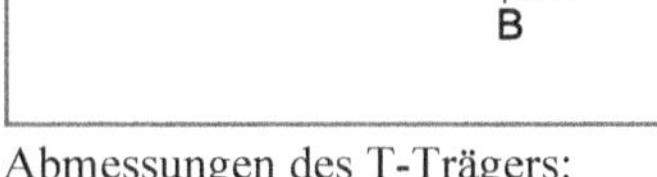

Werkstoffkennwerte S355J2:

$R_e = 355$ N/mm^2
$R_m = 610$ N/mm^2
$E = 212000$ N/mm^2
$\mu = 0{,}30$

Abmessungen des T-Trägers:

$a = 1000$ mm
$H = 60$ mm
$h = 40$ mm
$B = 60$ mm
$b = 20$ mm

a) Bestimmen Sie die Lage z_s des Flächenschwerpunktes S und berechnen Sie das axiale Flächenmoment 2. Ordnung (I_y) sowie das axiale Widerstandsmoment (W_{by}) bezüglich der y-Achse.

b) Ermitteln Sie die Sicherheit S_F gegen Fließen für die höchst beanspruchte Stelle.

c) Für eine Konstruktionsvariante soll die Länge des T-Trägers auf $a^* = 1500$ mm erhöht werden. Die Belastung von $F = 1$ kN bleibt unverändert. Ermitteln Sie das mindestens erforderliche axiale Widerstandsmoment (W^*_{by}), falls eine Sicherheit von $S_F = 1{,}5$ gegen Fließen gefordert wird.

Aufgabe 2.14 ○○●●●

Ein Rohr mit Kreisringquerschnitt und einer Länge von l = 2500 mm (Außendurchmesser d_a = 100 mm, Wandstärke s = 5 mm) aus Werkstoff S275JR (R_e = 275 N/mm^2 und E = 210000 N/mm^2) ist an beiden Enden gelenkig gelagert und wird in der Mitte durch die statisch wirkende Einzelkraft F belastet.

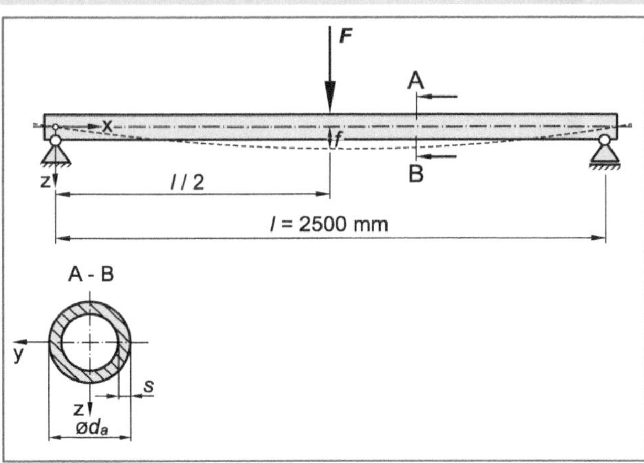

a) Skizzieren Sie den Verlauf des Biegemomentes M_b und berechnen Sie das maximale Biegemoment $M_{b\,max}$ in Abhängigkeit der Kraft F.

b) Ermitteln Sie die zulässige Durchbiegung f_{max} des Stahlrohres, damit Fließen mit Sicherheit (S_F = 1,5) ausgeschlossen werden kann.

c) Auf welchen zulässigen Betrag f^*_{max} muss die maximale Durchbiegung begrenzt werden, falls als Rohrwerkstoff die Gusseisensorte EN-GJL-350 (R_m = 350 N/mm^2; $\sigma_{bB} \approx 2{,}5 \cdot R_m$ und E = 100000 N/mm^2) gewählt und eine Sicherheit von S_B = 5,0 gegen Bruch gefordert wird?

Hinweis: $f = \dfrac{F \cdot l^3}{48 \cdot E \cdot I}$

Aufgabe 2.15 ○○●●●

Ein Stahlträger mit quadratischer Querschnittsfläche (B = 200 mm; b = 180 mm) aus Baustahl S355JR (R_e = 355 N/mm^2) wird beim Bau einer Stahlkonstruktion frei tragend vorgeschoben. Die Masse des Trägers samt Zusatzlast beträgt q = 80 kg/m (g = 9,81 m/s^2).

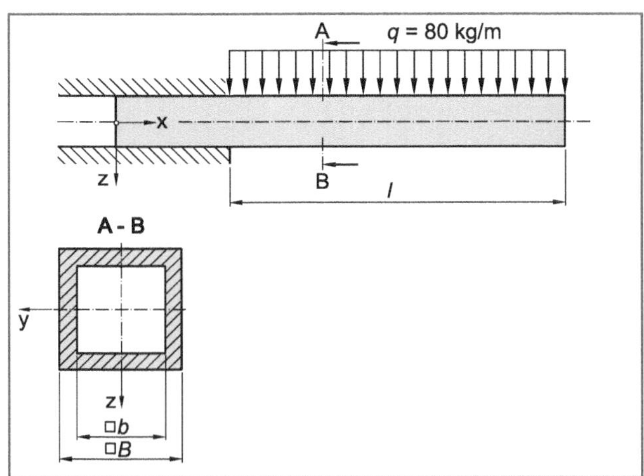

Berechnen Sie die maximal mögliche freie Länge l des Stahlträgers, damit plastische Verformungen infolge des Eigengewichts mit Sicherheit (S_F = 1,5) ausgeschlossen werden können.

Kerbwirkung an der Einspannstelle, das Eigengewicht des Trägers sowie Schubspannungen durch Querkräfte dürfen vernachlässigt werden.

Aufgabe 2.16 ○○○●●

Ein Bauteil mit einer Masse von m = 1000 kg soll mit Hilfe des dargestellten Freiträgers gehalten werden. Der Abstand l zwischen Seilrolle und Einspannung beträgt 1,5 m. Der Durchmesser der Seilrolle kann gegenüber der Stablänge vernachlässigt werden (g = 9,81 m/s^2). Kerbwirkung an der Einspannstelle sowie Schubspannungen durch Querkräfte sollen ebenfalls vernachlässigt werden.

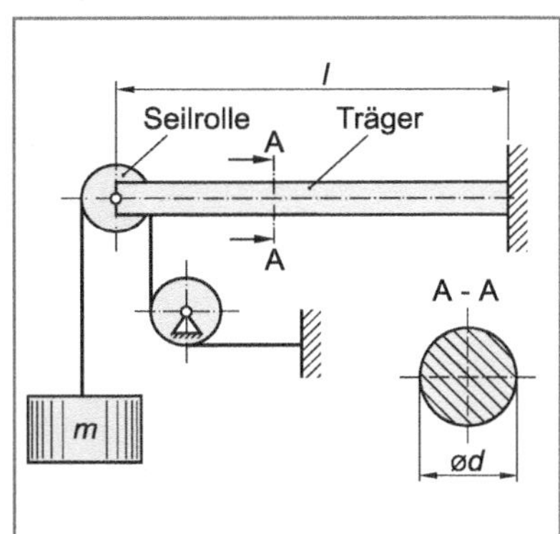

a) Berechnen Sie das erforderliche axiale Widerstandsmoment (W_b) des Freiträgers, damit die Masse m mit Sicherheit (S_F = 1,5) gehalten werden kann, falls der Träger aus C35E (R_e = 295 N/mm^2) gefertigt wurde.

b) Ermitteln Sie die Masse m*, die von einem baugleichen Träger aus der Gusseisensorte EN-GJL-300 (R_m = 300 N/mm^2; σ_{bB} = 460 N/mm^2) mit Sicherheit (S_B = 4,0) gehalten werden kann, falls ein Vollkreisquerschnitt mit d = 50 mm gewählt wird.

Aufgabe 2.17 ○●●●●

Die Abbildung zeigt die Querschnittsfläche einen Profilstabes. Sie entspricht einem gleichschenkligen Dreieck mit der Höhe h und der Breite b.

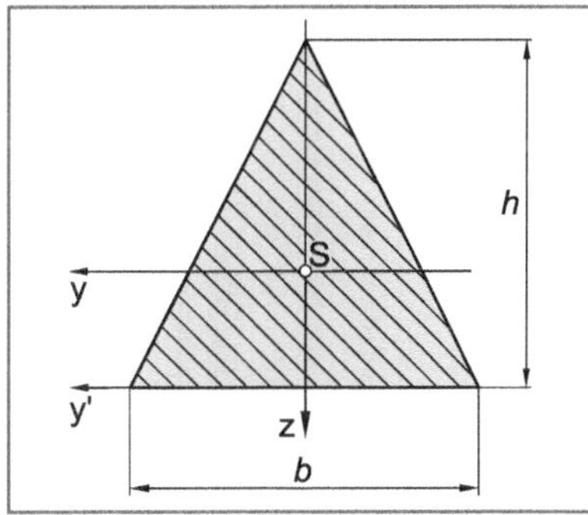

a) Berechnen Sie das axiale Flächenmoment 2. Ordnung (I_y) sowie das axiale Widerstandsmoment (W_{by}) bezüglich der y-Achse (Achse durch den Flächenschwerpunkt S).

b) Ermitteln Sie das axiale Flächenmoment 2. Ordnung (I_y) und das axiale Widerstandsmoment (W_{by}) für ein gleichseitiges Dreieck mit der Kantenlänge b.

c) Berechnen Sie die Werte für I_y und W_{by} für den Fall eines gleichschenkligen Dreiecks, jedoch bezüglich der y'-Achse (siehe Abbildung).

Aufgabe 2.18 ○●●●●

Ermitteln Sie für den dargestellten Rechteckquerschnitt rechnerisch das axiale Flächenmoment 2. Ordnung sowie das axiale Widerstandsmoment:

a) bezüglich der y-Achse (I_y und W_{by}).

b) bezüglich der z-Achse (I_z und W_{bz}).

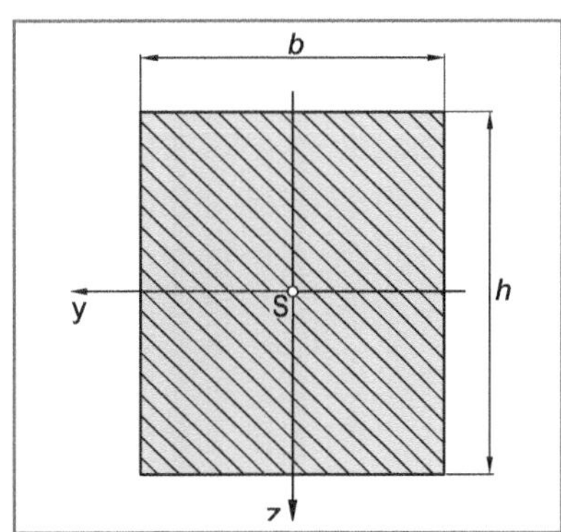

Aufgabe 2.19 ○○●●●

Der dargestellte Rechteckquerschnitt hat eine Fläche von $A = 72\ \text{cm}^2$.

Das axiale Flächenmoment 2. Ordnung bezüglich der y_a-Achse ($a = 5$ cm) ist bekannt und beträgt $I_{ya} = 2664\ \text{cm}^4$.

Berechnen Sie das axiale Flächenmoment 2.Ordnung bezüglich der y_b-Achse ($b = 2$ cm).

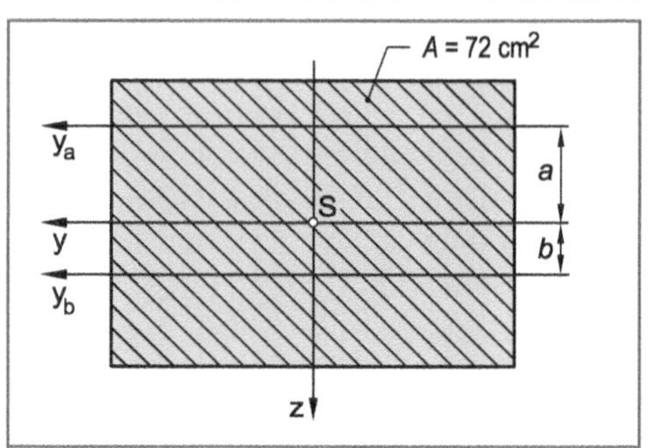

Aufgabe 2.20 ○○●●●

Das dargestellte U-Profil setzt sich aus drei Rechtecken zusammen.

a) Ermitteln Sie den Abstand z_S des Flächenschwerpunktes S von der y'-Achse.

b) Berechnen Sie das axiale Flächenmoment 2. Ordnung (I_y) bezüglich der y-Achse (Achse durch den Flächenschwerpunkt S).

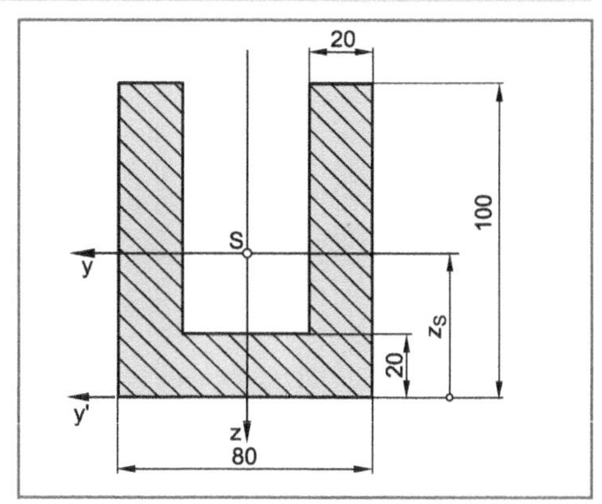

Aufgabe 2.21 ○○●●●

Berechnen Sie für das dargestellte Profil die axialen Flächenmomente 2. Ordnung und die axialen Widerstandsmomente:

a) bezüglich der y-Achse (I_y und W_{by}).

b) bezüglich der z-Achse (I_z und W_{bz}).

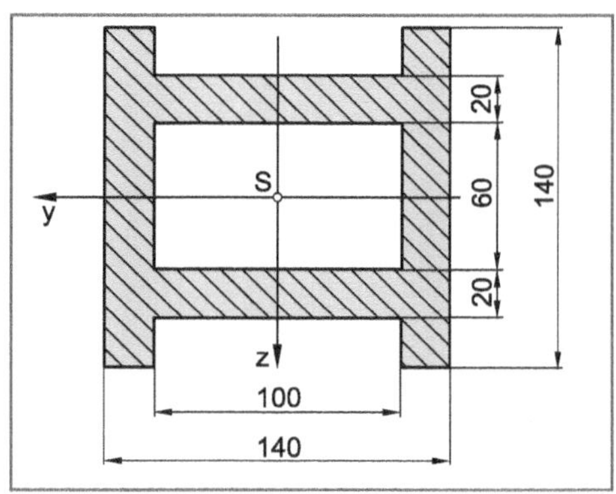

Aufgabe 2.22

Ein gelenkig gelagerter U-Profilstab aus der unlegierten Baustahlsorte S275JR wird durch eine statisch wirkende Zugkraft F beansprucht.

Werkstoffkennwerte S275JR:

$R_{p0,2}$ = 280 N/mm²
R_m = 550 N/mm²
E = 209000 N/mm²
μ = 0,30

Bei einem ersten zu untersuchenden Lastfall wirkt die Zugkraft F in horizontaler Richtung (x-Richtung). Der Kraftangriffspunkt befindet sich jedoch am unteren Ende der Querschnittsfläche (siehe Abbildung).

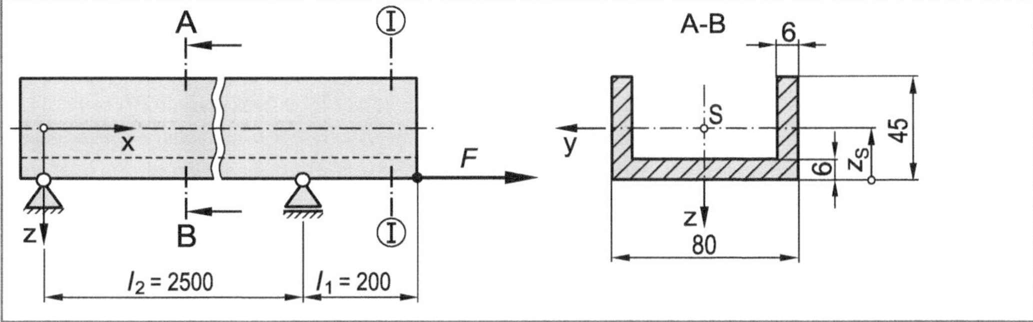

a) Berechnen Sie Lage des Flächenschwerpunktes (Maß z_s) sowie das axiale Flächenmoment 2. Ordnung des U-Profils bezüglich der y-Achse (I_y).

b) Berechnen Sie die zulässige Zugkraft F, falls an keiner Stelle der Querschnittsfläche I - I eine Spannung von σ_{zul} = 150 N/mm² überschritten werden darf.

Bei einem zweiten zu untersuchenden Lastfall greift die Kraft F im Flächenschwerpunkt S unter einem Winkel von α = 25° zur Horizontalen (x-Richtung) an.

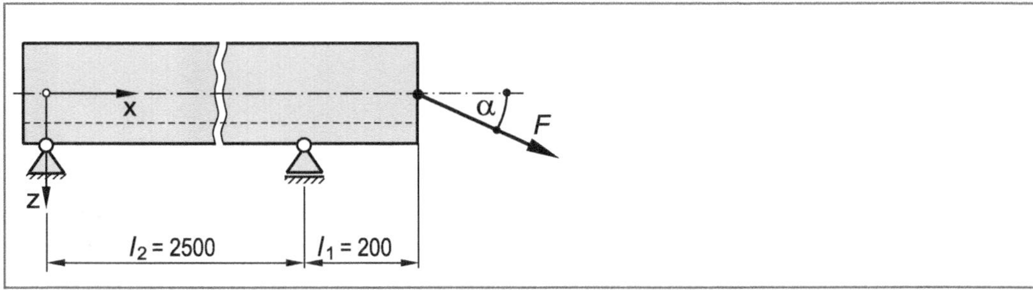

c) Ermitteln Sie die zulässige Zugkraft F, damit Fließen an der höchst beanspruchten Stelle mit einer Sicherheit von S_F = 1,5 ausgeschlossen werden kann. Schubspannungen durch Querkräfte können vernachlässigt werden.

2.4 Schub

Wirken zwei Kräfte F senkrecht zur Stabachse und liegen ihre Wirkungslinien dicht beieinander, dann tritt in der Querschnittsfläche zwischen den beiden Wirkungslinien eine **Schubbeanspruchung** (auch als **Abscherbeanspruchung** bezeichnet) auf. Typische Beispiele für in dieser Weise beanspruchte Bauteile sind kurze Balken (Bild 2.26a), Schraubverbindungen (nur Passschrauben), Niet- und Bolzenverbindungen (Bild 2.26b) aber auch Überlappstöße von Klebe- und Schweißverbindungen. Auch bei der Verarbeitung wie zum Beispiel dem Stanzen oder Scherschneiden treten derartige Schubbeanspruchungen im Werkstoff auf. Da die Wirkungslinien des Kräftepaares einen geringen Abstand haben, können die dadurch entstehenden Biegespannungen genauso vernachlässigt werden, wie eventuell auftretende Zug- oder Druckspannungen.

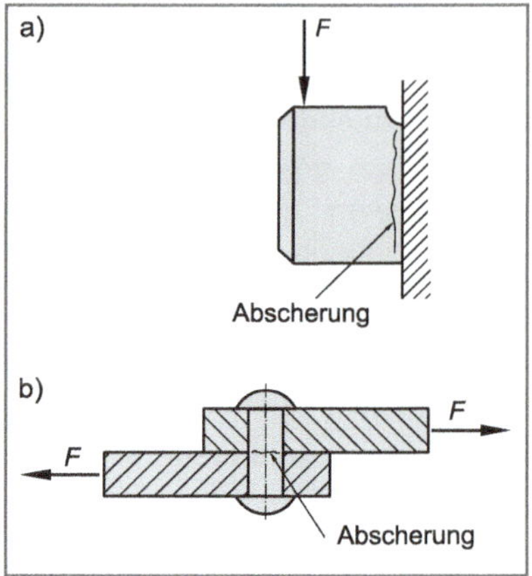

Bild 2.26 Schubbeanspruchung durch Abscherung (Beispiele)

Schubbeanspruchungen treten auch durch Querkräfte bei einer Biegebeanspruchung mit veränderlichem Biegemoment auf (**Querkraftschub**, Bild 2.20c). Dementsprechend ist zu unterscheiden zwischen:

- Schubbeanspruchung durch Abscherung (Kapitel 2.4.4)
- Schubbeanspruchung durch Querkräfte bei Biegung (Kapitel 10)

2.4.1 Schubspannung

Bislang wurden die Grundbelastungsarten Zug, Druck und Biegung besprochen. Als Reaktion auf eine äußere Belastung (Zugkraft, Druckkraft oder Biegemoment) treten im Innern des Bauteils mechanische Spannungen auf. Die Schnittkräfte sind dabei stets senkrecht (normal) zur Schnittfläche gerichtet. Als Maß für die innere Beanspruchung wurde die **Normalspannung** $\boldsymbol{\sigma}$ eingeführt (Bild 2.27). Sie ist definiert als Kraftkomponente (F_S) senkrecht zur Schnittfläche bezogen auf die Schnittfläche A (Kapitel 2.1.1, Gleichung 2.1).

Bezieht man in analoger Weise die zur Schnittfläche parallele Komponente (F_p) auf die Schnittfläche A, dann erhält man als Maß für die innere Beanspruchung die **Schubspannung** τ (Bild 2.27):

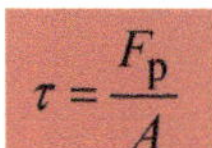

$$\tau = \frac{F_p}{A}$$ **Definition der Schubspannung** (2.42)

F_p Kraftkomponente parallel zur Schnittfläche (N)
A Schnittfläche (mm^2)
τ Schubspannung (N/mm^2)

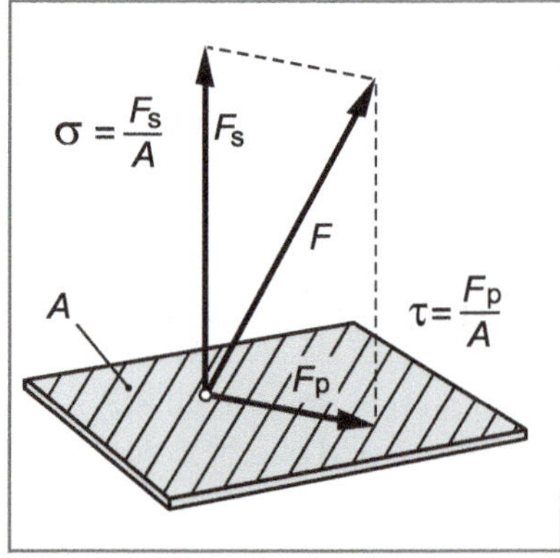

Bild 2.27 Definition von Normal- und Schubspannung

Eine verallgemeinerte Betrachtung zum Spannungsbegriff sowie die Indizierung und Vorzeichenregelung für Normal- und Schubspannungen folgt in Kapitel 3.1.

Schubspannungen treten aus Gründen des Momentengleichgewichts immer paarweise auf (**zugeordnete Schubspannungen**; siehe auch Kapitel 3.1.4), Bild 2.28.

Zugeordnete Schubspannungen wirken stets in zwei zueinander senkrechten Ebenen des betrachteten Volumenelements. Sie haben den gleichen Betrag und zeigen entweder auf die gemeinsame Kante hin oder von ihr weg.

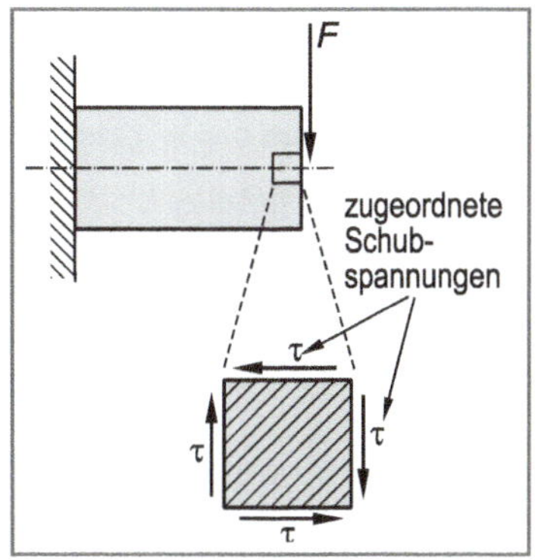

Bild 2.28 Zugeordnete Schubspannungen

2.4.2 Schiebung (Winkelverzerrung)

Um die Verformung eines Werkstoffelements bei Schubbeanspruchung zu ermitteln, wird das in Bild 2.29 dargestellte ursprünglich quadratische Flächenelement betrachtet. Das Element wird unter der Wirkung der Schubspannungen τ zu einem Parallelogramm verformt. Aus dem ursprünglich rechten Winkel ∠ AOB = π/2 der Würfelkanten bei O (hier denkt man sich das Flächenelement festgehalten) ist unter der Wirkung der zugeordneten Schubspannungen der Winkel α = ∠ A'OB' geworden. Diese durch Schubspannungen erzeugte Winkelveränderung des ursprünglich rechtwinkligen Elementes γ heißt **Schiebung (Winkelverzerrung)** [1] und ist wie folgt definiert:

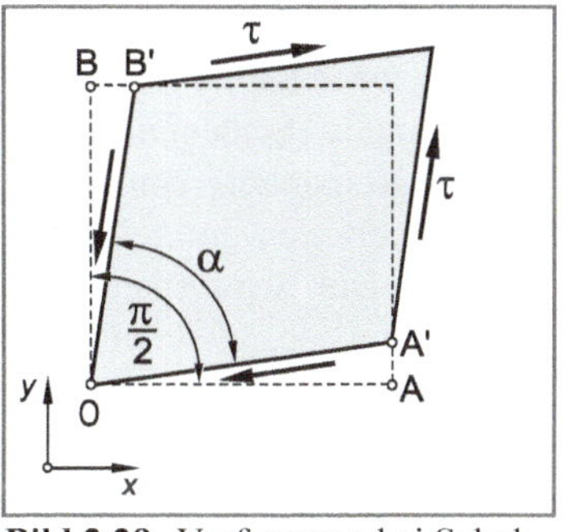

Bild 2.29 Verformung bei Schubbeanspruchung

$$\gamma = \alpha - \frac{\pi}{2}$$ **Definition der Schiebung (Winkelverzerrung)** (2.43)

Die Schiebung γ wird im Bogenmaß (rad) angegeben, sie ist daher dimensionslos. Mitunter wird die Schiebung in Analogie zur Dehnung ε auch in Prozent (%) oder Promille (‰) ausgedrückt. Eine verallgemeinerte Betrachtung zum Verformungsbegriff sowie die Indizierung und Vorzeichenregelung für Dehnungen und Schiebungen folgt in Kapitel 4.1.

2.4.3 Formänderung durch Schubspannungen

Experimentelle Untersuchungen zeigen, dass bei linear-elastischem Werkstoffverhalten zwischen Schubspannung τ und Schiebung γ ein linearer Zusammenhang besteht (vgl. Hookesches Gesetz, Kapitel 2.1.4.1):

$$\tau = G \cdot \gamma$$ **Hookesches Gesetz für Schubbeanspruchung** (2.44)

Der Proportionalitätsfaktor G heißt **Schubmodul** oder **Gleitmodul**. Seine Einheit ist N/mm^2 oder MPa bzw. GPa. Der Schubmodul G ist, wie der Elastizitätsmodul E und die Querkontraktionszahl μ, eine elastische Werkstoffkonstante. Von diesen drei Größen sind für isotrope Werkstoffe und linear-elastisches Werkstoffverhalten jedoch nur zwei voneinander unabhängig. Zwischen ihnen besteht die Beziehung (ohne Herleitung):

$$G = \frac{E}{2 \cdot (1+\mu)}$$ **Zusammenhang zwischen den elastischen Werkstoffkonstanten E, G und μ** (2.45)

[1] Mitunter sind auch die Begriffe „**Schubverzerrung**“ oder „**Scherung**“ gebräuchlich. Der Begriff „**Gleitung**“ soll in diesem Zusammenhang allerdings nicht verwendet werden, da dieser Begriff nach DIN 13316 bleibenden Verformungen vorbehalten ist.

Die elastischen Kennwerte der wichtigsten Werkstoffgruppen bzw. Werkstoffe sind im Anhang 1 (Werkstofftabellen) zusammengestellt.

Vergleicht man die Wirkung von Normal- und Schubspannungen miteinander, so gilt:

Normalspannungen bewirken Dehnungen (Längenänderungen) nach Maßgabe des Hookeschen Gesetzes ($\sigma = E \cdot \varepsilon$), Schubspannungen bewirken Schiebungen (Winkelverzerrungen) nach Maßgabe des Hookeschen Gesetzes für Schubbeanspruchung ($\tau = G \cdot \gamma$).

2.4.4 Spannungsermittlung bei Abscherbeanspruchung

Viele technische Bauteile wie Nieten, Bolzen aber auch Überlappstöße von Klebe- und Schweißverbindungen müssen Längskräfte übertragen und werden dementsprechend auf Abscherung beansprucht. Auch bei der Verarbeitung wie zum Beispiel Stanzen oder Scherschneiden treten derartige Abscherbeanspruchungen auf. Bei dieser Art der Beanspruchung greifen zwei Kräfte mit dicht nebeneinander liegenden Wirkungslinien quer zur Längsachse des Bauteils (Stabes) an (Bild 2.26a und b). Der dabei erzeugte räumliche Spannungszustand ist verhältnismäßig komplex, da sich die Schubspannungen nicht gleichmäßig über den Querschnitt verteilen und teilweise noch zusätzlich Zug-, Druck- oder Biegespannungen auftreten können. Die Schubspannungen in einem Balken sind nicht, wie die Normalspannungen in einem Zugstab, gleichmäßig über den gesamten Querschnitt verteilt. Sie verschwinden vielmehr an den Rändern, da senkrecht zu einer lastfreien Oberfläche keine Spannungen auftreten können und haben ein Maximum im Innern (Kapitel 10). Dennoch genügt es häufig anzunehmen, dass die Schubspannungen gleichmäßig über die Querschnittsfläche verteilt sind. Die **mittlere Abscherspannung** τ_a errechnet sich dann aus der Schubkraft F_a und der Schnittfläche A zu:

$$\tau_a = \frac{F_a}{A} \quad \textbf{Mittlere Abscherspannung} \qquad (2.46)$$

Die tatsächliche Spannungsverteilung wird in Kapitel 10 besprochen und für einige ausgewählte Querschnittsgeometrien quantifiziert (Tabelle 10.1).

2.4.5 Werkstoffkennwerte bei Abscherbeanspruchung

Das Werkstoffverhalten unter Abscherbeanspruchung (Kapitel 2.4.4) wird in der Materialprüfung mit dem **Scherversuch** untersucht. Der Scherversuch ist für metallische Werkstoffe in DIN 50141 (Probendurchmesser 2 mm ... 25 mm) genormt und dient zur Ermittlung der Scherfestigkeit τ_{aB} metallischer Werkstoffe bis zu einer Zugfestigkeit von maximal 1300 N/mm^2.

Beim Scherversuch werden zylindrische Proben mit einem Durchmesser d_0 und einer in der Norm angegebenen Mindestlänge l in einem Schergerät nach Bild 2.30 zügig beansprucht, bis die Probe zweischnittig abschert. Das Schergerät kann beispielsweise in eine Zug- oder Universalprüfmaschine eingebaut werden.

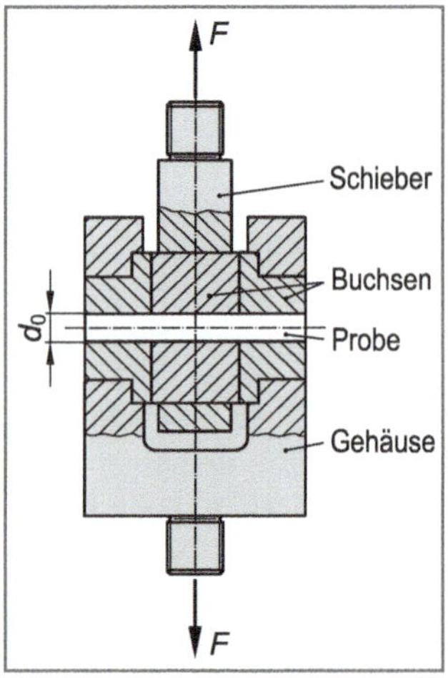

Bild 2.30 Schergerät für Zugprüfmaschinen nach DIN 50 141

Beim Scherversuch treten neben reinen Schubspannungen zusätzlich Spannungen durch Biegung und Flächenpressung auf. Da kein eindeutiger Spannungszustand zu erreichen ist, wird im Scherversuch im Allgemeinen nur die zum Abscheren erforderliche Höchstzugkraft F_m ermittelt, auf den Ausgangsquerschnitt A_0 der Probe bezogen und auf diese Weise die **Scherfestigkeit** τ_{aB} ermittelt. Da die Probe zweischnittig abgeschert wird (Gesamtfläche $2 \cdot A_0$) folgt für die Scherfestigkeit τ_{aB}:

$$\tau_{aB} = \frac{F_m}{2 \cdot A_0} = \frac{2 \cdot F_m}{\pi \cdot d_0^2} \tag{2.47}$$

τ_{aB} = Scherfestigkeit (N/mm^2)
F_m = Höchstzugkraft beim Abscheren der Probe (N)
A_0 = Anfangsquerschnittsfläche der unbelasteten Probe (mm^2)
d_0 = Anfangsdurchmesser der unbelasteten Probe (mm)

Eine der Streck- oder Dehngrenze vergleichbare Schub- oder Scherfließgrenze wird nicht ermittelt, da sie für die praktische Anwendung keine Bedeutung hat.

Ist die Scherfestigkeit τ_{aB} nicht verfügbar, dann kann sie für duktile Werkstoffe in erster Näherung aus der Zugfestigkeit R_m mit Hilfe der nachfolgenden empirischen Beziehung ermittelt werden.

$$\tau_{aB} \approx 0{,}6 \ldots 0{,}9 \cdot R_m \tag{2.48}$$

$0{,}6 \cdot R_m$ für hochfeste, $0{,}9 \cdot R_m$ für niedrigfeste, duktile Werkstoffe

Für Stähle mit $R_m \leq 1800$ N/mm^2 verwendet man mitunter auch die empirisch abgeleitete Beziehung:

$$\tau_{aB} = 0{,}5 \cdot R_m + 140 \text{ N/mm}^2 \tag{2.49}$$

Für spröde Werkstoffe sind keine Umrechnungsbeziehungen bekannt. Lediglich für Gusseisen mit Lamellengraphit kann die Scherfestigkeit etwa der Zugfestigkeit gleichgesetzt werden: $\tau_{aB} \approx R_m$.

2.4.6 Zulässige Spannung bei Abscherbeanspruchung

Als Versagensart kommt unter Abscherbeanspruchung nur der Bruch in Frage. Für die zulässige Schubspannung τ_{zul} ergibt sich:

$$\tau_{zul} = \frac{\tau_{aB}}{S_B} \quad \text{mit } S_B = 2{,}0 \ldots 4{,}0 \tag{2.50}$$

2.4.7 Aufgaben

Aufgabe 2.23 ○○○●●

Über eine einfache Laschenverbindung aus unlegiertem Baustahl E295 (R_e = 295 N/mm²; R_m = 490 N/mm²; τ_{aB} = 150 N/mm²) soll eine Kraft von F = 35 kN übertragen werden.

a) Ermitteln Sie den Durchmesser d des Bolzens, damit eine sichere Kraftübertragung erfolgen kann (S_B = 2,0).

b) Bestimmen Sie für den Bolzen gemäß Aufgabenteil a) die maximale Biegespannung σ_b. Zwischen Bolzen und Laschen soll dabei ausreichend Spiel bestehen. Das Maß b soll 20 mm betragen.

c) Berechnen Sie die maximale Flächenpressung p in der Laschenverbindung.

Aufgabe 2.24 ○○○●●

Zur Verlängerung einer druckbeanspruchten Rohrstütze werden Bolzen aus C45 (R_m = 580 N/mm²; R_e = 320 N/mm²) mit einem Durchmesser von d = 25 mm verwendet (siehe Abb.).

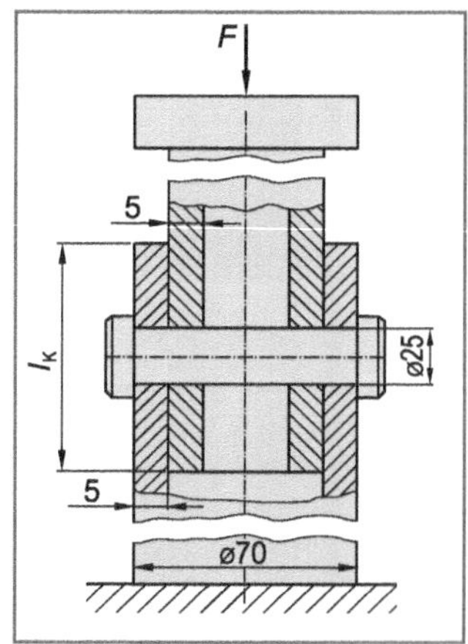

a) Ist die Sicherheit gegen Abscheren des Bolzens ausreichend, falls die maximal zulässige Druckkraft auf die Stützen F = 150 kN beträgt?

Anstelle des Bolzens sollen die beiden Rohre durch Kleben miteinander verbunden werden.

b) Ermitteln Sie die erforderliche Klebelänge l_K, damit die Druckkraft F = 150 kN aufgenommen werden kann. Die zulässige Schubspannung in der Klebeverbindung $\tau_{K\,zul}$ darf 15 N/mm² nicht überschreiten.

Aufgabe 2.25 ○○○○●

An der Innenoberfläche eines zylindrischen Behälters aus Werkstoff G34CrMo4 ($R_{p0,2}$ = 600 N/mm²; R_m = 750 N/mm²) sind zur Auflage eines Zwischenbodens 4 um 90° gegeneinander versetzte Zapfen mit einer Breite b von jeweils 80 mm angegossen worden.

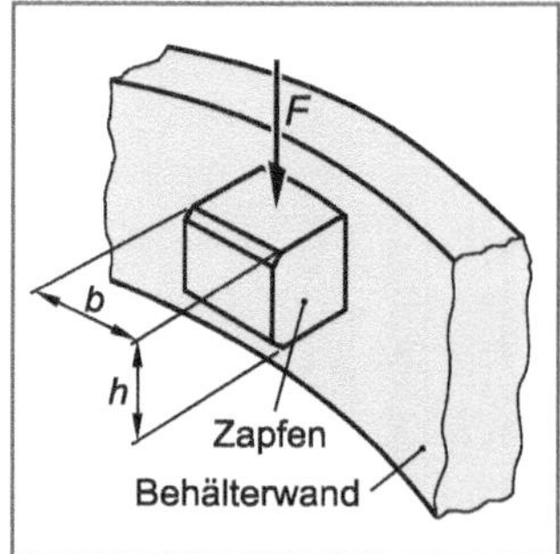

Berechnen Sie die mindestens erforderliche Höhe h, damit bei einer Auflagekraft von F_A = 2000 kN ein Bruch mit Sicherheit (S_B = 2,5) ausgeschlossen werden kann.

Normalspannungen aufgrund von Biegung sowie Kerbwirkung sollen vernachlässigt werden.

Aufgabe 2.26 ○○○○●

Aus einer Blechtafel der Aluminium-Legierung EN AW-Al Mg3-H14 mit einer Dicke von t = 3 mm soll das dargestellte Werkstück ausgestanzt werden. Die Scherfestigkeit der Aluminiumlegierung beträgt τ_{aB} = 290 N/mm².

Ermitteln Sie die mindestens erforderliche Stanzkraft F_S.

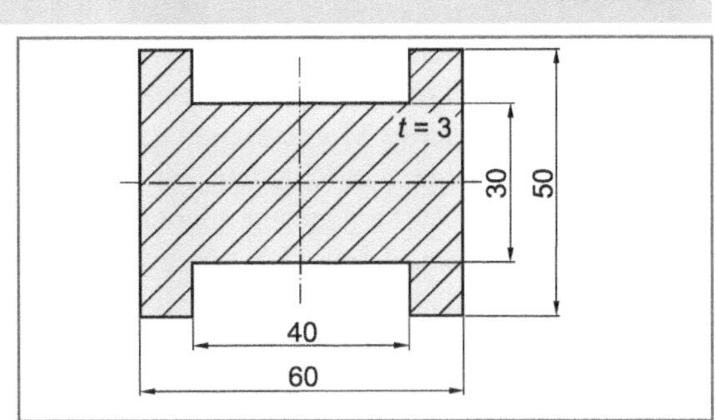

Aufgabe 2.27 ○○○●●

Der dargestellte Zugstab wird durch zwei Stahlnieten mit dem Anschlussblech verbunden (jeweils zweischnittige Nietverbindung).

Ermitteln Sie den erforderlichen Durchmesser d der Nieten, damit eine statisch wirkende Zugkraft von F_Z = 100 kN mit Sicherheit (S_B = 3,5) aufgenommen werden kann. Als Werkstoff für die Nieten soll C22 verwendet werden (Scherfestigkeit τ_{aB} = 290 N/mm²).

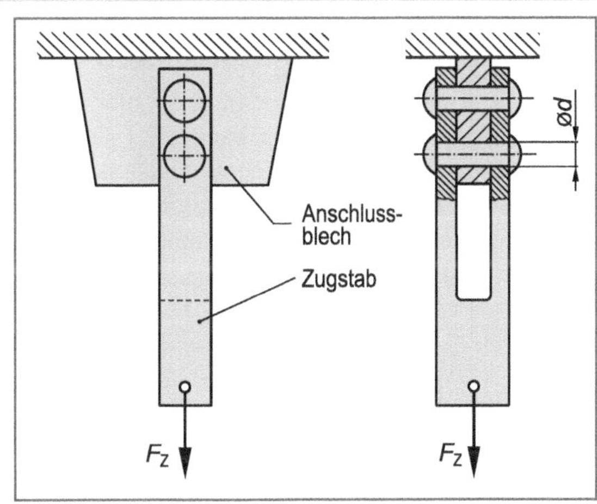

Aufgabe 2.28 ○○○○●

Die Abbildung zeigt die einschnittige Nietverbindung zweier Stahlbleche.

Als Nietwerkstoff wurde die Aluminium-Legierung EN AW-Al Zn5Mg3Cu-T6 gewählt. Die Scherfestigkeit der Legierung beträgt τ_{aB}= 380 N/mm².

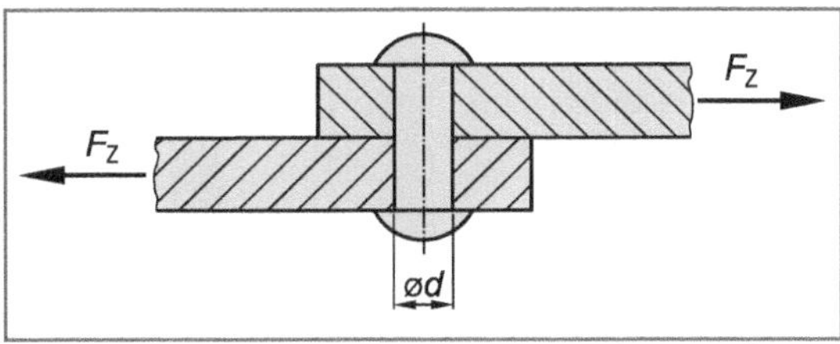

Berechnen Sie den mindestens erforderlichen Durchmesser d des Niets, damit eine Kraft von F_Z = 50 kN mit Sicherheit (S_B = 3,0) übertragen werden kann. Kerbwirkung und Biegeanteile sollen vernachlässigt werden.

2.5 Torsion

Ein Torsionsmoment entsteht, falls Kräftepaare F auf einen Stab einwirken, deren Ebenen parallel zum Stabquerschnitt oder deren Momentenvektoren M_t (mitunter auch mit T bezeichnet) in Richtung der Stabachse liegen (Bild 2.31). Eine Torsionsbeanspruchung führt zu einer Verdrehung der Querschnittsflächen gegeneinander, die Mantellinien werden dabei schraubenförmig verformt.

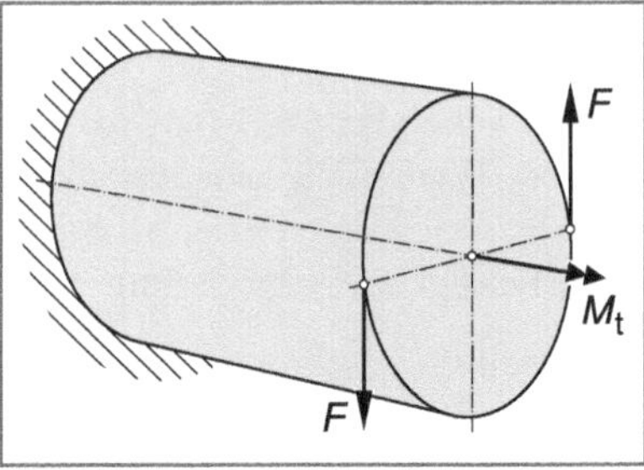

Bild 2.31 Torsionsbeanspruchter Stab

Die nachfolgenden Ausführungen sollen sich auf einfache Querschnitte beschränken, da die Theorie der Torsion beliebig geformter Querschnittsflächen kompliziert ist. Sinnvollerweise unterscheidet man zwischen:

- Torsion kreisförmiger Querschnitte (Kreis- und Kreisringquerschnitte, Kapitel 2.5.1)
- Torsion nicht kreisförmiger Querschnitte (Kapitel 11)

2.5.1 Spannungsermittlung bei Torsion kreisförmiger Querschnitte

Bei einer Torsionsbeanspruchung gerader, prismatischer Stäbe mit kreisförmiger Querschnittsfläche (konstruktiv gesehen handelt es sich dabei vor allem um Wellen und Achsen) bleiben die einzelnen Querschnitte eben und senkrecht zur Stabachse, sie verdrehen sich lediglich wie starre Scheiben gegeneinander unter Beibehaltung der Stabachse. Aufgrund der Symmetrie der Querschnitte entsteht eine gleichmäßige Verformung d. h. keine Verschiebung von Werkstoffteilchen in Längsrichtung. Die Stabquerschnitte bleiben dabei eben und senkrecht zur Stabachse, sie verwölben sich nicht. Es soll außerdem vorausgesetzt werden, dass die Belastung nur durch ein Drehmoment um die Stabachse erfolgt. Querkräfte treten nicht auf.

Zur Herleitung der durch ein Torsionsmoment im Werkstoff hervorgerufenen Spannungen betrachtet man zunächst den in Bild 2.32a dargestellten Stab. Der Stab wird durch das Torsionsmoment M_t auf Verdrehung (Torsion) beansprucht.

Zur Ermittlung der durch das Torsionsmoment M_t hervorgerufenen Schubspannungen wird eine aus dem Stab herausgeschnittene Scheibe der Dicke dx und dem Radius R betrachtet (Bild 2.32c).

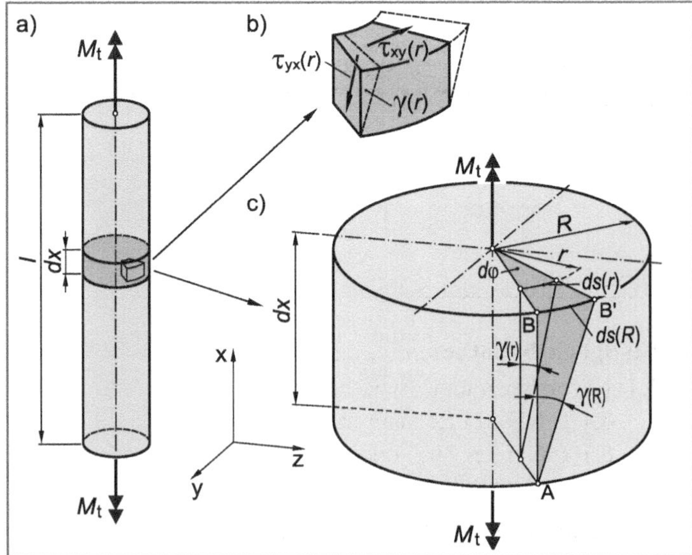

Bild 2.32 Verformung eines Rundstabes unter Torsion

Das Torsionsmoment M_t versucht benachbarte Querschnittsebenen relativ zueinander um einen Winkel $d\varphi$ zu verdrehen. Bei der Drehung der beiden Endquerschnitte um den Winkel $d\varphi$ geht die Mantellinie AB des Zylinders in die Schraubenlinie AB‘ mit dem Steigungswinkel γ über. Der ursprünglich rechte Winkel zwischen der Mantellinie AB sowie der zur Stabachse senkrechten Querschnittsfläche ändert sich um den Winkel γ. Dieser Winkel γ entspricht der Schiebung (Kapitel 2.4.2).

Aufgrund der geometrischen Verhältnisse gelten für ein Bogenstück im Abstand r $(0 \le r \le R)$ von der Drehachse die folgenden Beziehungen:

$$ds(r) = r \cdot d\varphi \tag{2.51}$$

sowie

$$ds(r) = \tan \gamma(r) \cdot dx \approx \gamma(r) \cdot dx \tag{2.52}$$

Gleichsetzen von Gleichung 2.51 und 2.52:

$$r \cdot d\varphi = \gamma(r) \cdot dx \tag{2.53}$$

Integration über die gesamte Stablänge ergibt schließlich einen Zusammenhang zwischen Verdrehwinkel φ und der Schiebung (Winkelverzerrung) γ in Abhängigkeit des Abstands r von der Drehachse:

$$r \cdot \int_0^{\varphi} d\varphi = \gamma(r) \cdot \int_0^{l} dx$$

$$r \cdot \varphi = \gamma(r) \cdot l \quad \text{bzw.} \quad \gamma(r) = \frac{\varphi}{l} \cdot r \tag{2.54}$$

Gemäß Gleichung 2.54 nimmt die Schiebung $\gamma(r)$ ausgehend vom Wert Null in der Drehachse $(r = 0)$ mit dem Radius r linear bis zum Maximalwert $\gamma(R)$ an der Staboberfläche $(r = R)$ zu.

An einem parallel zur Stabachse im Abstand r herausgeschnittenen Volumenelement wirken bei reiner Torsion einander zugeordnete Schubspannungen (Bild 2.32b). Die in den Querschnitten in Umfangsrichtung auftretenden Schubspannungen sind denjenigen Schubspannungen zugeordnet, die in Längsschnitten in axialer Richtung wirken, also $\tau_{xy}(r) = \tau_{yx}(r) = \tau(r)$. Diese zugeordneten Schubspannungen bewirken damit die Verformung, die bei der Verdrehung des Stabes entsteht:

$$\tau(r) = |\tau_{xy}(r)| = |\tau_{yx}(r)|$$

Bei linear-elastischem Werkstoffverhalten ist der Zusammenhang zwischen Schubspannung $\tau(r)$ und Schiebung $\gamma(r)$ durch das Hookesche Gesetz für Schubspannungen gegeben (Kapitel 2.4.3):

$$\tau(r) = G \cdot \gamma(r) \tag{2.55}$$

Setzt man Gleichung 2.54 in Gleichung 2.55 ein, dann folgt schließlich für die Schubspannung $\tau(r)$ im Abstand r von der Drehachse:

$$\tau(r) = G \cdot \frac{\varphi}{l} \cdot r \tag{2.56}$$

Die Schubspannung $\tau(r)$ steigt also mit zunehmendem Abstand von der Drehachse nach außen linear an.

Mit Hilfe von Gleichung 2.56 können bei einem vorgegebenen Verdrehwinkel φ die Schubspannungen $\tau(r)$ in Abhängigkeit des Abstands r von der Drehachse ermittelt werden. Für praktische Berechnungen der Schubspannung $\tau(r)$ ist jedoch Gleichung 2.56 ungeeignet, da der Verdrehwinkel in der Regel nicht vorgegeben ist. Daher muss, analog zur Biegung, ein Zusammenhang zwischen der bekannten äußeren Belastung durch das Torsionsmoment M_t und der Schubspannung $\tau(r)$ im Bauteil hergeleitet werden.

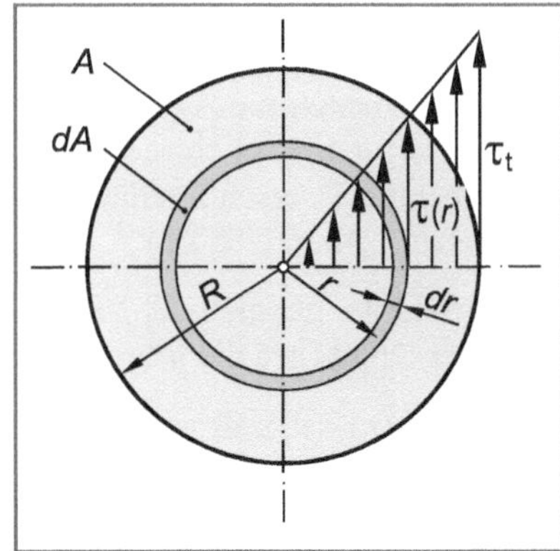

Bild 2.33 Spannungsverteilung eines kreiszylindrischen Stabes unter Torsion

Freischneiden des Torsionsstabes zeigt, dass die Schubspannungen $\tau(r)$ für einen festen Radius r in konzentrischen Kreisen um die Drehachse verlaufen (Bild 2.33). Der Anteil dM_t am Gesamtmoment, den die Schubspannung $\tau(r)$ an einem beliebigen Radius ($0 \le r \le R$) liefert, beträgt:

$$dM_t = r \cdot \tau(r) \cdot dA \tag{2.57}$$

Das Gesamtmoment ergibt sich dann als Integral über die Querschnittsfläche A zu:

$$M_t = \int_A r \cdot \tau(r) \cdot dA \tag{2.58}$$

Gleichung 2.56 in Gleichung 2.58 eingesetzt, liefert:

$$M_t = \int_A r \cdot G \cdot \frac{\varphi}{l} \cdot r \cdot dA = G \cdot \frac{\varphi}{l} \int_A r^2 \cdot dA \tag{2.59}$$

Der Integralausdruck

$$\int_A r^2 \cdot dA = I_p \tag{2.60}$$

wird als **polares Flächenmoment 2. Ordnung** (I_p) bezeichnet. Es hat die Dimension m^4 (bzw. cm^4 oder mm^4). Die polaren Flächenmomente 2. Ordnung sind für den Vollkreis- und Kreisringquerschnitt in Tabelle 2.6 zusammengestellt. Das Torsionsmoment M_t berechnet sich damit zu:

$$M_t = G \cdot \frac{\varphi}{l} \cdot I_p \tag{2.61}$$

Aus Gleichung 2.56 folgt:

$$G \cdot \frac{\varphi}{l} = \frac{\tau(r)}{r} \tag{2.62}$$

Gleichung 2.62 in Gleichung 2.61 eingesetzt ergibt schließlich:

$$M_t = \tau(r) \cdot \frac{I_p}{r} \tag{2.63}$$

Die für Festigkeitsnachweise erforderliche maximale Schubspannung τ_{max}, die in der Regel mit τ_t ($\tau_t \equiv \tau_{max}$) bezeichnet wird, erhält man dementsprechend für $r = R$ zu:

$$\tau_t = \frac{M_t}{I_p} \cdot R \tag{2.64}$$

Die beiden Größen I_p und R, die nur von der Querschnittsgeometrie abhängen, fasst man zum **Widerstandsmoment gegen Torsion** W_t (bisweilen auch mit W_p bezeichnet) zusammen. Das Widerstandsmoment gegen Torsion hat die Dimension m^3 (bzw. cm^3 oder mm^3) und ist für den Vollkreis- und Kreisringquerschnitt ebenfalls in Tabelle 2.6 zusammengestellt.

Damit ergibt sich die Grundgleichung zur Berechnung der maximalen Torsionsschubspannung τ_t in der Randfaser eines auf Torsion beanspruchten geraden prismatischen Stabes mit Vollkreis- oder Kreisringquerschnitt:

$$\tau_t = \frac{M_t}{W_t} \tag{2.65}$$

Maximale Torsionsschubspannung in einem geraden prismatischen Stab mit Vollkreis- oder Kreisringquerschnitt unter der Wirkung eines Torsionsmomentes

Tabelle 2.6 Polare Flächenmomente 2. Ordnung (I_p) sowie Widerstandsmomente gegen Torsion (W_t) für den Vollkreis- und Kreisringquerschnitt

Profil	polares Flächenmoment	Widerstandsmoment gegen Torsion
Vollkreis τ_{max}, ød	$I_p = \frac{\pi}{32} \cdot d^4$	$W_t = \frac{\pi}{16} \cdot d^3$
Kreisring τ_{max}, ød, øD	$I_p = \frac{\pi}{32} \cdot \left(D^4 - d^4\right)$	$W_t = \frac{\pi}{16} \cdot \frac{D^4 - d^4}{D}$

2.5.2 Verdrehwinkel

Aus Gleichung 2.61 kann auch der Verdrehwinkel φ unter der Wirkung des Torsionsmomentes M_t errechnet werden:

$$\varphi = \frac{M_t \cdot l}{G \cdot I_p} \tag{2.66}$$

Verdrehwinkel eines geraden prismatischen Stabes mit Vollkreis- oder Kreisringquerschnitt unter der Wirkung eines Torsionsmomentes

Bei der Anwendung von Gleichung 2.66 ist zu beachten:

1. die Gleichung gilt nur für gerade, prismatische Stäbe mit Vollkreis- und Kreisringquerschnitt (analog Gleichung 2.65),
2. der Verdrehwinkel φ ergibt sich aus Gleichung 2.66 im Bogenmaß. Die Umrechnung ins Gradmaß erfolgt über die Beziehung:

$$\varphi \text{ (in Grad)} = \frac{180°}{\pi} \cdot \varphi \text{ (in rad)}$$ **Umrechnung zwischen Gradmaß und Bogenmaß** (2.67)

Der Verdrehwinkel φ eines geraden prismatischen Stabes aus unterschiedlichen Werkstoffen mit sprunghaft sich verändernden Querschnitten und / oder Momenten (Bild 2.34) berechnet sich aus der Summe der Einzelverdrehwinkel φ_i. Bezeichnet man die Anzahl der Balkenabschnitte mit konstantem Werkstoff, Querschnitt oder Moment mit n, dann ergibt sich mit Gleichung 2.66 die Beziehung:

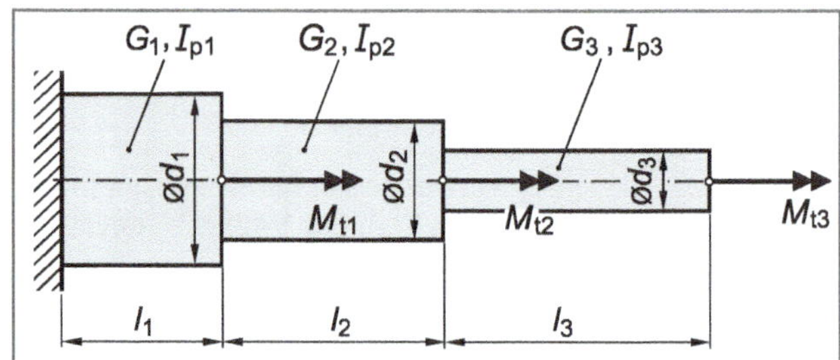

Bild 2.34 Verdrehung eines geraden prismatischen Stabes mit Kreisringquerschnitt sowie abschnittsweise konstantem Stabquerschnitt, Werkstoff und Torsionsmoment

$$\varphi = \sum_{i=1}^{n} \varphi_i = \sum_{i=1}^{n} \frac{M_{ti} \cdot l_i}{G_i \cdot I_{pi}}$$ **Verdrehwinkel eines geraden prismatischen Stabes mit Vollkreis- oder Kreisringquerschnitt und abschnittsweise konstantem Stabquerschnitt, Werkstoff sowie Torsionsmoment** (2.68)

2.5.3 Werkstoffverhalten und Kennwerte bei Torsionsbeanspruchung

Das Materialverhalten unter Torsionsbeanspruchung wird im **Torsions-** oder **Verdrehversuch** ermittelt. Beim nicht genormten Torsions- oder Verdrehversuch, der hauptsächlich zur Prüfung von Werkstoffen für Wellen, Rohre, Drähte usw. dient, wird eine meist zylindrische Probe ($L_0 = 5 \cdot d_0 \ldots 10 \cdot d_0$) durch ein um die Probenlängsachse wirkendes Torsionsmoment M_t verdreht, bis der Werkstoff zu fließen beginnt bzw. bis die Probe bricht (Bild 2.35).

Ausgehend von der Stabmitte nimmt die Schubspannung dabei zum Rand hin kontinuierlich zu und ist dort am größten (Bild 2.35). Als Versagensart kommen bei duktilen Werkstoffen das Fließen und der Bruch, bei spröden Werkstoffen nur der Bruch in Betracht.

Als Werkstoffkennwerte können im Torsionsversuch die Torsionsfließgrenze τ_{tF} und die Torsionsfestigkeit τ_{tB} ermittelt werden.

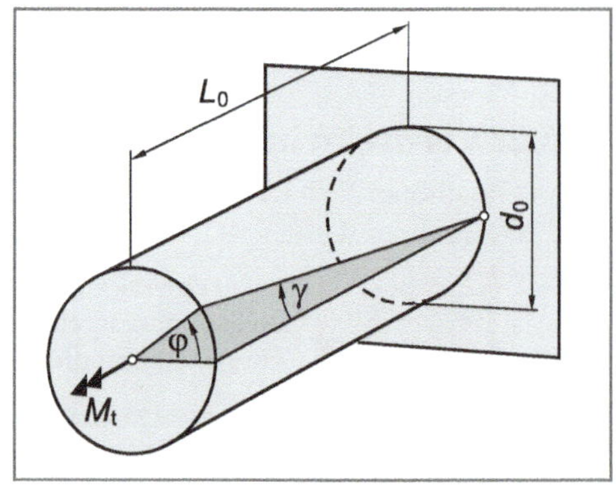

Bild 2.35 Prinzip des Torsionsversuchs

Aus dem Moment M_{tF} bei Fließbeginn errechnet man die am Probenrand auftretende größte Schubspannung, die **Torsionsfließgrenze** τ_{tF} zu:

$$\tau_{tF} = \frac{M_{tF}}{W_t}$$ **Torsionsfließgrenze** (2.69)

τ_{tF} Torsionsfließgrenze (N/mm^2)
M_{tF} Torsionsmoment bei Fließbeginn (Nmm)
W_t Widerstandsmoment gegen Torsion (mm^3)

Die beim Bruch der Probe am Probenrand auftretende Schubspannung wird als **Torsionsfestigkeit** τ_{tB} bezeichnet:

$$\tau_{tB} = \frac{M_{tB}}{W_t}$$ **Torsionsfestigkeit** (2.70)

τ_{tB} Torsionsfestigkeit (N/mm^2)
M_{tB} Torsionsmoment beim Bruch der Probe (Nmm)
W_t Widerstandsmoment gegen Torsion (mm^3)

Das Widerstandsmoment gegen Torsion W_t wurde unter der Voraussetzung eines linear-elastischen Werkstoffverhaltens hergeleitet (s. o.). Mit Erreichen von M_{tB} ist jedoch der gesamte Querschnitt bereits plastifiziert, so dass τ_{tB} lediglich ein fiktiver Spannungswert ist.

Stehen Werkstoffkennwerte aus dem Torsionsversuch nicht zur Verfügung, dann kann die Torsionsfließgrenze τ_{tF} und die Torsionsfestigkeit τ_{tB} auch aus Zugversuchskennwerten abgeschätzt werden. Aus dem Vergleich von Werkstoffkennwerten aus dem Torsions- und dem Zugversuch wurden empirische Zusammenhänge zwischen der Torsionsfließgrenze τ_{tF} bzw. der Torsionsfestigkeit τ_{tB} und der Streck- bzw. Dehngrenze (R_e bzw. R_p) bzw. der Zugfestigkeit (R_m) abgeleitet.

Für **duktile Werkstoffe** gilt:

$$\tau_{tF} = \frac{R_e}{2} \text{ bzw. } \tau_{tF} = \frac{R_{p0,2}}{2}$$ (2.71)

$$\tau_{tB} \approx 0{,}6 \ldots 0{,}9 \cdot R_m$$ $0{,}6 \cdot R_m$ für hochfeste, $0{,}9 \cdot R_m$ für niedrigfeste Werkstoffe (2.72)

Für Stähle mit $R_m \leq 1800\ N/mm^2$ verwendet man mitunter auch die empirisch abgeleitete Beziehung:

$$\tau_{tB} = 0{,}5 \cdot R_m + 140\ N/mm^2$$ (2.73)

Für **spröde Werkstoffe** gilt:

$$\tau_{tB} = R_m$$ (2.74)

2.5.4 Zulässige Spannung bei Torsionsbeanspruchung

Duktile Werkstoffe versagen unter Torsionsbeanspruchung durch Fließen oder Bruch, spröde Werkstoffe hingegen nur durch Bruch. In Tabelle 2.7 sind in Abhängigkeit des Werkstoffverhaltens und der Versagensart die maßgebenden Werkstoffkennwerte sowie Sicherheitsbeiwerte bei reiner Torsionsbeanspruchung zusammengestellt.

Tabelle 2.7 Kennwerte zur Bestimmung der zulässigen Spannung unter Torsionsbeanspruchung

Werkstoff bzw. Werkstoffzustand	Versagensart	Werkstoffkennwert	Ersatzwert	Sicherheitsbeiwert [1)]
duktil	Fließen	τ_{tF}	$R_e / 2$ bzw. $R_{p0,2} / 2$	$S_F = 1{,}2 \ldots 2{,}0$
	Bruch	τ_{tB}	$0{,}6 \ldots 0{,}9 \cdot R_m$ oder $0{,}5 \cdot R_m + 140\ \text{N/mm}^2$	$S_B = 2{,}0 \ldots 4{,}0$
spröde	Bruch	τ_{tB}	R_m	$S_B = 4{,}0 \ldots 9{,}0$

[1)] Anhaltswerte, falls keine einschlägigen Berechnungsvorschriften vorliegen.

Zusammenfassend errechnet sich die zulässige Schubspannung τ_{zul} unter Torsionsbeanspruchung also wie folgt:

Bauteile aus duktilen Werkstoffen bzw. duktiles Werkstoffverhalten

- Fließen: $$\tau_{zul} = \frac{\tau_{tF}}{S_F} \quad \text{mit } S_F = 1{,}2 \ldots 2{,}0 \tag{2.75}$$

- Bruch: $$\tau_{zul} = \frac{\tau_{tB}}{S_B} \quad \text{mit } S_B = 2{,}0 \ldots 4{,}0 \tag{2.76}$$

Maßgebend für den Festigkeitsnachweis ist der niedrigere der beiden Werte.

Bauteile aus spröden Werkstoffen bzw. sprödes Werkstoffverhalten

- Bruch: $$\tau_{zul} = \frac{\tau_{tB}}{S_B} \quad \text{mit } S_B = 4{,}0 \ldots 9{,}0 \tag{2.77}$$

2.5.5 Aufgaben

Aufgabe 2.29 ○○○●●

Ein Rohr aus Werkstoff S275JR mit einem Außendurchmesser d_a = 50 mm und einer Wandstärke von s = 6 mm wird durch ein Torsionsmoment M_t statisch beansprucht.
Werkstoffkennwerte S275JR:
R_e = 295 N/mm² E = 210000 N/mm²
R_m = 490 N/mm² μ = 0,30

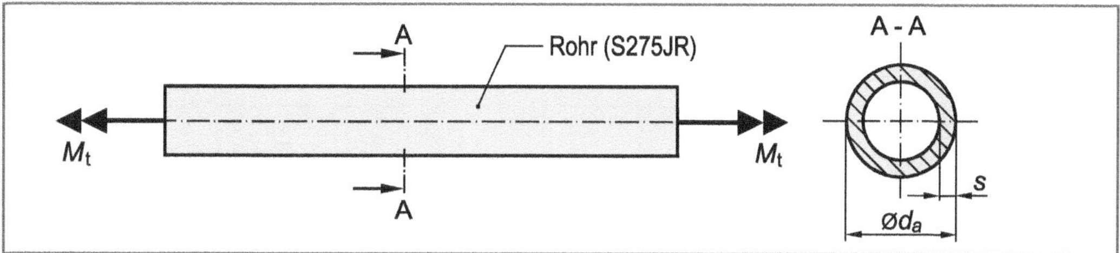

a) Skizzieren Sie qualitativ den Spannungsverlauf über der Querschnittsfläche.

b) Ermitteln Sie das zulässige Torsionsmoment, damit ein Versagen mit Sicherheit ausgeschlossen werden kann (S_F = 1,2 und S_B = 2,0).

Aufgabe 2.30 ○○○●●

Ein Torsionsstab aus Werkstoff S275JR (Werkstoffkennwerte siehe Aufgabe 2.29) mit Vollkreisquerschnitt und einer Länge von l = 2 m ist an einem Ende fest eingespannt. Am anderen Ende des Stabes ist eine Platte angebracht, an der vier tangential gerichtete, statisch wirkende Kräfte von je F = 900 N angreifen. Der Abstand der Wirkungslinien der Kräfte beträgt c = 700 mm. Die Kerbwirkung an der Einspannstelle kann vernachlässigt werden.

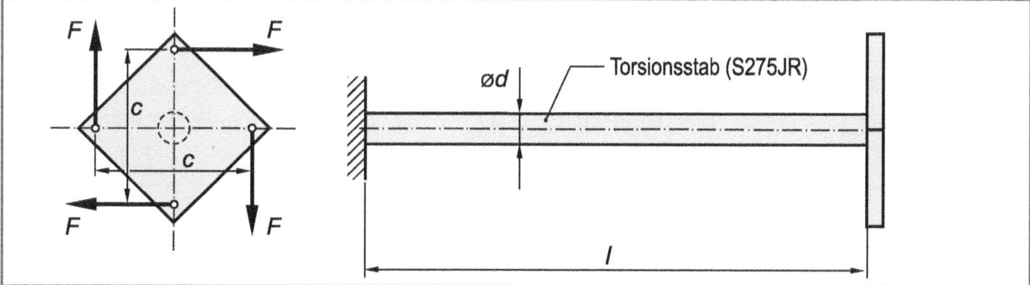

a) Dimensionieren Sie den Durchmesser d des Stabes so, damit Fließen mit einer Sicherheit von S_F = 2,0 ausgeschlossen werden kann.

b) Bestimmen Sie den mindestens erforderlichen Durchmesser d^*, falls der Stab aus der Gusseisensorte EN-GJL-300 (R_m = 300 N/mm²; E = 110000 N/mm²; μ = 0,25) gefertigt wurde und eine Sicherheit von S_B = 5,0 gegen Bruch verlangt wird.

c) Ermitteln Sie den Verdrehwinkel φ für die Fälle aus Aufgabenteil a) und b).

Aufgabe 2.31 ○○●●●

Ein Stab mit kreiszylindrischer Querschnittsfläche aus dem Vergütungsstahl 42CrMo4 mit den in der Abbildung gegebenen Abmessungen, ist an einem Ende fest eingespannt und wird an seinem anderen Ende durch das statisch wirkende, tangential angreifende Kräftepaar F auf Torsion beansprucht. Die Kerbwirkung an der Einspannstelle sowie im Bereich der Durchmesserveränderung kann vernachlässigt werden.

Werkstoffkennwerte 42CrMo4:
$R_{p0,2}$ = 1140 N/mm²
R_m = 1320 N/mm²
E = 205000 N/mm²
μ = 0,30

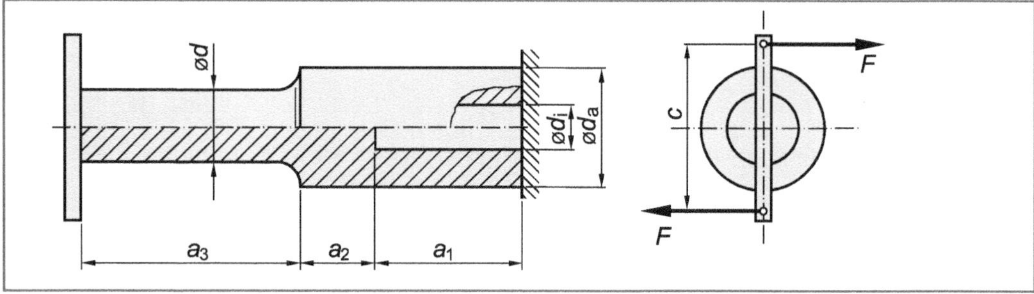

a_1 = 50 mm d_a = 40 mm
a_2 = 25 mm d_i = 15 mm
a_3 = 65mm d = 25 mm
c = 80 mm

a) Berechnen Sie die Kräfte F, die erforderlich sind, um den Stab um 2,5° zu verdrehen.
b) Ermitteln Sie für die in Aufgabenteil a) berechnete Kraft F die Sicherheiten gegen Fließen (S_F) in den einzelnen Abschnitten des Stabes.

Aufgabe 2.32 ○●●●●

Berechnen Sie das polare Flächenmoment 2. Ordnung (I_p) sowie das Widerstandsmoment gegen Torsion (W_t):

a) für einen Vollkreisquerschnitt mit Durchmesser d,
b) für einen Kreisringquerschnitt mit Außendurchmesser d_a und Innendurchmesser d_i.

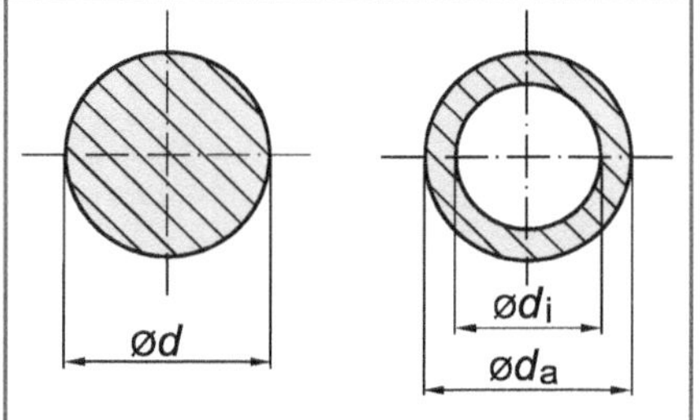

Aufgabe 2.33

Die Abbildung zeigt ein einfaches Getriebe für eine Seilwinde (schematisch). Unter der Wirkung der zu übertragenden Torsionsmomente werden die beiden Wellen elastisch verdreht.

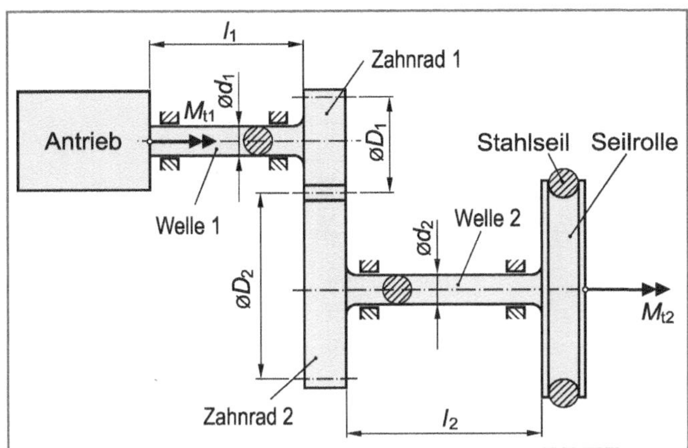

l_1 = 100 mm
l_2 = 200 mm
d_1 = 25 mm
d_2 = 35 mm
D_1 = 50 mm
D_2 = 100 mm

a) Ermitteln Sie allgemein den Zusammenhang zwischen dem Antriebsmoment M_{t1} und dem Abtriebsmoment M_{t2}.

b) Berechnen Sie das zulässige Abtriebsmoment M_{t2}, falls der Verdrehwinkel der Seilrolle $\varphi_S = 3°$ gegenüber dem unbelasteten Zustand nicht überschreiten darf. Die Zahnräder sowie die Seilrolle sind als starre Scheiben zu betrachten. Als Werkstoff für die Stahlwellen wurde der Vergütungsstahl 36CrNiMo4 gewählt.

Werkstoffkennwerte 36CrNiMo4 (vergütet):

$R_{p0,2}$ = 900 N/mm²
R_m = 1120 N/mm²
E = 205000 N/mm²
μ = 0,30

Aufgabe 2.34

●●●●●

Ein kegelstumpfförmiges Bauteil (l = 2000 mm; D = 50 mm; d = 40 mm) aus der Federstahlsorte 54SiCr6 soll als Drehstabfeder eingesetzt werden.

Ermitteln Sie das übertragbare Torsionsmoment M_t, falls der Verdrehwinkel des Stabes auf $\varphi = 5°$ begrenzt werden soll.

Werkstoffkennwerte 54SiCr6:

$R_{p0,2}$ = 1150 N/mm²
R_m = 1520 N/mm²
E = 205000 N/mm²
μ = 0,30

Aufgabe 2.35

Zu Versuchszwecken wurde der abgebildete, abgesetzte Torsionsstab mit Vollkreisquerschnitt entwickelt. Die einzelnen Abschnitte setzen sich aus unterschiedlichen Werkstoffen zusammen.

Werkstoff	R_e bzw. $R_{p0,2}$ N/mm²	R_m N/mm²	E N/mm²	μ
S235JR	240	450	210000	0,30
CuAl10Fe3Mn2	330	590	108000	0,34
EN AW-Al Cu4Mg1-T6	350	560	68000	0,33

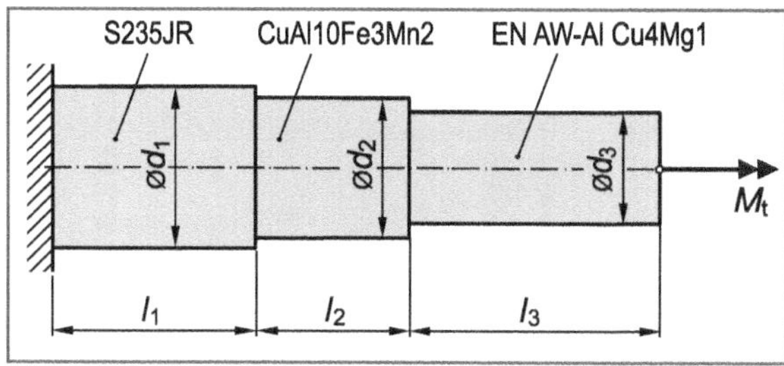

$d_1 = 30$ mm
$d_2 = 28$ mm
$d_3 = 26$ mm
$l_1 = 40$ mm
$l_2 = 30$ mm
$l_3 = 50$ mm

Ermitteln Sie das zulässige Torsionsmoment $M_{t\ zul}$ sowie den zulässigen Verdrehwinkel φ_{zul} des Torsionsstabes, so dass Fließen mit einer Sicherheit von $S_F = 1{,}5$ ausgeschlossen werden kann. Kerbwirkung an der Einspannstelle sowie an den Stellen der Querschnittsveränderung ist zu vernachlässigen.

2.6 Zusammenfassung der Grundbelastungsarten

Tabelle 2.8 Zusammenfassung der Grundbelastungsarten

Belastungs-art	Spannungsverteilung	Mohrscher Spannungskreis [1]	Grund-gleichung	Werkstoffkennwert	Ersatzwert	Sicherheits-beiwerte [2]
Zug			$\sigma_z = \frac{F_z}{A}$	**Duktiler Werkstoff:** • Fließen: R_e oder R_p [3] • Bruch: R_m **Spröder Werkstoff:** • Bruch: R_m	---- ---- ----	$S_F = 1{,}2 \ldots 2{,}0$ $S_B = 2{,}0 \ldots 4{,}0$ $S_B = 4{,}0 \ldots 9{,}0$
Druck			$\sigma_d = \frac{F_d}{A}$	**Duktiler Werkstoff:** • Fließen: σ_{dF} oder σ_{dp} [4] • Knickung: $\sigma_K = F_K / A$ **Spröder Werkstoff:** • Bruch: σ_{dB} • Knickung: $\sigma_K = F_K / A$	R_e oder R_p ---- ---- ----	$S_F = 1{,}2 \ldots 2{,}0$ $S_K = 2{,}5 \ldots 5{,}0$ $S_B = 4{,}0 \ldots 9{,}0$ $S_K = 2{,}5 \ldots 5{,}0$
Biegung			$\sigma_b = \frac{M_b}{W_b}$	**Duktiler Werkstoff:** • Fließen: σ_{bF} **Spröder Werkstoff:** • Bruch: σ_{bB}	R_e oder R_p [5] [6]	$S_F = 1{,}2 \ldots 2{,}0$ $S_B = 4{,}0 \ldots 9{,}0$
Schub (Abscherung)			$\tau_a = \frac{F_a}{A}$	**Duktiler Werkstoff:** • Bruch: τ_{aB} **Spröder Werkstoff:** • Bruch: τ_{aB}	$0{,}6\,..0{,}9 \cdot R_m$ [7] $\approx R_m$ [8]	$S_B = 2{,}0 \ldots 4{,}0$ $S_B = 4{,}0 \ldots 9{,}0$
Torsion			$\tau_t = \frac{M_t}{W_t}$	**Duktiler Werkstoff:** • Fließen: τ_{tF} • Bruch: τ_{tB} **Spröder Werkstoff:** • Bruch: τ_{tB}	$R_e/2$ oder $R_p/2$ $0{,}6 \ldots 0{,}9 \cdot R_m$ [7] R_m	$S_F = 1{,}2 \ldots 2{,}0$ $S_B = 2{,}0 \ldots 4{,}0$ $S_B = 4{,}0 \ldots 9{,}0$

[1] Erläuterung des Mohrschen Spannungskreises siehe Kapitel 3.
[2] Anhaltswerte, falls keine einschlägigen Berechnungsvorschriften vorliegen.
[3] In der Regel 0,2%-Dehngrenze ($R_{p0,2}$) [4] In der Regel 0,2%-Stauchgrenze ($\sigma_{d0,2}$) [5] Mitunter auch $1{,}1 \ldots 1{,}2 \cdot R_e$ bzw. $1{,}1 \ldots 1{,}2 \cdot R_{p0,2}$
[6] Für ideal spröde Werkstoffe: $\sigma_{bB} \approx R_m$; für spröde metallische Werkstoffe: $\sigma_{bB} > R_m$, insbesondere für Gusseisen mit Lamellengraphit: $\sigma_{bB} = 2{,}0 \ldots 2{,}5 \cdot R_m$
[7] Faktor 0,6 für hochfeste Werkstoffe, Faktor 0,9 für niedrigfeste Werkstoffe. Insbesondere für Stähle mit $R_m \leq 1800$ N/mm²: $\tau_{aB} = 0{,}5 \cdot R_m + 140$ N/mm² bzw. $\tau_{tB} = 0{,}5 \cdot R_m + 140$ N/mm²
[8] Gültig für Gusseisen mit Lamellengraphit.

3 Spannungszustand

Spannungszustand
Unter dem Begriff „Spannungszustand" versteht man alle Spannungen (Normal- und Schubspannungen), die an einem beliebigen Ort eines Körpers wirken.

Das Ziel von Kapitel 2 war die Bereitstellung von Grundgleichungen mit deren Hilfe die Spannungsermittlung in Abhängigkeit der Bauteilgeometrie sowie der Art und Höhe der äußeren Beanspruchung ermöglicht wurde. Bei einachsiger Zugbeanspruchung zum Beispiel $\sigma = F/A$. Betrachtet wurden die Grundbelastungsarten Zug, Druck, Biegung, Schub (Abscherung) und Torsion.

Mit Hilfe der in Kapitel 2 abgeleiteten Grundgleichungen ist es allerdings nur möglich, die wirkenden Normal- und Schubspannungen in denjenigen Schnittebenen zu ermitteln, welche für die Herleitung der Grundgleichungen gewählt wurden. Bei einachsiger Zugbeanspruchung also beispielsweise in Ebenen senkrecht zur Beanspruchungsrichtung. Für Festigkeitsnachweise ist es jedoch erforderlich, unter anderem diejenigen Schnittebenen zu ermitteln, in denen die Normalspannungen Extremwerte annehmen (Hauptebenen, siehe Kapitel 6).

Das Ziel von Kapitel 3 ist dementsprechend die Bereitstellung von Methoden, mit deren Hilfe eine Spannungsermittlung in beliebigen Schnittebenen durchgeführt werden kann. Diese Problemstellung soll am Beispiel eines dünnwandigen Behälters unter Innendruck (p_i) mit einer überlagerten Torsionsbeanspruchung (Torsionsmoment M_t) erläutert werden (Bild 3.1a). Schneidet man entsprechend Bild 3.1b ein Flächenelement parallel zur Achsrichtung heraus, dann kann man auf einfache Weise die Lastspannungen in den Schnittebenen berechnen. Im vorliegenden Beispiel also:

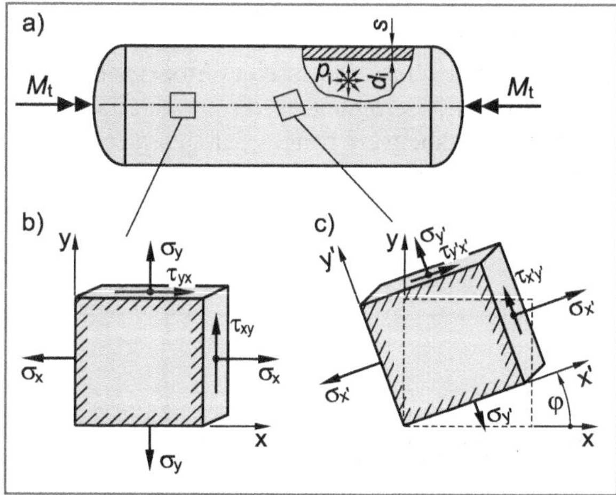

Bild 3.1 Normal- und Schubspannungen in unterschiedlichen Schnittebenen am Beispiel eines dünnwandigen Behälters unter Innendruck mit überlagerter Torsionsbeanspruchung

$$\sigma_x = p_i \cdot \frac{d_i}{4 \cdot s} \text{ (siehe Kapitel 12)}$$

$$\sigma_y = p_i \cdot \frac{d_i}{2 \cdot s} \text{ (siehe Kapitel 12)}$$

$$\tau_{xy} = \tau_{yx} = M_t / W_t$$

Die Spannungen σ_x, σ_y und $\tau_{xy} = \tau_{yx}$ in einem Flächenelement dessen Schnittebenen parallel zu den Koordinatenachsen x und y verlaufen (Bild 3.1b) unterscheiden sich von den Spannungen $\sigma_{x'}$, $\sigma_{y'}$ und $\tau_{x'y'} = \tau_{y'x'}$ in einem um den Winkel φ gedrehten Flächenelement, dessen Schnittebenen parallel zur x'- und y'-Koordinatenachse verlaufen (Bild 3.1c). Die Herleitung der entsprechenden Zusammenhänge zwischen äußerer Belastung und den Spannungen (Normal- und Schubspannungen) in beliebigen Schnittebenen bzw. Schnittrichtungen soll nachfolgend getrennt für den ein-, zwei- und dreiachsigen Spannungszustand erfolgen (Kapitel 3.2 bis 3.4).

3.1 Spannungsbegriff

Denkt man sich ein in A und B gelagertes Bauteil unter der Wirkung einer äußeren Beanspruchung (z. B. Kräfte, Streckenlasten und Momente) an einer beliebigen Stelle durchgeschnitten, dann müssen sich die über die Schnittebene ungleichmäßig verteilten inneren Schnittkräfte mit der äußeren Beanspruchung im Gleichgewicht befinden. Die innere Beanspruchung an einer bestimmten Stelle der Schnittebene wird durch die dort angreifende und auf die Teilfläche ΔA wirkende Kraft $\Delta\vec{F}$ gekennzeichnet. Da die Kräfteverteilung über die Teilfläche ΔA ungleichmäßig ist, stellt $\Delta\vec{F}$ die gemittelte, resultierende Kraft dar. Um eine Aussage über die örtliche Beanspruchung machen zu können, also den Einfluss der Größe von ΔA auf $\Delta\vec{F}$ zu eliminieren, muss die Schnittfläche ΔA klein gemacht werden.

Als Maß für die auf eine unendlich kleine Querschnittsfläche bezogene Schnittkraft $\Delta\vec{F}$ führt man die **(mechanische) Spannung** $\vec{s}$ ein (Bild 3.2):

$$\vec{s} = \lim_{\Delta A \to 0} \frac{\Delta\vec{F}}{\Delta A} = \frac{d\vec{F}}{dA} \tag{3.1}$$

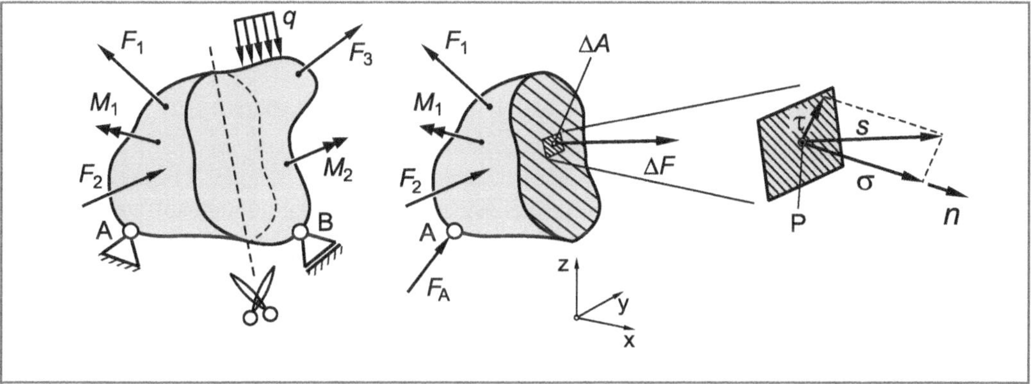

Bild 3.2 Definition der mechanischen Spannung

3.1.1 Normal- und Schubspannungen

Spannungen sind, wie zum Beispiel Kräfte, vektorielle Größen, sie haben also eine Richtung und einen Betrag. Spannungen haben die Dimension Kraft pro Fläche und werden beispielsweise in der Einheit N/mm^2 oder Pa = N/m^2 (1 MPa = 1 N/mm^2) angegeben [1)].

Der Spannungsvektor $\vec{s}$ ist im Allgemeinen schräg zum Flächenelement (Normalenvektor $\vec{n}$) orientiert. Für Festigkeitsnachweise ist es dabei zweckmäßig, den Spannungsvektor in eine Komponente senkrecht und tangential zur Schnittebene zu zerlegen. Man bezeichnet dann den Betrag der Komponente senkrecht zur Fläche als **Normalspannung** $\boldsymbol{\sigma}$, den Betrag der Komponente tangential zur Fläche hingegen als **Schubspannung** $\boldsymbol{\tau}$ (Bild 3.2).

[1)] Pa = Pascal, benannt nach dem Mathematiker und Physiker ***Blaise Pascal*** (1623 ... 1662)

3.1.2 Indizierung von Normal- und Schubspannungen

Zur eindeutigen Kennzeichnung von Spannungen führt man zwei Indizes ein. Definitionsgemäß soll gelten:

1. Index: Richtung der Schnittebenennormalen
2. Index: Richtung der Spannung

Liegt beispielsweise eine **Schubspannung** in einer Schnittebene deren Normalenvektor in x-Richtung zeigt, dann ist der 1. Index „x". Zeigt die Schubspannung selbst in y-Richtung, dann lautet der zweite Index „y". Die Schubspannung wird dementsprechend mit τ_{xy} bezeichnet.

Zur Kennzeichnung von **Normalspannungen** verzichtet man üblicherweise auf eine Doppelindizierung, da die Richtung der Flächennormalen mit der Spannungsrichtung übereinstimmt und schreibt dann beispielsweise σ_x anstelle von σ_{xx}.

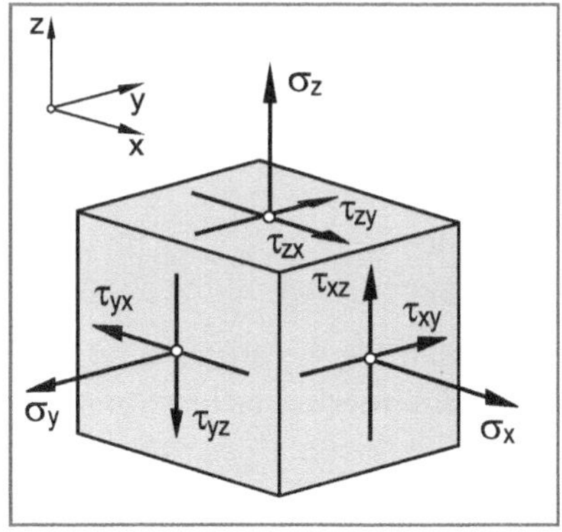

Bild 3.3 Indizierung von Normal- und Schubspannungen

3.1.3 Vorzeichenregelung für Normal- und Schubspannungen

Normalspannungen können entweder zur Schnittebene hin oder von ihr weg gerichtet sein. Dementsprechend unterscheidet man zwischen Zugspannungen (Kapitel 2.1) und Druckspannungen (Kapitel 2.2). Die Unterscheidung von Zug- und Druckspannungen soll im Folgenden durch ein Vorzeichen („+" für Zugspannung und „-" für Druckspannungen) erfolgen. Die in Bild 3.3 dargestellten Normalspannungen (σ_x, σ_y, σ_z) sind dementsprechend Zugspannungen.

Bei **Schubspannungen** ist eine Unterscheidung der Spannungen mittels Vorzeichen physikalisch nicht sinnvoll und hat nur für die Richtung der Schubspannung innerhalb der Schnittebene eine Bedeutung. Für die Festlegung des Vorzeichens einer Schubspannung ist die folgende **allgemeine Vorzeichenregelung für Schubspannungen** zweckmäßig:

Eine Schubspannung ist positiv, wenn sie in Schnittebenen mit Normalenvektor in positiver Achsrichtung liegt (positives Schnittufer) und ihre Richtung ebenfalls mit einer positiven Achsrichtung zusammenfällt.

In Schnittebenen mit Normalenvektor in negativer Achsrichtung (negatives Schnittufer) sind Schubspannungen dann positiv, wenn ihre Richtung mit einer negativen Achsrichtung zusammenfällt. Demnach sind alle in Bild 3.3 dargestellten Schubspannungen positiv.

Häufig treten an der zu untersuchenden Stelle des Bauteils in einer der drei Schnittebenen weder Normal- noch Schubspannungen auf (z. B. lastfreie Bauteiloberflächen). Man spricht dann von einem **zweiachsigen** oder **ebenen Spannungszustand** (Kapitel 3.3). In diesem Fall ist es zweckmäßig, die erforderlichen Berechnungen mit Hilfe des Mohrschen Spannungskreises (Kapitel 3.3.4) durchzuführen. Hierfür ist es jedoch empfehlenswert, von der allgemeinen Vorzeichenregelung abzurücken und die nachfolgende **spezielle Vorzeichendefinition für Schubspannungen** anzuwenden (siehe auch Kapitel 3.3.4.2):

Eine Schubspannung ist positiv (negativ) anzusetzen, falls bei Blick in Richtung der Schubspannung die zugehörige Schnittebene rechts (links) von der Schubspannung liegt (zweckmäßige Vorzeichenregel bei Verwendung des Mohrschen Spannungskreises).

3.1.4 Zugeordnete Schubspannungen

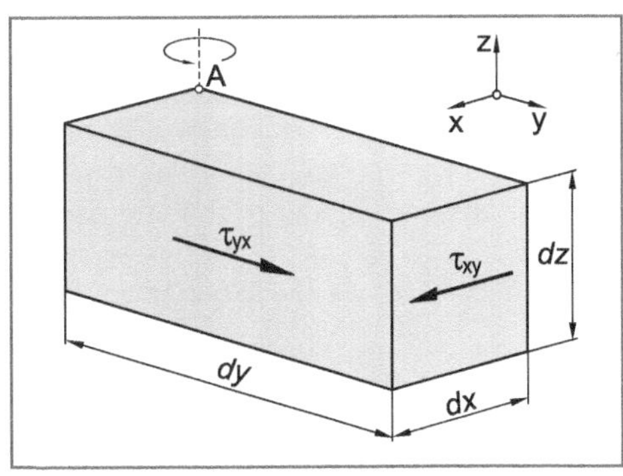

Bild 3.4 Momentengleichgewicht an einem Würfelelement eines schubbeanspruchten Bauteils

In Bild 3.4 ist ein quaderförmiges Werkstoffelement mit den Seitenlängen *dx*, *dy* und *dz* dargestellt. Man kann es sich beispielsweise aus einem Balken herausgeschnitten denken. In den Schnittebenen wirken die Schubspannungen τ_{xy} bzw. τ_{yx}. Die Bedingung $\sum M_A = 0$ für das Momentengleichgewicht führt mit dem Momentenbezugspunkt *A* auf die Gleichung:

$$\tau_{xy} \cdot dx \cdot dz \cdot dy = \tau_{yx} \cdot dy \cdot dz \cdot dx \qquad (3.2)$$

Hieraus folgt:

$$\tau_{xy} = \tau_{yx} \qquad (3.3)$$

Schubspannungen, die in zueinander senkrechten Schnittebenen wirken und auf eine gemeinsame Schnittkante zu oder von ihr weg zeigen, bezeichnet man als **zugeordnete Schubspannungen**. In Bild 3.3 sind somit zugeordnete Schubspannungen:

τ_{xy} und τ_{yx}
τ_{xz} und τ_{zx}
τ_{yz} und τ_{zy}

3.2 Einachsiger Spannungszustand

Für die nachfolgenden Ausführungen soll zunächst ein einachsig auf Zug beanspruchter Stab betrachtet werden (Bild 3.5a). Zur Ermittlung des Zusammenhangs zwischen äußerer Beanspruchung und den Spannungen in einer beliebigen Schnittebene *E*, deren Normalenvektor $\vec{n}$ mit der x-Richtung den Winkel φ einschließt, wird das Schnittprinzip angewandt (Bild 3.5b).

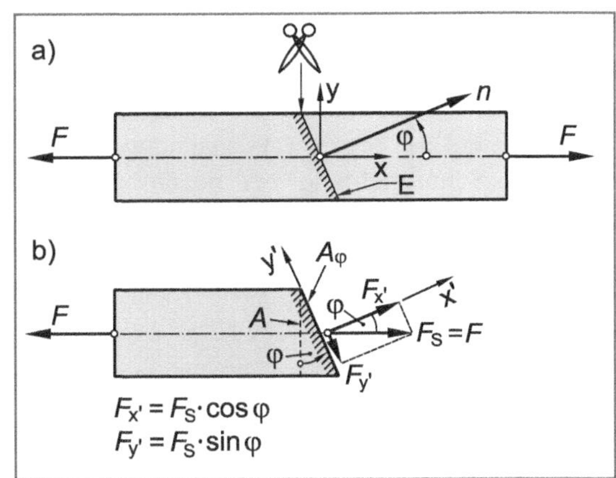

Bild 3.5 Kräftegleichgewicht an einem einachsig beanspruchten Zugstab

Zur Sicherstellung des Kräftegleichgewichts des abgeschnittenen Teils, muss die Schnittkraft F_S in der schrägen Schnittebene der äußeren Kraft *F* das Gleichgewicht halten. Es ist dabei zweckmäßig, die Kraft F_S in eine Normalkomponente $F_{x'} = F_S \cdot \cos\varphi$ und in eine Tangentialkomponente $F_{y'} = F_S \cdot \sin\varphi$ zu zerlegen.

Geht man von einer gleichmäßigen Spannungsverteilung über der Querschnittfläche aus, dann folgt mit $A_\varphi = A/\cos\varphi$ und $\sigma = F_S/A$ für die Normalspannung $\sigma_{x'}$ in Abhängigkeit des Schnittwinkels φ:

$$\sigma_{x'} = \frac{F_{x'}}{A_\varphi} = \frac{F_S \cdot \cos\varphi}{A/\cos\varphi} = \frac{F_S}{A} \cdot \cos^2\varphi = \sigma \cdot \cos^2\varphi \qquad (3.4)$$

und für die Tangentialspannung $\tau_{x'y'}$ in Abhängigkeit des Schnittwinkels φ:

$$\tau_{x'y'} = \frac{F_{y'}}{A_\varphi} = \frac{F_S \cdot \sin\varphi}{A/\cos\varphi} = \frac{F_S}{A} \cdot \sin\varphi \cdot \cos\varphi = \sigma \cdot \sin\varphi \cdot \cos\varphi \qquad (3.5)$$

Unter Anwendung der trigonometrischen Beziehungen:

$$\cos^2\varphi = \frac{1}{2} \cdot (1 + \cos 2\varphi) \qquad (3.6)$$

$$\sin\varphi \cdot \cos\varphi = \frac{1}{2} \cdot \sin 2\varphi \qquad (3.7)$$

folgt aus Gleichung 3.4 für die Normalspannung:

$$\sigma_{x'} = \frac{\sigma}{2} \cdot (1 + \cos 2\varphi) \qquad (3.8)$$

Normalspannung in der Schnittebene *E*, deren Normalenvektor mit der x-Richtung den Winkel φ einschließt bei einachsigem Spannungszustand

und aus Gleichung 3.5 für die Schubspannung:

$$\tau_{x'y'} = \frac{\sigma}{2} \cdot \sin 2\varphi \qquad (3.9)$$

Schubspannung in der Schnittebene *E*, deren Normalenvektor mit der x-Richtung den Winkel φ einschließt bei einachsigem Spannungszustand

Gleichungen 3.8 und 3.9 zeigen, dass sich in Abhängigkeit der gewählten Schnittrichtung φ, die Normal- und die Schubspannungen stetig ändern. Bild 3.6 zeigt insbesondere, dass in Schnittrichtungen von 45° und 135° die Schubspannungen einen Extremwert annehmen und mit $|\tau(45°)| = |\tau(135°)| = 0{,}5 \cdot \sigma$ betragsmäßig die Größe der Normalspannung in dieser Schnittrichtung erreichen. In Schnittebenen parallel zur Beanspruchungsrichtung (90°) wirken hingegen keine Normal- und keine Schubspannungen.

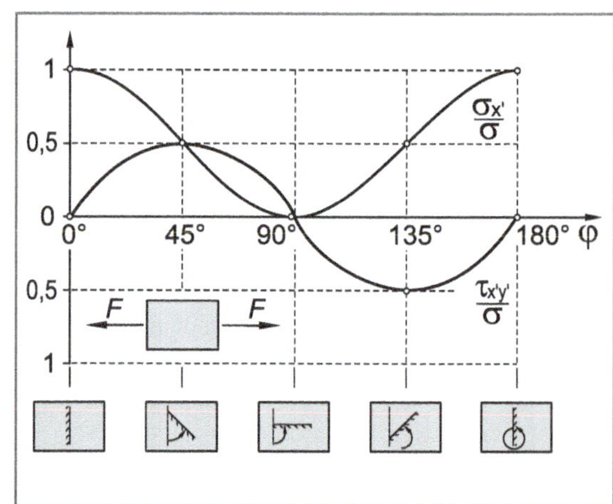

Bild 3.6 Spannungsverlauf eines einachsig beanspruchten Zugstabes in Abhängigkeit der Schnittrichtung

Löst man Gleichung 3.8 nach $\cos 2\varphi$ und Gleichung 3.9 nach $\sin 2\varphi$ auf, dann erhält man:

$$\cos 2\varphi = \frac{2 \cdot \sigma_{x'}}{\sigma} - 1 \qquad (3.10)$$

$$\sin 2\varphi = \frac{2 \cdot \tau_{x'y'}}{\sigma} \qquad (3.11)$$

Quadriert und addiert man die Gleichungen 3.10 und 3.11, dann folgt:

$$\cos^2 2\varphi + \sin^2 2\varphi = \left(\frac{2 \cdot \sigma_{x'}}{\sigma} - 1\right)^2 + \left(\frac{2 \cdot \tau_{x'y'}}{\sigma}\right)^2 \qquad (3.12)$$

mit $\cos^2 2\varphi + \sin^2 2\varphi = 1$ ergibt sich schließlich:

$$1 = \left(\frac{2}{\sigma}\right)^2 \cdot \left[\left(\sigma_{x'} - \frac{\sigma}{2}\right)^2 + \tau_{x'y'}^2\right] \tag{3.13}$$

und somit:

$$\left(\sigma_{x'} - \frac{\sigma}{2}\right)^2 + \tau_{x'y'}^2 = \left(\frac{\sigma}{2}\right)^2 \tag{3.14}$$

Gleichung des Mohrschen Spannungskreises in der σ-τ-Ebene bei einachsigem Spannungszustand

Gleichung 3.14 beschreibt einen Kreis in der σ-τ-Ebene mit Mittelpunkt in $(0{,}5 \cdot \sigma \mid 0)$ und Radius $\sigma / 2$, den **Mohrschen Spannungskreis** [1] (Bild 3.7).

Jeder Bildpunkt des Mohrschen Spannungskreises repräsentiert die Spannungen ($\sigma_{x'}$ und $\tau_{x'y'}$) in einer bestimmten Schnittebene. So repräsentiert beispielsweise der Bildpunkt A die Spannungen in einer Schnittebene senkrecht zur Stabachse ($\varphi = 0$). In dieser Ebene tritt bekanntlich nur eine Normalspannung auf. Die Schubspannung ist hingegen Null (siehe auch Bild 3.6).

Zur Ermittlung der Spannungen in einer beliebigen Schnittebene B, deren Normalenvektor mit der x-Achse (Beanspruchungsrichtung) den Winkel φ einschließt, trägt man den Winkel 2φ bzw. φ in der in Bild 3.7a dargestellten Weise ab (Richtungssinn analog zum Lageplan, Bild 3.7b). Die Koordinaten des Bildpunktes B ($\sigma_{x'} \mid \tau_{x'y'}$) sind dann die Spannungen in der Schnittebene B.

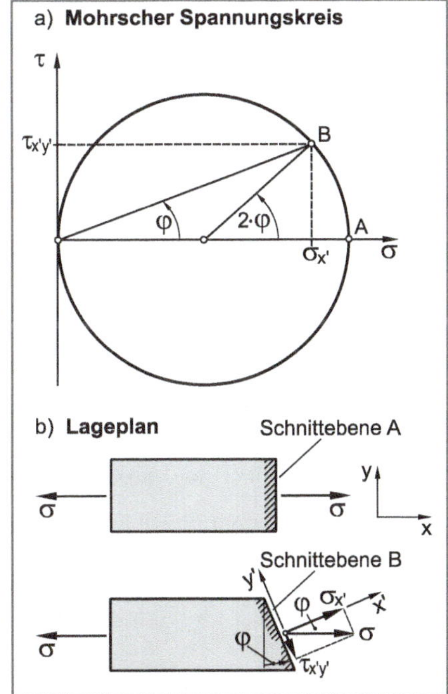

Bild 3.7 Mohrscher Spannungskreis für einachsige Zugbeanspruchung

[1] benannt nach dem deutschen Ingenieur ***Christian Otto Mohr*** (1835 ... 1918)

3.3 Zweiachsiger (ebener) Spannungszustand

Als Beispiel eines zweiachsig beanspruchten Bauteils wird eine dünne Scheibe mit der Dicke t entsprechend Bild 3.8a betrachtet. Die Scheibe wird durch die Normalspannungen σ_x und σ_y sowie durch die zugeordneten Schubspannungen τ_{xy} und τ_{yx} beansprucht.

Zweiachsige Spannungszustände findet man häufig im Bereich lastfreier Oberflächen, da senkrecht zur Oberfläche aus Gleichgewichtsgründen keine Spannungen auftreten können.

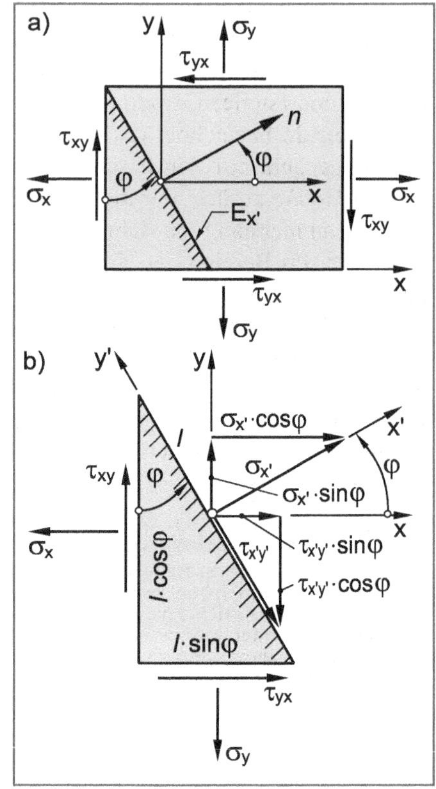

Bild 3.8 Spannungen an einem zweiachsig beanspruchten Scheibenelement

3.3.1 Spannungszustand und Schnittrichtung

Zur Durchführung von Festigkeitsnachweisen müssen, wie in späteren Kapiteln noch eingehender gezeigt wird, Spannungen in Schnittrichtungen ermittelt werden, die nicht mit der äußeren Beanspruchungsrichtung zusammenfallen.

Zur Ermittlung der Spannungen $\sigma_{x'}$ und $\tau_{x'y'}$ in einer beliebigen Schnittebene $E_{x'}$, deren Normalenvektor $\vec{n}$ mit der x-Richtung den Winkel φ einschließt, wendet man das bereits aus Kapitel 3.2 bekannte Schnittprinzip an und betrachtet das Kräftegleichgewicht in x- und y-Richtung am abgeschnittenen Scheibenelement (Bild 3.8b).

Kräftegleichgewicht in x-Richtung $(\Sigma F_x = 0)$:

$$-\sigma_x \cdot l \cdot \cos\varphi \cdot t + \tau_{yx} \cdot l \cdot \sin\varphi \cdot t + \sigma_{x'} \cdot \cos\varphi \cdot l \cdot t + \tau_{x'y'} \cdot \sin\varphi \cdot l \cdot t = 0 \quad |:(l \cdot t)$$

$$-\sigma_x \cdot \cos\varphi + \tau_{yx} \cdot \sin\varphi + \sigma_{x'} \cdot \cos\varphi + \tau_{x'y'} \cdot \sin\varphi = 0 \tag{3.15}$$

Kräftegleichgewicht in y-Richtung $(\Sigma F_y = 0)$:

$$-\sigma_y \cdot l \cdot \sin\varphi \cdot t + \tau_{xy} \cdot l \cdot \cos\varphi \cdot t + \sigma_{x'} \cdot \sin\varphi \cdot l \cdot t - \tau_{x'y'} \cdot \cos\varphi \cdot l \cdot t = 0 \quad |:(l \cdot t)$$

$$-\sigma_y \cdot \sin\varphi + \tau_{xy} \cdot \cos\varphi + \sigma_{x'} \cdot \sin\varphi - \tau_{x'y'} \cdot \cos\varphi = 0 \tag{3.16}$$

Berechnung der Normalspannung $\sigma_{x'}$

Aus Gleichung 3.15 folgt:

$$\tau_{x'y'} = \sigma_x \cdot \frac{\cos\varphi}{\sin\varphi} - \tau_{yx} - \sigma_{x'} \cdot \frac{\cos\varphi}{\sin\varphi} \tag{3.17}$$

Gleichung 3.17 in 3.16 eingesetzt und mit $\tau_{xy} = \tau_{yx}$ (zugeordnete Schubspannungen):

$$-\sigma_y \cdot \sin\varphi + \tau_{xy} \cdot \cos\varphi + \sigma_{x'} \cdot \sin\varphi - \left(\sigma_x \cdot \frac{\cos\varphi}{\sin\varphi} - \tau_{xy} - \sigma_{x'} \cdot \frac{\cos\varphi}{\sin\varphi}\right) \cdot \cos\varphi = 0 \tag{3.18}$$

$$-\sigma_y \cdot \sin\varphi + \tau_{xy} \cdot \cos\varphi + \sigma_{x'} \cdot \sin\varphi - \sigma_x \cdot \frac{\cos^2\varphi}{\sin\varphi} + \tau_{xy} \cdot \cos\varphi + \sigma_{x'} \cdot \frac{\cos^2\varphi}{\sin\varphi} = 0 \tag{3.19}$$

Multiplikation von Gleichung 3.19 mit $\sin\varphi$ liefert:

$$-\sigma_y \cdot \sin^2\varphi + 2 \cdot \tau_{xy} \cdot \cos\varphi \cdot \sin\varphi + \sigma_{x'}\left(\sin^2\varphi + \cos^2\varphi\right) - \sigma_x \cdot \cos^2\varphi = 0 \tag{3.20}$$

Mit den trigonometrischen Beziehungen:

$$\sin^2\varphi + \cos^2\varphi = 1$$

$$\sin^2\varphi = 0{,}5 \cdot (1 - \cos 2\varphi)$$

$$\cos^2\varphi = 0{,}5 \cdot (1 + \cos 2\varphi)$$

$$2 \cdot \sin\varphi \cdot \cos\varphi = \sin 2\varphi$$

folgt schließlich aus Gleichung 3.20:

$$\sigma_{x'} = \frac{\sigma_x}{2} \cdot \left(1 + \cos 2\varphi\right) + \frac{\sigma_y}{2} \cdot \left(1 - \cos 2\varphi\right) - \tau_{xy} \cdot \sin 2\varphi \tag{3.21}$$

$$\sigma_{x'} = \frac{\sigma_x + \sigma_y}{2} + \frac{\sigma_x - \sigma_y}{2} \cdot \cos 2\varphi - \tau_{xy} \cdot \sin 2\varphi \tag{3.22}$$

Normalspannung in der Schnittebene $E_{x'}$, deren Normalenvektor $\vec{n}$ mit der x-Richtung den Winkel φ einschließt bei zweiachsigem Spannungszustand.

Vorzeichen von τ_{xy} entsprechend spezieller Vorzeichenregelung (Kapitel 3.1.3).

Berechnung der Schubspannung $\tau_{x'y'}$

Aus Gleichung 3.15 folgt:

$$\sigma_{x'} = \sigma_x - \tau_{yx} \cdot \frac{\sin\varphi}{\cos\varphi} - \tau_{x'y'} \cdot \frac{\sin\varphi}{\cos\varphi} \tag{3.23}$$

Gleichung 3.23 in 3.16 eingesetzt und mit $\tau_{xy} = \tau_{yx}$ (zugeordnete Schubspannungen):

$$-\sigma_y \cdot \sin\varphi + \tau_{xy} \cdot \cos\varphi + \left(\sigma_x - \tau_{xy} \cdot \frac{\sin\varphi}{\cos\varphi} - \tau_{x'y'} \cdot \frac{\sin\varphi}{\cos\varphi}\right) \cdot \sin\varphi - \tau_{x'y'} \cdot \cos\varphi = 0 \tag{3.24}$$

$$-\sigma_y \cdot \sin\varphi + \tau_{xy} \cdot \cos\varphi + \sigma_x \cdot \sin\varphi - \tau_{xy} \cdot \frac{\sin^2\varphi}{\cos\varphi} - \tau_{x'y'} \cdot \frac{\sin^2\varphi}{\cos\varphi} - \tau_{x'y'} \cdot \cos\varphi = 0 \tag{3.25}$$

Multiplikation von Gleichung 3.25 mit $\cos\varphi$ liefert:

$$-\sigma_y \cdot \sin\varphi \cdot \cos\varphi + \tau_{xy} \cdot \left(\cos^2\varphi - \sin^2\varphi\right) + \sigma_x \cdot \sin\varphi \cdot \cos\varphi - \tau_{x'y'} \cdot \left(\cos^2\varphi + \sin^2\varphi\right) = 0 \tag{3.26}$$

Mit den trigonometrischen Beziehungen:

$$\sin^2\varphi + \cos^2\varphi = 1$$

$$\cos^2\varphi - \sin^2\varphi = \cos 2\varphi$$

$$\sin\varphi \cdot \cos\varphi = 0{,}5 \cdot \sin 2\varphi$$

folgt schließlich aus Gleichung 3.26:

$$\tau_{x'y'} = -\frac{\sigma_y}{2} \cdot \sin 2\varphi + \tau_{xy} \cdot \cos 2\varphi + \frac{\sigma_x}{2} \cdot \sin 2\varphi \tag{3.27}$$

$$\tau_{x'y'} = \frac{\sigma_x - \sigma_y}{2} \cdot \sin 2\varphi + \tau_{xy} \cdot \cos 2\varphi \tag{3.28}$$

Schubspannung in der Schnittebene $E_{x'}$, deren Normalenvektor $\vec{n}$ mit der x-Richtung den Winkel φ einschließt bei zweiachsigem Spannungszustand

Vorzeichen von τ_{xy} entsprechend spezieller Vorzeichenregelung (Kapitel 3.1.3).

Bei der Anwendung von Gleichung 3.22 und 3.28 ist hinsichtlich des Vorzeichens der Schubspannung τ_{xy} zu beachten, dass eine Schubspannung als positiv anzusetzen ist, falls sie entsprechend Bild 3.8 wirkt. Dies entspricht der Vorzeichenregelung für Schubspannungen für den ebenen Spannungszustand (spezielle Vorzeichenregelung). Erhält man aus Gleichung 3.28 ein negatives Ergebnis, dann wirkt die Schubspannung $\tau_{x'y'}$ entgegen der in Bild 3.8 dargestellten Richtung.

Mitunter findet man in der Literatur in Gleichung 3.22 vor dem letzten Summanden ein Pluszeichen ($\sigma_{x'} = ... + \tau_{xy} \cdot \sin 2\varphi$) und in Gleichung 3.28 ein Minuszeichen ($\tau_{x'y'} = ... - \tau_{xy} \cdot \cos 2\varphi$). Die Erklärung für diesen scheinbaren Unterschied findet sich in der Vorzeichenregelung für Schubspannungen. Während bei obiger Herleitung, wie bereits erwähnt, die spezielle Vorzeichenregelung (Kapitel 3.1.3) zugrunde gelegt wurde (τ_{xy} ist in Bild 3.8 positiv anzusetzen) wird in der Literatur mitunter auch die allgemeine Vorzeichenregelung für τ_{xy} angewandt. Gemäß der allgemeinen Vorzeichenregelung müsste τ_{xy} für die in Bild 3.8 eingezeichnete Richtung negativ eingesetzt werden, so dass sich die erwähnte Vorzeichenumkehr ergibt.

3.3.2 Mohrscher Spannungskreis

Zur Ermittlung der Spannungen $\sigma_{x'}$ und $\tau_{x'y'}$ in einer beliebigen Schnittebene können prinzipiell die Gleichungen 3.22 und 3.28 herangezogen werden. Eine anschaulichere Möglichkeit derartige Fragestellungen zu beantworten, bietet der **Mohrsche Spannungskreis**.

3.3.2.1 Mittelpunkt und Radius des Mohrschen Spannungskreises

Zur Bestimmung von Mittelpunkt und Radius des Mohrschen Spannungskreises eliminiert man aus den Gleichungen 3.22 und 3.28 den Winkel φ und erhält dann die Gleichung eines Kreises in der σ-τ-Ebene (Mohrscher Spannungskreis). Um den Winkel φ zu eliminieren, werden die Gleichungen 3.22 und 3.28 quadriert und addiert. Aus Gleichung 3.22 folgt:

$$\sigma_{x'} - \frac{\sigma_x + \sigma_y}{2} = \frac{\sigma_x - \sigma_y}{2} \cdot \cos 2\varphi - \tau_{xy} \cdot \sin 2\varphi \quad |\text{quadriert} \tag{3.29}$$

$$\left(\sigma_{x'} - \frac{\sigma_x + \sigma_y}{2}\right)^2 = \left(\frac{\sigma_x - \sigma_y}{2} \cdot \cos 2\varphi - \tau_{xy} \cdot \sin 2\varphi\right)^2 \tag{3.30}$$

$$\left(\sigma_{x'} - \frac{\sigma_x + \sigma_y}{2}\right)^2 = \left(\frac{\sigma_x - \sigma_y}{2}\right)^2 \cdot \cos^2 2\varphi - 2 \cdot \frac{\sigma_x - \sigma_y}{2} \cdot \tau_{xy} \cdot \cos 2\varphi \cdot \sin 2\varphi + \tau_{xy}^2 \cdot \sin^2 2\varphi \tag{3.31}$$

Aus Gleichung 3.28 folgt:

$$\tau_{x'y'} = \frac{\sigma_x - \sigma_y}{2} \cdot \sin 2\varphi + \tau_{xy} \cdot \cos 2\varphi \quad |\text{quadriert} \tag{3.32}$$

$$\tau_{x'y'}^2 = \left(\frac{\sigma_x - \sigma_y}{2} \cdot \sin 2\varphi + \tau_{xy} \cdot \cos 2\varphi \right)^2 \tag{3.33}$$

$$\tau_{x'y'}^2 = \left(\frac{\sigma_x - \sigma_y}{2} \right)^2 \cdot \sin^2 2\varphi + 2 \cdot \frac{\sigma_x - \sigma_y}{2} \cdot \tau_{xy} \cdot \cos 2\varphi \cdot \sin 2\varphi + \tau_{xy}^2 \cdot \cos^2 2\varphi \tag{3.34}$$

Addition der Gleichungen 3.31 und 3.34 führt auf eine Kreisgleichung im σ-τ-Koordinatensystem (Mohrscher Spannungskreis):

$$\left(\sigma_{x'} - \frac{\sigma_x + \sigma_y}{2} \right)^2 + \tau_{x'y'}^2 = \left(\frac{\sigma_x - \sigma_y}{2} \right)^2 \cdot \left(\cos^2 2\varphi + \sin^2 2\varphi \right) + \tau_{xy}^2 \cdot \left(\sin^2 2\varphi + \cos^2 2\varphi \right)$$

$$\left(\sigma_{x'} - \frac{\sigma_x + \sigma_y}{2} \right)^2 + \tau_{x'y'}^2 = \left(\frac{\sigma_x - \sigma_y}{2} \right)^2 + \tau_{xy}^2 \tag{3.35}$$

Gleichung des Mohrschen Spannungskreises in der σ-τ-Ebene bei zweiachsigem Spannungszustand

Für den Mittelpunkt des Mohrschen Spannungskreises folgt:

$$M = \left(\frac{\sigma_x + \sigma_y}{2} \mid 0 \right) \tag{3.36}$$

Mittelpunkt des Mohrschen Spannungskreises

Der Radius des Mohrschen Spannungskreises ergibt sich zu:

$$R = \sqrt{\left(\frac{\sigma_x - \sigma_y}{2} \right)^2 + \tau_{xy}^2} \tag{3.37}$$

Radius des Mohrschen Spannungskreises

Jeder Bildpunkt P des Mohrschen Spannungskreises repräsentiert die Spannungen ($\sigma_{x'}$ und $\tau_{x'y'}$) in einer Schnittebene, deren Normalenvektor durch den Winkel φ festgelegt ist.

3.3.2.2 Konstruktion des Mohrschen Spannungskreises

Gegeben sei ein durch die Spannungen σ_x, σ_y und τ_{xy} gekennzeichneter ebener Spannungszustand (Bild 3.9a). Gesucht sind der Mohrsche Spannungskreis sowie die Spannungen $\sigma_{x'}$, $\sigma_{y'}$, $\tau_{x'y'}$ und $\tau_{y'x'}$ an einem um den Winkel φ gegenüber der x-Richtung gedrehten Flächenelement (Bild 3.9b).

Zur Konstruktion des Mohrschen Spannungskreises geht man wie folgt vor (Bild 3.9c):

1. Zeichnen eines σ-τ-Koordinatensystems.
2. Eintragen des Bildpunktes P_x (σ_x | τ_{xy}) der die Spannungen in der Schnittebene mit der x-Achse als Normale repräsentiert (Schnittebene E_x).

   Für die graphische Darstellung des Mohrschen Spannungskreises ist es infolge der Kreisgeometrie zweckmäßig, von der allgemeinen Vorzeichenregelung für den dreiachsigen (räumlichen) Spannungszustand (Kapitel 3.1.3) abzurücken und die bereits in Kapitel 3.1.3 erwähnte **spezielle Vorzeichendefinition für Schubspannungen** anzuwenden:

   Eine Schubspannung ist positiv (negativ) anzusetzen, falls bei Blick in Richtung der Schubspannung die zugehörige Schnittebene rechts (links) von der Schubspannung liegt.

Unter Verwendung dieser speziellen Vorzeichenregelung ergibt sich eine Übereinstimmung der Vorzeichen der Schubspannungen am Flächenelement und im Mohrschen Spannungskreis. Gemäß dieser speziellen Vorzeichenregelung ist die Schubspannung τ_{xy} in Bild 3.9a positiv, die Schubspannung τ_{yx} hingegen negativ anzusetzen.

3. Eintragen des Bildpunktes P_y ($\sigma_y \mid \tau_{yx}$) der die Spannungen in der Schnittebene mit der y-Achse als Normalenvektor repräsentiert (Schnittebene E_y). Die Schubspannung τ_{yx} ist entsprechend der speziellen Vorzeichenregelung negativ anzusetzen.
4. Die Schnittebenen E_x und E_y stehen senkrecht aufeinander (siehe Lageplan). Da die Bildpunkte zweier senkrechter Schnittebenen bzw. Schnittrichtungen auf einem Kreisdurchmesser liegen, schneidet die Strecke $\overline{P_x P_y}$ die σ-Achse im Kreismittelpunkt M.

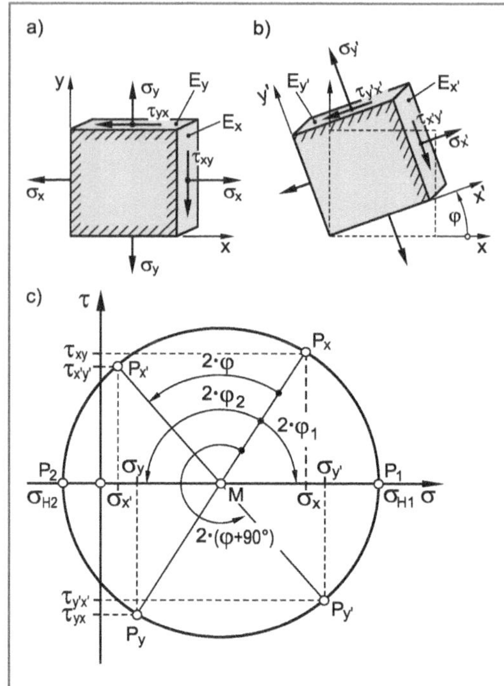

Bild 3.9 Konstruktion des Mohrschen Spannungskreises

5. Kreis um M durch die Bildpunkte P_x oder P_y ist der gesuchte Mohrsche Spannungskreis.

Zur Ermittlung der Spannungen $\sigma_{x'}$ und $\tau_{x'y'}$ einer beliebigen Schnittebene $E_{x'}$ überträgt man, ausgehend von einer Schnittebene mit bekannten Spannungen (z. B. Schnittebene E_x mit der x-Achse als Normale), den *doppelten* Richtungswinkel (2φ) in den Mohrschen Spannungskreis. Der Drehsinn muss dabei dem Lageplan entsprechen. Die Koordinaten des Bildpunktes $P_{x'}$ ($\sigma_{x'} \mid \tau_{x'y'}$) kennzeichnen die Spannungen in der Schnittebene $E_{x'}$ (Bild 3.9b und 3.9c).

Für Festigkeitsnachweise werden mithin auch die Spannungen $\sigma_{y'}$ und $\tau_{y'x'}$ in der Schnittebene mit der y'-Achse als Normale ($E_{y'}$) benötigt. Diese Größen werden auf analoge Weise ermittelt (siehe Bild 3.9c).

3.3.2.3 Hauptnormalspannungen und Hauptspannungsrichtungen

Aus dem Mohrschen Spannungskreis (Bild 3.9c) ist ersichtlich, dass eine maximale Spannung σ_{H1} und eine minimale Spannung σ_{H2} existieren (Bildpunkte P_1 und P_2 in Bild 3.9c). Diese beiden extremalen Normalspannungen werden als **Hauptnormalspannungen** bezeichnet. Im praktischen Sprachgebrauch nennt man die Hauptnormalspannungen bisweilen auch **Hauptspannungen** (nicht zu verwechseln mit den Hauptschubspannungen, Kapitel 3.3.2.4). Die Richtungen zu den Hauptnormalspannungen (Winkel φ_1 und φ_2) nennt man dementsprechend **Hauptnormalspannungsrichtungen** oder kurz **Hauptspannungsrichtungen** bzw. **Hauptrichtungen** (nicht zu verwechseln mit den Hauptschubspannungsrichtungen). Schnittebenen, deren Normalenvektor mit der Hauptnormalspannungsrichtung zusammenfällt sind schubspannungsfrei.

Eine Richtung ist auch dann Hauptspannungsrichtung, falls die zugehörige Schnittebene völlig frei von Spannungen ist, wie zum Beispiel eine lastfreie Oberfläche (zweiachsiger Spannungszustand). Die zugehörige Hauptnormalspannung ist dann Null. Im Hinblick auf die Bezeichnung soll vereinbart werden, dass mit σ_{H1} die größere der beiden (von Null verschiedenen) Hauptspannungen bezeichnet wird, also $\sigma_{H1} > \sigma_{H2}$.

Die beiden Hauptnormalspannungen σ_{H1} und σ_{H2} ergeben sich aus den Schnittpunkten des Mohrschen Spannungskreises mit der σ-Achse (Bild 3.9c), da in diesen als **Hauptspannungsebenen** oder **Hauptebenen** bezeichneten Ebenen, die Schubspannungen zu Null werden.

Der Winkel φ_1 zwischen der x-Richtung und der Normalen zur ersten Hauptebene (erste Hauptspannungsrichtung) kann graphisch mit Hilfe des Mohrschen Spannungskreises ermittelt werden. Es gilt dabei: $2 \cdot \varphi_1 = \angle\,(MP_x, MP_1)$. Für den Winkel φ_2 zwischen der x-Richtung und der Normalen zur zweiten Hauptebene (zweite Hauptspannungsrichtung) gilt dementsprechend: $2 \cdot \varphi_2 = \angle\,(MP_x, MP_2)$.

Die Hauptnormalspannungen σ_{H1} und σ_{H2} können auch rechnerisch ermittelt werden. Aus dem Mohrschen Spannungskreis lassen sich die folgenden Beziehungen ableiten:

$$\sigma_{H1} = \frac{\sigma_x + \sigma_y}{2} + \sqrt{\left(\frac{\sigma_x - \sigma_y}{2}\right)^2 + \tau_{xy}^2} \tag{3.38}$$

Hauptnormalspannungen in der x-y-Ebene bei zweiachsigem Spannungszustand

$$\sigma_{H2} = \frac{\sigma_x + \sigma_y}{2} - \sqrt{\left(\frac{\sigma_x - \sigma_y}{2}\right)^2 + \tau_{xy}^2} \tag{3.39}$$

Die Winkel φ_1 und φ_2 zwischen der x-Richtung und den Normalen zur den Hauptebenen (Hauptspannungsrichtungen) lassen sich ebenfalls rechnerisch ermitteln. Man erhält die Richtungswinkel φ_1 bzw. φ_2 aus Gleichung 3.28 mit der Bedingung $\tau_{x'y'} = 0$, da, wie bereits erwähnt, in Schnittebenen mit den Hauptspannungsrichtungen als Normale voraussetzungsgemäß keine Schubspannungen auftreten:

$$\varphi_{1;2} = \frac{1}{2} \cdot \arctan\left(\frac{-2 \cdot \tau_{xy}}{\sigma_x - \sigma_y}\right) \tag{3.40}$$

Richtungswinkel zwischen der x-Achse und der ersten oder der zweiten Hauptspannungsrichtung. Vorzeichen von τ_{xy} entsprechend spezieller Vorzeichenregelung (Kapitel 3.1.3).

Der mit Hilfe von Gleichung 3.40 errechnete Winkel kann der Richtungswinkel zwischen der x-Achse und der ersten *oder* der zweiten Hauptspannungsrichtung sein. Eine Entscheidung kann mit Hilfe von Tabelle 3.1 erfolgen.

Aufgrund der π-Periodizität des Tangens ergibt sich der zweite Winkel zu:

$$\varphi_{2;1} = \varphi_{1;2} + \frac{\pi}{2} \tag{3.41}$$

3.3.2.4 Hauptschubspannungen

Die im Bauteil auftretenden betragsmäßig größten Schubspannungen τ_{max} ergeben sich aus dem Mohrschen Spannungskreis (Bild 3.9c) zu:

$$\tau_{max} = \pm\sqrt{\left(\frac{\sigma_x - \sigma_y}{2}\right)^2 + \tau_{xy}^2} = \pm\frac{\sigma_{H1} - \sigma_{H2}}{2} \tag{3.42}$$

Maximale Schubspannung in der x-y-Ebene bei zweiachsigem Spannungszustand

Tabelle 3.1 Rechnerische Ermittlung der Richtungswinkel φ_1 und φ_2 zwischen der x-Richtung und den Hauptspannungsrichtungen σ_{H1} und σ_{H2}

Fall [1]	Lageplan	Winkel zu den Hauptspannungsrichtungen [1] [2]	Hauptnormalspannungen	Mohrscher Spannungskreis [1]
Fall 1: $\boldsymbol{\sigma_x > \sigma_y}$ $\boldsymbol{\tau_{xy} > 0}$	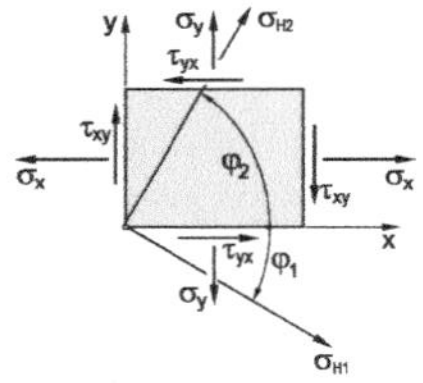	$\varphi_1 = \frac{1}{2} \cdot \arctan\left(\frac{-2 \cdot \tau_{xy}}{\sigma_x - \sigma_y}\right)$ $\varphi_2 = \varphi_1 + 90°$		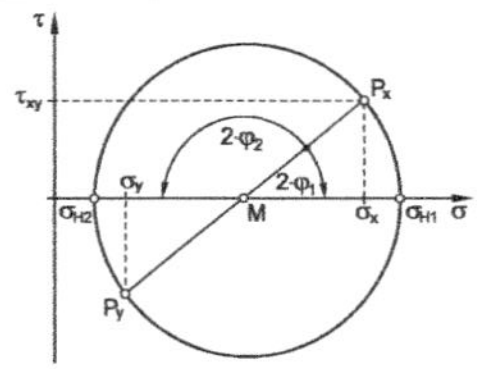
Fall 2: $\boldsymbol{\sigma_x < \sigma_y}$ $\boldsymbol{\tau_{xy} > 0}$	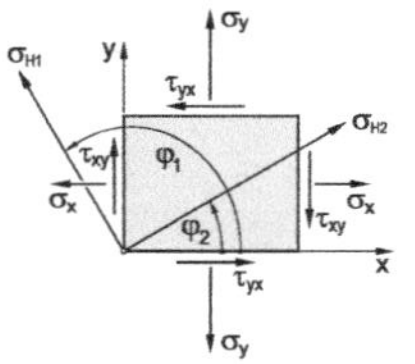	$\varphi_2 = \frac{1}{2} \cdot \arctan\left(\frac{-2 \cdot \tau_{xy}}{\sigma_x - \sigma_y}\right)$ $\varphi_1 = \varphi_2 + 90°$	$\sigma_{H1} = \frac{\sigma_x + \sigma_y}{2} + \sqrt{\left(\frac{\sigma_x - \sigma_y}{2}\right)^2 + \tau_{xy}^2}$	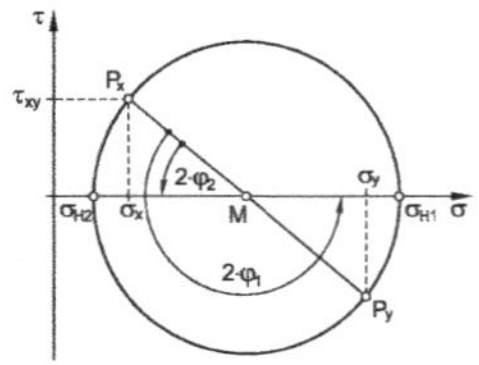
Fall 3: $\boldsymbol{\sigma_x < \sigma_y}$ $\boldsymbol{\tau_{xy} < 0}$	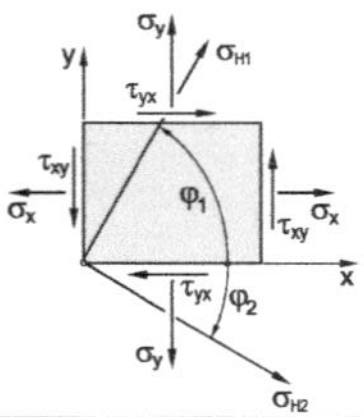	$\varphi_2 = \frac{1}{2} \cdot \arctan\left(\frac{-2 \cdot \tau_{xy}}{\sigma_x - \sigma_y}\right)$ $\varphi_1 = \varphi_2 + 90°$	$\sigma_{H2} = \frac{\sigma_x + \sigma_y}{2} - \sqrt{\left(\frac{\sigma_x - \sigma_y}{2}\right)^2 + \tau_{xy}^2}$	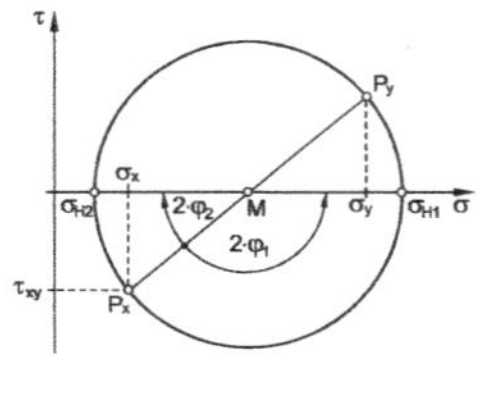
Fall 4: $\boldsymbol{\sigma_x > \sigma_y}$ $\boldsymbol{\tau_{xy} < 0}$	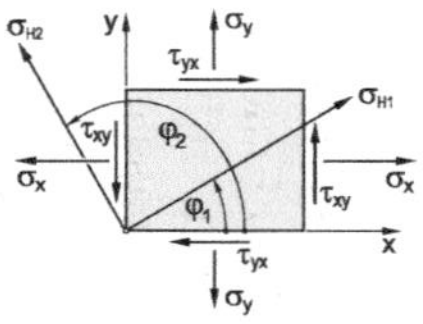	$\varphi_1 = \frac{1}{2} \cdot \arctan\left(\frac{-2 \cdot \tau_{xy}}{\sigma_x - \sigma_y}\right)$ $\varphi_2 = \varphi_1 + 90°$		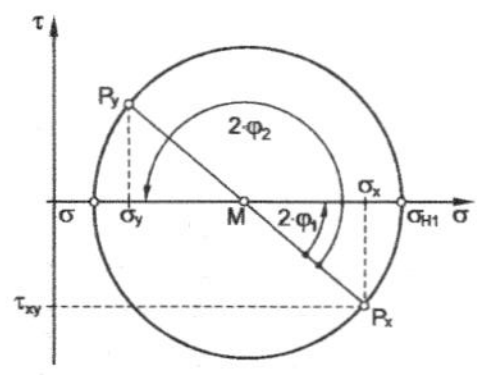

[1] Vorzeichenregelung für Schubspannungen entsprechend der speziellen Vorzeichenregelung für die Konstruktion des Mohrschen Spannungskreises (Kapitel 3.1.3)

[2] φ_1: Winkel zwischen der x-Richtung und der ersten Hauptspannungsrichtung (σ_{H1}). φ_2: Winkel zwischen der x-Richtung und der zweiten Hauptspannungsrichtung (σ_{H2}).

3.4 Dreiachsiger (räumlicher) Spannungszustand

Unter der Voraussetzung eines zweiachsigen Spannungszustandes war es mit Hilfe des Mohrschen Spannungskreises möglich, die Normal- und die Schubspannungen in beliebigen Schnittebenen zu ermitteln. Im Falle eines dreiachsigen (räumlichen) Spannungszustandes ist diese Vorgehensweise in der Regel nicht möglich [1)].

Zur Beschreibung des Spannungszustandes in einem Punkt P eines beliebig beanspruchten Körpers (vgl. Bild 3.2) schneidet man ein würfelförmiges Volumenelement heraus, dessen Kanten parallel zu den Achsen des Koordinatensystems sind. Im allgemeinen Fall wirken am Volumenelement drei voneinander unabhängige Normalspannungen (σ_x, σ_y und σ_z) sowie drei Paare voneinander unabhängiger, zugeordneter Schubspannungen (τ_{xy} und τ_{yx}, τ_{xz} und τ_{zx}, τ_{yz} und τ_{zy}).

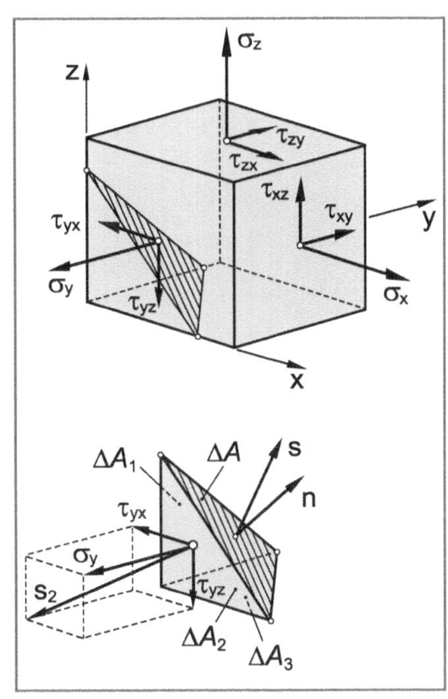

Bild 3.10 Spannungen am räumlichen Tetraederelement

3.4.1 Spannungstensor

Zur Ermittlung der Schnittspannungen in einer beliebigen Schnittebene (charakterisiert durch den Normalenvektor $\vec{n}$) trennt man, analog zum zweiachsigen Spannungszustand, vom Würfelelement einen Tetraeder heraus und betrachtet das Kräftegleichgewicht (Bild 3.10).

Die Spannungsvektoren $\vec{s}$ bzw. $\vec{s}_1$, $\vec{s}_2$ und $\vec{s}_3$ in den einzelnen Tetraederflächen wirken schräg zur jeweiligen Fläche (Bild 3.10). Multipliziert man den jeweiligen Spannungsvektor mit der entsprechenden Tetraederfläche, dann erhält man die auf die jeweiligen Flächen wirkenden Kräfte, deren vektorielle Summe aus Gleichgewichtsgründen Null sein muss. Ansetzen des Kräftegleichgewichts am freigeschnittenen Tetraederelement liefert (Bild 3.10):

$$\vec{s} \cdot \Delta A = \vec{s}_1 \cdot \Delta A_1 + \vec{s}_2 \cdot \Delta A_2 + \vec{s}_3 \cdot \Delta A_3 = 0 \tag{3.43}$$

Damit Gleichung (3.43) weiter umgeformt werden kann, müssen zunächst die Flächeninhalte der Teilflächen ΔA_1, ΔA_2 und ΔA_3 berechnet werden. Die Berechnung soll am Beispiel von Teilfläche ΔA_3 erfolgen (Bild 3.11).

Für den Inhalt der Tetraederfläche ΔA gilt:

$$\Delta A = \frac{1}{2} \cdot g \cdot h \tag{3.44}$$

Für den Inhalt der Tetraederfläche ΔA_3 gilt:

$$\Delta A_3 = \frac{1}{2} \cdot g \cdot h_3 \tag{3.45}$$

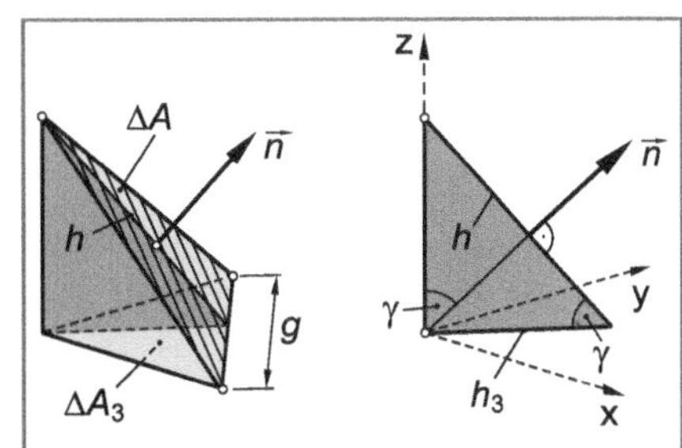

Bild 3.11 Geometrische Beziehungen am Tetraederelement

[1)] Die Berechnung von Spannungen in beliebigen Schnittrichtungen mit Hilfe des Mohrschen Spannungskreises gelingt nur, falls das Volumenelement parallel zu den Hauptachsen herausgeschnitten vorliegt (Hauptspannungselement, Kapitel 3.4.3).

Zwischen den Höhen h und h_3 der beiden Dreiecksflächen gilt weiterhin (Bild 3.11):

$$h_3 = h \cdot \cos\gamma \tag{3.46}$$

Damit folgt aus Gleichung 3.45 mit Gleichung 3.44:

$$\Delta A_3 = \frac{1}{2} \cdot g \cdot h \cdot \cos\gamma = \Delta A \cdot \cos\gamma \tag{3.47}$$

In analoger Weise folgt für die Teilflächen ΔA_1 und ΔA_2:

$$\Delta A_1 = \Delta A \cdot \cos\alpha \tag{3.48}$$

$$\Delta A_2 = \Delta A \cdot \cos\beta \tag{3.49}$$

Setzt man die Gleichungen 3.47 bis 3.49 in Gleichung 3.43 ein, dann folgt:

$$\vec{s} \cdot \Delta A = \vec{s}_1 \cdot \Delta A \cdot \cos\alpha + \vec{s}_2 \cdot \Delta A \cdot \cos\beta + \vec{s}_3 \cdot \Delta A \cdot \cos\gamma \quad \Big| : \Delta A \tag{3.50}$$

$$\vec{s} = \vec{s}_1 \cdot \cos\alpha + \vec{s}_2 \cdot \cos\beta + \vec{s}_3 \cdot \cos\gamma \tag{3.51}$$

Für die Komponenten der Spannungsvektoren ergibt sich (Bild 3.10):

$$\vec{s} = \begin{pmatrix} s_x \\ s_y \\ s_z \end{pmatrix} \qquad \vec{s}_1 = \begin{pmatrix} \sigma_x \\ \tau_{xy} \\ \tau_{xz} \end{pmatrix} \qquad \vec{s}_2 = \begin{pmatrix} \tau_{yx} \\ \sigma_y \\ \tau_{yz} \end{pmatrix} \qquad \vec{s}_3 = \begin{pmatrix} \tau_{zx} \\ \tau_{zy} \\ \sigma_z \end{pmatrix} \tag{3.52}$$

Eingesetzt in Gleichung 3.51 folgt für den Spannungsvektor $\vec{s}$ in der Schnittebene ΔA:

$$\begin{pmatrix} s_x \\ s_y \\ s_z \end{pmatrix} = \begin{pmatrix} \sigma_x \\ \tau_{xy} \\ \tau_{xz} \end{pmatrix} \cdot \cos\alpha + \begin{pmatrix} \tau_{yx} \\ \sigma_y \\ \tau_{yz} \end{pmatrix} \cdot \cos\beta + \begin{pmatrix} \tau_{zx} \\ \tau_{zy} \\ \sigma_z \end{pmatrix} \cdot \cos\gamma \tag{3.53}$$

Gleichung 3.53 lässt sich auch in Matrizenform darstellen:

$$\underbrace{\begin{pmatrix} s_x \\ s_y \\ s_z \end{pmatrix}}_{\vec{s}} = \underbrace{\begin{pmatrix} \sigma_x & \tau_{yx} & \tau_{zx} \\ \tau_{xy} & \sigma_y & \tau_{zy} \\ \tau_{xz} & \tau_{yz} & \sigma_z \end{pmatrix}}_{\overline{S}} \cdot \underbrace{\begin{pmatrix} \cos\alpha \\ \cos\beta \\ \cos\gamma \end{pmatrix}}_{\vec{n}} \tag{3.54}$$

Die Größe $\overline{S}$ wird als **Spannungstensor** bezeichnet. Der Spannungstensor beschreibt den Spannungszustand in einem beliebigen Punkt eines Bauteils. Die Hauptdiagonale des Spannungstensors enthält die Normalspannungen σ_x, σ_y und σ_z, daneben stehen die Schubspannungen. Da jeweils drei Paare von Schubspannungen gleich sind (zugeordnete Schubspannungen, d. h. $\tau_{xy} = \tau_{yx}, \tau_{xz} = \tau_{zx}$ und $\tau_{yz} = \tau_{zy}$) ist die Spannungsmatrix symmetrisch, so dass nur 6 voneinander unabhängige Spannungskomponenten vorliegen.

Entsprechend des Gesetzes für zugeordnete Schubspannungen können die Indizes der Schubspannungen vertauscht werden, so dass der Spannungstensor $\overline{S}$ auch wie folgt geschrieben werden kann:

$$\bar{S} = \begin{pmatrix} \sigma_x & \tau_{xy} & \tau_{xz} \\ \tau_{xy} & \sigma_y & \tau_{yz} \\ \tau_{xz} & \tau_{yz} & \sigma_z \end{pmatrix} \tag{3.55}$$

3.4.2 Berechnung der Normal- und Schubspannungen in einer beliebigen Schnittebene

Mit Hilfe des Spannungstensors wird der Spannungszustand in einem beliebigen Körperpunkt eindeutig beschrieben. Mitunter ist es von Interesse, die Spannungen in beliebigen Schnittrichtungen zu ermitteln. Die räumliche Lage der schrägen Schnittebene ΔA wird durch ihren Normaleneinheitsvektor $\vec{n}$ festgelegt, wobei gilt:

$$\vec{n} = \begin{pmatrix} n_x \\ n_y \\ n_z \end{pmatrix} = \begin{pmatrix} \cos\alpha \\ \cos\beta \\ \cos\gamma \end{pmatrix} \tag{3.56}$$

Bei bekanntem Spannungszustand (gekennzeichnet durch den Spannungstensor) errechnet sich der Spannungsvektor $\vec{s}$ zu:

$$\vec{s} = \begin{pmatrix} \sigma_x \\ \tau_{xy} \\ \tau_{xz} \end{pmatrix} \cdot \cos\alpha + \begin{pmatrix} \tau_{xy} \\ \sigma_y \\ \tau_{yz} \end{pmatrix} \cdot \cos\beta + \begin{pmatrix} \tau_{xz} \\ \tau_{yz} \\ \sigma_z \end{pmatrix} \cdot \cos\gamma$$

$$= \begin{pmatrix} \sigma_x \cdot \cos\alpha + \tau_{xy} \cdot \cos\beta + \tau_{xz} \cdot \cos\gamma \\ \tau_{xy} \cdot \cos\alpha + \sigma_y \cdot \cos\beta + \tau_{yz} \cdot \cos\gamma \\ \tau_{xz} \cdot \cos\alpha + \tau_{yz} \cdot \cos\beta + \sigma_z \cdot \cos\gamma \end{pmatrix} \tag{3.57}$$

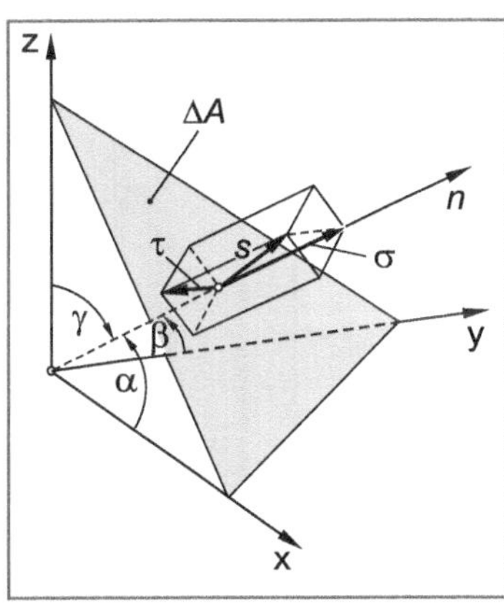

Bild 3.12
Spannungen in beliebiger Schnittrichtung bei dreiachsigem Spannungszustand

Sofern $\vec{n}$ keine Hauptspannungsebene kennzeichnet und damit $\vec{s}$ keine Hauptnormalspannung ist, fallen $\vec{s}$ und $\vec{n}$ nicht zusammen. Dann lässt sich der Spannungsvektor $\vec{s}$ in eine Komponente in Richtung der Flächennormalen (Normalspannung) und in eine Komponente senkrecht dazu (Schubspannung) zerlegen (Bild 3.12).

Die Normalspannungskomponente $\vec{\sigma}$ des Spannungsvektors $\vec{s}$ zur Schnittebene ΔA erhält man durch senkrechte Projektion des Spannungsvektors $\vec{s}$ auf den Normaleneinheitsvektor $\vec{n}$. Der Betrag der Normalspannung σ ergibt sich dann als Skalarprodukt von $\vec{s}$ und $\vec{n}$:

$$\sigma = \vec{s} \cdot \vec{n} = \begin{pmatrix} \sigma_x \cdot \cos\alpha + \tau_{xy} \cdot \cos\beta + \tau_{xz} \cdot \cos\gamma \\ \tau_{xy} \cdot \cos\alpha + \sigma_y \cdot \cos\beta + \tau_{yz} \cdot \cos\gamma \\ \tau_{xz} \cdot \cos\alpha + \tau_{yz} \cdot \cos\beta + \sigma_z \cdot \cos\gamma \end{pmatrix} \cdot \begin{pmatrix} \cos\alpha \\ \cos\beta \\ \cos\gamma \end{pmatrix} \tag{3.58}$$

$$\sigma = \sigma_x \cdot \cos^2 \alpha + \sigma_y \cdot \cos^2 \beta + \sigma_z \cdot \cos^2 \gamma + 2 \cdot \left(\tau_{xy} \cdot \cos \alpha \cdot \cos \beta + \tau_{yz} \cdot \cos \beta \cdot \cos \gamma + \tau_{xz} \cdot \cos \gamma \cdot \cos \alpha \right) \quad (3.59)$$

Betrag der Normalspannung in beliebiger (räumlicher) Schnittrichtung

Für den Betrag der Schubspannung in der Schnittebene ΔA ergibt sich unter Anwendung des Satzes von Pythagoras:

$$\tau = \sqrt{s^2 - \sigma^2} \quad (3.60)$$

Betrag der Schubspannung in beliebiger (räumlicher) Schnittrichtung

3.4.3 Hauptnormalspannungen bei dreiachsigem Spannungszustand

Wird ein Bauteil durch äußere Kräfte und Momente beansprucht, dann können zumindest bei einfachen geometrischen Verhältnissen, mit Hilfe der in Kapitel 2 beschriebenen Grundgleichungen die Lastspannungen und damit der Spannungszustand ermittelt werden. Allgemein wird der Spannungszustand in einem Punkt P eines beanspruchten Bauteils durch drei voneinander unabhängige Normalspannungen (σ_x, σ_y und σ_z) sowie drei Paare zugeordneter Schubspannungen (τ_{xy}, τ_{xz}, τ_{yz}) beschrieben (Bild 3.10) und mathematisch durch den Spannungstensor $\overline{S}$ ausgedrückt (Kapitel 3.4.1). In Lastspannungen ausgedrückt lautet der Spannungstensor:

$$\overline{S} = \begin{pmatrix} \sigma_x & \tau_{xy} & \tau_{xz} \\ \tau_{xy} & \sigma_y & \tau_{yz} \\ \tau_{xz} & \tau_{yz} & \sigma_z \end{pmatrix} \quad (3.61)$$

Für einen Festigkeitsnachweis ist in der Regel die Kenntnis von Betrag und ggf. Richtung der Hauptnormalspannungen (σ_{H1}, σ_{H2} und σ_{H3}) erforderlich. Zur Ermittlung der Hauptnormalspannungen dreht man das Würfelelement so, bis die Schubspannungen in den Schnittebenen verschwinden und die Normalspannungen Extremwerte annehmen (**Hauptspannungselement**, Bild 3.13). Die entsprechenden Schnittrichtungen bezeichnet man als Hauptnormalspannungsrichtungen und die in diesen Schnittebenen (Hauptspannungsebenen bzw. Hauptebenen) wirkenden Normalspannungen als Hauptnormalspannungen (siehe auch Kapitel 3.3.4.3).

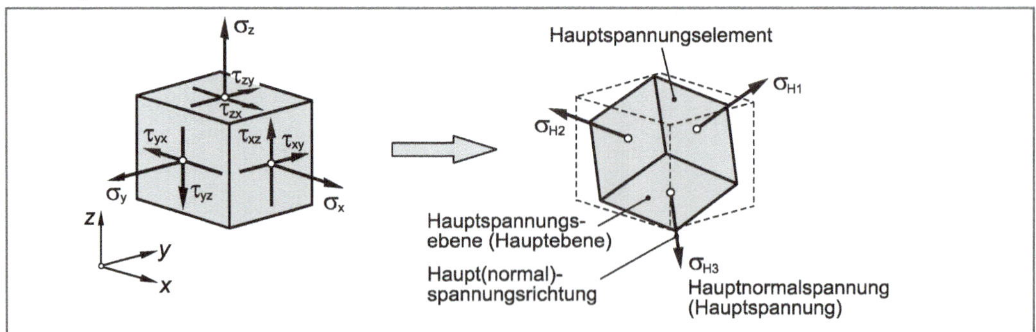

Bild 3.13 Allgemeiner Spannungszustand und Hauptspannungselement

Im Allgemeinen sind in einem beliebigen Punkt eines Bauteils der Spannungsvektor $\vec{s}$ und der Normalenvektor $\vec{n}$ der zugehörigen Schnittebene nicht parallel zueinander (Bild 3.2). Die Hauptspannungsrichtungen sind jedoch dadurch gekennzeichnet, dass die Spannungsvektoren ($\vec{s}_{H1} \equiv \vec{\sigma}_{H1}, \vec{s}_{H2} \equiv \vec{\sigma}_{H2}$ und $\vec{s}_{H3} \equiv \vec{\sigma}_{H3}$) senkrecht zu den zugehörigen Schnittebenen bzw. parallel zu deren Normalenvektoren ($\vec{n}_{H1}, \vec{n}_{H2}$ und $\vec{n}_{H3}$) sind d. h. die Schubspannungen verschwinden. Der Betrag der Hauptnormalspannungen ist dabei das σ_{H1}- bzw. σ_{H2}- bzw. das σ_{H3}-fache des Normaleneinheitsvektors der jeweiligen Hauptspannungsebene. Mathematisch lässt sich dieser Sachverhalt wie folgt formulieren:

$$\vec{\sigma}_{Hi} = \sigma_{Hi} \cdot \vec{n}_{Hi} \quad (i = 1, 2, 3) \tag{3.62}$$

$$\begin{pmatrix} \sigma_{Hi\,x} \\ \sigma_{Hi\,y} \\ \sigma_{Hi\,z} \end{pmatrix} = \sigma_{Hi} \cdot \begin{pmatrix} \cos\alpha_i \\ \cos\beta_i \\ \cos\gamma_i \end{pmatrix}$$

daraus folgt:

$$\begin{aligned} \sigma_{Hi\,x} &= \sigma_{Hi} \cdot \cos\alpha_i \\ \sigma_{Hi\,y} &= \sigma_{Hi} \cdot \cos\beta_i \\ \sigma_{Hi\,z} &= \sigma_{Hi} \cdot \cos\gamma_i \end{aligned} \tag{3.63}$$

Andererseits muss sich bei bekannter Hauptspannungsrichtung und bekanntem Spannungszustand (gekennzeichnet durch den Spannungstensor $\bar{S}$) derselbe Spannungsvektor $\vec{\sigma}_{Hi}$ auch entsprechend Gleichung 3.54 ergeben:

$$\vec{\sigma}_{Hi} = \bar{S} \cdot \vec{n}_{Hi} \tag{3.64}$$

$$\begin{pmatrix} \sigma_{Hi\,x} \\ \sigma_{Hi\,y} \\ \sigma_{Hi\,z} \end{pmatrix} = \begin{pmatrix} \sigma_x & \tau_{xy} & \tau_{xz} \\ \tau_{xy} & \sigma_y & \tau_{yz} \\ \tau_{xz} & \tau_{yz} & \sigma_z \end{pmatrix} \cdot \begin{pmatrix} \cos\alpha_i \\ \cos\beta_i \\ \cos\gamma_i \end{pmatrix}$$

$$\begin{aligned} \sigma_{Hi\,x} &= \sigma_x \cdot \cos\alpha_i + \tau_{xy} \cdot \cos\beta_i + \tau_{xz} \cdot \cos\gamma_i \\ \sigma_{Hi\,y} &= \tau_{xy} \cdot \cos\alpha_i + \sigma_y \cdot \cos\beta_i + \tau_{yz} \cdot \cos\gamma_i \\ \sigma_{Hi\,z} &= \tau_{xz} \cdot \cos\alpha_i + \tau_{yz} \cdot \cos\beta_i + \sigma_z \cdot \cos\gamma_i \end{aligned} \tag{3.65}$$

Nach Gleichsetzen von Gleichung 3.63 mit 3.65 und ordnen, erhält man ein homogenes, lineares Gleichungssystem für den Richtungskosinus der Normalenvektoren der jeweiligen Hauptspannungsebenen ($\cos\alpha_i$, $\cos\beta_i$ und $\cos\gamma_i$) und damit auch der Hauptnormalspannungen.

$$\begin{aligned} (\sigma_x - \sigma_{Hi}) \cdot \cos\alpha_i + \tau_{xy} \cdot \cos\beta_i + \tau_{xz} \cdot \cos\gamma_i &= 0 \\ \tau_{xy} \cdot \cos\alpha_i + (\sigma_y - \sigma_{Hi}) \cdot \cos\beta_i + \tau_{yz} \cdot \cos\gamma_i &= 0 \\ \tau_{xz} \cdot \cos\alpha_i + \tau_{yz} \cdot \cos\beta_i + (\sigma_z - \sigma_{Hi}) \cdot \cos\gamma_i &= 0 \end{aligned} \tag{3.66}$$

Das Gleichungssystem hat nur dann nicht triviale Lösungen, falls die Determinante der Koeffizientenmatrix des Gleichungssystems Null ist. Dies führt auf die **charakteristische Gleichung** (E = Einheitsmatrix, S = Spannungsmatrix, σ_{Hi} = Eigenwert der Spannungsmatrix):

$$\det(S - \sigma_{Hi} \cdot E) = \begin{vmatrix} \sigma_x - \sigma_{Hi} & \tau_{xy} & \tau_{xz} \\ \tau_{xy} & \sigma_y - \sigma_{Hi} & \tau_{yz} \\ \tau_{xz} & \tau_{yz} & \sigma_z - \sigma_{Hi} \end{vmatrix} = 0 \qquad (3.67)$$

charakteristische Gleichung

Die Lösung der charakteristischen Gleichung liefert die Eigenwerte (σ_{H1}, σ_{H2} und σ_{H3}) der Spannungsmatrix. Diese Eigenwerte entsprechen den jeweiligen Hauptspannungen. Die zu den Eigenwerten gehörenden Eigenvektoren ($\vec{n}_{H1}, \vec{n}_{H2}$ und $\vec{n}_{H3}$) sind identisch mit den Hauptspannungsrichtungen.

Die Berechnung der Determinante (Gleichung 3.67) führt auf eine Gleichung dritten Grades (**Eigenwertgleichung**), deren Lösung die gesuchten Eigenwerte der Spannungsmatrix d. h. die Hauptnormalspannungen σ_{Hi} sind. Zu den mathematischen Grundlagen wird an dieser Stelle auf die entsprechende Literatur wie z. B. [3] verwiesen. Die Eigenwertgleichung lautet:

$$\sigma_{Hi}^3 - I_1 \cdot \sigma_{Hi}^2 + I_2 \cdot \sigma_{Hi} - I_3 = 0 \qquad (3.68)$$

Eigenwertgleichung

Die Koeffizienten I_1, I_2 und I_3 der Eigenwertgleichung (Gleichung 3.68) sind die Invarianten des Spannungstensors (unveränderliche Größen in Bezug auf eine Koordinatentransformation) und berechnen sich wie folgt:

$$I_1 = \sigma_x + \sigma_y + \sigma_z \qquad (3.69)$$

$$I_2 = \sigma_x \cdot \sigma_y + \sigma_y \cdot \sigma_z + \sigma_x \cdot \sigma_z - \tau_{xy}^2 - \tau_{yz}^2 - \tau_{xz}^2 \qquad (3.70)$$

$$I_3 = \sigma_x \cdot \sigma_y \cdot \sigma_z + 2 \cdot \tau_{xy} \cdot \tau_{yz} \cdot \tau_{xz} - \sigma_x \cdot \tau_{yz}^2 - \sigma_y \cdot \tau_{xz}^2 - \sigma_z \cdot \tau_{xy}^2 \qquad (3.71)$$

Invarianten des Spannungstensors

Aufgrund der Symmetrie der Koeffizientendeterminante hat Gleichung 3.68 stets drei reelle Lösungen, die Hauptspannungen σ_{H1}, σ_{H2} und σ_{H3}. Damit existieren bei einem räumlichen Spannungszustand in jedem Punkt eines Bauteils drei zueinander senkrechte, schubspannungsfreie Schnittebenen.

Zur **Lösung einer Gleichung 3. Grades** der Form entsprechend Gleichung 3.68, schreibt man:

$$\sigma_{Hi}^3 + A \cdot \sigma_{Hi}^2 + B \cdot \sigma_{Hi} + C = 0 \qquad (3.72)$$

Die Zahlenwerte für A, B und C erhält man durch Koeffizientenvergleich mit Gleichung 3.68:

$$A = -I_1 \qquad B = I_2 \qquad C = -I_3 \qquad (3.73)$$

Zur Lösung von Gleichung 3.72 geht man wie nachfolgend beschrieben vor.

1. Schritt: Elimination von $A \cdot \sigma_{Hi}^2$ durch Substitution, gemäß:

$$\sigma_{Hi} = u - \frac{A}{3} \qquad (3.74)$$

liefert die reduzierte Form der Gleichung 3. Grades:

$$u^3 + a \cdot u + b = 0 \tag{3.75}$$

mit: $a = B - \frac{A^2}{3}$ und $b = \frac{2}{27} \cdot A^3 - \frac{1}{3} \cdot A \cdot B + C$

2. Schritt: Berechnung der Diskriminante D von Gleichung 3.75:

$$D = \left(\frac{b}{2}\right)^2 + \left(\frac{a}{3}\right)^3 \tag{3.76}$$

für $\boldsymbol{D < 0}$: eine reelle und zwei konjugiert komplexe Lösungen
$\boldsymbol{D = 0}$: zwei voneinander verschiedene reelle Lösungen (eine einfache Lösung und eine Doppellösung)
$\boldsymbol{D > 0}$: drei reelle Lösungen

Da die Matrix der Koeffizienten-Determinante symmetrisch ist (Gleichung 3.67), erhält man drei reelle Lösungen aus denen sich die drei Hauptspannungen ermitteln lassen.

3. Schritt: Für die drei (reellen) Lösungen der Gleichung 3. Grades (Gleichung 3.75) folgt:

$$u_1 = 2 \cdot \sqrt{-\frac{a}{3}} \cdot \cos\varphi$$
$$u_2 = 2 \cdot \sqrt{-\frac{a}{3}} \cdot \cos(\varphi + 120°) \qquad \text{mit } \varphi = \frac{1}{3} \arccos\left(\frac{-b}{2 \cdot \sqrt{(-a/3)^3}}\right) \tag{3.77}$$
$$u_3 = 2 \cdot \sqrt{-\frac{a}{3}} \cdot \cos(\varphi + 240°)$$

Die Hauptspannungen σ_{H1}, σ_{H2} und σ_{H3} ergeben sich schließlich aus Gleichung 3.74:

$$\sigma_{Hi} = u_i - \frac{A}{3} \quad (i = 1,2,3)$$

Vereinbarungsgemäß wird die größte positive Hauptnormalspannung mit σ_1 und die kleinste Hauptnormalspannung mit σ_3 bezeichnet (siehe auch Kapitel 6), so dass gilt (ordnen der Hauptspannungen entsprechend ihrer algebraischen Größe):

$$\sigma_1 = \max\{\sigma_{H1}, \sigma_{H2}, \sigma_{H3}\}$$
$$\sigma_3 = \min\{\sigma_{H1}, \sigma_{H2}, \sigma_{H3}\} \tag{3.78}$$
$$\sigma_1 < \sigma_2 < \sigma_3$$

4. Schritt: Kontrolle

Zur Kontrolle der Berechnungen kann die erste Invariante (I_1) herangezogen werden. Die Invarianten eines Tensors sind Größen, die sich auch bei einer Koordinatentransformation z. B. vom x-y-z-Koordinatensystem ins Hauptachsensystem nicht ändern, so dass gelten muss:

$$\sigma_{H1} + \sigma_{H2} + \sigma_{H3} = \sigma_x + \sigma_y + \sigma_z \tag{3.79}$$

3.4.4 Mohrscher Spannungskreis für den dreiachsigen Spannungszustand

Unter der Voraussetzung eines zweiachsigen Spannungszustandes konnten mit Hilfe des Mohrschen Spannungskreises die Normal- und Schubspannungen in jeder beliebigen Schnittebene ebenso wie die Hauptnormalspannungen σ_{H1} und σ_{H2} auf einfache und anschauliche Weise ermittelt werden (Kapitel 3.3.4).

Liegt hingegen ein dreiachsiger (allgemeiner) Spannungszustand vor, dann ist eine ähnliche Vorgehensweise mit Hilfe des Mohrschen Spannungskreises nicht mehr möglich. Die Ermittlung der Hauptnormalspannungen sowie der Spannungen in beliebiger (räumlicher) Schnittrichtung muss in diesem Fall analytisch erfolgen (Kapitel 3.4.2 und 3.4.3).

Sind hingegen die drei Hauptnormalspannungen σ_1, σ_2 und σ_3 bekannt (siehe Gleichung 3.78), dann können für jede durch die Hauptspannungsrichtungen gekennzeichnete Hauptspannungsebene (σ_1-σ_2-Ebene, σ_1-σ_3-Ebene und σ_2-σ_3-Ebene) die Mohrschen Spannungskreise angegeben werden. Man erhält dabei zwei sich berührende **Nebenkreise** (σ_1-σ_2-Ebene und σ_2-σ_3-Ebene), die von einem **Hauptkreis** (σ_1-σ_3-Ebene) eingeschlossen werden (Bild 3.14).

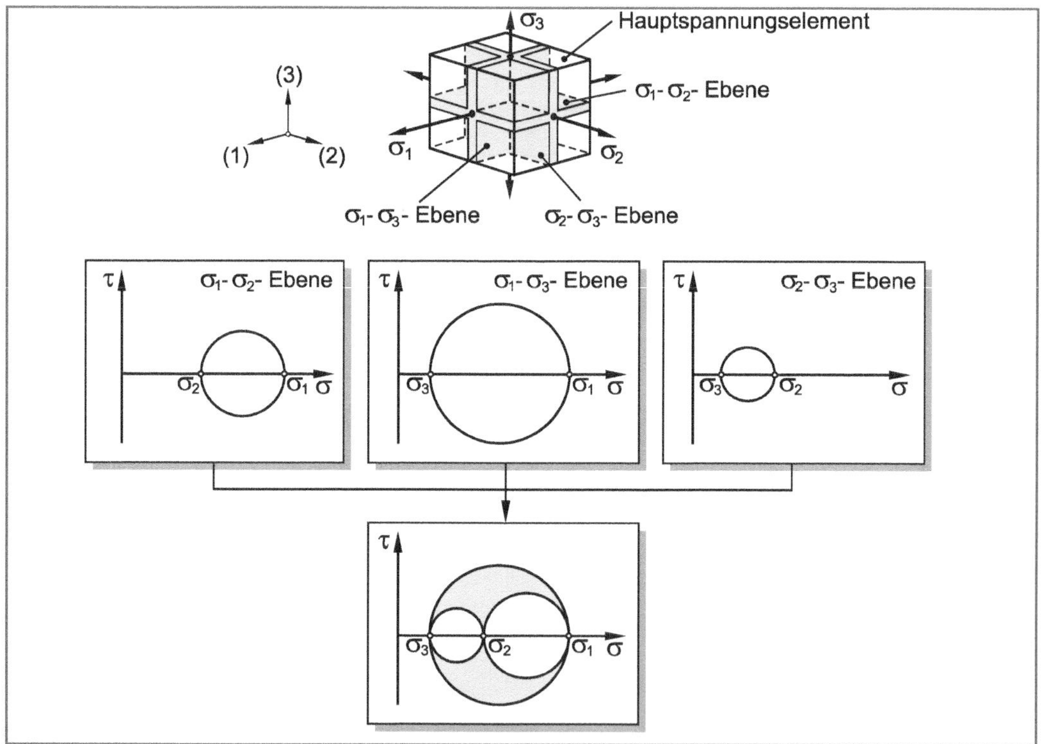

Bild 3.14 Mohrsche Spannungskreise für den dreiachsigen (allgemeinen) Spannungszustand

Die Spannungen (σ_φ, τ_φ) in einem räumlich beliebig gerichteten Flächenelement findet man als Bildpunkt P innerhalb des Hauptkreises und außerhalb der beiden Nebenkreise (grau markierter Bereich in Bild 3.14). Eine graphische Methode für das Auffinden des Bildpunktes bei gegebener Schnittrichtung wird in Kapitel 3.4.6 beschrieben.

Mit Hilfe der Mohrschen Spannungskreise können nunmehr die folgenden Aufgabenstellungen auf anschauliche Weise gelöst werden:

- Ermittlung der Hauptschubspannungen (Kapitel 3.4.5).
- Graphische Bestimmung der Spannungen (σ_φ und τ_φ) in beliebigen räumlichen Schnittrichtungen (Kapitel 3.4.6).

3.4.5 Hauptschubspannungen bei dreiachsigem Spannungszustand

Zweckmäßigerweise ermittelt man die Hauptschubspannungen mit Hilfe der Mohrschen Spannungskreise, nachdem die Hauptnormalspannungen bekannt sind (Kapitel 3.4.3). Die Hauptschubspannungen (τ_{H1}, τ_{H2} und τ_{H3}) ergeben sich sofort als Radien der drei Mohrschen Spannungskreise zu:

$$\tau_{H1} = \tau_{max} = \frac{\sigma_1 - \sigma_3}{2}$$
$$\tau_{H2} = \frac{\sigma_1 - \sigma_2}{2} \tag{3.80}$$
$$\tau_{H3} = \frac{\sigma_2 - \sigma_3}{2}$$

Die Hauptschubspannungen wirken jeweils in Schnittebenen, die zu den Hauptspannungsebenen einen Winkel von 45° einschließen und zu einer der Hauptachsen parallel sind (Bild 3.15).

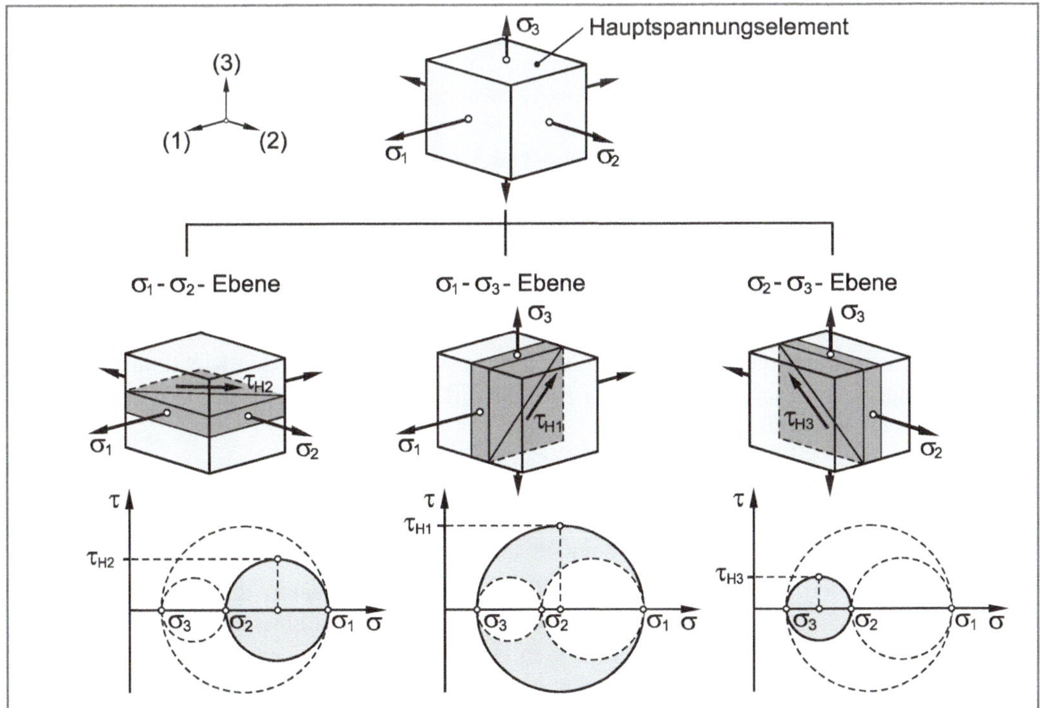

Bild 3.15 Schnittebenen größter Schubspannungen am Hauptspannungselement

3.4.6 Graphische Ermittlung von Schnittspannungen bei dreiachsigem Spannungszustand

Unter der Voraussetzung, dass die Hauptnormalspannungen (σ_1, σ_2 und σ_3) in einem Punkt P eines beliebig beanspruchten Bauteil bekannt sind, kann die Normalspannung σ_φ sowie die Schubspannung τ_φ in einer beliebigen Schnittebene E auch graphisch ermittelt werden. Die Vorgehensweise soll nachfolgend (ohne Beweis der Konstruktionsbeschreibung) aufgezeigt werden. Die Normale $\vec{n}$ der räumlichen Schnittebene E schließt mit den *Hauptspannungsrichtungen* (1, 2 und 3) die Winkel α, β, und γ ein (Bild 3.16a)

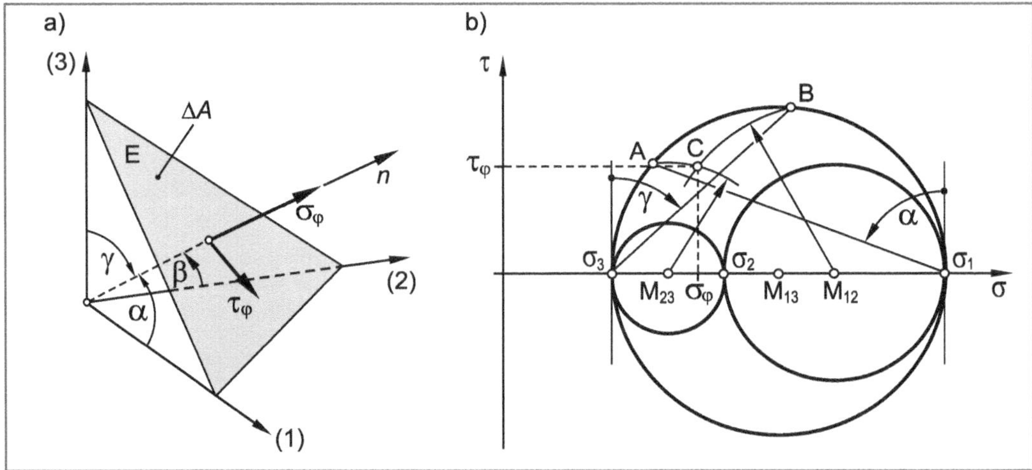

Bild 3.16 Graphische Ermittlung von Schnittspannungen bei dreiachsigem Spannungszustand

Konstruktionsbeschreibung:

1. Konstruktion der Mohrschen Spannungskreise für die drei Hauptspannungsebenen.
2. Die Normale $\vec{n}$ schließt mit der ersten Hauptspannungsrichtung (1) den Winkel α ein. Dementsprechend trägt man zu einer Parallelen zur τ-Achse durch σ_1 den Richtungswinkel α ab und bringt dessen Schenkel zum Schnitt mit den Hauptkreis d. h. dem Mohrschen Spannungskreis der σ_1 -σ_3-Ebene (Schnittpunkt A).
3. Die Normale $\vec{n}$ schließt mit der dritten Hauptspannungsrichtung (3) den Winkel γ ein. Dementsprechend trägt man zu einer Parallelen zur τ-Achse durch σ_3 den Richtungswinkel γ ab und bringt dessen Schenkel ebenfalls zum Schnitt mit dem Mohrschen Spannungskreis der σ_1 -σ_3-Ebene (Schnittpunkt B).
4. Kreisbogen um M_{23} (Mittelpunkt des Mohrschen Spannungskreises der σ_2-σ_3-Ebene) mit Radius $\overline{M_{23}A}$ und Kreisbogen um M_{12} (Mittelpunkt des Mohrschen Spannungskreises der σ_1-σ_2-Ebene) mit Radius $\overline{M_{12}B}$ schneiden sich im Punkt C.
5. Die Koordinaten des Schnittpunktes C ($\sigma_\varphi \mid \tau_\varphi$) charakterisieren die Spannungen in der Schnittebene E. Ist die Normalspannung σ_φ positiv, dann liegt eine Zugbeanspruchung vor, ist sie hingegen negativ, dann herrscht in der Schnittebene E eine Druckspannung. Die Wirkrichtung der Schubspannung τ_φ kann dieser Konstruktion allerdings nicht entnommen werden.

3.5 Aufgaben

Aufgabe 3.1

Die Abbildung zeigt ein durch die Spannungen σ_x = 200 N/mm^2; σ_y=100 N/mm^2 und τ_{xy}= 75 N/mm^2 zweiachsig beanspruchtes Scheibenelement aus Werkstoff S235JR.

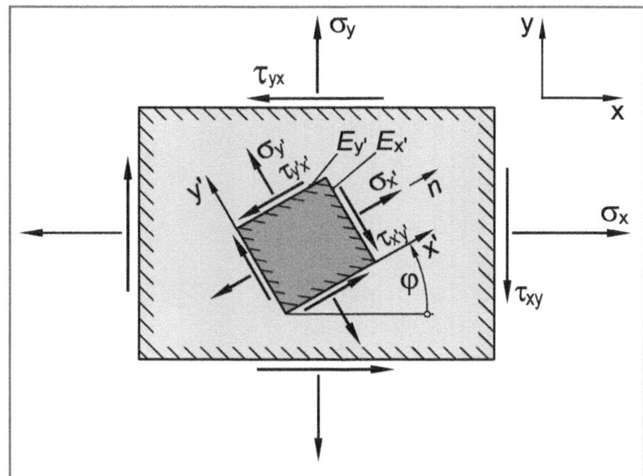

a) Zeichnen Sie maßstäblich den Mohrschen Spannungskreis in der x-y-Ebene.

b) Berechnen Sie die Hauptnormalspannungen σ_{H1} und σ_{H2} sowie die Richtungswinkel φ_1 und φ_2 zwischen der x-Richtung und den Hauptspannungsrichtungen.

c) Ermitteln Sie die Spannungen $\sigma_{x'}$ und $\tau_{x'y'}$ in der Schnittebene $E_{x'}$ sowie $\sigma_{y'}$ und $\tau_{y'x'}$ in der Schnittebene $E_{y'}$ eines um den Winkel φ = 30° zur x-Richtung gedrehten Flächenelementes (siehe Abbildung).

Aufgabe 3.2

Ein Stahlrohr mit einem Außendurchmesser d_a = 100 mm und einer Wandstärke s = 10 mm wird gleichzeitig durch die Zugkraft F = 425 kN und das Torsionsmoment M_t = 9250 Nm statisch beansprucht.

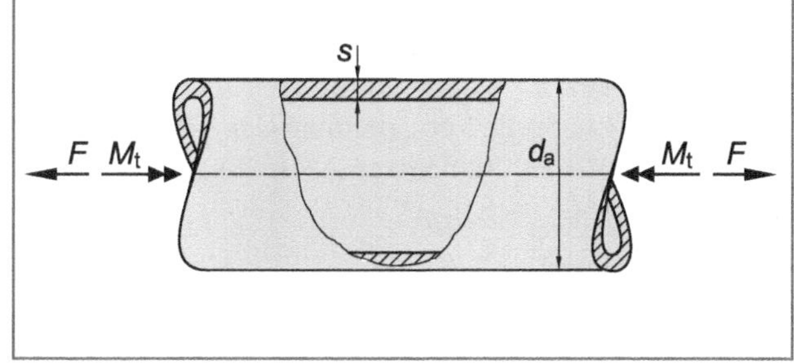

a) Skizzieren Sie den Mohrschen Spannungskreis für die höchst beanspruchte Stelle.

b) Ermitteln Sie die Hauptnormalspannungen, die Hauptschubspannungen und die jeweiligen Richtungswinkel zur x-Achse.

Aufgabe 3.3

Ein Blechstreifen wird zwischen zwei Druckplatten hindurch gezogen. Dabei entstehen an der höchst beanspruchten Stelle des Bleches die folgenden Spannungen:

aus Zug: σ_x = 200 N/mm^2
aus Druck: σ_y = -100 N/mm^2
aus Reibung: τ_{xy} = 40 N/mm^2

a) Berechnen Sie die im Blech auftretenden größten Zug- bzw. Druckspannungen d. h. die Hauptnormalspannungen.

b) Ermitteln Sie die Lage derjenigen Schnittebenen, in denen die größten Zug- bzw. Druckspannungen auftreten (Winkel φ_1 und φ_2 zwischen der x-Richtung und den Normalen zu diesen Schnittebenen).

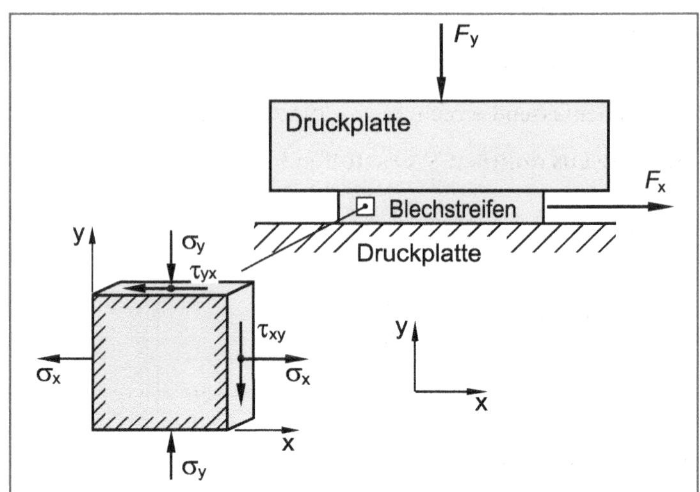

Aufgabe 3.4 ○●●●●

Die Abbildung zeigt das Maschinengestell für eine Einpressvorrichtung aus dem Gusseisenwerkstoff EN-GJL-350 (alle Maßangaben in mm). Das Maschinengestell wird durch die statisch wirkenden Arbeitskräfte F belastet.

Zur Ermittlung der unbekannten Arbeitskräfte F wird in der Säulenmitte ein Dehnungsmessstreifen (DMS) appliziert. Aufgrund einer Montageungenauigkeit schließt die Messrichtung des DMS einen Winkel von 10° zur Säulenlängsachse ein.

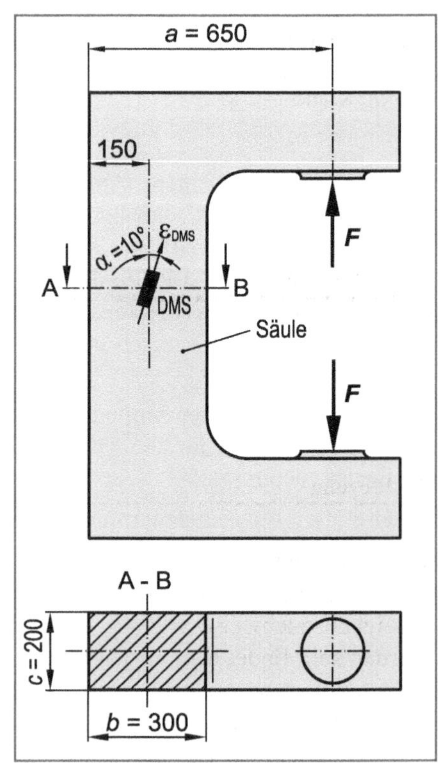

Werkstoffkennwerte EN-GJL-350:
R_m = 350 N/mm^2
E = 108000 N/mm^2
μ = 0,25

a) Auf welche Weise wird der Querschnitt A-B durch die Arbeitskräfte F beansprucht?

b) Ermitteln Sie den Betrag der Arbeitskräfte F für eine Dehnungsanzeige von ε_{DMS} = 0,1485 ‰

c) Ermitteln Sie für die höchst beanspruchte Stelle (im Querschnitt A-B) die Sicherheit gegen Bruch. Ist die Sicherheit ausreichend?

Aufgabe 3.5 ●●●●●

Der Spannungszustand im Punkt P einer Hochdruckleitung wird durch die folgenden Spannungskomponenten beschrieben:

$\sigma_x = 500$ N/mm² $\tau_{xy} = 250$ N/mm²
$\sigma_y = 200$ N/mm² $\tau_{yz} = 100$ N/mm²
$\sigma_z = 300$ N/mm² $\tau_{xz} = 400$ N/mm²

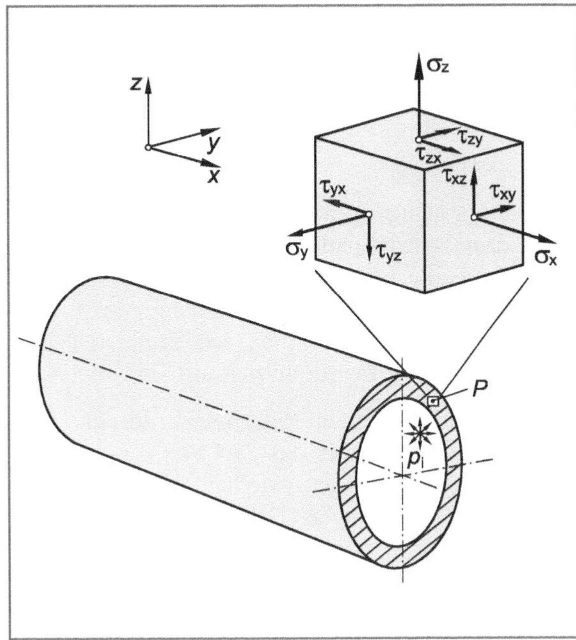

a) Berechnen Sie die Normal- und Schubspannung in einer Schnittebene E_1, deren Normalenvektor mit dem *x-y-z-Koordinatensystem* die Winkel $\alpha = 60°$, $\beta = 60°$ und $\gamma = 45°$ einschließt.

b) Berechnen Sie die Normalspannung und die Schubspannung in einer Schnittebene E_2, deren Normalenvektor mit dem *x-y-z-Koordinatensystem* die Winkel α = 40,833°, β = 69,773° und γ = 56,291° einschließt.

c) Berechnen Sie die Hauptnormalspannungen σ_{H1}, σ_{H2} und σ_{H3}.

d) Ermitteln Sie die Hauptspannungsrichtungen im x-y-z-Koordinatensystem.

e) Bestimmen Sie rechnerisch und graphisch die Spannungen σ_{E3} und τ_{E3} in einer Schnittebene E_3, deren Normalenvektor zu den *Hauptspannungsrichtungen* (zum *Hauptachsensystem*) die Winkel $\alpha = 50°$, $\beta = 50°$ und $\gamma = 65{,}4°$ einschließt.

4 Verformungszustand

Wirken an einem Bauteil äußere Kräfte oder Momente, dann treten im Innern des Bauteils Spannungen auf. Für Festigkeitsnachweise ist es dabei zweckmäßig, Normalspannungen (σ) und Schubspannungen (τ) zu unterscheiden (Kapitel 3). Unter der Wirkung von Spannungen werden die Atome eines Festkörpers aus ihrer Ruhelage ausgelenkt und das Bauteil verformt sich elastisch.

In den vorangegangenen Kapiteln wurde bereits dargelegt, dass Normalspannungen (σ) zu Längenänderungen (Dehnungen ε) führen, Schubspannungen (τ) hingegen Winkeländerungen (Schiebungen γ) zur Folge haben. Dehnungen (ε) und Schiebungen (γ) kennzeichnen den **Verformungszustand** eines Bauteils.

Verformungszustand

Unter dem Begriff „Verformungszustand" versteht man alle Formänderungen (Dehnungen und Schiebungen bzw. Winkelverzerrungen), die an einem beliebigen Ort eines Körpers wirken.

Ausgehend von einem bekannten Verformungszustand ist es das Ziel von Kapitel 4, Methoden bereitzustellen, mit deren Hilfe Verformungen (Dehnungen und Schiebungen) in beliebigen Schnittrichtungen ermittelt werden können.

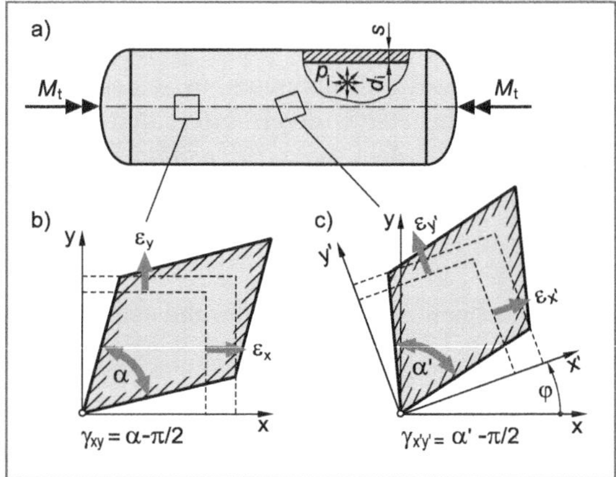

Bild 4.1 Dehnungen und Schiebungen in unterschiedlichen Richtungen am Beispiel eines dünnwandigen Behälters unter Innendruck mit überlagerter Torsion

Die Erläuterung der Problemstellung soll am Beispiel des bereits aus Bild 3.1 bekannten dünnwandigen Behälters unter Innendruck (p_i) mit überlagerter Torsionsbeanspruchung (Torsionsmoment M_t) erfolgen (Bild 4.1a). Schneidet man aus dem Bauteil ein Flächenelement in geeigneter Weise heraus (in Bild 4.1 parallel zu den Koordinatenachsen), dann ist es zunächst auf einfache Weise möglich, die Lastspannungen (σ_x, σ_y und τ_{xy} bzw. τ_{yx}) in den entsprechenden Schnittebenen zu ermitteln. Diese Lastspannungen bewirken eine (elastische) Formänderung (ε_x, ε_y und γ_{xy} bzw. γ_{yx}) des Flächenelementes (Bild 4.1b). Mit Hilfe entsprechender Stoffgesetze (Hookesches Gesetz, Kapitel 5) können diese Formänderungen aus den Lastspannungen berechnet werden.

Häufig, wie zum Beispiel im Rahmen experimenteller Spannungsanalysen (Kapitel 4.4), ist es erforderlich, die Verformungsgrößen in beliebigen Schnittrichtungen ($\varepsilon_{x'}$, $\varepsilon_{y'}$ und $\gamma_{x'y'}$ bzw. $\gamma_{y'x'}$) zu ermitteln, in Bild 4.1c beispielsweise für ein um den Winkel φ gedrehtes Flächenelement. Die Vorgehensweise soll nachfolgend erläutert werden.

Die folgenden Betrachtungen beschränken sich auf Verformungen in der Ebene. Außerdem sollen nur kleine Deformationen betrachtet werden, wie sie beispielsweise bei einer elastischen Verformung metallischer Bauteile auftreten. Trotz dieser Einschränkungen wird es mit Hilfe der nachfolgend zu erarbeitenden Verfahren möglich sein, eine Vielzahl praxisrelevanter Problemstellungen zu lösen.

4.1 Verformungsgrößen

Zur Ermittlung der Verformungsgrößen (Dehnungen und Schiebungen) betrachtet man die relative Lage zweier benachbarter Punkte z. B. A und B im unverformten bzw. A^* und B^* im verformten Zustand eines Bauteils (Bild 4.2).

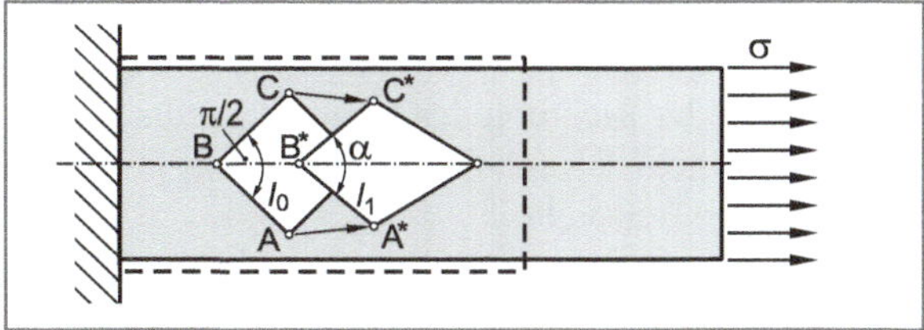

Bild 4.2 Verformung einer quadratischen Scheibe am Beispiel eines Zugstabes

4.1.1 Dehnung

Unter der (**technischen**) **Dehnung** ε versteht man definitionsgemäß die Längenänderung Δl zweier benachbarter Punkte bezogen auf die Ausgangslänge l_0 im unbelasteten Zustand (z. B A und B bzw. A^* und B^*):

$$\varepsilon = \frac{\Delta l}{l_0} = \frac{l_1 - l_0}{l_0}$$ **Definition der (technischen) Dehnung** (4.1)

Die Dehnung ist dimensionslos, sie wird bisweilen jedoch auch in Prozent (%) oder Promille (‰) angegeben. Mitunter ist auch die Angabe m/m, mm/mm oder µm/m gebräuchlich.

4.1.2 Schiebung (Winkelverzerrung)

Unter der **Schiebung** oder **Winkelverzerrung** γ (mitunter auch als **Schubverzerrung** oder **Scherung** bezeichnet) versteht man die Winkeländerung eines ursprünglich rechtwinkeligen Winkelelementes (z. B. ∠ABC und ∠A*B*C* in Bild 4.2). Der mitunter auch verwendete Begriff „**Gleitung**" soll nach DIN 13316 nicht angewandt werden, da dieser Begriff bleibenden Verformungen vorbehalten ist.

$$\gamma = \angle \mathrm{A}^*\mathrm{B}^*\mathrm{C}^* - \angle \mathrm{ABC} = \alpha - \frac{\pi}{2}$$ **Definition der Schiebung (Winkelverzerrung)** (4.2)

Die Schiebung wird im Bogenmaß (rad) angegeben, sie ist daher dimensionslos. Bisweilen wird die Schiebung jedoch auch in Prozent (%) oder Promille (‰) angegeben.

4.1.3 Vorzeichenregelung für Dehnungen und Schiebungen

Die Vorzeichen von Dehnungen und Schiebungen lassen sich unmittelbar aus den Gleichungen 4.1 und 4.2 ableiten:

1. Verlängert sich ein betrachtetes Linienelement ($l_1 > l_0$), dann wird die Dehnung positiv angesetzt, verkürzt es sich hingegen, dann ist die Dehnung negativ (**Stauchung**), Bild 4.3.
2. Für die Lösung *ebener Probleme* ist es zweckmäßig, das Vorzeichen der Schiebung γ positiv anzusetzen, falls sich der ursprünglich rechte Winkel des Winkelelements vergrößert. Verkleinert sich der Winkel hingegen, dann ist die Schiebung negativ anzusetzen (Bild 4.3). Bei der Anwendung dieser Vorzeichendefinition für Schiebungen werden positiven Schubspannungen (definiert gemäß der speziellen Vorzeichenregelung für Schubspannungen entsprechend Gleichung 2.43) ebenfalls positive Schiebungen zugeordnet (und umgekehrt).

4.1.4 Indizierung von Dehnungen und Schiebungen

Die Indizierung der Verformungsgrößen ε und γ erfolgt nach der Richtung des Linienelements im nicht beanspruchtem Bauteil (**Bezugsrichtung**). Bild 4.4 zeigt einige Beispiele.

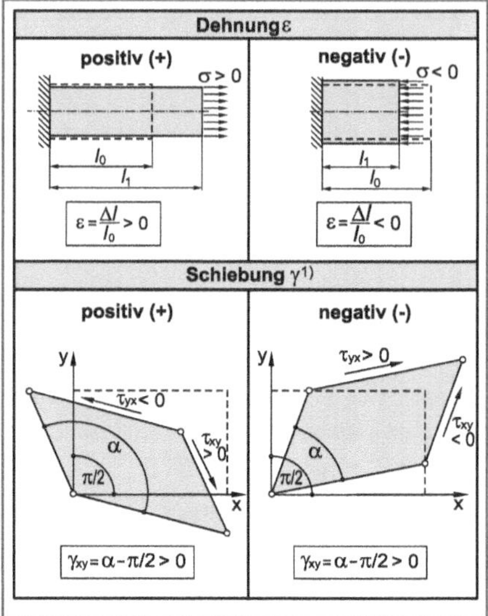

[1] Anwendung zweckmäßig für die Lösung ebener Probleme

Bild 4.3 Vorzeichendefinition für Dehnungen und Schiebungen

Beispiel 1:

Das Linienelement OA in Bild 4.4b zeigt in x-Richtung. Eine Dehnung dieses Linienelementes (OA → OA*) wird dementsprechend mit ε_x bezeichnet. Die zugehörige Schiebung mit der *x-Richtung als Bezugsrichtung* wird mit γ_{xy} bezeichnet. Der 1. Index kennzeichnet dabei die Bezugsrichtung (hier: x-Richtung) der 2. Index die Koordinatenrichtung die sich ausgehend von der Bezugsrichtung bei Drehung im mathematisch positiven Sinn (Gegenuhrzeigersinn) um 90° ergibt. Hier also die y-Richtung.

Die Schiebung γ_{xy} ist dementsprechend die Winkeländerung des rechten Winkels $\angle$ AOB, also:

$$\gamma_{xy} = \angle A^*OB^* - \angle AOB$$
$$= \alpha - \pi/2$$

Im dargestellten Beispiel handelt es sich um eine Winkelverkleinerung, so dass γ_{xy} definitionsgemäß negativ anzusetzen ist (Kapitel 4.1.3).

Beispiel 2:

Das Linienelement OB in Bild 4.4b zeigt in *y*-Richtung. Die Dehnung dieses Linienelementes (OB → OB*) wird dementsprechend mit ε_y bezeichnet. Die zugehörige Schiebung *mit der y-Richtung* als Bezug wird entsprechend der Festlegung in Beispiel 1 mit γ_{yx} bezeichnet ($\gamma_{yx} = \angle$ B*OD*-$\angle$ BOD = $\beta - \pi/2$). Da sich der ursprüngliche rechte Winkel ($\angle$ BOD) vergrößert ist γ_{yx} positiv anzusetzen.

Beispiel 3:

Das Linienelement OA in Bild 4.4c zeigt in x'-Richtung. Die Dehnung dieses Linienelements (OA → OA*) wird dementsprechend mit $\varepsilon_{x'}$ bezeichnet. Die zugehörige Schiebung *mit der x'-Richtung als Bezug* wird mit $\gamma_{x'y'}$ bezeichnet ($\gamma_{x'y'} = \alpha' - \pi/2$).

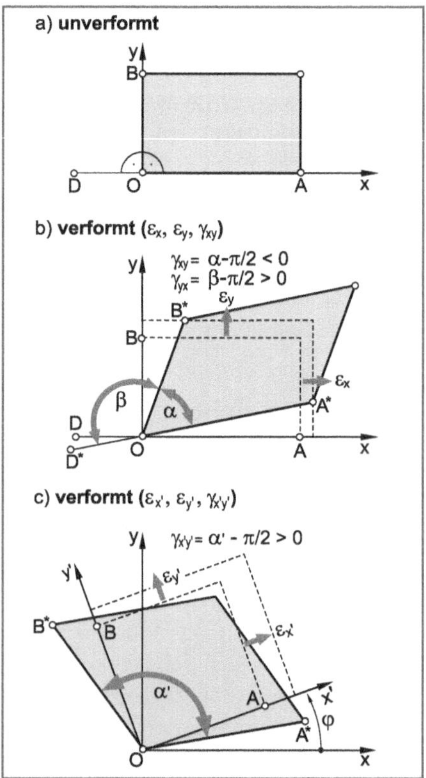

Bild 4.4 Indizierung von Dehnungen und Schiebungen

4.2 Verformungszustand und Schnittrichtung

Für Festigkeitsnachweise ist die Kenntnis des Spannungszustandes (Normal- und Schubspannungen) an der höchst beanspruchten Stelle eines Bauteiles erforderlich. Häufig ist der Spannungszustand jedoch unbekannt und kann nicht oder nur sehr schwierig aus der äußeren Beanspruchung (Kräfte, Momente, Drücke, usw.) abgeleitet werden. Dies ist beispielsweise bei unbekannter äußerer Beanspruchung oder komplexen geometrischen Verhältnissen der Fall. Ein Festigkeitsnachweis kann unter diesen Bedingungen dennoch erfolgen, sofern der Verformungszustand an der zu untersuchenden Stelle bekannt ist. Letzterer lässt sich experimentell beispielsweise mit Hilfe von Dehnungsmessstreifen (Kapitel 4.5) relativ einfach erfassen.

Zur Ermittlung der äußeren Beanspruchung bzw. zur Durchführung eines Festigkeitsnachweises ist in der Regel die Kenntnis der Verformungsgrößen in bestimmte Bauteilrichtungen erforderlich. Diese Verformungsgrößen sind jedoch häufig nicht bekannt bzw. messtechnisch nicht erfassbar. Daher sollen nachfolgend geometrische Beziehungen abgeleitet werden, die es ermöglichen, ausgehend von bekannten Verformungsgrößen in einem Punkt (ε_x , ε_y , γ_{xy}), Verformungen wie zum Beispiel die Dehnung $\varepsilon_{x'}$ in x'-Richtung oder die Schiebung $\gamma_{x'}$ mit der x'-Richtung als Bezug zu berechnen (Bild 4.1c). Die nachfolgenden Ausführungen beschränken sich, wie bereits erwähnt, auf ebene Probleme.

4.2.1 Berechnung der Dehnung $\varepsilon_{x'}$

Zur Ermittlung der Dehnung $\varepsilon_{x'}$ (siehe Bild 4.1) betrachtet man zunächst ein (unendlich) kleines Rechteck OABC, dessen Kanten (Kantenlängen Δx und Δy) parallel zu den Koordinatenachsen x und y ausgerichtet sind (Bild 4.5). Bekannt sei der Verformungszustand durch die Verformungsgrößen ε_x, ε_y und γ_{xy}. Hierdurch wird das Rechteck deformiert und geht in die Lage O*A*B*C* über. Da die Translation mit dem Translationsvektor $\vec{v}$ alle Eckpunkte (O, A, B und C) betrifft, wird dadurch keine Verformung hervorgerufen. Man kann also das Element O*A*B*C* nach O verschieben (Bild 4.6).

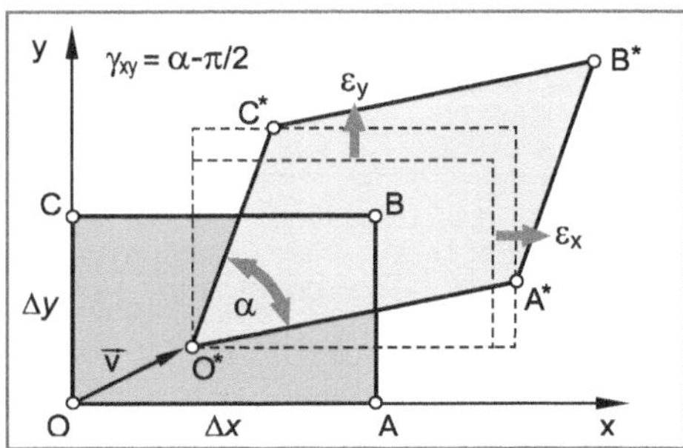

Bild 4.5 Verformung eines rechtwinkligen Elements durch die Verformungsgrößen ε_x, ε_y und γ_{xy}

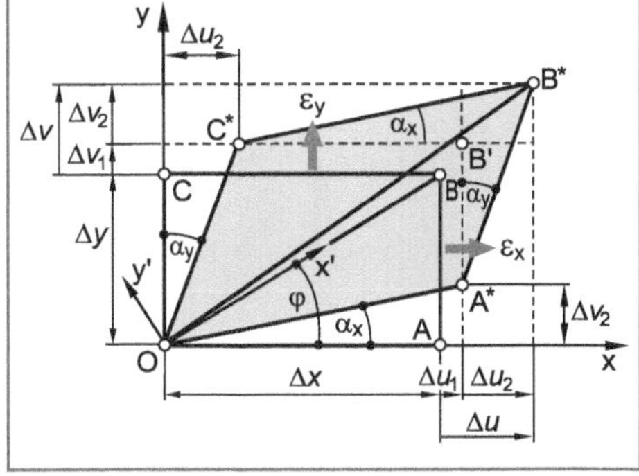

Bild 4.6 Geometrische Beziehungen zur Ermittlung der Dehnung $\varepsilon_{x'}$ (Dehnung in x'-Richtung)

Zur Ermittlung der Dehnung in x'-Richtung betrachtet man das Linienelement OB im unverformten und im verformten Zustand (OB*). Aus Bild 4.6 leitet man unter Berücksichtigung kleiner Verschiebungen und Winkeländerungen die folgenden Beziehungen ab:

$$\Delta u_1 = \varepsilon_x \cdot \Delta x \tag{4.3}$$

$$\Delta v_1 = \varepsilon_y \cdot \Delta y \tag{4.4}$$

$$\Delta u_2 = \tan \alpha_y \cdot (\Delta y + \Delta v_1)$$

mit $\Delta v_1 << \Delta y$ und $\tan\alpha_y \approx \alpha_y$ (kleiner Winkel α_y) folgt für Δu_2:

$$\Delta u_2 \approx \alpha_y \cdot \Delta y \tag{4.5}$$

Weiterhin gilt:

$$\Delta v_2 = \tan \alpha_x \cdot (\Delta x + \Delta u_1)$$

da $\Delta u_1 << \Delta x$ und $\tan\alpha_x \approx \alpha_x$ (kleiner Winkel α_x) folgt für Δv_2:

$$\Delta v_2 \approx \alpha_x \cdot \Delta x \tag{4.6}$$

Somit ergibt sich für die x- und y-Komponenten der Verschiebung $B \rightarrow B^*$ (Bild 4.7):

$$\Delta u = \Delta u_1 + \Delta u_2 = \varepsilon_x \cdot \Delta x + \alpha_y \cdot \Delta y \tag{4.7}$$

$$\Delta v = \Delta v_1 + \Delta v_2 = \varepsilon_y \cdot \Delta y + \alpha_x \cdot \Delta x \tag{4.8}$$

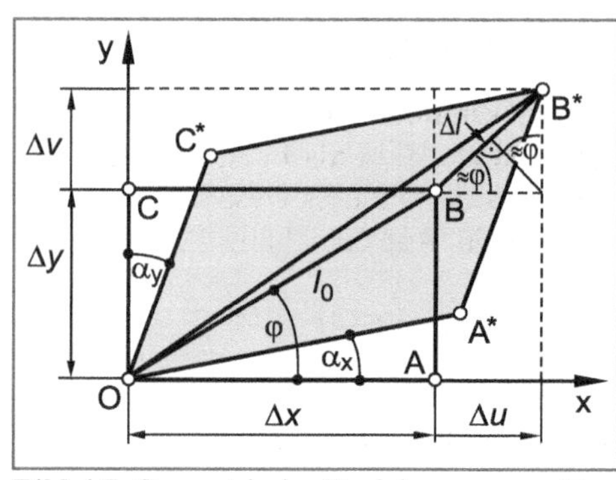

Bild 4.7 Geometrische Beziehungen zur Herleitung der Dehnung $\varepsilon_{x'}$

Für die Dehnung in x'-Richtung folgt näherungsweise (Bild 4.7):

$$\varepsilon_{x'} = \frac{\overline{BB^*}}{\overline{OB}} = \frac{\Delta l}{l_0} \tag{4.9}$$

mit $\Delta l \approx \Delta u \cdot \cos\varphi + \Delta v \cdot \sin\varphi$

und $\Delta u = \varepsilon_x \cdot \Delta x + \alpha_y \cdot \Delta y$ bzw. $\Delta v = \varepsilon_y \cdot \Delta y + \alpha_x \cdot \Delta x$

folgt $$\varepsilon_{x'} = \left(\varepsilon_x \cdot \frac{\Delta x}{l_0} + \alpha_y \cdot \frac{\Delta y}{l_0}\right) \cdot \cos\varphi + \left(\varepsilon_y \cdot \frac{\Delta y}{l_0} + \alpha_x \cdot \frac{\Delta x}{l_0}\right) \cdot \sin\varphi \tag{4.10}$$

Weiterhin gilt: $\frac{\Delta x}{l_0} = \cos\varphi$ und $\frac{\Delta y}{l_0} = \sin\varphi$

Damit folgt aus Gleichung 4.10:

$$\begin{aligned} \varepsilon_{x'} &= \varepsilon_x \cdot \cos^2\varphi + \alpha_y \cdot \sin\varphi \cdot \cos\varphi + \varepsilon_y \cdot \sin^2\varphi + \alpha_x \cdot \sin\varphi \cdot \cos\varphi \\ &= \varepsilon_x \cdot \cos^2\varphi + \varepsilon_y \cdot \sin^2\varphi + (\alpha_x + \alpha_y) \cdot \sin\varphi \cdot \cos\varphi \end{aligned} \tag{4.11}$$

Der ursprünglich rechte Winkel $\angle$ AOC = π/2 verkleinert sich zum Winkel $\angle$ A*OC*. Es gilt dabei definitionsgemäß für die Schiebung γ_{xy} (Kapitel 4.1.2):

$$\gamma_{xy} = \angle A^*OC^* - \angle AOC = \left[\frac{\pi}{2} - (\alpha_x + \alpha_y)\right] - \frac{\pi}{2} = -(\alpha_x + \alpha_y) \tag{4.12}$$

Damit folgt aus Gleichung 4.11:

$$\varepsilon_{x'} = \varepsilon_x \cdot \cos^2\varphi + \varepsilon_y \cdot \sin^2\varphi - \gamma_{xy} \cdot \sin\varphi \cdot \cos\varphi \tag{4.13}$$

Mit den trigonometrischen Beziehungen:

$$\cos^2\varphi = 0{,}5 \cdot (1 + \cos 2\varphi)$$

$$\sin^2\varphi = 0{,}5 \cdot (1 - \cos 2\varphi)$$

$$\sin\varphi \cdot \cos\varphi = 0{,}5 \cdot \sin 2\varphi$$

folgt schließlich aus Gleichung 4.13:

$$\varepsilon_{x'} = \frac{\varepsilon_x + \varepsilon_y}{2} + \frac{\varepsilon_x - \varepsilon_y}{2} \cdot \cos 2\varphi - \frac{\gamma_{xy}}{2} \cdot \sin 2\varphi \qquad (4.14)$$

Dehnung in x'-Richtung. Vorzeichen von γ_{xy} entsprechend Bild 4.3

4.2.2 Berechnung der Schiebung $\gamma_{x'y'}$

Zur Ermittlung der Schiebung $\gamma_{x'y'}$ mit der x'-Richtung als Bezug (siehe Bild 4.1) betrachtet man zweckmäßigerweise die Veränderung des ursprünglich rechten Winkels $\angle$BOD im unverformten Zustand und im verformten Zustand ($\angle$B*OD*). Die Winkelveränderung des Winkelelementes BOD d. h. die Schiebung $\gamma_{x'y'}$ ergibt sich aus der Differenz der Drehwinkel von OB → OB* (Winkel β_φ) und von OD → OD* (Winkel $\beta_{\varphi+\pi/2}$).

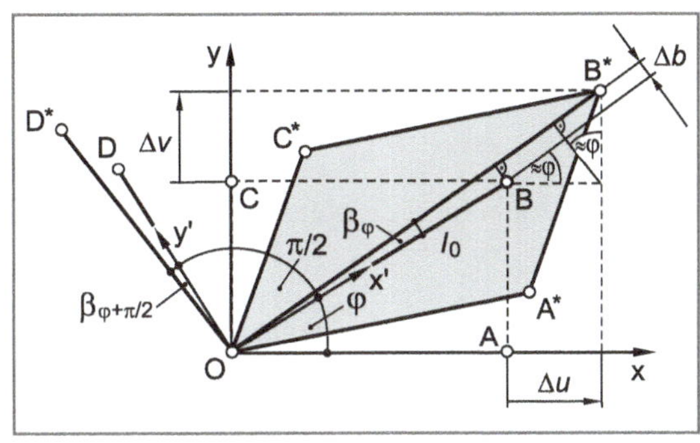

Bild 4.8 Geometrische Beziehungen zur Ermittlung der Schiebung $\gamma_{x'y'}$ mit der x'-Richtung als Bezug

$$\gamma_{x'y'} = \beta_{\varphi+\pi/2} - \beta_\varphi \qquad (4.15)$$

Für den Winkel β_φ des Schenkels OB gilt:

$$\tan \beta_\varphi = \frac{\Delta b}{l_0} \qquad (4.16)$$

mit $\Delta b = \Delta v \cdot \cos\varphi - \Delta u \cdot \sin\varphi$

und $\tan \beta_\varphi \approx \beta_\varphi$ (da kleiner Winkel φ), folgt aus Gleichung 4.16:

$$\beta_\varphi = \frac{\Delta v \cdot \cos\varphi - \Delta u \cdot \sin\varphi}{l_0} \qquad (4.17)$$

Mit Gleichung 4.7 und Gleichung 4.8 folgt weiter:

$$\beta_\varphi = \left(\varepsilon_y \cdot \frac{\Delta y}{l_0} + \alpha_x \cdot \frac{\Delta x}{l_0}\right) \cdot \cos\varphi - \left(\varepsilon_x \cdot \frac{\Delta x}{l_0} + \alpha_y \cdot \frac{\Delta y}{l_0}\right) \cdot \sin\varphi \qquad (4.18)$$

Weiterhin gilt (Bild 4.7):

$$\frac{\Delta x}{l_0} = \cos\varphi \quad \text{und} \quad \frac{\Delta y}{l_0} = \sin\varphi$$

Damit ergibt sich aus Gleichung 4.18:

$$\begin{aligned} \beta_\varphi &= \varepsilon_y \cdot \sin\varphi \cdot \cos\varphi + \alpha_x \cdot \cos^2\varphi - \varepsilon_x \cdot \sin\varphi \cdot \cos\varphi - \alpha_y \cdot \sin^2\varphi \\ &= -(\varepsilon_x - \varepsilon_y) \cdot \sin\varphi \cdot \cos\varphi + \alpha_x \cdot \cos^2\varphi - \alpha_y \cdot \sin^2\varphi \end{aligned} \qquad (4.19)$$

Zur Berechnung des Winkels $\beta_{\varphi+\pi/2}$ in y'-Richtung ersetzt man in Gleichung 4.19 den Winkel φ durch $\varphi+\pi/2$ und erhält:

$$\beta_{\varphi+\pi/2} = (\varepsilon_y - \varepsilon_x)\cdot\sin\left(\varphi+\frac{\pi}{2}\right)\cdot\cos\left(\varphi+\frac{\pi}{2}\right)+\alpha_x\cdot\cos^2\left(\varphi+\frac{\pi}{2}\right)-\alpha_y\cdot\sin^2\left(\varphi+\frac{\pi}{2}\right)$$

Mit $\sin\left(\varphi+\frac{\pi}{2}\right)=\cos\varphi$ und $\cos\left(\varphi+\frac{\pi}{2}\right)=-\sin\varphi$ und folgt:

$$\beta_{\varphi+\pi/2} = (\varepsilon_y - \varepsilon_x)\cdot\cos\varphi\cdot(-\sin\varphi)+\alpha_x\cdot\sin^2\varphi-\alpha_y\cdot\cos^2\varphi$$

$$\beta_{\varphi+\pi/2} = (\varepsilon_x - \varepsilon_y)\cdot\sin\varphi\cdot\cos\varphi+\alpha_x\cdot\sin^2\varphi-\alpha_y\cdot\cos^2\varphi \tag{4.20}$$

Für die Schiebung $\gamma_{x'y'}$ folgt dann mit Gleichung 4.19 und 4.20 aus Gleichung 4.15:

$$\begin{aligned}\gamma_{x'y'} &= \beta_{\varphi+\pi/2} - \beta_\varphi \\ &= (\varepsilon_x - \varepsilon_y)\cdot\sin\varphi\cdot\cos\varphi+\alpha_x\cdot\sin^2\varphi-\alpha_y\cdot\cos^2\varphi \\ &\quad -\left[-(\varepsilon_x - \varepsilon_y)\cdot\sin\varphi\cdot\cos\varphi+\alpha_x\cdot\cos^2\varphi-\alpha_y\cdot\sin^2\varphi\right] \\ &= (\alpha_x+\alpha_y)\cdot\sin^2\varphi-(\alpha_x+\alpha_y)\cdot\cos^2\varphi+2\cdot(\varepsilon_x-\varepsilon_y)\cdot\sin\varphi\cdot\cos\varphi\end{aligned}$$

Mit $\gamma_{xy}=-(\alpha_x+\alpha_y)$ folgt weiterhin (siehe Gleichung 4.12):

$$\gamma_{x'y'} = -\gamma_{xy}\cdot\sin^2\varphi+\gamma_{xy}\cdot\cos^2\varphi+2\cdot(\varepsilon_x-\varepsilon_y)\cdot\sin\varphi\cdot\cos\varphi \tag{4.21}$$

Mit den trigonometrischen Beziehungen:

$$\begin{aligned}\cos^2\varphi &= 0{,}5\cdot(1+\cos 2\varphi) \\ \sin^2\varphi &= 0{,}5\cdot(1-\cos 2\varphi) \\ \sin\varphi\cdot\cos\varphi &= 0{,}5\cdot\sin 2\varphi\end{aligned}$$

folgt aus Gleichung 4.21 schließlich:

$$\begin{aligned}\gamma_{x'y'} &= (\varepsilon_x-\varepsilon_y)\cdot\sin 2\varphi-\frac{\gamma_{xy}}{2}\cdot(1-\cos 2\varphi)+\frac{\gamma_{xy}}{2}\cdot(1+\cos 2\varphi) \\ &= (\varepsilon_x-\varepsilon_y)\cdot\sin 2\varphi+\gamma_{xy}\cdot\cos 2\varphi\end{aligned} \tag{4.22}$$

Gleichung 4.22 dividiert man letztlich noch durch 2, um eine mit Gleichung 4.14 vergleichbare Form zu erhalten:

$$\frac{\gamma_{x'y'}}{2} = \frac{\varepsilon_x-\varepsilon_y}{2}\cdot\sin 2\varphi+\frac{\gamma_{xy}}{2}\cdot\cos 2\varphi \tag{4.23}$$

Schiebung mit der *x'*-Richtung als Bezug. Vorzeichen von γ_{xy} entsprechend Bild 4.3

4.3 Mohrscher Verformungskreis

Zur Ermittlung der Verformungsgrößen wie zum Beispiel $\varepsilon_{x'}$ oder $\gamma_{x'y'}$ (siehe Bild 4.1) können die Gleichungen 4.14 und 4.23 herangezogen werden. Eine anschaulichere Möglichkeit, derartige Fragestellungen zu beantworten bietet in Analogie zum Mohrschen Spannungskreis (Kapitel 3.3.4), der **Mohrsche Verformungskreis**. Zur Bestimmung von Mittelpunkt und Radius des Mohrschen Verformungskreises eliminiert man aus den Gleichungen 4.14 und 4.23 den Winkel φ und erhält dann die Gleichung eines Kreises in der ε - $\gamma/2$-Ebene (Mohrscher Verformungskreis). Um den Winkel φ zu eliminieren, werden die Gleichungen 4.14 und 4.23 quadriert und addiert:

$$\left(\varepsilon_{x'} - \frac{\varepsilon_x + \varepsilon_y}{2}\right)^2 + \left(\frac{\gamma_{x'y'}}{2}\right)^2 = \left(\frac{\varepsilon_x - \varepsilon_y}{2} \cdot \cos 2\varphi - \frac{\gamma_{xy}}{2} \cdot \sin 2\varphi\right)^2 + \left(\frac{\varepsilon_x - \varepsilon_y}{2} \cdot \sin 2\varphi + \frac{\gamma_{xy}}{2} \cdot \cos 2\varphi\right)^2$$

$$\left(\varepsilon_{x'} - \frac{\varepsilon_x + \varepsilon_y}{2}\right)^2 + \left(\frac{\gamma_{x'y'}}{2}\right)^2 = \left(\frac{\varepsilon_x - \varepsilon_y}{2}\right)^2 \cdot \left(\cos^2 2\varphi + \sin^2 2\varphi\right) + \left(\frac{\gamma_{xy}}{2}\right)^2 \cdot \left(\sin^2 2\varphi + \cos^2 2\varphi\right) \tag{4.24}$$

Die Gleichung des Mohrschen Verformungskreises lautet dann:

$$\left(\varepsilon_{x'} - \frac{\varepsilon_x + \varepsilon_y}{2}\right)^2 + \left(\frac{\gamma_{x'y'}}{2}\right)^2 = \left(\frac{\varepsilon_x - \varepsilon_y}{2}\right)^2 + \left(\frac{\gamma_{xy}}{2}\right)^2 \tag{4.25}$$

Gleichung des Mohrschen Verformungskreises in der ε - $\gamma/2$-Ebene

Für den Mittelpunkt des Mohrschen Verformungskreises folgt:

$$M = \left(\frac{\varepsilon_x + \varepsilon_y}{2} \mid 0\right) \tag{4.26}$$

Mittelpunkt des Mohrschen Verformungskreises

Der Radius des Mohrschen Verformungskreises ergibt sich zu:

$$R = \sqrt{\left(\frac{\varepsilon_x - \varepsilon_y}{2}\right)^2 + \left(\frac{\gamma_{xy}}{2}\right)^2} \tag{4.27}$$

Radius des Mohrschen Verformungskreises

Mit Hilfe des Mohrschen Verformungskreises können (in Analogie zum Mohrschen Spannungskreis, Kapitel 3.3.4) die Verformungsgrößen (Dehnungen und Schiebungen) in beliebiger Richtung auf einfache Weise ermittelt werden.

4.3.1 Konstruktion des Mohrschen Verformungskreises

Gegeben sei ein durch die Verformungsgrößen ε_x, ε_y und γ_{xy} gekennzeichneter Verformungszustand (Bild 4.9a). Gesucht sind der Mohrsche Verformungskreis sowie die Dehnungen $\varepsilon_{x'}$ und $\varepsilon_{y'}$ in x'- bzw. y'-Richtung sowie die Schiebungen $\gamma_{x'y'}$ und $\gamma_{y'x'}$ mit der x'- bzw. y'-Richtung als Bezug (Bild 4.9c).

Zur Konstruktion des Mohrschen Verformungskreises geht man wie folgt vor:

1. Zeichnen eines ε - $\gamma/2$-Koordinatensystems.
2. Eintragen des Bildpunktes P_x ($\varepsilon_x \,|\, 0{,}5 \cdot \gamma_{xy}$) in das Koordinatensystem. Die Dehnung ε_x und die Schiebung γ_{xy} kennzeichnen die Verformungsgrößen mit der x-Richtung als Bezug. In Analogie zum Mohrschen Spannungskreis (Kapitel 3.3.4.1) wird bei der Konstruktion des Mohrschen Verformungskreises die folgende **Vorzeichenregelung** eingeführt (siehe auch Bild 4.3):

   Eine Schiebung ist positiv (negativ) anzusetzen, falls sich der ursprünglich rechte Winkel des betrachteten Winkelelementes vergrößert (verkleinert).

   Die Schiebung γ_{xy} in Bild 4.9a ist dementsprechend bei der Konstruktion des Mohrschen Verformungskreises negativ anzusetzen, da sich der ursprünglich rechte Winkel verkleinert ($\alpha < \pi/2$).
3. Eintragen des Bildpunktes P_y ($\varepsilon_y \,|\, 0{,}5 \cdot \gamma_{yx}$) in das Koordinatensystem. Die Dehnung ε_y und die Schiebung γ_{yx} kennzeichnen die Verformungsgrößen mit der y-Richtung als Bezug. Die Schiebung γ_{yx} ist positiv anzusetzen, da der ursprünglich rechte Winkel vergrößert wird ($\alpha' > \pi/2$).
4. Die x- und y-Richtung stehen senkrecht zueinander (siehe Lageplan). Da die Bildpunkte zweier senkrechter Richtungen auf einem Kreisdurchmesser liegen, schneidet die Strecke $\overline{P_x P_y}$ die ε-Achse im Kreismittelpunkt M.
5. Kreis um M durch die Bildpunkte P_x oder P_y ist der gesuchte Mohrsche Verformungskreis.

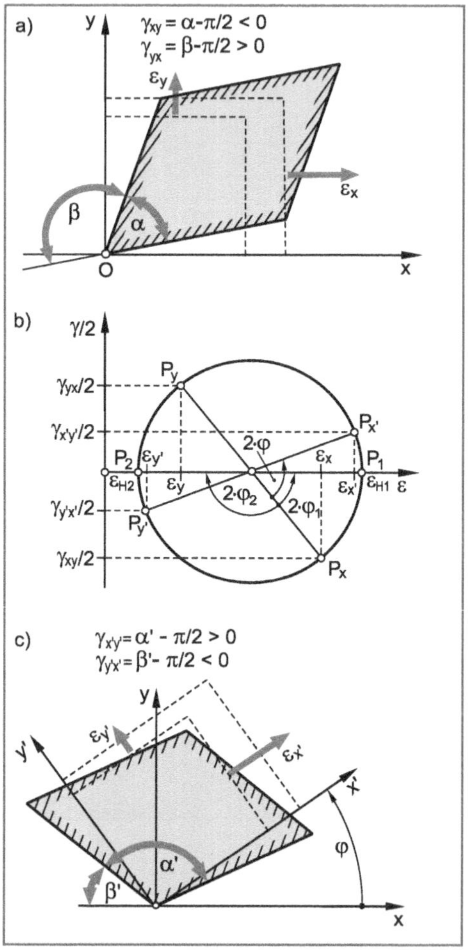

Bild 4.9 Konstruktion und Anwendung des Mohrschen Verformungskreises

Zur Ermittlung der Verformungsgrößen $\varepsilon_{x'}$ in x'-Richtung und $\gamma_{x'y'}$ mit der x'-Richtung als Bezug, überträgt man, ausgehend von einer bekannten Bezugsrichtung (z. B. *x*-Richtung), den *doppelten* Richtungswinkel (2φ) in den Mohrschen Verformungskreis (Bild 4.9b). Der Drehsinn muss dabei dem Lageplan entsprechen. Die Koordinaten des Bildpunktes $P_{x'}$ ($\varepsilon_{x'} \,|\, \gamma_{x'y'}/2$) kennzeichnen die Verformungsgrößen in x'-Richtung (Bild 4.9c). In analoger Weise erhält man die Verformungsgrößen $\varepsilon_{y'}$ in y'-Richtung und $\gamma_{y'x'}$ mit der y'-Richtung als Bezug.

4.3.2 Hauptdehnungen und Hauptdehnungsrichtungen

Aus dem Mohrschen Verformungskreis (z. B. Bild 4.9b) ist ersichtlich, dass eine maximale Dehnung ε_{H1} und eine minimale Dehnung ε_{H2} existiert (Bildpunkte P_1 und P_2 in Bild 4.9b). Diese beiden extremalen Dehnungen werden als **Hauptdehnungen** bezeichnet. Die Richtungen zu den Hauptdehnungen (Winkel φ_1 und φ_2) nennt man dementsprechend **Hauptdehnungsrichtungen**. In Richtung der Hauptdehnungen treten keine Schiebungen (Winkelverzerrungen) auf.

Die Hauptdehnungen ε_{H1} und ε_{H2} ergeben sich rechnerisch zu (vgl. Bild 4.9b):

$$\varepsilon_{H1} = \frac{\varepsilon_x + \varepsilon_y}{2} + \sqrt{\left(\frac{\varepsilon_x - \varepsilon_y}{2}\right)^2 + \left(\frac{\gamma_{xy}}{2}\right)^2} \qquad (4.28)$$

$$\varepsilon_{H2} = \frac{\varepsilon_x + \varepsilon_y}{2} - \sqrt{\left(\frac{\varepsilon_x - \varepsilon_y}{2}\right)^2 + \left(\frac{\gamma_{xy}}{2}\right)^2} \qquad (4.29)$$

Die Winkel φ_1 und φ_2 zwischen der x-Richtung und den Hauptdehnungsrichtungen (ε_{H1} und ε_{H2}) lassen sich auch rechnerisch ermitteln. Man erhält die Richtungswinkel φ_1 bzw. φ_2 aus Gleichung 4.23 mit der Bedingung $\gamma_{x'y'} = 0$, da in Richtung der Hauptdehnungen voraussetzungsgemäß keine Schiebungen auftreten:

$$\varphi_{1;2} = \frac{1}{2} \cdot \arctan\left(\frac{-\gamma_{xy}}{\varepsilon_x - \varepsilon_y}\right) \qquad (4.30)$$

Richtungswinkel zwischen der x-Achse und der ersten oder der zweiten Hauptdehnungsrichtung. Vorzeichen von γ_{xy} entsprechend Bild 4.3

Der mit Hilfe von Gleichung 4.30 errechnete Winkel kann der Richtungswinkel zwischen der x-Achse und der ersten *oder* der zweiten Hauptdehnungsrichtung sein. Eine Entscheidung kann mit Hilfe von Tabelle 4.1 erfolgen.

Aufgrund der π-Periodizität des Tangens ergibt sich der zweite Winkel zu:

$$\varphi_{2;1} = \varphi_{1;2} + \frac{\pi}{2} \qquad (4.31)$$

4.3.3 Verformungszustand

Entsprechend der Anzahl der von Null verschiedenen Hauptdehnungen definiert man den Verformungszustand:

- **einachsiger Verformungszustand**: *Eine* Hauptdehnung ist ungleich Null
- **zweiachsiger Verformungszustand**: *Zwei* Hauptdehnungen sind ungleich Null
- **dreiachsiger Verformungszustand**: *Drei* Hauptdehnungen sind ungleich Null

Der zweiachsige Verformungszustand wird bisweilen auch als **ebener Dehnungszustand** (**EDZ**) bezeichnet. Ein zweiachsiger Verformungszustand tritt an technischen Bauteilen unter anderem in Bereichen einer behinderten Dehnung in Dickenrichtung (**Querdehnungsbehinderung**) auf und begünstigt ein sprödes Werkstoffversagen (z. B. im Bereich von Rissen oder bei dickwandigen Bauteilen).

Tabelle 4.1 Rechnerische Ermittlung der Richtungswinkel φ_1 und φ_2 zwischen der x-Richtung und den Hauptdehnungsrichtungen ε_{H1} und ε_{H2}

Fall [1]	Lageplan	Winkel zu den Haupt-dehnungsrichtungen [1] [2]	Hauptdehnungen	Mohrscher Verformungskreis [1]
Fall 1: $\varepsilon_x > \varepsilon_y$ $\gamma_{xy} > 0$	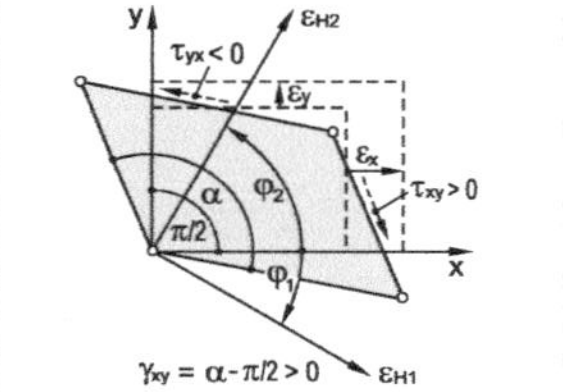	$\varphi_1 = \frac{1}{2} \cdot \arctan\left(\frac{-\gamma_{xy}}{\varepsilon_x - \varepsilon_y}\right)$ $\varphi_2 = \varphi_1 + 90°$		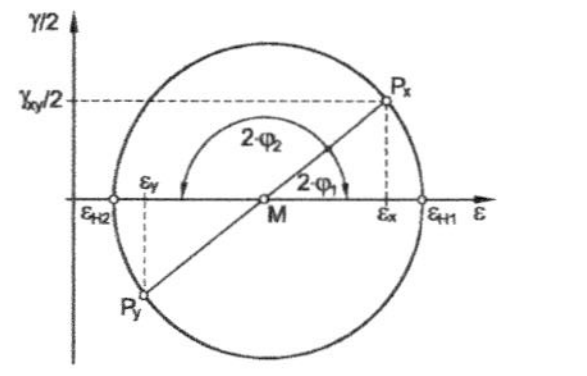
Fall 2: $\varepsilon_x < \varepsilon_y$ $\gamma_{xy} > 0$	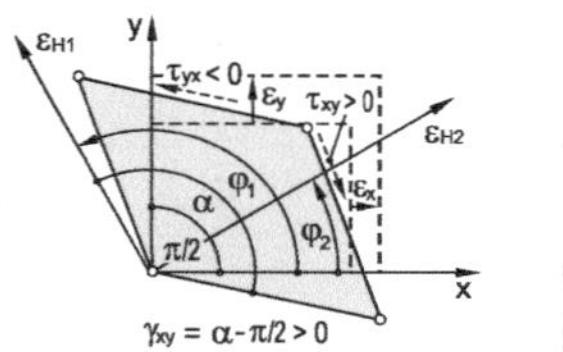	$\varphi_2 = \frac{1}{2} \cdot \arctan\left(\frac{-\gamma_{xy}}{\varepsilon_x - \varepsilon_y}\right)$ $\varphi_1 = \varphi_2 + 90°$	$\varepsilon_{H1} = \frac{\varepsilon_x + \varepsilon_y}{2} + \sqrt{\left(\frac{\varepsilon_x - \varepsilon_y}{2}\right)^2 + \left(\frac{\gamma_{xy}}{2}\right)^2}$	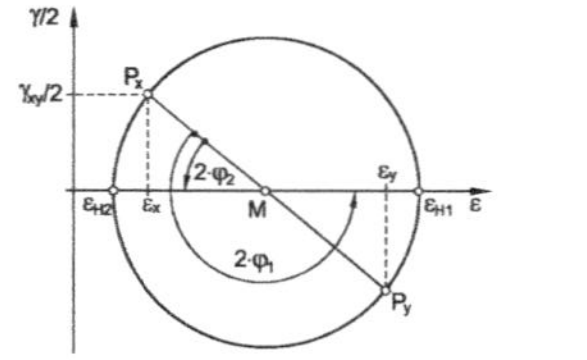
Fall 3: $\varepsilon_x < \varepsilon_y$ $\gamma_{xy} < 0$	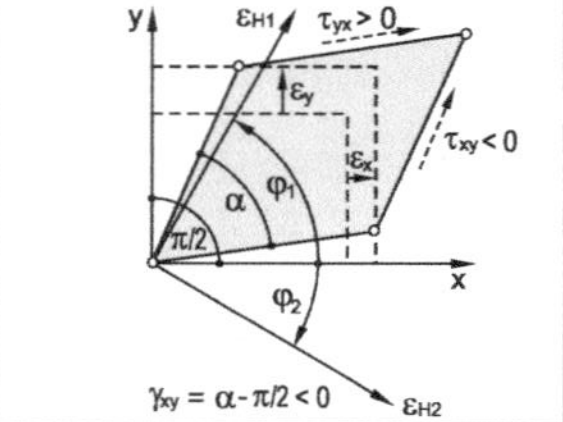	$\varphi_2 = \frac{1}{2} \cdot \arctan\left(\frac{-\gamma_{xy}}{\varepsilon_x - \varepsilon_y}\right)$ $\varphi_1 = \varphi_2 + 90°$	$\varepsilon_{H2} = \frac{\varepsilon_x + \varepsilon_y}{2} - \sqrt{\left(\frac{\varepsilon_x - \varepsilon_y}{2}\right)^2 + \left(\frac{\gamma_{xy}}{2}\right)^2}$	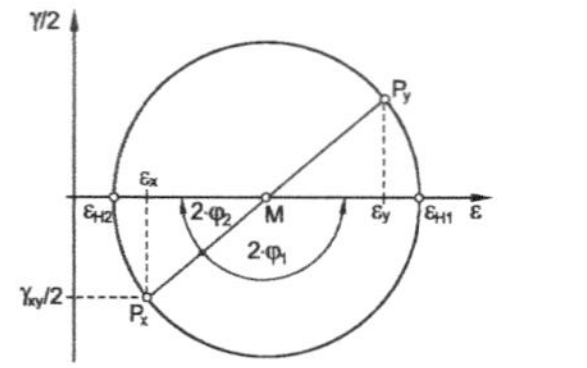
Fall 4: $\varepsilon_x > \varepsilon_y$ $\gamma_{xy} < 0$	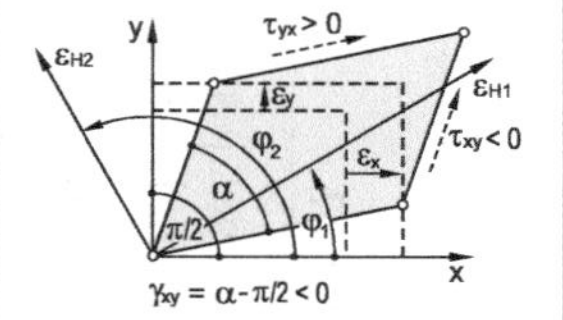	$\varphi_1 = \frac{1}{2} \cdot \arctan\left(\frac{-\gamma_{xy}}{\varepsilon_x - \varepsilon_y}\right)$ $\varphi_2 = \varphi_1 + 90°$		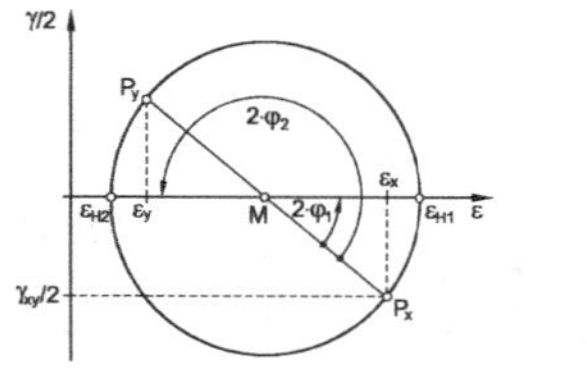

[1] Vorzeichenregelung für Schiebungen entsprechend Kapitel 4.1.3

[2] φ_1: Winkel zwischen der x-Richtung und der ersten Hauptdehnungsrichtung (ε_{H1}). φ_2: Winkel zwischen der x-Richtung und der zweiten Hauptdehnungsrichtung (ε_{H2}).

4.4 Praktische Anwendung des Mohrschen Verformungskreises

Für Festigkeitsnachweise ist die Kenntnis des Spannungszustandes an den höchst beanspruchten Stellen eines Bauteils von Interesse. Aufgrund einer komplizierten Bauteilgeometrie sowie einer mitunter komplexen Beanspruchung durch äußere Kräfte oder Momente, können die Lastspannungen und damit der Spannungszustand häufig nur mit einem sehr hohen Berechnungsaufwand ermittelt werden. Zur Lösung des Problems werden im Rahmen einer **experimentellen Spannungsanalyse** an der höchst beanspruchten Stelle der Bauteiloberfläche Dehnungsmessstreifen (DMS) appliziert, um den Verformungszustand zu ermitteln. Bei bekanntem Verformungszustand kann dann der Spannungszustand ermittelt und ein Festigkeitsnachweis geführt werden (Bild 4.10).

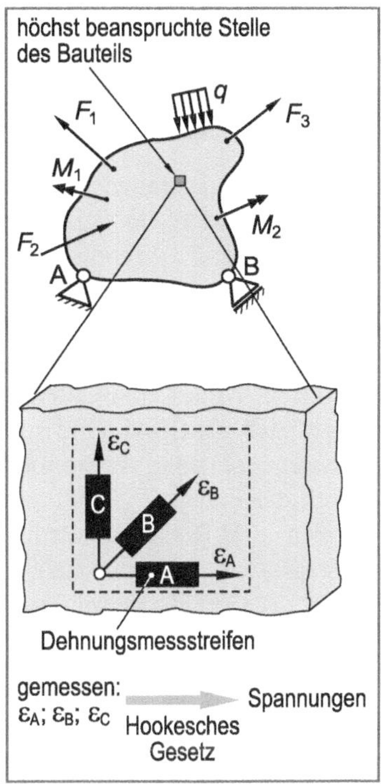

Bild 4.10 Prinzip der experimentellen Spannungsanalyse mit Hilfe von Dehnungsmessstreifen (schematisch)

Entsprechend den Ausführungen in Kapitel 3 ist der Verformungszustand an einer bestimmten Stelle der Werkstückoberfläche eindeutig gekennzeichnet, falls die Verformungsgrößen (ε_x und γ_{xy} sowie ε_y und γ_{yx}) in zwei zueinander senkrechten Bezugsrichtungen bekannt sind (Kapitel 4.3.1). Da Dehnungsmessstreifen allerdings nur Längenänderungen (Dehnungen) nicht jedoch Winkeländerungen (Schiebungen) erfassen können, können die Verformungsgrößen γ_{xy} bzw. γ_{yx} experimentell nicht ermittelt werden. Die Bestimmung des Verformungszustandes ist dennoch möglich, falls die Dehnungen sowie die zugehörigen Richtungswinkel in *drei* unterschiedlichen Messrichtungen bekannt sind.

Die Vorgehensweise zur graphischen und rechnerischen Ermittlung des Mohrschen Verformungskreises soll, ausgehend von drei experimentell ermittelten Dehnungen, nachfolgend erläutert werden. Zweckmäßigerweise wird dabei unterschieden, ob die Dehnungsmessstreifen einen Winkel von jeweils 45° (**0°-45°-90° DMS-Rosette**) oder aber beliebige Winkel zueinander einschließen (allgemeiner Fall).

4.4.1 Auswertung dreier beliebig orientierter Dehnungsmessstreifen

An der Oberfläche eines Bauteils seien die Dehnungen in drei unterschiedliche Richtungen (ε_A, ε_B und ε_C) gegeben. Die Messrichtungen schließen zur x-Richtung die Winkel α, β und γ ein (Bild 4.11a). Die Auswertung soll graphisch und rechnerisch erfolgen.

Graphisches Auswerteverfahren

Zur graphischen Bestimmung der Lage des Mohrschen Verformungskreises aus den drei bekannten Dehnungen sowie der relativen Lage der Messrichtungen zueinander, zeichnet man zunächst die zueinander und zur γ / 2-Achse parallelen Geraden (g_A, g_B und g_C) im Abstand ε_A, ε_B und ε_C von der Ordinate (Bild 4.11b).

Auf einer der drei Geraden (z. B. g_B) markiert man an einer beliebiger Stelle einen Bezugspunkt *P*. Ausgehend vom Bezugspunkt *P* trägt man in der dargestellten Weise die Richtungswinkel (hier: ψ_A und ψ_C) zu den beiden übrigen Messrichtungen (hier: A- und C-Richtung) ab. Der Drehsinn muss dabei dem Lageplan entsprechen. Die Drehwinkel dürfen außerdem *nicht* verdoppelt werden.

Die Richtungsgeraden r_A und r_C schneiden die Geraden g_A und g_C in den Punkten P_A und P_C. Die Punkte P_A und P_C repräsentieren bereits die Verformungsgrößen in A- und C-Richtung. Da die Punkte P, P_A und P_C auf dem Mohrschen Verformungskreis liegen, erhält man dessen Mittelpunkt *M* als Schnittpunkt der Mittelsenkrechten. Die Lage der ε-Achse ergibt sich als Senkrechte zur $\gamma\,/\,2$-Achse durch *M* und der Mohrsche Verformungskreis als Kreis um *M* durch die Punkte P_A, P_C oder *P*. Die Verformungsgrößen in B-Richtung werden durch den Bildpunkt P_B repräsentiert. Man erhält ihn als zweiten Schnittpunkt der Geraden g_B mit dem Verformungskreis.

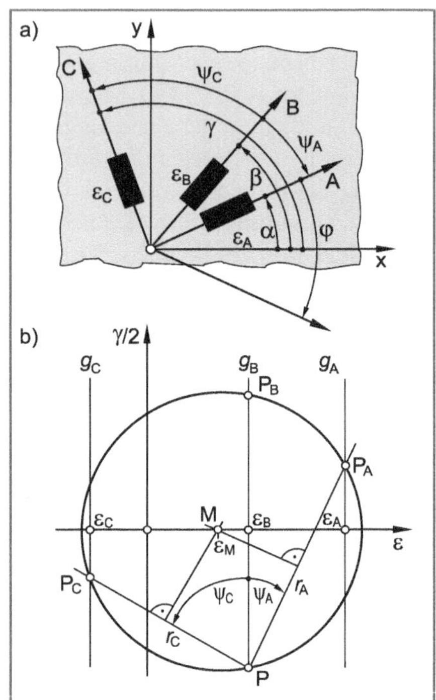

Bild 4.11 Konstruktion des Mohrschen Verformungskreises aus drei beliebig orientierten Dehnungsmessstreifen

Die Verformungsgrößen mit beliebiger Richtung *x'* als Bezug, erhält man, indem man den doppelten Richtungswinkel φ, ausgehend von einer bekannten Messrichtung (hier: A), mit im Vergleich zum Lageplan gleichem Drehsinn abträgt (Bild 4.11a und Bild 4.12). Die Koordinaten $\varepsilon_{x'}$ und $\gamma_{x'y'}/2$ des Punktes P_φ kennzeichnen dann die Verformungsgrößen in φ-Richtung (Bild 4.12).

Zur Prüfung der Richtigkeit des Mohrschen Verformungskreises müssen Betrag und Richtungssinn der Winkel zwischen den Messrichtungen im Lageplan und der (verdoppelten) Winkellage im Verformungskreis übereinstimmen.

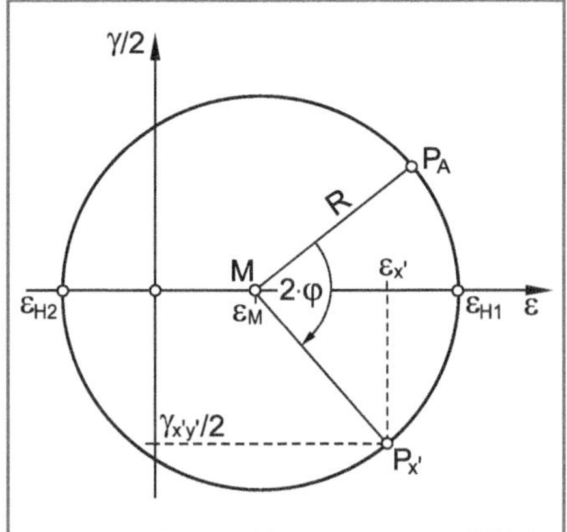

Bild 4.12 Ermittlung der Verformungsgrößen für eine beliebige Richtung *x'*

Rechnerisches Auswerteverfahren

Ist der Verformungszustand (ε_x, ε_y und γ_{xy}) in einem Punkt eines Bauteils bekannt, dann kann mit Hilfe von Gleichung 4.14 die Dehnung in beliebige Bauteilrichtungen φ ermittelt werden. Sind umgekehrt die Richtungswinkel (α, β, γ) und die zugehörigen Dehnungen (ε_A, ε_B, ε_c) bekannt, dann erhält man durch Anwendung von Gleichung 4.32 ein lineares Gleichungssystem mit drei Gleichungen für die drei unbekannten Größen (ε_x , ε_y und γ_{xy}), Bild 4-13:

$$\begin{aligned}\varepsilon_A &= \frac{\varepsilon_x + \varepsilon_y}{2} + \frac{\varepsilon_x - \varepsilon_y}{2} \cdot \cos 2\alpha - \frac{\gamma_{xy}}{2} \cdot \sin 2\alpha \\ \varepsilon_B &= \frac{\varepsilon_x + \varepsilon_y}{2} + \frac{\varepsilon_x - \varepsilon_y}{2} \cdot \cos 2\beta - \frac{\gamma_{xy}}{2} \cdot \sin 2\beta \\ \varepsilon_C &= \frac{\varepsilon_x + \varepsilon_y}{2} + \frac{\varepsilon_x - \varepsilon_y}{2} \cdot \cos 2\gamma - \frac{\gamma_{xy}}{2} \cdot \sin 2\gamma\end{aligned} \tag{4.32}$$

Lösen des Gleichungssystems liefert die gesuchten Verformungsgrößen (ε_x, ε_y und γ_{xy}) und damit den Mohrschen Verformungskreis. Eine allgemeine Lösung soll hier nicht angegeben, sondern stattdessen auf die Aufgaben 4.3 und 4.4 verwiesen werden.

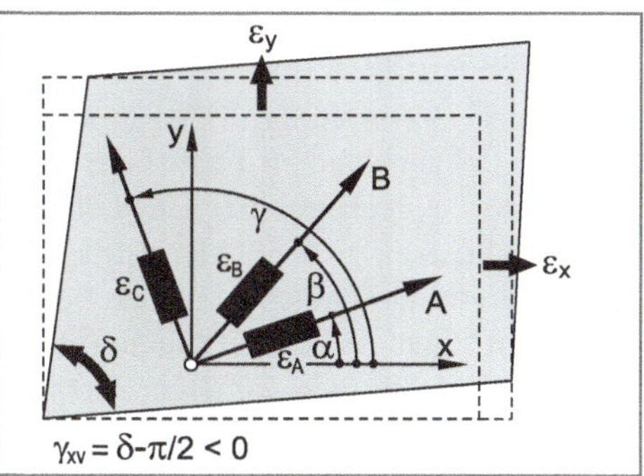

Bild 4.13 Rechnerische Auswertung dreier beliebig orientierter Dehnungsmessstreifen

4.4.2 Auswertung einer 0°-45°-90° DMS-Rosette

In der Praxis werden im Rahmen experimenteller Spannungsanalysen häufig handelsübliche 0°-45°-90° DMS-Rosetten verwendet. Für diese besonderen Winkel zwischen den Messrichtungen kann der Mohrsche Verformungskreis auf sehr einfache Weise ermittelt werden. Wie Bild 4.14 zeigt, nutzt man die Tatsache, dass die grau markierten Dreiecke kongruent und rechtwinkelig sind. Damit erhält man für die Lage ε_M des Mittelpunktes M (Bezeichnungen siehe Bild 4.14):

$$\varepsilon_M = \frac{\varepsilon_A + \varepsilon_C}{2} \tag{4.33}$$

und für den Radius R durch Anwendung des Satzes von Pythagoras:

$$R = \sqrt{(\varepsilon_A - \varepsilon_M)^2 + (\varepsilon_M - \varepsilon_B)^2} \tag{4.34}$$

Bei der Konstruktion des Mohrschen Verformungskreises ist auch hier zu beachten, dass Betrag und Richtungsinn der Winkel zwischen den Messrichtungen im Lageplan und der (verdoppelten) Winkellage im Verformungskreis übereinstimmen müssen.

Aufgabe 4.2 gibt ein Beispiel für die Anwendung des genannten Verfahrens.

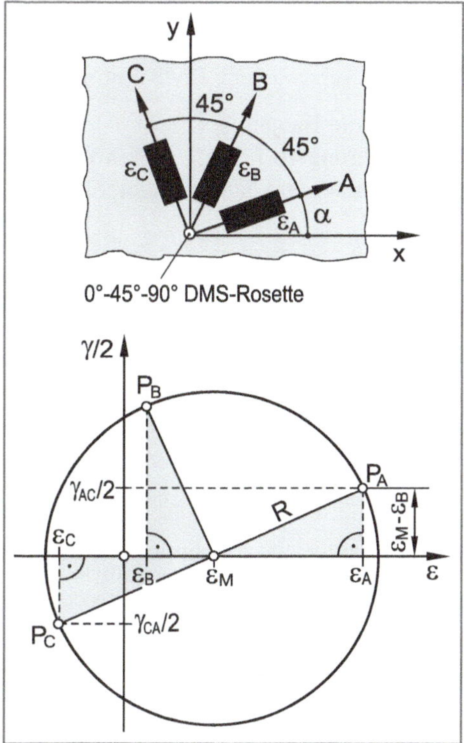

Bild 4.14 Anwendung des Mohrschen Verformungskreises für eine 0°-45°-90° DMS-Rosette

4.5 Grundlagen der Dehnungsmesstechnik

Technische Bauteile unterliegen häufig komplexen und zum Teil unbekannten Beanspruchungen. Sie sind dementsprechend schwierig zu berechnen. Es ist daher zweckmäßig, den Verformungszustand experimentell zu ermitteln und mit Hilfe der gemessenen Verformungsgrößen sowie der elastischen Kennwerte auf den Spannungszustand und damit auf die äußeren Beanspruchungen zu schließen (siehe auch Übungsaufgaben). Zur Ermittlung der Verformungsgrößen (wie z. B. die Dehnung ε) stehen unterschiedliche Messverfahren zur Verfügung. Weit verbreitet und in der Anwendung vergleichsweise einfach sind technische **Dehnungsmessstreifen** (kurz **DMS**).

Eine weite Verbreitung finden **Folien-Dehnungsmessstreifen**. Sie bestehen aus einem dünnen Draht, der in der Regel in eine Trägerfolie aus Kunststoff eingebettet ist. Um bei kleiner Baugröße eine ausreichende Empfindlichkeit zu erreichen, ist der Messdraht mäanderförmig angeordnet und erreicht dadurch eine große Leiterlänge (Bild 4.15). Als Leiterwerkstoff dient meist Konstantan (60% Cu, 40% Ni) oder eine Cr-Ni-Legierung mit 80% Cr, 20% Ni. Am Ende der Messdrähte befinden sich elektrische Kontakte zum Anschluss eines Messgerätes.

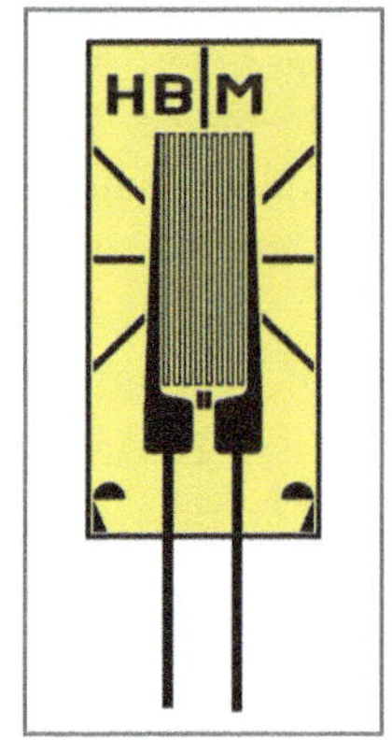

Bild 4.15
Folien-DMS
Foto: Fa. HBM, Darmstadt

Der Dehnungsmessstreifen wird auf die vorbereitete Bauteiloberfläche aufgeklebt (Folien-Dehnungsmessstreifen), bei höheren Betriebstemperaturen auch aufgeschweißt. Die Längsrichtung des Messgitters entspricht dabei der Messrichtung. Hinsichtlich der unterschiedlichen Messaufgaben (Zug-, Druck-, Biege-, Torsions- oder Schubbeanspruchung) unterscheidet man verschiedene DMS-Formen.

Erfährt die Bauteiloberfläche unter dem Dehnungsmessstreifen eine Längenänderung (0,1 µm ... 1 µm), dann ändert sich auch die Länge des Messdrahtes und damit wegen

$$R = \rho \cdot \frac{l}{A} \tag{4.35}$$

auch sein elektrischer Widerstand R (ρ = spezifischer elektrischer Widerstand, l = Drahtlänge, A = Querschnittsfläche des Drahtes).

Die Zuordnung der Widerstandsänderung ΔR zur Dehnung ε erfolgt durch den ***k*-Faktor** (Herstellerangabe). Es gilt:

$$\frac{\Delta R}{R} = k \cdot \varepsilon \tag{4.36}$$

Der k-Faktor eines Dehnungsmessstreifens, seine Empfindlichkeit also, beträgt in der Regel um 2,0.

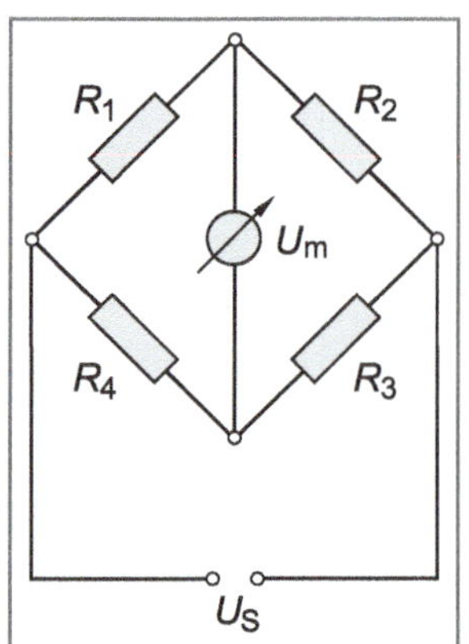

Bild 4.16
Wheatstonesche Brückenschaltung
U_m = Messspannung
U_S = Speisespannung

Die Messung der Widerstandsänderung ΔR erfolgt mit Hilfe einer **Wheatstoneschen Brückenschaltung** (Bild 4.16). Aus der Elektrotechnik ist bekannt, dass die Brücke abgeglichen d. h. die Ausgangsspannung Null ist, falls gilt:

$$\frac{R_1}{R_2} = \frac{R_4}{R_3} \tag{4.37}$$

Ändern sich die Widerstände der Brücke, dann gilt für kleine $\Delta R/R$ für die Messspannung U_m (Brückenverstimmung):

$$U_m = \frac{U_S}{4} \cdot \left(\frac{\Delta R_1}{R_1} - \frac{\Delta R_2}{R_2} + \frac{\Delta R_3}{R_3} - \frac{\Delta R_4}{R_4} \right) \tag{4.38}$$

Zwischen Messspannung U_m, Speisespannung U_S und den Dehnungen ε_1 bis ε_4 an den jeweiligen Messstellen ergibt sich dann für kleine $\Delta R/R$ der folgende Zusammenhang (baugleiche Dehnungsmessstreifen vorausgesetzt):

$$\frac{U_m}{U_S} = \frac{k}{4} \cdot (\varepsilon_1 - \varepsilon_2 + \varepsilon_3 - \varepsilon_4) \tag{4.39}$$

Zusammenhang zwischen Mess- und Speisespannung sowie den Dehnungen bei einer Vollbrückenschaltung

Für eine Viertelbrücke folgt insbesondere wegen $\varepsilon_2 = \varepsilon_3 = \varepsilon_4 = 0$.

$$\frac{U_m}{U_S} = \frac{k}{4} \cdot \varepsilon_1 \tag{4.40}$$

Zusammenhang zwischen Mess- und Speisespannung sowie der Dehnung bei einer Viertelbrückenschaltung

In Abhängigkeit der Anzahl eingesetzter Dehnungsmessstreifen sind die in Tabelle 4.2 zusammengestellten Bezeichnungen für die Brückenschaltungen gebräuchlich. Die Vollbrücke sollte dabei bevorzugt angestrebt werden.

Tabelle 4.2 Bezeichnung von Brückenschaltungen

Anzahl aktiver DMS	Anzahl Ergänzungswiderstände	Bezeichnung der Brückenschaltung
1	3	**Viertelbrücke**
2	2	**Halbbrücke**
4	0	**Vollbrücke**

Dehnungen eines Bauteils können nicht nur durch mechanische Spannungen sondern auch durch Temperaturänderungen hervorgerufen werden. Ändert sich die Temperatur während der Messung, dann ist eine eindeutige Zuordnung des Messsignals zur mechanischen Beanspruchung nicht möglich. Dieser Effekt ist beispielsweise bei Langzeitmessungen, oder falls Temperaturänderungen während der Messung auftreten, unerwünscht. Um den Temperatureinfluss zu kompensieren, wird ein **passiver Dehnungsmessstreifen** auf einem unbelasteten Vergleichsstück aus einem dem Bauteil entsprechenden Werkstoff appliziert und entsprechend Bild 4.17 in die Messbrücke geschaltet.

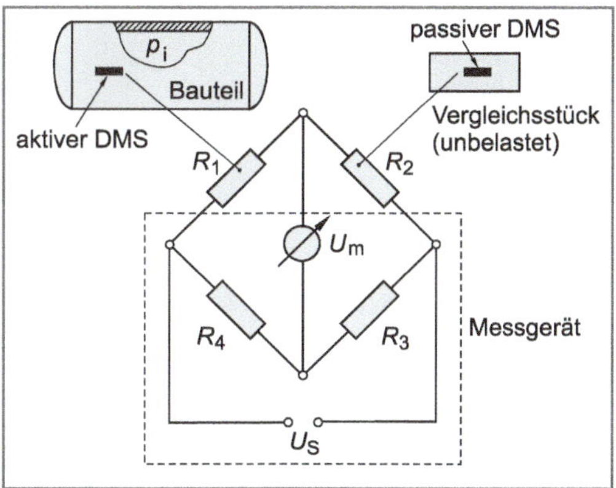

Bild 4.17 Versuchsanordnung zur Kompensation von Temperaturänderungen

Aus Gleichung 4.39 folgt mit $\varepsilon_3 = \varepsilon_4 = 0$ für die Messspannung U_m:

$$\frac{U_\text{m}}{U_\text{S}} = \frac{k}{4} \cdot (\varepsilon_1 - \varepsilon_2) \tag{4.41}$$

Für die Dehnung ε_1 (aktiver DMS am Bauteil) und ε_2 (passiver DMS) und gilt:

$$\begin{aligned} \varepsilon_1 &= \varepsilon_\text{Temp} + \varepsilon_\text{Last} \\ \varepsilon_2 &= \varepsilon_\text{Temp} \end{aligned} \tag{4.42}$$

Eingesetzt in Gleichung 4.42 folgt:

$$\frac{U_\text{m}}{U_\text{S}} = \frac{k}{4} \cdot (\varepsilon_\text{Temp} + \varepsilon_\text{Last} - \varepsilon_\text{Temp}) = \frac{k}{4} \cdot \varepsilon_\text{Last} \tag{4.43}$$

Gleichung 4.43 zeigt also, dass die Messspannung U_m bei Verwendung eines passiven Dehnungsmessstreifens und einer Verschaltung entsprechend Bild 4.17 von der Temperatur bzw. von Temperaturänderungen unabhängig ist.

4.6 Aufgaben

Aufgabe 4.1 ○○●●●

Eine Rechteckscheibe (a = 10 mm; b = 8 mm) aus dem Vergütungsstahl 42CrMo4 wird in der dargestellten Weise elastisch verformt (a' = 10,02 mm; b' = 8,01 mm; α = 89,75°).

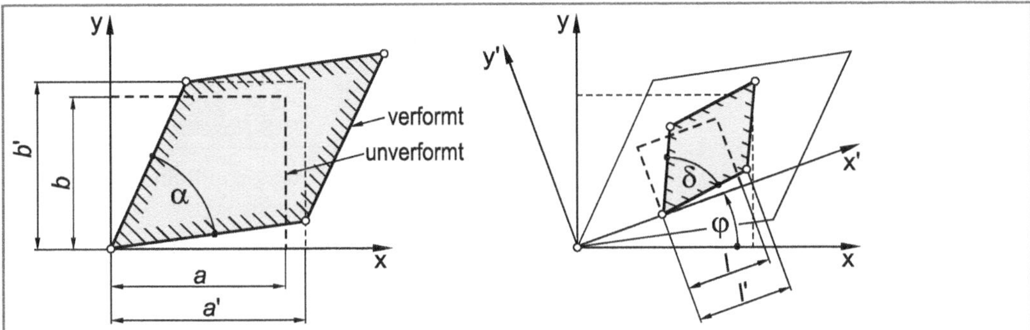

a) Berechnen Sie die Dehnungen ε_x und ε_y in x- und y-Richtung sowie die Schiebung γ_{xy}.

b) Ermitteln Sie die Dehnungen $\varepsilon_{x'}$ und $\varepsilon_{y'}$ sowie die Schiebungen $\gamma_{x'y'}$ und $\gamma_{y'x'}$ für ein um den Winkel φ = 30° gedrehtes Flächenelement
   - rechnerisch,
   - graphisch.

c) Berechnen Sie die Länge l' sowie den Winkel δ des elastisch verformten, ursprünglich rechteckigen Flächenelementes mit der Seitenlänge l = 5 mm.

Aufgabe 4.2 ○○●●●

Zur experimentellen Spannungsanalyse an Gashochdruckleitungen sollen die in der Abbildung dargestellten Messelemente eingesetzt werden.

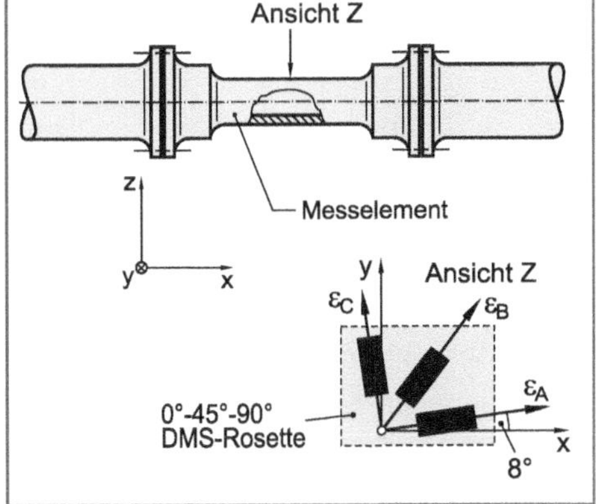

Am Messelement wurde eine 0°-45°-90° DMS-Rosette appliziert. Infolge einer Fertigungsungenauigkeit bei der Applikation schließt die A-Richtung der DMS-Rosette mit der Rohrachse (x-Richtung) einen Winkel von 8° ein.

Nach Aufbringung des Innendrucks werden die folgenden Dehnungen gemessen:

ε_A = 0,862 ‰
ε_B = 0,224 ‰
ε_C = 0,472 ‰

a) Skizzieren Sie den Mohrschen Verformungskreis und ermitteln Sie die Dehnungen in x- und y-Richtung (ε_x und ε_y) sowie die Schiebung γ_{xy} mit der x-Richtung als Bezug.

b) Ermitteln Sie die Hauptdehnungen ε_{H1} und ε_{H2} in der x-y-Ebene sowie die Winkel φ_1 und φ_2 zwischen der x-Richtung und den Hauptdehnungsrichtungen.

Aufgabe 4.3 ○●●●●

Im Rahmen einer experimentellen Spannungsanalyse wird an einer Stahlplatte eine 0°-120°-240° DMS-Rosette in der dargestellten Weise (siehe Abbildung) appliziert. Unter Betriebsbeanspruchung werden die folgenden Dehnungen gemessen:

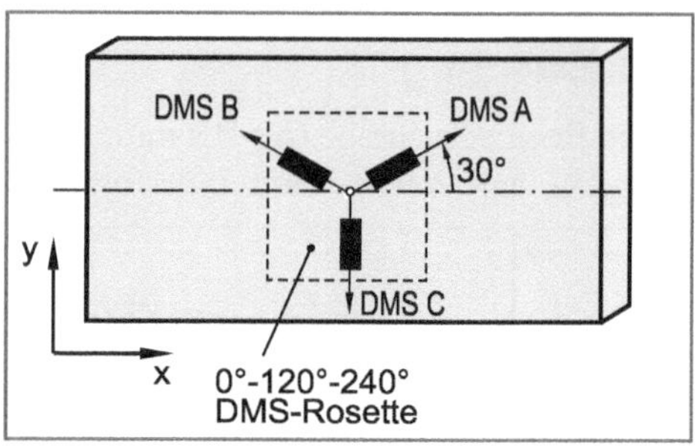

ε_A = 0,0146 ‰
ε_B = 1,6230 ‰
ε_C = 0,2619 ‰

a) Zeichnen Sie maßstäblich den Mohrschen Verformungskreis und ermitteln Sie *graphisch* die Dehnungen in x- und y-Richtung (ε_x und ε_y) sowie die Schiebung γ_{xy}.

b) Bestimmen Sie *graphisch* die Hauptdehnungen ε_{H1} und ε_{H2} in der x-y-Ebene. Unter welchen Winkeln φ_1 und φ_2 zur x-Richtung wirken sie?

c) Ermitteln Sie *rechnerisch*:
- die Dehnungen ε_x und ε_y in x- und y-Richtung sowie die Schiebung γ_{xy}.
- die Hauptdehnungen ε_{H1} und ε_{H2} in der x-y-Ebene sowie die Winkel φ_1 und φ_2 zwischen der x-Richtung und den Hauptdehnungsrichtungen.

Aufgabe 4.4 ○●●●●

Zur Ermittlung des Verformungszustandes (ε_x, ε_y und γ_{xy}) eines durch Innendruck beanspruchten Behälters, werden an dessen Außenoberfläche drei Dehnungsmessstreifen in der dargestellten Weise appliziert. Unter Belastung werden die folgenden Dehnungen gemessen:

ε_A = 3,665 ‰
ε_B = 1,500 ‰
ε_C = -0,415 ‰

a) Zeichnen Sie maßstäblich den Mohrschen Verformungskreis und ermitteln Sie *graphisch* die Dehnungen in x- und y-Richtung (ε_x und ε_y) sowie die Schiebung γ_{xy}.

b) Bestimmen Sie *graphisch* die Hauptdehnungen in der x-y-Ebene. Unter welchen Winkeln φ_1 und φ_2 zur x-Richtung wirken die Hauptdehnungen?

c) Ermitteln Sie *rechnerisch*:
- die Dehnungen ε_x und ε_y in x- und y-Richtung sowie die Schiebung γ_{xy}.
- die Hauptdehnungen ε_{H1} und ε_{H2} in der x-y-Ebene sowie die Winkel φ_1 und φ_2 zwischen der x-Richtung und den Hauptdehnungsrichtungen.

5 Elastizitätsgesetze

Mechanische Spannungen bewirken in einem deformierbaren Festkörper Formänderungen, die sich durch Längen- und/oder Winkeländerungen äußern können. Der Zusammenhang zwischen Spannungen und Formänderungen wird durch **Stoffgesetze** beschrieben.

Die bereits in Kapitel 2.1.2 besprochenen Spannungs-Dehnungs-Diagramme charakterisieren das Werkstoffverhalten unter (einachsiger) Zugbeanspruchung. Prinzipiell unterscheidet man:

- linear-elastisches Werkstoffverhalten wie z. B. keramische Werkstoffe (Kurve 1 in Bild 5.1)
- nicht linear-elastisches Werkstoffverhalten wie z. B. Gusseisen mit Lamellengraphit (Kurve 2 in Bild 5.1)
- linear-elastisch plastisches Werkstoffverhalten wie z. B. viele Stähle (Kurve 3 in Bild 5.1)
- nicht linear-elastisch plastisches Werkstoffverhalten wie z. B. Reinaluminium (Kurve 4 in Bild 5.1)

Für einen Festigkeitsnachweis an Bauteilen aus (duktilen) metallischen Werkstoffen ist als Grenzwert für die Beanspruchbarkeit in der Regel die Streck- bzw. Dehngrenze maßgebend. Werden Bauteile über diese Grenze hinaus beansprucht, dann treten plastische Verformungen auf, die in der Regel die Funktionsfähigkeit der Bauteile beeinträchtigen. Für die nachfolgenden Ausführungen soll ein linear-elastisches Werkstoffverhalten vorausgesetzt werden.

Das linear-elastische Werkstoffverhalten ist durch eine Proportionalität zwischen Spannungen σ bzw. τ und Verformungen ε bzw. γ gekennzeichnet ($\sigma \sim \varepsilon$ bzw. $\tau \sim \gamma$).

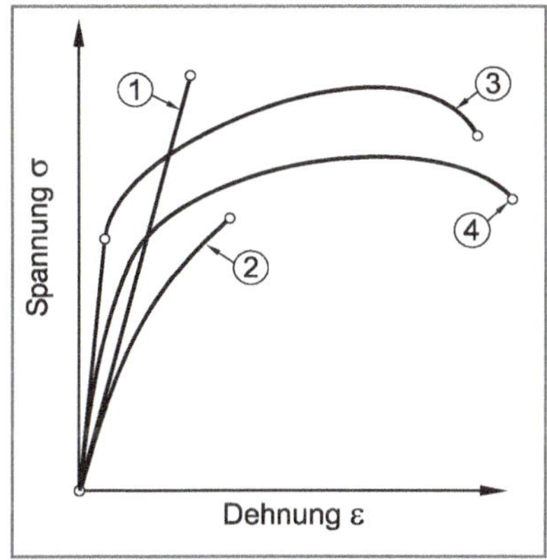

Bild 5.1 Spannungs-Dehnungs-Diagramme verschiedener Werkstoffgruppen

5.1 Formänderungen durch einachsige Normalspannung

Unter einachsiger Beanspruchung durch eine Normalspannung (z. B. $\sigma_{H1} \neq 0$ und $\sigma_{H2} = \sigma_{H3} = 0$) erfährt ein elastisch beanspruchter Festkörper eine Längs- und eine Querverformung (Bild 5.2). Der Zusammenhang zwischen Normalspannung σ und Dehnung ε wird durch das **Hookesche Gesetz** beschrieben (Kapitel 2.1.4.1).

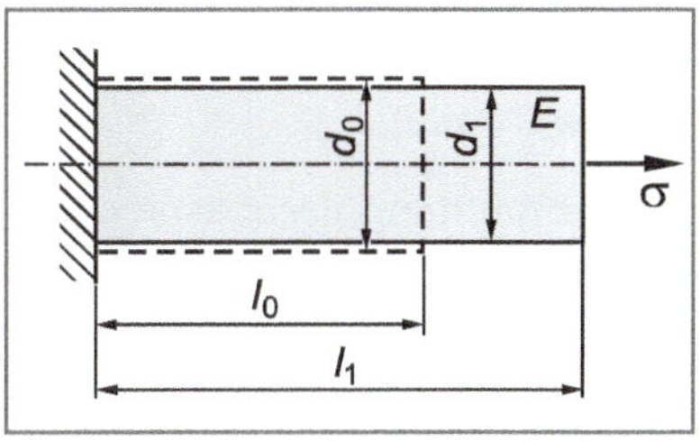

Bild 5.2 Formänderung durch einachsige Normalspannung

$$\sigma = E \cdot \varepsilon = E \cdot \frac{l_1 - l_0}{l_0} = E \cdot \frac{\Delta l}{l_0} \tag{5.1}$$

Hookesches Gesetz für Normalspannungen (einachsiger Spannungszustand)

Der Proportionalitätsfaktor E heißt **Elastizitätsmodul** oder kurz **E-Modul** (Kapitel 2.1.4.1).

Zwischen Längsdehnung ($\varepsilon_l \equiv \varepsilon$) und Querdehnung ($\varepsilon_q$) gilt das Poissonsche Gesetz (Kapitel 2.1.4.3):

$$\varepsilon_q = -\mu \cdot \varepsilon_l \quad \text{und } \varepsilon_q = \frac{d_1 - d_0}{d_0} = \frac{\Delta d}{d_0}$$ **Poissonsches Gesetz** (5.2)

Der Proportionalitätsfaktor μ wird als **Querkontraktionszahl** bezeichnet.

5.2 Formänderung durch Schubspannungen

Unter einer Schubbeanspruchung erfährt ein elastisch beanspruchter Festkörper eine Winkelveränderung (Bild 5.3). Zwischen Schubspannung τ und Schiebung (Winkelverzerrung) γ gilt bei elastischer Beanspruchung eines Festkörpers das Hookesche Gesetz für Schubbeanspruchung (Kapitel 2.4.3):

$$\tau = G \cdot \gamma$$ **Hookesches Gesetz für Schubbeanspruchung** (5.3)

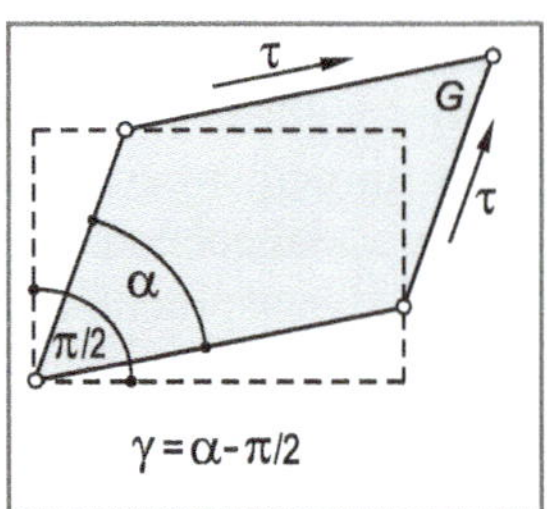

Bild 5.3 Formänderung durch Schubspannungen

Der Proportionalitätsfaktor G heißt **Schubmodul**.

Zwischen den drei elastischen Größen E, G und μ gilt für elastisch beanspruchte, isotrope Werkstoffe der Zusammenhang (siehe auch Gleichung 2.45):

$$G = \frac{E}{2 \cdot (1 + \mu)}$$ **Zusammenhang zwischen den elastischen Werkstoffkonstanten *E*, *G* und μ** (5.4)

5.3 Formänderungen beim allgemeinen (dreiachsigen) Spannungszustand

Das Hookesche Gesetz entsprechend Gleichung 5.1 gilt nur bei einachsiger Beanspruchung durch Normalspannungen. Betrachtet man einen allgemeinen (dreiachsigen) Spannungszustand, so lassen sich unter der Voraussetzung eines linear-elastischen Werkstoffverhaltens Beziehungen zwischen den Spannungen und Dehnungen herleiten (**verallgemeinertes Hookesches Gesetz**).

Zur Ermittlung der entsprechenden Beziehungen zwischen den Normalspannungen und den Dehnungen betrachtet man das Verformungsverhalten eines elastisch beanspruchten würfelförmigen Volumenelementes, welches nacheinander durch die Normalspannungen σ_x, σ_y und σ_z beansprucht wird (Bild 5.4). Es wird ein isotroper Werkstoff vorausgesetzt, d. h. die Beträge der elastischen Konstanten E, G und μ sind richtungsunabhängig.

Verformungen infolge Beanspruchung durch σ_x (Bild 5.4a):

$$\varepsilon_{x1} = \frac{\sigma_x}{E} \tag{5.5}$$

$$\varepsilon_{y1} = -\mu \cdot \varepsilon_{x1} = -\mu \cdot \frac{\sigma_x}{E} \tag{5.6}$$

$$\varepsilon_{z1} = -\mu \cdot \varepsilon_{x1} = -\mu \cdot \frac{\sigma_x}{E} \tag{5.7}$$

Verformungen infolge Beanspruchung durch σ_y (Bild 5.4b):

$$\varepsilon_{y2} = \frac{\sigma_y}{E} \tag{5.8}$$

$$\varepsilon_{x2} = -\mu \cdot \varepsilon_{y2} = -\mu \cdot \frac{\sigma_y}{E} \tag{5.9}$$

$$\varepsilon_{z2} = -\mu \cdot \varepsilon_{y2} = -\mu \cdot \frac{\sigma_y}{E} \tag{5.10}$$

Verformungen infolge Beanspruchung durch σ_z (Bild 5.4c):

$$\varepsilon_{z3} = \frac{\sigma_z}{E} \tag{5.11}$$

$$\varepsilon_{x3} = -\mu \cdot \varepsilon_{z3} = -\mu \cdot \frac{\sigma_z}{E} \tag{5.12}$$

$$\varepsilon_{y3} = -\mu \cdot \varepsilon_{z3} = -\mu \cdot \frac{\sigma_z}{E} \tag{5.13}$$

Wird das Volumenelement durch alle drei Normalspannungen gleichzeitig beansprucht (Bild 5.5), dann erhält man die Gesamtdehnung durch lineare Superposition. Für die Gesamtdehnung in x-Richtung folgt beispielsweise:

$$\varepsilon_x = \varepsilon_{x1} + \varepsilon_{x2} + \varepsilon_{x3}$$
$$= \frac{\sigma_x}{E} - \mu \cdot \frac{\sigma_y}{E} - \mu \cdot \frac{\sigma_z}{E} = \frac{1}{E} \cdot \left[\sigma_x - \mu\left(\sigma_y + \sigma_z\right)\right]$$

Auf analoge Weise erhält man auch die Gesamtdehnungen in y- und z-Richtung.

Insgesamt lautet also das Hookesche Gesetz für den allgemeinen (dreiachsigen) Spannungszustand in Dehnungen ausgedrückt:

$$\varepsilon_x = \frac{1}{E} \cdot \left[\sigma_x - \mu \cdot \left(\sigma_y + \sigma_z\right)\right]$$

$$\varepsilon_y = \frac{1}{E} \cdot \left[\sigma_y - \mu \cdot \left(\sigma_z + \sigma_x\right)\right]$$

$$\varepsilon_z = \frac{1}{E} \cdot \left[\sigma_z - \mu \cdot \left(\sigma_x + \sigma_y\right)\right] \tag{5.14}$$

Hookesches Gesetz für Normalspannungen (nach den Dehnungen aufgelöst) für den allgemeinen (dreiachsigen) Spannungszustand

Bild 5.5 veranschaulicht die Formänderung eines elastisch beanspruchten Festkörpers unter der Wirkung eines allgemeinen (dreiachsigen) Spannungszustandes.

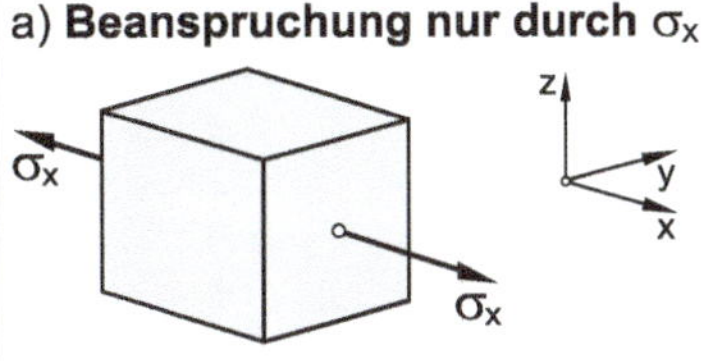

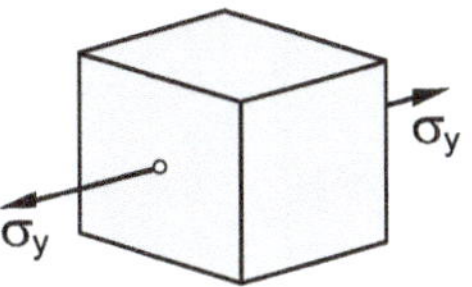

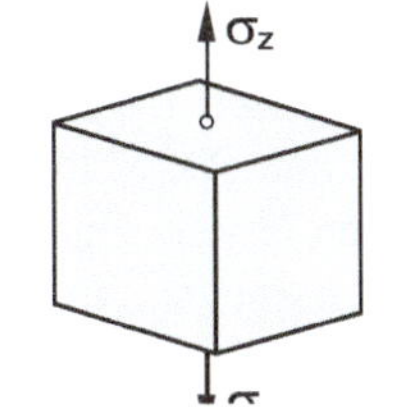

Bild 5.4 Elastisch beanspruchtes Volumenelement

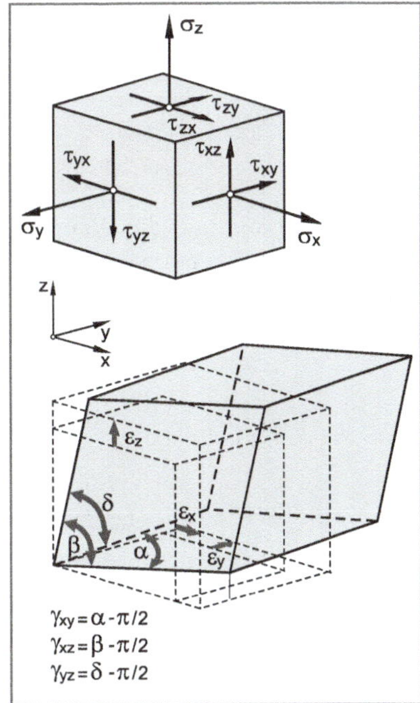

Bild 5.5 Formänderung beim allgemeinen (dreiachsigen) Spannungszustand

Löst man die Gleichungen 5.14 nach den Spannungen auf, dann erhält man das verallgemeinerte Hookesche Gesetz in Spannungen ausgedrückt:

$$\sigma_x = \frac{E}{1+\mu}\cdot\left[\varepsilon_x + \frac{\mu}{1-2\mu}\cdot\left(\varepsilon_x+\varepsilon_y+\varepsilon_z\right)\right]$$

$$\sigma_y = \frac{E}{1+\mu}\cdot\left[\varepsilon_y + \frac{\mu}{1-2\mu}\cdot\left(\varepsilon_x+\varepsilon_y+\varepsilon_z\right)\right]$$

$$\sigma_z = \frac{E}{1+\mu}\cdot\left[\varepsilon_z + \frac{\mu}{1-2\mu}\cdot\left(\varepsilon_x+\varepsilon_y+\varepsilon_z\right)\right]$$

Hookesches Gesetz für Normalspannungen (nach den Spannungen aufgelöst) für den allgemeinen (dreiachsigen) Spannungszustand (5.15)

Bei linear-elastischem Werkstoffverhalten und unter der Voraussetzung eines isotropen Werkstoffs haben die Normalspannungen (σ_x, σ_y und σ_z) keinen Einfluss auf die Schiebungen (γ_{xy}, γ_{xz} und γ_{yz}). Umgekehrt können Schubspannungen (τ_{xy}, τ_{xz} und τ_{yz}) keine Dehnungen (ε_x, ε_y und ε_z) hervorrufen. Das Hookesche Gesetz für Schubbeanspruchung kann also unabhängig vom Hookeschen Gesetz für Normalspannungen (Gleichung 5.14 bzw. 5.15) angewandt werden. Man erhält dementsprechend:

$$\tau_{xy} = G\cdot\gamma_{xy} \quad \text{bzw.} \quad \gamma_{xy} = \frac{\tau_{xy}}{G}$$

$$\tau_{xz} = G\cdot\gamma_{xz} \quad \text{bzw.} \quad \gamma_{xz} = \frac{\tau_{xz}}{G}$$

$$\tau_{yz} = G\cdot\gamma_{yz} \quad \text{bzw.} \quad \gamma_{yz} = \frac{\tau_{yz}}{G}$$

Hookesches Gesetz für Schubbeanspruchung für den allgemeinen (dreiachsigen) Spannungszustand (5.16)

5.4 Formänderungen beim ebenen (zweiachsigen) Spannungszustand

Aus dem verallgemeinerten Hookeschen Gesetz für den dreiachsigen Spannungszustand (Gleichungen 5.14 bis 5.16) lassen sich die entsprechenden Beziehungen für den ebenen Spannungszustand (Bild 5.6) unter Berücksichtigung von $\sigma_z = \tau_{xz} = \tau_{yz} = 0$ ableiten:

$$\varepsilon_x = \frac{1}{E} \cdot (\sigma_x - \mu \cdot \sigma_y)$$
$$\varepsilon_y = \frac{1}{E} \cdot (\sigma_y - \mu \cdot \sigma_x)$$
$$\varepsilon_z = -\frac{\mu}{E} \cdot (\sigma_x + \sigma_y)$$

Hookesches Gesetz für Normalspannungen (nach den Dehnungen aufgelöst) für den ebenen (zweiachsigen) Spannungszustand (5.17)

bzw. nach den Spannungen aufgelöst:

$$\sigma_x = \frac{E}{1-\mu^2} \cdot (\varepsilon_x + \mu \cdot \varepsilon_y)$$
$$\sigma_y = \frac{E}{1-\mu^2} \cdot (\varepsilon_y + \mu \cdot \varepsilon_x)$$
$$\sigma_z = 0$$

Hookesches Gesetz für Normalspannungen (nach den Spannungen aufgelöst) für den ebenen (zweiachsigen) Spannungszustand (5.18)

Bild 5.6 veranschaulicht die Formänderung eines elastisch beanspruchten Festkörpers unter der Wirkung eines ebenen (zweiachsigen) Spannungszustandes.

Das Hookesche Gesetz für Schubbeanspruchung ergibt sich für den zweiachsigen Spannungszustand aus Gleichung 5.16:

$$\tau_{xy} = G \cdot \gamma_{xy} \quad \text{bzw.} \quad \gamma_{xy} = \frac{\tau_{xy}}{G} \qquad (5.19)$$

Hookesches Gesetz für Schubspannungen für den ebenen (zweiachsigen) Spannungszustand

Die Gleichungen 5.17 bis 5.19 haben für praktische Anwendungen eine besonders große Bedeutung, da ein zweiachsiger Spannungszustand unter anderem an lastfreien Oberflächen vorliegt und insbesondere diese Stellen häufig höchst beansprucht sind (z. B. durch Biege- oder Torsionsbeanspruchung). Bauteiloberflächen sind außerdem einer experimentellen Spannungsanalyse (Kapitel 4.4) zugänglich.

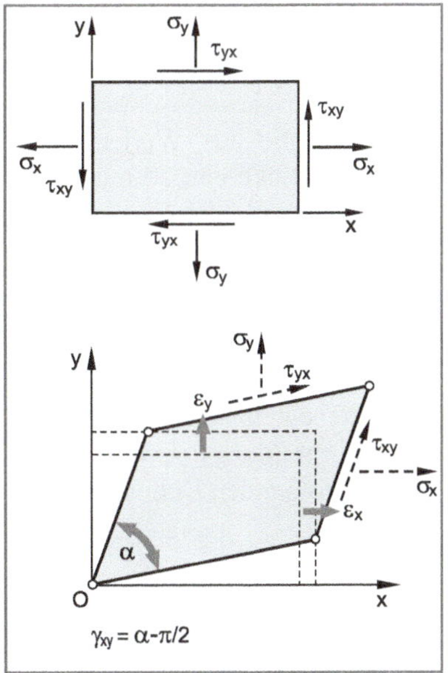

Bild 5.6 Formänderung beim ebenen (zweiachsigen) Spannungszustand

5.5 Aufgaben

Aufgabe 5.1 ○○●●●

Eine rechteckige Scheibe aus unlegiertem Baustahl ($E = 210\,000$ N/mm^2; $\mu = 0{,}30$) mit den Seitenlängen a = 210 mm und b = 125 mm sowie der Dicke t = 6 mm wird durch die unbekannten Kräfte F_x und F_y statisch belastet (siehe Abbildung). Zwei an der Oberfläche der Scheibe applizierte Dehnungsmessstreifen liefern die folgenden Werte:

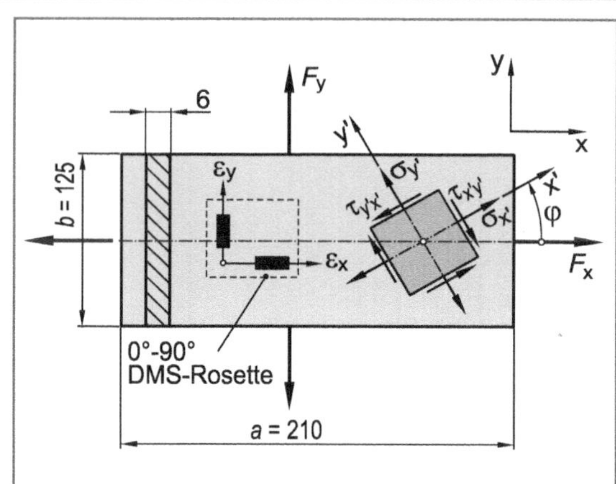

DMS A: $\varepsilon_x = 0{,}743$ ‰
DMS B: $\varepsilon_y = 0{,}124$ ‰

a) Berechnen Sie aus den Dehnungen die unbekannten Kräfte F_x und F_y.

b) Skizzieren Sie den Mohrschen Spannungskreis für die x-y-Ebene. Ermitteln Sie die Spannungen $\sigma_{x'}$, $\sigma_{y'}$ sowie $\tau_{x'y'}$ und $\tau_{y'x'}$ eines um den Winkel $\varphi = 30°$ zur x-Richtung gedrehten Flächenelementes (siehe Abbildung).

Aufgabe 5.2 ○○●●●

Eine Scheibe aus Werkstoff 15MnNi6-3 mit einer Dicke von 20 mm wird durch die unbekannten Kräfte F_x und F_y statisch beansprucht.

Zur Spannungsermittlung wurde eine 0°-90° DMS-Rosette appliziert. Die Messrichtung von DMS A schließt dabei mit der x-Achse einen Winkel von α = 15° ein (siehe Abbildung). Unter Belastung werden die folgenden Dehnungen gemessen:

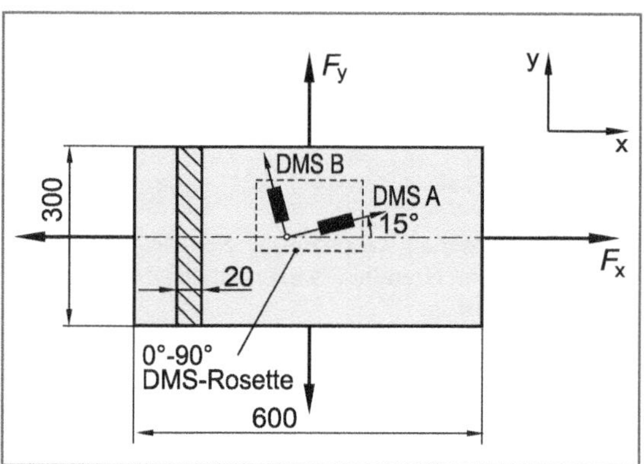

DMS A: $\varepsilon_A = \;\; 0{,}275$ ‰
DMS B: $\varepsilon_B = -\,0{,}530$ ‰

Werkstoffkennwerte 15MnNi6-3:

R_e = 400 N/mm^2
R_m = 580 N/mm^2
E = 210000 N/mm^2
μ = 0,30

a) Skizzieren Sie den Mohrschen Verformungskreis und berechnen Sie seinen Mittelpunkt (ε_M) und Radius (R).

b) Berechnen Sie die unbekannten Kräfte F_x und F_y.

Aufgabe 5.3 ○●●●●

Ein scheibenförmiges Bauteil aus der legierten Einsatzstahlsorte 15MnNi6-3 wird im Betrieb einer statischen Beanspruchung unterworfen. Es herrscht ein ebener Spannungszustand.

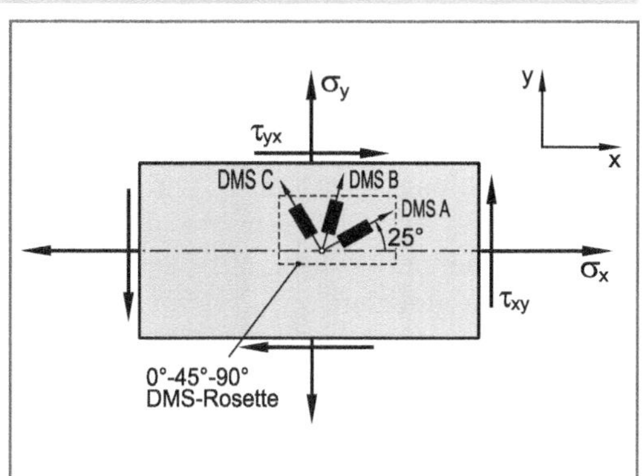

Werkstoffkennwerte 15MnNi6-3:

R_e = 430 N/mm^2
R_m = 660 N/mm^2
E = 210000 N/mm^2
μ = 0,30

Mit Hilfe einer 0°-45°-90° DMS-Rosette werden bei einer unbekannten Belastung die folgenden Dehnungen gemessen:

DMS A: ε_A = 0,702 ‰
DMS B: ε_B = - 0,012 ‰
DMS C: ε_C = - 0,364 ‰

Berechnen Sie die an der Scheibe angreifenden Spannungen σ_x, σ_y sowie τ_{xy}.

Aufgabe 5.4 ○●●●●

An der Oberfläche einer Stahlplatte aus der Baustahlsorte S275JR (E = 210000 N/mm^2; μ = 0,30) wurde eine 0°-45°-90° DMS-Rosette appliziert, die mit der x-Richtung einen Winkel von 22° einschließt (siehe Abbildung). Unter Belastung wurden die folgenden Dehnungen gemessen:

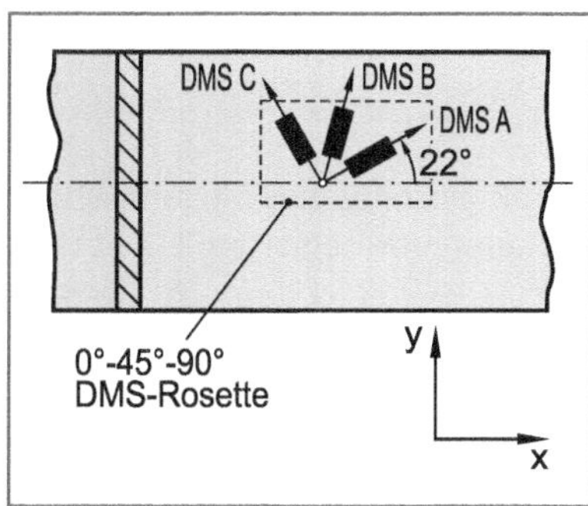

DMS A: ε_A = -0,251 ‰
DMS B: ε_B = -0,410 ‰
DMS C: ε_C = 0,368 ‰

a) Ermitteln Sie die Dehnungen ε_x und ε_y in x- und y-Richtung sowie die Schiebung γ_{xy}.

b) Berechnen Sie die Hauptdehnungen ε_{H1} und ε_{H2}. Unter welchen Winkeln φ_1 und φ_2 (zur x-Richtung gemessen) wirken die Hauptdehnungen?

c) Berechnen Sie die Hauptnormalspannungen σ_{H1} und σ_{H2} in der x-y-Ebene.

Aufgabe 5.5 ○●●●●

Eine Stahlplatte aus Werkstoff S275J0 (Dicke t = 15 mm) wird durch die unbekannten Kräfte F_x und F_y belastet (siehe Abbildung). Zur Ermittlung der Kräfte wird eine 0°-45°-90° DMS-Rosette in der skizzierten Weise auf der Oberfläche appliziert.

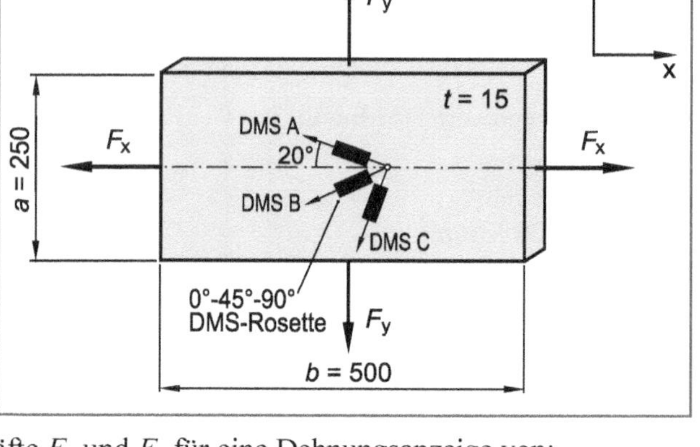

Werkstoffkennwerte S275J0:

R_m = 275 N/mm²

$R_{p0,2}$ = 520 N/mm²

E = 205000 N/mm²

μ = 0,30

a) Berechnen Sie die unbekannten Kräfte F_x und F_y für eine Dehnungsanzeige von:
   DMS A: ε_A = 0,7551 ‰
   DMS B: ε_B = 0,7160 ‰
   DMS C: ε_C = 0,2693 ‰
b) Berechnen Sie die Dehnungen ε_A, ε_B und ε_C für $F_x = F_y$ = 500 kN.
c) Ermitteln Sie die Dickenänderung Δt der Stahlplatte aufgrund der Beanspruchung gemäß Aufgabenteil b ($F_x = F_y$ = 500 kN).

Aufgabe 5.6 ○○○●●

Eine einseitig eingespannte Platte aus der Aluminium-Legierung EN AW-AlCuMg1 ($R_{p0,2}$ = 250 N/mm²; R_m = 380 N/mm²; E = 72000 N/mm²; μ = 0,33) mit der Länge l = 650 mm, der Breite b = 150 mm und der Dicke s = 5 mm wird in Längsrichtung durch die Kraft F = 112,5 kN belastet (siehe Abbildung).

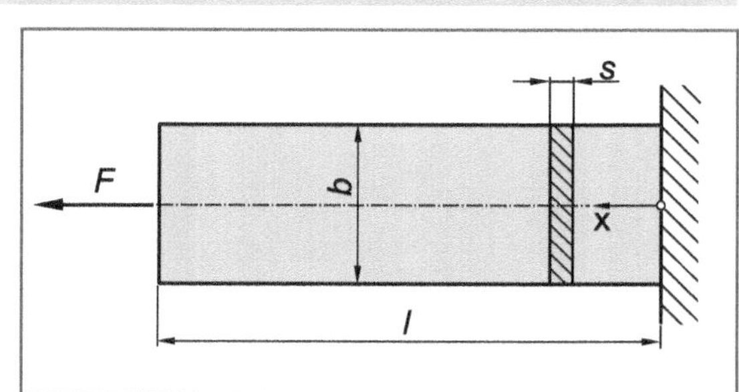

a) Berechnen Sie die Längenänderung Δl der Platte in x-Richtung.
b) Ermitteln Sie die Verlängerung Δl^* der Platte in x-Richtung für den Fall, dass die Längskanten so geführt werden, dass die Breite b konstant bleibt.

Aufgabe 5.7 ○○○●●

Ein Blechstreifen aus unlegiertem Baustahl (E = 210000 N/mm^2; μ = 0,30) besitzt eine Dicke von s = 25 mm und eine Breite von b = 80 mm (siehe Abbildung). Der Blechstreifen kann sich in x- und z-Richtung reibungsfrei verformen, wird aber zwischen zwei starren Platten so geführt, dass eine Verformung in y-Richtung nicht möglich ist.

Berechnen Sie die Spannungen in x- und y-Richtung (σ_x und σ_y) sowie die Dehnungen in x- und z-Richtung (ε_x und ε_z), falls der Blechstreifen mit einer Zugkraft von F = 420 kN in x-Richtung belastet wird.

Aufgabe 5.8 ○○○●●

Auf einem polierten Rundstab aus einer Kupfer-Zinn-Legierung mit dem Durchmesser d = 50,00 mm gleitet ein Ring mit dem Innendurchmesser d_i = 50,015 mm. Der Stab ist durch die axiale Druckkraft F belastet.

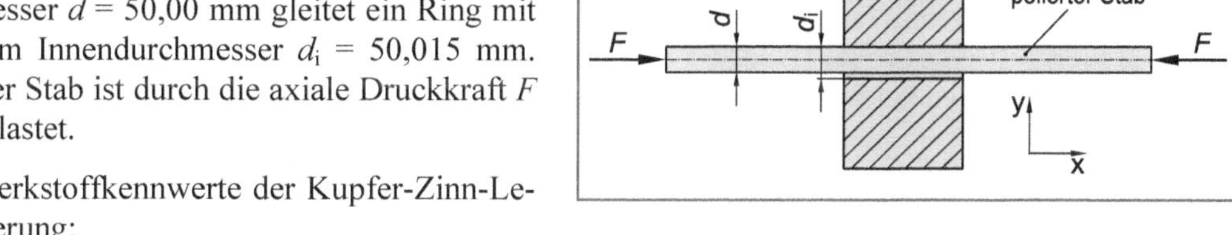

Werkstoffkennwerte der Kupfer-Zinn-Legierung:

R_e = 250 N/mm^2
R_m = 450 N/mm^2
E = 116000 N/mm^2
μ = 0,35

Berechnen Sie die Druckkraft F die gerade zu einer Blockierung der Gleitbewegung des Ringes führt.

6 Festigkeitshypothesen

Bauteile, die einer einachsigen Zugbeanspruchung unterliegen, versagen unter statischer Beanspruchung, falls die wirkende Spannung im Bauteil die Streck- bzw. Dehngrenze (Fließen) oder die Zugfestigkeit (Bruch) erreicht (Kapitel 2.1). Reale Bauteile unterliegen bei Betriebsbeanspruchung meist einem mehrachsigen Spannungszustand (z. B. Biegung mit überlagerter Torsion oder mehrachsige Zug- bzw. Druckbeanspruchung). Es stellt sich dabei die Frage, welche der Beanspruchungen bzw. in welcher Kombination die wirkenden Beanspruchungen zu einem Versagen des Bauteils führen. Eine Versuchsanordnung, die es erlaubt, diese Frage allgemein zu beantworten, gibt es nicht.

Zur Lösung des Problems wurden verschiedene **Festigkeitshypothesen** entwickelt. Eine Festigkeitshypothese ist eine Übertragungsfunktion (Berechnungsvorschrift), mit deren Hilfe ein mehrachsiger Spannungszustand in einen äquivalenten einachsigen Spannungszustand (σ_V) überführt werden kann (Bild 6.1). Die mit Hilfe einer Festigkeitshypothese berechnete fiktiv einachsige Spannung σ_V kann dann, analog zum Zugstab, mit den im einachsigen Zugversuch ermittelten Werkstoffkennwerten (R_e bzw. $R_{p0,2}$ und R_m) verglichen werden (Bild 6.1). Man nennt sie dementsprechend **Vergleichsspannung** (σ_V).

Vergleichsspannung

Die Vergleichsspannung σ_V ist eine Rechengröße, die es erlaubt, auf Basis von Festigkeitshypothesen, mehrachsige Spannungszustände auf eine werkstoffmechanisch äquivalente, einachsige Normalspannung umzurechnen. Für Festigkeitsnachweise kann die Vergleichsspannung dann wie eine einachsige Zug- oder Druckspannung behandelt werden. Die Vergleichsspannung repräsentiert also den Gesamtspannungszustand und erlaubt daher einen unmittelbaren Vergleich mit den einachsig ermittelten Kennwerten des Zugversuchs.

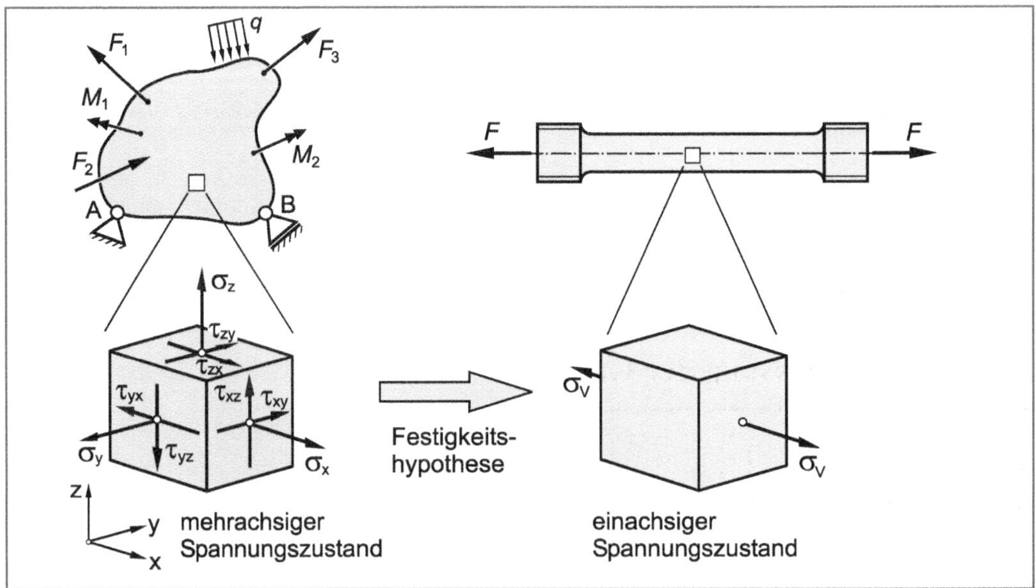

Bild 6.1 Festigkeitsnachweis mehrachsig beanspruchter Bauteile mit Hilfe einer Festigkeitshypothese

Damit kein Versagen des Bauteils eintritt, muss gelten:

$$\sigma_V \leq \sigma_{zul} \qquad \textbf{Festigkeitsbedingung mehrachsig beanspruchter Bauteile} \qquad (6.1)$$

mit $\sigma_{zul} = \dfrac{R_e}{S_F}$ oder $\dfrac{R_{p0,2}}{S_F}$ (Fließen)

bzw. $\sigma_{zul} = \dfrac{R_m}{S_B}$ (Bruch).

Zur Ermittlung der Vergleichsspannung σ_V geht man zweckmäßigerweise wie folgt vor (siehe auch Übungsaufgaben in Kapitel 6.5):

1. Berechnung der Lastspannungen (σ_x, σ_y, σ_z, τ_{xy}, τ_{xz} und τ_{yz}) im x-y-z-Koordinatensystem aus der äußeren Belastung (z. B. Zugkraft F, Biegemoment M_b, Torsionsmoment M_t oder Innendruck p_i).
2. Berechnung der Hauptnormalspannungen (σ_{H1}, σ_{H2} und σ_{H3}) aus den Lastspannungen (σ_x, σ_y, σ_z, τ_{xy}, τ_{xz} und τ_{yz}) beispielsweise mit Hilfe des Mohrschen Spannungskreises.
3. Ordnen der Hauptnormalspannungen nach ihrer algebraischen Größe, wobei definitionsgemäß gelten soll (siehe auch Gleichung 3.78):

$$\sigma_1 := \max\{\sigma_{H1}, \sigma_{H2}, \sigma_{H3}\} \qquad (6.2)$$

$$\sigma_3 := \min\{\sigma_{H1}, \sigma_{H2}, \sigma_{H3}\} \qquad (6.3)$$

$$\sigma_3 < \sigma_2 < \sigma_1 \qquad (6.4)$$

4. Berechnung der Vergleichsspannung σ_V aus den geordneten Hauptnormalspannungen σ_1, σ_2 und σ_3 mit Hilfe einer geeigneten Festigkeitshypothese (s. u). Mitunter kann die Vergleichsspannung unter Benutzung der entsprechenden Formeln auch direkt aus den Lastspannungen (σ_x, σ_y, σ_z, τ_{xy}, τ_{xz} und τ_{yz}) ermittelt werden (Kapitel 6.2 bis 6.4).

Die Anwendung von Festigkeitshypothesen setzt die Berücksichtigung des Werkstoffverhaltens voraus. Dementsprechend werden verschiedene Festigkeitshypothesen unterschieden. Für praktische Anwendungen wird in der Regel zwischen spröden Werkstoffen bzw. sprödem Werkstoffverhalten und duktilen Werkstoffen unterschieden.

Die für praktische Berechnungen wichtigsten Festigkeitshypothesen sind:

- **Normalspannungshypothese (NH)**
- **Schubspannungshypothese (SH)**
- **Gestaltänderungsenergiehypothese (GEH)**

Neben den drei genannten Festigkeitshypothesen wurden noch eine Reihe weiterer Hypothesen entwickelt, die jedoch für praktische Berechnungen, insbesondere im Bereich des Maschinenbaus, kaum Anwendung finden und daher nicht besprochen werden sollen.

6.1 Normalspannungshypothese (NH)

Die Anwendung der Normalspannungshypothese (NH), die bereits 1861 von ***William John Macquorn Rankine*** (schottischer Ingenieur und Physiker 1820 ... 1872) formuliert wurde und damit die älteste Festigkeitshypothese darstellt, setzt einen spröden Werkstoff (z. B. Gusseisen mit Lamellengraphit oder keramische Werkstoffe) bzw. sprödes Werkstoffverhalten (z. B. martensitisch gehärteter Stahl) voraus. Zumindest muss jedoch ein eingeschränktes Verformungsvermögen des Werkstoffs vorliegen.

Nach der Normalspannungshypothese tritt bei statischer Beanspruchung ein verformungsloser (spröder) Trennbruch ein, sobald die größte Normalspannung (σ_1) die Trennfestigkeit σ_T, des Werkstoffs erreicht. Die Vergleichsspannung nach der Normalspannungshypothese lautet also (in Hauptnormalspannungen ausgedrückt):

$$\sigma_{V\,NH} = \sigma_1$$ **Vergleichsspannung nach der NH in Hauptnormalspannungen** (6.5)

Für ideal spröde Werkstoffe entspricht die Trennfestigkeit der Zugfestigkeit ($\sigma_T = R_m$). Die Festigkeitsbedingung nach der Normalspannungshypothese lautet demnach:

$$\sigma_{V\,NH} \leq \frac{R_m}{S_B}$$ **Festigkeitsbedingung nach der NH** (6.6)

Für die Anwendung der Normalspannungshypothese benötigt man die größte Normalspannung σ_1, die jedoch in der Regel nicht gegeben ist. Sie muss vor der Anwendung der NH aus den gegebenen Lastspannungen errechnet werden.

6.1.1 Normalspannungshypothese in Lastspannungen für den zweiachsigen Spannungszustand

Für den technisch wichtigen Sonderfall der *zweiachsigen Beanspruchung* kann die Vergleichsspannung auch direkt in Lastspannungen (σ_x, σ_y und τ_{xy}) ausgedrückt werden. Aus dem Mohrschen Spannungskreis (Bild 6.2) folgt für die Hauptnormalspannung σ_1 und damit für die Vergleichsspannung nach der Normalspannungshypothese ($\sigma_{V\,NH} \equiv \sigma_1$):

$$\sigma_{V\,NH} = \frac{\sigma_x + \sigma_y}{2} + \sqrt{\left(\frac{\sigma_x - \sigma_y}{2}\right)^2 + \tau_{xy}^2} \quad (6.7)$$

Vergleichsspannung nach der NH in Lastspannungen bei zweiachsigem Spannungszustand

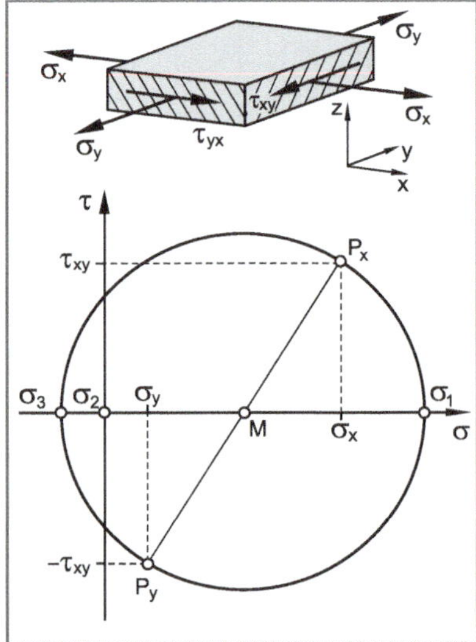

Bild 6.2 Herleitung von Gleichung 6.7

Bei der Anwendung der Normalspannungshypothese ist zu berücksichtigen, dass nur Zugspannungen einen verformungslosen Trennbruch auslösen können. Dementsprechend muss bei der Anwendung von Gleichung 6.5 bzw. 6.7 gelten: $\sigma_1 > 0$ (siehe auch Kapitel 6.1.3).

6.1.2 Normalspannungshypothese bei Zug- oder Biegebeanspruchung mit überlagerter Torsion

Für den bedeutsamen Fall einer Zug- bzw. Biegebeanspruchung mit überlagerter Torsions- oder Abscherbeanspruchung folgt mit $\sigma_x \equiv \sigma_b$, $\sigma_y = 0$ und $\tau_{xy} \equiv \tau_t$ aus Gleichung 6.7:

$$\sigma_{VNH} = \frac{\sigma_b}{2} + \sqrt{\left(\frac{\sigma_b}{2}\right)^2 + \tau_t^2} \qquad (6.8)$$

Vergleichsspannung nach der NH in Lastspannungen bei Biegebeanspruchung mit überlagerter Torsion

Bei Zugbeanspruchung ist σ_b sinngemäß durch σ_z zu ersetzen. Bei Abscherbeanspruchung ersetzt man τ_t durch τ_a. Für eine zusammengesetzte Beanspruchung aus Druck und Torsion bzw. Abscherung ist Kapitel 6.1.3 zu beachten.

6.1.3 Grenzkurve für das Werkstoffversagen spröder Werkstoffe bei zweiachsigem Spannungszustand

Normalspannungshypothese

Bei spröden Werkstoffen tritt gemäß der Normalspannungshypothese ein Versagen durch Trennbruch ein, sobald die größte Normalspannung (σ_1) die Trennfestigkeit σ_T (bei ideal spröden Werkstoffen ist dies die Zugfestigkeit R_m) des Werkstoffs erreicht. Da eine Materialtrennung nur unter Zugbeanspruchung stattfinden kann, muss hierbei $\sigma_1 > 0$ sein.

Überträgt man diese Tatsache in ein σ_{H1}-σ_{H2}-Hauptspannungsdiagramm und setzt ein isotropes Werkstoffverhalten voraus, dann erhält man als Grenzkurve im 1. Quadranten zunächst ein Quadrat in den Grenzen R_m.

Experimentelle Untersuchungen zeigen weiterhin, dass bei Werkstoffen ohne ausgeprägte Zug-Druck-Anisotropie unter Torsionsbeanspruchung ein spröder Trennbruch ebenfalls stattfindet, sobald die größte Normalspannung (σ_1) die Trennfestigkeit (σ_T bzw. R_m) erreicht, also durch die begleitende Druckspannung nicht signifikant beeinflusst wird. Dementsprechend kann die Grenzkurve für Versagen nach der NH gemäß Bild 6.3 in den 2. und 4. Quadranten hinein erweitert werden.

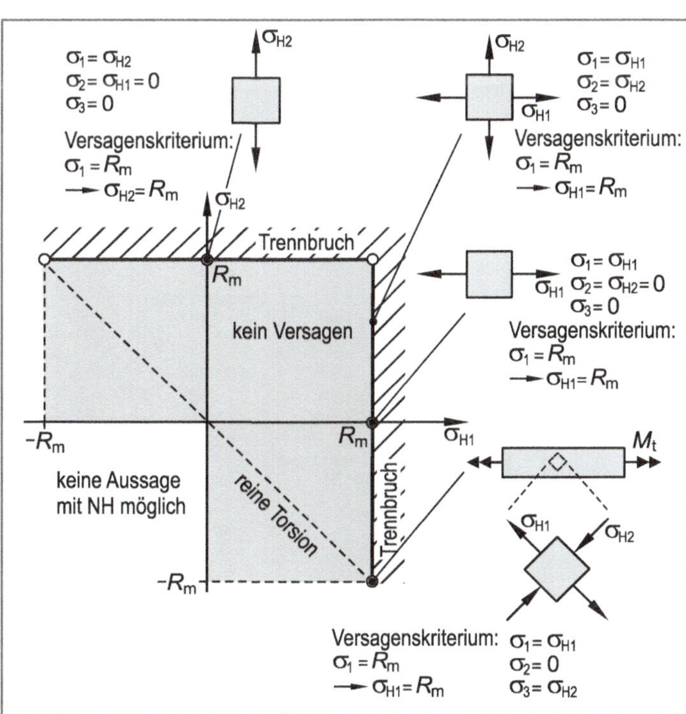

Bild 6.3 Grenzkurve für das Versagen spröder Werkstoffe unter Zugrundelegung der Normalspannungshypothese bei zweiachsigem Spannungszustand

Mohrsche Versagenshypothese

Einige spröde Werkstoffe, wie zum Beispiel Gusseisen mit Lamellengraphit, ertragen unter Druckbeanspruchung deutlich höhere Spannungen im Vergleich zu einer Zuglast ($|\sigma_{dB}| > R_m$). Außerdem ändert sich unter Druckbeanspruchung der Versagensmechanismus. Während unter Zugbeanspruchung ein Versagen durch Trennbruch erfolgt, beobachtet man unter Druckbeanspruchung hingegen Versagen durch Abscherung (Schiebungsbruch), sobald die maximale Schubspannung einen kritischen Wert (τ_B) überschreitet (siehe auch Bild 2.15).

Um das Werkstoffverhalten zu beschreiben, reicht die NH alleine nicht aus, da sie das Versagen eines spröden Werkstoffs unter Druckbeanspruchung durch Abgleiten nicht zu erklären vermag. Andererseits muss bei Anwendung der Schubspannungshypothese (Kapitel 6.2) berücksichtigt werden, dass senkrecht zur Gleitebene wirkende Spannungen die kritische Schubspannung für das Abgleiten der Gitterebenen beeinflussen. Die **Mohrsche Versagenshypothese** versucht beide Versagensarten, den Trennbruch und den Schiebungsbruch, zu kombinieren.

Für den zweiachsigen Spannungszustand kann man sich die Grenzkurve für das Werkstoffversagen nach der Mohrschen Hypothese herleiten, indem man Proben aus demselben Werkstoff beispielsweise auf Zug, Druck und Torsion bis zum Bruch beansprucht. Für jede dieser drei Beanspruchungsarten kann man die Mohrschen Spannungskreise zeichnen und durch eine Hüllkurve verbinden (Bild 6.4a). Liegt ein zweiachsiger Spannungszustand vor, dessen Mohrscher Spannungskreis innerhalb der Hüllkurve liegt, dann muss nicht mit einem Versagen gerechnet werden. Überträgt man dieses Kriterium in ein σ_{H1}-σ_{H2}-Hauptspannungsdiagramm, dann erhält man die Versagensgrenzkurve für spröde Werkstoffe mit ausgeprägter Zug-Druck-Anisotropie (Bild 6.4b).

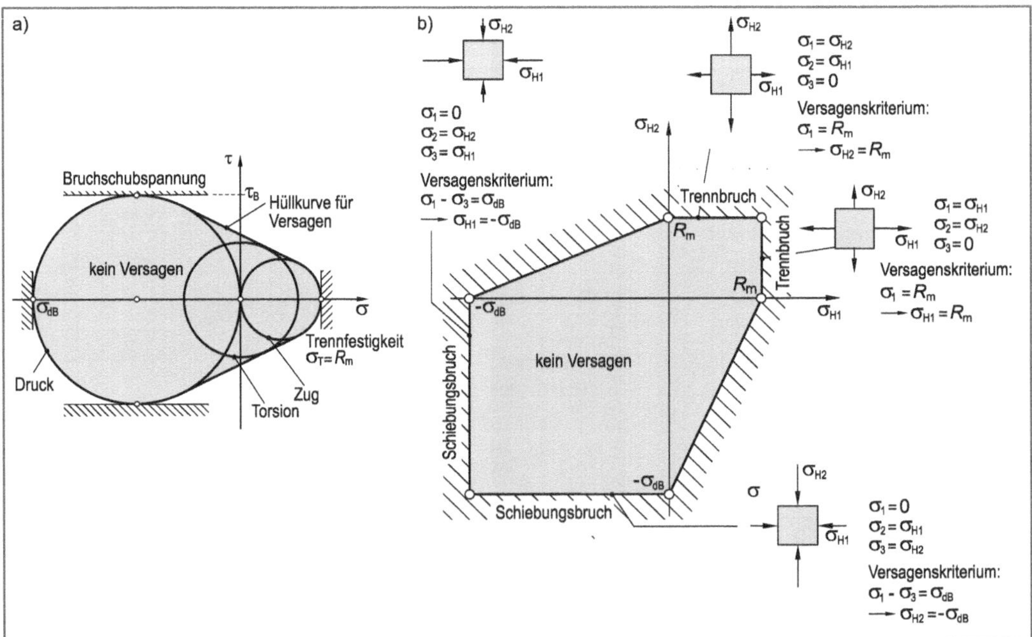

Bild 6.4 Grenzkurve für das Versagen spröder Werkstoffe mit ausgeprägter Zug-Druck-Anisotropie unter Zugrundelegung der Mohrschen Versagenshypothese bei zweiachsigem Spannungszustand

6.2 Schubspannungshypothese (SH)

Die 1864 von ***Henri Edouard Tresca*** (1814 ... 1885) aufgestellte Schubspannungshypothese geht von der Vorstellung aus, dass plastische Formänderungen als Gleitvorgänge im Kristallgitter erfolgen und durch Schubspannungen ausgelöst werden. Die Anwendung setzt dementsprechend einen duktilen Werkstoff bzw. duktiles Werkstoffverhalten und damit Versagen durch Fließen voraus. Die Schubspannungshypothese kann jedoch auch für Festigkeitsnachweise bei spröden Werkstoffen unter mehrachsiger Druckbeanspruchung eingesetzt werden, da letztere unter Druckbeanspruchung ebenfalls durch einen Scher- bzw. Schiebungsbruch versagen (Kapitel 6.1.3).

Nach der Schubspannungshypothese (SH) ist die größte im Bauteil auftretende Schubspannung (τ_{max}) für das Versagen verantwortlich. Der (duktile) Werkstoff versagt somit durch plastisches Fließen, sobald die größte Schubspannung τ_{max} die Fließschubspannung τ_F erreicht (Bild 6.5a):

$$\tau_{max} = \frac{\sigma_{max} - \sigma_{min}}{2} = \frac{\sigma_1 - \sigma_3}{2} = \tau_F \qquad (6.9)$$

Die Fließschubspannung τ_F kann im einachsigen Zugversuch einfach ermittelt werden. Entsprechend Bild 6.5b gilt der folgende Zusammenhang:

$$\tau_F = \frac{R_e}{2} \qquad (6.10)$$

Mit Gleichung (6.9) und (6.10) ergibt sich somit:

$$\frac{\sigma_{max} - \sigma_{min}}{2} = \frac{\sigma_1 - \sigma_3}{2} = \frac{R_e}{2} \qquad (6.11)$$

Die Vergleichsspannung σ_V errechnet sich nach der Schubspannungshypothese damit zu:

$$\sigma_{V\,SH} = \sigma_1 - \sigma_3 \qquad (6.12)$$

Vergleichsspannung nach der SH in Hauptnormalspannungen

Die Festigkeitsbedingung nach der Schubspannungshypothese lautet dementsprechend:

$$\sigma_{V\,SH} \le \frac{R_e}{S_F} \text{ bzw. } \frac{R_{p0,2}}{S_F} \qquad (6.13)$$

Festigkeitsbedingung nach der SH

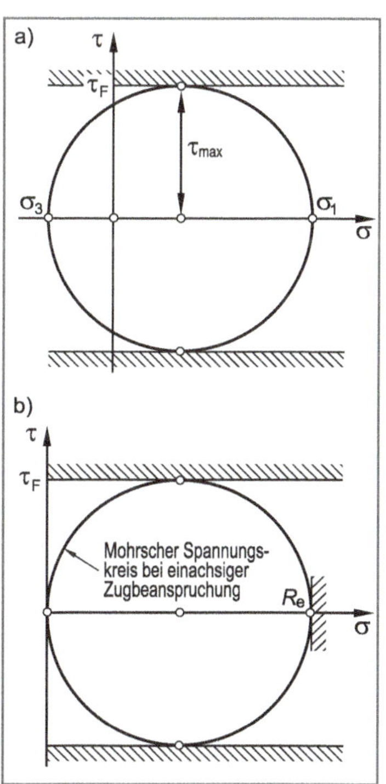

Bild 6.5 Beziehung zwischen Fließschubspannung (τ_F) und Streckgrenze (R_e)

Abhängig von der Größe der an einem Volumenelement wirkenden Hauptnormalspannungen σ_1, σ_2 und σ_3, kann die größte Schubspannung in unterschiedlichen Diagonalebenen des durch die Hauptnormalspannungen gekennzeichneten Volumenelements (Hauptspannungselement) auftreten. Für ein Versagen ist immer die größte der drei Hauptschubspannungen (τ_{H1}, τ_{H2} oder τ_{H3}) entscheidend (in Bild 6.6 also $\tau_{max} = \tau_{H1}$).

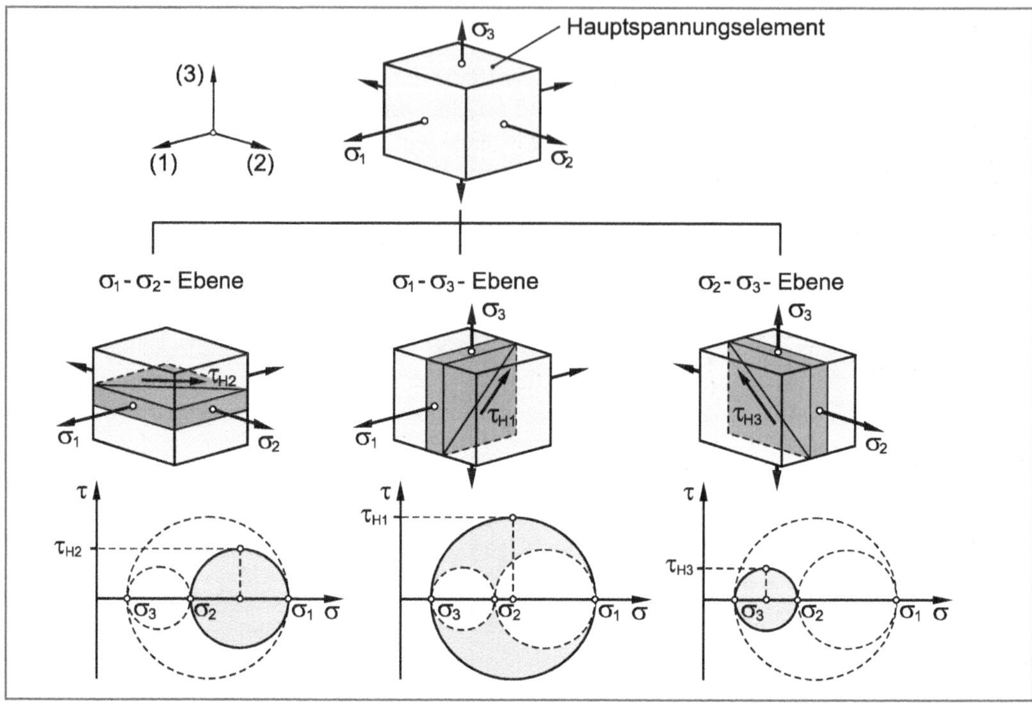

Bild 6.6 Ebenen maximaler Schubspannungen am Hauptspannungselement

Bei der Anwendung der Schubspannungshypothese bei zweiachsigem Spannungszustand muss außerdem berücksichtigt werden, dass auch Hauptnormalspannungen mit Wert Null als maximale oder minimale Hauptnormalspannung auftreten können. Als Vergleichsspannung ist also stets die *maximale* Hauptspannungsdifferenz zu verwenden. Bild 6.7 veranschaulicht diesen wichtigen Sachverhalt anhand von zwei Beispielen.

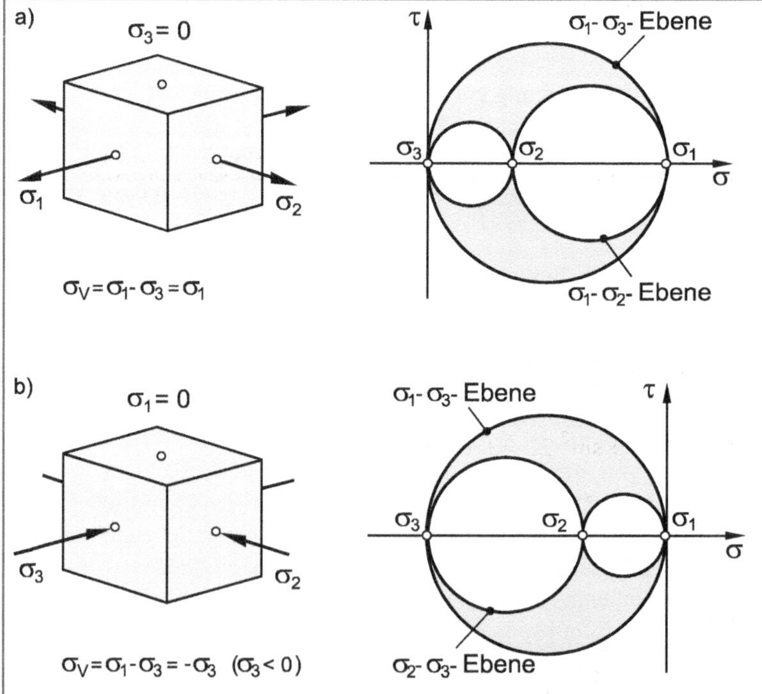

Bild 6.7 Ermittlung der maximalen Hauptspannungsdifferenz bei zweiachsigem Spannungszustand (Beispiele)

6.2.1 Schubspannungshypothese in Lastspannungen für den zweiachsigen Spannungszustand

Unter der Voraussetzung des technisch bedeutsamen zweiachsigen Spannungszustandes (σ_x, σ_y und τ_{xy}) kann, analog zur Normalspannungshypothese, die Vergleichsspannung nach der Schubspannungshypothese auch in Lastspannungen ausgedrückt werden.

Bei *zweiachsigem Spannungszustand* folgt für die Hauptnormalspannungen (Bild 6.2):

$$\sigma_1 = \frac{\sigma_x + \sigma_y}{2} + \sqrt{\left(\frac{\sigma_x - \sigma_y}{2}\right)^2 + \tau_{xy}^2}$$

$$\sigma_2 = 0$$

$$\sigma_3 = \frac{\sigma_x + \sigma_y}{2} - \sqrt{\left(\frac{\sigma_x - \sigma_y}{2}\right)^2 + \tau_{xy}^2}$$

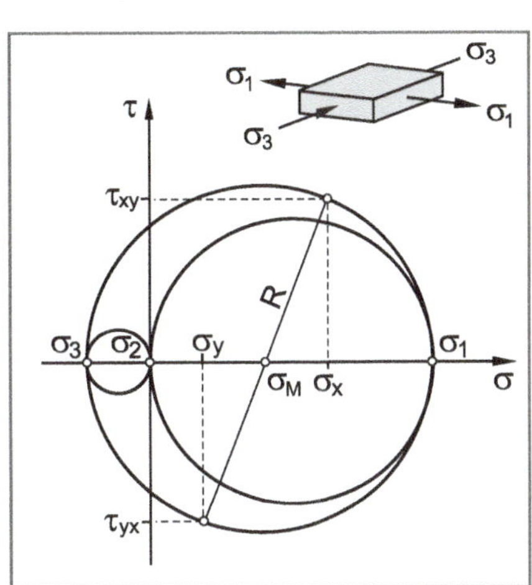

Bild 6.8 Lage des Mohrschen Spannungskreises bei *unterschiedlichem Vorzeichen* der von Null verschiedenen Hauptnormalspannungen

Vor dem Ansetzen der Schubspannungshypothese müssen jedoch zwei unterschiedliche Fälle berücksichtigt werden.

1. Die beiden von Null verschiedenen Hauptnormalspannungen haben *unterschiedliches Vorzeichen* (z. B. Welle unter Zug-, Druck- oder Biegebeanspruchung mit überlagerter Torsion, Bild 6.8). Dies ist der Fall, falls gilt:

   $$|\sigma_M| \leq R$$

   $$\left|\frac{\sigma_x + \sigma_y}{2}\right| \leq \sqrt{\left(\frac{\sigma_x - \sigma_y}{2}\right)^2 + \tau_{xy}^2}$$

   Hieraus folgt nach Umformung die Bedingung:

   $$\sigma_x \cdot \sigma_x \leq \tau_{xy}^2$$

   Unter dieser Voraussetzung ergibt sich für die Vergleichsspannung $\sigma_{V\,SH}$:

   $$\sigma_{V\,SH} = \sigma_1 - \sigma_3 = \frac{\sigma_x + \sigma_y}{2} + \sqrt{\left(\frac{\sigma_x - \sigma_y}{2}\right)^2 + \tau_{xy}^2} - \left(\frac{\sigma_x + \sigma_y}{2} - \sqrt{\left(\frac{\sigma_x - \sigma_y}{2}\right)^2 + \tau_{xy}^2}\right)$$

   $$= 2 \cdot \sqrt{\left(\frac{\sigma_x - \sigma_y}{2}\right)^2 + \tau_{xy}^2}$$

   also:

   $$\sigma_{V\,SH} = \sqrt{(\sigma_x - \sigma_y)^2 + 4 \cdot \tau_{xy}^2} \qquad (6.14)$$

   Vergleichsspannung nach der SH in Lastspannungen bei *zweiachsigem Spannungszustand*

   Gilt nur, falls $\sigma_x \cdot \sigma_y \leq \tau^2_{xy}$

2. Die beiden von Null verschiedenen Hauptnormalspannungen haben *gleiches Vorzeichen*. Dies ist der Fall, falls gilt (Bild 6.9):

$$\left|\sigma_{\mathrm{M}}\right| > R$$

$$\left|\frac{\sigma_{\mathrm{x}}+\sigma_{\mathrm{y}}}{2}\right| > \sqrt{\left(\frac{\sigma_{\mathrm{x}}-\sigma_{\mathrm{y}}}{2}\right)^{2}+\tau_{\mathrm{xy}}^{2}} \tag{6.15}$$

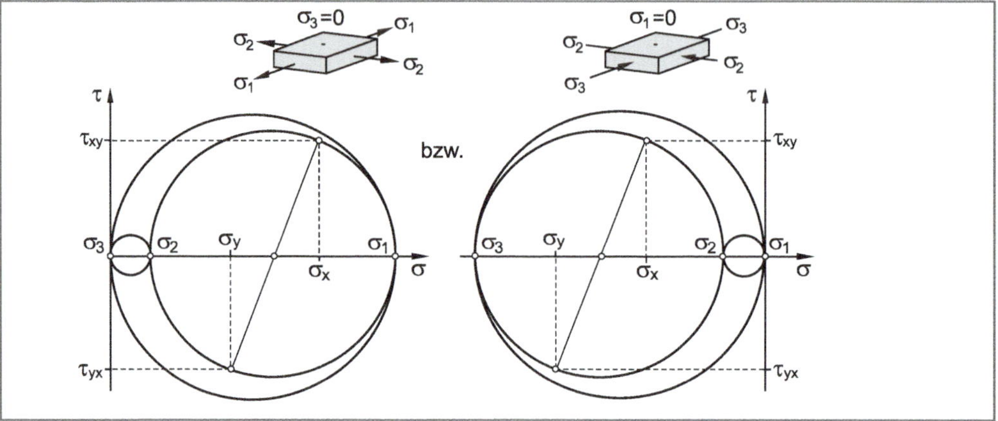

Bild 6.9 Lage des Mohrschen Spannungskreises bei *gleichem Vorzeichen* der von Null verschiedenen Hauptnormalspannungen

Aus Gleichung 6.15 folgt nach Umformung die Bedingung:

$$\sigma_{\mathrm{x}} \cdot \sigma_{\mathrm{x}} > \tau_{\mathrm{xy}}^{2}$$

Unter dieser Voraussetzung ergibt sich für die Vergleichsspannung $\sigma_{\mathrm{V\,SH}}$:

$$\sigma_{\mathrm{VSH}} = \sigma_1 - \sigma_3 = \sigma_1 - 0 = \sigma_1$$

$$= \frac{\sigma_{\mathrm{x}}+\sigma_{\mathrm{y}}}{2} + \sqrt{\left(\frac{\sigma_{\mathrm{x}}-\sigma_{\mathrm{y}}}{2}\right)^{2}+\tau_{\mathrm{xy}}^{2}} \quad (\sigma_{\mathrm{x}} \geq 0 \text{ und } \sigma_{\mathrm{y}} \geq 0)$$

bzw.

$$\sigma_{\mathrm{VSH}} = \sigma_1 - \sigma_3 = 0 - \sigma_3 = -\sigma_3$$

$$= -\left(\frac{\sigma_{\mathrm{x}}+\sigma_{\mathrm{y}}}{2} - \sqrt{\left(\frac{\sigma_{\mathrm{x}}-\sigma_{\mathrm{y}}}{2}\right)^{2}+\tau_{\mathrm{xy}}^{2}}\right)$$

$$= -\frac{\sigma_{\mathrm{x}}+\sigma_{\mathrm{y}}}{2} + \sqrt{\left(\frac{\sigma_{\mathrm{x}}-\sigma_{\mathrm{y}}}{2}\right)^{2}+\tau_{\mathrm{xy}}^{2}} \quad (\sigma_{\mathrm{x}} < 0 \text{ und } \sigma_{\mathrm{y}} < 0)$$

also:

$$\sigma_{\mathrm{VSH}} = \frac{\sigma_{\mathrm{x}}+\sigma_{\mathrm{y}}}{2} + \sqrt{\left(\frac{\sigma_{\mathrm{x}}-\sigma_{\mathrm{y}}}{2}\right)^{2}+\tau_{\mathrm{xy}}^{2}} \tag{6.16}$$

Vergleichsspannung nach der SH in Lastspannungen bei *zweiachsigem* Spannungszustand

Gilt nur, falls $\sigma_{\mathrm{x}} \cdot \sigma_{\mathrm{y}} > \tau^{2}_{\mathrm{xy}}$

6.2.2 Schubspannungshypothese bei Zug-, Druck- oder Biegebeanspruchung mit überlagerter Torsion

Für den technisch bedeutsamen Sonderfall einer Zug-, Druck- oder Biegebeanspruchung mit überlagerter Torsions- oder Abscherbeanspruchung folgt mit $\sigma_x \equiv \sigma_b$, $\sigma_y = 0$ und $\tau_{xy} \equiv \tau_t$ aus Gleichung 6.14:

$$\sigma_{VSH} = \sqrt{\sigma_b^2 + 4 \cdot \tau_t^2}$$

Vergleichsspannung nach der SH in Lastspannungen bei Biegebeanspruchung mit überlagerter Torsion (6.17)

Bei Zugbeanspruchung ist σ_b sinngemäß durch σ_z und bei Druckbeanspruchung durch σ_d zu ersetzen. Bei Abscherbeanspruchung ersetzt man τ_t durch τ_a.

6.2.3 Grenzkurve für das Werkstoffversagen nach der SH für den zweiachsigen Spannungszustand

Duktile Werkstoffe versagen nach der Schubspannungshypothese (SH) sobald die Vergleichsspannung $\sigma_{V\,SH}$ die Streck- oder Dehngrenze des Werkstoffs überschreitet, falls also gilt $\sigma_{V\,SH} = \sigma_1 + \sigma_3 > R_e$ bzw. $R_{p0,2}$. Für alle möglichen Kombinationen der Hauptspannungen lässt sich dieses Kriterium als Grenzkurve im σ_{H1}-σ_{H2}-Hauptspannungsdiagramm darstellen. Man erhält als Grenzkurve ein Sechseck (**Tresca-Sechseck**), Bild 6.10. Demnach tritt keine plastische Verformung (Fließen) ein, falls sich der durch die beiden (von Null verschiedenen) Hauptspannungen gekennzeichnete Spannungszustand innerhalb der Grenzkurve befindet.

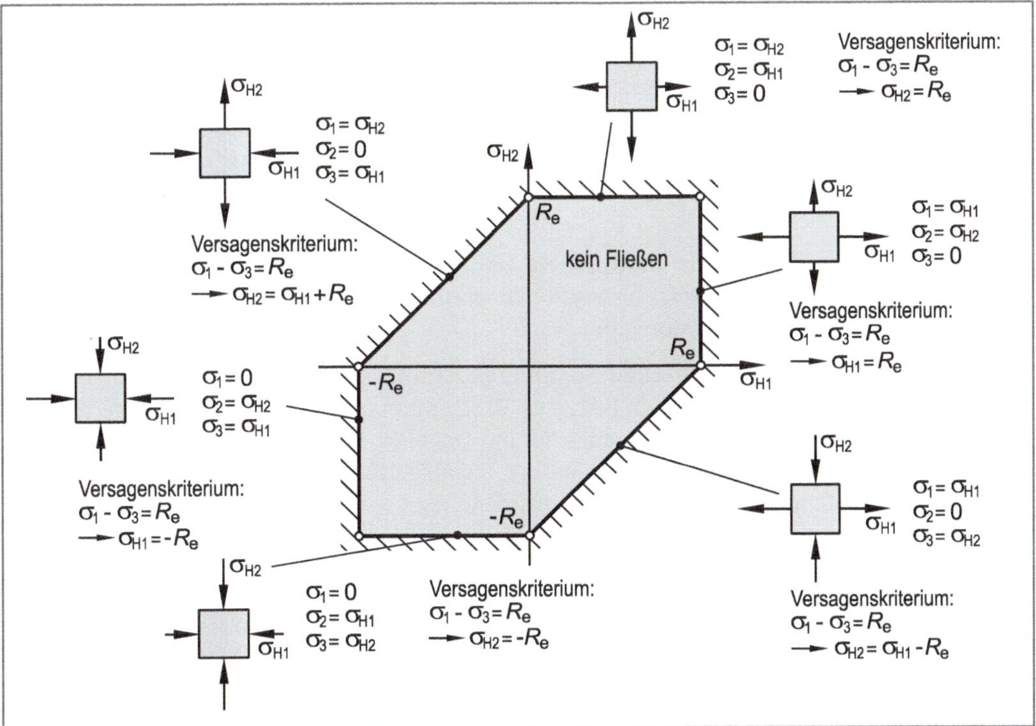

Bild 6.10 Grenzkurve für das Versagen duktiler Werkstoffe unter Zugrundelegung der Schubspannungshypothese bei zweiachsigem Spannungszustand (Tresca-Sechseck)

6.3 Gestaltänderungsenergiehypothese (GEH)

Ein Körperelement, das durch allseitig gleiche Zug- oder Druckspannung belastet wird (hydrostatischer Spannungszustand) ändert lediglich seine Form, nicht aber sein Volumen. Subtrahiert man von der gesamten Formänderungsarbeit denjenigen Anteil, der zur Volumenänderung erforderlich ist, dann verbleibt der für die Gestaltänderung verantwortliche Anteil, die **Gestaltänderungsarbeit** oder **Gestaltänderungsenergie**.

Nach der Gestaltänderungsenergiehypothese (GEH), die auf ***Maksymilian Tytus Huber*** (1872 ... 1950), ***Richard Edler von Mises*** (1883 ... 1953) und ***H. Hencky*** (1885 ... 1951) zurückgeht, ist für die Werkstoffbeanspruchung die in einem elastisch verformten Volumenelement gespeicherte Gestaltänderungsenergie maßgebend. Die Gestaltänderungsenergie ist hierbei die bei einem räumlichen Spannungszustand für die Gestaltänderung erforderliche Energie. Sobald diese einen werkstoffabhängigen Grenzwert erreicht, der sich aus dem Vergleich mit der einachsigen Beanspruchung im Zugversuch ergibt, versagt der Werkstoff durch Auftreten plastischer Verformungen. Drückt man diesen Grenzwert in den geordneten Hauptnormalspannungen σ_1, σ_2 und σ_3 aus (Gleichungen 6.2 bis 6.4), dann erhält man für die Vergleichsspannung σ_V nach der GEH (ohne Herleitung):

$$\sigma_{VGEH} = \frac{1}{\sqrt{2}} \cdot \sqrt{(\sigma_1 - \sigma_2)^2 + (\sigma_2 - \sigma_3)^2 + (\sigma_3 - \sigma_1)^2}$$

Vergleichsspannung nach der GEH in Hauptnormalspannungen (6.18)

Für die Ermittlung der geordneten Hauptnormalspannungen σ_1, σ_2 und σ_3 gilt das bereits Gesagte (Gleichungen 6.2 bis 6.4).

Der Werkstoff versagt, sobald die nach der GEH errechnete Vergleichsspannung σ_V die Streck- bzw. Dehngrenze erreicht. Die Festigkeitsbedingung nach der GEH lautet demnach:

$$\sigma_{VGEH} \le \frac{R_e}{S_F} \text{ bzw. } \frac{R_{p0,2}}{S_F}$$

Festigkeitsbedingung nach der GEH (6.19)

Nach der Gestaltänderungsenergiehypothese (GEH) liegt die Versagensursache, analog zur Schubspannungshypothese (SH), im Auftreten plastischer Verformungen. Sie wird deshalb ebenfalls nur für duktile Werkstoffe angewandt.

Bei Vorliegen eines **hydrostatischen Spannungszustandes** ($\sigma_1 = \sigma_2 = \sigma_3$) tritt auch bei sehr hohen Spannungen kein Fließen ein ($\sigma_{V\,GEH} = 0$). Es muss jedoch berücksichtigt werden, dass bei einem hydrostatischen *Zug*spannungszustand ($\sigma_1 = \sigma_2 = \sigma_3 > 0$) ein spröder Trennbruch eintritt, sobald die wirkenden Spannungen die Trennfestigkeit des Werkstoff erreichen, d. h. die atomaren Bindungskräfte überschritten werden.

Da sowohl die SH als auch die GEH von ähnlichen Vorstellungen ausgehen, liefern sie auch vergleichbare Ergebnisse. Es lässt sich für alle möglichen Kombinationen der drei Hauptnormalspannungen σ_1, σ_2 und σ_3 zeigen, dass der größte Unterschied zwischen GEH und SH etwa 15,5% beträgt, wobei die nach der SH errechnete Vergleichsspannung ($\sigma_{V\,SH}$) stets größer ist, als die nach der GEH errechnete Vergleichsspannung ($\sigma_{V\,GEH}$). Die maximale Abweichung zwischen GEH und SH ergibt sich für $\sigma_2 = 0{,}5 \cdot \sigma_1$ (z. B. dünnwandiger Behälter unter Innendruck, Kapitel 12.1) sowie für $\sigma_2 = -\sigma_1$ (z. B. Rundstab unter Torsion), Bild 6.11.

Sofern in technischen Regelwerken die Verwendung der Festigkeitshypothese (SH oder GEH) nicht vorgeschrieben ist, kann man einen Festigkeitsnachweis mit beiden Hypothesen führen. Vorteil der GEH ist eine experimentell bessere Bestätigung und sie erlaubt eine wirtschaftlichere Bauteilauslegung. Eine Fallunterscheidung im Hinblick auf die größten Hauptspannungsdifferenzen ist ebenfalls nicht erforderlich. Mit der SH ist allerdings die Berechnung meist einfacher und es ergibt sich allenfalls ein Fehler zur sicheren Seite hin.

6.3.1 Gestaltänderungsenergiehypothese in Lastspannungen für den zweiachsigen Spannungszustand

Liegt ein zweiachsiger Spannungszustand vor, dann kann analog zur Normalspannungshypothese (NH) bzw. Schubspannungshypothese (SH), die Vergleichsspannung nach der Gestaltänderungsenergiehypothese auch in Lastspannungen ausgedrückt werden.

Bei *zweiachsigem Spannungszustand* folgt für die Hauptnormalspannungen (Bild 6.2):

$$\sigma_1 = \frac{\sigma_x + \sigma_y}{2} + \sqrt{\left(\frac{\sigma_x - \sigma_y}{2}\right)^2 + \tau_{xy}^2}$$

$$\sigma_2 = 0$$

$$\sigma_3 = \frac{\sigma_x + \sigma_y}{2} - \sqrt{\left(\frac{\sigma_x - \sigma_y}{2}\right)^2 + \tau_{xy}^2}$$

Setzt man diese Beziehungen in Gleichung 6.18 ein, dann erhält man nach Umformung und Zusammenfassung die Vergleichsspannung nach der GEH in Lastspannungen bei zweiachsigem Spannungszustand:

$$\sigma_{VGEH} = \sqrt{\sigma_x^2 + \sigma_y^2 - \sigma_x \cdot \sigma_y + 3 \cdot \tau_{xy}^2} \qquad (6.20)$$

Vergleichsspannung nach der GEH in Lastspannungen bei *zweiachsigem Spannungszustand*

6.3.2 Gestaltänderungsenergiehypothese bei Zug-, Druck- oder Biegebeanspruchung mit überlagerter Torsion

Für den technisch bedeutsamen Sonderfall einer Zug-, Druck- oder Biegebeanspruchung mit überlagerter Torsions- oder Abscherbeanspruchung folgt mit $\sigma_x \equiv \sigma_b$, $\sigma_y = 0$ und $\tau_{xy} \equiv \tau_t$ aus Gleichung 6.20:

$$\sigma_{VGEH} = \sqrt{\sigma_b^2 + 3 \cdot \tau_t^2} \qquad (6.21)$$

Vergleichsspannung nach der GEH in Lastspannungen bei Biegebeanspruchung mit überlagerter Torsion

Bei Zugbeanspruchung ist σ_b sinngemäß durch σ_z und bei Druckbeanspruchung durch σ_d zu ersetzen. Bei Abscherbeanspruchung ersetzt man τ_t durch τ_a.

6.3.3 Grenzkurve für das Werkstoffversagen nach der GEH für den zweiachsigen Spannungszustand

Duktile Werkstoffe versagen nach der Gestaltänderungsenergiehypothese (GEH) sobald die Vergleichsspannung σ_{VGEH} die Streck- oder Dehngrenze des Werkstoffs überschreitet. Für den zweiachsigen Spannungszustand folgt beispielsweise mit $\sigma_3 = 0$ aus Gleichung 6.18:

$$\frac{1}{\sqrt{2}} \cdot \sqrt{(\sigma_1 - \sigma_2)^2 + \sigma_2^2 + \sigma_1^2} = R_{\mathrm{e}}$$

$$\sigma_1^2 - \sigma_1 \cdot \sigma_2 + \sigma_2^2 = R_{\mathrm{e}}^2 \tag{6.22}$$

Gleichung 6.22 beschreibt eine elliptische Grenzkurve im σ_{H1}-σ_{H2}-Hauptspannungsdiagramm (Bild 6.11). Die Länge der großen Halbachse beträgt dabei $\sqrt{2} \cdot R_{\mathrm{e}}$, die Länge der kleinen Hauptachse $\sqrt{2/3} \cdot R_{\mathrm{e}}$. Die Grenzkurve schneidet die Koordinatenachsen in den Punkten (R_{e} | 0) und (0 | R_{e}). Befindet sich der durch die beiden (von Null verschiedenen) Hauptnormalspannungen gekennzeichnete Spannungszustand innerhalb der Grenzkurve, dann tritt kein Werkstoffversagen durch plastische Verformung ein.

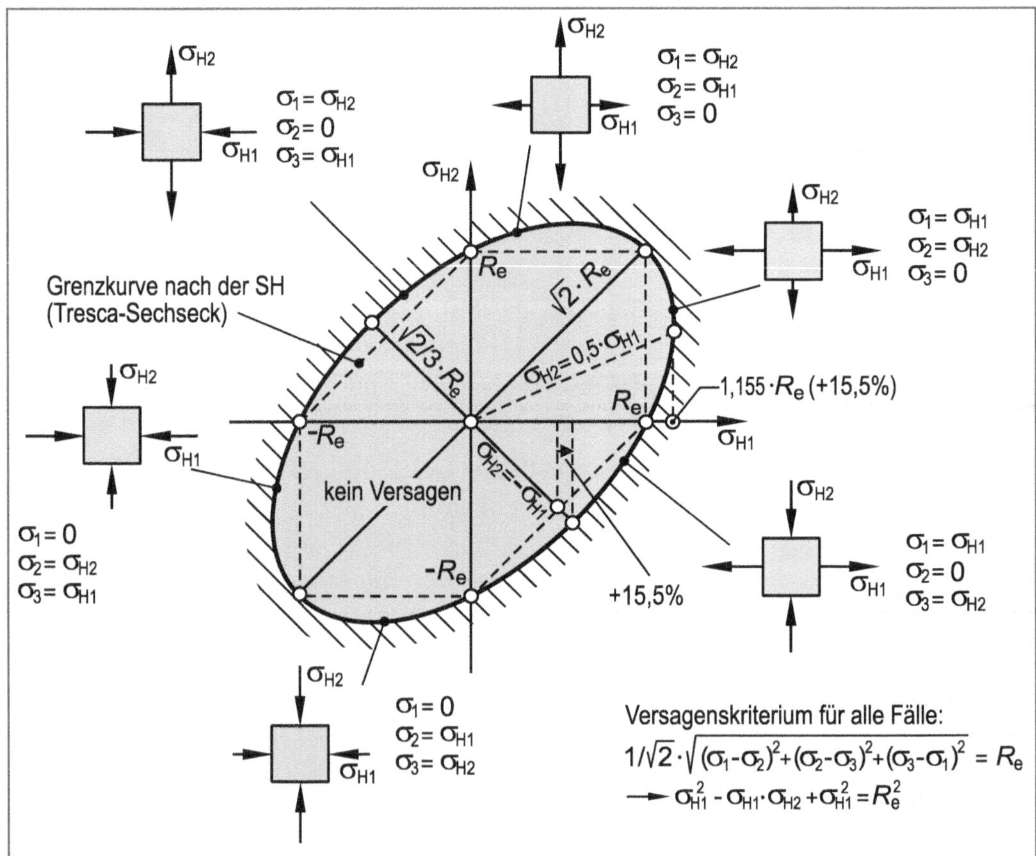

Bild 6.11 Grenzkurve für das Versagen duktiler Werkstoffe unter Zugrundelegung der Gestaltänderungsenergiehypothese bei zweiachsigem Spannungszustand

6.4 Zusammenfassung der Festigkeitshypothesen

Tabelle 6.1 Zusammenfassung der Festigkeitshypothesen

Festigkeits-hypothese	Vergleichsspannung $\sigma_{V\,NH}$, $\sigma_{V\,SH}$, $\sigma_{V\,GEH}$ – Dreiachsiger Spannungszustand in Hauptspannungen	Zweiachsiger Spannungszustand		
		in Hauptspannungen	in Lastspannungen	Sonderfall [2)] Biegung u. Torsion
Normalspannungs-hypothese (NH)	σ_1 [1)]	σ_1 [1)]	$\frac{\sigma_x+\sigma_y}{2}+\sqrt{\left(\frac{\sigma_x-\sigma_y}{2}\right)^2+\tau_{xy}^2}$	$\frac{\sigma_b}{2}+\sqrt{\left(\frac{\sigma_b}{2}\right)^2+\tau_t^2}$
Schubspannungs-hypothese (SH)	$\sigma_1-\sigma_3$	$\sigma_1-\sigma_3$	falls $\sigma_x \cdot \sigma_y \le \tau^2_{xy}$: $\sqrt{(\sigma_x-\sigma_y)^2+4\cdot\tau_{xy}^2}$ falls $\sigma_x \cdot \sigma_y > \tau^2_{xy}$: $\frac{\sigma_x+\sigma_y}{2}+\sqrt{\left(\frac{\sigma_x-\sigma_y}{2}\right)^2+\tau_{xy}^2}$	$\sqrt{\sigma_b^2+4\cdot\tau_t^2}$
Gestaltänderungs-energiehypothese (GEH)	$\frac{1}{\sqrt{2}}\cdot\sqrt{(\sigma_1-\sigma_2)^2+(\sigma_2-\sigma_3)^2+(\sigma_3-\sigma_1)^2}$	falls $\sigma_3=0$: $\sqrt{\sigma_1^2+\sigma_2^2-\sigma_1\cdot\sigma_2}$ falls $\sigma_2=0$: $\sqrt{\sigma_1^2+\sigma_3^2-\sigma_1\cdot\sigma_3}$ falls $\sigma_1=0$: $\sqrt{\sigma_2^2+\sigma_3^2-\sigma_2\cdot\sigma_3}$	$\sqrt{\sigma_x^2+\sigma_y^2-\sigma_x\cdot\sigma_y+3\cdot\tau_{xy}^2}$	$\sqrt{\sigma_b^2+3\cdot\tau_t^2}$

1) nur gültig falls $\sigma_1 > 0$

2) oder Zug (σ_z) bzw. Druck (σ_d) und Torsion (τ_t) bzw. Abscherung (τ_a)

Festlegung der Hauptnormalspannungen

$\sigma_1 := \max\{\sigma_{H1}, \sigma_{H2}, \sigma_{H3}\}$

$\sigma_3 := \min\{\sigma_{H1}, \sigma_{H2}, \sigma_{H3}\}$

$\sigma_3 < \sigma_2 < \sigma_1$

6.5 Aufgaben

Aufgabe 6.1 ○○●●●

Ein Rundstab aus der Gusseisensorte EN-GJL-300 mit einem Durchmesser von $d = 30$ mm (Vollkreisquerschnitt) wird durch die statisch wirkende Längskraft $F_1 = 50$ kN und das statische Torsionsmoment $M_{t1} = 450$ Nm belastet. Die Zugfestigkeit des Werkstoffs beträgt $R_m = 370$ N/mm^2.

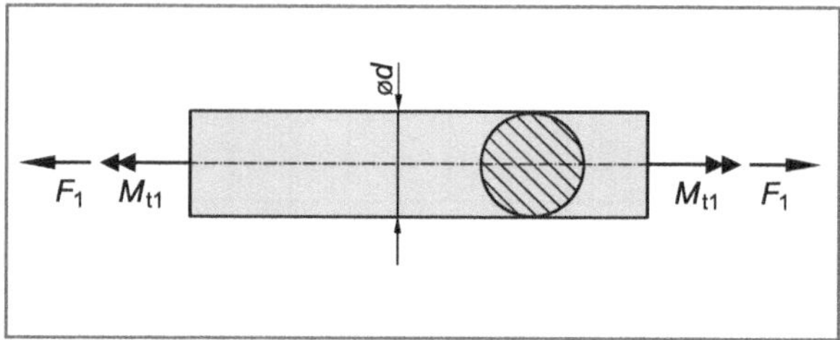

a) Ermitteln Sie die höchst beanspruchten Stellen im Stabquerschnitt.

b) Berechnen Sie die Zugspannung σ_x im Stabquerschnitt.

c) Ermitteln Sie die maximale Schubspannung τ_{xy} im Stabquerschnitt.

d) Charakterisieren Sie den Spannungszustand an der höchst beanspruchten Stelle, indem Sie den Mohrschen Spannungskreis skizzieren (qualitativ).

e) Berechnen Sie die Sicherheit gegen Versagen. Ist die Sicherheit ausreichend?

f) Berechnen Sie die statische Längskraft F_2, die bei gleichbleibendem, statisch wirkendem Torsionsmoment $M_{t1} = 450$ Nm zu einem Bruch des Rundstabes führt.

g) Ermitteln Sie das statische Torsionsmoment M_{t2}, welches bei gleichbleibender, statisch wirkender Längskraft $F_1 = 50$ kN zum Bruch führt.

h) Ermitteln Sie die Kurvengleichung aller σ-τ-Kombinationen, die zu einem Bruch des Stabes führen würden. Zeichnen Sie diese Kurve in das σ-τ-Koordinatensystem aus Abschnitt d) ein.

Aufgabe 6.2 ○○●●●

Eine vergütete Welle mit Vollkreisquerschnitt aus der Vergütungsstahlsorte C35E ($R_e = 410$ N/mm^2; $R_m = 660$ N/mm^2) mit einem Durchmesser von $d = 50$ mm wird auf unterschiedliche Weise beansprucht:

1. Durch das statisch wirkende Torsionsmoment $M_t = 1500$ Nm und die statische Zugkraft $F_z = 100$ kN,
2. durch das statisch wirkende Torsionsmoment $M_t = 1500$ Nm und die statische Druckkraft $F_d = -100$ kN,
3. durch das statisch wirkende Torsionsmoment $M_t = 1500$ Nm und das statische Biegemoment $M_b = 1000$ Nm.

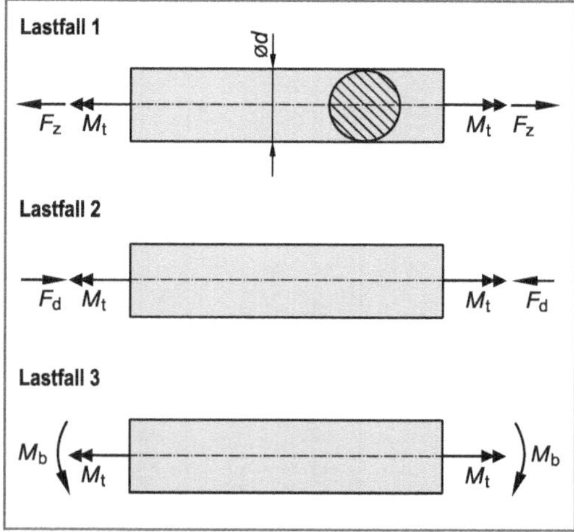

a) Berechnen Sie die durch die Einzelbelastungen (F_z, F_d, M_t und M_b) erzeugten Lastspannungen an der höchst beanspruchten Stelle.

b) Skizzieren Sie jeweils maßstäblich für die drei Belastungsfälle den Mohrschen Spannungskreis.

c) Ermitteln Sie für alle drei Belastungsfälle die Hauptnormalspannungen an der höchst beanspruchten Stelle.

Berechnen Sie jeweils getrennt für die drei Belastungsfälle:

d) Die Vergleichsspannung σ_V an der höchst beanspruchten Stelle nach der GEH und der SH.

e) Ermitteln Sie für die einzelnen Belastungsfälle, unter Zugrundelegung der GEH, die Sicherheit gegen Fließen.

Aufgabe 6.3 ○○●●●

Auf eine vertikale Turbinenwelle mit dem Durchmesser d = 90 mm (Vollkreisquerschnitt) aus Vergütungsstahl C45E (R_e = 490 N/mm^2; R_m = 710 N/mm^2) wirkt im Betrieb ein statisches Torsionsmoment von M_t = 14000 Nm und eine statische Zugkraft von F = 890 kN.

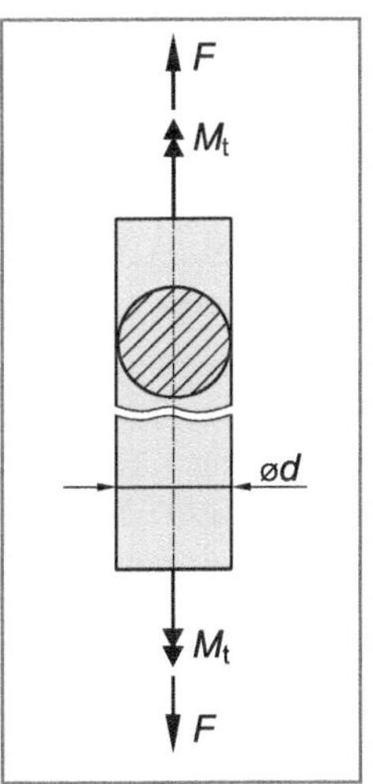

a) Berechnen Sie die Sicherheit gegen Fließen. Ist die Sicherheit ausreichend?

Um ein höheres Torsionsmoment aufnehmen zu können, wird eine vergütete Welle aus der legierten Vergütungsstahlsorte 30CrMoV9 ($R_{p0,2}$ = 900 N/mm^2; R_m = 1100 N/mm^2) eingebaut.

b) Auf welchen Betrag M_t^* kann dadurch das Torsionsmoment bei gleicher Zugkraft (F = 890 kN) und gleicher Sicherheit gesteigert werden, falls Fließen ausgeschlossen werden soll?

Aufgabe 6.4

Eine Stellspindel aus dem legierten Vergütungsstahl 34CrNiMo6 hat einen zylindrischen Schaft mit dem Durchmesser d = 30 mm und eine Länge von l = 650 mm. Die Kerbwirkung des Gewindes soll unberücksichtigt bleiben.

Werkstoffkennwerte 34CrNiMo6:

$R_{p0,2}$ = 1000 N/mm^2
R_m = 1200 N/mm^2
E = 210000 N/mm^2

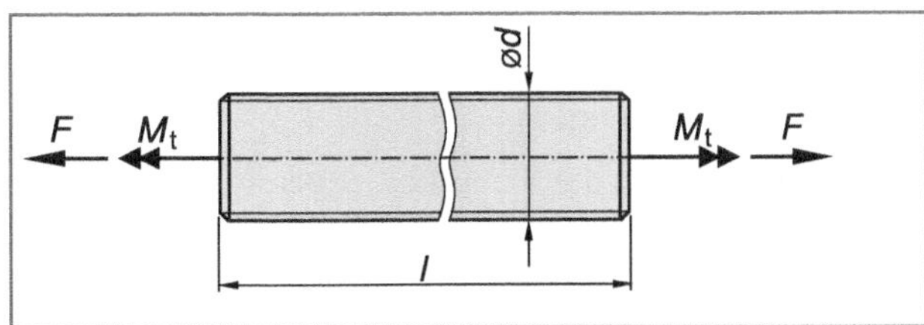

a) Im Normalbetrieb ist die Spindel durch die Zugkraft F = 280 kN statisch beansprucht. Berechnen Sie die Zugspannung in der Spindel. Um welchen Betrag verlängert sich die Spindel dabei?

b) Beim Verstellen der Spindel wirkt zusätzlich zu der Kraft F noch ein statisches Torsionsmoment, dessen Größe mit M_t = 2000 Nm angenommen wird. Berechnen Sie die durch das Torsionsmoment M_t erzeugte Schubspannung τ_t in der Spindel.

c) Zeichnen Sie für die Beanspruchung aus F und M_t maßstäblich den Mohrschen Spannungskreis und berechnen Sie die Hauptnormalspannungen.

Bei einem Verstellvorgang klemmte die Spindel und brach. Die Untersuchung der Bruchfläche ergab, dass der Werkstoff offenbar durch eine falsche Wärmebehandlung versprödet wurde (Anlassversprödung). Die Zugfestigkeit R_m der versprödeten Spindel betrug 1800 N/mm^2.

d) Berechnen Sie unter der Voraussetzung einer unveränderten Zugkraft von F = 280 kN das Torsionsmoment beim Bruch.

Aufgabe 6.5 ○●●●●

Eine Platte aus der Aluminium-Legierung EN AW-Al Zn5Mg3Cu mit einer Dicke von t = 15 mm wird durch die unbekannten Spannungen σ_x, σ_y und τ_{xy} elastisch beansprucht (siehe Abbildung). Zur Ermittlung der Spannungen wird eine 0°-45°-90° DMS-Rosette in der skizzierten Weise auf der Oberfläche appliziert.

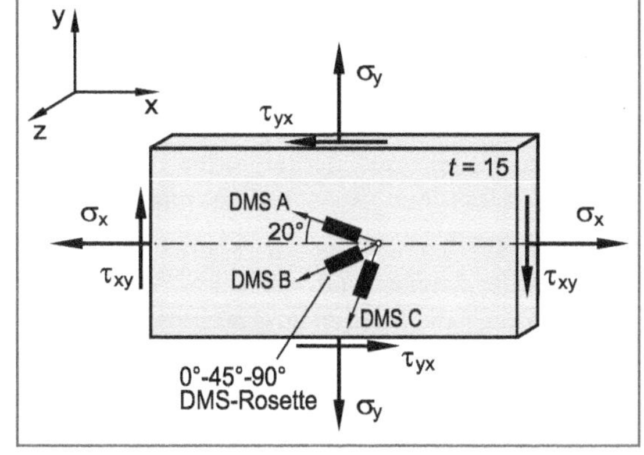

Werkstoffkennwerte für die Aluminiumlegierung EN AW-Al Zn5Mg3Cu:

$R_{p0,2}$ = 380 N/mm^2
R_m = 550 N/mm^2
E = 75000 N/mm^2
μ = 0,33

a) Berechnen Sie die unbekannten Spannungen σ_x, σ_y und τ_{xy} für eine Dehnungsanzeige von:
DMS A: ε_A = 3,159 ‰
DMS B: ε_B = 0,552 ‰
DMS C: ε_C = -0,479 ‰

b) Bestimmen Sie Richtung und Betrag der Hauptnormalspannungen.

c) Ermitteln Sie die Dickenänderung der Aluminiumplatte aufgrund der Beanspruchung gemäß Aufgabenteil a).

d) Berechnen Sie die Sicherheit gegen Fließen (S_F). Ist die Sicherheit ausreichend? Das Werkstoffverhalten kann annähernd als duktil angesehen werden.

Aufgabe 6.6 ○●●●●

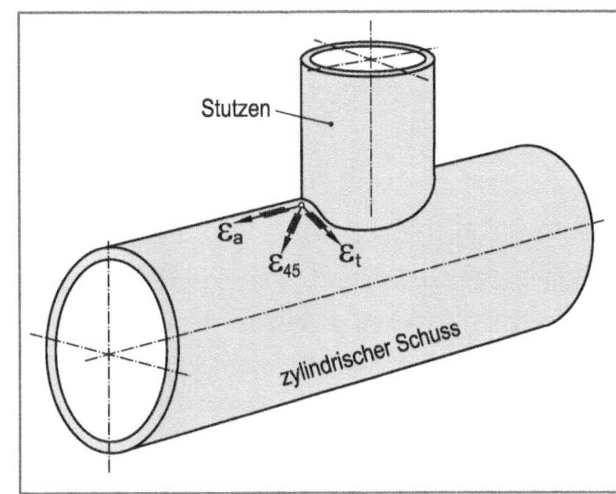

Im Rahmen einer experimentellen Spannungsanalyse wurde am Übergang zwischen Zylinder und Stutzen eines Druckbehälters aus der Stahlsorte 36CrNiMo4 (R_m = 1150 N/mm^2; $R_{p0,2}$ = 850 N/mm^2; E = 210000 N/mm^2; μ = 0,30) die folgenden Dehnungen gemessen:

ε_t = 0,900 ‰
ε_a = -0,500 ‰
ε_{45} = 0,840 ‰

a) Berechnen Sie mit Hilfe der gemessenen Dehnungen die Hauptdehnungen ε_{H1} und ε_{H2} sowie die Hauptnormalspannungen σ_{H1} und σ_{H2}. Ermitteln Sie außerdem die Winkel der Hauptdehnungen bzw. Hauptnormalspannungen zur Behälterlängsachse (Axialrichtung).

b) Berechnen Sie an der Messstelle die Vergleichsspannung nach der Gestaltänderungsenergiehypothese (GEH).

c) Ermitteln Sie für die Stutzenabzweigung die Sicherheit gegen Fließen. Ist die Sicherheit ausreichend?

Aufgabe 6.7

Zur Überprüfung der Belastung eines Zugankers mit Vollkreisquerschnitt (∅ 30mm) aus der Vergütungsstahlsorte 30CrNiMo8 wird ein Dehnungsmessstreifen appliziert. Versehentlich wird der Dehnungsmessstreifen schräg (α =15°) zur Längsachse angebracht (siehe Abbildung).

Werkstoffkennwerte 30CrNiMo8:

$R_{p0,2}$ = 1020 N/mm^2
R_m = 1390 N/mm^2
E = 204000 N/mm^2
μ = 0,30

a) Berechnen Sie für eine Zugkraft von F_1 = 320 kN die Dehnungsanzeige (ε_{DMS}).

b) Bestimmen Sie die Zugkraft F_2 bei einer Dehnungsanzeige von ε_{DMS} = 3,000 ‰.

c) Ermitteln Sie die Zugkraft F_3 bei Fließbeginn des Zugankers sowie die zugehörige Anzeige des Dehnungsmessstreifens.

Aufgabe 6.8 ○○●●●

Ein einseitig eingespannter, abgewinkelter Rundstab mit Vollkreisquerschnitt (d = 30 mm) aus der legierten Vergütungsstahlsorte 41Cr4 ($R_{p0,2}$ = 780 N/mm², R_m = 1050 N/mm²) wird zunächst nur durch die statisch wirkende Einzelkraft F_1 = 5 kN beansprucht (F_2 = 0).

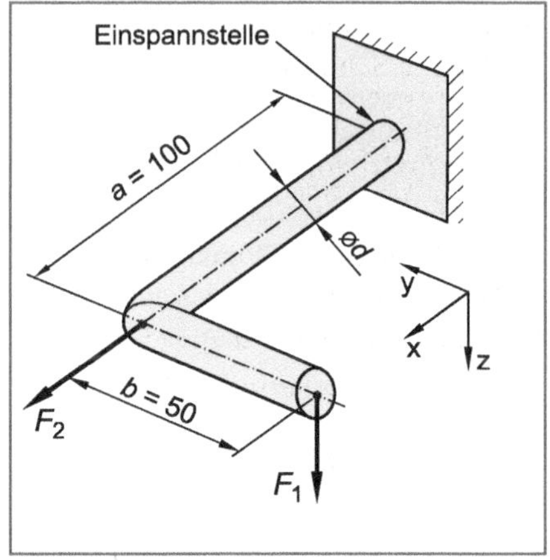

Die Kerbwirkung an der Einspannstelle sowie Schubspannungen durch Querkräfte sind für alle Aufgabenteile zu vernachlässigen.

a) Berechnen Sie das Biegemoment M_b und das Torsionsmoment M_t an der Einspannstelle.

b) Berechnen Sie die Sicherheit gegen Fließen an der Einspannstelle. Ist die Sicherheit ausreichend?

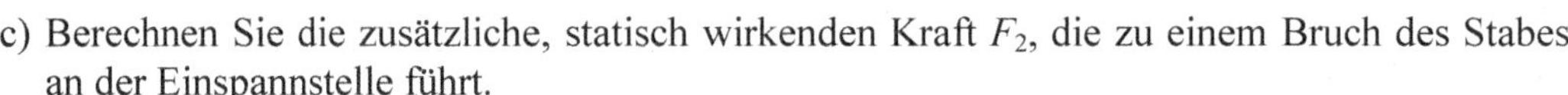

c) Berechnen Sie die zusätzliche, statisch wirkenden Kraft F_2, die zu einem Bruch des Stabes an der Einspannstelle führt.

Bei einer preisgünstigeren Ausführung wurde für den gebogenen Rundstab der Baustahl S235JR (R_e = 245 N/mm²; R_m = 440 N/mm²) verwendet.

d) Berechnen Sie den Durchmesser d so, dass bei ansonsten gleichen Abmessungen, die Kraft F_1 = 5 kN mit Sicherheit (S_B = 2) aufgenommen werden kann, d. h. kein Bruch eintritt. Die Kraft F_2 soll nicht mehr wirken (F_2 = 0).

Aufgabe 6.9 ●●●●●

Die Abbildung zeigt eine Anhängerkupplung für Kraftfahrzeuge (Seitenansicht und Draufsicht) mit Vollkreisquerschnitt aus der Vergütungsstahlsorte 34CrMo4 ($R_{p0,2}$ = 800 N/mm²; R_m = 1080 N/mm²; E = 210000 N/mm²).

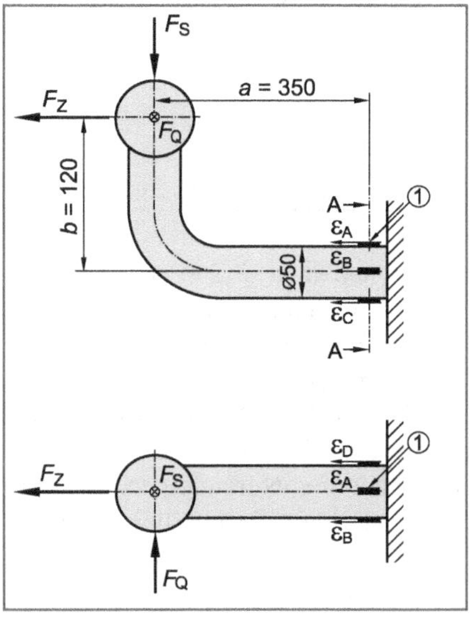

Um während eines Fahrversuchs die Stützkraft F_S, die Zugkraft F_Z und die Querkraft F_Q zu ermitteln, wurden im Querschnitt A-A Dehnungsmessstreifen in Achsrichtung in der dargestellten Weise appliziert. Bei der Auswertung des Versuchs ergaben sich die folgenden maximalen Dehnungswerte:

DMS A: ε_A = 2,2312 ‰
DMS B: ε_B = 0,7761 ‰
DMS C: ε_C = -2,0372 ‰
DMS D: ε_D = -0,5821 ‰

Die Kerbwirkung an der Einspannstelle sowie eine Schubbeanspruchung aus F_S und F_Q sind zu vernachlässigen.

a) Berechnen Sie die Zugkraft F_Z.

b) Berechnen Sie die Stützkraft F_S.

c) Berechnen Sie die Querkraft F_Q.

d) Für einen Sicherheitsnachweis an der Stelle 1 (bei DMS A, siehe Abbildung) im Querschnitt A-A werden die folgenden statisch wirkenden Kräfte angenommen:

$F_S = 2$ kN
$F_Z = 40$ kN
$F_Q = 5$ kN

Ermitteln Sie für die Stelle 1 die Sicherheiten gegen Fließen und Bruch.

Aufgabe 6.10 ○○●●●

Zwei identische Stäbe mit Vollkreisquerschnitt werden mit einem stetig zunehmenden Torsionsmoment M_t bis zum Bruch belastet. Der linke Stab wurde aus dem unlegierten Baustahl S275JR gefertigt, der rechte Stab hingegen aus der Gusseisensorte EN-GJL-250.

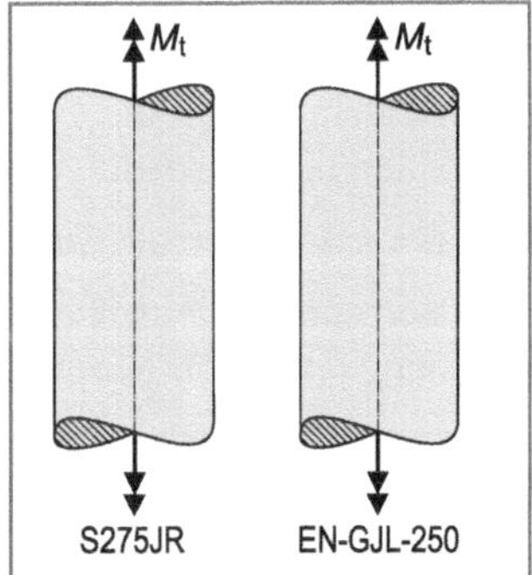

Zeichnen Sie den zu erwartenden Bruchverlauf in die Abbildung ein und erklären Sie mit Hilfe des Mohrschen Spannungskreises und der in Betracht kommenden Festigkeitshypothese die unterschiedlichen Bruchformen.

Aufgabe 6.11 ○○●●●

Der dargestellte Winkelhebel mit Vollkreisquerschnitt (d = 50 mm) aus dem Vergütungsstahl C45E wird durch die senkrecht wirkende Kraft F = 10 kN statisch beansprucht.

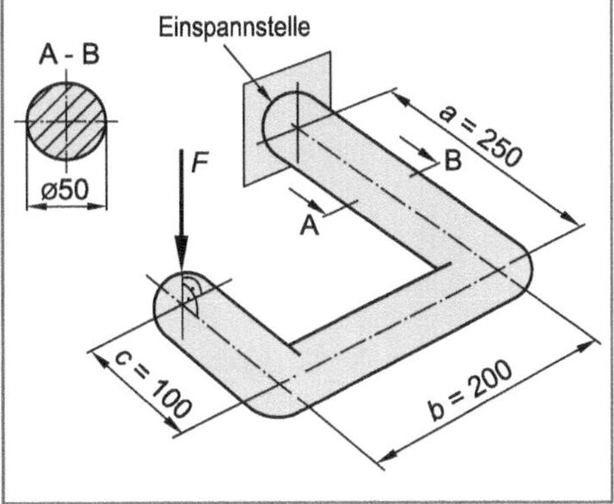

Werkstoffkennwerte C45E (vergütet):

$R_{p0,2} = 460$ N/mm^2
$R_m = 750$ N/mm^2
$E = 209000$ N/mm^2
$\mu = 0{,}30$

Berechnen Sie die Sicherheit gegen Fließen (S_F) an der Einspannstelle. Ist die Sicherheit ausreichend?

Die Kerbwirkung an der Einspannstelle sowie Schubspannungen durch Querkräfte können vernachlässigt werden. Alle Maßangaben in mm.

Aufgabe 6.12

An einem plattenförmigen Bauteil aus Werkstoff C60E wurde für eine experimentelle Spannungsanalyse eine 0°-120°-240° DMS-Rosette appliziert, deren A-Richtung mit der x-Richtung einen Winkel von 30° einschließt. Unter Belastung wirken am Bauteil die folgenden Spannungen (Vorzeichen für Schubspannung gemäß spezieller Vorzeichenregelung):

$\sigma_x = 250\ \text{N/mm}^2$
$\sigma_y = 130\ \text{N/mm}^2$
$\tau_{xy} = 150\ \text{N/mm}^2$

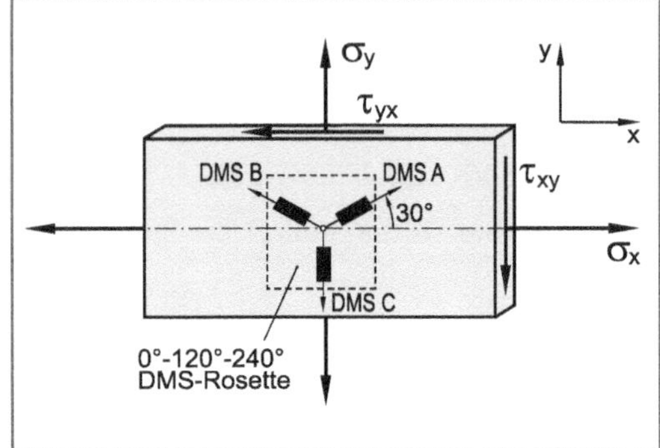

Werkstoffkennwerte C60E:

$R_{p0,2} = 570\ \text{N/mm}^2$
$R_m = 780\ \text{N/mm}^2$
$E = 210000\ \text{N/mm}^2$
$\mu = 0{,}30$

a) Ermitteln Sie die Dehnungen in A-, B- und C-Richtung (Messrichtung der Dehnungsmessstreifen).

b) Berechnen Sie die Hauptnormalspannungen σ_{H1} und σ_{H2}. Welchen Winkel schließen die Hauptnormalspannungen zur x-Richtung ein?

c) Berechnen Sie die Sicherheit der Stahlplatte gegen Fließen. Ist die Sicherheit ausreichend?

d) Berechnen Sie den Betrag der Schubspannung τ_{xy}, die bei gleich bleibender Normalspannung ($\sigma_x = 250\ \text{N/mm}^2$ und $\sigma_y = 130\ \text{N/mm}^2$) zu einem Fließen der Stahlplatte führt.

Aufgabe 6.13

Ein zweifach abgewinkelter Hebel aus dem Vergütungsstahl 30CrNiMo8 wird durch die Kräfte $F_1 = 25$ kN und $F_2 = 200$ kN statisch beansprucht. Die Kraft F_1 wirkt unter einem Winkel von $\alpha = 60°$ zur Horizontalen, während die Kraft F_2 in Achsrichtung (x-Richtung) wirkt (siehe Abbildung).

Schubspannungen durch Querkräfte sowie Kerbwirkung im Bereich des Einspannquerschnitts sollen für alle Aufgabenteile vernachlässigt werden. Der Winkelhebel hat im Bereich des Einspannquerschnitts einen Vollkreisquerschnitt (∅ 50 mm).

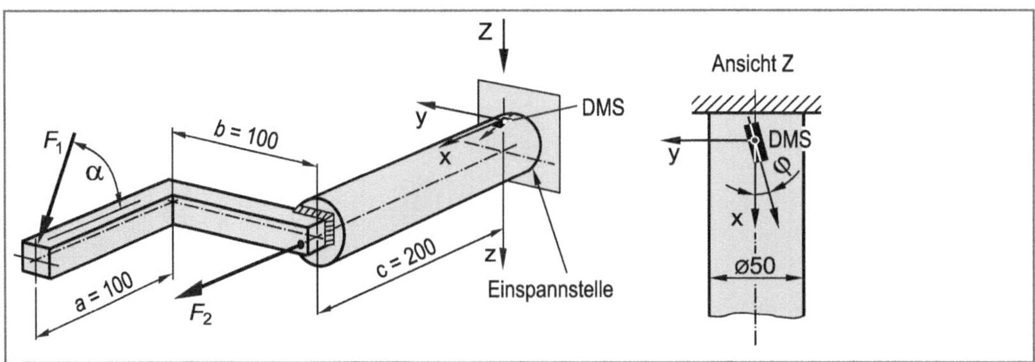

Werkstoffkennwerte 30CrNiMo8 (vergütet):

$R_{p0,2}$ = 1050 N/mm²
R_m = 1420 N/mm²
E = 209000 N/mm²
μ = 0,30

a) Ermitteln Sie die Lastspannungen im Bereich des Einspannquerschnitts ($x = 0$).

b) Berechnen Sie die Sicherheit gegen Fließen (S_F) an der höchst beanspruchten Stelle des Einspannquerschnitts. Ist die Sicherheit ausreichend?

Zur Kontrolle der Beanspruchung wird auf der Oberseite des Hebels im Bereich des Einspannquerschnitts (x = 0) ein Dehnungsmessstreifen (DMS) appliziert. Infolge einer Fertigungsungenauigkeit schließt die Messrichtung des DMS mit der Längsachse des Hebels (x-Achse) einen Winkel von $\varphi = 15°$ ein (siehe Abbildung).

c) Berechnen Sie die Anzeige des Dehnungsmessstreifens für die gleichzeitige statische Belastung aus $F_1 = 25$ kN und $F_2 = 200$ kN.

7 Kerbwirkung

In den vorangegangenen Kapiteln wurden homogene Bauteile mit konstanten Querschnittsabmessungen betrachtet. Derartige (ungekerbte) Bauteile kommen jedoch in der Technik kaum vor. Aufgrund konstruktiver Gegebenheiten (Veränderung der Querschnittsabmessungen) aber auch bedingt durch Fertigungsfehler kann lokal die Spannung überhöht, ungünstige (mehrachsige Spannungszustände) erzeugt und damit ein vorzeitiges Materialversagen begünstigt werden.

7.1 Technische Kerben

Technische Bauteile weisen stets Stellen mit einer mehr oder weniger abrupten Veränderung der inneren oder äußeren Kontur auf (Bild 7.1), die zu einer Störung des „Kraftflusses" führen (Bild 7.2). Diese Stellen sollen im folgenden als **technische Kerben** bezeichnet werden.

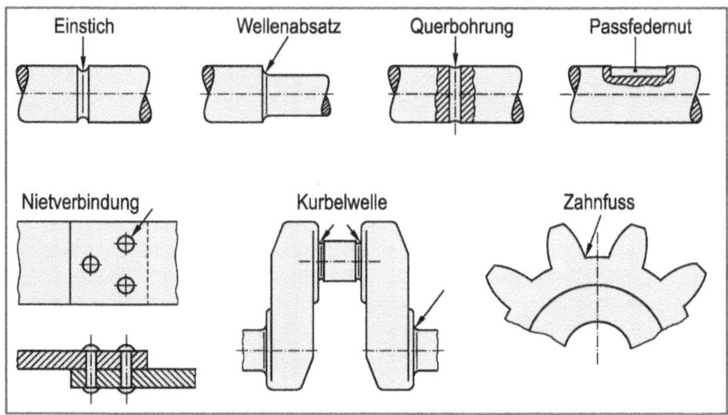

Bild 7.1 Bauteile mit technischen Kerben (Beispiele)

Technische Kerben sind nicht nur konstruktiv bedingt, auch innere Fehlstellen (z. B. Einschlüsse) oder Fügestellen (z. B. Schweißnähte) können im Sinne technischer Kerben wirken (Tabelle 7.1). Wie später noch eingehender gezeigt wird, geht das Versagen eines Bauteils unter statischer und insbesondere zeitlich veränderlicher Beanspruchung häufig von derartigen Kerbstellen aus, da in ihrer Umgebung der Werkstoff besonders hoch und ungünstig (mehrachsig) beansprucht wird (Kapitel 13.2). Die örtliche Überhöhung der Beanspruchung und die hieraus resultierende, einen Bruch begünstigende Wirkungsweise technischer Kerben, bezeichnet man als **Kerbwirkung**.

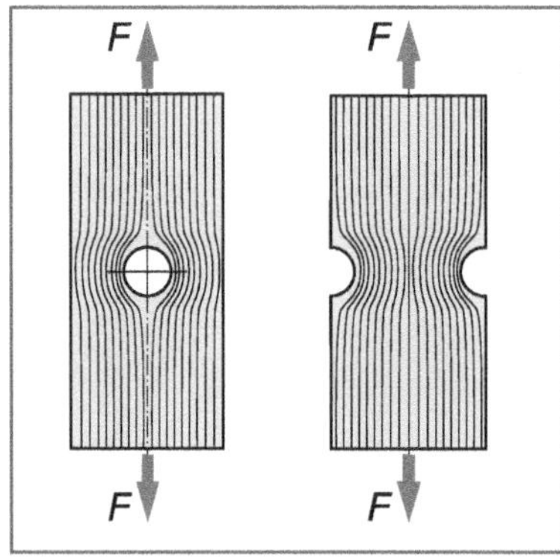

Bild 7.2 Störung des „Kraftflusses" durch technische Kerben (Stromlinienanalogie)

Tabelle 7.1: Beispiele für technische Kerben

Kerbart	Beispiel
Konstruktive Kerben	• Querbohrungen • Einstiche • Gewinde • Querschnittsveränderungen
Fügestellen	• Schweißnähte • Lötverbindungen • Nietverbindungen
Innere Fehlstellen	• Poren • Einschlüsse • Risse

7.2 Auswirkungen technischer Kerben (Formkerben)

Kerbwirkung kann auf unterschiedliche Weise hervorgerufen werden. Im Einzelnen sind dies:

- **Verminderung der tragenden Querschnittsfläche** und damit Erhöhung der (Nenn-)Spannung (Bild 7.3a).
- **Spannungsüberhöhung im Kerbgrund**. Durch eine Kerbe wird der „Kraftfluss" gestört (Bild 7.2). In Analogie zur Erhöhung der Strömungsgeschwindigkeit eines von einer inkompressiblen Flüssigkeit durchströmten Kanals, wird auch die Spannung im Kerbgrund überhöht. Die Spannungsüberhöhung ist umso ausgeprägter, je geringer der Kerbradius und je tiefer die Kerbe ist. Da sich im Bauteil unmittelbar hinter der Kerbstelle, im **Kerbgrund** also, eine mehr oder weniger ausgeprägte Spannungsüberhöhung einstellt, muss wegen $\int \sigma \cdot \mathrm{d}A = F$ die Spannung im Inneren des Bauteils unter die Nennspannung absinken, d. h. es stellt sich ein von Belastungsart und Bauteilgeometrie abhängiger Spannungsverlauf ein (Bild 7.3b).
- **Ausbildung eines mehrachsigen Spannungszustandes**. Kerben behindern die freie Verformung des Werkstoffs. Infolge dieser Querdehnungsbehinderung bildet sich ein mehrachsiger Spannungszustand aus. Neben einer Längsspannung treten nunmehr weitere Spannungskomponenten (z. B. Normalspannungen in radialer und tangentialer Richtung) auf, die zusätzlich zur Längsspannung wirken (Bild 7.3c).
- **Ausbildung von Sekundärspannungen** bei unsymmetrischer Lage der Kerbstelle in Bezug auf den ungestörten Querschnitt (z. B. einseitige Lage der Kerbe). Hierbei fällt die Wirkungslinie der Kraft nicht mehr mit dem Flächenschwerpunkt S zusammen (Exzentrizität e). Es entsteht ein Biegemoment und demzufolge Biegespannungen, die sich der Nennspannung linear überlagern (Bild 7.3d).

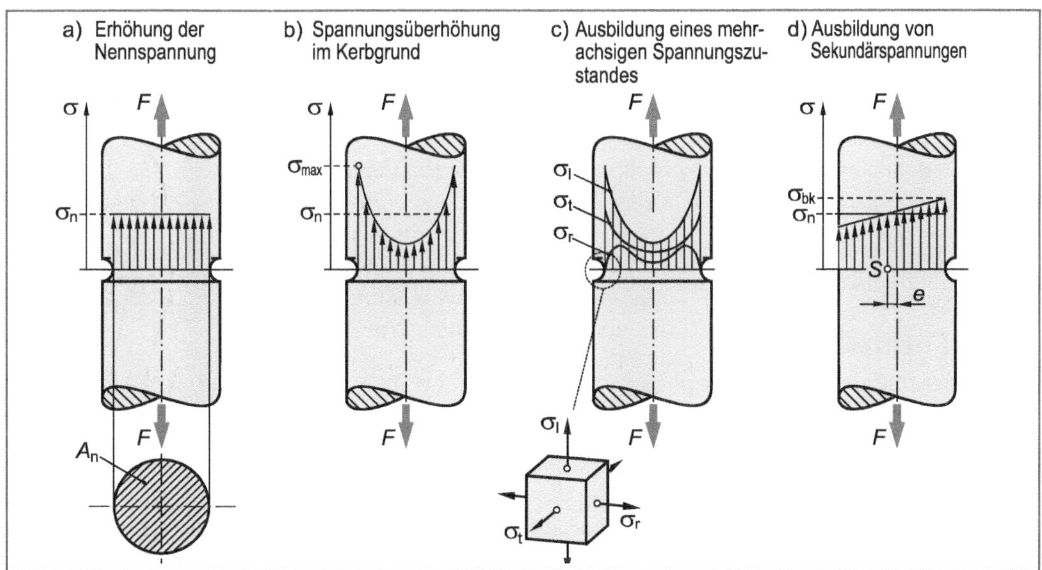

Bild 7.3 Auswirkungen technischer Kerben (Formkerben)

7.3 Nennspannung und Formzahl

In Kapitel 7.2 wurden vier wesentliche, die Kerbwirkung beeinflussenden Faktoren genannt. Bei Festigkeitsnachweisen ist es in der Regel nur erforderlich, die Nennspannung (Bild 7.3a) sowie die Spannungsüberhöhung im Kerbgrund (Bild 7.3b) zu berücksichtigen. Die Ausbildung eines mehrachsigen Spannungszustandes (Bild 7.3c) sowie die Auswirkung von Sekundärspannungen (Bild 7.3d) können im Hinblick auf den Berechnungsaufwand in der Regel vernachlässigt werden, ohne das Ergebnis wesentlich zu verfälschen bzw. sind mitunter durch die gewählten Sicherheitsfaktoren bereits berücksichtigt. Die nachfolgenden Ausführungen sollen sich daher auf die Ermittlung der Nennspannung (σ_n) sowie der maximalen Spannung (σ_{max}) im Kerbgrund beschränken.

7.3.1 Nennspannung

In geraden, prismatischen bzw. runden Bauteilen wie Stäben, Balken oder Wellen stellt sich bei einer Beanspruchung entsprechend den Grundbelastungsarten ein über die Querschnittsfläche konstanter Spannungsverlauf ein (Zug oder Druck) oder die Spannung nimmt ausgehend von der neutralen Faser (Biegung) bzw. der Drehachse (Torsion) zu den höchst beanspruchten Randfasern hin linear zu bzw. ab. Die entsprechenden Nennspannungen σ_n erhält man entsprechend Kapitel 2 nach den folgenden Grundgleichungen:

Zug: $$\sigma_n = \frac{F}{A_n} \tag{7.1}$$

Druck: $$\sigma_{dn} = \frac{F_d}{A_n} \tag{7.2}$$

Schub: $$\tau_{an} = \frac{F_a}{A_n} \tag{7.3}$$

Biegung: $$\sigma_{bn} = \frac{M_b}{W_{bn}} \tag{7.4}$$

Torsion: $$\tau_{tn} = \frac{M_t}{W_{tn}} \tag{7.5}$$

Unter einer **Nennspannung** σ_n bzw. τ_n versteht man eine Spannung, die sich im betrachteten Querschnitt einstellen würde, sofern ein ungestörter Spannungsverlauf vorliegt.

7.3.2 Formzahl

Zur Erfassung der Spannungsspitze im Kerbgrund führt man die **Formzahl** ein. Als Formelzeichen für die Formzahl wird im Rahmen dieses Lehrbuches α_k verwendet. Andere Bezeichnungen, wie zum Beispiel K_t (FKM-Richtlinie [2]) oder α_σ bzw. α_τ (DIN 743-1 [4]), sind ebenfalls gebräuchlich.

Die Formzahl α_k ist definiert als Quotient aus der maximalen Spannung im Kerbgrund σ_{max} bzw. τ_{max} und der Nennspannung im Kerbquerschnitt σ_n bzw. τ_n:

$$\alpha_k = \frac{\sigma_{max}}{\sigma_n} \quad \text{bzw.} \quad \alpha_k = \frac{\tau_{max}}{\tau_n} \tag{7.6}$$

Die Formzahl ist also ein dimensionsloser Faktor und kennzeichnet die Überhöhung der Nennspannung.

Unter der Voraussetzung einer elastischen Beanspruchung, also $\sigma_{max} < R_e$ bzw. $\sigma_{max} < R_{p0,2}$ ist die Formzahl im Wesentlichen abhängig von der Geometrie der Kerbe und des Bauteils sowie von der Belastungsart (Zug, Druck, Biegung, Torsion). Bei gleicher Geometrie von Kerbe und Bauteil wird die Nennspannung durch eine Zugbeanspruchung stärker überhöht im Vergleich zu einer Biegebeanspruchung. Torsion führt in der Regel zur geringsten Überhöhung der Nennspannung, d. h. es gilt: $\alpha_{kz} > \alpha_{kb} > \alpha_{kt}$.

Im Kerbgrund treten mehrachsige Spannungszustände auf, so dass nicht nur eine Überhöhung der Längsspannung stattfindet, sondern auch der Einfluss einer Umfangs- und Radialspannung berücksichtigt werden müsste (Bild 7.3c). Da die Berechnung dieser Spannungskomponenten schwierig ist und das Ergebnis dadurch nur unwesentlich verändert wird, kann ihr Einfluss, zumindest bei zähen Werkstoffen, vernachlässigt werden. Man macht dabei lediglich einen Fehler zur sicheren Seite hin. Bei spröden Werkstoffen wird hingegen die tatsächliche Beanspruchung unterschätzt. Dennoch können aufgrund ihres geringen Einflusses die Umfangs- und Radialspannungen auch in diesem Fall häufig vernachlässigt werden.

7.3.3 Ermittlung von Formzahlen

Um die Formzahl α_k zu ermitteln, muss nach Gleichung (7.6) die maximale Spannung σ_{max} oder τ_{max} errechnet und auf die Nennspannung σ_n bzw. τ_n bezogen werden. Dies kann auf unterschiedliche Weise erfolgen:

1. **Ermittlung einer geschlossenen Lösung:**
   Die Ermittlung einer geschlossenen Lösung, also eines formelmäßigen Zusammenhangs zwischen α_k und den geometrischen Kenngrößen des Bauteils gelingt nur für relativ einfache Geometrien, wie zum Beispiel eine abgesetzte Welle (siehe auch Anhang 4).

2. **Numerische Lösung:**
   Für die meisten technischen Kerbfälle können keine geschlossenen Lösungen für die Formzahl α_k formuliert werden, so dass numerische Näherungslösungen herangezogen werden müssen. Viele numerische Rechenverfahren basieren dabei auf der **Finite-Elemente-Methode (FEM)**.

3. **Experimentelle Methoden:**
   Die Formzahl α_k kann auch experimentell ermittelt werden. Hierzu bedient man sich häufig der **Spannungsoptik** oder der **DMS-Technik** (siehe zum Beispiel Aufgabe 7.2 und 7.3).

7.3.4 Formzahldiagramme

Für praktische Anwendungen stehen die nach einem der vorgenannten Verfahren ermittelten Formzahlen in Form von Gleichungen oder Diagrammen, den **Formzahldiagrammen**, zur Verfügung. Aus den Formzahldiagrammen lassen sich in Abhängigkeit von Geometrie und Belastungsart die Formzahlen ablesen. Bild 7.4 zeigt beispielhaft ein Formzahldiagramm für einen Rundstab mit Umdrehungskerbe unter Zug- oder Druckbeanspruchung. Weitere Formzahldiagramme technisch wichtiger Kerbfälle finden sich im Anhang 3 sowie in einer Vielzahl von Fachbüchern und Richtlinien wie zum Beispiel [2; 4 bis 8]:

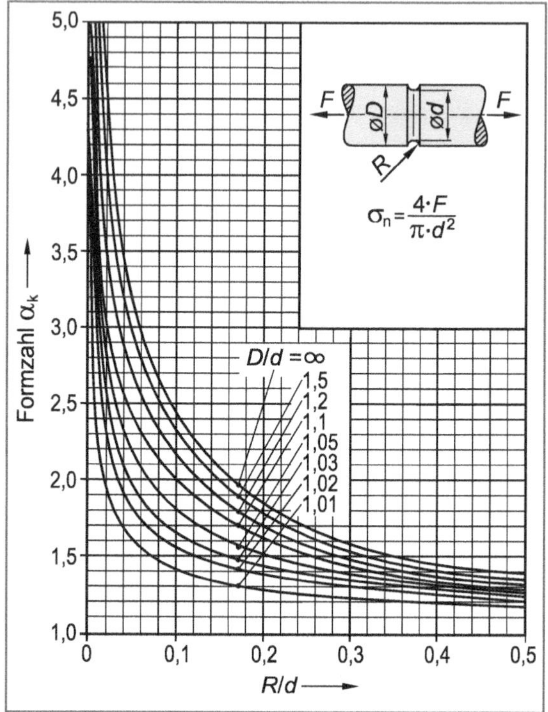

Bild 7.4 Formzahldiagramm am Beispiel eines auf Zug beanspruchten Rundstabes mit Umdrehungskerbe (Einstich)

- Rechnerischer Festigkeitsnachweis für Maschinenbauteile aus Stahl, Eisenguss und Aluminiumwerkstoffen
  Hrsg: Forschungskuratorium Maschinenbau (FKM)
  VDMA-Verlag, 6. Auflage 2012
- *DIN 743-2 (12/2012):*
  Tragfähigkeitsberechnung von Wellen und Achsen. Teil 2: Formzahlen und Kerbwirkungszahlen
- *Wellinger, K.; H. Dietmann:*
  Festigkeitsberechnung - Grundlagen und technische Anwendung
  Kröner-Verlag, 3. Auflage 1976
- *Pilkey, W.D.; D.F. Pilkey:*
  Peterson's Stress Concentration Factors
  John Wiley & Sons, 3rd Edition 2008
- *Young, W.C.; R.G. Budynas:*
  Roark's Formulas for Stress and Strain;
  McGraw-Hill, 8th Edition 2011
- *Muhs, D.; H. Wittel, D. Jannasch, J. Voßiek:*
  Roloff/Matek Maschinenelemente.
  Vieweg-Verlag, 22. Auflage 2015

7.4 Kerbwirkung und Bauteilverhalten

Kerben beeinflussen das Bauteilverhalten in entscheidender Weise. Nachfolgend werden die Auswirkungen von Kerben für duktile und für spröde Werkstoffe untersucht und Festigkeitsbedingungen für gekerbte Bauteile aufgestellt. Die nachfolgenden Aussagen gelten sinngemäß auch unter der Wirkung von Schubspannungen, falls die Normalspannung (σ) durch die Schubspannung (τ) ersetzt und die Werkstoffkennwerte entsprechend der Belastungsart verwendet werden.

7.4.1 Kerbwirkung bei spröden Werkstoffen

Spröde Werkstoffe verhalten sich mehr oder weniger elastisch bis zum Bruch. Erreicht die maximale Spannung die Zugfestigkeit R_m des Werkstoffs, dann entsteht im Kerbgrund ein Riss. Hierdurch wird nicht nur die tragende Querschnittsfläche geschwächt, sondern auch die Kerbwirkung deutlich verschärft, da die Formzahl an der Rissspitze sehr hohe Werte annehmen kann ($\alpha_k > 20$). Die Folge ist eine rasche Rissausbreitung, die zu einem katastrophalen Bruch führen kann.

Mit dem Versagen (Bruch) eines gekerbten Bauteils aus einem spröden Werkstoff ist zu rechnen, sobald gilt:

$$\sigma_{max} = R_m \tag{7.7}$$

Um einen Bruch mit Sicherheit auszuschließen, muss demzufolge gelten (σ_{zul} = zulässige Spannung):

$$\sigma_{max} \leq \sigma_{zul}$$

$$\sigma_n \cdot \alpha_k \leq \frac{R_m}{S_B}$$

$$\sigma_n \leq \frac{R_m}{\alpha_k \cdot S_B} \tag{7.8}$$

Festigkeitsbedingung gekerbter Bauteile aus spröden Werkstoffen

7.4.2 Kerbwirkung bei duktilen Werkstoffen

Wird ein gekerbtes Bauteil aus einem duktilen Werkstoff beansprucht (in Bild 7.5 beispielsweise ein durch die Zugkraft F beanspruchter Flachstab), dann verformt sich das Bauteil zunächst elastisch. Der Zusammenhang zwischen der äußeren Beanspruchung (hier: Zugkraft F) und der Dehnung ε_{max} an der höchst beanspruchten Stelle (im Kerbgrund) stellt sich zunächst als Gerade dar (OA in Bild 7.5). Plastische Verformung (Fließen) setzt ein, sobald die Spannungsspitze (σ_{max}) die Streck- bzw. Dehngrenze (R_e bzw. $R_{p0,2}$) erreicht:

$$\sigma_{max} = R_e \tag{7.9}$$

$$\sigma_n \cdot \alpha_k = R_e$$

$$\frac{F_F}{A_n} \cdot \alpha_k = R_e$$

$$F_F = \frac{R_e}{\alpha_k} \cdot A_n \tag{7.10}$$

Äußere Beanspruchung bei Fließbeginn eines gekerbten Bauteils

Die Beanspruchbarkeit eines gekerbten Bauteils (hier durch die Zugkraft F) ist also um den Betrag der Formzahl α_k niedriger im Vergleich zu einem ungekerbten Bauteil.

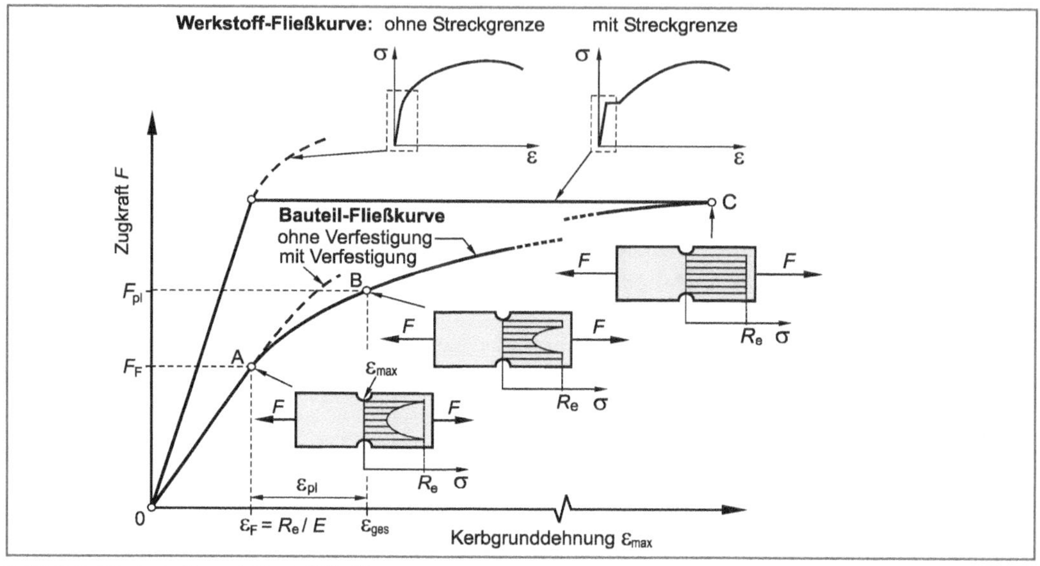

Bild 7.5 Werkstoff- und Bauteilfließkurven

Nimmt die äußere Beanspruchung weiter zu, dann beginnt der Kerbgrund zu plastifizieren. Die plastischen Verformungen breiten sich mit zunehmender Beanspruchung in das Innere des Bauteils aus. Da anfänglich größere Bereiche der tragenden Querschnittsfläche noch elastisch beansprucht sind, kann die äußere Belastung (z. B. die Zugkraft F) weiter gesteigert werden. Hierbei nimmt jedoch die Kerbgrunddehnung ε_{max} rascher zu, da die plastifizierten Bereiche, unter der Voraussetzung eines linear-elastisch idealplastischen Werkstoffverhaltens, keine weitere Lastaufnahme mehr ermöglichen. Aufgrund des stoffschlüssigen Zusammenhanges übt der elastische Kern eine **Stützwirkung** auf die bereits plastifizierten Randfasern aus, so dass die äußere Beanspruchung weiter gesteigert werden kann (in Bild 7.5 über F_F hinaus). Die Bauteilfließkurve weicht daher zunehmend vom linearen Verlauf ab (Kurvenzug A-B-C in Bild 7.5). Ausgehend vom Kerbgrund breiten sich die plastischen Zonen so weit aus, bis die gesamte Querschnittsfläche plastisch ist d. h. der **vollplastische Zustand** erreicht wird (Punkt C in Bild 7.5).

Bei der Auslegung gekerbter Bauteile ist es üblich, örtliche plastische Verformungen zuzulassen, um den Werkstoff besser auszunutzen. Das Bauteil wird also nicht gegen Fließbeginn, sondern gegen ein vorgegebenes Maß an plastischer Verformung ausgelegt. Die Größe der zugestandenen plastischen Dehnung ε_{pl} richtet sich im Wesentlichen nach der Verformungsfähigkeit des eingesetzten Werkstoffs. Häufig geht man dabei von einem festen Betrag der Gesamtdehnung ε_{ges} (Kerbgrunddehnung) aus, weil das plastische Formänderungsvermögen der Metalle mit zunehmender Streck- bzw. Dehngrenze abnimmt. Bei Werkstoffen mit hoher Streck- bzw. Dehngrenze erhält man wegen $\varepsilon_{pl} = \varepsilon_{ges} - \varepsilon_F = \varepsilon_{ges} - R_e / E$ (bzw. $\varepsilon_{pl} = \varepsilon_{ges} - R_{p0,2} / E$) eine geringere plastische Dehnung (Bild 7.5). Für ferritisch-perlitische Stähle hat sich eine Gesamtdehnung von $\varepsilon_{ges} = 0{,}5\%$ und für austenitische Stähle eine Gesamtdehnung von $\varepsilon_{ges} = 1{,}0\%$ als zweckmäßig erwiesen.

Bei der überelastischen Auslegung gekerbter Bauteile sollte jedoch stets beachtet werden, dass die zugestandene Kerbgrunddehnung nicht die Funktionsfähigkeit des Bauteils oder die Korrosionsanfälligkeit durch lokale Schädigung von Schutzschichten beeinträchtigt. Auch muss stets die Sicherheit gegen Bruch sowie ein eventuelles Versagen durch Werkstoffermüdung berücksichtigt werden.

Gibt man sich bei der Festigkeitsberechnung gekerbter Bauteile eine bestimmte Gesamtdehnung ε_{ges} vor, dann wird die dadurch ermöglichte Steigerung der äußeren Belastung (in Bild 7.5 von F_F auf F_{pl}) durch die **plastische Stützziffer** (oder **Stützzahl**) n_{pl} gekennzeichnet. Es gilt definitionsgemäß:

$$n_{pl} = \frac{F_{pl}}{F_F}$$ **Definition der plastischen Stützziffer** (7.11)

Bei bekannter plastischer Stützziffer n_{pl} kann aus Gleichung 7.11 die ertragbare Beanspruchung (F_{pl}) errechnet werden. In Gleichung 7.11 kann anstelle der Zugkraft F auch eine andere äußere Belastung wie zum Beispiel das Biege- oder Torsionsmoment (M_b oder M_t) oder der Innendruck (p_i) stehen.

Die Ermittlung der plastischen Stützziffer setzt die Kenntnis der **Bauteilfließkurve** voraus. Die nachfolgenden Ausführungen sollen ein linear-elastisch idealplastisches Werkstoffverhalten zugrunde legen d. h. der Werkstoff soll im Bereich der Kerbgrunddehnung nicht verfestigen. Dieses Verhalten findet sich annähernd bei Stählen mit ausgeprägter Streckgrenze (z. B. unlegierte Baustähle). Auf die Berechnung von Fließkurven gekerbter Bauteile mit einem durch Verfestigung gekennzeichneten Werkstoffverhalten (gestrichelte Kurve in Bild 7.5) soll im Rahmen dieses Buches verzichtet werden.

Bauteilfließkurve

Unter einer Bauteilfließkurve versteht man den Zusammenhang zwischen der Dehnung ε_{ges} an der höchst beanspruchten Stelle (bei gekerbten Bauteilen die Kerbgrunddehnung) und der äußeren Beanspruchung (z. B. Kraft, Moment, Innendruck).

Im Falle eines linear-elastisch idealplastischen Werkstoffverhaltens d. h. bei Stählen mit ausgeprägter Streckgrenze, erhält man für die plastische Stützziffer die folgende Beziehung:

$$n_{pl} = \sqrt{\frac{\varepsilon_{ges}}{\varepsilon_F}}$$ **Plastische Stützziffer** (7.12)

bzw. da $\varepsilon_{ges} = \varepsilon_F + \varepsilon_{pl}$

$$n_{pl} = \sqrt{1 + \frac{\varepsilon_{pl}}{\varepsilon_F}} \qquad (7.13)$$

Die Gleichungen 7.12 bzw. 7.13 können auch als konservativer Näherungswert für Metalle ohne ausgeprägte Streckgrenze herangezogen werden.

7.5 Aufgaben

Aufgabe 7.1 ○○○○●

Die Abbildung zeigt drei gekerbte Rundstäbe aus dem Vergütungsstahl 42CrMo4, die auf unterschiedliche Weise elastisch beansprucht werden (F_z = 500 kN sowie M_b = 2500 Nm und M_t = 5000 Nm).

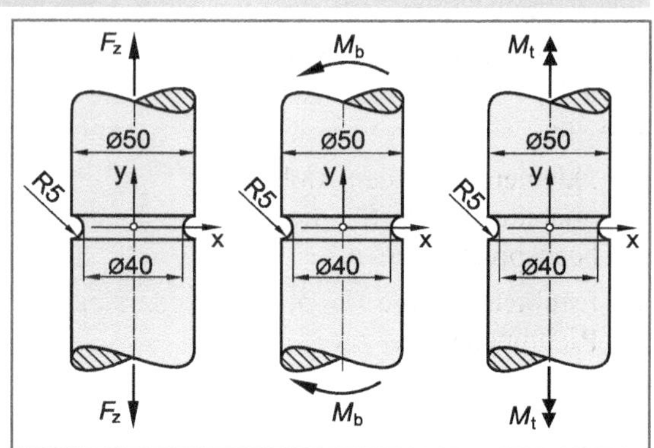

a) Ermitteln Sie die Formzahlen α_k für die drei Kerbstäbe mit Hilfe geeigneter Formzahldiagramme.

b) Berechnen Sie die Nennspannungen σ_n und die maximalen Spannungen σ_{max} und skizzieren Sie die jeweiligen Spannungsverläufe.

Aufgabe 7.2 ○○○○●

Ein mittig gelochter Flachstab aus Werkstoff 17MnMoV6-4 (E = 203000 N/mm^2) wird durch die statisch wirkende Zugkraft F = 100 kN belastet. Im Kerbgrund wurde ein Dehnungsmessstreifen zur Ermittlung der Längsdehnung ε_l appliziert (siehe Abbildung). Bei der Zugkraft von F = 100 kN wird eine Längsdehnung von ε_l = 1,00 ‰ gemessen.

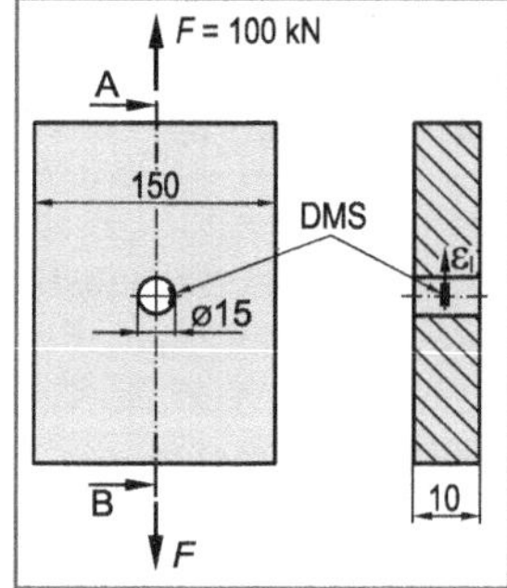

Berechnen Sie aus dem Messwert für die Dehnung die Formzahl α_k und überprüfen Sie das Ergebnis mit Hilfe eines geeigneten Formzahldiagrammes.

Aufgabe 7.3 ○○○●●

Ein Halteband aus unlegiertem Baustahl S275JR (E = 210000 N/mm^2; R_e = 430 N/mm^2) ist an seinem oberen Ende fest eingespannt und am unteren Ende durch die Kraft F statisch belastet (siehe Abbildung). Bei der Kraft F = 25 kN wurde an der höchst beanspruchten Stelle A in Längsrichtung die Dehnung ε_l = 1,042 ‰ gemessen.

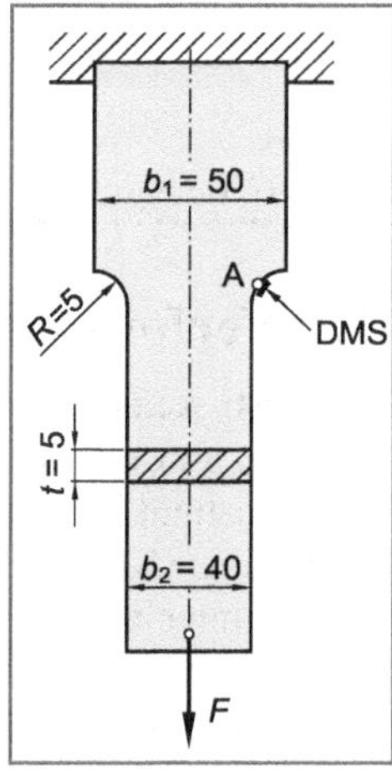

a) Berechnen Sie die Formzahl α_k.

b) Ermitteln Sie die Sicherheit gegen Fließen.

c) Berechnen Sie die Zugkraft F_F, die zum Fließen des Bandes führt.

Um den Werkstoff besser auszunutzen, soll an der höchst beanspruchten Stelle des Haltebandes (im Kerbgrund) eine Gesamtdehnung von ε_{ges} = 0,30 % zugelassen werden.

d) Mit welcher Kraft F_{pl} kann das Halteband dann beansprucht werden (linear-elastisch idealplastisches Werkstoffverhalten)?

e) Berechnen Sie die Kraft F_{vpl}, die zum vollplastischen Zustand des Haltebandes führt.

Aufgabe 7.4 ○○●●●

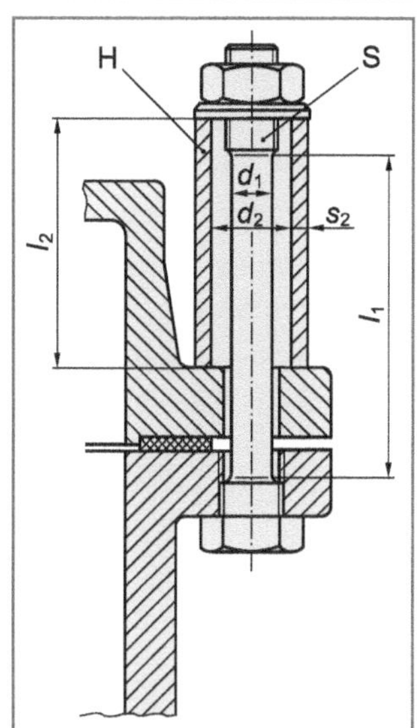

Der Deckel eines Druckbehälters ist mit Hilfe von Dehnschrauben (S) aus Vergütungsstahl C45E ($R_{p0,2}$ = 490 N/mm^2; R_m = 710 N/mm^2; E = 210000 N/mm^2) und Hülsen (H) aus der unlegierten Baustahlsorte S275JR (R_e = 260 N/mm^2; R_m = 420 N/mm^2; E = 210000 N/mm^2) befestigt (siehe Abbildung).

Schraube: d_1 = 12 mm
l_1 = 128 mm

Hülse: d_2 = 24 mm
s_2 = 3 mm
l_2 = 84 mm

a) Im drucklosen Zustand wird jede Schraube mit einer statischen Zugkraft von F_V = 24 kN vorgespannt.

- Berechnen Sie die Längenänderung der Schraube sowie die Höhenänderung der Hülse.
- Führt eine Steigerung der Vorspannkraft F_V zuerst zu plastischen Verformungen in der Hülse oder in der Schraube?

b) Während des Anziehens wird zusätzlich zu der als konstant anzunehmenden Vorspannkraft F_V = 24 kN infolge Reibung noch ein Torsionsmoment M_t auf die Schrauben übertragen, das mit 40% des Anzugsmomentes M_A anzunehmen ist. Berechnen Sie das maximal zulässige Anzugsmoment M_A, falls die Gesamtbeanspruchung der Schrauben auf 2/3 ihrer 0,2%-Dehngrenze $R_{p0,2}$ begrenzt werden muss.

Nach Druckaufbringung erhöht sich die Zugkraft auf F_{ges} = 36,5 kN je Schraube. In die Hülse muss außerdem nachträglich eine Querbohrung von 4,5 mm Durchmesser eingebracht werden.

c) Überprüfen Sie, ob unter diesen Bedingungen noch ein sicherer Betrieb (Belastung durch F_{ges}) gewährleistet ist, falls lokale Dehnungen bis ε_{ges} = 0,5 % als zulässig erachtet werden und eine Mindestsicherheit von S_{pl} = 1,5 gefordert wird (das Torsionsmoment soll unberücksichtigt bleiben). Falls nein, auf welchen Wert muss dann die Schraubenkraft im Betrieb reduziert werden?

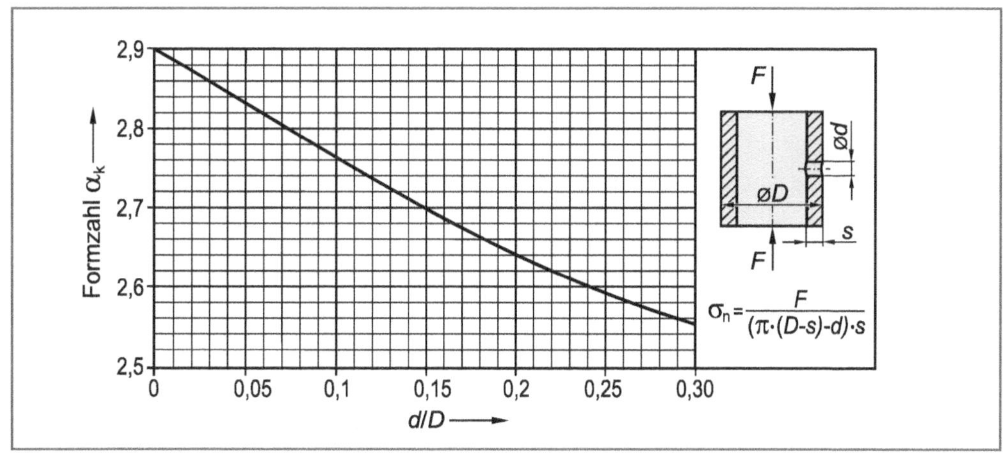

Aufgabe 7.5 ○○○●●

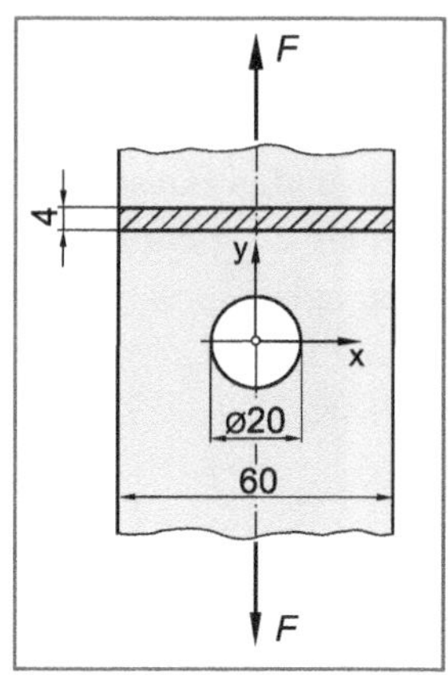

Ein Halteband mit Querbohrung (d = 20 mm, b = 60 mm) aus der unlegierten Vergütungsstahlsorte C45E wird durch die Kraft F statisch auf Zug belastet (E = 210000 N/mm^2; R_e = 490 N/mm^2; R_m = 710 N/mm^2).

a) Berechnen Sie die Kraft F_F bei Fließbeginn des Haltebandes.

b) Errechnen Sie die Nennspannung σ_n bei Fließbeginn und skizzieren Sie die Spannungsverteilung.

c) Die Gesamtdehnung an der höchst beanspruchten Stelle soll auf ε_{ges} = 0,5% beschränkt werden. Berechnen Sie für diesen Fall die zulässige Kraft F_{zul} (S_{pl} = 1,5).

d) Bei welcher Kraft F_B ist mit dem Bruch des Haltebandes zu rechnen?

Aufgabe 7.6

Die dargestellte abgesetzte Welle aus Werkstoff 38Cr2 wird durch die statisch wirkende Kraft F_Z und das statisch wirkende Torsionsmoment M_t beansprucht. Zur Ermittlung der Belastung wurden außerdem in hinreichendem Abstand vom Wellenabsatz zwei Dehnungsmessstreifen (DMS) in der dargestellten Weise appliziert. Die beiden Dehnungsmessstreifen stehen senkrecht zueinander.

Werkstoffkennwerte 38Cr2:

$R_{p0,2}$ = 510 N/mm^2
R_m = 760 N/mm^2
E = 210000 N/mm^2
μ = 0,30

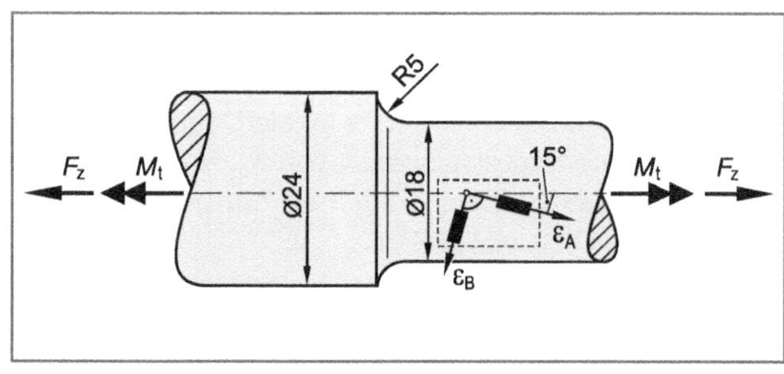

a) Berechnen Sie die Dehnungen ε_A und ε_B in Messrichtung der DMS bei einer Belastung von F_Z = 30 kN und M_t = 100 Nm.

b) Ermitteln Sie für den Wellenabsatz für eine Beanspruchung gemäß Aufgabenteil a) die Sicherheit gegen Fließen. Ist die Sicherheit ausreichend?

c) Bestimmen Sie das maximal übertragbare Torsionsmoment M_t* damit bei gleich bleibender Zugkraft (F_Z = 30 kN) am Wellenabsatz Fließen mit Sicherheit (S_F = 1,35) ausgeschlossen werden kann.

Aufgabe 7.7 ○○●●●

Ein Rundstab mit Vollkreisquerschnitt aus der unlegierten Vergütungsstahlsorte C45E (D = 32 mm, l = 420 mm, c = 120 mm) ist an seinem oberen Ende fest eingespannt und am unteren Ende mit einer Lasche verbunden (siehe Abbildung). Über die Lasche kann der Rundstab auf unterschiedliche Weise beansprucht werden. Die Kerbwirkung an der Einspannstelle soll vernachlässigt werden.

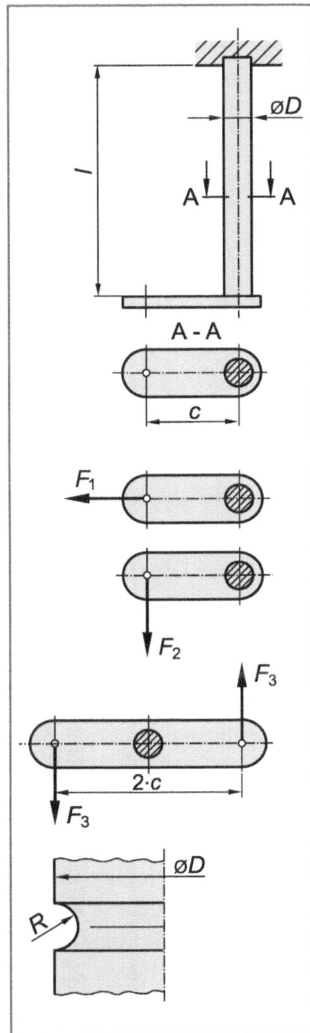

Werkstoffkennwerte C45E:

R_e = 490 N/mm^2
R_m = 720 N/mm^2
E = 210000 N/mm^2
μ = 0,30

Es sind verschiedene Lastfälle zu untersuchen:

a) An der Lasche greift die statische Kraft F_1 = 1250 N an (siehe Abbildung). Berechnen Sie die Spannung und die Dehnung an der höchst beanspruchten Stelle des Rundstabes.

b) An der Lasche greift die statische Kraft F_2 = 2250 N entsprechend der Abbildung an. Berechnen Sie die Sicherheit gegen Fließen. Ist die Sicherheit ausreichend?

Anstelle der einseitigen wird eine symmetrische Lasche angebracht. Die Lasche wird durch die beiden statischen Kräfte F_3 beansprucht. Außerdem wird in Stabmitte ein halbkreisförmiger Einstich mit dem Radius R = 3,2 mm eingearbeitet (siehe Abbildung).

c) Berechnen Sie die zulässigen Kräfte F_3, falls mit 1,4-facher Sicherheit keine plastische Verformungen auftreten dürfen.

d) Berechnen Sie die zulässigen Kräfte F_3 falls mit 1,4-facher Sicherheit die plastische Dehnung an der höchst beanspruchten Stelle auf ε_{pl} = 0,2 % begrenzt werden soll.

Aufgabe 7.8 

Die Abbildung zeigt eine abgesetzte Welle mit Vollkreisquerschnitt aus unlegiertem Vergütungsstahl C45E (R_e = 340 N/mm²; R_m = 620 N/mm²; E = 205000 N/mm²; μ = 0,30).

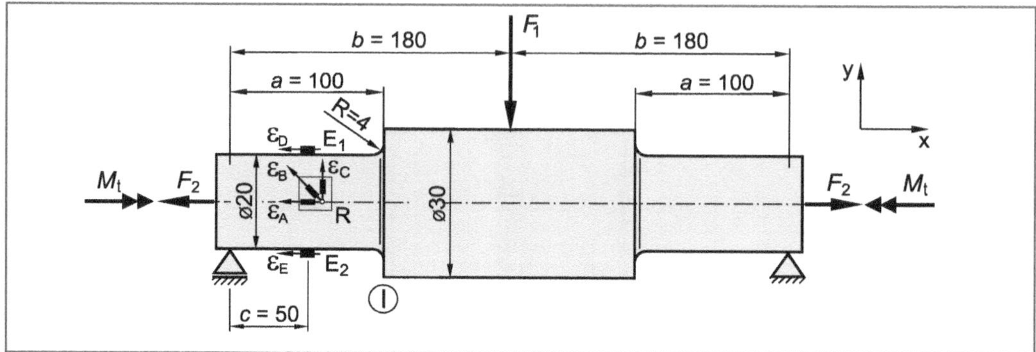

Die Welle wird durch die mittig angreifende Querkraft F_1 = 1050 N und das Torsionsmoment M_t = 72 Nm statisch beansprucht. Die Zugkraft F_2 wirkt zunächst nicht (F_2 = 0).

a) Berechnen Sie das Biegemoment im Kerbgrund (Stelle I).

b) Bestimmen Sie für die Kerbstelle I die Sicherheiten gegen Fließen (S_F) und Gewaltbruch (S_B). Sind die Sicherheiten ausreichend?

Die Welle wird nun durch eine baugleiche Welle aus dem legierten Vergütungsstahl 50CrV4 ersetzt ($R_{p0,2}$ = 900 N/mm²; R_m = 1100 N/mm²; E = 205000 N/mm²; μ = 0,30).

c) Ermitteln Sie das maximal übertragbare Torsionsmoment M_t* damit bei gleichbleibender Querkraft F_1 kein Fließen im Kerbgrund eintritt (Zugkraft F_2 = 0).

Die Welle unterliegt nun einer unbekannten Betriebsbeanspruchung. Die Querkraft F_1 und die Zugkraft F_2 sowie das Torsionsmoment M_t sind nicht bekannt. Zur Ermittlung der Kräfte und des Torsionsmomentes werden in hinreichendem Abstand vom Wellenabsatz (die Kerbwirkung kann unberücksichtigt bleiben) in der skizzierten Weise eine 0°-45°-90° DMS-Rosette (*R*) sowie zwei einzelne DMS (*E1* und *E2*) in Längsrichtung appliziert. Unter Belastung werden die folgenden Dehnungen ermittelt:

ε_A = 1,300 ‰
ε_B = 0,065 ‰
ε_C = - 0,390 ‰
ε_D = 1,050 ‰
ε_E = 1,550 ‰

d) Ermitteln Sie anhand der Dehnungswerte die Zugkraft F_2.

e) Berechnen Sie die Querkraft F_1.

f) Ermitteln Sie Betrag und Drehsinn des Torsionsmomentes M_t.

g) Berechnen Sie unter Betriebsbeanspruchung die Sicherheit S_F gegen Fließen im Kerbquerschnitt I ($R_{p0,2}$ = 900 N/mm²).

Aufgabe 7.9 ○●●●●

An einem Bauteil ist eine Dehnschraube aus dem Vergütungsstahl C35E zu überprüfen. Der gefährdete Querschnitt liegt im glatten, zylindrischen Teil des Schraubenbolzens (siehe Abbildung).

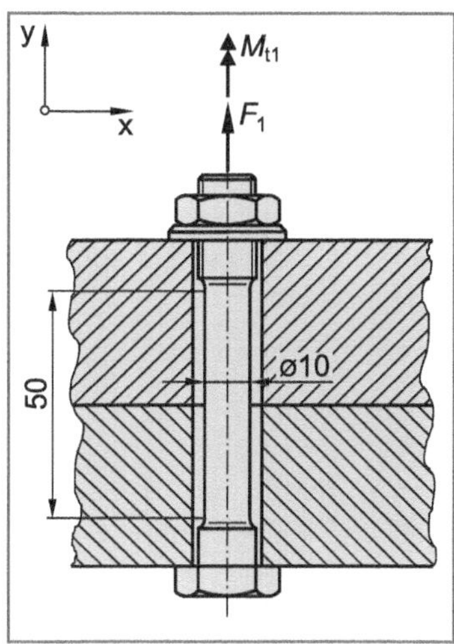

Werkstoffkennwerte C35E (vergütet):

$R_{p0,2}$ = 430 N/mm^2
R_m = 740 N/mm^2
E = 210000 N/mm^2
μ = 0,30

Der Schraubenbolzen wird zunächst durch die Vorspannkraft F_1 = 7860 N und zusätzlich durch das Torsionsmoment M_{t1} = 11,78 Nm (bedingt durch das Anziehen der Schraube) beansprucht.

a) Berechnen Sie die durch die Vorspannkraft F_1 im gefährdeten Querschnitt (d_0 = 10 mm) erzeugte Zugspannung σ_z. Um welchen Betrag verlängert sich dabei der zylindrische Teil des Schraubenbolzens (l_0 = 50 mm)?

b) Berechnen Sie die durch das Torsionsmoment M_{t1} im gefährdeten Querschnitt erzeugte maximale Schubspannung τ_t. Um welchen Winkel φ wird der zylindrische Teil des Schraubenbolzens dabei verdreht?

c) Skizzieren Sie den Mohrschen Spannungskreis für die Außenoberfläche im glatten zylindrischen Teil des Schraubenbolzens. Ermitteln Sie die Hauptnormalspannungen sowie die Winkel zwischen den Hauptspannungsrichtungen und der Schraubenlängsachse.

d) Berechnen Sie für den zylindrischen Teil der Dehnschraube das Torsionsmoment M_{t2} bei Fließbeginn. Die Vorspannkraft soll als konstant angenommen werden (F_1 = 7860 N).

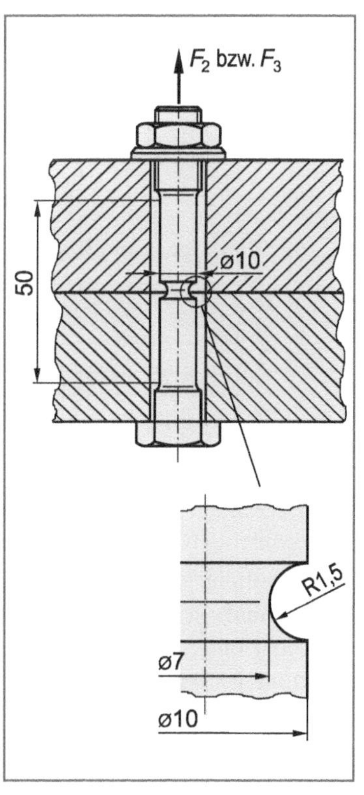

Die Schraube wird nun mit einer hydraulischen Vorspanneinrichtung eingebaut, so dass kein Drehmoment übertragen werden kann (M_t = 0). Außerdem werden jetzt Dehnschrauben mit einem halbkreisförmigen Einstich eingesetzt. Der Kerbradius R beträgt 1,5 mm (siehe Abbildung).

e) Berechnen Sie zu zulässige Vorspannkraft F_2, falls mit 1,5-facher Sicherheit (S_F = 1,5) keinerlei plastische Verformungen auftreten sollen.

f) Ermitteln Sie die Vorspannkraft F_3, falls mit 1,5-facher Sicherheit die plastische Dehnung (ε_{pl}) an der höchst beanspruchten Stelle auf 0,3 % beschränkt werden soll.

Aufgabe 7.10

Der dargestellte Ausleger aus den Werkstoffen E295 (Vierkantrohr) und S275JR (Vierkantprofilstab) wird an seinem rechten Ende durch die Einzelkraft F belastet.

Kerbwirkung an der Einspannstelle sowie Schubspannungen durch Querkräfte sind bei den nachfolgenden Berechnungen zu vernachlässigen. Die Enden des Auslegers können als ideal starr betrachtet werden. Das Eigengewicht des Auslegers wird vernachlässigt. Für beide Werkstoffe (E295 und S275JR) soll linear-elastisch idealplastisches Werkstoffverhalten vorausgesetzt werden.

Werkstoffkennwerte:

Vierkantprofilstab S275JR:

$R_{e1} = 275 \text{ N/mm}^2$
$R_{m1} = 500 \text{ N/mm}^2$
$E_1 = 209000 \text{ N/mm}^2$
$\mu_1 = 0{,}30$

Vierkantrohr E295:

$R_{e2} = 295 \text{ N/mm}^2$
$R_{m2} = 750 \text{ N/mm}^2$
$E_2 = 209000 \text{ N/mm}^2$
$\mu_2 = 0{,}30$

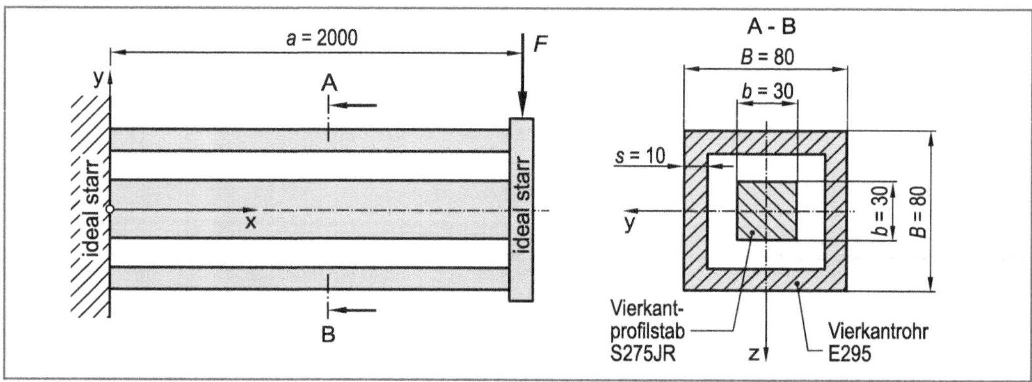

a) Berechnen Sie das axiale Flächenmoment 2. Ordnung (I_y) sowie das axiale Widerstandsmoment (W_{by}) des Auslegers bezüglich der y-Achse.

b) Ermitteln Sie diejenige Stelle am Ausleger, die mit zunehmender Erhöhung der Kraft F erstmals Fließen zeigt (Begründung !). Beachten Sie, dass der Vierkantprofilstab sowie das Rohr unterschiedliche Werkstoffkennwerte haben. Berechnen Sie die Kraft F_F bei Fließbeginn des Auslegers.

c) Berechnen Sie die Kraft F_{pl}, die erforderlich ist, um das Vierkantrohr bis $z_{pl} = 30$ mm zu plastifizieren.

d) Berechnen Sie die Kraft F^*_{pl} bei Fließbeginn des Vierkantprofilstabes.

e) Ermitteln Sie die Kraft F_{vpl} mit Erreichen des vollplastischen Zustandes des Auslegers.

f) Skizzieren Sie mit Hilfe der in Aufgabenteil b) bis e) berechneten Werte die Bauteilfließkurve des Auslegers in das vorbereitete Diagramm.

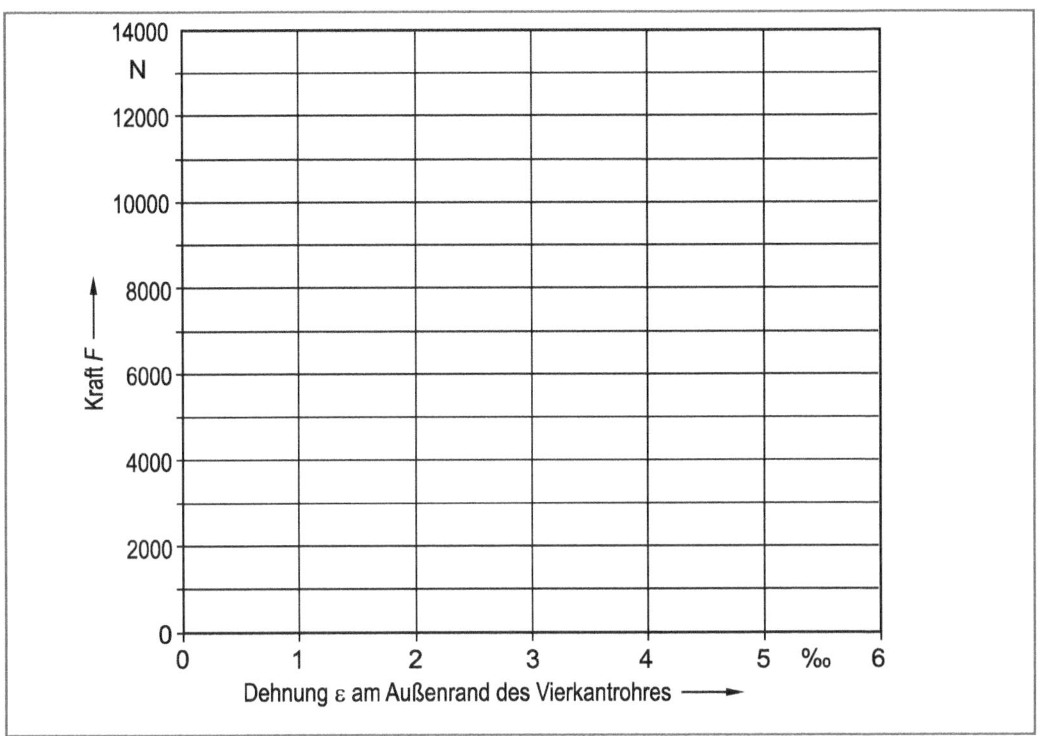

Aufgabe 7.11

Der dargestellte Lagerzapfen aus dem legierten Vergütungsstahl 34CrMo4 ($R_{p0,2}$ = 800 N/mm²; R_m = 1000 N/mm²; E = 205000 N/mm²; μ = 0,30) wird durch die statischen Kräfte F_1 und F_2 sowie durch das statische Torsionsmoment M_t belastet. Zur Ermittlung der unbekannten Kräfte und des Torsionsmomentes werden in der skizzierten Weise eine 0°-45°-90° DMS-Rosette (*R*) sowie zwei einzelne DMS (*E1* und *E2*) in Längsrichtung appliziert. Unter Belastung werden die folgenden Dehnungen ermittelt:

ε_A = 1,60 ‰
ε_B = 0,00 ‰
ε_C = - 0,48 ‰
ε_D = 1,40 ‰
ε_E = 1,80 ‰

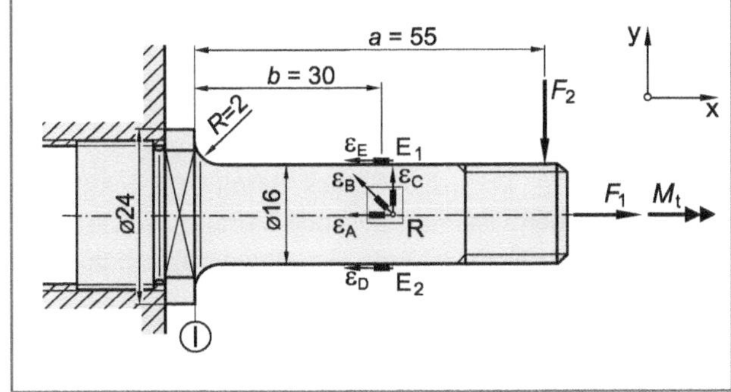

a) Ermitteln Sie anhand der Dehnungswerte die Zugkraft F_1.
b) Berechnen Sie die Querkraft F_2.
c) Ermitteln Sie Betrag und Richtung des Torsionsmomentes M_t.
d) Bestimmen Sie die Sicherheit gegen Fließen im Kerbquerschnitt I. Ist die Sicherheit ausreichend?

8 Knickung von Stäben

Bauteile die auf Zug beansprucht werden, können ihre Funktion sicher erfüllen, solange die Zugspannung σ_z die Streck- oder Dehngrenze des Werkstoffs nicht überschreitet ($\sigma_z \leq R_e$ bzw. $\sigma_z \leq R_{p0,2}$). Werden Bauteile hingegen auf Druck beansprucht, dann können bereits vor Erreichen der Quetsch- oder Stauchgrenze, auch bei mittig angreifender Druckkraft, seitliche Ausbiegungen auftreten. Man spricht dann von **Knickung**. Diejenige Kraft F, die zur Knickung führt, wird als **Knickkraft F_K** bezeichnet und soll nachfolgend ermittelt werden.

8.1 Knickkraft (Eulersche Knickfälle)

Die Berechnung der Knickkraft eines auf Druck beanspruchten Stabes soll zunächst für einen außermittigen Kraftangriff erfolgen. Hieraus soll dann auf die Verhältnisse mittig beanspruchter Druckstäbe geschlossen werden.

8.1.1 Knickung bei außermittigem Kraftangriff

Zur Herleitung der Knickkraft F_K wird zunächst ein beidseitig gelenkig gelagerter, jedoch quer zur Stablängsachse nicht verschiebbarer Stab betrachtet, dessen Querabmessungen klein gegenüber seiner Länge sein sollen (Bild 8.1a). Der Kraftangriffspunkt soll sich voraussetzungsgemäß außerhalb der Stabmitte (Exzentrizität e zur Stabachse) befinden. Diese Voraussetzung ist häufig gerechtfertigt, da auch in der Praxis, selbst bei mittig auf Druck beanspruchten Stäben, eine geringe Exzentrizität e auftritt (z. B. Montageungenauigkeiten).

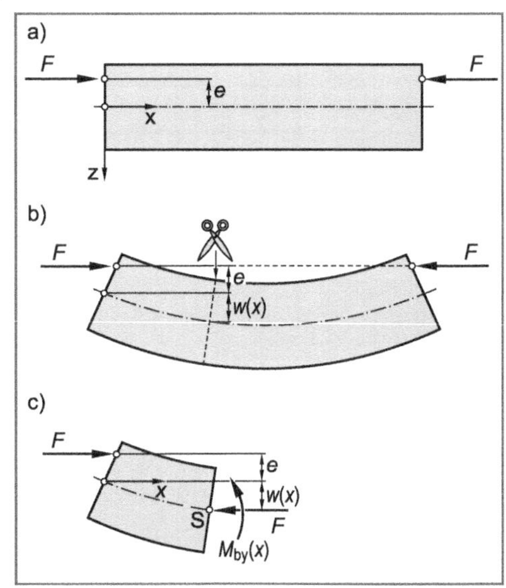

Bild 8.1 Druckstab mit außermittiger Belastung
a) gerader Stab
b) gebogener Stab
c) Kräfte und Momente am frei geschnittenen Stab

Die Kraft F bewirkt ein in Stablängsrichtung veränderliches Biegemoment $M_{by}(x)$ und führt zu einer Durchbiegung $w(x)$ des Stabes (Bild 8.1b).

Für das Biegemoment M_{by} um die zur Zeichenebene senkrechte y-Achse durch den Flächenschwerpunkt S des Querschnitts gilt (Bild 8.1c):

$$M_{by}(x) = F \cdot \left(w(x)+e\right) \tag{8.1}$$

Zur Berechnung der Knickkraft F_K muss die Durchbiegung $w(x)$ des Stabes bereits berücksichtigt werden, da man aus der Voraussetzung eines geraden Stabes keine Aussagen für einen gebogenen Stab ableiten kann.

Für kleine Durchbiegungen $w(x)$ lautet die Differentialgleichung der Biegelinie:

$$\frac{M_{by}(x)}{E \cdot I_y} = -w''(x) \tag{8.2}$$

Zur Herleitung der Differentialgleichung der Biegelinie siehe zum Beispiel [9].

Gleichung 8.1 in Gleichung 8.2 eingesetzt ergibt:

$$\frac{F \cdot (w(x)+e)}{E \cdot I_y} = -w''(x) \tag{8.3}$$

bzw. umgeformt:

$$w''(x) + \frac{F}{E \cdot I_y} \cdot \left(w(x)+e\right) = 0 \tag{8.4}$$

Führt man zur Lösung dieser Differentialgleichung die neue Veränderliche $u(x)$ ein, wobei gelten soll:

$$\begin{aligned} u(x) &= w(x) + e \\ u''(x) &= w''(x) \end{aligned} \tag{8.5}$$

und definiert außerdem zur Vereinfachung

$$\eta = \sqrt{\frac{F}{E \cdot I_y}} \tag{8.6}$$

dann folgt aus Gleichung 8.4:

$$u''(x) + \eta^2 \cdot u(x) = 0 \tag{8.7}$$

Die allgemeine Lösung dieser Differentialgleichung lautet:

$$u(x) = C_1 \sin(\eta \cdot x) + C_2 \cos(\eta \cdot x) \tag{8.8}$$

bzw. wegen $w(x) = u(x) - e$ schließlich:

$$w(x) = C_1 \sin(\eta \cdot x) + C_2 \cos(\eta \cdot x) - e \tag{8.9}$$

Voraussetzungsgemäß sollen die beiden Enden des Stabes gelenkig gelagert, jedoch senkrecht zur Stabachse nicht verschiebbar sein. Damit ergeben sich die folgenden Randbedingungen:

$$w\,(x = 0) = 0$$
$$w\,(x = l) = 0$$

Setzt man diese Randbedingungen in die Lösung der Differentialgleichung (Gleichung 8.9) ein, dann lassen sich die Konstanten C_1 und C_2 einfach ermitteln. Man erhält:

$$\begin{aligned} 0 &= C_1 \cdot \sin(\eta \cdot 0) + C_2 \cdot \cos(\eta \cdot 0) - e \\ 0 &= C_2 - e \\ C_2 &= e \end{aligned} \tag{8.10}$$

und

$$\begin{aligned} 0 &= C_1 \cdot \sin(\eta \cdot l) + C_2 \cdot \cos(\eta \cdot l) - e \\ 0 &= C_1 \cdot \sin(\eta \cdot l) + e \cdot \cos(\eta \cdot l) - e \end{aligned}$$

$$C_1 = e \cdot \frac{1 - \cos(\eta \cdot l)}{\sin(\eta \cdot l)} = e \cdot \frac{2 \cdot \sin^2\left(\frac{\eta \cdot l}{2}\right)}{2 \cdot \sin\left(\frac{\eta \cdot l}{2}\right) \cdot \cos\left(\frac{\eta \cdot l}{2}\right)} = e \cdot \tan\left(\frac{\eta \cdot l}{2}\right) \tag{8.11}$$

Die Gleichung der Biegelinie $w(x)$ lautet somit (Gleichung 8.9):

$$w(x) = e \cdot \tan\left(\frac{\eta \cdot l}{2}\right) \cdot \sin(\eta \cdot x) + e \cdot \cos(\eta \cdot x) - e$$

$$= e \cdot \left(\tan\left(\frac{\eta \cdot l}{2}\right) \cdot \sin(\eta \cdot x) + \cos(\eta \cdot x) - 1 \right) \tag{8.12}$$

Zur Vereinfachung von Gleichung 8.12 wendet man das folgende Additionstheorem an:

$$\tan x \cdot \sin y + \cos y = \frac{\sin x}{\cos x} \cdot \sin y + \cos y = \frac{\sin x \cdot \sin y + \cos x \cdot \cos y}{\cos x}$$

$$= \frac{\cos(x - y)}{\cos x} \tag{8.13}$$

Damit lässt sich Gleichung 8.12 (Biegelinie) wie folgt umformen:

$$w(x) = e \cdot \left(\frac{\cos\left(\frac{\eta \cdot l}{2} - \eta \cdot x\right)}{\cos\left(\frac{\eta \cdot l}{2}\right)} - 1 \right) = e \cdot \left(\frac{\cos\left(\eta \cdot \left(\frac{l}{2} - x\right)\right)}{\cos\left(\frac{\eta \cdot l}{2}\right)} - 1 \right) \tag{8.14}$$

Aus Symmetriegründen erhält man die maximale Durchbiegung $w(x)$ in der Stabmitte, also für $x = l\,/\,2$. Damit folgt aus Gleichung 8.14:

$$w\left(x = \frac{l}{2}\right) = w_{\max} = e \cdot \frac{\cos(\eta \cdot 0)}{\cos\left(\frac{\eta \cdot l}{2}\right)} - e = \frac{e}{\cos\left(\frac{\eta \cdot l}{2}\right)} - e \tag{8.15}$$

Mit einem Versagen des Stabes durch ein seitliches Ausknicken ist dann zu rechnen, sobald $w_{\max}$ „unendlich" wird. Dies ist der Fall, sobald gilt:

$$\cos\left(\frac{\eta \cdot l}{2}\right) = 0 \tag{8.16}$$

und damit:

$$\frac{\eta \cdot l}{2} = \frac{\pi}{2}$$

Die Fälle $n \cdot \pi/2$ mit $n = 3, 5$, usw. müssen nicht betrachtet werden, da nur die kleinste, zum Ausknicken führende Kraft (Knickkraft) ermittelt werden soll.

Mit $\eta = \sqrt{\frac{F}{E \cdot I_y}}$ (Gleichung 8.6) erhält man damit letztlich diejenige Kraft $F = F_K$ die $w_{\max}$ „unendlich" werden lässt, d. h. eine Knickung des Stabes verursacht:

$$\sqrt{\frac{F_K}{E \cdot I_y}} \cdot \frac{l}{2} = \frac{\pi}{2}$$

$$F_K = \frac{\pi^2 \cdot E \cdot I_y}{l^2}$$

Knickkraft eines beidseitig gelenkig gelagerten und außermittig beanspruchten Stabes (8.17)

Man nennt F_K nach ihrem Entdecker ***Leonhard Euler*** (1707 ... 1783) auch **Eulersche Knickkraft**.

Löst man Gleichung 8.17 nach $E \cdot I_y$ auf und setzt das Ergebnis in Gleichung 8.6 ein, dann erhält man:

$$\eta = \sqrt{\frac{F}{E \cdot I_y}} = \frac{\pi}{l} \cdot \sqrt{\frac{F}{F_K}} \tag{8.18}$$

und damit:

$$\frac{\eta \cdot l}{2} = \frac{\pi}{2} \cdot \sqrt{\frac{F}{F_K}} \tag{8.19}$$

Setzt man Gleichung 8.19 in Gleichung 8.15 ein, dann erhält man für die maximale Durchbiegung w_{max}:

$$w_{max} = \frac{e}{\cos\left(\frac{\pi}{2} \cdot \sqrt{\frac{F}{F_K}}\right)} - e$$

Maximale Durchbiegung eines an beiden Enden gelenkig gelagerten und außermittig beanspruchten Stabes (8.20)

Trägt man die maximale Durchbiegung w_{max} in Abhängigkeit der bezogenen Kraft F/F_K für verschiedene Werte der Exzentrizität e auf, dann erkennt man, dass mit abnehmender Exzentrizität der Übergang zu größeren Durchbiegungen abrupter erfolgt (Bild 8.2). Im Grenzfall $e = 0$ beobachtet man mit Erreichen der Knickkraft ($F = F_K$) einen sofortigen, unstetigen Anstieg der Durchbiegung d. h. es sind beliebige Durchbiegungen möglich.

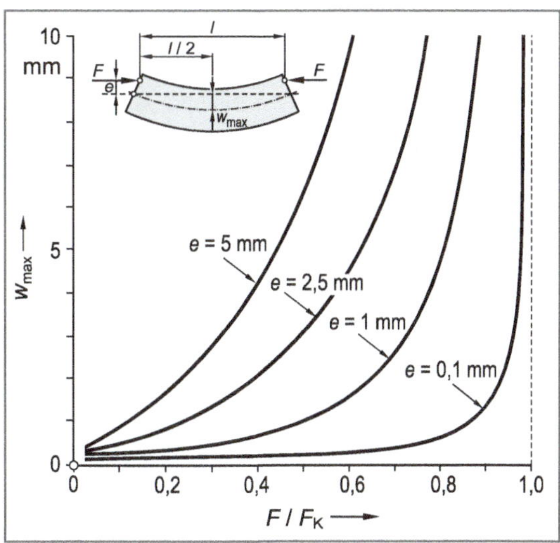

Bild 8.2 Maximale Durchbiegung w_{max} in Abhängigkeit der bezogenen Druckkraft für unterschiedliche Exzentrizitäten e

8.1.2 Knickung bei mittigem Kraftangriff

Die Herleitung der Knickkraft F_K erfolgte im vorangegangenen Kapitel für einen außermittig beanspruchten und beidseitig gelenkig gelagerten Stab (Exzentrizität $e \neq 0$). Es ist zu prüfen, ob und in welcher Weise sich die Eulersche Knickkraft (Gleichung 8.17) bei mittigem Kraftangriff ($e = 0$) ändert.

Die allgemeine Lösung der Differentialgleichung (Gleichung 8.9) lautet für $e = 0$:

$$w(x) = C_1 \cdot \sin(\eta \cdot x) + C_2 \cdot \cos(\eta \cdot x) \tag{8.21}$$

mit den Randbedingungen

$$w(x = 0) = 0$$
$$w(x = l) = 0$$

erhält man:

$$C_2 = 0 \tag{8.22}$$

und

$$0 = C_1 \cdot \sin(\eta \cdot l) + C_2 \cdot \cos(\eta \cdot l)$$
$$0 = C_1 \cdot \sin(\eta \cdot l) \tag{8.23}$$

Die Bedingung 8.23 kann nur erfüllt werden, falls gilt [1]:

$$\eta \cdot l = \pi$$

$$\sqrt{\frac{F}{E \cdot I_y}} \cdot l = \pi$$

$$F = \frac{\pi^2 \cdot E \cdot I_y}{l^2} \equiv F_K \tag{8.24}$$

Eine Lösung der Differentialgleichung (Gleichung 8.21) kann physikalisch als Beginn des Ausknickens des Stabes gedeutet werden. Dies geschieht mit Erreichen der Kraft F_K (Eulersche Knickkraft). Ein mittig beanspruchter und an seinen beiden Enden gelenkig gelagerter Stab beginnt nach obiger Berechnung also dann auszuknicken, sobald die Druckkraft F die Eulersche Knickkraft F_K erreicht:

$$F_K = \frac{\pi^2 \cdot E \cdot I_y}{l^2} \tag{8.25}$$

Knickkraft eines beidseitig gelenkig gelagerten und mittig beanspruchten Stabes

Im Falle eines außermittigen Kraftangriffs ($e \neq 0$) war der Zusammenhang zwischen Kraft F und Durchbiegung w eindeutig. Das Gleichgewicht war also stabil. Erreichte die Druckkraft F die (Eulersche) Knickkraft F_K, dann wurde w_{max} „unendlich". Bei mittigem Kraftangriff ($e = 0$) ist mit Erreichen von F_K das Gleichgewicht indifferent, d. h. jede beliebige Durchbiegung ist möglich.

Unabhängig davon, ob ein mittiger oder ein außermittiger Kraftangriff erfolgt, kennzeichnet die Eulersche Knickkraft gemäß Gleichung 8.25 diejenige Belastung, bei der ein beidseitig gelenkig gelagerter Stab durch Knickung versagt.

[1] Die Lösung $C_1 = 0$ würde die hier nicht interessierende Gleichgewichtslage des geraden Stabes beschreiben. Die Fälle $\eta \cdot l = n \cdot \pi$ mit $n = 2, 3$, usw. müssen nicht betrachtet werden, da nur diejenige Kraft ermittelt werden soll, die zum Ausknicken führt.

Zur Herleitung der Knickkraft F_K wurde vorausgesetzt, dass der Druckstab nur in der Ebene senkrecht zur y-Achse des Stabquerschnittes, der Zeichenebene also, ausknicken kann. Bei einem räumlich (z. B. in einer Kugelpfanne) gelagerten Stab kann ein Ausknicken jedoch in jeder die x-Achse beinhaltenden Ebene erfolgen. Falls nicht durch konstruktive Maßnahmen die Biegeebene vorgegeben ist bzw. erzwungen wird, erhält man die kleinste Knickkraft für das Ausknicken senkrecht zur Querschnittsachse mit dem kleinsten axialen Flächenmoment 2. Ordnung ($I = I_{min}$).

Die Herleitung der Eulerschen Knickkraft (Gleichung 8.25) setzte einen an beiden Enden gelenkig gelagerten Druckstab voraus. Bei veränderten Randbedingungen kann man in analoger Weise ebenfalls Differentialgleichungen aufstellen und die zugehörigen Knickkräfte F_K berechnen [9]. Man unterscheidet in der Regel die vier in Bild 8.3 dargestellten Knickfälle (Einspannbedingungen), die nach *Leonhard Euler* auch als **Eulersche Knickfälle** bezeichnet werden.

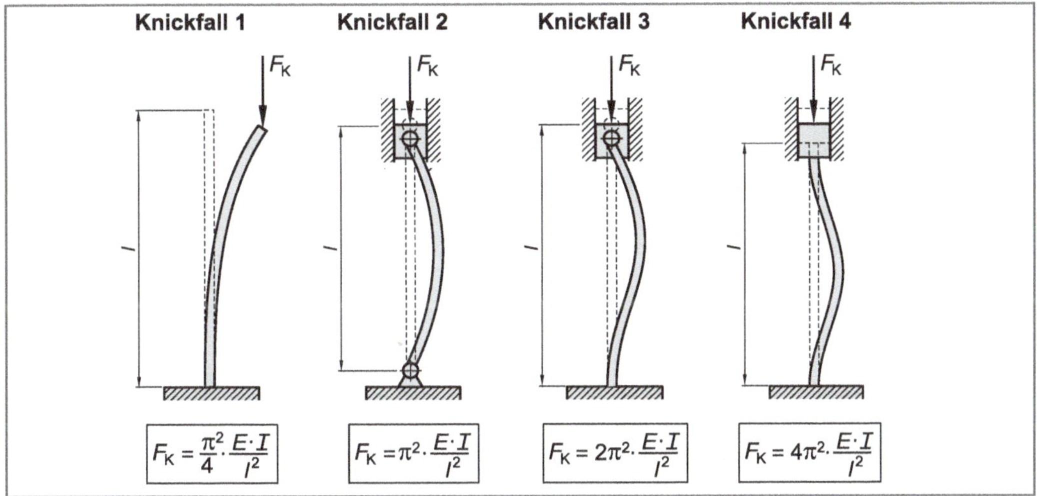

Bild 8.3 Eulersche Knickfälle

Fall 1: Der Stab ist an einem Ende fest eingespannt. Er kann dort weder zur Seite hin ausweichen noch kann er sich schräg stellen. Die Einspanntangente bleibt vertikal. Das andere Ende des Stabes ist hingegen frei beweglich d. h. ohne äußere Führung oder Einspannung. Die Knickkraft F_K berechnet sich unter diesen Bedingungen zu:

$$F_K = \frac{\pi^2}{4} \cdot \frac{E \cdot I}{l^2}$$

Knickkraft eines an einem Ende fest eingespannten, am anderen Ende frei beweglichen Stabes (8.26)

Fall 2: Der Stab ist an beiden Enden gelenkig gelagert. Er kann dort nicht zur Seite hin ausweichen, wohl aber können sich die Stabenden schräg stellen, die Einspanntangente bleibt nicht vertikal. Die Knickkraft berechnet sich in diesem Fall (wie bereits bekannt) zu:

$$F_K = \pi^2 \cdot \frac{E \cdot I}{l^2}$$

Knickkraft eines an beiden Enden gelenkig gelagerten Stabes (8.27)

Fall 3: Der Stab ist an einem Ende fest eingespannt und an seinem anderen Ende gelenkig gelagert. Die Knickkraft errechnet sich unter diesen Einspannbedingungen zu:

$$F_K = 2\pi^2 \cdot \frac{E \cdot I}{l^2}$$ **Knickkraft eines an einem Ende fest eingespannten, am anderen Ende gelenkig gelagerten Stabes** (8.28)

Fall 4: Beide Stabenden sind fest eingespannt. Diese Einspannbedingungen führen zur höchsten Belastbarkeit des Stabes. Die Knickkraft F_K errechnet sich zu:

$$F_K = 4\pi^2 \cdot \frac{E \cdot I}{l^2}$$ **Knickkraft eines beidseitig fest eingespannten Stabes** (8.29)

Die Gleichungen 8.26 bis 8.29 zeigen, dass die Knickkraft F_K vom Elastizitätsmodul (E), von der Geometrie der Querschnittsfläche, gekennzeichnet durch das axiale Flächenmoment 2. Ordnung (I) sowie von der Stablänge (l) abhängen. Einen besonderen Einfluss auf die Knickkraft übt hierbei die Stablänge l aus, da sie in den Gleichungen im Quadrat erscheint. Eine Verdoppelung der Stablänge bedeutet damit beispielsweise, dass die Knickkraft auf ein Viertel ihres ursprünglichen Wertes abnimmt. Weiterhin hängt die Knickkraft F_K in hohem Maße von den Einspannungsbedingungen ab. So ist bei gleicher Stabgeometrie die Knickkraft eines beidseitig fest eingespannten Stabes (Knickfall 4) 16mal so hoch im Vergleich zu einem an einem Ende fest eingespannten, am anderen Ende frei beweglichen Stab (Knickfall 1).

Die Gleichungen 8.26 bis 8.29 beinhalten außerdem keine Festigkeitskennwerte wie die Streck- bzw. Dehngrenze oder die Zugfestigkeit. Die Knickung ist, ebenso wie das hier nicht besprochene **Beulen**, ein Instabilitätsvorgang und wird daher im Wesentlichen nur von der geometrischen Form des Bauteils bestimmt.

In der Praxis ist es häufig schwierig, die Einspannbedingungen der Druckstäbe einem der Eulerschen Knickfälle zuzuordnen. Betrachtet man beispielsweise die Stäbe eines Fachwerks, dann sind die Stabenden elastisch durch Knotenbleche miteinander verbunden. Der Grad der Einspannung in der Fachwerkebene wird daher auch von der Biegesteifigkeit $E \cdot I$ der Nachbarstäbe mitbestimmt und liegt zwischen dem Eulerschen Knickfall 2 und 4.

8.2 Spannungsermittlung bei Knickung

Die **Knickspannung**, also die Druckspannung unmittelbar im Moment des Ausknickens, errechnet sich zu:

$$\sigma_K = \frac{F_K}{A}$$ **Knickspannung** (8.30)

Die Knickkraft F_K erhält man in Abhängigkeit der Einspannbedingungen aus den Gleichungen 8.26 bis 8.29.

8.3 Zulässige Spannung bei Knickung

Ein Stab unter Druckbeanspruchung kann nicht nur durch Knickung sondern auch durch Fließen oder durch Bruch versagen. Bei der Berechnung der zulässigen Spannung müssen daher ggf. alle drei Fälle (Fließen, Bruch und Knickung) berücksichtigt werden.

Tabelle 8.1 Kennwerte zur Bestimmung der zulässigen Spannung unter reiner Druckbeanspruchung

Werkstoff bzw. Werkstoffzustand	Versagensart	Werkstoffkennwert	Ersatzwert	Sicherheitsbeiwert [1]
duktil	Fließen	σ_{dF} bzw. $\sigma_{d0,2}$	R_e bzw. $R_{p0,2}$	$S_F = 1{,}2 \ldots 2{,}0$
	Knickung	σ_K	----	$S_K = 2{,}5 \ldots 5{,}0$
spröde	Bruch	σ_{dB}	[2]	$S_B = 4{,}0 \ldots 9{,}0$
	Knickung	σ_K	----	$S_K = 2{,}5 \ldots 5{,}0$

[1] Anhaltswerte, falls keine einschlägigen Berechnungsvorschriften vorliegen.
[2] In der Regel ist bei spröden Werkstoffen $\sigma_{dB} > R_m$

Zusammenfassend errechnet sich die zulässige Spannung σ_{zul} unter Druckbeanspruchung also wie folgt:

Bauteile aus duktilen Werkstoffen bzw. duktiles Werkstoffverhalten

- Fließen: $$\sigma_{zul} = \frac{\sigma_{dF}}{S_F} \text{ bzw. } \frac{\sigma_{d0,2}}{S_F} \quad \text{mit } S_F = 1{,}2 \ldots 2{,}0 \tag{8.31}$$

- Knickung: $$\sigma_{zul} = \frac{\sigma_K}{S_K} \quad \text{mit } S_K = 2{,}5 \ldots 5{,}0 \tag{8.32}$$

Maßgebend für den Festigkeitsnachweis ist der niedrigere der beiden Werte.

Bauteile aus spröden Werkstoffen bzw. spröder Werkstoffzustand

- Bruch: $$\sigma_{zul} = \frac{\sigma_{dB}}{S_B} \quad \text{mit } S_B = 4{,}0 \ldots 9{,}0 \tag{8.33}$$

- Knickung: $$\sigma_{zul} = \frac{\sigma_K}{S_K} \quad \text{mit } S_K = 2{,}5 \ldots 5{,}0 \tag{8.34}$$

Maßgebend für den Festigkeitsnachweis ist der niedrigere der beiden Werte.

8.4 Knicklänge

Vergleicht man die Biegelinien der Knickfälle 1, 3 und 4 mit der Biegelinie des beidseitig gelenkig gelagerten Stabes (Knickfall 2), dann fällt folgendes auf (Bild 8.4):

Knickfall 1: Eine Spiegelung der Biegelinie am fest eingespannten Ende ergibt die Biegelinie des beidseitig gelenkig gelagerten Druckstabes (Knickfall 2).

Knickfall 3: Die Biegelinie von Knickfall 3 hat einen Wendepunkt. Am Wendepunkt ist $w''(x) = 0$ und damit $M_{by} = 0$ (Gleichung 8.2). Damit kann man sich den Wendepunkt von Knickfall 3 auch durch eine gelenkige Einspannung ersetzt denken. Daher entspricht die Biegelinie zwischen Wendepunkt und der oberen, gelenkigen Einspannung der Biegelinie des beidseitig gelenkig gelagerten Stabes (Knickfall 2).

Knickfall 4: Auch hier gilt an den Wendepunkten $w''(x) = 0$ und dementsprechend $M_{by} = 0$, so dass die Biegelinie zwischen den Wendepunkten von Knickfall 4 wieder der Biegelinie von Knickfall 2 entspricht.

Die Länge der Abschnitte innerhalb derer die Biegelinien mit derjenigen des beidseitig gelenkig gelagerten Stabes übereinstimmen, wird als **Knicklänge** l_K bezeichnet (Bild 8.4). Für den Zusammenhang zwischen Knicklänge l_K und Stablänge l folgt dann:

Knickfall 1: $l_K = 2 \cdot l$ (8.35)

Knickfall 2: $l_K = l$ (8.36)

Knickfall 3: $l_K \approx 0{,}7 \cdot l$ (8.37)

Knickfall 4: $l_K = 0{,}5 \cdot l$ (8.38)

Damit können die Gleichungen 8.26 bis 8.29 auch durch *eine* Gleichung ersetzt werden, indem man die Stablänge l durch die Knicklänge l_k ersetzt.

$$F_K = \frac{\pi^2 \cdot E \cdot I}{l_K^2} \tag{8.39}$$

Man überzeugt sich leicht, dass man durch Einsetzen der Knicklängen l_K (Gleichungen 8.35 bis 8.38) in Gleichung 8.39 wieder die bekannten Gleichungen 8.26 bis 8.29 erhält. Für den Knickfall 2 entspricht die Knicklänge l_K der Stablänge l, so dass Gleichung 8.39 mit Gleichung 8.27 übereinstimmt.

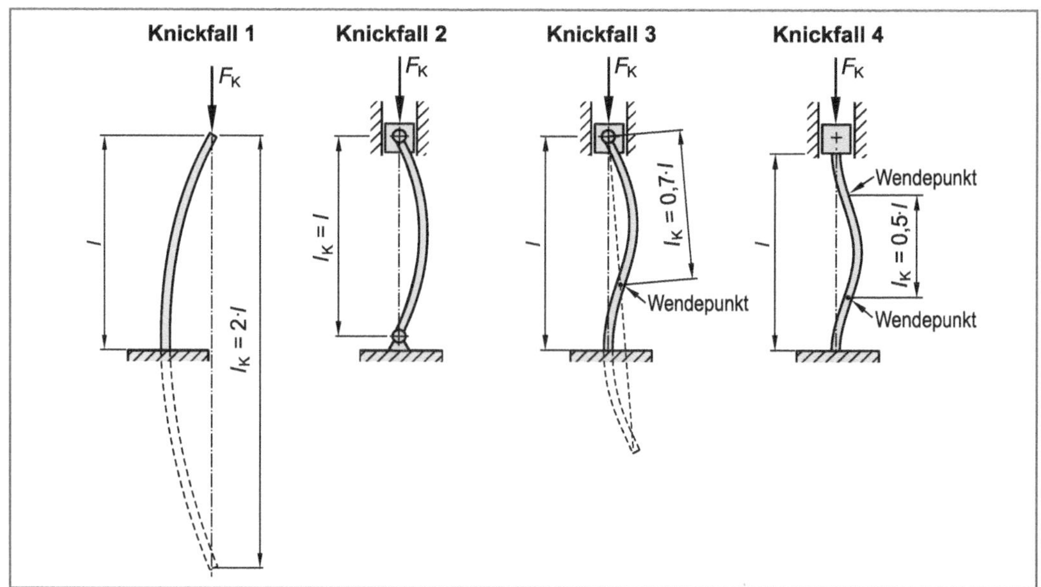

Bild 8.4 Biegelinien und Knicklängen für unterschiedliche Einspannbedingungen (Eulersche Knickfälle)

8.5 Knickspannungsdiagramme

Die Knickspannung σ_K errechnet sich entsprechend Gleichung 8.30 zu:

$$\sigma_K = \frac{F_K}{A} \qquad (8.40)$$

mit der Knickkraft F_K gemäß Gleichung 8.39 folgt:

$$\sigma_K = \frac{\pi^2 \cdot E \cdot I}{l_K^2 \cdot A} \qquad (8.41)$$

Definiert man für die Geometrie des Stabes den **Schlankheitsgrad** λ zu (mit $I = I_{min}$):

$$\lambda = \frac{l_K}{\sqrt{I/A}} \qquad (8.42)$$

Definition des Schlankheitsgrades

dann folgt aus Gleichung 8.41:

$$\sigma_K = \frac{\pi^2 \cdot E}{\lambda^2} \qquad (8.43)$$

Gleichung der Euler-Kurve

Trägt man diese Gleichung in einem σ-λ-Diagramm, dem so genannten **Knickspannungsdiagramm** auf, dann erhält man eine Hyperbel, die als **Euler-Kurve** bezeichnet wird (Bild 8.5).

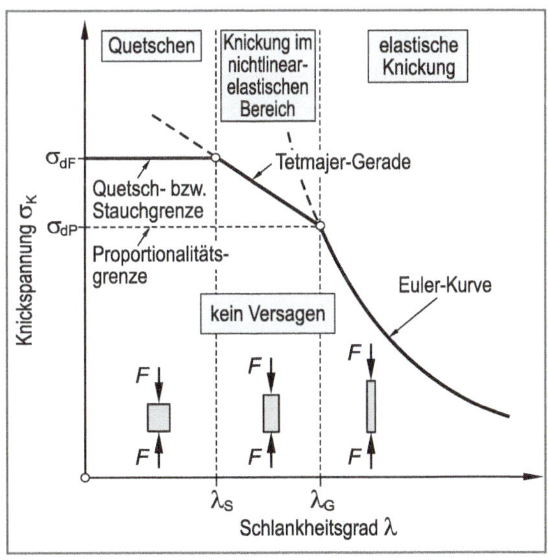

Bild 8.5 Knickspannungsdiagramm

Erreicht die Knickspannung σ_K mit abnehmendem Schlankheitsgrad λ die Proportionalitätsgrenze für Druckbeanspruchung (σ_{dP}), dann verliert Gleichung 8.43 ihre Gültigkeit, da oberhalb von σ_{dP} das Hookesche Gesetz nicht mehr gilt. Der **Grenzschlankheitsgrad** λ_G lässt sich dann einfach berechnen:

$$\sigma_K = \frac{\pi^2 \cdot E}{\lambda_G^2} = \sigma_{dP} \qquad (8.44)$$

Damit ergibt sich der Grenzschlankheitsgrad λ_G:

$$\lambda_G = \pi \cdot \sqrt{\frac{E}{\sigma_{dP}}} \qquad (8.45)$$

Grenzschlankheitsgrad für elastische Knickung (Euler-Bereich)

Da die Proportionalitätsgrenze σ_{dP} experimentell praktisch nicht ermittelt werden kann, ist ersatzweise auch eine Berechnung mit Hilfe der technischen Elastizitätsgrenze $R_{p0,01}$ (Kapitel 2.2.2.1) möglich.

Im Euler-Bereich, also für Stäbe mit einem Schlankheitsgrad $\lambda > \lambda_G$ (Bild 8.5) ist die Knickspannung nur vom Elastizitätsmodul E des Werkstoffs und von der Stabgeometrie (Schlankheitsgrad λ) abhängig. Eine höhere Festigkeit des Werkstoffs (σ_{dP} bzw. $R_{p0,0,1}$) liefert hierbei keine zusätzliche Sicherheit, da innerhalb einer Werkstoffgruppe der Elastizitätsmodul E nur wenig variiert (Kapitel 2.1.4.1). Daher lässt sich durch die Wahl eines höherfesten Werkstoffs (in der Regel auch höhere Werkstoff- und Bearbeitungskosten!) keine Verbesserung im Hinblick auf das Ausknicken erreichen d. h. die Tragfähigkeit des Druckstabes wird nicht erhöht. Wohl aber führt gemäß Gleichung 8.45 eine höhere Festigkeit zu kleineren Grenzschlankheitsgraden λ_G und erweitert dadurch den Euler-Bereich, so dass bei einer zusätzlichen, konstruktiven Verminderung des Schlankheitsgrades (z. B. Verminderung der Stablänge unter Beibehaltung der Querschnittsgeometrie) die Knickspannung und damit die Tragfähigkeit erhöht werden kann.

Während lange, dünne Stäbe ($\lambda > \lambda_G$) mit steigender Druckbeanspruchung durch **elastische Knickung** versagen, werden kurze, dicke Stäbe ($\lambda < \lambda_S$) mit Überschreiten der Quetsch- bzw. Stauchgrenze (σ_{dF} bzw. $\sigma_{d0,2}$, siehe Kapitel 2.2.2.1) plastisch verformt (zusammengedrückt) ohne zu knicken. Für mittellange Stäbe, mit Schlankheitsgraden nur wenig unter λ_G ($\lambda_S < \lambda < \lambda_G$) kommt es hingegen zur **Knickung im nichtlinear-elastischen Bereich**. Experimentelle Untersuchungen ergeben für diesen Bereich eine Übergangskurve, die näherungsweise unter anderem durch die **Tetmajer-Gleichung** (***Ludwig von Tetmajer,*** 1850 ... 1905) beschrieben werden kann. Die empirisch ermittelte Tetmajer-Gleichung schneidet für duktile Werkstoffe die Euler-Kurve in $\lambda = \lambda_G$ und $\sigma = \sigma_{dP}$ und kann wie folgt beschrieben werden:

$$\sigma_K = a - b \cdot \lambda + c \cdot \lambda^2 \qquad \textbf{Tetmajer-Gleichung} \qquad (8.46)$$

Tabelle 8.2 Koeffizienten der Tetmajer-Gleichung

Werkstoff	a	b	c	Gültigkeit
	N/mm²			
EN-GJL-200	776	12	0,053	$0 < \lambda < 80$
S235JR	310	1,14	0	$60 < \lambda < 104$
E335	335	0,62	0	$0 < \lambda < 88$

8.6 Biegeknickung

Die bisherigen Betrachtungen sind davon ausgegangen, dass die auf Druck beanspruchten Stäbe keine Biegung erfahren, die Exzentrizität e also Null ist. Durch Fertigungs- oder Montageungenauigkeiten ist in der Praxis jedoch stets mit einer gewissen Exzentrizität e der Druckkraft zu rechnen (Bild 8.6). Dann überlagert sich der Druckspannung $\sigma_d = F / A$ noch ein Biegeanteil $\sigma_b = M_{b\,max} / W_b$. Die Gesamtspannung σ_{ges} ergibt sich dann zu:

$$\sigma_{ges} = \sigma_d + \sigma_b = \frac{F}{A} + \frac{M_{b\,max}}{W_b}$$

$$\sigma_{ges} = \frac{F}{A} + \frac{F \cdot (w_{max} + e)}{W_b} \qquad (8.47)$$

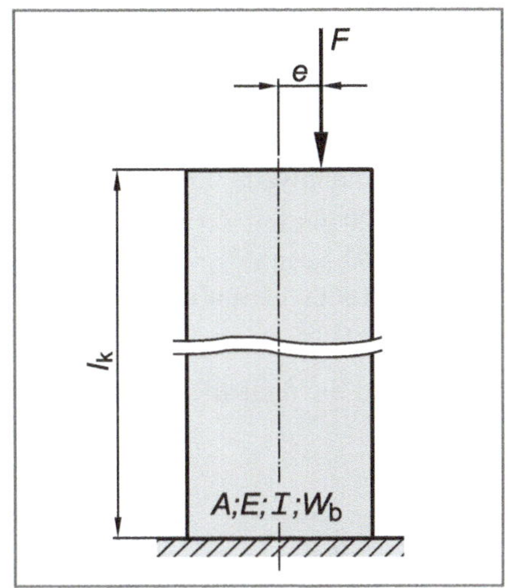

Bild 8.6 Exzentrisch angreifende Druckkraft

Mit Gleichung 8.15 folgt:

$$\sigma_{ges} = \frac{F}{A} + \frac{F \cdot e}{W_b \cdot \cos\left(\frac{\eta \cdot l}{2}\right)} \qquad (8.48)$$

und mit Gleichung 8.6 schließlich:

$$\sigma_{ges} = \frac{F}{A} + \frac{F \cdot e}{W_b \cdot \cos\left(\frac{l}{2} \cdot \sqrt{\frac{F}{E \cdot I}}\right)} \qquad (8.49)$$

Gleichung 8.49 gilt zunächst für den beidseitig gelenkig gelagerten Stab (Knickfall 2). Ersetzt man jedoch die Stablänge l durch die Knicklänge l_K, dann kann die Beziehung unter Berücksichtigung der Gleichungen 8.35 bis 8.38 für alle Knickfälle angewandt werden.

$$\sigma_{ges} = \frac{F}{A} + \frac{F \cdot e}{W_b \cdot \cos\left(\frac{l_K}{2} \cdot \sqrt{\frac{F}{E \cdot I}}\right)} \qquad (8.50)$$

Gleichung 8.50 zeigt, dass bei Druckstäben mit außermittigem Kraftangriff (Wirkungslinie der Druckkraft fällt nicht mit dem Flächenschwerpunkt des Stabquerschnitts zusammen) zusätzlich zur Druckspannung noch ein nicht unerheblicher Biegeanteil zu berücksichtigen ist. Bei größerer Exzentrizität e kann daher die Spannung σ_{ges} bereits lange vor einer Knickung unzulässig hohe Werte erreichen. Da bei Druckstäben die Exzentrizität e nur schwer abzuschätzen ist, wird in der Praxis daher meist mit hohen Sicherheitsbeiwerten gegen Knickung gerechnet (Tabelle 8.1).

8.7 Aufgaben

Aufgabe 8.1 ○○○●●

Ein beidseitig gelenkig gelagerter Profilstab aus dem Vergütungsstahl C22 mit einer Länge von $l = 2$ m und einer quadratischen Querschnittsfläche ($a = 50$ mm) wird durch die im Flächenschwerpunkt angreifende, statisch wirkende Druckkraft $F_d = 50$ kN mittig beansprucht.

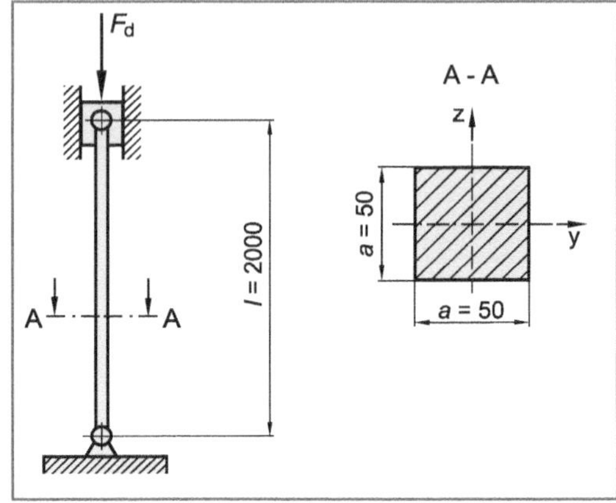

Werkstoffkennwerte C22 (vergütet):

$R_{p0,2}$ = 320 N/mm²
R_m = 460 N/mm²
E = 210000 N/mm²
μ = 0,30

Berechnen Sie die Knickkraft F_K sowie die Sicherheit gegen Knickung (S_K) und gegen Fließen (S_F).

Aufgabe 8.2 

Ein Profilstab aus der unlegierten Baustahlsorte S275JR mit einer Länge von $l = 1500$ mm und der dargestellten Querschnittsfläche, wird durch eine im Flächenschwerpunkt S angreifende Druckkraft F_d statisch beansprucht. Der Profilstab ist an beiden Enden gelenkig gelagert.

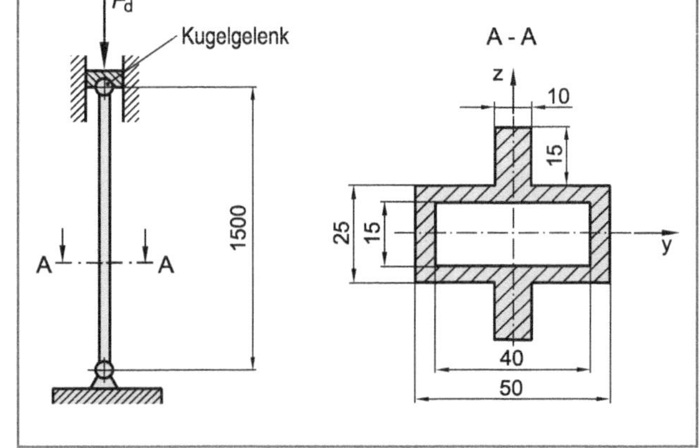

Werkstoffkennwerte S275JR:

R_e = 255 N/mm²
R_m = 510 N/mm²
E = 210000 N/mm²
μ = 0,30

a) Berechnen Sie für den dargestellten Querschnitt die axialen Flächenmomente 2. Ordnung bezüglich der y-Achse (I_y) sowie bezüglich der z-Achse (I_z).

b) Ermitteln Sie die zulässige Druckbelastung F_d des Profilstabes ($S_K = 4$ und $S_F = 1,5$).

c) Berechnen Sie die Verkürzung Δl des Profilstabes unmittelbar vor dem Versagen.

Aufgabe 8.3 ○○●●●

Die Abbildung zeigt eine einfache hydraulische Hebevorrichtung bestehend aus Tragarm (*T*), einer beidseitig gelenkig gelagerten Kolbenstange (*K*) und einem Hydraulikzylinder (*Z*). Durch Veränderung des Drucks im Zylinder kann die Masse *m* am Ende des Tragarms angehoben oder abgesenkt werden. Das Eigengewicht von Tragarm und Kolbenstange darf vernachlässigt werden.

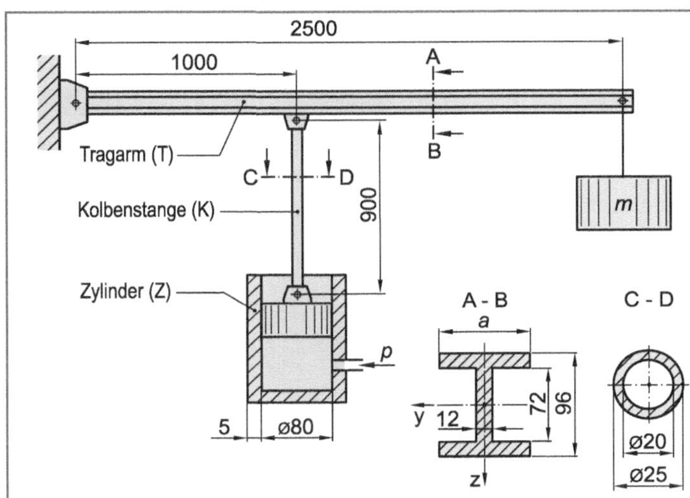

Werkstoffkennwerte:

Werkstoffkenn-werte	Tragarm (S235JR)	Kolbenstange (C35E)	Zylinder (EN-GJL-350)
R_e [N/mm²]	235	355	---
R_m [N/mm²]	360	470	350
E [N/mm²]	210000	210000	115000
μ [-]	0,30	0,30	0,26

a) Berechnen Sie die Druckkraft F_d auf die Kolbenstange, falls die an den Tragarm angehängte Masse $m = 1000$ kg beträgt.

b) Ermitteln Sie die Sicherheiten gegen Fließen (S_F) und Knickung (S_K) für die beidseitig gelenkig gelagerte Kolbenstange (*K*). Sind die Sicherheiten ausreichend?

c) Berechnen Sie für die höchst beanspruchte Stelle des Tragarms (*T*) das Biegemoment $M_{b\,max}$. Berechnen Sie außerdem das Maß *a* des I-Profils des Tragarms, so dass die Sicherheit gegen Fließen an der höchst beanspruchten Stelle $S_F = 1{,}5$ beträgt.

Aufgabe 8.4 ○○●●●

Der dargestellte Wandkran ist an seinem linken Ende gelenkig gelagert. An seinem freien, rechten Ende greift eine statisch wirkende Kraft F = 800 kN an. Der Kranausleger wird durch einen Stützstab aus unlegiertem Baustahl (S235JR) abgestützt und kann als beidseitig gelenkig gelagert angesehen werden.

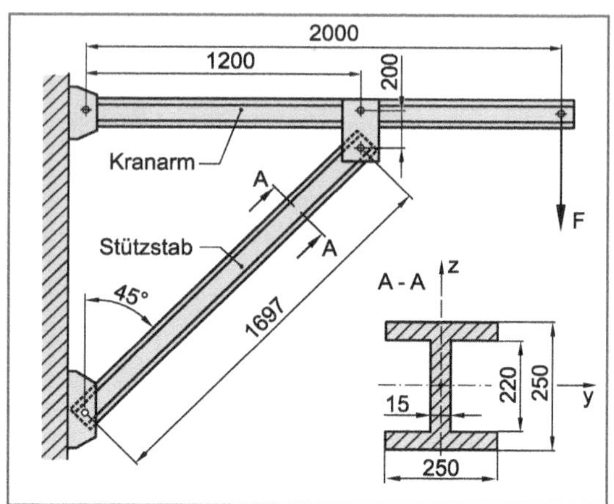

Werkstoffkennwerte S235JR:

R_e = 235 N/mm^2
R_m = 440 N/mm^2
E = 210000 N/mm^2
μ = 0,30

a) Berechnen Sie die Druckkraft F_d, die auf den Stützstab wirkt.

b) Bestimmen Sie für die Querschnittsfläche des Stützstabes das axiale Flächenmoment 2. Ordnung bezüglich der y-Achse (I_y).

c) Ermitteln Sie für den Stützstab die Sicherheiten gegen Fließen und gegen Knickung. Sind die Sicherheiten ausreichend?

Aufgabe 8.5 ○○○●●

Eine Stahlstütze aus der unlegierten Baustahlsorte S235JR mit kreisförmigem Querschnitt (d_i = 50 mm; s = 5 mm) und einer Länge von l = 2500 mm wird durch die statisch wirkende, mittig angreifende Druckkraft F beansprucht. Die Stahlstütze kann an ihrem unteren Ende als fest eingespannt, an ihrem oberen Ende hingegen als frei beweglich betrachtet werden.

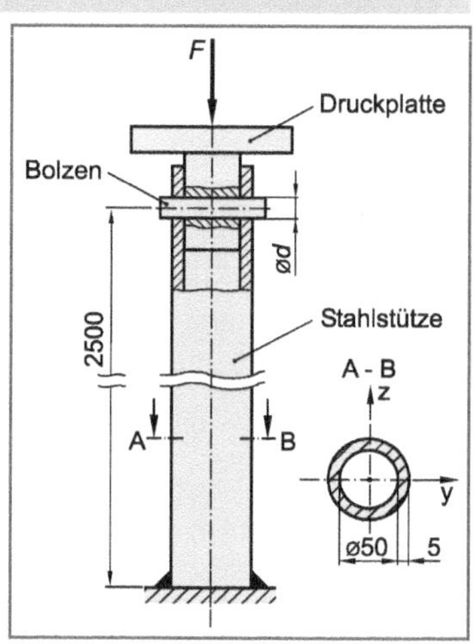

Am oberen Ende der Stütze wurde außerdem eine Druckplatte montiert, die mittels eines Bolzens mit der Stütze verbunden ist. Der Bolzen aus dem unlegierten Vergütungsstahl C45E hat einen Vollkreisquerschnitt.

Werkstoffkennwerte:

S235JR: R_e = 235 N/mm^2
R_m = 380 N/mm^2
A = 26 %
E = 210000 N/mm^2

C45E: $R_{p0,2}$ = 310 N/mm^2
R_m = 620 N/mm^2
τ_{aB} = 490 N/mm^2
A = 16 %

a) Berechnen Sie die zulässige Druckkraft F_d, damit Fließen der Stahlstütze mit einer Sicherheit von $S_F = 1{,}5$ ausgeschlossen werden kann.

b) Ermitteln Sie die Druckkraft F_d^*, die zu einer Knickung der Stahlstütze führt.

c) Berechnen Sie den erforderlichen Durchmesser d des Bolzens, damit bei einer Belastung von $F = 25$ kN ein Abscheren mit einer Sicherheit von $S_B = 2{,}0$ ausgeschlossen werden kann.

Aufgabe 8.6 ○○○●●

Ein Wendelbohrer (Durchmesser $d = 12$ mm) aus Schnellarbeitsstahl HS 6-5-2 ($E = 208000$ N/mm^2) hat den in der Abbildung dargestellten idealisierten Querschnitt.

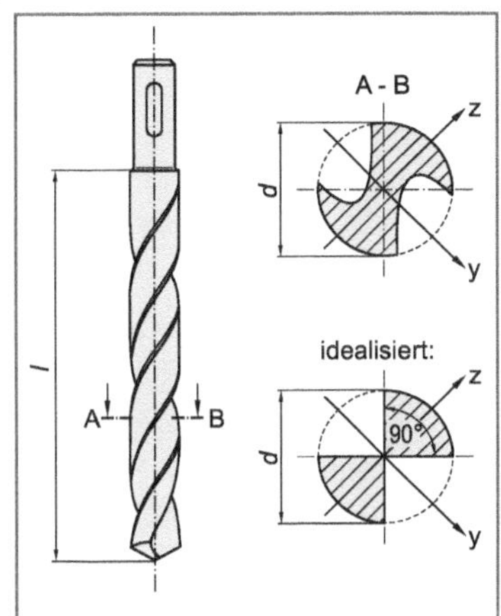

Ermitteln Sie die maximale Länge l des Bohrers, damit die Knickkraft F_K mindestens 2 kN beträgt.

Hinweis:
Das kleinste Flächenmoment 2. Ordnung (bezüglich der z-Achse) ergibt sich für den idealisierten Querschnitt zu:

$$I_z = \frac{d^4}{64} \cdot \left(\frac{\pi}{2} - 1 \right)$$

Aufgabe 8.7 ○○●●●

Die Stütze eines Stahlgerüsts aus Werkstoff S275J0 hat einen Kreisringquerschnitt und soll eine axiale Druckkraft von $F = 150$ kN aufnehmen. Die Länge der Stütze beträgt $l = 1500$ mm und der Außendurchmesser $d_a = 100$ mm. Die Stütze kann an ihrem unteren Ende als fest eingespannt und am oberen Enden als frei beweglich betrachtet werden.

a) Berechnen Sie die mindestens erforderliche Wandstärke s, damit die Belastung von $F = 150$ kN mit der notwendigen Sicherheit ($S_F = 1{,}5$ und $S_K = 3{,}0$) ertragen werden kann. Die Druckkraft F soll zunächst als mittig angreifend ($e = 0$) betrachtet werden.

b) Aufgrund von Montageungenauigkeiten ist es möglich, dass die Druckkraft außermittig angreift ($e \neq 0$). Bestimmen Sie die maximal zulässige Exzentrizität e, damit eine Sicherheit von $S_F = 1{,}2$ gegen Fließen gegeben ist. Die Wandstärke der rohrförmigen Stütze soll $s = 5$ mm betragen.

Werkstoffkennwerte S275J0:
$R_e = 290$ N/mm^2
$R_m = 560$ N/mm^2
$E = 208000$ N/mm^2

Aufgabe 8.8 ○○○○●

Für ein Baugerüst werden Rohrstützen aus S235JR (R_e = 240 N/mm^2; R_m = 420 N/mm^2 und E = 210000 N/mm^2) verwendet. Die Länge der Stützen beträgt l = 3,50 m, der Außendurchmesser d_a = 60 mm und die Wandstärke s = 5 mm. Die Stützen werden statisch auf Druck beansprucht und sind so eingebaut, dass beide Enden als fest eingespannt betrachtet werden können (S_F = 1,5; S_K = 4,0).

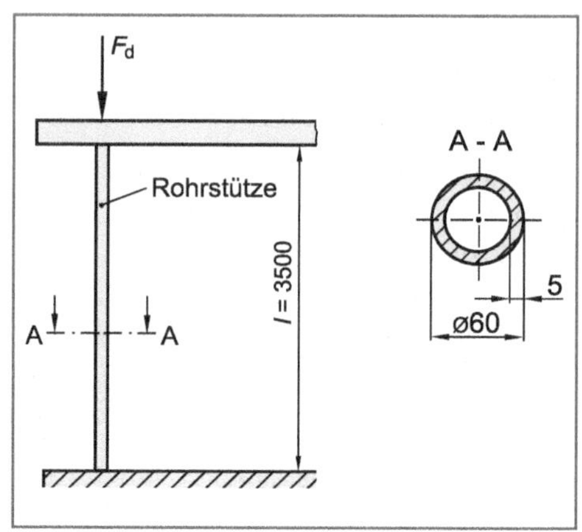

a) Berechnen Sie ist die zulässige Druckkraft F_d auf die Rohrstütze.

b) Ermitteln Sie die Verkürzung Δl der Rohrstütze für die zulässige Belastung aus Aufgabenteil a).

Aufgabe 8.9 ○○○●●

Ein warm gewalzter Stahlträger (IPE 300) aus S235JR hat eine Länge von l = 3,5 m und wird durch eine statisch wirkende, mittig angreifende, axiale Druckkraft F = 1300 kN belastet. Der Träger ist an seinem unteren Ende in einer Kugelpfanne gelagert und am oberen Ende vertikal geführt.

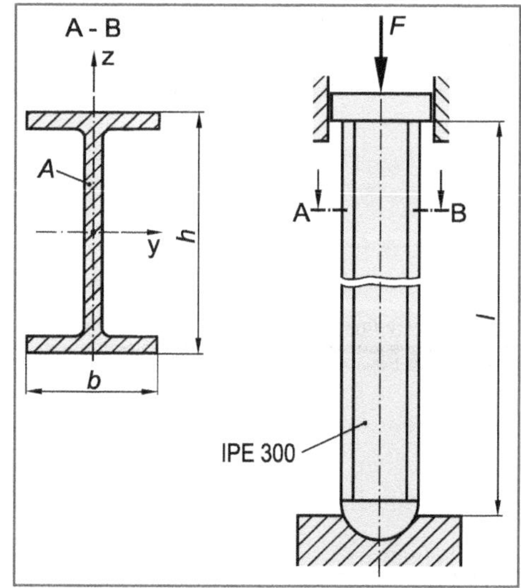

Ermitteln Sie die Sicherheiten gegen Versagen.

Werkstoffkennwerte:

R_e = 300 N/mm^2
R_m = 530 N/mm^2
E = 210000 N/mm^2

Kenndaten zum Stahlträger (IPE 300):

h = 300 mm
b = 150 mm
A = 53,8 cm^2
I_y = 8360 cm^4
I_x = 604 cm^4

9 Schiefe Biegung

Von **schiefer Biegung** (mitunter auch als **zweiachsige Biegung** oder **allgemeine Biegung** bezeichnet) spricht man, sofern an einem Balken Kräfte (Einzelkräfte oder Streckenlasten) oder Momente angreifen, deren Momentenvektor M_b *nicht* mit einer der beiden Hauptachsen des Balkenquerschnitts zusammenfällt. Dies ist der Fall:

- bei Balken mit symmetrischem Querschnitt falls der Biegemomentenvektor schräg zur Symmetrieebene wirkt d. h. nicht mit der Symmetrieebene oder ihrer Senkrechten durch den Flächenschwerpunkt zusammenfällt (Bild 2.18c).
- bei Balken mit unsymmetrischem Querschnitt sofern der Biegemomentenvektor nicht mit einer der Hauptachsen zusammenfällt (Bild 2.18d).

Ziel dieses Kapitels ist die Ermittlung der Biegespannung in jedem Punkt der Querschnittsfläche eines biegebeanspruchten Balkens und damit auch Ort und Betrag der maximalen Biegespannung. Zur Lösung dieser Aufgabe ist es zunächst erforderlich, die Begriffe „Flächenmoment" und „Hauptachsen" einer Fläche zu erläutern.

9.1 Flächenmomente

Flächenmomente sind Rechengrößen in Form von Integralen. Ein Flächenmoment kann man sich dadurch veranschaulichen, indem man eine Querschnittsfläche A in unendlich viele kleine Flächenelemente dA aufteilt, den Abstand (oder das Quadrat des Abstands) eines jeden Elementes von den Bezugsachsen (z. B. y oder z in Bild 9.1) mit seinem Flächeninhalt multipliziert und alle so gewonnenen Produkte über die gesamte Querschnittsfläche summiert (integriert).

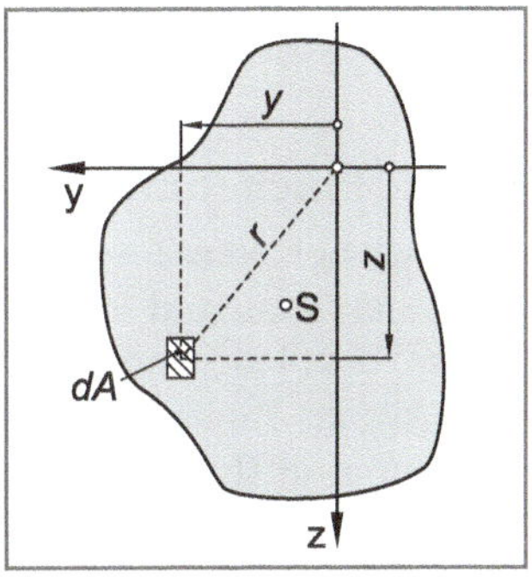

Bild 9.1 Aufteilung einer Querschnittsfläche in unendlich kleine Flächenelemente dA

Man unterscheidet:

- Flächenmomente 1. Ordnung
- Flächenmomente 2. Ordnung

9.1.1 Flächenmomente 1. Ordnung

Unter einem Flächenmoment 1. Ordnung (mitunter auch als **statisches Moment** bezeichnet) versteht man einen mathematischen Ausdruck der Form:

$$H_y = \int_A z \cdot dA$$ **Flächenmoment 1. Ordnung bezüglich der y-Achse** (9.1)

bzw.

$$H_z = \int_A y \cdot dA$$ **Flächenmoment 1. Ordnung bezüglich der z-Achse** (9.2)

Die Flächenmomente sind von erster Ordnung, da die Integranden (z. B. die Koordinaten y oder z) in der ersten Potenz auftreten. Die Dimension des Flächenmomentes 1. Ordnung ist beispielsweise m^3, cm^3 oder mm^3. Für praktische Berechnungen verwendet man in der Regel jedoch mm^3.

Flächenmomente 1. Ordnung benötigt man unter anderem zur Berechnung von Flächenschwerpunkten oder bei der Ermittlung von Schubspannungen, die durch Querkräfte (Querkraftschub) hervorgerufen werden (Kapitel 10.1).

Für die Ermittlung von Flächenmomenten 1. Ordnung gelten die folgenden Aussagen:

1. Flächenmomente 1. Ordnung können in Abhängigkeit der Lage der Bezugsachse positive oder negative Zahlenwerte annehmen.
2. Flächenmomente 1. Ordnung sind von der Lage der Bezugsachsen abhängig. Bezüglich Achsen durch den Flächenschwerpunkt S (Schwereachsen) sind die Flächemomente 1. Ordnung Null. Damit sind bei symmetrischen Querschnittsflächen die Flächenmomente 1. Ordnung auch bezüglich der Symmetrieachse(n) Null. Bild 9.2 verdeutlicht diesen Sachverhalt: für jedes positive Produkt ($y \cdot dA$) existiert ein entsprechend negatives Produkt ($-y \cdot dA$) auf der jeweils der Symmetrieachse gegenüberliegenden Seite. Nach einer Summation bzw. Integration heben sich die Zahlenwerte gegenseitig auf.

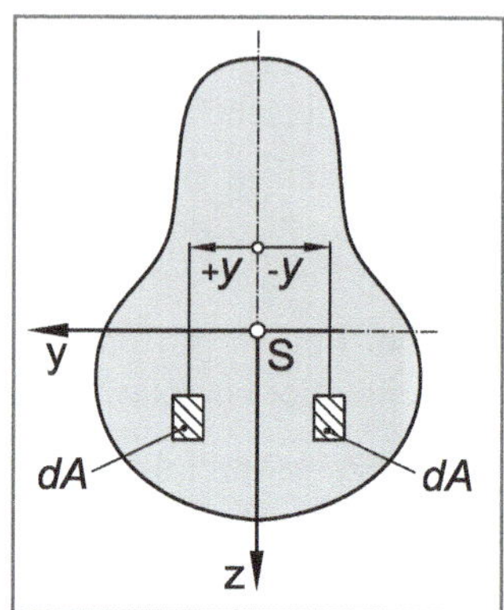

Bild 9.2 Flächenmomente 1. Ordnung bei symmetrischen Querschnittsflächen

9.1.2 Flächenmomente 2. Ordnung

Flächenmomente 2. Ordnung kennzeichnen die Steifigkeit einer Querschnittsfläche beispielsweise in Bezug auf Biegung, Torsion oder Knickung. Aus Kapitel 2.3 und 2.5 ist bereits bekannt, dass Flächenmomente 2. Ordnung als Rechengrößen bei der Spannungsermittlung unter Biege- und Torsionsbeanspruchung benötigt werden. In Kapitel 8 wurden Flächenmomente 2. Ordnung zur Berechnung der Knickkraft benötigt.

Flächenmomente 2. Ordnung werden unterschieden in:

- Axiale Flächenmomente 2. Ordnung (z. B. I_y und I_z)
- Polare Flächenmomente (z. B. I_p)
- Gemischte Flächenmomente (z. B. I_{yz})

9.1.2.1 Axiale Flächenmomente 2. Ordnung

Unter einem axialen Flächenmoment 2. Ordnung versteht man einen mathematischen Ausdruck der Form:

$$I_y = \int_A z^2 \cdot dA$$ **Axiales Flächenmoment 2. Ordnung bezüglich der y-Achse** (9.3)

bzw.

$$I_z = \int_A y^2 \cdot dA$$ **Axiales Flächenmoment 2. Ordnung bezüglich der z-Achse** (9.4)

Die Zahlenwerte axialer Flächenmomente 2. Ordnung sind von der Geometrie der Querschnittsfläche sowie von der Lage der Bezugsachse abhängig und nehmen stets positive Werte an.

Vielfach werden die axialen Flächenmomente 2. Ordnung aufgrund ihrer mathematischen Ähnlichkeit zu den Massenträgheitsmomenten der Dynamik als **axiale Flächenträgheitsmomente** bezeichnet. Da Flächen jedoch keine Massenträgheit haben, sollte diese Bezeichnung vermieden werden.

9.1.2.2 Polare Flächenmomente

Addiert man die beiden axialen Flächenmomente I_y und I_z dann erhält man:

$$I_y + I_z = \int_A z^2 \cdot dA + \int_A y^2 \cdot dA = \int_A \left(z^2 + y^2\right) \cdot dA$$

und wegen $y^2 + z^2 = r^2$ (Bild 9.1) folgt:

$$I_y + I_z = \int_A r^2 \cdot dA$$

Damit erhält man das **polare Flächenmoment** I_p:

$$I_p = \int_A r^2 \cdot dA \qquad (9.5)$$

Polares Flächenmoment

Das polare Flächemoment I_p hat eine Bedeutung in Bezug auf die Berechnung von Schubspannungen bei Torsion kreissymmetrischer Querschnitte (Kapitel 2.5).

9.1.2.3 Gemischte Flächenmomente

Neben den beiden axialen Flächenmomenten (I_y und I_z) entsprechend Gleichung 9.3 und 9.4 und dem polaren Flächenmoment I_p (Gleichung 9.5) unterscheidet man noch das **gemischte Flächenmoment** I_{yz}:

$$I_{yz} = -\int_A y \cdot z \cdot dA \qquad (9.6)$$

Gemischtes Flächenmoment bezüglich dem y-z-Koordinatensystem

Die für das gemischte Flächenmoment in Anlehnung an die Dynamik mitunter gewählten Bezeichnungen **(Flächen-)Deviationsmoment** oder **(Flächen-)Zentrifugalmoment** sollten aus dem oben genannten Grund ebenfalls nicht verwendet werden. Das gemischte Flächenmoment I_{yz} wird üblicherweise negativ definiert. Damit ergibt sich bei tensorieller Darstellung eine formale Übereinstimmung mit dem Spannungs- bzw. Dehnungstensor.

Während die axialen Flächenmomente 2. Ordnung und das polare Flächenmoment stets Werte größer oder gleich Null annehmen, kann das gemischte Flächenmoment, abhängig von der Verteilung der Querschnittsfläche über die einzelnen Quadranten des Koordinatensystems, Werte annehmen, die größer, gleich oder kleiner Null sind.

Da bei symmetrischen Flächen jedem Flächenelement dA mit positivem gemischtem Flächenmoment ein Flächenelement mit negativem gemischtem Flächenmoment entspricht, ist das gemischte Flächenmoment I_{yz} in Bezug auf ein die Symmetrieachse beinhaltendes Koordinatensystem Null. Dies lässt sich leicht verstehen, da jedem Flächenelement dA (Koordinaten y und z) ein symmetrisch gelegenes Flächenelement (Koordinaten $-y$ und z) entspricht. Bei der Summation bzw. Integration heben sich ihre Beiträge gegenseitig auf (Bild 9.3).

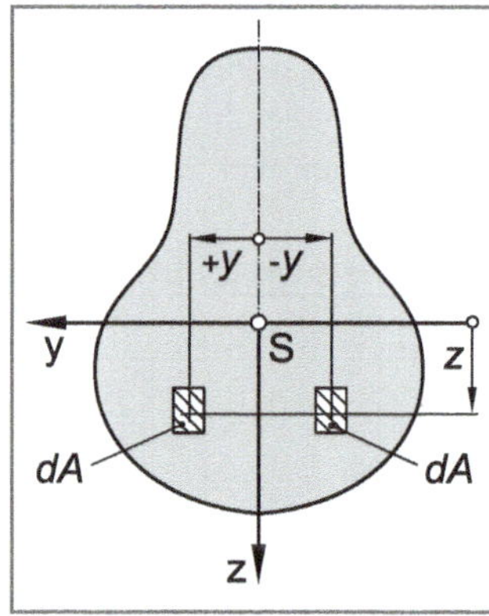

Bild 9.3 Gemischtes Flächenmoment bei symmetrischen Querschnittsflächen

9.1.3 Abhängigkeit der Flächenmomente 2. Ordnung von der Lage des Koordinatensystems

Der Betrag eines Flächenmomentes 2. Ordnung hängt von der Lage der Bezugsachsen ab. Bei einer Parallelverschiebung der Koordinatenachsen oder bei einer Drehung des Koordinatensystems um den Flächenschwerpunkt ändert sich auch der Betrag der Flächenmomente I_y, I_z und I_{yz}.

9.1.3.1 Parallelverschiebung des Koordinatensystems

Durch eine Parallelverschiebung der Koordinatenachsen ändert sich der Betrag der axialen und des gemischten Flächenmomentes. Die Zusammenhänge werden nachfolgend erläutert.

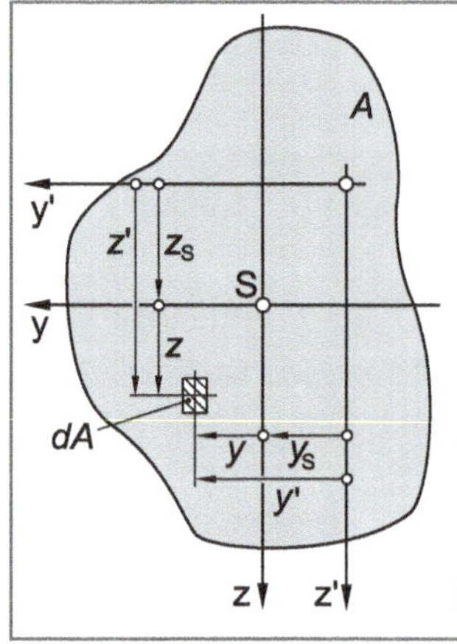

Bild 9.4 Parallelverschiebung des Koordinatensystems

a) Axiale Flächenmomente

Es sei

$$I_y = \int_A z^2 \cdot dA \tag{9.7}$$

das axiale Flächenmoment 2. Ordnung der in Bild 9.4 dargestellten Fläche in Bezug auf die y-Achse durch den Flächenschwerpunkt S. Führt man eine Parallelverschiebung der y'-Achse um den Betrag z_s durch (y'-Achse), dann folgt aus Gleichung 9.7 mit der Transformationsgleichung $z' = z + z_S$:

$$I_{y'} = \int_A z'^2 \cdot dA = \int_A (z + z_S)^2 \cdot dA = \int_A z^2 \cdot dA + 2 \cdot z_S \int_A z \cdot dA + z_S^2 \int_A dA$$

Da das Flächenmoment 1. Ordnung in Bezug auf das y-z-Koordinatensystem durch den Flächenschwerpunkt Null ist (Kapitel 9.1.1), folgt schließlich:

$$I_{y'} = \int_A z^2 \cdot dA + z_S^2 \cdot A$$

und damit für das axiale Flächenmoment 2. Ordnung in Bezug auf die y'-Achse:

$$I_{y'} = I_y + z_S^2 \cdot A \tag{9.8}$$

Axiales Flächenmoment 2. Ordnung bei einer Parallelverschiebung der Koordinatenachsen

Auf analoge Weise kann auch aus dem axialen Flächenmoment 2. Ordnung bezüglich der z-Achse (I_z), das auf eine beliebige Achse bezogene Flächenmoment ($I_{z'}$) berechnet werden.

b) Gemischte Flächenmomente

Eine Parallelverschiebung der Bezugsachsen führt auch zu einer Änderung des Betrags des gemischten Flächenmomentes. Es sei

$$I_{\mathrm{yz}} = -\int_A y \cdot z \cdot dA$$

das gemischte Flächenmoment der in Bild 9.4 dargestellten Fläche in Bezug auf das y-z-Koordinatensystem. Für das gemischte Flächenmoment in Bezug auf das parallel verschobene y'-z'-Koordinatensystem folgt mit den Transformationsbeziehungen $y' = y + y_S$ und $z' = z + z_S$:

$$\begin{aligned} I_{\mathrm{y'z'}} &= -\int_A (y + y_S) \cdot (z + z_S) \cdot dA \\ &= -\int_A y \cdot z \cdot dA - \int_A y_S \cdot z \cdot dA - \int_A z_S \cdot y \cdot dA - \int_A y_S \cdot z_S \cdot dA \\ &= I_{\mathrm{yz}} - y_S \int_A z \cdot dA - z_S \int_A y \cdot dA - z_S \cdot y_S \int_A dA \end{aligned}$$

Da die Flächenmomente 1. Ordnung in Bezug auf das y-z-Koordinatensystem durch den Flächenschwerpunkt Null sind (Kapitel 9.1.1), folgt schließlich:

$$I_{\mathrm{y'z'}} = I_{\mathrm{yz}} - 0 - 0 - z_S \cdot y_S \cdot A$$

$$I_{\mathrm{y'z'}} = I_{\mathrm{yz}} - y_S \cdot z_S \cdot A \qquad (9.9)$$

Gemischtes Flächenmoment bei einer Parallelverschiebung der Koordinatenachsen

Bei der Anwendung von Gleichung 9.9 sind die Vorzeichen von y_S und z_S in Bezug auf das gewählte Koordinatensystem zu berücksichtigen.

Die Gleichungen 9.8 und 9.9 wurden bereits um 1850 von ***Jakob Steiner*** (1796 ... 1863) formuliert und sind in verbaler Form als „**Satz von Steiner**" bekannt geworden.

Aus Gleichung 9.8 und 9.9 lassen sich die folgenden Erkenntnisse ableiten:

1. Axiale Flächenmomente 2. Ordnung (I_y und I_z) haben in Bezug auf Achsen durch den Flächenschwerpunkt Kleinstwerte im Vergleich zu parallel verschobenen Bezugsachsen.
2. Das gemischte Flächenmoment (I_{yz}) ändert seinen Betrag nicht, falls nur eine Achse parallel verschoben wird.

Bei der Anwendung des Steinerschen Satzes ist weiterhin zu beachten:

1. Axiale Flächenmomente 2. Ordnung, die sich auf dieselbe Achse beziehen bzw. gemischte Flächenmomente die sich auf dasselbe Koordinatensystem beziehen, dürfen addiert oder subtrahiert werden.
2. Der Steinersche Satz stellt stets einen Zusammenhang zwischen den Flächenmomenten bezüglich einer *Achse durch den Flächenschwerpunkt* bzw. eines *Koordinatensystems mit Ursprung im Flächenschwerpunkt* und einer dazu parallelen Achse bzw. eines parallel verschobenen Koordinatensystems her. Der Steinersche Satz darf hingegen *nicht* angewandt werden, um eine Beziehung zwischen den Flächenmomenten bezüglich beliebiger Achsen bzw. Koordinatensysteme herzustellen (siehe auch Aufgabe 2.17).

9.1.3.2 Drehung des Koordinatensystems um den Flächenschwerpunkt

Der Betrag eines Flächenmomentes 2. Ordnung ändert sich nicht nur bei einer Parallelverschiebung der Bezugsachsen, sondern auch bei einer Drehung des (rechtwinkeligen) Koordinatensystems um den Flächenschwerpunkt *S*.

Gegeben sei eine Fläche *A* sowie ein rechtwinkliges Koordinatensystem (*y* und *z*) durch den Flächenschwerpunkt *S*. Weiterhin seien die Flächenmomente 2. Ordnung in Bezug auf das y-z-Koordinatensystem bekannt (I_y, I_z und I_{yz}), Bild 9.5.

Bei einer Drehung des Koordinatensystems um den Flächenschwerpunkt *S* mit Drehwinkel φ ändert sich auch der Betrag der Flächenmomente. Ohne auf die Herleitung einzugehen (siehe hierzu beispielsweise [9]) ergeben sich zwischen den Flächenmomenten in Bezug auf das ursprüngliche y-z-Koordinatensystem (I_y, I_z und I_{yz}) und den Flächenmomenten 2. Ordnung bezogen auf das gedrehte η-ζ-System (I_η, I_ζ und $I_{\eta\zeta}$) die folgenden Transformationsbeziehungen:

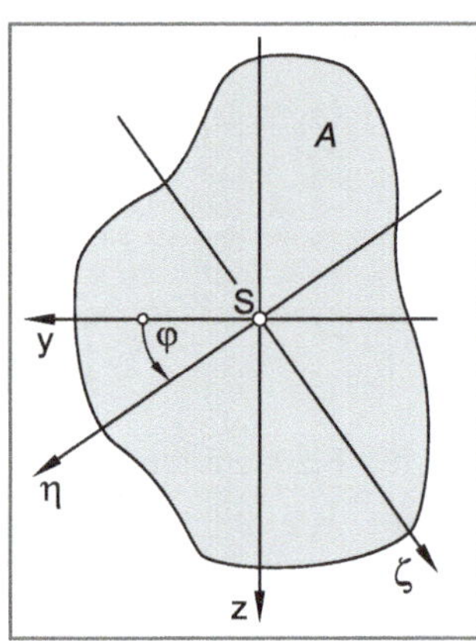

Bild 9.5 Drehung des Koordinatensystems um den Flächenschwerpunkt

$$I_\eta = \frac{I_y + I_z}{2} + \frac{I_y - I_z}{2} \cdot \cos 2\varphi + I_{yz} \cdot \sin 2\varphi \qquad (9.10)$$

$$I_\zeta = \frac{I_y + I_z}{2} - \frac{I_y - I_z}{2} \cdot \cos 2\varphi - I_{yz} \cdot \sin 2\varphi \qquad (9.11)$$

$$I_{\eta\zeta} = -\frac{I_y - I_z}{2} \cdot \sin 2\varphi + I_{yz} \cdot \cos 2\varphi \qquad (9.12)$$

Für die Spannungsermittlung, insbesondere bei schiefer Biegung, ist diejenige Lage des Koordinatensystems von Interesse für die das gemischte Flächenmoment ($I_{\eta\zeta}$) Null wird. Gleichzeitig nehmen bezüglich dieses gedrehten Koordinatensystems die axialen Flächenmomente 2. Ordnung Extremwerte an. Diese neuen Koordinatenachsen werden daher als **Hauptachsen** der Fläche und das aus ihnen gebildete Koordinatensystem als **Hauptachsensystem** bezeichnet. Die entsprechenden axialen Flächenmomente 2. Ordnung bezeichnet man als **Hauptflächenmomente**.

a) Bestimmung der Richtungswinkel zu den Hauptachsen

Den Richtungswinkel zu den Hauptachsen erhält man aus Gleichung 9.12 mit der Bedingung $I_{\eta\zeta} = 0$:

$$\tan 2\varphi = \frac{2 \cdot I_{yz}}{I_y - I_z} \qquad (9.13)$$

Damit ergibt sich der Richtungswinkel φ zu:

$$\varphi_{1;2} = \frac{1}{2} \cdot \arctan\left(\frac{2 \cdot I_{yz}}{I_y - I_z}\right) \qquad (9.14)$$

Richtungswinkel zwischen der y-Achse und der ersten oder zweiten Hauptachse

Der mit Hilfe von Gleichung 9.14 errechnete Winkel φ kann der Richtungswinkel zwischen der ersten oder der zweiten Hauptachse sein. Eine Entscheidung kann mit Hilfe der zweiten Ableitung von Gleichung 9.10 erfolgen:

$$\frac{d^2 I_\eta}{d\varphi^2} = -2 \cdot \left(I_y - I_z\right) \cdot \cos 2\varphi - 4 \cdot I_{yz} \cdot \sin 2\varphi \tag{9.15}$$

Setzt man den gemäß Gleichung 9.14 ermittelten Richtungswinkel in Gleichung 9.15 ein und erhält für die zweite Ableitung ein negatives Ergebnis, dann ist $\varphi = \varphi_1$ der Richtungswinkel zwischen der y-Achse und der ersten Hauptachse. Bezüglich der ersten Hauptachse hat das axiale Flächenmoment 2. Ordnung ein Maximum. Erhält man hingegen ein positives Ergebnis, dann ist $\varphi = \varphi_2$ der Richtungswinkel zwischen der y-Achse und der zweiten Hauptachse. Bezüglich der zweiten Hauptachse hat das axiale Flächenmoment 2. Ordnung ein Minimum.

Aufgrund der π-Periodizität des Tangens ergibt sich der zweite Winkel zu:

$$\varphi_{2;1} = \varphi_{1;2} + 90° \tag{9.16}$$

Bei Anwendung von Gleichung 9.14 ist zu berücksichtigen, dass I_y bzw. I_z die axialen Flächenmomente 2. Ordnung bezüglich der y-Achse bzw. der z-Achse sind. I_{yz} ist das gemischte Flächenmoment bezüglich des y-z-Koordinatensystems. Weiterhin ergibt sich die z-Richtung des Bezugssystems, ausgehend von der y- Richtung, stets durch eine Drehung um 90° im mathematisch positiven Sinn (Gegenuhrzeigersinn).

Bei symmetrischen Flächen ist das gemischte Flächenmoment (I_{yz}) in Bezug auf ein die Symmetrieachse beinhaltendes Achsensystem Null. Die Symmetrieachse und die hierzu senkrechte Achse durch den Flächenschwerpunkt S sind also stets Hauptachsen.

Auffinden von Hauptachsen bei symmetrischen Flächen

Bei symmetrischen Flächen sind die Symmetrieachse und die hierzu senkrechte Achse durch den Flächenschwerpunkt S stets Hauptachsen.

b) Berechnung der Hauptflächenmomente

Zur Berechnung der Hauptflächenmomente ist es zweckmäßig, die trigonometrischen Beziehungen

$$\cos 2\varphi = \frac{1}{\sqrt{1 + \tan^2 2\varphi}} \tag{9.17}$$

und

$$\sin 2\varphi = \frac{\tan 2\varphi}{\sqrt{1 + \tan^2 2\varphi}} \tag{9.18}$$

anzuwenden.

Gleichung 9.13 in 9.17 eingesetzt ergibt:

$$\cos 2\varphi = \frac{1}{\sqrt{1+\left(\frac{2\cdot I_{yz}}{I_y - I_z}\right)^2}} = \frac{I_y - I_z}{\sqrt{\left(I_y - I_z\right)^2 + 4\cdot I_{yz}^2}} \tag{9.19}$$

Gleichung 9.13 in 9.18 eingesetzt liefert:

$$\sin 2\varphi = \frac{2\cdot I_{yz}}{\sqrt{\left(I_y - I_z\right)^2 + 4\cdot I_{yz}^2}} \tag{9.20}$$

Setzt man schließlich die Gleichungen 9.19 und 9.20 in Gleichung 9.10 ein, dann erhält man für das maximale Flächenmoment 2. Ordnung (I_1):

$$I_1 = \frac{I_y + I_z}{2} + \frac{I_y - I_z}{2}\cdot\frac{I_y - I_z}{\sqrt{\left(I_y - I_z\right)^2 + 4\cdot I_{yz}^2}} + I_{yz}\cdot\frac{2\cdot I_{yz}}{\sqrt{\left(I_y - I_z\right)^2 + 4\cdot I_{yz}^2}}$$

$$= \frac{I_y + I_z}{2} + \frac{\frac{1}{2}\cdot\left[\left(I_y - I_z\right)^2 + 4\cdot I_{yz}^2\right]}{\sqrt{\left(I_y - I_z\right)^2 + 4\cdot I_{yz}^2}} = \frac{I_y + I_z}{2} + \frac{1}{2}\cdot\sqrt{\left(I_y - I_z\right)^2 + 4\cdot I_{yz}^2}$$

$$I_1 = \frac{I_y + I_z}{2} + \sqrt{\left(\frac{I_y - I_z}{2}\right)^2 + I_{yz}^2}$$

Maximales Flächenmoment 2. Ordnung (Hauptflächenmoment) (9.21)

Setzt man schließlich die Gleichungen 9.17 und 9.18 in Gleichung 9.11 ein, dann erhält man nach Umformung in analoger Weise für das minimale Flächenmoment 2. Ordnung:

$$I_2 = \frac{I_y + I_z}{2} - \sqrt{\left(\frac{I_y - I_z}{2}\right)^2 + I_{yz}^2}$$

Minimales Flächenmoment 2. Ordnung (Hauptflächenmoment) (9.22)

9.2 Spannungsermittlung bei schiefer Biegung

Von schiefer Biegung spricht man, sofern der Biegemomentenvektor nicht mit einer der beiden Hauptachsen der Fläche zusammenfällt. Zerlegt man den Biegemomentenvektor M_b in Komponenten in Richtung der Hauptachsen (1) und (2), dann kann man die schiefe Biegung als Überlagerung zweier gerader Biegungen auffassen, daher auch die Bezeichnung „zweiachsige Biegung“. Bild 9.6 veranschaulicht diesen Sachverhalt.

Gegeben sei eine beliebige Querschnittsfläche eines biegebeanspruchten Balkens. Die Balkenachse soll voraussetzungsgemäß in der Lastebene liegen. Zur Ermittlung der Biegespannungen geht man schrittweise wie folgt vor:

1. Ermittlung der Lage der beiden Hauptachsen (1) und (2) der Querschnittsfläche sowie der zugehörigen Hauptflächenmomente I_1 und I_2 (Kapitel 9.1.3). Mit dem Index „1" soll vereinbarungsgemäß diejenige Hauptachse bezeichnet werden, bezüglich derer das axiale Flächenmoment 2. Ordnung ein Maximum hat („große Hauptachse"). Mit dem Index „2" wird hingegen diejenige Hauptachse bezeichnet, bezüglich derer das axiale Flächenmoment 2. Ordnung ein Minimum hat („kleine Hauptachse").
2. Festlegung eines a-b-Koordinatensystems. Es ist zweckmäßig den Hauptachsen einen Richtungssinn zuzuordnen bzw. ein mit den Hauptachsen zusammenfallendes a-b-Koordinatensystem wie folgt einzuführen: Die a-Koordinatenrichtung soll mit der Richtung der großen Hauptachse ($a \equiv$ (1)), die b-Koordinatenrichtung mit der kleinen Hauptachse zusammenfallen ($b \equiv$ (2)). Die b-Richtung muss dabei aus der a-Richtung durch eine Drehung um 90° im mathematisch positiven Sinn (Gegenuhrzeigersinn) hervorgehen.

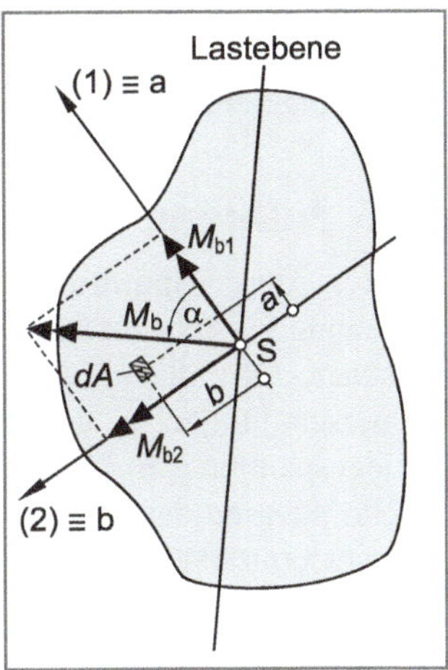

Bild 9.6 Zerlegung des Biegemomentenvektors in Richtung der Hauptachsen

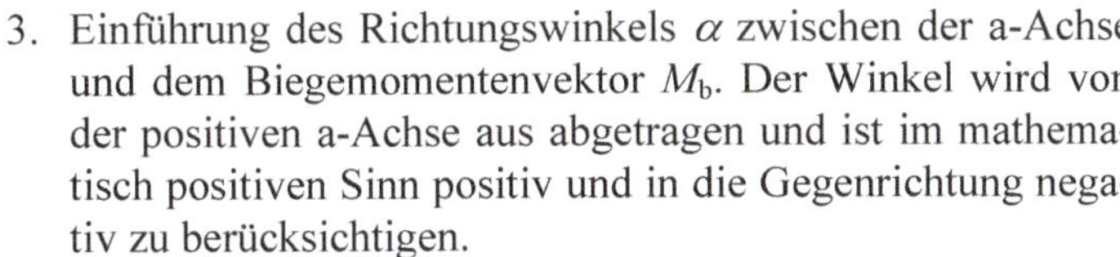

3. Einführung des Richtungswinkels α zwischen der a-Achse und dem Biegemomentenvektor M_b. Der Winkel wird von der positiven a-Achse aus abgetragen und ist im mathematisch positiven Sinn positiv und in die Gegenrichtung negativ zu berücksichtigen.

Um die in Kapitel 2.3.1 abgeleitete Grundgleichung 2.32 bzw. 2.33 für die Berechnung der Biegespannung bei gerader Biegung auch bei schiefer Biegung anwenden zu können, wird der Biegemomentenvektor M_b in Komponenten in Richtung der beiden Hauptachsen (M_{b1} und M_{b2}) zerlegt:

$$M_{b1} = M_b \cdot \cos\alpha \tag{9.23}$$

$$M_{b2} = M_b \cdot \sin\alpha \tag{9.24}$$

Damit folgt für die Biegespannungen in einem Flächenelement dA mit den Koordinaten a und b (siehe auch Gleichung 2.32):

$$\sigma_x(b) = \frac{M_{b1}}{I_1} \cdot b \tag{9.25}$$

und

$$\sigma_x(a) = \frac{M_{b2}}{I_2} \cdot a \tag{9.26}$$

Die resultierende Biegespannung im Flächenelement dA erhält man durch Superposition der Spannungskomponenten $\sigma_x(a)$ und $\sigma_x(b)$:

$$\sigma_x = \sigma_x(b) - \sigma_x(a)$$

$$\sigma_x = \frac{M_{b1}}{I_1} \cdot b - \frac{M_{b2}}{I_2} \cdot a$$

$$\sigma_x = M_b \cdot \left(\frac{\cos\alpha}{I_1} \cdot b - \frac{\sin\alpha}{I_2} \cdot a \right) \tag{9.27}$$

Resultierende Biegespannung in einem Flächenelement *dA* (Koordinaten *a* und *b* bezüglich des Hauptachsensystems)

Die Abstände a und b sind bei Anwendung von Gleichung 9.27 entsprechend des festgelegten a-b-Koordinatensystems (Hauptachsensystem) *vorzeichengerecht* einzusetzen. Ebenso ist für den Winkel α das Vorzeichen zu beachten.

9.3 Nulllinie

Unter der **(Spannungs-)Nulllinie** bei Biegung versteht man denjenigen geometrischen Ort aller Punkte innerhalb der Querschnittsfläche, an deren Stelle die Biegespannung zu Null wird. Sie ist die Schnittgerade der neutralen Faser mit der Querschnittsfläche.

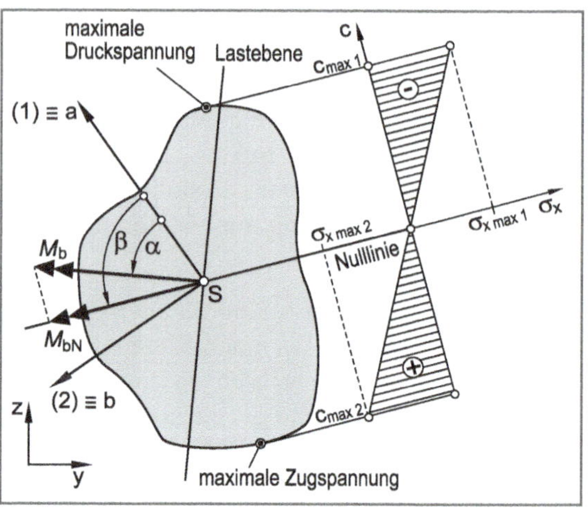

Bild 9.7 Lage der Nulllinie

Zur Bestimmung der Lage der Nulllinie setzt man in Gleichung 9.27 die Biegspannung σ_b zu Null:

$$\sigma_x = M_b \cdot \left(\frac{\cos\alpha}{I_1} \cdot b - \frac{\sin\alpha}{I_2} \cdot a \right) = 0 \tag{9.27}$$

Damit erhält man die Kurvengleichung der (Spannung-)Nulllinie in a-b-Koordinatensystem:

$$b(a) = \frac{I_1}{I_2} \cdot \tan\alpha \cdot a$$ **Gleichung der Nulllinie im a-b-Koordinatensystem** (9.28)

Der Winkel β zwischen der a-Achse und der Nulllinie ergibt sich aus der Geradensteigung zu:

$$\beta = \arctan\left(\frac{I_1}{I_2} \cdot \tan\alpha \right)$$ **Winkel zwischen a-Achse und Nulllinie** (9.29)

Da in der Regel $I_1 \neq I_2$ gilt, ist auch $\beta \neq \alpha$, so dass die Nulllinie nicht mit dem Biegemomentenvektor zusammenfällt, daher auch die Bezeichnung „schiefe Biegung“. Nur für Querschnitte mit gleichen Hauptflächenmomenten ($I_1 = I_2$) wie zum Beispiel Kreis, Kreisring oder Quadrat fallen Momentenvektor und Nulllinie zusammen ($\beta = \alpha$).

Bei bekannter Lage der Nulllinie kann die Biegespannung an einem beliebigen Ort der Querschnittsfläche, und damit auch die maximale Biegespannung, auf einfache Weise ermittelt werden. Bild 9.7 zeigt, dass sich die Biegespannung linear mit dem Abstand zur Nulllinie verändert. Es gilt (Strahlensatz):

$$\sigma_x(c) = \sigma_{x\,max} \cdot \frac{c}{c_{max}} \tag{9.30}$$

Die Biegespannung $\sigma_x(c)$ erzeugt im Abstand c von der Nulllinie das Moment:

$$dM = \sigma_x(c) \cdot dA \cdot c = \frac{\sigma_{x\,max}}{c_{max}} \cdot c^2 \cdot dA \tag{9.31}$$

Das Gesamtmoment M ergibt sich als Summe aller Teilmomente dM über die gesamte Querschnittsfläche A, d. h. als Integral über die Querschnittsfläche A:

$$M = \int_A dM = \frac{\sigma_{x\,max}}{c_{max}} \int_A c^2 \cdot dA = \frac{\sigma_{x\,max}}{c_{max}} \cdot I_N \tag{9.32}$$

Aus Gründen des Momentengleichgewichts muss das Moment M der Komponente des Biegemomentenvektors in Richtung der Nulllinie M_{bN} (Biegemoment um die Nulllinie) entsprechen. Für den Biegemomentenvektor M_{bN} in Bezug auf die Nulllinie gilt (Bild 9.7):

$$M_{bN} = M_b \cdot \cos(\beta - \alpha) \tag{9.33}$$

Biegemoment in Bezug auf die Nulllinie

Für die Anwendung von Gleichung 9.33 ist zu berücksichtigen, dass die Winkel α und β gleichsinnig von der a-Achse aus angetragen werden müssen. Gegebenenfalls muss anstelle des mit Hilfe von Gleichung 9.29 errechneten Winkels β sein Nebenwinkel eingesetzt werden.

Aus Gleichung 9.32 folgt damit für die maximale Biegespannung $\sigma_{x\,max}$ im maximalen senkrechten Abstand c_{max} von der Nulllinie:

$$\sigma_{x\,max} = \frac{M_{bN}}{I_N} \cdot c_{max} \tag{9.34}$$

Maximale Biegespannung in der Querschnittsfläche

Das axiale Flächenmoment 2. Ordnung bezüglich der Nulllinie (I_N) erhält man aus der Transformationsgleichung 9.10, wobei der Drehwinkel (φ) dem Winkel zwischen der großen Hauptachse (1) und der Nulllinie entspricht, also $\varphi \equiv \beta$. Da das gemischte Flächenmoment in Bezug auf das Hauptachsensystem Null ist, entfällt der zweite Summand in Gleichung 9.10 und es folgt:

$$I_N = \frac{I_1 + I_2}{2} + \frac{I_1 - I_2}{2} \cdot \cos 2\beta \tag{9.35}$$

Axiales Flächenmoment 2. Ordnung bezüglich der Nulllinie

Gleichung 9.34 stellt mit den Gleichungen 9.33 und 9.35 eine alternative Methode dar, die Biegespannung an einer beliebigen Stelle der Querschnittsfläche, insbesondere jedoch die maximale Biegespannung $\sigma_{x\,max}$ zu ermitteln.

9.4 Aufgaben

Aufgabe 9.1

Die Abbildung zeigt einen einseitig eingespannten Kastenträger mit Rechteckquerschnitt aus einem vergüteten Feinkornbaustahl (S890QL). Der Träger wird durch eine unter dem Winkel $\varphi = 30°$ schräg zur z-Achse angreifende Kraft $F = 100$ kN auf Biegung beansprucht. Die Wirkungslinie der Kraft geht durch den Flächenschwerpunkt. Schubspannungen durch Querkräfte, das Eigengewicht des Kastenträgers sowie eine eventuelle Kerbwirkung am Einspannquerschnitt sind zu vernachlässigen.

Werkstoffkennwerte S890QL:
R_e = 890 N/mm²
R_m = 1050 N/mm²
E = 210000 N/mm²
μ = 0,30

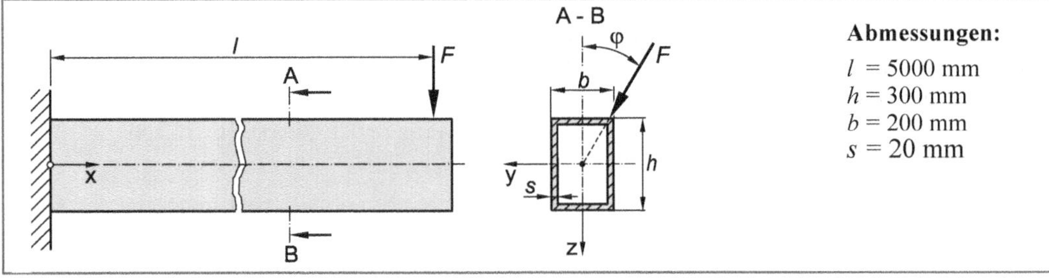

a) Ermitteln Sie die Lage der beiden Hauptachsen für die gegebene Querschnittsfläche.
b) Berechnen Sie die axialen Flächenmomente zweiter Ordnung bezüglich der beiden Hauptachsen (Hauptflächenmomente I_1 und I_2).
c) Ermitteln Sie die Lage der Nulllinie und bestimmen Sie Ort und Betrag der maximalen Biegespannung.
d) Berechnen Sie für die gefährdete Stelle die Sicherheit gegen Fließen.

Aufgabe 9.2

Der abgebildete Träger aus einem warmgewalzten Flachstahl mit Rechteckquerschnitt (Flachstab EN 10058 - 100x60x4000 F - S235JR) wird durch eine unter dem Winkel $\varphi = 22°$ schräg zur z-Achse angreifende Querkraft $F = 10$ kN auf Biegung beansprucht. Die Wirkungslinie der Kraft geht dabei durch den Schwerpunkt der Querschnittsfläche.

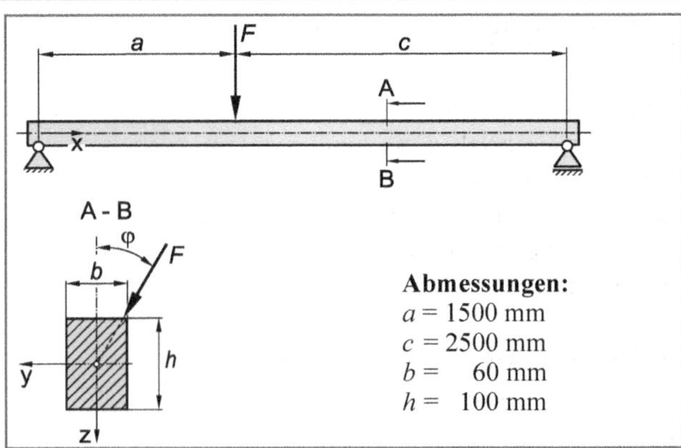

Schubspannungen durch Querkräfte sowie das Eigengewicht des Trägers sind zu vernachlässigen.

Werkstoffkennwerte S235JR:

R_e = 245 N/mm^2
R_m = 440 N/mm^2
E = 210000 N/mm^2
μ = 0,30

a) Ermitteln Sie Ort und Betrag des maximalen Biegemomentes.

b) Bestimmen Sie die Lage der beiden Hauptachsen des Rechteckquerschnitts.

c) Ermitteln Sie die Lage der Nulllinie und bestimmen Sie Ort und Betrag der maximalen Biegespannung.

d) Berechnen Sie für die höchst beanspruchte Stelle die Sicherheit gegen Fließen.

Aufgabe 9.3

Ein einseitig eingespannter, gleichschenkliger, scharfkantiger T-Profilstahl nach DIN 59051 (TPS 40) aus S355JR mit einer Länge von l = 2 m wird durch eine unter dem Winkel φ = 20° schräg zur z-Achse angreifende Kraft F = 250 N auf Biegung beansprucht. Die Wirkungslinie der Kraft geht durch den Flächenschwerpunkt. Schubspannungen durch Querkräfte, das Eigengewicht des Bauteils sowie Kerbwirkung am Einspannquerschnitt sind zu vernachlässigen.

Werkstoffkennwerte S355JR:

R_e = 360 N/mm^2
R_m = 610 N/mm^2
E = 207000 N/mm^2
μ = 0,30

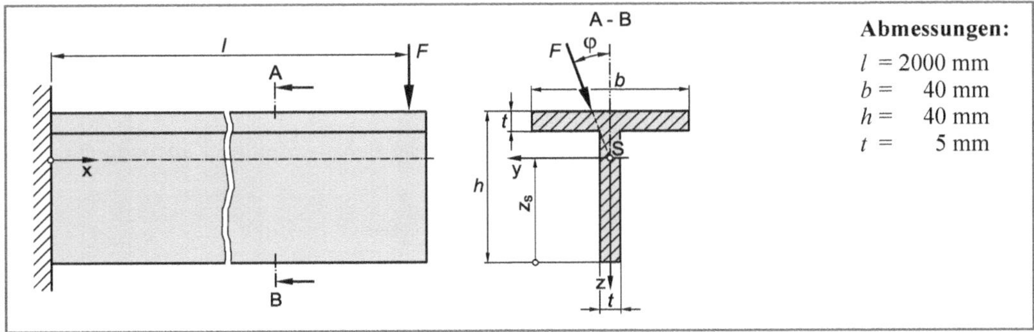

a) Ermitteln Sie die Lage des Flächenschwerpunktes (z_S) sowie die Lage der beiden Hauptachsen für die gegebene Querschnittsfläche.

b) Berechnen Sie die axialen Flächenmomente zweiter Ordnung bezüglich der beiden Hauptachsen (Hauptflächenmomente I_1 und I_2).

c) Ermitteln Sie die Lage der Nulllinie und bestimmen Sie Ort und Betrag der maximalen Zugspannung sowie der maximalen Druckspannung.

d) Berechnen Sie für die gefährdete Stelle die Sicherheit gegen Fließen.

Aufgabe 9.4 

Ein einseitig eingespannter ungleichschenkeliger Winkelträger aus C60E+QT wird durch eine Einzelkraft F = 7000 N an seinem freien Ende belastet. Die Wirkungslinie der Kraft geht durch den Flächenschwerpunkt. Schubspannungen durch Querkräfte, das Eigengewicht des Winkelträgers sowie Kerbwirkung am Einspannquerschnitt sind zu vernachlässigen.

Werkstoffkennwerte S355JR:

R_e = 590 N/mm^2
R_m = 890 N/mm^2
$\sigma_{dF} \approx R_e$ = 590 N/mm^2
E = 209000 N/mm^2
μ = 0,30

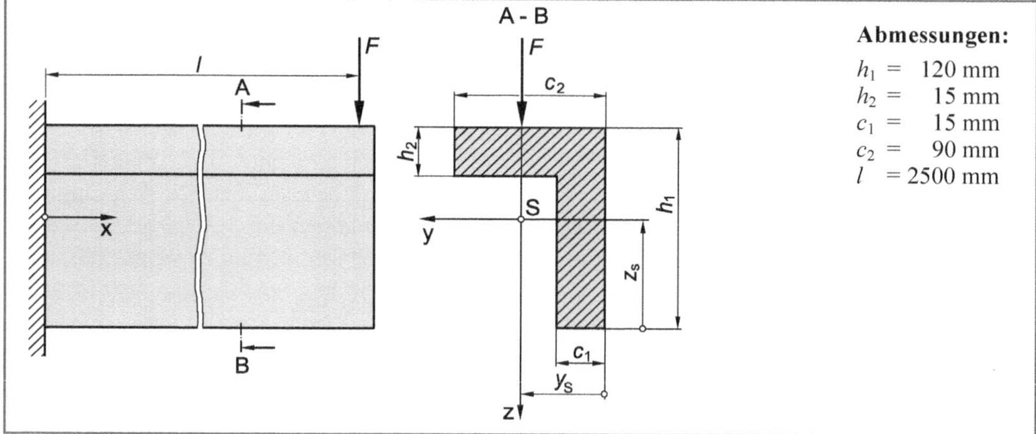

a) Ermitteln Sie die Lage des Flächenschwerpunktes (y_S und z_S) sowie die Lage der ersten und zweiten Hauptachse für die gegebene Querschnittsfläche.

b) Berechnen Sie die axialen Flächenmomente zweiter Ordnung bezüglich der beiden Hauptachsen (Hauptflächenmomente I_1 und I_2).

c) Bestimmen Sie den Ort und berechnen Sie den Betrag der maximalen Zugspannung sowie der maximalen Druckspannung.

d) Berechnen Sie für die gefährdete Stelle die Sicherheit gegen Fließen.

Aufgabe 9.5 ○●●●●

Ein einseitig eingespannter T-Profilstab aus der legierten Vergütungsstahlsorte 25CrMo4 (ρ = 7,78 g/cm^3) wird durch zwei statisch wirkende Kräfte F_1 = 1,5 kN und F_2 = 4 kN beansprucht. Die Wirkungslinien der Kräfte gehen jeweils durch den Schwerpunkt der Querschnittsfläche. Schubbeanspruchung durch Querkräfte und Kerbwirkung an der Einspannstelle sind zu vernachlässigen. Das Eigengewicht des Profilstabes muss jedoch berücksichtigt werden.

Berechnen Sie die Sicherheit gegen Fließen an der höchst beanspruchten Stelle. Ist die Sicherheit ausreichend?

Werkstoffkennwerte S235JR:

R_e = 600 N/mm^2
R_m = 830 N/mm^2
E = 209000 N/mm^2
μ = 0,30

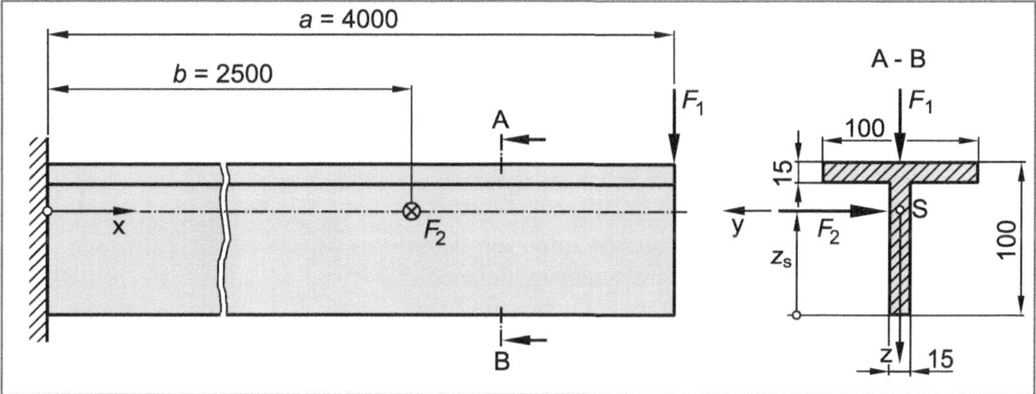

10 Schubspannungen durch Querkräfte bei Biegung

Wird ein Balken durch ein veränderliches Biegemoment $M_b(x)$ beansprucht, dann treten in jeder Querschnittsfläche des Balkens Querkräfte (Q) auf, die sich bei bekanntem Verlauf des Biegemomentes $M_b(x)$ entsprechend $Q(x) = dM_b(x) / dx$ berechnen lassen (Bild 10.1). Diese Querkräfte erzeugen Schubspannungen τ_q (**Querkraftschub**). Zwischen den Schubspannungen τ_q in einer bestimmten Querschnittsfläche und der dort herrschenden Querkraft Q gilt:

$$Q = \int_A \tau_q \cdot dA \qquad (10.1)$$

Aus Kapitel 2.4.1 ist bekannt, dass Schubspannungen immer paarweise auftreten (zugeordnete Schubspannungen). Dementsprechend treten Schubspannungen in Querrichtung (τ_q) *und* Längsrichtung (τ_l) auf (Bild 10.2).

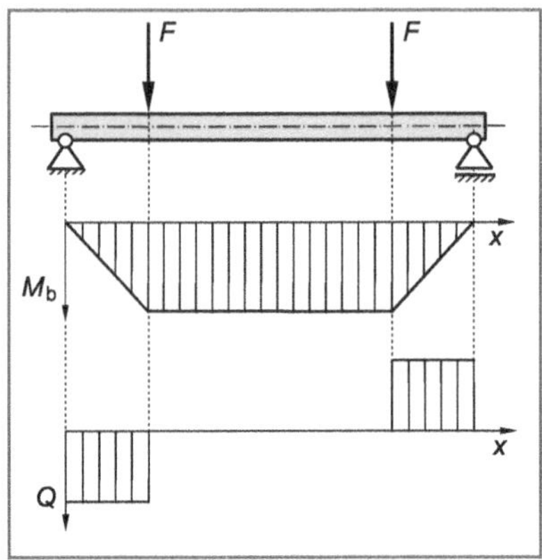

Bild 10.1 Momenten- und Querkraftverlauf am biegebeanspruchten Balken (Beispiel)

Das Auftreten von Schubspannungen in Längsrichtung (τ_l) kann man sich auch veranschaulichen, indem man sich den Balken in Längsrichtung aufgeschnitten bzw. aus lose aufeinander gelegten Brettern aufgebaut denkt (Bild 10.3). Unter einer Biegebeanspruchung gleiten die Bretter aufeinander ab, eine vorher aufgebrachte Markierung wird dementsprechend verschoben. Dieses Abgleiten wird beim massiven Balken durch die Längsschubspannungen τ_l verhindert.

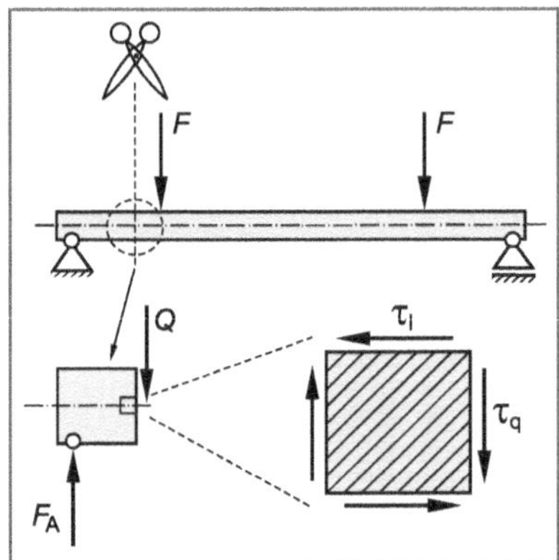

Bild 10.2 Entstehung von Längsschubspannungen

10.1 Spannungsermittlung bei Querkraftschub

Zur Ermittlung der Schubspannungsverteilung sollen zunächst die folgenden Voraussetzungen gelten:

1. An lastfreien Oberflächen treten keine Schubspannungen auf ($\tau_q = \tau_l = 0$). Bei gekrümmten Querschnittsflächen verlaufen die Schubspannungen dementsprechend tangential zum Rand. Bei dünnwandigen Profilen verläuft die Schubspannung tangential zur Mittellinie der Querschnittsfläche (Bild 10.4a). Bei dicken Bauteilen schneiden sich die Schubspannungen einer Faser z = konst. in einem Pol (Bild 10.4b).
2. Die parallel zur Querkraft gerichteten Vertikalkomponenten τ_p der Schubspannung τ_{ges} sollen nur in

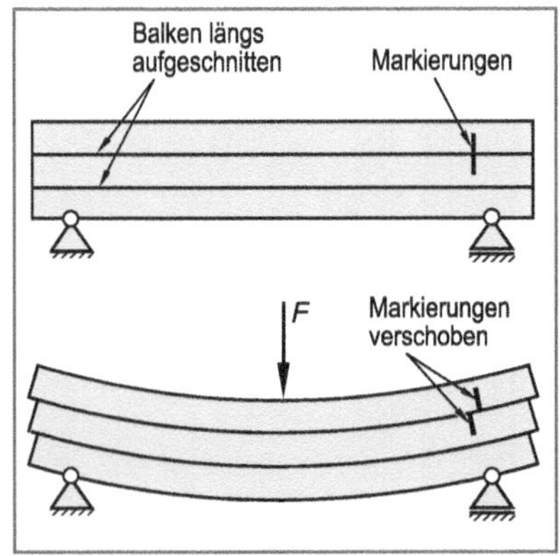

Bild 10.3 Veranschaulichung für das Auftreten von Längsschubspannungen

z-Richtung, nicht jedoch in y-Richtung veränderlich sein, d. h. τ_p soll über die gesamte Breite der Querschnittsfläche als konstant angenommen werden. Diese Annahme trifft allerdings nicht exakt zu, da die Schubspannung am Rand einer beliebig geformten Querschnittsfläche immer tangential zur Oberfläche verläuft. Dementsprechend ist τ_p eine mittlere Schubspannung in Bezug auf die Breite der Querschnittsfläche (Bild 10.4b).

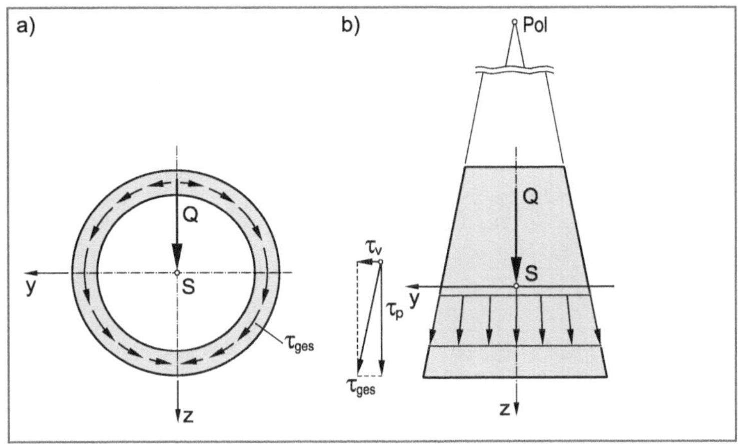

Bild 10.4 Schubspannungsverlauf durch Querkräfte in unterschiedlichen Querschnitten

Zur Ermittlung der Schubspannungen durch Querkräfte bei Biegung betrachtet man den in Bild 10.5a auf Biegung und Querkraftschub beanspruchten Balken. Die Querkraft Q soll dabei in Richtung der z-Achse wirken (gerade Biegung).

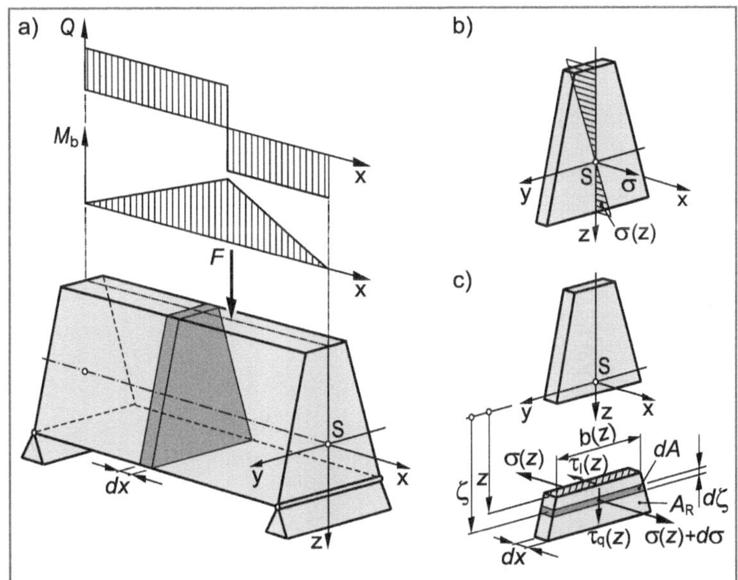

Bild 10.5 Kräfte- bzw. Spannungsverhältnisse am Teilelement eines auf Biegung und Querkraftschub beanspruchten Balkens

Zur Ermittlung der Schubspannungsverteilung wird ein Volumenelement der Länge dx herausgeschnitten (Bild 10.5b). Von diesem Volumenelement wird weiterhin an einer beliebigen Stelle z senkrecht zur z-Achse ein Teilelement abgetrennt (Bild 10.5c).

Ansetzen des Kräftegleichgewichts in x-Richtung an diesem Teilelement liefert:

$$\underbrace{\int_{A_R} (\sigma(z) + d\sigma) \cdot dA}_{\text{Normalkraft in der vorderen Schnittfläche}} - \underbrace{\int_{A_R} \sigma(z) \cdot dA}_{\text{Normalkraft in der hinteren Schnittfläche}} - \underbrace{\tau_l(z) \cdot b(z) \cdot dx}_{\text{Tangentialkraft } F_t \text{ in Längsrichtung}} = 0 \qquad (10.2)$$

Die Differenz der Normalkräfte in der linken und der rechten Schnittfläche kann also nur durch eine Tangentialkraft in Längsrichtung ($F_t = \tau_l(z) \cdot b(z) \cdot dx$) ausgeglichen werden. Ursache für die unterschiedlichen Normalkräfte in der linken und rechten Schnittfläche des Teilelementes ist das in x-Richtung veränderliche Biegemoment (Bild 10.5a).

Aus Gleichung 10.2 folgt:

$$\int_{A_R} d\sigma \cdot dA = \tau_l(z) \cdot b(z) \cdot dx \tag{10.3}$$

und damit:

$$\tau_l(z) = \frac{1}{b(z)} \int_{A_R} \frac{d\sigma}{dx} dA \tag{10.4}$$

Für die Biegespannung $\sigma(\zeta)$ im Abstand ζ von der y-Achse durch den Flächenschwerpunkt gilt (Gleichung 2.32):

$$\sigma(\zeta) = \frac{M_b(x)}{I_y} \cdot \zeta \tag{10.5}$$

Gleichung 10.5 nach x differenziert liefert mit $dM_b(x) / dx = Q =$ konst.:

$$\frac{d\sigma(\zeta)}{dx} = \frac{dM_b(x)}{dx} \cdot \frac{\zeta}{I_y} = Q \cdot \frac{\zeta}{I_y} \tag{10.6}$$

Gleichung 10.6 in Gleichung 10.4 eingesetzt ergibt schließlich für die Längsschubspannung:

$$\tau_l(z) = \frac{Q}{b(z) \cdot I_y} \int_{A_R} \zeta \cdot dA \tag{10.7}$$

Der Integralausdruck $\int_{A_R} \zeta \cdot dA = H_y(z)$

ist das **Flächenmoment 1. Ordnung (statisches Moment)** der Restfläche A_R bezüglich der y-Achse durch den Flächenschwerpunkt (Kapitel 9.1.1). Damit folgt schließlich für die Längsschubspannung:

$$\tau_l(z) = \tau_q(z) = \frac{Q \cdot H_y(z)}{b(z) \cdot I_y} \tag{10.8}$$

Grundgleichung zur Ermittlung der Schubspannungen durch Querkräfte bei Biegung

- Q Querkraft
- $H_y(z)$ Flächenmoment 1. Ordnung der Restfläche A_R bezüglich der y-Achse durch den Flächenschwerpunkt. $H_y(z)$ ist mit der Koordinate z veränderlich.
- A_R Restfläche d. h. Fläche zwischen der Koordinate z an deren Stelle die Schubspannung τ_l bzw. τ_q ermittelt werden soll und dem Rand (Bild 10.5c).
- $b(z)$ Breite des Teilelements an der Stelle z (Bild 10.5c).
- I_y Axiales Flächenmoment 2. Ordnung der *gesamten* Querschnittsfläche bzgl. der y-Achse durch den Flächenschwerpunkt.

In Tabelle 10.1 ist die Verteilung der Längs- bzw. Querschubspannungen ausgewählter Querschnittsflächen zusammengestellt. Die Spannungsverläufe erhält man durch Berechnung des

Flächenmomentes 1. Ordnung $H_y(z)$ sowie des axialen Flächenmomentes I_y für die entsprechenden Querschnittsgeometrien (siehe auch Aufgaben 10.1 bis 10.3).

Der Einfluss von Schubspannungen durch Querkräfte bei Biegung soll am Beispiel dünnwandiger Profilträger (Kapitel 10.2) sowie genieteter bzw. geschweißter dünnwandiger Profilträger (Kapitel 10.3) detaillierter untersucht werden.

Tabelle 10.1 Schubspannungsverteilung durch Querkraftschub ausgewählter Querschnitte

Querschnittsfläche	Schubspannungsverteilung	Maximale Schubspannung
Rechteckquerschnitt 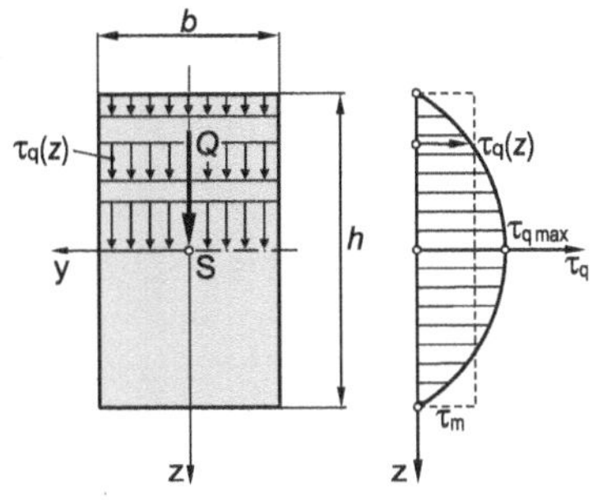	$\tau_q(z) = \frac{3}{2} \cdot \frac{Q}{b \cdot h}\left(1 - \frac{4 \cdot z^2}{h^2}\right)$	$\tau_{q\max} = \frac{3}{2} \cdot \frac{Q}{b \cdot h} = \frac{3}{2} \cdot \tau_m$ mit $\tau_m = \frac{Q}{A}$
Vollkreisquerschnitt 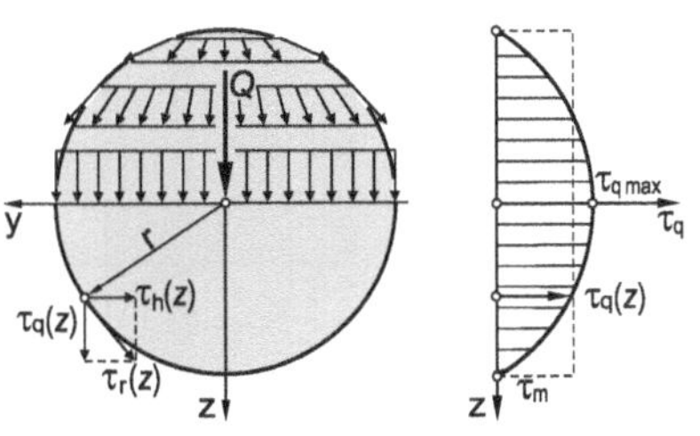	Vertikalkomponente: $\tau_q(z) = \frac{4}{3} \cdot \frac{Q}{\pi \cdot r^2}\left(1 - \frac{z^2}{r^2}\right)$ Resultierende Randschubspannung: $\tau_r(z) = \frac{4}{3} \cdot \frac{Q}{\pi \cdot r^2} \cdot \sqrt{1 - \frac{z^2}{r^2}}$	$\tau_{q\max} = \frac{4}{3} \cdot \frac{Q}{\pi \cdot r^2} = \frac{4}{3} \cdot \tau_m$ mit $\tau_m = \frac{Q}{A}$
Kreisring (dünnwandig) 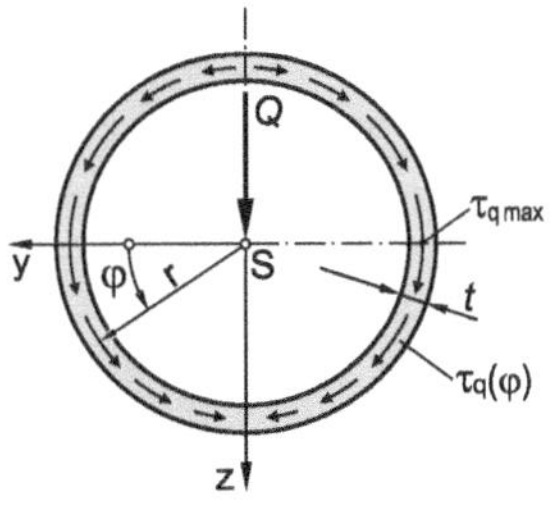	$\tau(\varphi) = \frac{Q}{\pi \cdot r \cdot t} \cdot \cos\varphi$	$\tau_{\max} = \frac{Q}{\pi \cdot r \cdot t} = 2 \cdot \tau_m$ mit $\tau_m = \frac{Q}{A}$

Fortsetzung Tabelle 10.1 Schubspannungsverteilung durch Querkraftschub ausgewählter Querschnitte

Profil	Schubspannungen	
C-Profil	Horizontale Schubspannungen im Flansch	
	$\tau_{\mathrm{hF}}(\eta)=\dfrac{Q\cdot c}{I_{\mathrm{y}}}\cdot\eta$	$\tau_{\mathrm{hF\,max}}=\dfrac{Q\cdot b}{I_{\mathrm{y}}}\cdot\eta$
	Vertikale Schubspannungen im Steg ($-a\le z\le a$)	
	$\tau_{\mathrm{qS}}(z)=\dfrac{Q}{I_{\mathrm{y}}}\cdot\left[b\cdot c\cdot\dfrac{t_{\mathrm{F}}}{t_{\mathrm{S}}}+\dfrac{a^2}{2}\cdot\left(1-\dfrac{z^2}{a^2}\right)\right]$	$\tau_{\mathrm{qS\,max}}=\dfrac{Q}{I_{\mathrm{y}}}\cdot\left[b\cdot c\cdot\dfrac{t_{\mathrm{F}}}{t_{\mathrm{S}}}+\dfrac{a^2}{2}\right]$
I-Profil	Horizontale Schubspannungen im Flansch ($0\le\eta\le b/2$)	
	$\tau_{\mathrm{hF}}(\eta)=\dfrac{Q\cdot c}{I_{\mathrm{y}}}\cdot\eta$	$\tau_{\mathrm{hF\,max}}=\dfrac{Q\cdot c}{I_{\mathrm{y}}}\cdot\dfrac{b}{2}$
	Vertikale Schubspannungen im Steg ($-a\le z\le a$)	
	$\tau_{\mathrm{qS}}(z)=\dfrac{Q}{I_{\mathrm{y}}}\cdot\left[b\cdot c\cdot\dfrac{t_{\mathrm{F}}}{t_{\mathrm{S}}}+\dfrac{a^2}{2}\cdot\left(1-\dfrac{z^2}{a^2}\right)\right]$	$\tau_{\mathrm{qS}}(z)=\dfrac{Q}{I_{\mathrm{y}}}\cdot\left[b\cdot c\cdot\dfrac{t_{\mathrm{F}}}{t_{\mathrm{S}}}+\dfrac{a^2}{2}\right]$

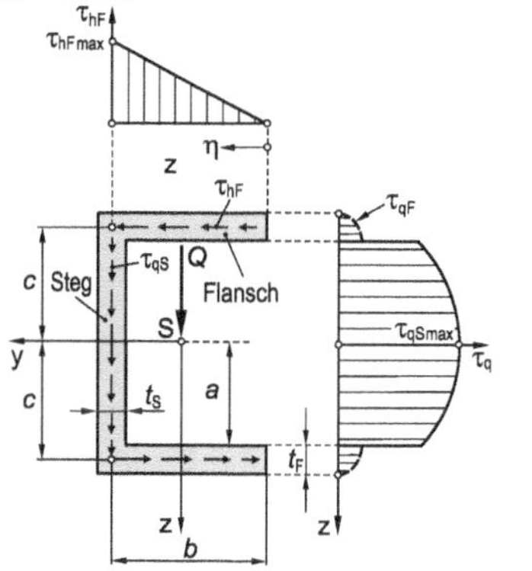

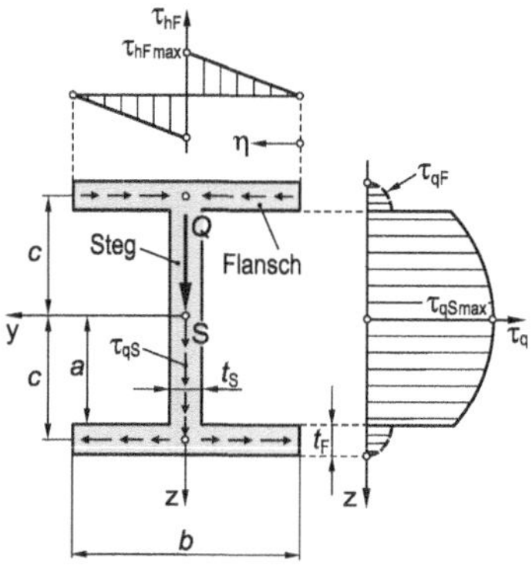

10.2 Schubspannungen in dünnwandigen Profilträgern

Im Stahlbau werden häufig Profilträger mit I-, U- oder C-Profil eingesetzt. Da ihre Wanddicke im Verhältnis zu den Querschnittsabmessungen (Breite und Höhe) in der Regel gering ist, können die Schubspannungen vereinfacht als zur Querschnittsberandung parallel verlaufend und konstant über der Wanddicke angesehen werden. Vertikale Schubspannungen im Flansch sowie horizontale Schubspannungen im Steg können dementsprechend vernachlässigt werden.

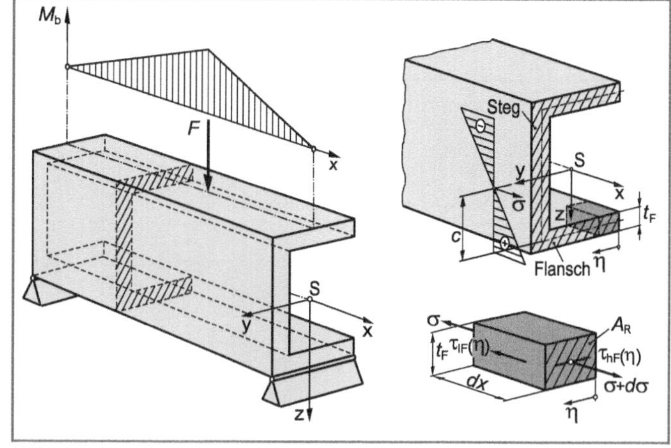

Bild 10.6 Beispiel zur Ermittlung der horizontalen Schubspannungen im Flansch eines dünnwandigen Profilträgers

10.2.1 Horizontale Schubspannungen im Flansch

Zur Ermittlung der **horizontalen Schubspannungen im Flansch $\tau_{hF}(\eta)$** betrachtet man ein herausgeschnittenes Teilelement der Länge *dx* und setzt das Kräftegleichgewicht in x-Richtung an (Bild 10.6):

$$\int_{A_R} (\sigma(z) + d\sigma) \cdot dA - \int_{A_R} \sigma(z) \cdot dA - \tau_{lF}(\eta) \cdot t_F \cdot dx = 0 \tag{10.9}$$

Aus Gleichung 10.9 folgt:

$$\int_{A_R} d\sigma \cdot dA = \tau_{lF}(\eta) \cdot t_F \cdot dx \tag{10.10}$$

$$\tau_{lF}(\eta) = \frac{1}{t_F} \int_{A_R} \frac{d\sigma}{dx} \cdot dA \tag{10.11}$$

Für die in y-Richtung konstante Biegespannung im Abstand c von der Biegeachse gilt:

$$\sigma(z = c) = \frac{M_b(x)}{I_y} \cdot c \tag{10.12}$$

und damit:

$$\frac{d\sigma}{dx} = \frac{dM_b}{dx} \cdot \frac{c}{I_y} = \frac{Q \cdot c}{I_y} \tag{10.13}$$

Mit $\tau_{lF}(\eta) = \tau_{hF}(\eta)$ und Gleichung 10.13 folgt aus Gleichung 10.11:

$$\tau_{hF}(\eta) = \frac{Q \cdot c}{I_y \cdot t_F} \int_{A_R} dA = \frac{Q \cdot c}{I_y \cdot t_F} \cdot A_R = \frac{Q \cdot c}{I_y \cdot t_F} \cdot t_F \cdot \eta \tag{10.14}$$

$$\tau_{hF}(\eta) = \frac{Q \cdot c}{I_y} \cdot \eta$$ **Horizontale Schubspannungen im Flansch eines dünnwandigen C-Profils** (10.15)

10.2.2 Vertikale Schubspannungen im Steg

Zur Ermittlung der **vertikalen Schubspannungen im Steg $\tau_{qS}(z)$** schneidet man den Profilträger entsprechend Bild 10.7 frei und setzt ebenfalls das Kräftegleichgewicht in x-Richtung für das abgeschnittene Volumenelement an ($0 \le z \le a$):

$$\int_{A_R} (\sigma(z) + d\sigma) \cdot dA - \int_{A_R} \sigma(z) \cdot dA - \tau_{lS}(z) \cdot t_S \cdot dx = 0 \tag{10.16}$$

Aus Gleichung 10.16 folgt:

$$\int_{A_R} d\sigma \cdot dA = \tau_{lS}(z) \cdot t_S \cdot dx \tag{10.17}$$

$$\tau_{lS}(z) = \frac{1}{t_S} \int_{A_R} \frac{d\sigma}{dx} \cdot dA \tag{10.18}$$

Für die Biegespannung $\sigma(\zeta)$ im Abstand ζ von der y-Achse durch den Flächenschwerpunkt gilt:

$$\sigma(\zeta) = \frac{M_b(x)}{I_y} \cdot \zeta \qquad (10.19)$$

und damit:

$$\frac{d\sigma(\zeta)}{dx} = \frac{dM_b(x)}{dx} \cdot \frac{\zeta}{I_y}$$

$$= Q \cdot \frac{\zeta}{I_y} \qquad (10.20)$$

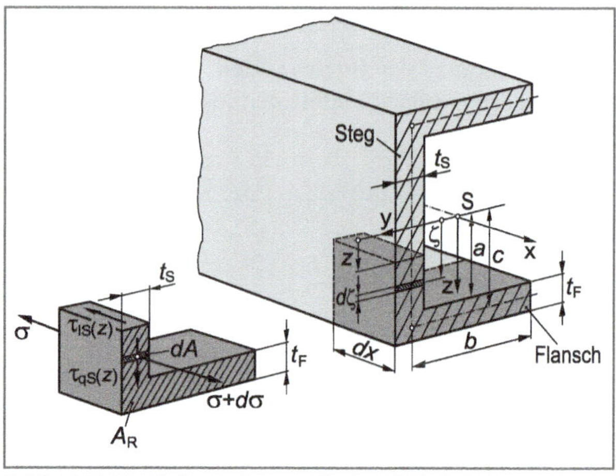

Bild 10.7 Ermittlung der vertikalen Schubspannungen im Steg eines dünnwandigen Profilträgers

Gleichung 10.20 in Gleichung 10.18 eingesetzt ergibt:

$$\tau_{lS}(z) = \frac{Q}{t_S \cdot I_y} \int_{A_R} \zeta \cdot dA \qquad (10.21)$$

Der Integralausdruck ist das Flächenmoment 1. Ordnung (statisches Moment) der Restfläche A_R, d. h. von Flansch *und* Steg. Es muss nachfolgend noch gelöst werden:

$$\int_{A_R} \zeta \cdot dA = b \int_a^{a+t_F} \zeta \cdot d\zeta + t_S \int_z^a \zeta \cdot d\zeta = \frac{b}{2} \cdot \left[\zeta^2\right]_a^{a+t_F} + \frac{t_S}{2} \cdot \left[\zeta^2\right]_z^a$$

$$= \frac{b}{2} \cdot \left((a+t_F)^2 - a^2\right) + \frac{t_S}{2} \cdot (a^2 - z^2) = \frac{b}{2} \cdot \left(2\,a\,t_F + t_F^2\right) + \frac{t_S}{2} \cdot (a^2 - z^2)$$

$$= t_F \cdot b \cdot \left(a + \frac{t_F}{2}\right) + \frac{t_S}{2} \cdot (a^2 - z^2) = b \cdot c \cdot t_F + \frac{t_S}{2} \cdot \left(a^2 - z^2\right) \qquad (10.22)$$

Damit folgt für die Spannungsverteilung im Steg $\tau_{lS}(z)$:

$$\tau_{lS}(z) = \frac{Q}{t_S \cdot I_y} \cdot \left[b \cdot c \cdot t_F + \frac{t_S}{2} \cdot \left(a^2 - z^2\right)\right] \qquad (10.23)$$

Mit $\tau_{lS}(z) = \tau_{qS}(z)$ folgt damit letztlich:

$$\tau_{qS}(z) = \frac{Q}{I_y} \cdot \left[b \cdot c \cdot \frac{t_F}{t_S} + \frac{a^2}{2} \cdot \left(1 - \frac{z^2}{a^2}\right)\right] \qquad (10.24)$$

Vertikale Schubspannungen im Steg eines dünnwandigen C-Profils

Die Gleichungen 10.15 und 10.24 lassen sich auch auf die für die Praxis wichtigen I-Profile übertragen (Tabelle 10.1).

10.2.3 Schubmittelpunkt

In dünnwandigen, offenen Profilen (z. B. Abkantprofile aus Blech) können die Schubspannungen im Flansch (τ_{hF}) eine Verdrehung um die Längsachse bewirken. Bild 10.8 veranschaulicht diesen Sachverhalt am Beispiel eines dünnwandigen C-Profils. Die aus den Schubspannungen im Flansch (Bild 10.8a) resultierenden Flansch-Schubkräfte bewirken ein Kräftepaar, die eine Verdrehung des Profils um die Längsachse verursachen (Bild 10.8b). Diese Verdrehung kann verhindert werden, sofern die Wirkungslinie der Kraft F durch den **Schubmittelpunkt** M geht und dadurch ein den Flansch-Schubkräften entgegengesetzt wirkendes Drehmoment erzeugt (Bild 10.8c). Bei dünnwandigen, offenen Profilen sollte daher die Belastungsebene durch den Schubmittelpunkt gelegt werden. Auf die Berechnung der Lage des Schubmittelpunktes soll nicht näher eingegangen werden [9].

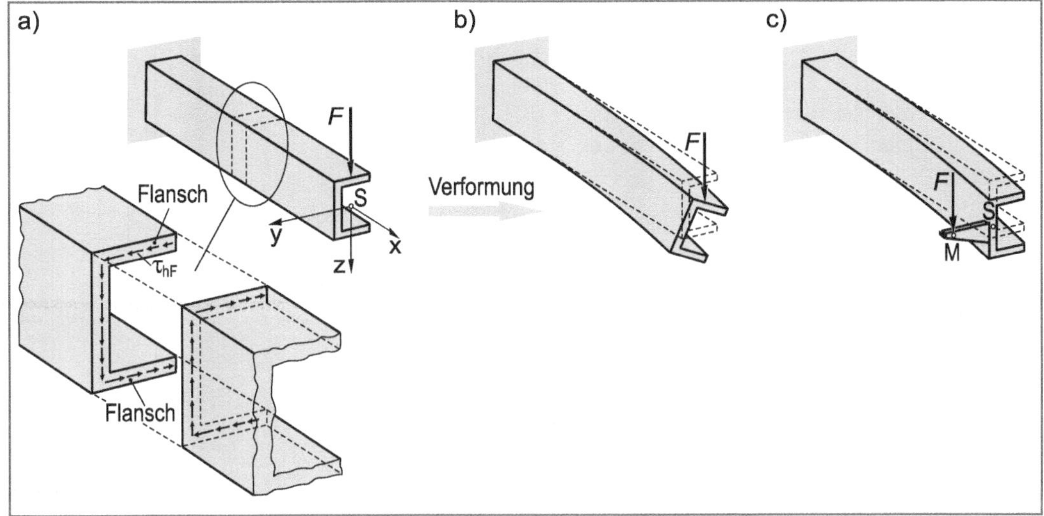

Bild 10.8 Verdrehung dünnwandiger, offener Profile unter Schubbeanspruchung

10.3 Schubspannungen in genieteten oder geschweißten Profilträgern

Schneidet man gemäß Bild 10.9 aus einem biegebeanspruchten Balken mit veränderlichem Biegemoment ein schmales Volumenelement heraus, dann muss die Differenz der Normalkräfte in der linken und rechten Schnittfläche durch eine Tangentialkraft F_t in Längsrichtung (Längsschubkraft) ausgeglichen werden. Diese Tangentialkräfte müssen von den Verbindungsmitteln wie Nieten oder Bolzen aber auch von Schweißnähten oder Klebstoffschichten aufgenommen werden (als Beispiele siehe Aufgabe 10.4 bis 10.6). Von Bedeutung sind diese Längsschubkräfte aber auch bei Holzkonstruktionen, da die erzeugten Schubkräfte von Nägeln oder Leimschichten übertragen werden müssen.

10.3.1 Genietete Träger

Zur Veranschaulichung soll der in Bild 10.9 dargestellte einseitig eingespannte Freiträger mit konstanter Breite betrachtet werden. Zur Erhöhung der Beanspruchbarkeit werden beidseitig Verstärkungsbleche aufgenietet. Um die Schubspannungen im Nietquerschnitt zu ermitteln, schneidet man ein Stück der Länge t (t = Nietteilung) des Verstärkungsbleches frei und betrachtet das Kräftegleichgewicht in x-Richtung. Aufgrund des veränderlichen Biegemomentes muss die Differenz der Normalspannungen an beiden Schnittflächen durch eine Tangentialkraft $F_t = \tau_l(z) \cdot A$ ausgeglichen werden.

Mit Gleichung 10.8 gilt damit für die Längsschubkraft F_t:

$$F_t = \frac{Q \cdot H_y(z)}{b(z) \cdot I_y} \cdot A \qquad (10.25)$$

Für $b(x) = b(z) = b =$ konst. folgt weiter mit $A = b \cdot t$:

$$F_t = \frac{Q \cdot H_y(z)}{I_y} \cdot t \qquad (10.26)$$

Im Falle einer Nietverbindung mit n parallelen Nieten wirkt auf jede Niete die Schubkraft:

$$F_N = \frac{F_t}{n} \qquad (10.27)$$

Die maximale Schubspannung $\tau_{N\,max}$ im Niet beträgt (Tabelle 10.1):

$$\tau_{N\,max} = \frac{4}{3} \cdot \frac{F_N}{\pi r^2} \qquad (10.28)$$

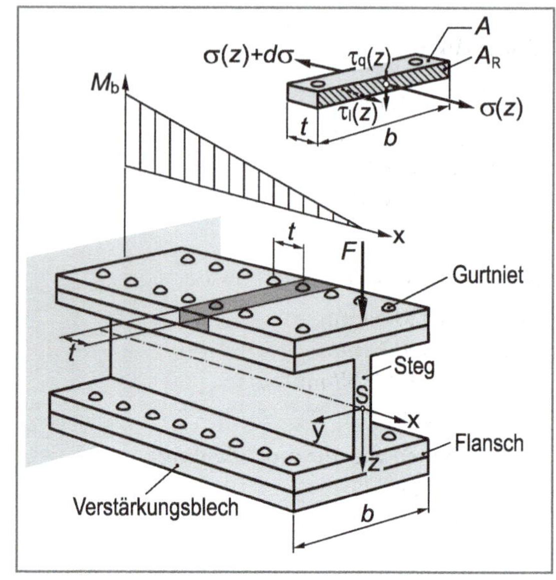

Bild 10.9 Träger mit genieteten Verstärkungsblechen

und mit Gleichung 10.26 und 10.27 schließlich:

$$\tau_{N\,max} = \frac{4}{3 \cdot n} \cdot \frac{Q \cdot H_y(z) \cdot t}{I_y \cdot \pi r^2} \qquad (10.29)$$

Maximale Schubspannung in den Gurtnieten eines Profilträgers unter Querkraftschub (gilt nur für die in Bild 10.9 dargestellten geometrischen Verhältnisse)

- Q Querkraft
- $H_y(z)$ Flächenmoment 1. Ordnung (statisches Moment) der Restfläche A_R bezüglich der y-Achse durch den Flächenschwerpunkt
- I_y Axiales Flächenmoment der *gesamten* Querschnittsfläche bezüglich der y-Achse durch den Flächenschwerpunkt
- t Nietteilung (Bild 10.9)
- n Anzahl paralleler Nieten
- r Radius des Niets

τ_{Nmax} darf die zul. Schubspannung τ_{zul} des Nietwerkstoffs nicht überschreiten.

10.3.2 Geschweißte Träger

Betrachtet man anstelle einer Nietverbindung eine **Schweißverbindung** mit zwei parallelen unterbrochenen Nähten (Nahtlänge l_S) oder zwei parallelen durchgehenden Nähten, dann errechnet sich die Schubspannung in der Schweißnaht zu:

$$\tau_S = \frac{F_t / 2}{a \cdot l_S} \qquad (10.30)$$

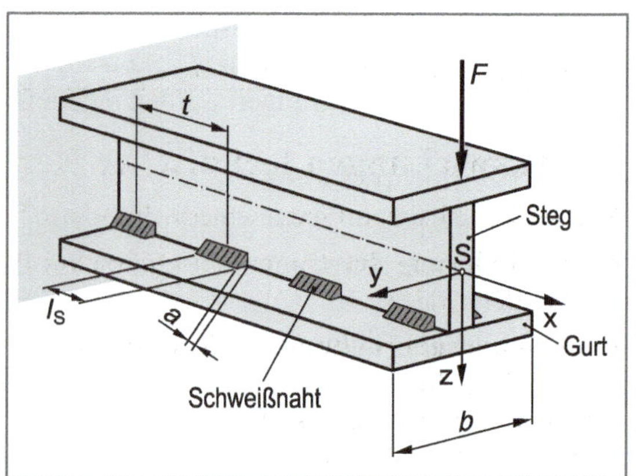

Bild 10.10 Geschweißter Profilträger

und mit Gleichung 10.26 schließlich:

$$\tau_S = \frac{Q \cdot H_y(z)}{2a \cdot I_y} \cdot \frac{t}{l_S}$$

Schubspannung in der Schweißnaht zwischen Gurt- und Stegblech eines Profilträgers unter Querkraftschub (zwei parallele Schweißnähte) (10.31)

Hierbei ist a die Nahtdicke. Bei Kehlnähten wird für Festigkeitsbetrachtungen in der Regel das Diagonalmaß a verwendet (Bild 10.10). Für durchgehende Nähte ist $t = l_S$, also $t / l_S = 1$. τ_S darf die zulässige Schubspannung τ_{zul} der Naht nicht überschreiten.

Für die Auslegung von Schweißverbindungen muss zusätzlich berücksichtigt werden, dass in der Schweißnaht neben den genannten Schubspannungen auch Zug- bzw. Druckspannungen infolge der zusätzlichen Biegebeanspruchung auftreten. Maßgebend für ein Versagen ist daher insgesamt die **Vergleichsspannung** σ_V, wobei nach der Gestaltänderungsenergiehypothese (Kapitel 6.3) gilt:

$$\sigma_{V\,GEH} = \sqrt{\sigma_b^2 + 3 \cdot \tau_s^2}$$

Vergleichsspannung in der Schweißnaht zwischen Gurt- und Stegblech eines Profilträgers unter Querkraftschub (zwei parallele Schweißnähte) (10.32)

mit $\sigma_b = \frac{M_b}{I} \cdot z$ nach Gleichung 2.32 und τ_s nach Gleichung 10.31.

10.4 Berücksichtigung von Schub- und Normalspannungen bei biegebeanspruchten Balken

Balken, die durch ein veränderliches Biegemoment beansprucht werden (z. B. Bild 10.11) erfahren Schubspannungen durch Querkräfte *und* Normalspannungen aufgrund der Biegebeanspruchung. In den vorangegangenen Kapiteln 10.1 bis 10.3 wurden die in biegebeanspruchten Balken auftretenden Schubspannungen ermittelt, in Kapitel 2.3.1 wurden hingegen nur die Normalspannungen durch Biegung berücksichtigt (reine Biegung).

Nachfolgend soll der gemeinsame Einfluss von Schub- und Biegenormalspannungen betrachtet und anschließend am Beispiel eines einseitig eingespannten Trägers mit Rechteckquerschnitt (Bild 10.11) quantifiziert werden.

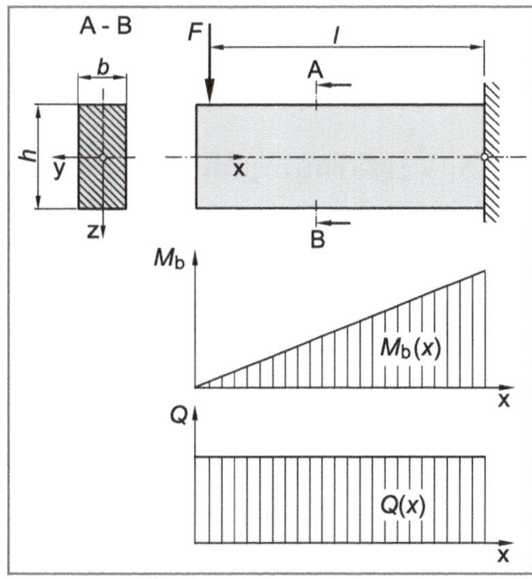

Bild 10.11 Einseitig eingespannter Träger mit Rechteckquerschnitt

Die größte Schubspannung eines biegebeanspruchten Balkens mit veränderlichem Biegemoment tritt nach Gleichung 10.8 bei $z = 0$ auf, da das Flächenmoment 1. Ordnung dort maximal wird (Restfläche A_R wird maximal).

Für die maximale Schubspannung $\tau_q(z = 0) = \tau_{q\,max}$ gilt also:

$$\tau_{q\,max} = \tau_{l\,max} = \frac{Q_{max} \cdot H_y(0)}{b(0) \cdot I_y} \qquad (10.33)$$

Die größte Biegespannung $\sigma_{b\,max}$ errechnet sich nach Gleichung 2.35 zu:

$$\sigma_{b\,max} = \frac{M_{b\,max}}{W_{by}} \tag{10.34}$$

Das Verhältnis der maximalen Schubspannung zur maximalen Biegespannung beträgt dann:

$$\frac{\tau_{q\,max}}{\sigma_{b\,max}} = \frac{Q_{max}}{M_{b\,max}} \cdot \frac{H_y(0)}{b(0) \cdot (I_y / W_{by})} \tag{10.35}$$

Das Verhältnis $\tau_{q\,max} / \sigma_{b\,max}$ soll am Beispiel eines einseitig eingespannten Trägers mit Rechteckquerschnitt entsprechend Bild 10.11 quantifiziert werden.

Es gilt mit $Q = F$:

$$\tau_{q\,max} = \frac{3}{2} \cdot \frac{F}{b \cdot h} \quad \text{(Tabelle 10.1)} \tag{10.36}$$

$$\sigma_{b\,max} = \frac{M_{b\,max}}{W_{by}} = \frac{F \cdot l}{b \cdot h^2 / 6} = \frac{6 \cdot F \cdot l}{b \cdot h^2} \tag{10.37}$$

damit folgt:

$$\frac{\tau_{q\,max}}{\sigma_{b\,max}} = \frac{h}{4 \cdot l} \tag{10.38}$$

Aus Gleichung 10.38 lässt sich der folgende wichtige Sachverhalt ableiten:

Schubspannungen und Normalspannungen in einem biegebeanspruchten Balken haben etwa dieselbe Größenordnung, falls Balkenhöhe und Balkenlänge etwa dieselbe Größenordnung haben (kurzer Balken). In diesem Fall darf bei einer Festigkeitsberechnung der Einfluss der Schubspannungen nicht vernachlässigt werden. Bei langen Balken können die Schubspannungen gegenüber den Normalspannungen hingegen vernachlässigt werden. So beträgt beispielsweise für einen einseitig eingespannten Balken mit Rechteckquerschnitt (Bild 10.11) und $l = 5 \cdot h$ die Schubspannung $\tau_{q\,max}$ nur 5% der (Biege-)Normalspannung $\sigma_{b\,max}$ und ist damit vernachlässigbar.

10.5 Verformung unter Schubbeanspruchung (Schubverformung)

In den vorangegangenen Kapiteln 10.1 bis 10.3 wurde die Verteilung der Schubspannungen für unterschiedliche Querschnittsgeometrien ermittelt. Es zeigte sich dabei, dass die Schubspannungen ungleichmäßig über der Querschnittsfläche verteilt sind (Tabelle 10.1). Gemäß dem Hookeschen Gesetz für Schubspannungen ($\tau = G \cdot \gamma$) sind dann aber auch die Winkeländerungen (Schiebungen) ungleichmäßig verteilt d. h. jedes Volumenelement erfährt in Abhängigkeit seiner Lage eine unterschiedliche Winkelverzerrung (Schiefstellung). Der gesamte Querschnitt verwölbt sich dadurch. Damit ist die in Kapitel 2.3.1 getroffene Annahme, dass die Querschnitte eben bleiben (Bernoullische Hypothese) zumindest für kurze, biegebeanspruchte Balken nicht zutreffend. Auf die Ermittlung der durch Schubspannungen verursachten Durchbiegung soll allerdings verzichtet und stattdessen auf die weiterführende Literatur wie z.B. [9] verwiesen werden.

10.6 Aufgaben

Aufgabe 10.1

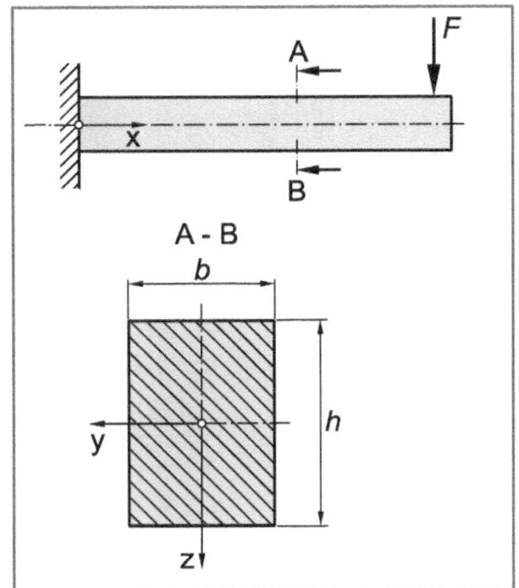

Der dargestellte kurze Freiträger mit Rechteckquerschnitt der Breite b und der Höhe h wird an seinem rechten Ende durch die Einzelkraft F beansprucht. Berechnen Sie die Spannungsverteilung $\tau(z)$ durch Querkraftschub in Abhängigkeit der Koordinate z und vergleichen Sie Ihr Ergebnis mit Tabelle 10.1.

Kerbwirkung an der Einspannstelle ist zu vernachlässigen.

Aufgabe 10.2

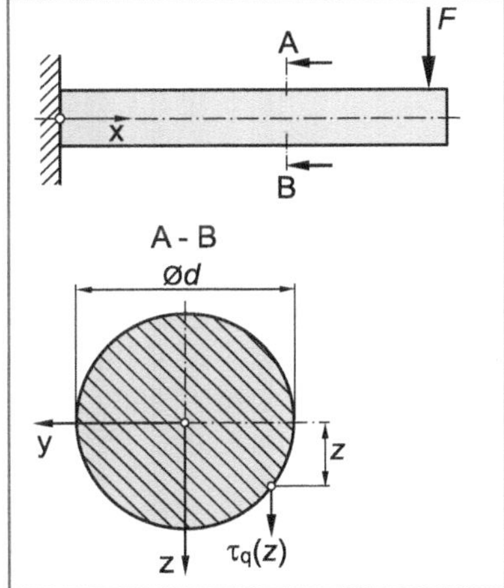

Der dargestellte kurze Freiträger mit Vollkreisquerschnitt (Durchmesser d) wird an seinem rechten Ende durch die Einzelkraft F beansprucht. Berechnen Sie die Spannungsverteilung $\tau_q(z)$ durch Querkraftschub in Abhängigkeit der Koordinate z und vergleichen Sie Ihr Ergebnis mit Tabelle 10.1.

Kerbwirkung an der Einspannstelle ist zu vernachlässigen.

Aufgabe 10.3

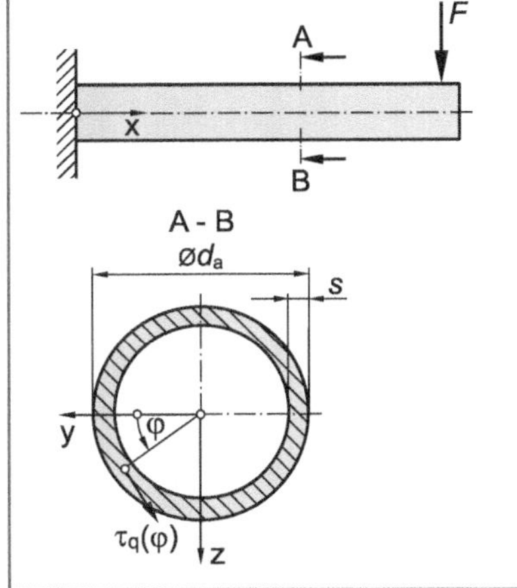

Das dargestellte dünnwandige Kreisrohr (Außendurchmesser d_a, Wandstärke s) wird an seinem rechten Ende durch die Einzelkraft F beansprucht. Berechnen Sie die Spannungsverteilung $\tau(\varphi)$ durch Querkraftschub in Abhängigkeit der Koordinate φ und vergleichen Sie Ihr Ergebnis mit Tabelle 10.1.

Kerbwirkung an der Einspannstelle ist zu vernachlässigen.

Aufgabe 10.4 ○●●●●

Der dargestellte kurze Freiträger ist aus drei gleichen Stahlblechen ($h = b = 300$ mm, $s = 30$ mm) zusammengeschweißt. Die Nahtdicke beträgt $a = 7$ mm, die Nahtlängen jeweils $l_S = 30$ mm und die Teilung $t = 50$ mm. Der Träger ist an seinem linken Ende fest eingespannt und an seinem rechten Ende durch die Kraft $F = 100$ kN belastet.

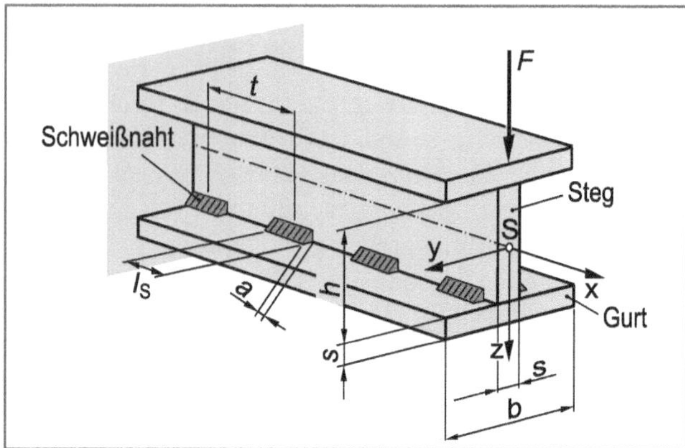

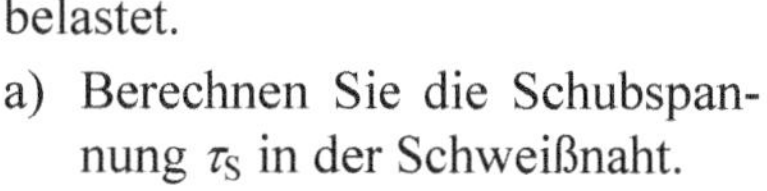

a) Berechnen Sie die Schubspannung τ_S in der Schweißnaht. Normalspannungen in der Schweißnaht aufgrund der Biegebeanspruchung sowie Kerbwirkung an der Einspannstelle sollen vernachlässigt werden.

b) Ist die Beanspruchung der Schweißnaht noch zulässig, falls die Schubspannung in der Naht $\tau_{zul} = 85$ N/mm^2 nicht überschreiten darf?

Aufgabe 10.5 ○●●●●

Zur Erhöhung der Beanspruchbarkeit eines einseitig eingespannten Trägers werden an der Ober- und Unterseite zusätzliche Verstärkungsbleche (250 mm x 20 mm) aufgenietet. Die Gurtnieten haben einen Durchmesser von $d_N = 12$ mm. Die zulässige Spannung für den Nietwerkstoff beträgt $\tau_{zul} = 120$ N/mm^2. Der Träger wird entsprechend der Abbildung durch die konstante Querkraft $F = 60$ kN sowie die konstante Streckenlast $q = 25$ kN/m belastet. Ermitteln Sie die mindestens erforderliche Nietteilung t, damit ein Abscheren der Gurtnieten vermieden wird.

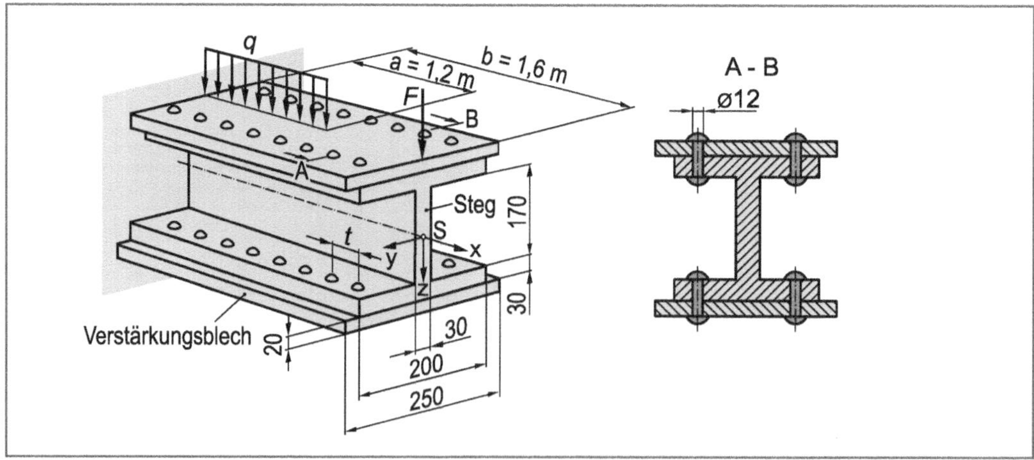

Aufgabe 10.6 ●●●●●

Zum Bau einer Stahlbrücke sollen Träger entsprechend der Abbildung eingesetzt werden. Die zulässige Kraft F soll auf 150 kN begrenzt werden.

Die Gurtplatten (300 x 20 mm) und die Stahlwinkel (60 x 60 x 10 mm) sind fest miteinander verschweißt. Die Stahlwinkel sollen hingegen mit dem Stegblech (200 x 30 mm) vernietet werden. Der Nietdurchmesser wurde mit d = 15 mm festgelegt.

Die zulässige Schubspannung des Nietwerkstoffs beträgt τ_{zul} = 150 N/mm^2.

Berechnen Sie die erforderliche Teilung t der Stegnieten, damit ein Abscheren ausgeschlossen werden kann.

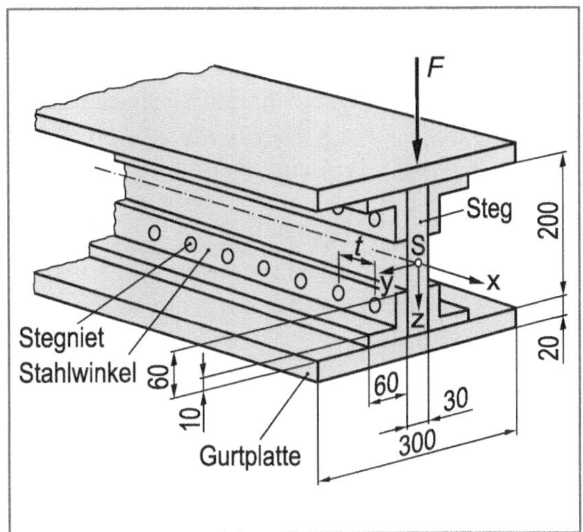

Aufgabe 10.7 ○○●●●

Für eine einfache Dachkonstruktion sollen zwei Bretter (250 x 30 mm) T-förmig miteinander verleimt werden. Die hieraus entstehenden T-Profile werden auf ihrer linken Hälfte durch die Streckenlast q = 100 kN/m belastet (siehe Abbildung).

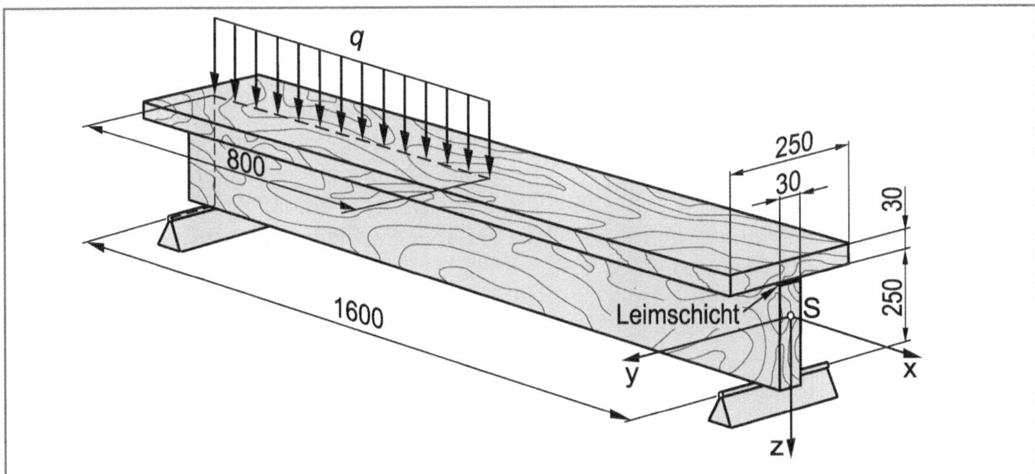

a) Ermitteln Sie die Lage des Flächenschwerpunktes des T-Profils.

b) Berechnen Sie das axiale Flächenmoment zweiter Ordnung bezüglich der y-Achse durch den Flächenschwerpunkt des T-Profils.

c) Überprüfen Sie, ob die Belastung zulässig ist, falls die Schubspannung in der Leimschicht τ = 25 N/mm^2 nicht überschreiten darf.

11 Torsion nicht kreisförmiger Querschnitte

Werden Stäbe mit nicht kreisförmigen Querschnitten (z. B. Rechteckquerschnitte) auf Torsion beansprucht, dann beobachtet man eine Verwölbung d. h. die Querschnittsflächen bleiben nicht eben (Bild 11.1). Es muss daher unterschieden werden, ob sich eine freie Verwölbung einstellen kann. Wird eine freie Verwölbung der Querschnittsflächen beispielsweise durch eine beidseitige Einspannung verhindert, dann kann eine freie Verschiebung von Werkstoffteilchen in Richtung der Stabachse nicht erfolgen, es treten zusätzlich Normalspannungen auf. Diese wölbbehinderte Torsion, die auch als **Wölbkrafttorsion** bezeichnet wird, ist jedoch schwierig zu berechnen und soll im Rahmen dieses Buches daher nicht weiter betrachtet werden.

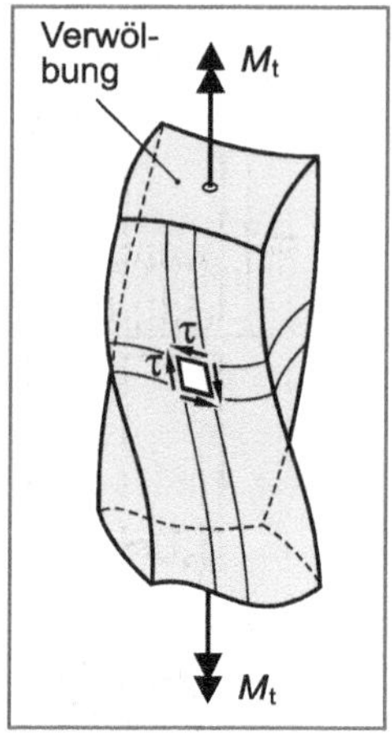

Bild 11.1
Torsion eines nicht kreisförmigen Querschnittes

Sofern sich eine freie Verwölbung der Querschnitte einstellen kann und keine Querkräfte auftreten, spricht man von **reiner Torsion** oder **Saint-Venantscher Torsion**. Jedoch auch unter der Voraussetzung einer freien Verwölbung der Querschnittsflächen ist die Berechnung von Spannungen und Verformungen bei Torsion nicht kreisförmiger Querschnitte mit elementaren Mitteln häufig nicht möglich. Die nachfolgenden Ausführungen sollen sich daher auf einige ausgewählte technisch bedeutsame Fälle beschränken.

11.1 Torsion dünnwandiger, geschlossener Hohlprofile

Die Spannungsermittlung torsionsbeanspruchter beliebiger Querschnitte ist, wie eingangs erwähnt, im Allgemeinen komplex. Eine Ausnahme bilden die kreisförmigen Querschnitte (Kapitel 2.5.1) sowie die dünnwandigen Hohlquerschnitte. Letztere haben in der Technik eine nicht unerhebliche Bedeutung, beispielsweise für Stahlkonstruktionen.

In die Gruppe der dünnwandigen Hohlquerschnitte fallen alle Profile deren Wanddicke t klein gegenüber den übrigen Querschnittsabmessungen ist. Unter der Annahme, dass:

1. die Belastung durch ein Drehmoment um die Stabachse erfolgt, Querkräfte nicht auftreten und die Verwölbung der Querschnitte ungehindert stattfinden kann d. h. keine Normalspannungen in Längsrichtung auftreten (reine Torsion oder Saint-Venantsche Tosion),
2. die Wanddicke t klein gegenüber den Querschnittsabmessungen und nur wenig veränderlich ist, d. h. die Schubspannungen konstant verteilt sind und tangential zum Rand verlaufen,
3. die Gestalt der Querschnittsfläche bei der Verformung erhalten bleibt (analog zum Vollkreis- bzw. Kreisringquerschnitt),

dann ist der **Schubfluss** $T = \tau(s) \cdot t$ an jeder Stelle des Querschnitts gleich groß, also:

$$T = \tau(s) \cdot t = \text{konstant} \qquad (11.1)$$

Die Beziehung zwischen dem Schubfluss T und dem Torsionsmoment M_t stellt die **erste Bredtsche Formel** (***Rudolph Bredt***, 1842 ... 1900) her:

$$\tau_{max} = \tau_t = \frac{M_t}{2 \cdot A_m \cdot t_{min}} \quad \textbf{1. Bredtsche Formel} \qquad (11.2)$$

τ_t Maximale Schubspannung im Hohlquerschnitt (N/mm²)

M_t Torsionsmoment (Nmm)

A_m Fläche, die von der Profilmittellinie umschlossen wird (mm²). Sie darf nicht mit der Querschnittsfläche A verwechselt werden (siehe Bild 11.2)

t_{min} kleinste Wanddicke (mm)

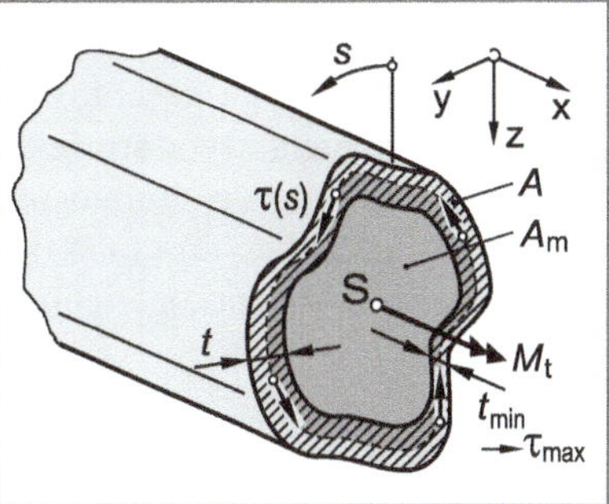

Bild 11.2 Torsion dünnwandiger, geschlossener Hohlprofile

Die maximale Schubspannung tritt an der Stelle mit der kleinsten Wanddicke (t_{min}) auf.

11.2 Torsion dünnwandiger, offener Hohlprofile

Die Ermittlung von Schubspannungen in dünnwandigen, offenen (einzelligen) Hohlprofilen soll sich auf Profile beschränken, die sich aus schmalen Rechtecken zusammensetzen wie z. B. T-, U-, L- oder Z-Profile, Bild 11.3. Die Berechnung kann ebenfalls noch mit elementaren Mitteln erfolgen. Ohne auf die Herleitung (z. B. [9]) einzugehen, folgt für das **Torsionsflächenmoment** [1)] oder den **Drillwiderstand I_t**:

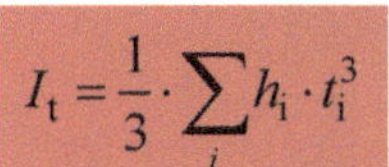

$$I_t = \frac{1}{3} \cdot \sum_i h_i \cdot t_i^3 \qquad (11.3)$$

Torsionsflächenmoment eines aus schmalen Rechtecken zusammengesetzten offenen Hohlprofils

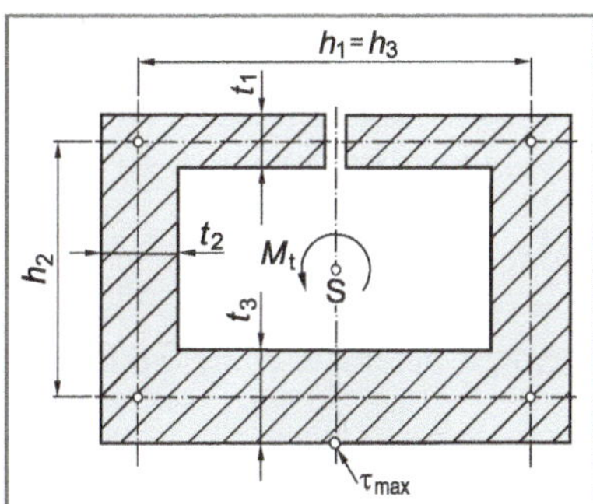

Bild 11.3 Torsion dünnwandiger, offener Hohlprofile

In Analogie zur Torsion kreisförmiger Querschnitte führt man das **Torsionswiderstandsmoment W_t** ein und errechnet analog zu Gleichung 2.64:

$$W_t = \frac{I_t}{t_{max}} = \frac{1}{3 \cdot t_{max}} \cdot \sum_i h_i \cdot t_i^3 \qquad (11.4)$$

Damit ergibt sich die maximale Schubspannung $\tau_{max} = \tau_t$ zu:

$$\tau_{max} = \tau_t = \frac{M_t}{W_t} = \frac{3 \cdot t_{max}}{\sum_i h_i \cdot t_i^3} \cdot M_t \qquad (11.5)$$

Maximale Schubspannung bei Torsion eines aus schmalen Rechtecken zusammengesetzten offenen Hohlprofils

Der Ort maximaler Schubspannung findet sich am Rechteck mit der größten Breite (t_{max}) und zwar an seinem Außenrand in der Mitte der längeren Seite (Bild 11.3). Falls das Profil Querschnitte mit gekrümmter Mittellinie enthält, dann können diese Flächen näherungsweise wie gestreckte Rechtecke mit der Länge der abgewickelten Mittellinie betrachtet werden (siehe Aufgabe 11.4).

[1)] Im Sinne einer einheitlichen Bezeichnung soll bei beliebigen Querschnitten vom **Torsionsflächenmoment** gesprochen und das Formelzeichen I_t verwendet werden. Im Falle von Vollkreis- und Kreisringquerschnitten wird vom **polaren Flächenmoment** gesprochen und das Formelzeichen I_p verwendet (siehe Kapitel 2.5).

11.3 Torsion beliebiger Vollquerschnitte

Die für dünnwandige geschlossene und offene Profile abgeleiteten Beziehungen dürfen nicht auf beliebige nicht kreisförmige Vollquerschnitte übertragen werden. Zur Ermittlung von Betrag und Richtung der Schubspannung in einem beliebigen Punkt eines nicht kreisförmigen Vollquerschnitts benötigt man die **Torsionsfunktion** $\Phi(y,z)$. Man erhält sie durch Lösen einer Poissonsche Differentialgleichung der Form

$$\frac{\partial^2\Phi}{\partial y^2}+\frac{\partial^2\Phi}{\partial z^2}=\Delta\Phi=\text{konst.} \qquad (11.6)$$

für die jeweilige Querschnittsfläche unter Beachtung der Randbedingung $\Phi_{\text{Rand}} = 0$. Falls für eine Querschnittsfläche die Torsionsfunktion $\Phi(y,z)$ gefunden wurde, dann erhält man die Komponenten der Schubspannung durch partielle Differentiation der Torsionsfunktion nach den Koordinaten y bzw. z:

$$\tau_{xy}=\frac{\partial\Phi}{\partial z} \quad \text{und} \quad \tau_{xz}=-\frac{\partial\Phi}{\partial y} \qquad (11.7)$$

Die Torsionsfunktion $\Phi(y,z)$ lässt sich anschaulich als Fläche über der tordierten Querschnittsfläche interpretieren (Bild 11.4). Die *Richtung* der Schubspannung in einem beliebigen Punkt $P(y_P \mid z_P)$ erhält man, indem man im Durchstoßpunkt der Senkrechten zur Querschnittsfläche (Punkt P^*) die Tangente an die entsprechende Höhenlinie h^* ermittelt. Den *Betrag* der Schubspannungen erhält man aus der Steilheit der Fläche. Die höchste Schubspannung tritt dementsprechend an der steilsten Stelle auf.

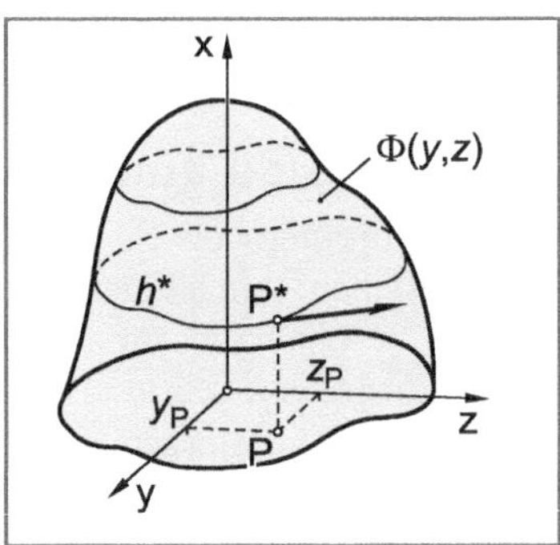

Bild 11.4 Veranschaulichung der Torsionsfunktion

11.3.1 Membran-Analogie von Prandtl

Die mathematische Lösung der Poissonschen Differentialgleichung 11.6 ist im Allgemeinen schwierig und erfordert weiterführende mathematische Kenntnisse. Dennoch ist es mit entsprechenden Analogien möglich, sich einen Überblick über den Spannungsverlauf und die Orte der größten Schubspannung, die potentiellen Versagensstellen also, zu verschaffen. Hierzu bedient man sich beispielsweise der **Membran-Analogie von Prandtl** (***Ludwig Prandtl***, 1875 ... 1953, Veröffentlichung der Membran-Analogie 1904).

Man denkt sich zunächst den Vollkreisquerschnitt beispielsweise aus einer ebenen Blechplatte ausgeschnitten und mit einer Membran (z. B. Seifenhaut) überspannt. Bei einem geringen Überdruck wölbt sich diese Membran zu einer räumlich gekrümmten Fläche $u(y,z)$, die analog der Torsionsfunktion einer Poissonschen Differentialgleichung genügt (Bild 11.5):

$$\frac{\partial^2 u}{\partial y^2}+\frac{\partial^2 u}{\partial z^2}=\Delta u=\text{konst.} \qquad (11.8)$$

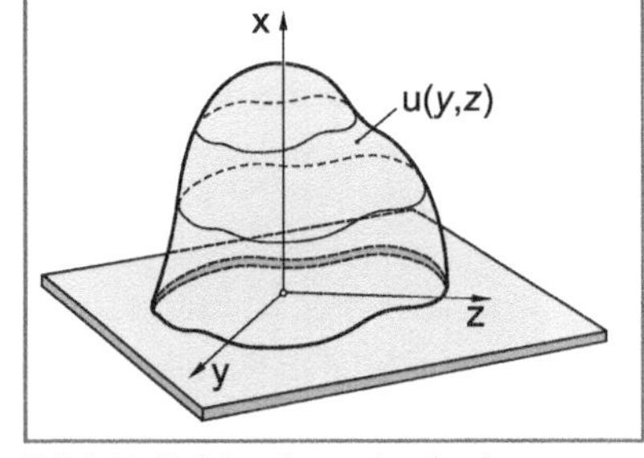

Bild 11.5 Membran-Analogie von Prandtl

Aufgrund der mathematischen Identität der Gleichungen 11.6 und 11.8 findet man in Analogie zur Torsionsfunktion die höchste Schubspannung an der steilsten Stelle des Seifenhautberges. Der **Drillwiderstand** I_t ist proportional zum Volumen der verformten Membran. Ein zunehmender Drillwiderstand führt zu einer geringeren Verdrehung des Stabes.

11.3.2 Strömungsanalogie von Thomson

Ähnlich der Membran-Analogie von Prandtl lässt sich das Torsionsproblem qualitativ auch mit Hilfe der **Strömungsanalogie von Thomson** (*W. Thomson*, 1824 ... 1907) veranschaulichen.

Denkt man sich einen tordierten Stab von einer reibungsfreien, inkompressiblen Flüssigkeit mit konstanter Zirkulation durchströmt, dann stimmen die Richtung der Stromlinien mit der Richtung der resultierenden Schubspannung überein und die Strömungsgeschwindigkeit (Abstand der Stromlinien) ist proportional zur Schubspannung an derselben Stelle im tordierten Querschnitt.

Die Strömungsanalogie zeigt insbesondere, dass mit enger werdendem Querschnitt die Strömungsgeschwindigkeit und dementsprechend die Schubspannung steigt. Die höchsten Schubspannungen treten dabei immer am Querschnittsrand der engsten Stelle auf (Bild 11.6).

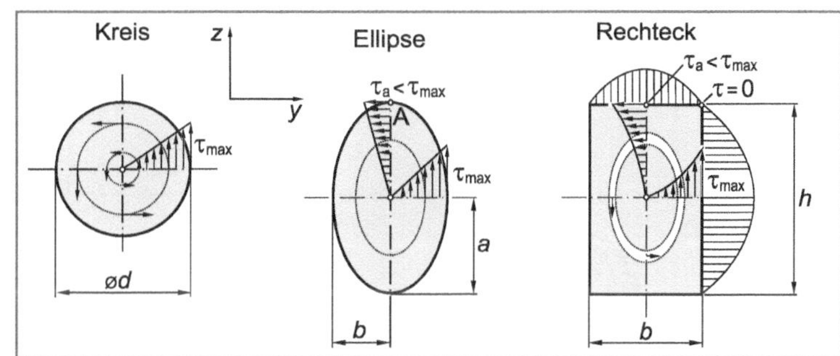

Bild 11.6 Schubspannungsverlauf nach der Strömungsanalogie von Thomson in ausgewählten Vollquerschnitten

Die Strömungsanalogie zeigt weiterhin, dass an der Ecke eines tordierten Stabes (z. B. eines Rechteckquerschnittes) die Schubspannung Null sein muss, da ein unstetiger Richtungswechsel der Strömung physikalisch nicht möglich ist. Im Bereich scharfkantiger Ecken erfolgt eine „schroffe" Umlenkung der Strömungsrichtung d. h. an diesen Stellen sind eine hohe Strömungsgeschwindigkeit und dementsprechend hohe Schubspannungen zu erwarten (Bild 11.7). Bei spröden Werkstoffen können sich dabei Risse bilden, zähe Werkstoffe werden sich hingegen plastisch verformen (Ausrundung der Ecke und dementsprechend Spannungsabbau).

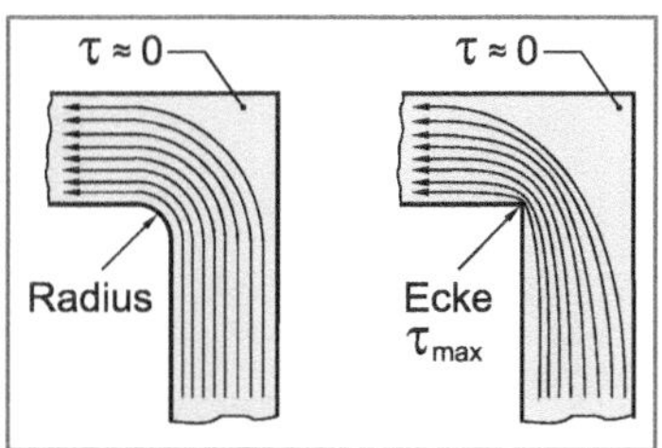

Bild 11.7 Schubspannungsverlauf nach der Strömungsanalogie von Thomson im Bereich von Ecken

11.4 Grundgleichungen zur Torsion ausgewählter Querschnitte

Für die Berechnung von Stäben mit beliebiger Querschnittsform ist es zweckmäßig, die Berechnungsformeln auf die Form entsprechend des Kreisquerschnitts zu bringen (Gleichung 2.65). Die maximale Spannung $\tau_{\max}$ ($\equiv \tau_t$) errechnet sich dann gemäß:

$$\tau_{\max} = \tau_t = \frac{M_t}{W_t} \tag{11.9}$$

Maximale Torsionsschubspannung in einem geraden prismatischen Stab mit beliebiger Querschnittsform

W_t Torsions-Widerstandsmoment (aus Tabelle 11.1)
M_t Torsionsmoment

Tabelle 11.1 Torsionsflächenmomente I_t und Torsionswiderstandsmomente W_t technisch bedeutsamer Querschnittsflächen

Profil	Torsionsflächenmoment I_t	Torsionswiderstandsmoment W_t
Vollkreis	$I_t = I_p = \frac{\pi}{32} \cdot d^4$	$W_t = \frac{\pi}{16} \cdot d^3$
Kreisring [1]	$I_t = I_p = \frac{\pi}{32} \cdot \left(D^4 - d^4\right)$	$W_t = \frac{\pi}{16} \cdot \frac{D^4 - d^4}{D}$
Rechteck	$I_t = c_1 \cdot h \cdot b^3$ mit $c_1 = \frac{1}{3} \cdot \left(1 - \frac{0{,}630}{h/b} + \frac{0{,}052}{(h/b)^5}\right)$ und $c_2 = 1 - \frac{0{,}650}{1 + (h/b)^3}$	$W_t = \frac{c_1}{c_2} \cdot h \cdot b^2$
Quadrat	$I_t = 0{,}141 \cdot a^4$	$W_t = 0{,}208 \cdot a^3$
Ellipse	$I_t = \frac{\pi}{16} \cdot \frac{a^3 \cdot b^3}{a^2 + b^2}$	$W_t = \frac{\pi}{16} \cdot a \cdot b^2$

[1] dickwandig

Fortsetzung Tabelle 11.1 Torsionsflächenmomente I_t und Torsionswiderstandsmomente W_t technisch bedeutsamer Querschnittsflächen

Profil	Torsionsflächenmoment I_t	Torsionswiderstandsmoment W_t
Gleichseitiges Dreieck 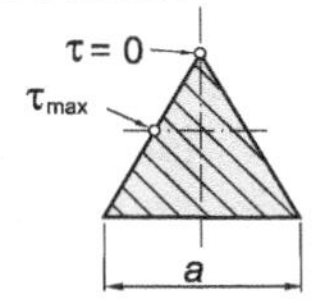 $\tau = 0$, τ_{max}, a	$I_t = \dfrac{a^4}{46{,}2}$	$W_t = \dfrac{a^3}{20}$
Dünnwandiges, geschlossenes Kreisrohr (t = konst.) 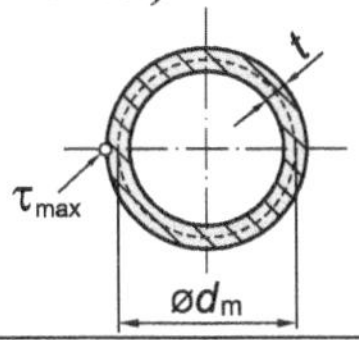 t, τ_{max}, $\varnothing d_m$	$I_t = \dfrac{\pi}{4} \cdot d_m^3 \cdot t$	$W_t = \dfrac{\pi}{2} \cdot d_m^2 \cdot t$
Dünnwandige offene Hohlquerschnitte [1] 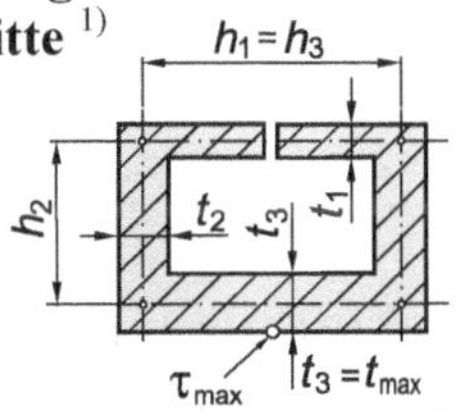 $h_1 = h_3$, h_2, t_1, t_2, t_3, τ_{max}, $t_3 = t_{max}$	$I_t = \dfrac{1}{3} \cdot \sum_i h_i \cdot t_i^3$	$W_t = \dfrac{1}{3 \cdot t_{max}} \cdot \sum_i h_i \cdot t_i^3$
Dünnwandige, geschlossene Hohlquerschnitte mit veränderlicher Wanddicke [2] 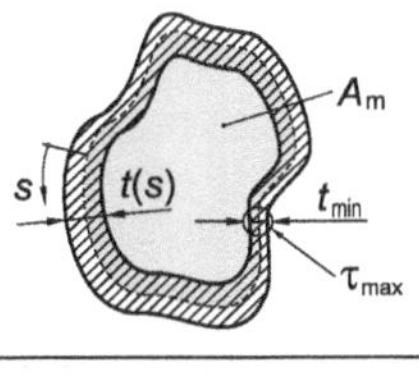 A_m, s, $t(s)$, t_{min}, τ_{max}	$I_t = \dfrac{4 \cdot A_m^2}{\oint \dfrac{ds}{t(s)}}$	$W_t = 2 \cdot A_m \cdot t_{min}$
Dünnwandige, geschlossene Hohlquerschnitte mit konstanter Wanddicke [3] 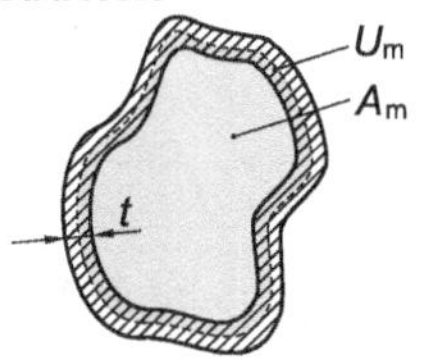 U_m, A_m, t	$I_t = \dfrac{4 \cdot A_m^2 \cdot t}{U_m}$	$W_t = 2 \cdot A_m \cdot t$

[1] aus Rechteckquerschnitten zusammengesetzt

[2] $\oint ds / t(s)$ ist das Linienintegral längs der Profilmittellinie

[3] U_m ist die Länge der Mittellinie

11.5 Aufgaben

Aufgabe 11.1 ○○○●●

Der dargestellte Kastenträger aus dem unlegierten Baustahl S235JR (R_e = 240 N/mm^2; R_m = 440 N/mm^2) hat einen dünnwandigen Rechteckquerschnitt und wird durch das Torsionsmoment M_t = 500 Nm um die Stabachse statisch beansprucht.

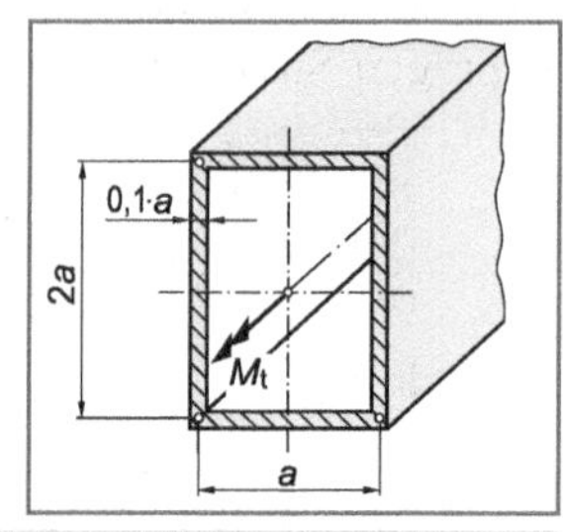

Berechnen Sie das Maß a, damit Fließen mit einer Sicherheit von S_F = 1,5 ausgeschlossen werden kann.

Aufgabe 11.2 ○○○●●

Der dünnwandige Kastenträger aus Aufgabe 11.1 (Werkstoff S235JR; R_e = 240 N/mm^2; R_m = 440 N/mm^2) erhält einen schmalen, durchgehenden seitlichen Schlitz (siehe Abbildung). Das statisch wirkende Torsionsmoment M_t = 500 Nm um die Stabachse soll unverändert bleiben.

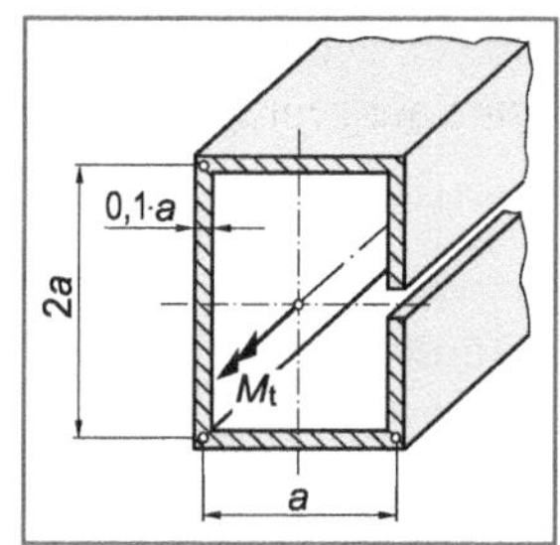

Berechnen Sie für diese Variante das Maß a, damit Fließen mit einer Sicherheit von S_F = 1,5 ausgeschlossen werden kann.

Aufgabe 11.3 ○○●●●

Das dargestellte dünnwandige, geschlossene Trapezprofil aus EN AW-Al Zn5Mg3Cu -T6 ($R_{p0,2}$ = 500 N/mm^2; R_m = 680 N/mm^2) wird durch das statisch wirkende Torsionsmoment M_t = 250 kNm um die Stabachse beansprucht.

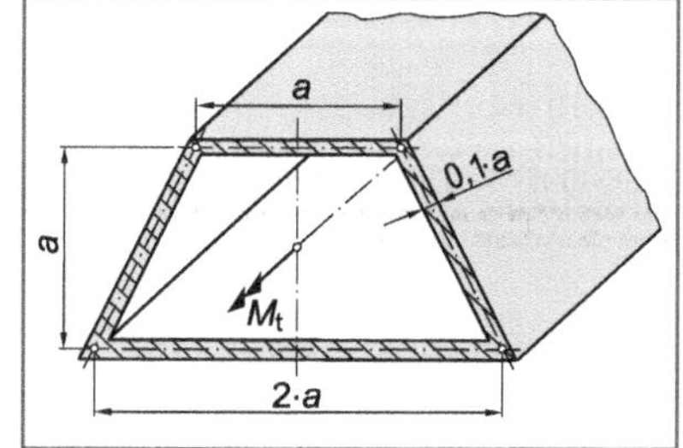

Berechnen Sie das Maß a, damit Fließen mit einer Sicherheit von S_F = 1,5 ausgeschlossen werden kann.

Aufgabe 11.4 ○○●●●

Zwei dünnwandige Stahlrohre mit Kreisringquerschnitt (Werkstoff S355J0) werden durch die um die Stabachse wirkenden Momente M_{t1} und M_{t2} auf Torsion beansprucht (siehe Abbildung). Während eines der beiden Stahlrohre einen durchgehenden Schlitz hat, ist das andere Stahlrohr geschlossen.

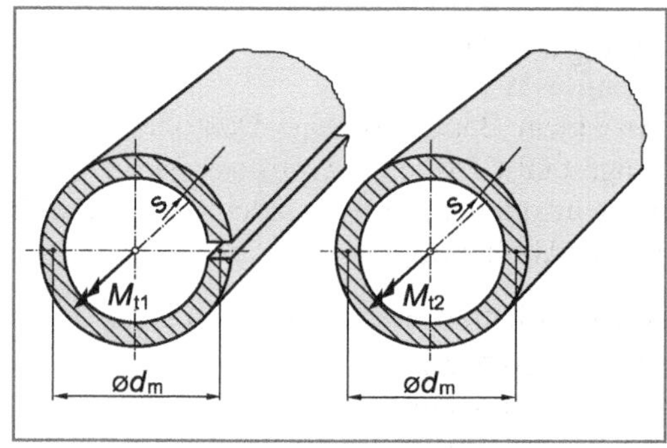

Berechnen Sie das Verhältnis M_{t2} / M_{t1} der übertragbaren Torsionsmomente, so dass kein Fließen eintritt.

12 Behälter unter Innen- und Außendruck

Eine Vielzahl technischer Bauteile wie zum Beispiel Druckbehälter, Dampf- und Gasleitungen, Pipelines, Hydraulik- und Pneumatikzylinder aber auch Bremsleitungen in Fahrzeugen, werden durch einen inneren Überdruck beansprucht. Mitunter erfolgt jedoch auch eine Beanspruchung durch einen äußeren Überdruck. Als Beispiele können Ansaug- oder Kondensationsleitungen genannt werden. Da ein Versagen derartiger, insbesondere durch Innendruck beanspruchter Bauteile zumeist mit erheblichen Schäden einher geht (man denke beispielsweise an eine Dampfkesselexplosion), ist ein sorgfältiger Festigkeitsnachweis aus Sicherheitsgründen von größter Bedeutung.

Ziel dieses Kapitels ist die Spannungsermittlung und der Festigkeitsnachweis von Behältern unter einem inneren oder äußeren Überdruck. Unter dem Begriff "Behälter" sollen dabei offene Hohlzylinder wie zum Beispiel Rohrleitungen, geschlossene Hohlzylinder wie Druckbehälter sowie Hohlkugeln verstanden werden.

Vielfach ist die Wandstärke von Druckbehältern und Rohrleitungen klein gegenüber ihrem Durchmesser, so dass die Tangentialspannung in der Behälterwand als konstant angesehen werden kann. Außerdem kann die Radialspannung vernachlässigt oder ein linearer Spannungsverlauf zugrunde gelegt werden. Dementsprechend ist es aus Gründen des Berechnungsaufwandes zweckmäßig, zwischen dünnwandigen und dickwandigen Behältern zu unterscheiden.

12.1 Dünnwandige Behälter

Ein Behälter wird nach DIN 2413 als dünnwandig bezeichnet, falls für sein Durchmesserverhältnis gilt:

$$\frac{d_a}{d_i} \leq 1{,}2 \quad \text{bzw.} \quad \frac{s}{d_i} \leq 0{,}1 \tag{12.1}$$

Bei einem dünnwandigen Behälter kann dann, wie bereits erwähnt, die Tangentialspannung in der Behälterwand als konstant angesehen werden. Außerdem kann die Radialspannung vernachlässigt oder ein linearer Spannungsverlauf zugrunde gelegt werden, so dass sich der Berechnungsaufwand zur Spannungsermittlung erheblich reduziert.

12.1.1 Dünnwandige Behälter unter Innendruck

Ein innerer Überdruck (p_i), nachfolgend kurz als "Innendruck" bezeichnet, weitet den Behälter zunächst auf, d. h. sein Durchmesser bzw. Umfang wird vergrößert. Hierdurch entstehen Spannungen in Umfangsrichtung die im Folgenden als **Umfangsspannungen** oder **Tangentialspannungen** σ_t bezeichnet werden sollen.

Sofern der Behälter beidseitig verschlossen ist (z. B. Druckbehälter) oder eine abgewinkelte Rohrleitung vorliegt, wirkt der Innendruck auch auf die Böden bzw. die Leitungsbögen und führt zu einer Verlängerung des Behälters in Axialrichtung. Hierbei entstehen Spannungen in Längsrichtung, die als **Längsspannungen** oder **Axialspannungen** σ_a bezeichnet werden.

Letztlich wirkt der Innendruck auch auf die Innenoberfläche des Behälters und erzeugt eine Spannung in radialer Richtung, also senkrecht zur Behälterwand, die **Radialspannung** σ_r.

Zur Spannungsermittlung wendet man das Schnittprinzip an, indem man ein Flächenelement senkrecht zur wirkenden Tangential- bzw. Axialspannung herausschneidet (Bild 12.1).

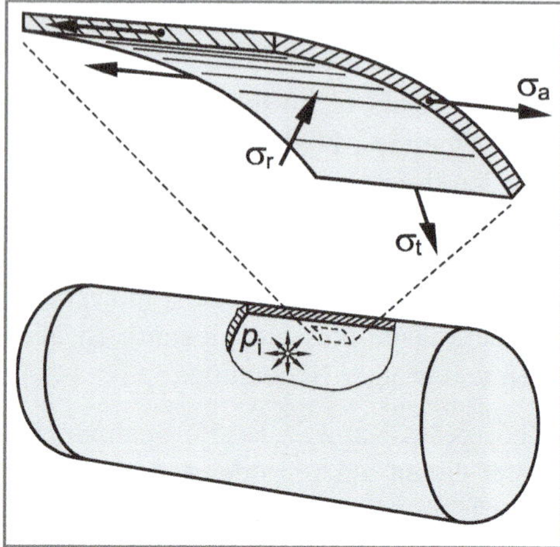

Bild 12.1 Spannungskomponenten an einem Schnittelement aus der Wand eines durch Innendruck beanspruchten, dünnwandigen Behälters

Die nachfolgenden Beziehungen beschränken sich, mit Ausnahme der Hohlkugel, auf den zylindrischen Teil des Behälters, d. h. es soll ein ausreichender Abstand von seinen Enden angenommen werden. Eine Beeinflussung durch die komplexen, einer elementaren Berechnung nicht zugänglichen Spannungsverhältnisse im Bereich der Endböden von Druckbehältern oder Bögen von Rohrleitungen ist dementsprechend nicht zu erwarten (Prinzip von *de Saint-Venant*).

Tangentialspannung (Umfangsspannung)

Zur Ermittlung der Tangentialspannung (σ_t) führt man einen Schnitt längs der Behälterachse durch und betrachtet den in Bild 12.2 dargestellten Halbring. Ansetzen des Kräftegleichgewichts ergibt (l = Länge des Behälters):

$$p_i \cdot d_i \cdot l = 2 \cdot \sigma_t \cdot s \cdot l$$

$$\sigma_t = p_i \cdot \frac{d_i}{2 \cdot s} \qquad (12.2)$$

Tangentialspannung eines dünnwandigen Behälters unter Innendruck

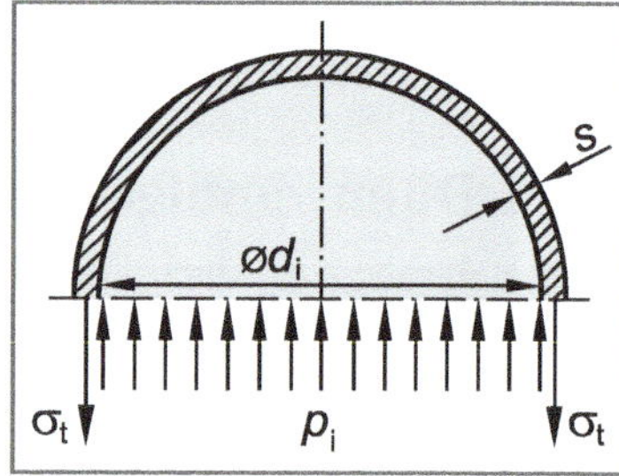

Bild 12.2 Längsschnitt am dünnwandigen Behälter unter Innendruck

Axialspannung (Längsspannung)

Zur Berechnung der Axialspannung (σ_a) führt man einen Querschnitt senkrecht zur Behälterachse durch (Bild 12.3). Das Kräftegleichgewicht in Axialrichtung liefert:

$$p_i \cdot \frac{\pi \cdot d_i^2}{4} = \sigma_a \cdot \frac{\pi}{4} \cdot (d_a^2 - d_i^2)$$

$$= \sigma_a \cdot \frac{\pi}{4} \cdot \left((d_i + 2s)^2 - d_i^2\right)$$

$$= \sigma_a \cdot \frac{\pi}{4} \cdot \left(d_i^2 + 4 \cdot d_i \cdot s + 4 \cdot s^2 - d_i^2\right)$$

Da die Wandstärke s voraussetzungsgemäß klein sein soll, kann man s^2 vernachlässigen und erhält:

$$p_i \cdot \frac{\pi \cdot d_i^2}{4} = \sigma_a \cdot \frac{\pi}{4} \cdot 4 \cdot d_i \cdot s$$

$$\sigma_a = p_i \cdot \frac{d_i}{4 \cdot s} = \frac{\sigma_t}{2} \qquad (12.3)$$

Axialspannung eines dünnwandigen Behälters unter Innendruck

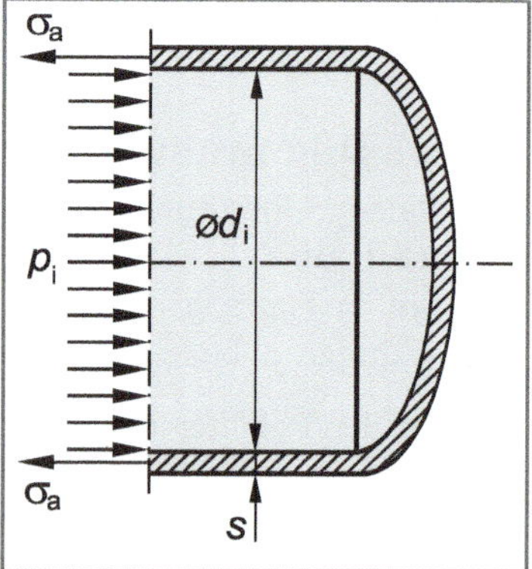

Bild 12.3 Querschnitt am dünnwandigen Behälter unter Innendruck

Die Gleichungen 12.2 und 12.3 werden in der Praxis auch als "**Kesselformeln**" bezeichnet.

Radialspannung

Da der Innendruck unmittelbar auf die Innenoberfläche der Behälterwand wirkt, entsteht dort eine radiale Druckspannung vom Betrag des Innendrucks, also $\sigma_{ri} = - p_i$ (Hinweis: 1 bar = 0,1 N/mm^2 = 0,1 MPa). An der lastfreien Außenoberfläche ist die Radialspannung Null ($\sigma_{ra} = 0$). Üblicherweise rechnet man beim dünnwandigen Behälter mit einem konstanten Mittelwert und erhält dann für die Radialspannung σ_r:

$$\sigma_r = -\frac{p_i}{2}$$ **Radialspannung eines dünnwandigen Behälters unter Innendruck (Mittelwert)** (12.4)

Da die Radialspannung sehr viel kleiner ist im Vergleich zur Tangential- oder Axialspannung wird sie mitunter auch vernachlässigt und ein näherungsweise zweiachsiger Spannungszustand zugrunde gelegt.

Für einen Festigkeitsnachweis müssen noch die Hauptspannungen σ_1, σ_2 und σ_3 bestimmt werden. Da die gewählten Schnittflächen Symmetrieebenen von Form und Belastung sind, können dort keine Schubspannungen wirken. Das Vorhandensein von Schubspannungen würde gemäß dem Hookeschen Gesetz für Schubbeanspruchung (Gleichung 2.44) in den Schnittflächen Schiebungen (Winkelverzerrungen) hervorrufen und damit zu einer unsymmetrischen Verformung führen. Dies ist jedoch bei reiner Innendruckbeanspruchung nicht der Fall. Normalspannungen, die in schubspannungsfreien Symmetrieschnitten auftreten, müssen daher zugleich Hauptspannungen sein. Dementsprechend sind also σ_t und σ_a Hauptspannungen. Damit muss aber auch σ_r eine Hauptspannung sein, da die drei Hauptspannungen stets senkrecht zueinander sind. Mit der Indizierungsregel gemäß den Gleichungen 6.2 bis 6.4 folgt dann:

$$\sigma_1 \equiv \sigma_t = p_i \cdot \frac{d_i}{2 \cdot s} \tag{12.5}$$

$$\sigma_2 \equiv \sigma_a = p_i \cdot \frac{d_i}{4 \cdot s} \tag{12.6}$$

$$\sigma_3 \equiv \sigma_r = -\frac{p_i}{2} \tag{12.7}$$

In der Wand eines dünnwandigen, kreiszylindrischen Behälters unter Innendruck herrscht ein dreiachsiger Spannungszustand. Falls die Radialspannung vernachlässigt wird, kann der Spannungszustand, wie bereits erwähnt, näherungsweise auch als zweiachsig angesehen werden.

Zur Durchführung eines Festigkeitsnachweises, muss der dreiachsige Spannungszustand mit Hilfe einer geeigneten Festigkeitshypothese (Kapitel 6) in einen äquivalenten, fiktiv einachsigen Spannungszustand überführt werden. Da Druckbehälter üblicherweise aus duktilen Werkstoffen hergestellt werden, stehen hierfür die Schubspannungshypothese (SH) oder die Gestaltänderungsenergiehypothese (GEH) zur Verfügung. Da die Schubspannungshypothese im Vergleich zur Gestaltänderungsenergiehypothese höhere Vergleichsspannungen und damit konservative Ergebnisse liefert, wird sie, auch der Einfachheit halber, häufig zur Berechnung dünnwandiger Druckbehälter herangezogen. Man erhält damit die Beziehung:

$$\sigma_{V\,SH} = \sigma_1 - \sigma_3 = \sigma_t - \sigma_r = p_i \cdot \frac{d_i}{2 \cdot s} - \left(-\frac{p_i}{2}\right) = p_i \cdot \frac{d_i + s}{2 \cdot s}$$

$$\sigma_{V\,SH} = p_i \cdot \frac{d_m}{2 \cdot s}$$ **Vergleichsspannung eines dünnwandigen Behälters unter Innendruck unter Anwendung der Schubspannungshypothese** (12.8)

Bild 12.4 zeigt den wahren Verlauf der Spannungskomponenten (Gleichungen 12.53 bis 12.55) in Wand eines durch Innendruck beanspruchten Behälters, im Vergleich zu den vereinfacht berechneten Verläufen gemäß den Gleichungen 12.2 bis 12.4.

Errechnet man aus den vereinfacht ermittelten Spannungskomponenten die Vergleichsspannung (Gleichung 12.8) und vergleicht diese mit den Vergleichsspannungen die sich aus dem wahren Verlauf der Spannungskomponenten ergeben würde, dann erkennt man, dass bis zu einem Verhältnis von d_a/d_i = 1,16 Gleichung 12.8 konservative Ergebnisse liefert (Bild 12.4c). Die vereinfachte Berechnung der Spannungskomponenten bis zu einem Verhältnis von d_a/d_i = 1,2 (Gleichung 12.1) ist also durchaus gerechtfertigt.

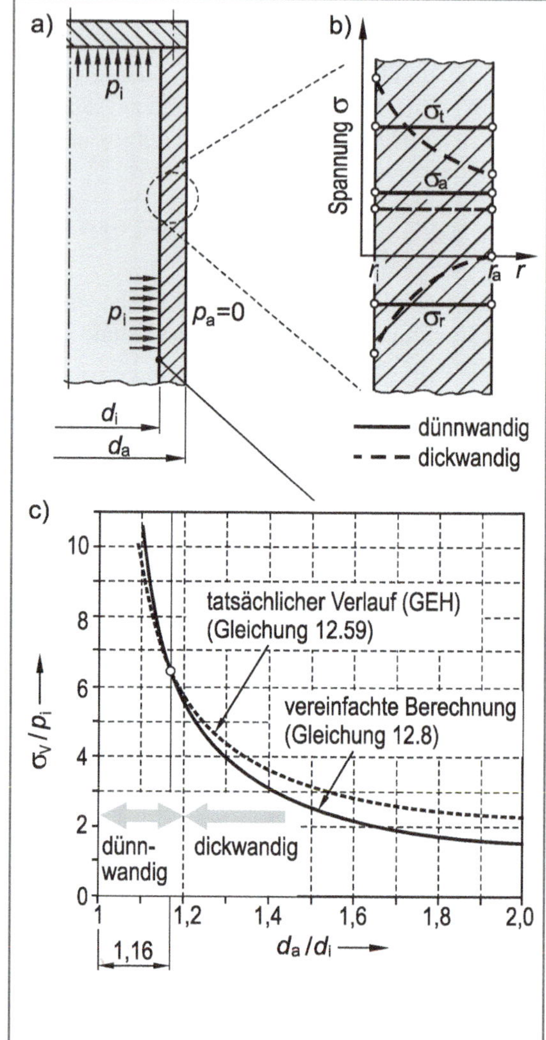

Bild 12.4 Spannungsverläufe in der Behälterwand unter Innendruck

a) Übersicht

b) Vergleich der vereinfacht berechneten mit den wahren Spannungskomponenten

c) Vergleich der vereinfacht berechneten mit der wahren Vergleichsspannung am Innenrand des Behälters

12.1.2 Dünnwandige Behälter unter Außendruck

Werden dünnwandige Behälter durch einen äußeren Überdruck (p_a), nachfolgend kurz als "Außendruck" bezeichnet, beansprucht, dann können die Herleitungen aus Kapitel 12.1.1 sinngemäß übernommen werden und man erhält für die Spannungskomponenten in der Behälterwand die folgenden Beziehungen:

Tangentialspannung:

$$\sigma_t = -p_a \cdot \frac{d_a}{2 \cdot s} \tag{12.9}$$

Tangentialspannung eines dünnwandigen Behälters unter Außendruck

Axialspannung:

$$\sigma_a = -p_a \cdot \frac{d_a}{4 \cdot s}$$ **Axialspannung eines dünnwandigen Behälters unter Außendruck (Mittelwert)** (12.10)

Radialspannung:

$$\sigma_r = -\frac{p_a}{2}$$ **Radialspannung eines dünnwandigen Behälters unter Außendruck** (12.11)

In Analogie zum dünnwandigen Behälter unter Innendruck und unter Beachtung der Indizierungsregel entsprechend den Gleichungen 6.2 bis 6.4 folgt für die Hauptspannungen:

$$\sigma_1 \equiv \sigma_r = -\frac{p_a}{2} \tag{12.12}$$

$$\sigma_2 \equiv \sigma_a = -p_a \cdot \frac{d_a}{4 \cdot s} \tag{12.13}$$

$$\sigma_3 \equiv \sigma_t = -p_a \cdot \frac{d_a}{2 \cdot s} \tag{12.14}$$

12.1.3 Dünnwandige Hohlkugel unter Innen- bzw. Außendruck

Schneidet man eine dünnwandige Hohlkugel längs einer Ebene durch den Kugelmittelpunkt, dann liegen im Hinblick auf die Schnittspannungen dieselben Verhältnisse vor, verglichen mit dem Querschnitt durch einen zylindrischen Behälter (Bild 12.5). Dementsprechend gilt an der aufgeschnittenen Kugelhälfte unter der Wirkung eines inneren Überdrucks (Innendruck):

$$\begin{aligned} p_i \cdot \frac{\pi \cdot d_i^2}{4} &= \sigma_t \cdot \frac{\pi}{4} \cdot (d_a^2 - d_i^2) \\ &= \sigma_t \cdot \frac{\pi}{4} \cdot \left((d_i + 2s)^2 - d_i^2\right) \\ &= \sigma_t \cdot \frac{\pi}{4} \cdot \left(d_i^2 + 4 \cdot d_i \cdot s + 4 \cdot s^2 - d_i^2\right) \end{aligned}$$

Da die Wandstärke s voraussetzungsgemäß klein sein soll, kann man s^2 vernachlässigen und erhält:

$$\sigma_t = p_i \cdot \frac{d_i}{4 \cdot s}$$ **Tangentialspannung einer dünnwandigen Hohlkugel unter Innendruck** (12.15)

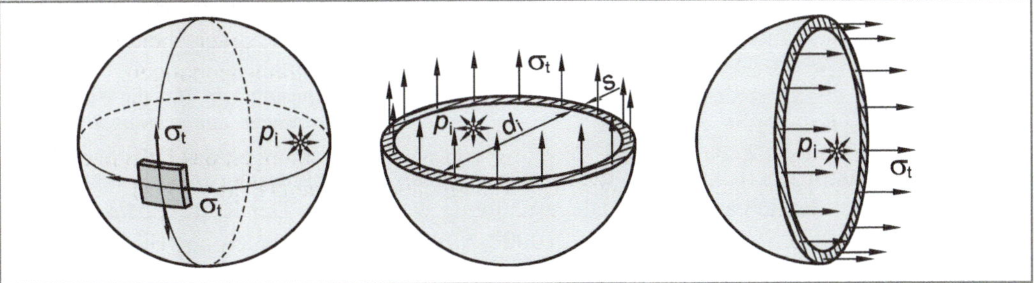

Bild 12.5 Längs- und Querschnitt an einer dünnwandigen Hohlkugel unter Innendruck

In analoger Weise erhält man für die Druckspannung in der Wand einer dünnwandigen Hohlkugel unter der Wirkung eines äußeren Überdrucks (Außendruck):

$$\sigma_t = -p_a \cdot \frac{d_a}{4 \cdot s} \qquad (12.16)$$

Tangentialspannung einer dünnwandigen Hohlkugel unter Außendruck

Die beschriebenen Spannungsverhältnisse sind aus Gründen der Kugelsymmetrie in jeder den Kugelmittelpunkt beinhaltenden Schnittebene identisch, d. h. an jeder beliebigen Stelle der Kugelwand sind die Spannungen gleich groß.

12.1.4 Dünnwandige Behälter mit elliptischer Unrundheit

Hohlzylinder sind aus fertigungstechnischen Gründen in der Regel nicht exakt kreisförmig, sondern mehr oder weniger unrund.

Wird ein unrunder Behälter durch Innendruck beansprucht, dann versucht der Behälter die Kreisform anzunehmen. Hierbei entsteht eine zusätzliche Biegespannung in Umfangsrichtung in der Behälterwand. Die Biegespannung überlagert sich der Tangentialspannung.

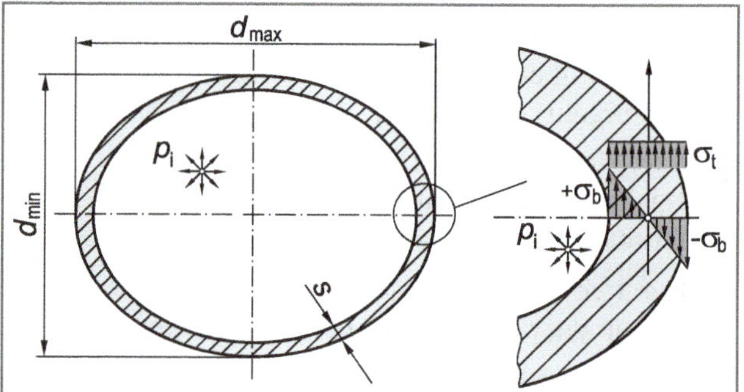

Bild 12.6 Spannungsverhältnisse in unrunden, dünnwandigen Behältern unter Innendruck

Unter der Voraussetzung einer elliptischen Unrundheit berechnet sich die zusätzliche Biegespannung σ_b zu:

$$\sigma_b = \pm \frac{3}{4} \cdot p_i \cdot \left(\frac{d_i}{s}\right)^2 \cdot \kappa \cdot f \qquad (12.17)$$

Biegespannung in der Wand eines unrunden, dünnwandigen Behälters

mit $\kappa = \dfrac{2 \cdot (d_{max} - d_{min})}{d_{max} + d_{min}}$ (12.18)

und $f = \dfrac{1}{1 + \dfrac{1-\mu^2}{2 \cdot E} \cdot p_i \cdot \left(\dfrac{d_i}{s}\right)^3}$ (12.19)

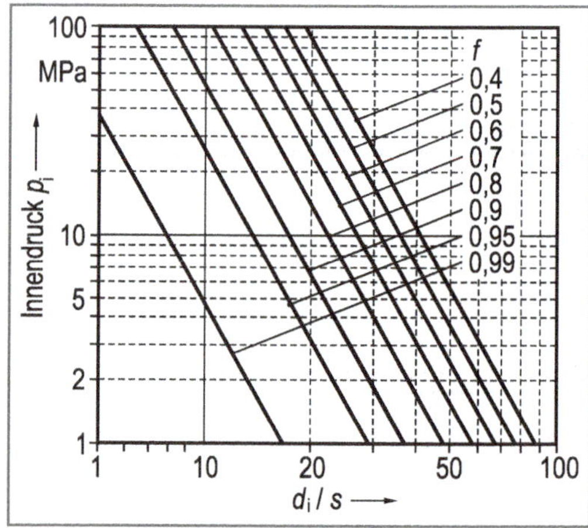

Bild 12.7 Korrekturfaktor f für die Biegespannung unrunder, dünnwandiger Behälter

Der Korrekturfaktor f berücksichtigt, dass mit zunehmender Annäherung des Behälters an die Kreisform, die tatsächlich auftretende Biegespannung σ_b abnimmt. Der Korrekturfaktor f kann für elliptisch unrunde *Stahl*behälter (E = 210000 N/mm²; μ = 0,30) auch aus Bild 12.7 abgeschätzt werden.

12.2 Dickwandige Behälter

Im Unterschied zum dünnwandigen Behälter muss bei der Berechnung dickwandiger Behälter unter Innen- bzw. Außendruck eine ungleichmäßige Spannungsverteilung über der Wanddicke berücksichtigt werden.

Voraussetzung für die nachfolgenden Berechnungen sind:

- eine große Länge des Zylinders (keine Randeinflüsse)
- linear-elastisches ideal-plastisches Werkstoffverhalten
- Vernachlässigung von Volumenkräften (Eigengewicht)

Zur Spannungsermittlung dickwandiger Behälter ist es sinnvoll, die folgenden Zustände getrennt zu betrachten:

- **Elastischer Zustand**: der gesamte Behälter bzw. die gesamte Behälterwand ist elastisch beansprucht.
- **Teilplastischer Zustand**: der innere Teil der Behälterwand ist elastisch beansprucht (elastischer Innenring), während der übrige Wandteil bereits plastifiziert ist (vollplastischer Außenring).
- **Vollplastischer Zustand**: die gesamte Behälterwand ist plastifiziert.

12.2.1 Elastischer Zustand unter Innen- und Außendruck

Ein elastischer Zustand liegt vor, sofern an keiner Stelle der Behälterwand plastische Verformungen auftreten.

12.2.1.1 Spannungsermittlung

Da aus Symmetriegründen die Lastspannungen unabhängig vom Winkel φ sind, empfiehlt es sich, Polarkoordinaten einzuführen. Dann sind die Spannungen nur noch vom Radius r abhängig (Bild 12.8a).

Zur Spannungsermittlung wird entsprechend Bild 12.8b ein Segment aus der Behälterwand herausgeschnitten und das Kräftegleichgewicht betrachtet. Am herausgeschnittenen Segment wirken die Schnittspannungen σ_t, σ_r und $\sigma_r + d\sigma_r$. Diese Schnittspannungen sind unbekannt und sollen nachfolgend in Abhängigkeit vom Radius r sowie der äußeren Belastung durch den Innendruck p_i bzw. den Außendruck p_a ermittelt werden.

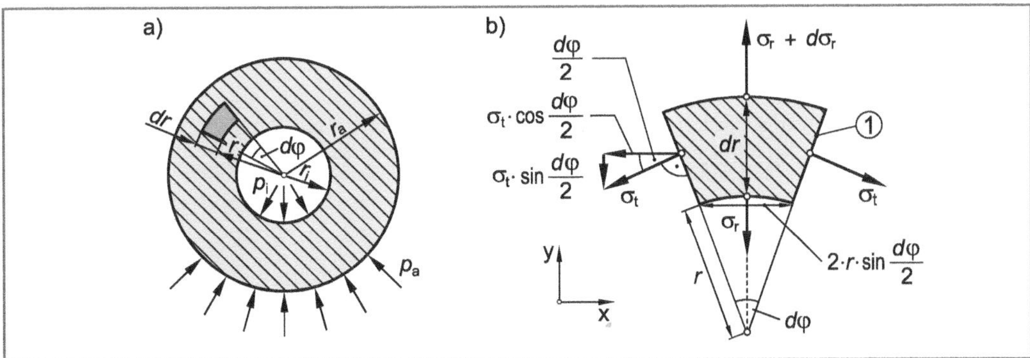

Bild 12.8 Kräftegleichgewicht an einem frei geschnittenen Segment eines dickwandigen Behälters unter Innen- und Außendruck

Die **Tangentialspannung** σ_t wirkt in der Schnittfläche 1 (Bild 12.8b). Hieraus resultiert die Schnittkraft F_t:

$$F_t = \sigma_t \cdot dr \cdot l \qquad (l = \text{Länge des zylindrischen Behälters}) \tag{12.20}$$

Die Schnittkraft F_t kann in die Komponenten F_{tx} in x-Richtung und F_{ty} in y-Richtung zerlegt werden. Für die Komponenten der Tangentialkraft in y-Richtung gilt:

$$F_{ty} = \sigma_t \cdot dr \cdot l \cdot \sin\left(\frac{d\varphi}{2}\right) \tag{12.21}$$

Für kleine Winkel kann näherungsweise $\sin(d\varphi / 2) \approx d\varphi / 2$ gesetzt werden. Damit folgt aus Gleichung 12.21:

$$F_{ty} = \sigma_t \cdot dr \cdot l \cdot \frac{d\varphi}{2} \tag{12.22}$$

Der Innen- bzw. Außendruck erzeugt weiterhin eine **Radialspannung** σ_r in der Mantelfläche des herausgeschnittenen Segments und damit eine Radialkraft F_r. Die aus der Radialspannung σ_r resultierende radiale Kraftkomponente in y-Richtung errechnet sich zu:

$$F_{ry} = \sigma_r \cdot 2 \cdot r \cdot \sin\left(\frac{d\varphi}{2}\right) \cdot l \tag{12.23}$$

Für kleine Winkel kann näherungsweise wiederum $\sin(d\varphi / 2) \approx d\varphi / 2$ gesetzt werden. Damit folgt aus Gleichung 12.23:

$$F_{ry} = \sigma_r \cdot r \cdot d\varphi \cdot l \tag{12.24}$$

In analoger Weise liefert auch die Radialspannung $\sigma_r + d\sigma_r$ eine Kraftkomponente in y-Richtung:

$$F_{ry}^* = (\sigma_r + d\sigma_r) \cdot (r + dr) \cdot d\varphi \cdot l \tag{12.25}$$

Kräftegleichgewicht in y-Richtung liefert:

$$F_{ry}^* = F_{ry} + 2 \cdot F_{ty}$$

$$(\sigma_r + d\sigma_r) \cdot (r + dr) \cdot d\varphi \cdot l = \sigma_r \cdot r \cdot d\varphi \cdot l + 2 \cdot \sigma_t \cdot dr \cdot \frac{d\varphi}{2} \cdot l \quad \Big| :(l \cdot d\varphi)$$

$$\sigma_r \cdot r + d\sigma_r \cdot r + \sigma_r \cdot dr + d\sigma_r \cdot dr = \sigma_r \cdot r + \sigma_t \cdot dr \tag{12.26}$$

Mit $d\varphi \cdot dr \approx 0$ folgt aus Gleichung 12.26 eine lineare Differentialgleichung zwischen den gesuchten Spannungen $\sigma_r(r)$ und $\sigma_t(r)$:

$$\sigma_t - \sigma_r - r \cdot \frac{d\sigma_r}{dr} = 0 \qquad \textbf{Kräftegleichgewicht} \tag{12.27}$$

Gleichung 12.27 genügt zur Ermittlung der beiden unbekannten Funktionen $\sigma_r(r)$ und $\sigma_t(r)$ nicht. Das Kräftegleichgewicht in x-Richtung, das Kräftegleichgewicht in Richtung der Behälterachse sowie das Momentengleichgewicht sind identisch erfüllt und liefern daher keinen weiteren Beitrag zur Lösung.

Eine zweite unabhängige Gleichung erhält man aus der geometrischen Verträglichkeit. Damit unter dem Einfluss der Spannungen σ_t und σ_r keine Klaffungen oder Überdeckungen im Zylinder auftreten, ist nur die in Bild 12.9 dargestellte Verformung des Elements möglich. Die nach außen (radial) gerichtete Verschiebung sei *u*, deren Änderung zwischen Außen- und Innenrand des Volumenelements *du*. Die Verschiebungen in radialer Richtung am herausgeschnittenen Segment betragen somit (Bild 12.9):

- am Innenrand : u
- am Außenrand: $u + du$

Damit errechnen sich die Dehnungen $\varepsilon_r(r)$ in radialer Richtung zu:

$$\varepsilon_r(r) = \frac{u + du - u}{dr} = \frac{du}{dr} \qquad (12.28)$$

und in Umfangsrichtung $\varepsilon_t(r)$ am Innenrand:

$$\varepsilon_t(r) = \frac{(r + u) \cdot d\varphi - r \cdot d\varphi}{r \cdot d\varphi} = \frac{u}{r} \qquad (12.29)$$

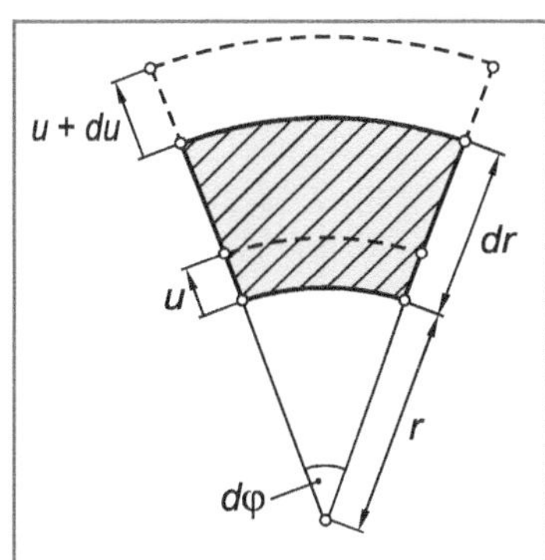

Bild 12.9 Verschiebungen an einem herausgeschnittenen Segment eines dickwandigen Behälters

Um einen Zusammenhang zwischen der Radialdehnung $\varepsilon_r(r)$ und der Tangentialdehnung $\varepsilon_t(r)$ zu erhalten, werden die Gleichungen 12.28 und 12.29 miteinander kombiniert. Hierzu löst man Gleichung 12.29 zunächst nach *u* auf:

$$u = \varepsilon_t(r) \cdot r \qquad (12.30)$$

Differentiation von Gleichung 12.30 nach *r* unter Beachtung der Produktregel ergibt:

$$\frac{du}{dr} = r \cdot \frac{d\varepsilon_t}{dr} + \varepsilon_t \qquad (12.31)$$

Einsetzen von Gleichung 12.31 in Gleichung 12.28:

$$\varepsilon_r = r \cdot \frac{d\varepsilon_t}{dr} + \varepsilon_t \qquad (12.32)$$

$$r \cdot \frac{d\varepsilon_t}{dr} + \varepsilon_t - \varepsilon_r = 0 \qquad (12.33)$$

Unter Anwendung des allgemeinen Hookeschen Gesetzes können schließlich die Spannungen $\sigma_t(r)$ und $\sigma_r(r)$ mit den Dehnungen $\varepsilon_t(r)$ und $\varepsilon_r(r)$ verknüpft werden. Zu berücksichtigen ist dabei noch die Längsspannung σ_a, die beispielsweise bei einem beidseitig verschlossenen Zylinder oder einer abgewinkelten Rohrleitung auftritt. Die Längsspannung ist über den Querschnitt konstant, also keine Funktion vom Radius *r*. Das allgemeine Hookesche Gesetz lautet für die Dehnungen in Tangential- und Radialrichtung (Gleichungen 5.14):

$$\varepsilon_t = \frac{1}{E} \cdot \left(\sigma_t - \mu \cdot (\sigma_r + \sigma_a)\right) \qquad (12.34)$$

$$\varepsilon_r = \frac{1}{E} \cdot \left(\sigma_r - \mu \cdot (\sigma_t + \sigma_a)\right) \qquad (12.35)$$

Differentiation von Gleichung 12.34 nach r liefert unter Berücksichtigung von $d\sigma_a / dr = 0$ (da σ_a = konstant):

$$\frac{d\varepsilon_t}{dr} = \frac{1}{E} \cdot \left(\frac{d\sigma_t}{dr} - \mu \cdot \frac{d\sigma_r}{dr} \right) \tag{12.36}$$

Setzt man die Gleichungen 12.34, 12.35 und 12.36 in Gleichung 12.33 ein, dann erhält man:

$$\frac{r}{E} \cdot \left(\frac{d\sigma_t}{dr} - \mu \cdot \frac{d\sigma_r}{dr} \right) + \frac{1}{E} \cdot (\sigma_t - \mu \cdot (\sigma_r + \sigma_a)) - \frac{1}{E} \cdot (\sigma_r - \mu \cdot (\sigma_t + \sigma_a)) = 0 \quad |\cdot E$$

$$-r \cdot \left(\mu \cdot \frac{d\sigma_r}{dr} - \frac{d\sigma_t}{dr} \right) + \sigma_t - \mu \cdot \sigma_r - \mu \cdot \sigma_a - \sigma_r + \mu \cdot \sigma_t + \mu \cdot \sigma_a = 0$$

$$-r \cdot \left(\mu \cdot \frac{d\sigma_r}{dr} - \frac{d\sigma_t}{dr} \right) - (\sigma_r - \sigma_t) - \mu \cdot (\sigma_r - \sigma_t) = 0 \quad |\cdot(-1)$$

$$r \cdot \left(\mu \cdot \frac{d\sigma_r}{dr} - \frac{d\sigma_t}{dr} \right) + (1 + \mu) \cdot (\sigma_r - \sigma_t) = 0 \quad \textbf{Verträglichkeitsbedingung} \tag{12.37}$$

Gleichung 12.37 (Verträglichkeitsbedingung) ist die noch fehlende zweite Differentialgleichung zwischen den Spannungen $\sigma_r(r)$ und $\sigma_t(r)$. Das System der beiden Differentialgleichungen 12.27 und 12.37 wird wie ein System gewöhnlicher Gleichungen gelöst, d. h. eine der beiden unbekannten Funktionen wird eliminiert. Hierbei ist es zweckmäßig, Gleichung 12.27 nach σ_t aufzulösen, nach r zu differenzieren (Beachtung der Produktregel !) und schließlich σ_t sowie $d\sigma_t / dr$ in Gleichung 12.37 einzusetzen.

Aus Gleichung 12.27 folgt:

$$\sigma_t = \sigma_r + r \cdot \frac{d\sigma_r}{dr} \tag{12.38}$$

Differentiation von Gleichung 12.38 nach r liefert unter Beachtung der Produktregel:

$$\frac{d\sigma_t}{dr} = \frac{d\sigma_r}{dr} + \frac{d\sigma_r}{dr} + r \cdot \frac{d^2\sigma_r}{dr^2}$$

$$\frac{d\sigma_t}{dr} = 2 \cdot \frac{d\sigma_r}{dr} + r \cdot \frac{d^2\sigma_r}{dr^2} \tag{12.39}$$

Gleichung 12.38 und 12.39 in Gleichung 12.37 (Verträglichkeitsbedingung) eingesetzt liefert:

$$r \cdot \left(\mu \cdot \frac{d\sigma_r}{dr} - 2 \cdot \frac{d\sigma_r}{dr} - r \cdot \frac{d^2\sigma_r}{dr^2} \right) + (1 + \mu) \cdot \left(\sigma_r - \sigma_r - r \cdot \frac{d\sigma_r}{dr} \right) = 0$$

$$r \cdot \left(\mu \cdot \frac{d\sigma_r}{dr} - 2 \cdot \frac{d\sigma_r}{dr} - r \cdot \frac{d^2\sigma_r}{dr^2} \right) - (1 + \mu) \cdot r \cdot \frac{d\sigma_r}{dr} = 0 \quad |:r$$

$$\mu \cdot \frac{d\sigma_r}{dr} - 2 \cdot \frac{d\sigma_r}{dr} - r \cdot \frac{d^2\sigma_r}{dr^2} - \frac{d\sigma_r}{dr} - \mu \cdot \frac{d\sigma_r}{dr} = 0 \quad |\cdot(-r)$$

$$r^2 \cdot \frac{d^2\sigma_r}{dr^2} + 3 \cdot r \cdot \frac{d\sigma_r}{dr} = 0 \tag{12.40}$$

Gleichung 12.40 ist eine homogene, lineare Differentialgleichung 2. Ordnung (Eulersche Differentialgleichung) für die unbekannte Radialspannung $\sigma_r(r)$. Die allgemeine Lösung dieser Differentialgleichung ergibt sich aus dem Potenzansatz:

$$\sigma_r = C_1 \cdot r^n + C_2 \tag{12.41}$$

Ein- bzw. zweimalige Differentiation von Gleichung 12.41 ergibt:

$$\frac{d\sigma_r}{dr} = C_1 \cdot n \cdot r^{n-1} \tag{12.42}$$

$$\frac{d^2\sigma_r}{dr^2} = C_1 \cdot n \cdot (n-1) \cdot r^{n-2} \tag{12.43}$$

Setzt man die Gleichungen 12.42 und 12.43 in Gleichung 12.40 ein, dann erhält man:

$$r^2 \cdot C_1 \cdot n \cdot (n-1) \cdot r^{n-2} + 3 \cdot r \cdot C_1 \cdot n \cdot r^{n-1} = 0 \qquad |:C_1 \ (C_1 \neq 0)$$

$$n \cdot (n-1) \cdot r^n + 3 \cdot n \cdot r^n = 0$$

$$r^n \cdot (n \cdot (n-1) + 3 \cdot n) = 0$$

$$r^n \cdot (n^2 + 2 \cdot n) = 0$$

$$r^n \cdot n \cdot (n+2) = 0 \tag{12.44}$$

Gleichung 12.44 ist erfüllt für $n = 0$ und für $n = -2$. Die Lösung $n = 0$ ist trivial, da sie eine identisch erfüllte Gleichung liefert, während $n = -2$ zur gesuchten Lösung führt. Mit $n = -2$ ergibt sich aus Gleichung 12.41:

$$\sigma_r = C_2 + \frac{C_1}{r^2} \tag{12.45}$$

Die Tangentialspannung σ_t erhält man, indem man Gleichung 12.45 in Gleichung 12.38 einsetzt:

$$\sigma_t = C_2 + \frac{C_1}{r^2} + r \cdot \left(-2 \cdot \frac{C_1}{r^3}\right)$$

$$\sigma_t = C_2 - \frac{C_1}{r^2} \tag{12.46}$$

Die Konstanten C_1 und C_2 erhält man aus den Randbedingungen:

- für den Innenrand ($r = r_i$): $\sigma_r(r = r_i) = -p_i$
- für den Außenrand ($r = r_a$): $\sigma_r(r = r_a) = -p_a$

Einsetzen der Randbedingung in Gleichung 12.45 ergibt:

$$-p_i = C_2 + \frac{C_1}{r_i^2} \tag{12.47}$$

und

$$-p_a = C_2 + \frac{C_1}{r_a^2} \tag{12.48}$$

Subtrahiert man Gleichung 12.48 von Gleichung 12.47 dann folgt:

$$-p_\mathrm{i}+p_\mathrm{a}=\frac{C_1}{r_\mathrm{i}^2}-\frac{C_1}{r_\mathrm{a}^2}$$

$$C_1=\frac{r_\mathrm{a}^2\cdot r_\mathrm{i}^2}{r_\mathrm{a}^2-r_\mathrm{i}^2}\cdot(p_\mathrm{a}-p_\mathrm{i}) \tag{12.49}$$

Gleichung 12.49 in Gleichung 12.47 eingesetzt liefert für C_2:

$$C_2=-p_\mathrm{i}-\frac{C_1}{r_\mathrm{i}^2}$$

$$=-p_\mathrm{i}-\frac{1}{r_\mathrm{i}^2}\cdot\frac{r_\mathrm{a}^2\cdot r_\mathrm{i}^2}{r_\mathrm{a}^2-r_\mathrm{i}^2}\cdot(p_\mathrm{a}-p_\mathrm{i})$$

$$=\frac{-p_\mathrm{i}\cdot(r_\mathrm{a}^2-r_\mathrm{i}^2)-p_\mathrm{a}\cdot r_\mathrm{a}^2+p_\mathrm{i}\cdot r_\mathrm{a}^2}{r_\mathrm{a}^2-r_\mathrm{i}^2}$$

$$C_2=\frac{p_\mathrm{i}\cdot r_\mathrm{i}^2-p_\mathrm{a}\cdot r_\mathrm{a}^2}{r_\mathrm{a}^2-r_\mathrm{i}^2} \tag{12.50}$$

Setzt man die Gleichungen 12.49 und 12.50 schließlich in 12.45 und 12.46 ein, dann erhält man:

$$\sigma_\mathrm{r}=C_2+\frac{C_1}{r^2}$$

$$\sigma_\mathrm{r}=\frac{p_\mathrm{i}\cdot r_\mathrm{i}^2-p_\mathrm{a}\cdot r_\mathrm{a}^2}{r_\mathrm{a}^2-r_\mathrm{i}^2}+\frac{r_\mathrm{a}^2\cdot r_\mathrm{i}^2}{r_\mathrm{a}^2-r_\mathrm{i}^2}\cdot\frac{p_\mathrm{a}-p_\mathrm{i}}{r^2} \tag{12.51}$$

und

$$\sigma_\mathrm{t}=C_2-\frac{C_1}{r^2}$$

$$\sigma_\mathrm{t}=\frac{p_\mathrm{i}\cdot r_\mathrm{i}^2-p_\mathrm{a}\cdot r_\mathrm{a}^2}{r_\mathrm{a}^2-r_\mathrm{i}^2}-\frac{r_\mathrm{a}^2\cdot r_\mathrm{i}^2}{r_\mathrm{a}^2-r_\mathrm{i}^2}\cdot\frac{p_\mathrm{a}-p_\mathrm{i}}{r^2} \tag{12.52}$$

Formt man die Gleichungen 12.51 und 12.52 weiter um, dann erhält man schließlich:

$$\sigma_\mathrm{r}=-p_\mathrm{i}\cdot\frac{r_\mathrm{i}^2}{r_\mathrm{a}^2-r_\mathrm{i}^2}\cdot\left(\frac{r_\mathrm{a}^2}{r^2}-1\right)-p_\mathrm{a}\cdot\frac{r_\mathrm{a}^2}{r_\mathrm{a}^2-r_\mathrm{i}^2}\cdot\left(1-\frac{r_\mathrm{i}^2}{r^2}\right) \tag{12.53}$$

Radialspannung unter Innen- und Außendruck im elastischen Zustand eines dickwandigen Behälters

$$\sigma_\mathrm{t}=p_\mathrm{i}\cdot\frac{r_\mathrm{i}^2}{r_\mathrm{a}^2-r_\mathrm{i}^2}\cdot\left(\frac{r_\mathrm{a}^2}{r^2}+1\right)-p_\mathrm{a}\cdot\frac{r_\mathrm{a}^2}{r_\mathrm{a}^2-r_\mathrm{i}^2}\cdot\left(1+\frac{r_\mathrm{i}^2}{r^2}\right) \tag{12.54}$$

Tangentialspannung unter Innen- und Außendruck im elastischen Zustand eines dickwandigen Behälters

Ist der Hohlzylinder an beiden Enden verschlossen bzw. handelt es sich um eine abgewinkelte Rohrleitung, dann tritt zusätzlich zur Tangential- und Radialspannung noch eine über den Querschnitt konstante Axialspannung σ_a auf. Sie hat in hinreichender Entfernung von den Enden des Zylinders, also im Bereich der Zylindermitte, keinen Einfluss mehr auf Tangential- und Radialspannung. Die Axialspannung σ_a errechnet sich zu (Bild 12.10):

$$\sigma_a = \frac{F_a}{A} = \frac{\pi \cdot r_i^2 \cdot p_i - \pi \cdot r_a^2 \cdot p_a}{\pi \cdot (r_a^2 - r_i^2)}$$

$$\sigma_a = \frac{p_i \cdot r_i^2 - p_a \cdot r_a^2}{r_a^2 - r_i^2} \quad (12.55)$$

Axialspannung unter Innen- und Außendruck im elastischen Zustand eines dickwandigen Behälters

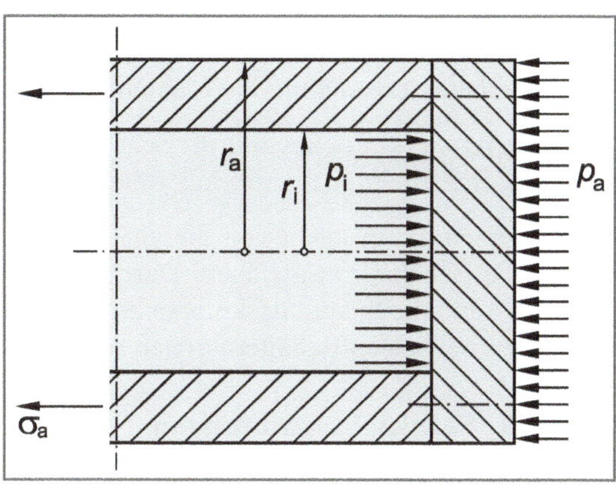

Bild 12.10 Querschnitt am dickwandigen Behälter unter Innen- und Außendruck

Zur Veranschaulichung der Gleichungen 12.53, 12.54 und 12.55 sind in Bild 12.11 die Verläufe der Tangential-, Axial- und Radialspannung in der Zylinderwand am Beispiel eines elastisch beanspruchten, dickwandigen Behälters mit $r_a / r_i = 2$ unter Innen- und Außendruck graphisch dargestellt.

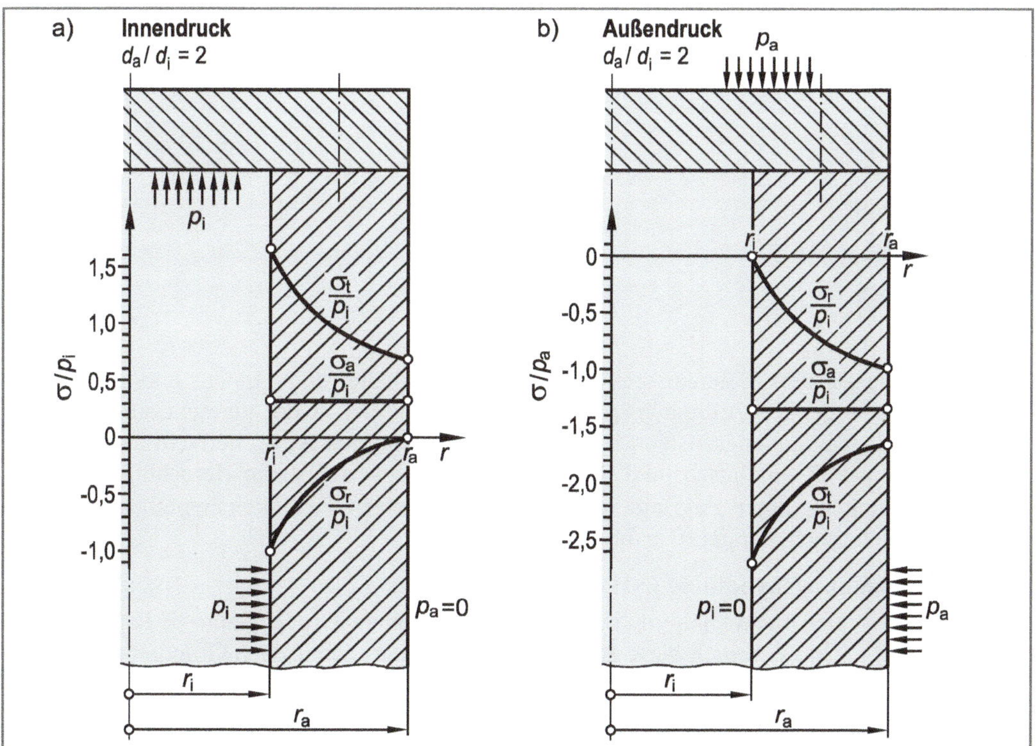

Bild 12.11 Abhängigkeit der Radial-, Tangential- und Axialspannung vom Radius r eines elastisch beanspruchten, dickwandigen Behälters
a) unter Innendruck für $d_a / d_i = 2$
b) unter Außendruck für $d_a / d_i = 2$

Die Gleichungen 12.53 bis 12.55 zeigen auch, dass die Spannungskomponenten σ_t, σ_r und σ_a in zylindrischen Behältern nicht von der absoluten Größe des Behälters sondern nur von seinem Durchmesserverhältnis r_a / r_i abhängen. Es gilt daher die folgende Aussage:

Geometrisch ähnliche zylindrische Hohlzylinder (r_a / r_i = konstant) unter Innen- und/oder Außendruck sind bei gleicher Druckbelastung gleich hoch beansprucht.

Man überzeugt sich leicht von dieser Tatsache, indem man beispielsweise für zwei verschieden große Behälter mit gleichem Durchmesserverhältnis d_a / d_i an einer beliebigen Stelle der Behälterwand die Spannungskomponenten berechnet und vergleicht (das Verhältnis r_a / r bzw. r / r_i muss bei beiden Behältern gleich sein).

12.2.1.2 Vergleichsspannungen

Mit Hilfe von Gleichung 12.53 bis 12.55 können die Spannungskomponenten σ_t, σ_r und σ_a an einer beliebigen Stelle der Wand eines durch Innen- und/oder Außendruck beanspruchten Behälters berechnet werden. Da die Schnittflächen in Bild 12.8b aus Gründen der Symmetrie von Form und Belastung keine Schubspannungen enthalten, sind die Lastspannungen σ_t, σ_r und σ_a gleichzeitig Hauptspannungen.

Für $p_i > p_a$ gilt entsprechend der Indizierungsregel für Hauptnormalspannungen (Gleichungen 6.2 bis 6.4):

$$\begin{aligned} \sigma_t &\equiv \sigma_1 \\ \sigma_a &\equiv \sigma_2 \\ \sigma_r &\equiv \sigma_3 \end{aligned} \tag{12.56}$$

Für $p_i < p_a$ folgt:

$$\begin{aligned} \sigma_r &\equiv \sigma_1 \\ \sigma_a &\equiv \sigma_2 \\ \sigma_t &\equiv \sigma_3 \end{aligned} \tag{12.57}$$

Der Spannungszustand in einem dickwandigen Druckbehälter unter Innen- und/oder Außendruck ist also in der Regel dreiachsig. Falls kein Außendruck wirkt, herrscht am Außenrand ein zweiachsiger Spannungszustand bzw. falls kein Innendruck wirkt, herrscht am Innenrand ein zweiachsiger Spannungszustand. Für Festigkeitsnachweise ist die Berechnung der Vergleichsspannung σ_V unter Zugrundelegung einer geeigneten Festigkeitshypothese (NH, SH oder GEH, siehe auch Kapitel 6) erforderlich.

a) Normalspannungshypothese (NH)

Ein Versagen von Druckbehältern, insbesondere bei hohem Druck, kann zu katastrophalen Schäden führen. Daher werden diese Bauteile aus sicherheitstechnischen Gründen in der Regel aus duktilen Werkstoffen gefertigt. Ein Druckbehälter oder eine Druckleitung aus einem spröden oder versprödeten Werkstoff und damit die Notwendigkeit der Anwendung der Normalspannungshypothese ist in der Praxis selten anzutreffen.

Bei spröden Werkstoffen bzw. bei einem spröden Werkstoffverhalten und für den Fall, dass alle Hauptnormalspannungen positiv sind (Behälter unter Innendruck) tritt unter statischer Zugbeanspruchung ein verformungsloser Trennbruch ein, sobald die größte Normalspannung

(σ_1) die Trennfestigkeit des Werkstoffs erreicht (Kapitel 6.1). Die Vergleichsspannung nach der Normalspannungshypothese entspricht also σ_1:

$$\sigma_{\mathrm{VNH}} = \sigma_1 \tag{12.58}$$

Die größte Normalspannung herrscht unabhängig vom Durchmesserverhältnis sowie von der Höhe des Drucks stets am Innenrand des Behälters ($r = r_i$). Ein Bruch tritt unter Innendruck ein, sobald gilt:

$$\sigma_{\mathrm{VNH}} \geq R_m \tag{12.59}$$

Für den seltenen Fall, dass positive und negative Hauptnormalspannungen (Behälter unter Innen- und Außendruck) bzw. nur negative Hauptnormalspannungen (Behälter unter Außendruck) auftreten sind die Grenzen der Anwendbarkeit der Normalspannungshypothese zu beachten (Kapitel 6.1.3).

b) Schubspannungshypothese (SH)

Zur Berechnung der Vergleichsspannung σ_V kann bei duktilen Werkstoffen die Schubspannungshypothese (SH) herangezogen werden. Im Vergleich zur Gestaltänderungsenergiehypothese (GEH) führt die in der Anwendung einfachere Schubspannungshypothese zu konservativen Ergebnissen (Kapitel 6.3). Gemäß der Schubspannungshypothese gilt für die Vergleichsspannung:

$$\sigma_{\mathrm{VSH}} = \sigma_1 - \sigma_3 \tag{12.60}$$

Die Festlegung von σ_1 und σ_3 folgt entsprechend Gleichung 12.56 bzw. 12.57.

Mit plastischen Verformungen (Fließen) ist zu rechnen, sobald gilt:

$$\sigma_{\mathrm{V\,SH}} \geq R_e \text{ bzw. } R_{p0,2} \tag{12.61}$$

c) Gestaltänderungsenergiehypothese (GEH)

Neben der Schubspannungshypothese kann bei duktilen Werkstoffen auch die zu genaueren Ergebnissen führende Gestaltänderungsenergiehypothese (GEH) zur Berechnung der Vergleichsspannung σ_V herangezogen werden:

$$\sigma_{\mathrm{VGEH}} = \frac{1}{\sqrt{2}} \cdot \sqrt{(\sigma_1 - \sigma_2)^2 + (\sigma_2 - \sigma_3)^2 + (\sigma_3 - \sigma_1)^2} \tag{12.62}$$

Zur Indizierung der Hauptnormalspannungen sind ebenfalls die Gleichungen 12.56 bzw. 12.57 zu beachten.

Mit plastischen Verformungen (Fließen) ist zu rechnen, sobald gilt:

$$\sigma_{\mathrm{V\,GEH}} \geq R_e \text{ bzw. } R_{p0,2} \tag{12.63}$$

In Bild 12.12 ist die Vergleichsspannung nach der NH, SH und GEH für einen dickwandigen Behälter unter Innendruck (Bild 12.12a) bzw. Außendruck (Bild 10.12b) im elastischen Zustand in Abhängigkeit der Ortskoordinate r graphisch dargestellt. Aus der Abbildung wird ersichtlich, dass die höchste Beanspruchung an der Innenwand ($r = r_i$) herrscht, und zwar unabhängig davon, ob der Behälter nur durch Innendruck, Innen- und Außendruck oder nur durch Außendruck beansprucht wird. Für den Festigkeitsnachweis eines dickwandigen zylindrischen Behälters ist also die Beanspruchung der Innenwand maßgebend.

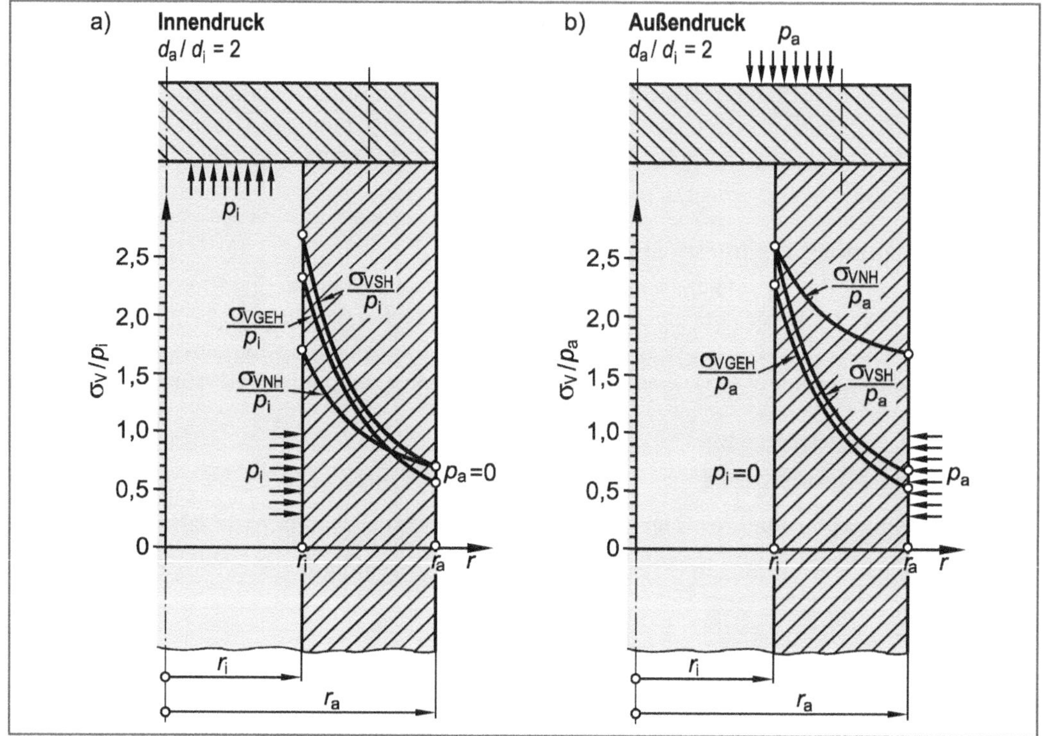

Bild 12.12 Abhängigkeit der Vergleichsspannungen $\sigma_{V\,NH}$, $\sigma_{V\,SH}$ und $\sigma_{V\,GEH}$ vom Radius r eines dickwandigen Behälters unter Innendruck bzw. Außendruck im elastischen Zustand

12.2.1.3 Fließbeginn unter Innendruck

Mit steigendem Innendruck setzt eine Plastifizierung des Hohlzylinders zuerst am Innenrand ein, sobald die Vergleichsspannung (σ_{VGEH}) die Streck- bzw. Dehngrenze erreicht. Der zum Fließen führende Innendruck (p_{iFB}) soll nachfolgend berechnet werden.

Der Übersichtlichkeit halber sollen sich die nachfolgenden Ausführungen auf den in der Praxis wichtigsten Fall eines durch Innendruck beanspruchten Behälters beschränken. Für Druckbehälter welche durch Innen- und Außendruck bzw. nur durch Außendruck beansprucht sind, können die nachfolgenden Rechenschritte analog durchgeführt werden. Außerdem soll die zu genaueren Ergebnissen führende GEH Anwendung finden.

Die maximale Vergleichsspannung tritt bei einem dickwandigen Behälter stets am Innenrand ($r = r_i$) auf (Kapitel 12.2.1.2). Der (duktile) Werkstoff plastifiziert also dort zuerst. Damit eine Plastifizierung des Werkstoffs mit Sicherheit vermieden wird, muss für die Vergleichsspannung am Innenrand gelten:

$$\sigma_{\text{V GEH}}(r = r_i) \leq \frac{R_e}{S_F} \text{ bzw. } \frac{R_{p0,2}}{S_F} \tag{12.64}$$

Zur Berechnung der Vergleichsspannung, müssen zunächst die Spannungskomponenten am Innenrand ermittelt werden. Aus den Gleichungen 12.53, 12.54 und 12.55 erhält man für $r = r_i$:

Tangentialspannung am Innenrand:

$$\sigma_t(r_i) = p_i \cdot \frac{r_i^2}{r_a^2 - r_i^2} \cdot \left(\frac{r_a^2}{r_i^2} + 1 \right) = p_i \cdot \frac{r_a^2 + r_i^2}{r_a^2 - r_i^2} \tag{12.65}$$

Axialspannung am Innenrand:

$$\sigma_a(r_i) = p_i \cdot \frac{r_i^2}{r_a^2 - r_i^2} \tag{12.66}$$

Radialspannung am Innenrand:

$$\sigma_r(r_i) = -p_i \cdot \frac{r_i^2}{r_a^2 - r_i^2} \cdot \left(\frac{r_a^2}{r_i^2} - 1 \right) = -p_i \tag{12.67}$$

Für die Vergleichsspannung nach der GEH gilt (Gleichung 12.62):

$$\sigma_{\text{VGEH}}(r_i) = \frac{1}{\sqrt{2}} \cdot \sqrt{(\sigma_1(r_i) - \sigma_2(r_i))^2 + (\sigma_2(r_i) - \sigma_3(r_i))^2 + (\sigma_3(r_i) - \sigma_1(r_i))^2} \tag{12.68}$$

Unter Berücksichtigung der Indizierung der Hauptnormalspannungen entsprechend Gleichung 12.56 folgt:

$$\sigma_{\text{VGEH}}(r_i) = \frac{1}{\sqrt{2}} \cdot \sqrt{(\sigma_t(r_i) - \sigma_a(r_i))^2 + (\sigma_a(r_i) - \sigma_r(r_i))^2 + (\sigma_r(r_i) - \sigma_t(r_i))^2} \tag{12.69}$$

Setzt man die Gleichungen 12.65 bis 12.67 in Gleichung 12.69 ein, dann erhält man:

$$\sigma_{\text{VGEH}}(r_i) = \frac{p_i}{\sqrt{2}} \cdot \sqrt{\left(\frac{r_a^2 + r_i^2}{r_a^2 - r_i^2} - \frac{r_i^2}{r_a^2 - r_i^2} \right)^2 + \left(\frac{r_i^2}{r_a^2 - r_i^2} + 1 \right)^2 + \left(-1 - \frac{r_a^2 + r_i^2}{r_a^2 - r_i^2} \right)^2}$$

$$\sigma_{\text{VGEH}}(r_i) = \frac{p_i}{\sqrt{2}} \cdot \sqrt{\left(\frac{r_a^2}{r_a^2 - r_i^2} \right)^2 + \left(\frac{r_a^2}{r_a^2 - r_i^2} \right)^2 + \left(\frac{-2 \cdot r_a^2}{r_a^2 - r_i^2} \right)^2}$$

$$\sigma_{\text{VGEH}}(r_i) = \frac{p_i}{\sqrt{2}} \cdot \frac{r_a^2}{r_a^2 - r_i^2} \cdot \sqrt{6}$$

$$\sigma_{\text{VGEH}}(r_i) = p_i \cdot \frac{\sqrt{3} \cdot r_a^2}{r_a^2 - r_i^2} \tag{12.70}$$

Damit an der höchst beanspruchten Stelle (Innenrand) eines durch Innendruck beanspruchten Behälters keine plastischen Verformungen auftreten, muss also gelten (Gleichung 12.70 in Gleichung 12.64 eingesetzt):

$$p_\mathrm{i} \cdot \frac{\sqrt{3} \cdot r_\mathrm{a}^2}{r_\mathrm{a}^2 - r_\mathrm{i}^2} \leq \frac{R_\mathrm{e}}{S_\mathrm{F}} \text{ bzw. } \frac{R_{\mathrm{p}0,2}}{S_\mathrm{F}} \tag{12.71}$$

Den zum Fließen führenden Innendruck erhält man damit aus Gleichung 12.71 mit $p_\mathrm{i} \equiv p_\mathrm{i\,FB}$:

$$p_\mathrm{i\,FB} = R_\mathrm{e} \cdot \frac{r_\mathrm{a}^2 - r_\mathrm{i}^2}{\sqrt{3} \cdot r_\mathrm{a}^2} \tag{12.72}$$

Innendruck mit Erreichen des Fließbeginns (am Innenrand) eines dickwandigen Behälters

Für Festigkeitsnachweise druckbeanspruchter Behälter sollte der Sicherheitsbeiwert gegen Fließen (S_F) größer 1,5 gewählt werden.

12.2.2 Vollplastischer Zustand unter Innendruck

Der Übersichtlichkeit halber sollen sich auch hier die nachfolgenden Ausführungen auf den in der Praxis wichtigsten Fall eines durch Innendruck beanspruchten Behälters beschränken. Für Druckbehälter welche durch Innen- und Außendruck bzw. nur durch Außendruck beansprucht sind, können die nachfolgenden Rechenschritte analog durchgeführt werden. Außerdem soll die zu genaueren Ergebnissen führende GEH Anwendung finden.

Wird ein Behälter einer stetig zunehmenden Beanspruchung durch Innendruck ausgesetzt, dann setzt am Innenrand die Plastifizierung ein, sobald der Innendruck p_i den Grenzwert $p_\mathrm{i\,FB}$ (Gleichung 12.72) erreicht. Steigert man den Innendruck weiter, dann schreitet die Plastifizierung bis zum Außenrand fort. Sobald auch dort Fließen eintritt, wird der vollplastische Zustand erreicht. Zur Berechnung der Spannungskomponenten für den vollplastischen Zustand geht man von Gleichung 12.27 aus. Die Beziehung wurde aus dem Kräftegleichgewicht hergeleitet und hat daher, unter der Voraussetzung kleiner Verformungen, auch für den vollplastischen Zustand Gültigkeit. Das Kräftegleichgewicht lautet (Gleichung 12.27):

$$\sigma_\mathrm{t} - \sigma_\mathrm{r} - r \cdot \frac{d\sigma_\mathrm{r}}{dr} = 0 \tag{12.73}$$

12.2.2.1 Spannungsermittlung

Liegt ein mehrachsiger Spannungszustand vor, dann ist mit einer Plastifizierung des Bauteils zu rechnen, sobald die Vergleichsspannung (σ_V) die Streck- bzw. Dehngrenze (R_e bzw. $R_{\mathrm{p}0,2}$) erreicht. Unter der Voraussetzung eines linear-elastischen ideal-plastischen Werkstoffverhaltens ist die Vergleichsspannung im vollplastischen Zustand an jeder Stelle r des zylindrischen Behälters konstant.

Die Ermittlung der Spannungskomponenten in der Behälterwand kann entweder unter Zugrundelegung der Schubspannungshypothese oder der Gestaltänderungsenergiehypothese erfolgen. Nachfolgend soll, wie bereits erwähnt, die zu genaueren Ergebnissen führende GEH zugrunde gelegt werden.

Im vollplastischen Zustand muss die nach der GEH errechnete Vergleichsspannung $\sigma_\mathrm{V\,GEH}$ an jeder Stelle r des zylindrischen Behälters konstant sein. Es muss also gelten:

$$\sigma_{\text{VGEH}} = \frac{1}{\sqrt{2}} \cdot \sqrt{(\sigma_t - \sigma_a)^2 + (\sigma_a - \sigma_r)^2 + (\sigma_r - \sigma_t)^2} = R_e \text{ bzw. } R_{p0,2} \tag{12.74}$$

Anhand der Gleichungen 12.53, 12.54 und 12.55 lässt sich leicht überprüfen, dass bei einer rein elastischen Beanspruchung zwischen den Spannungskomponenten σ_t, σ_r und σ_a die Beziehung gilt:

$$\sigma_a = \frac{\sigma_t + \sigma_r}{2} \tag{12.75}$$

Geht man von einer näherungsweisen Gültigkeit dieser Beziehungen auch im plastischen Zustand aus, dann erhält man (näherungsweise) im vollplastischen Zustand aus Gleichung 12.74:

$$\frac{1}{\sqrt{2}} \cdot \sqrt{\left(\sigma_t - \frac{\sigma_t + \sigma_r}{2}\right)^2 + \left(\frac{\sigma_t + \sigma_r}{2} - \sigma_r\right)^2 + (\sigma_r - \sigma_t)^2} = R_e$$

$$\frac{1}{\sqrt{2}} \cdot \sqrt{\frac{(\sigma_t - \sigma_r)^2}{2^2} + \frac{(\sigma_t - \sigma_r)^2}{2^2} + \frac{4 \cdot (\sigma_t - \sigma_r)^2}{2^2}} = R_e$$

$$\frac{\sqrt{3}}{2} \cdot (\sigma_t - \sigma_r) = R_e$$

$$\sigma_t - \sigma_r = \frac{2}{\sqrt{3}} \cdot R_e \tag{12.76}$$

Gleichung 12.76 in Gleichung 12.73 (Kräftegleichgewicht) eingesetzt ergibt:

$$\frac{2}{\sqrt{3}} \cdot R_e - r \cdot \frac{d\sigma_r}{dr} = 0 \tag{12.77}$$

Separation und Integration der Veränderlichen liefert:

$$\int d\sigma_r = \frac{2}{\sqrt{3}} \cdot R_e \cdot \int \frac{1}{r} dr$$

$$\sigma_r = \frac{2}{\sqrt{3}} \cdot R_e \cdot \ln r + C \tag{12.78}$$

Die Integrationskonstante C ergibt sich aus der Randbedingung $\sigma_r(r = r_a) = 0$. Damit folgt aus Gleichung 12.78:

$$0 = \frac{2}{\sqrt{3}} \cdot R_e \cdot \ln r_a + C$$

$$C = -\frac{2}{\sqrt{3}} \cdot R_e \cdot \ln r_a \tag{12.79}$$

Gleichung 12.79 in Gleichung 12.78 eingesetzt ergibt schließlich für die **Radialspannung** σ_r:

$$\sigma_r = -\frac{2}{\sqrt{3}} \cdot R_e \cdot \ln\left(\frac{r_a}{r}\right) \tag{12.80}$$

Radialspannung unter Innendruck im vollplastischen Zustand eines dickwandigen Behälters

Aus Gleichung 12.76 folgt dann für die **Tangentialspannung**:

$$\sigma_t = \frac{2}{\sqrt{3}} \cdot R_e + \sigma_r$$

$$\sigma_t = \frac{2}{\sqrt{3}} \cdot R_e \cdot \left(1 - \ln\left(\frac{r_a}{r}\right)\right) \qquad (12.81)$$

Tangentialspannung unter Innendruck im vollplastischen Zustand eines dickwandigen Behälters

Aufgrund der bereits erwähnten, näherungsweisen Gültigkeit von Gleichung 12.75 auch im vollplastischen Zustand, ergibt sich schließlich für die **Axialspannung** σ_a:

$$\sigma_a = \frac{R_e}{\sqrt{3}} \cdot \left(1 - 2 \cdot \ln\left(\frac{r_a}{r}\right)\right) \qquad (12.82)$$

Axialspannung unter Innendruck im vollplastischen Zustand eines dickwandigen Behälters

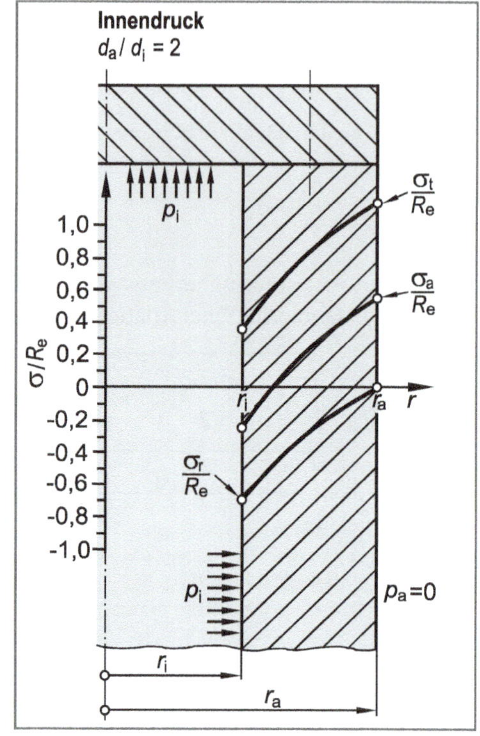

Bild 12.13 Verlauf von Radial-, Tangential- und Axialspannung eines dickwandigen Behälters unter Innendruck im vollplastischen Zustand

Vergleicht man den Verlauf der Tangentialspannungen für den elastischen und den vollplastischen Zustand eines Behälters unter Innendruck (Bild 12.12a und Bild 12.13), dann wird deutlich, dass im vollplastischen Zustand die größte Tangentialspannung am Außenrand auftritt. Steigert man also den Innendruck über $p_{i\ VPL}$ (Gleichung 12.83) hinaus, dann tritt an der Außenseite des dickwandigen Behälters der Trennbruch ein. Diese Beobachtung wurde auch durch Versuche bestätigt.

12.2.2.2 Innendruck zum Erreichen des vollplastischen Zustandes

Den zum Erreichen des vollplastischen Zustandes erforderlichen Innendruck $p_{i\ VPL}$ erhält man aus der Bedingung:

$$\sigma_r(r = r_i) = -p_{i\ VPL}$$

Mit Gleichung 12.80 folgt damit letztlich:

$$p_{i\ VPL} = \frac{2}{\sqrt{3}} \cdot R_e \cdot \ln\left(\frac{r_a}{r_i}\right) \qquad (12.83)$$

Innendruck zum Erreichen des vollplastischen Zustandes eines dickwandigen Behälters

Bild 12.14 veranschaulicht die Spannungskomponenten in Abhängigkeit vom Radius r für den vollplastischen Zustand eines zylindrischen Behälters ($r_a / r_i = 2$) unter Innendruck (p_i).

Trägt man die auf die Streck- bzw. Dehngrenze (R_e bzw. $R_{p0,2}$) bezogenen Innendrücke $p_{i\ FB}$ und $p_{i\ VPL}$ (Gleichung 12.72 und 12.83) über dem Durchmesserverhältnis d_a / d_i auf, dann erhält man zwei Grenzkurven I und II. Unterhalb der Grenzkurve I ist der Behälter elastisch beansprucht, oberhalb von Grenzkurve II hingegen vollplastisch (Bild 12.14). Dazwischen befindet sich der teilplastische Bereich, der im nachfolgenden Kapitel 12.2.3 besprochen wird.

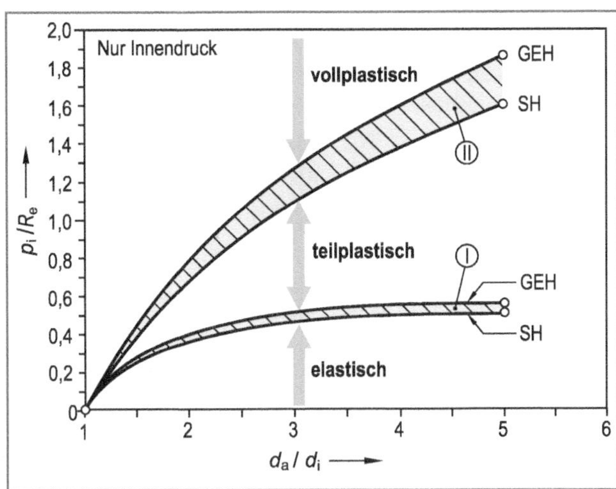

Bild 12.14 Grenzkurven des bezogenen Innendrucks (p_i / R_e) in Abhängigkeit vom Durchmesserverhältnis (d_a/d_i) für den elastischen, teilplastischen und vollplastischen Zustand

Zum Vergleich sind in Bild 12.14 zusätzlich die nach der SH berechneten Drücke für den Beginn der Plastifizierung sowie für das Erreichen des vollplastischen Zustandes mit eingetragen. Man erkennt auch hier, dass die Anwendung der SH konservative Ergebnisse liefert.

12.2.3 Teilplastischer Zustand unter Innendruck

Überschreitet der Innendruck den Grenzwert p_{iFB} (Gleichung 12.72), dann beginnt der Hohlzylinder an der Innenseite (entspricht der höchst beanspruchten Stelle) zu plastifizieren. Mit steigendem Innendruck schreitet die plastische Verformung von innen nach außen fort, bis schließlich der Innendruck den Wert $p_{i\ VPL}$ (Gleichung 12.83) erreicht und der vollplastische Zustand eintritt. Innendrücke zwischen $p_{i\ FB}$ und $p_{i\ VPL}$ führen zum teilplastischen Zustand (siehe auch Bild 12.14).

Der teilplastische Zustand ist dadurch gekennzeichnet, dass zwischen Innenrand ($r = r_i$) und Radius $r = c$ ($r_i < c < r_a$) ein **plastischer Innenring**, zwischen Radius $r = c$ und dem Außenrand ($r = r_a$) hingegen ein **elastischer Außenring** vorliegt (Bild 12.15). Der zu einer Plastifizierung bis zum Radius $r = c$ führende Innendruck soll im Folgenden mit p_{ic} bezeichnet.

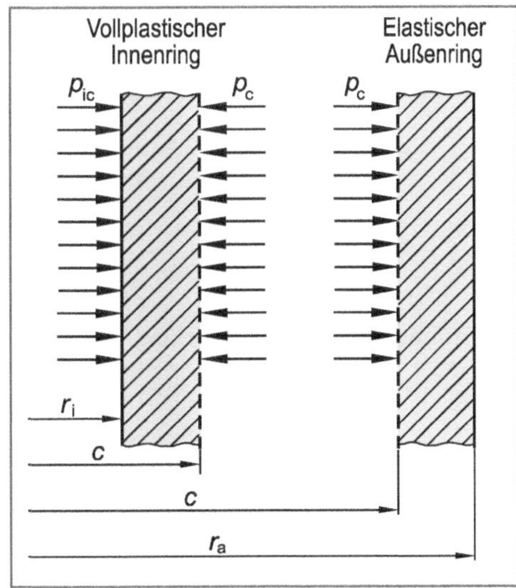

Bild 12.15 Vollplastischer Innenring und elastischer Außenring im teilplastischen Zustand eines durch Innendruck beanspruchten dickwandigen Behälters

Für die nachfolgenden Ausführungen soll wiederum die Gestaltänderungsenergiehypothese (GEH) als Fließbedingung zugrunde gelegt werden. Elastischer Außenring und plastischer Innenring werden getrennt betrachtet. Der Übersichtlichkeit halber soll nur eine Beanspruchung durch Innendruck zugrunde gelegt werden ($p_a = 0$).

12.2.3.1 Elastischer Außenring

Für den Verlauf der Spannungskomponenten in Abhängigkeit der Koordinate r im elastischen Außenring erhält man aus den Gleichungen 12.53 bis 12.55 mit $p_i = p_c$, $p_a = 0$ und $r_i = c$:

$$\sigma_t = p_c \cdot \frac{c^2}{r_a^2 - c^2} \cdot \left(\frac{r_a^2}{r^2} + 1 \right) \tag{12.84}$$

$$\sigma_r = -p_c \cdot \frac{c^2}{r_a^2 - c^2} \cdot \left(\frac{r_a^2}{r^2} - 1 \right) \tag{12.85}$$

$$\sigma_a = \frac{p_c \cdot c^2}{r_a^2 - c^2} \tag{12.86}$$

Setzt man die Gleichungen 12.84 bis 12.86 unter Berücksichtigung der Indizierungsregel (Gleichung 12.56) in Gleichung 12.62 (GEH) ein, dann erhält man:

$$\sigma_{VGEH} = \frac{1}{\sqrt{2}} \cdot \sqrt{\left(\frac{p_c \cdot c^2}{r_a^2 - c^2} \cdot \left(\frac{r_a^2}{r^2} + 1 \right) - \frac{p_c \cdot c^2}{r_a^2 - c^2} \right)^2 + \left(\frac{p_c \cdot c^2}{r_a^2 - c^2} + \frac{p_c \cdot c^2}{r_a^2 - c^2} \cdot \left(\frac{r_a^2}{r^2} - 1 \right) \right)^2 + \left(\frac{-p_c \cdot c^2}{r_a^2 - c^2} \cdot \left(\frac{r_a^2}{r^2} - 1 \right) - \frac{p_c \cdot c^2}{r_a^2 - c^2} \cdot \left(\frac{r_a^2}{r^2} + 1 \right) \right)^2}$$

$$\sigma_{VGEH} = \frac{1}{\sqrt{2}} \cdot \sqrt{\left(\frac{p_c \cdot c^2}{r_a^2 - c^2} \cdot \frac{r_a^2}{r^2} \right)^2 + \left(\frac{p_c \cdot c^2}{r_a^2 - c^2} \cdot \frac{r_a^2}{r^2} \right)^2 + \left(2 \cdot \frac{p_c \cdot c^2}{r_a^2 - c^2} \cdot \frac{r_a^2}{r^2} \right)^2}$$

$$\sigma_{VGEH} = p_c \cdot \sqrt{3} \cdot \frac{r_a^2 \cdot c^2}{r_a^2 - c^2} \cdot \frac{1}{r^2} \tag{12.87}$$

Am Innenrand des elastischen Außenrings treten plastische Verformungen ein, falls gilt:

$$\sigma_{VGEH}(r = c) = R_e \text{ bzw. } R_{p0,2}$$

Damit folgt aus Gleichung 12.87:

$$p_c \cdot \sqrt{3} \cdot \frac{r_a^2}{r_a^2 - c^2} = R_e$$

$$p_c = \frac{R_e}{\sqrt{3}} \cdot \left(1 - \frac{c^2}{r_a^2} \right) \tag{12.88}$$

Die Spannungsverläufe im elastischen Außenring erhält man letztlich durch Einsetzen von Gleichung 12.88 in die Gleichungen 12.84 bis 12.86.

Für die **Tangentialspannung** im elastischen Außenring ergibt sich aus Gleichung 12.84:

$$\sigma_t = \frac{R_e}{\sqrt{3}} \cdot \left(1 - \frac{c^2}{r_a^2}\right) \cdot \frac{c^2}{r_a^2 - c^2} \cdot \left(\frac{r_a^2}{r^2} + 1\right)$$

$$= \frac{R_e}{\sqrt{3}} \cdot \frac{r_a^2 - c^2}{r_a^2} \cdot \frac{c^2}{r_a^2 - c^2} \cdot \left(\frac{r_a^2}{r^2} + 1\right)$$

$$\sigma_t = \frac{R_e}{\sqrt{3}} \cdot \frac{c^2}{r_a^2} \cdot \left(\frac{r_a^2}{r^2} + 1\right)$$

Tangentialspannung unter Innendruck im elastischen Außenring eines dickwandigen Behälters (12.89)

Für die **Radialspannung** im elastischen Außenring folgt aus Gleichung 12.85:

$$\sigma_r = -\frac{R_e}{\sqrt{3}} \cdot \left(1 - \frac{c^2}{r_a^2}\right) \cdot \frac{c^2}{r_a^2 - c^2} \cdot \left(\frac{r_a^2}{r^2} - 1\right)$$

$$= -\frac{R_e}{\sqrt{3}} \cdot \frac{r_a^2 - c^2}{r_a^2} \cdot \frac{c^2}{r_a^2 - c^2} \cdot \left(\frac{r_a^2}{r^2} - 1\right)$$

$$\sigma_r = -\frac{R_e}{\sqrt{3}} \cdot \frac{c^2}{r_a^2} \cdot \left(\frac{r_a^2}{r^2} - 1\right)$$

Radialspannung unter Innendruck im elastischen Außenring eines dickwandigen Behälters (12.90)

Für die **Axialspannung** im elastischen Außenring folgt schließlich aus Gleichung 12.86:

$$\sigma_a = \frac{R_e}{\sqrt{3}} \cdot \left(1 - \frac{c^2}{r_a^2}\right) \cdot \frac{c^2}{r_a^2 - c^2}$$

$$= \frac{R_e}{\sqrt{3}} \cdot \frac{r_a^2 - c^2}{r_a^2} \cdot \frac{c^2}{r_a^2 - c^2}$$

$$\sigma_a = \frac{R_e}{\sqrt{3}} \cdot \frac{c^2}{r_a^2}$$

Axialspannung unter Innendruck im elastischen Außenring eines dickwandigen Behälters (12.91)

12.2.3.2 Vollplastischer Innenring

Für die Radialspannung im vollplastischen Zustand wurde unter Zugrundelegung der GEH bereits in Kapitel 12.2.2.1 die folgende Beziehung hergeleitet (Gleichung 12.78):

$$\sigma_r = \frac{2}{\sqrt{3}} \cdot R_e \cdot \ln r + C \qquad (12.92)$$

Für den vollplastischen Innenring gelten nunmehr die folgenden Randbedingungen (Bild 12.15):

$$\sigma_r(r = r_i) = -p_{ic} \qquad (12.93)$$

$$\sigma_r(r = c) = -p_c \qquad (12.94)$$

Die Integrationskonstante C in Gleichung 12.92 erhält man unter Berücksichtigung von Gleichung 12.93 zu:

$$-p_{\mathrm{ic}} = \frac{2}{\sqrt{3}} \cdot R_{\mathrm{e}} \cdot \ln r_{\mathrm{i}} + C$$

$$C = -\frac{2}{\sqrt{3}} \cdot R_{\mathrm{e}} \cdot \ln r_{\mathrm{i}} - p_{\mathrm{ic}} \tag{12.95}$$

Gleichung 12.95 in Gleichung 12.92 eingesetzt, ergibt für die radiale Spannungskomponente σ_{r} im vollplastischen Innenring:

$$\sigma_{\mathrm{r}} = \frac{2}{\sqrt{3}} R_{\mathrm{e}} \cdot \ln\left(\frac{r}{r_{\mathrm{i}}}\right) - p_{\mathrm{ic}} \tag{12.96}$$

Unter Berücksichtigung der Randbedingung aus Gleichung 12.94 erhält man aus Gleichung 12.96 schließlich einen Zusammenhang zwischen dem wirkenden Innendruck p_{ic} und dem Grenzradius c zwischen dem plastischen Innenring und dem elastischem Außenring:

$$\sigma_{\mathrm{r}}(r = c) = -p_{\mathrm{c}}$$

$$\frac{2}{\sqrt{3}} \cdot R_{\mathrm{e}} \cdot \ln\left(\frac{c}{r_{\mathrm{i}}}\right) - p_{\mathrm{ic}} = -p_{\mathrm{c}}$$

$$p_{\mathrm{ic}} = \frac{2}{\sqrt{3}} \cdot R_{\mathrm{e}} \cdot \ln\left(\frac{c}{r_{\mathrm{i}}}\right) + p_{\mathrm{c}} \tag{12.97}$$

Mit Gleichung 12.88 erhält man schließlich aus Gleichung 12.97:

$$p_{\mathrm{ic}} = \frac{2}{\sqrt{3}} \cdot R_{\mathrm{e}} \cdot \ln\left(\frac{c}{r_{\mathrm{i}}}\right) + \frac{R_{\mathrm{e}}}{\sqrt{3}} \cdot \left(1 - \frac{c^2}{r_{\mathrm{a}}^2}\right) \tag{12.98}$$

und umgeformt:

$$p_{\mathrm{ic}} = \frac{R_{\mathrm{e}}}{\sqrt{3}} \cdot \left(\ln\left(\frac{c}{r_{\mathrm{i}}}\right)^2 - \left(\frac{c}{r_{\mathrm{a}}}\right)^2 + 1\right) \tag{12.99}$$

Zusammenhang zwischen wirkendem Innendruck p_{ic} und dem Grenzradius c zwischen plastischem Innenring und elastischem Außenring

Die **Radialspannungskomponente** σ_{r} im vollplastischen Innenring erhält man schließlich durch Einsetzen von Gleichung 12.99 in Gleichung 12.96:

$$\sigma_{\mathrm{r}} = \frac{R_{\mathrm{e}}}{\sqrt{3}} \cdot \left(\ln\left(\frac{r}{r_{\mathrm{i}}}\right)^2 - \ln\left(\frac{c}{r_{\mathrm{i}}}\right)^2 + \left(\frac{c}{r_{\mathrm{a}}}\right)^2 - 1\right)$$

$$\sigma_{\mathrm{r}} = \frac{R_{\mathrm{e}}}{\sqrt{3}} \cdot \left(\ln\left(\frac{r}{c}\right)^2 + \left(\frac{c}{r_{\mathrm{a}}}\right)^2 - 1\right) \tag{12.100}$$

Radialspannung unter Innendruck im plastischen Innenring eines dickwandigen Behälters

Die **Tangentialspannung** σ_t ergibt sich durch Einsetzen von Gleichung 12.100 in Gleichung 12.76 zu:

$$\sigma_t = \frac{2}{\sqrt{3}} \cdot R_e + \sigma_r$$

$$\sigma_t = \frac{R_e}{\sqrt{3}} \cdot \left(\ln\left(\frac{r}{c}\right)^2 + \left(\frac{c}{r_a}\right)^2 + 1 \right) \qquad (12.101)$$

Tangentialspannung unter Innendruck im plastischen Innenring eines dickwandigen Behälters

Im plastischen Zustand gilt näherungsweise für die Axialspannung σ_a (siehe Gleichung 12.75):

$$\sigma_a = \frac{\sigma_t + \sigma_r}{2}$$

Durch Einsetzen und Umformen der Gleichungen 12.100 und 12.101 folgt schließlich für die **Axialspannung** im plastischen Innenring:

$$\sigma_a = \frac{R_e}{\sqrt{3}} \cdot \left(\ln\left(\frac{r}{c}\right)^2 + \left(\frac{c}{r_a}\right)^2 \right) \qquad (12.102)$$

Axialspannung unter Innendruck im plastischen Innenring eines dickwandigen Behälters

In Tabelle 12.1 sind abschließend die Berechnungsformeln für die Spannungskomponenten eines dickwandigen Behälters im elastischen, teilplastischen und vollplastischen Zustand zusammengefasst.

Tabelle 12.1 Zusammenfassung der Berechnungsformeln für den dickwandigen Behälter

Elastischer Zustand unter Innen- und Außendruck			
Spannungsverläufe		**Spannungen am Innenrand ($r = r_i$)**	**Spannungen am Außenrand ($r = r_a$)**
Tangential-spannung	$\sigma_t = p_i \cdot \frac{r_i^2}{r_a^2 - r_i^2} \cdot \left(\frac{r_a^2}{r^2} + 1\right) - p_a \cdot \frac{r_a^2}{r_a^2 - r_i^2} \cdot \left(1 + \frac{r_i^2}{r^2}\right)$	$\sigma_{ti} = p_i \cdot \frac{r_a^2 + r_i^2}{r_a^2 - r_i^2} - p_a \cdot \frac{2 \cdot r_a^2}{r_a^2 - r_i^2}$	$\sigma_{ta} = p_i \cdot \frac{2 \cdot r_i^2}{r_a^2 - r_i^2} - p_a \cdot \frac{r_a^2 + r_i^2}{r_a^2 - r_i^2}$
Axial-spannung	$\sigma_a = \frac{p_i \cdot r_i^2 - p_a \cdot r_a^2}{r_a^2 - r_i^2}$	$\sigma_{ai} = \frac{p_i \cdot r_i^2 - p_a \cdot r_a^2}{r_a^2 - r_i^2}$	$\sigma_{aa} = \frac{p_i \cdot r_i^2 - p_a \cdot r_a^2}{r_a^2 - r_i^2}$
Radial-spannung	$\sigma_r = -p_i \cdot \frac{r_i^2}{r_a^2 - r_i^2} \cdot \left(\frac{r_a^2}{r^2} - 1\right) - p_a \cdot \frac{r_a^2}{r_a^2 - r_i^2} \cdot \left(1 - \frac{r_i^2}{r^2}\right)$	$\sigma_{ri} = -p_i$	$\sigma_{ra} = -p_a$
Teilplastischer Zustand unter Innendruck - vollplastischer Innenring ($r_i \le r \le c$)			
Innendruck bei Fließbeginn: $p_{i\,FB} = R_e \cdot \frac{r_a^2 - r_i^2}{\sqrt{3} \cdot r_a^2}$		**Spannungen am Innenrand ($r = r_i$)**	**Spannungen am Außenrand ($r = c$)**
Tangential-spannung	$\sigma_t = \frac{R_e}{\sqrt{3}} \cdot \left(\ln\left(\frac{r}{c}\right)^2 + \left(\frac{c}{r_a}\right)^2 + 1\right)$	$\sigma_{ti} = \frac{R_e}{\sqrt{3}} \cdot \left(\ln\left(\frac{r_i}{c}\right)^2 + \left(\frac{c}{r_a}\right)^2 + 1\right)$	$\sigma_{ta} = \frac{R_e}{\sqrt{3}} \cdot \left(\left(\frac{c}{r_a}\right)^2 + 1\right)$
Axial-spannung	$\sigma_a = \frac{R_e}{\sqrt{3}} \cdot \left(\ln\left(\frac{r}{c}\right)^2 + \left(\frac{c}{r_a}\right)^2\right)$	$\sigma_{ai} = \frac{R_e}{\sqrt{3}} \cdot \left(\ln\left(\frac{r_i}{c}\right)^2 + \left(\frac{c}{r_a}\right)^2\right)$	$\sigma_{aa} = \frac{R_e}{\sqrt{3}} \cdot \left(\frac{c}{r_a}\right)^2$
Radial-spannung	$\sigma_r = \frac{R_e}{\sqrt{3}} \cdot \left(\ln\left(\frac{r}{c}\right)^2 + \left(\frac{c}{r_a}\right)^2 - 1\right)$	$\sigma_{ri} = \frac{R_e}{\sqrt{3}} \cdot \left(\ln\left(\frac{r_i}{c}\right)^2 + \left(\frac{c}{r_a}\right)^2 - 1\right)$	$\sigma_{ra} = \frac{R_e}{\sqrt{3}} \cdot \left(\left(\frac{c}{r_a}\right)^2 - 1\right)$

Fortsetzung Tabelle 12.1 Zusammenfassung der Berechnungsformeln für den dickwandigen Behälter

Teilplastischer Zustand unter Innendruck - elastischer Außenring ($c < r \le r_a$)			
Zusammenhang zwischen Innendruck und Grenzradius c: $p_{ic} = \frac{R_e}{\sqrt{3}} \cdot \left(\ln\left(\frac{c}{r_i}\right)^2 - \left(\frac{c}{r_a}\right)^2 + 1 \right)$		**Spannungen am Innenrand ($r = c$)**	**Spannungen am Außenrand ($r = r_a$)**
Tangential-spannung	$\sigma_t = \frac{R_e}{\sqrt{3}} \cdot \frac{c^2}{r_a^2} \cdot \left(\frac{r_a^2}{r^2} + 1 \right)$	$\sigma_{ti} = \frac{R_e}{\sqrt{3}} \cdot \frac{c^2}{r_a^2} \cdot \left(\frac{r_a^2}{c^2} + 1 \right)$	$\sigma_{ta} = 2 \cdot \frac{R_e}{\sqrt{3}} \cdot \frac{c^2}{r_a^2}$
Axial-spannung	$\sigma_a = \frac{R_e}{\sqrt{3}} \cdot \frac{c^2}{r_a^2}$	$\sigma_{ai} = \frac{R_e}{\sqrt{3}} \cdot \frac{c^2}{r_a^2}$	$\sigma_{aa} = \frac{R_e}{\sqrt{3}} \cdot \frac{c^2}{r_a^2}$
Radial-spannung	$\sigma_r = -\frac{R_e}{\sqrt{3}} \cdot \frac{c^2}{r_a^2} \cdot \left(\frac{r_a^2}{r^2} - 1 \right)$	$\sigma_{ri} = -\frac{R_e}{\sqrt{3}} \cdot \frac{c^2}{r_a^2} \cdot \left(\frac{r_a^2}{c^2} - 1 \right)$	$\sigma_{ra} = 0$
Vollplastischer Zustand unter Innendruck			
Innendruck mit Erreichen des vollplastischen Zustandes: $p_{i\,VPL} = \frac{2}{\sqrt{3}} \cdot R_e \cdot \ln\left(\frac{r_a}{r_i}\right)$		**Spannungen am Innenrand ($r = r_i$)**	**Spannungen am Außenrand ($r = r_a$)**
Tangential-spannung	$\sigma_t = \frac{2}{\sqrt{3}} \cdot R_e \cdot \left(1 - \ln\left(\frac{r_a}{r}\right) \right)$	$\sigma_{ti} = \frac{2}{\sqrt{3}} \cdot R_e \cdot \left(1 - \ln\left(\frac{r_a}{r_i}\right) \right)$	$\sigma_{ta} = \frac{2}{\sqrt{3}} \cdot R_e$
Axial-spannung	$\sigma_a = \frac{R_e}{\sqrt{3}} \cdot \left(1 - 2 \cdot \ln\left(\frac{r_a}{r}\right) \right)$	$\sigma_{ai} = \frac{R_e}{\sqrt{3}} \cdot \left(1 - 2 \cdot \ln\left(\frac{r_a}{r_i}\right) \right)$	$\sigma_{aa} = \frac{R_e}{\sqrt{3}}$
Radial-spannung	$\sigma_r = -\frac{2}{\sqrt{3}} \cdot R_e \cdot \ln\left(\frac{r_a}{r}\right)$	$\sigma_{ri} = -\frac{2}{\sqrt{3}} \cdot R_e \cdot \ln\left(\frac{r_a}{r_i}\right)$	$\sigma_{ra} = 0$

12.3 Aufgaben

Aufgabe 12.1 ○○○○●

Ein Hochdruck-Hydraulikzylinder (Außendurchmesser d_a = 50 mm; Wandstärke s = 2,5 mm) aus 42CrMo4 ist für einen maximalen statischen Innendruck von p_i = 25 MPa ausgelegt. Berechnen Sie die Spannungskomponenten in der Zylinderwand.

Aufgabe 12.2 ○○○●●

Ein Druckspeichergefäß mit einem Innendurchmesser von d_i = 150 mm und einer Wandstärke von s = 10 mm soll in eine hydraulische Anlage eingebaut werden.

a) Berechnen Sie den zulässigen statischen Innendruck p_i, falls der Zylinder aus:
   1. der unlegierten Baustahlsorte P295GH (Berechnung gegen Fließen; S_F = 1,5)
   2. der Graugusssorte EN-GJL-200 (Berechnung gegen Bruch; S_B = 4,0)

   gefertigt werden soll.

b) Ermitteln Sie für beide Werkstoffvarianten jeweils die mittlere Aufweitung des Behälters, d. h. die Vergrößerung des mittleren Behälterdurchmessers.

Werkstoffkennwerte P295GH:

R_e = 310 N/mm²
R_m = 550 N/mm²
E = 210000 N/mm²
μ = 0,30

Werkstoffkennwerte EN-GJL-200:

R_m = 200 N/mm²
E = 100000 N/mm²
μ = 0,25

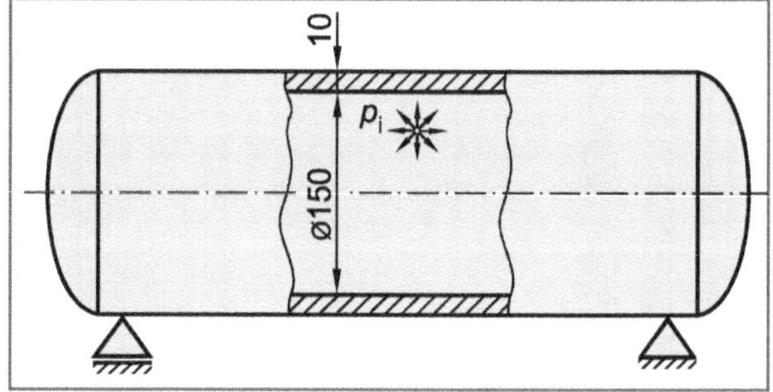

Aufgabe 12.3 ○○○●●

An einem beidseitig verschlossenen Rohr aus der unlegierten Stahlsorte C45E+QT mit einem Innendurchmesser von d_i = 140 mm und einer Wandstärke von s = 5 mm werden in Tangentialrichtung und in Axialrichtung Dehnungsmessungen durchgeführt.

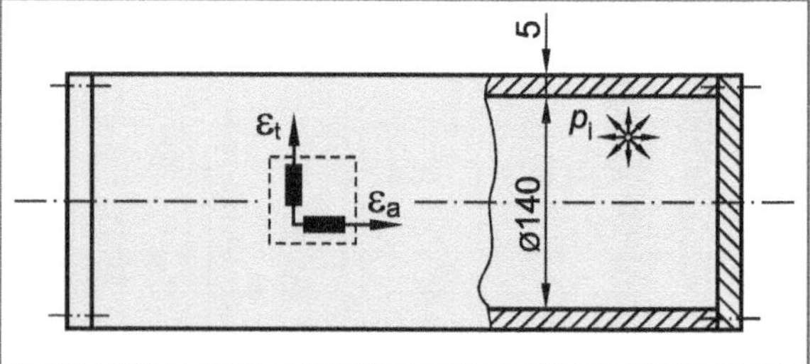

Werkstoffkennwerte C45E+QT:

$R_{p0,2}$ = 420 N/mm²
R_m = 750 N/mm²
E = 210000 N/mm²
μ = 0,30

a) Berechnen Sie den Innendruck p_1, falls mit Hilfe der Dehnungsmessstreifen in Tangentialrichtung eine Dehnung von ε_{t1} = 0,8095 ‰ und in Axialrichtung ε_{a1} = 0,1905 ‰ ermittelt wird.

b) Zusätzlich zum Innendruck p_1 soll eine statische Zugkraft F_1 in Axialrichtung des Rohres wirken. Berechnen Sie die zulässige statische Zugkraft F_1, falls Fließen mit einer Sicherheit von S_F = 1,5 ausgeschlossen werden soll.

c) Bei einem zweiten Versuch wird der Druckbehälter durch einen unbekannten Innendruck p_2 und eine unbekannte Längskraft F_2 statisch beansprucht. Berechnen Sie den Innendruck und die Längskraft für eine Dehnungsanzeige von ε_{t2} = 0,2524 ‰ und ε_{a2} = 0,5743 ‰.

Aufgabe 12.4 ○○○●●

Ein zylindrischer Druckbehälter mit einem Innendurchmesser von d_i = 500 mm und einer Wandstärke von s = 8 mm aus der Stahlsorte P355GH (R_e = 355 N/mm^2; R_m = 620 N/mm^2; E = 210000 N/mm^2; μ = 0,30) wird durch den Innendruck p_i statisch beansprucht (Abbildung a).

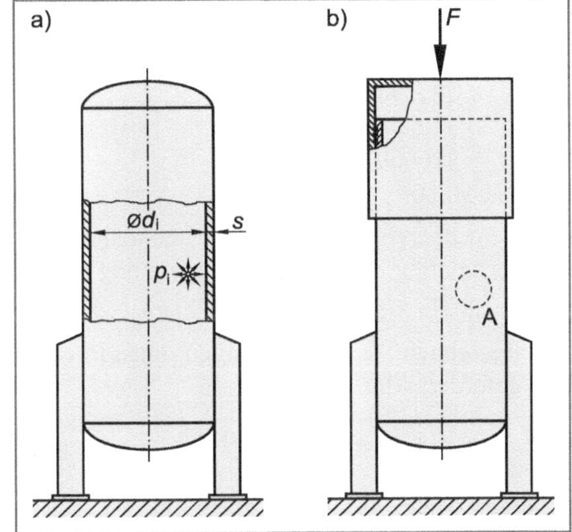

Die zulässige Tangentialspannung σ_t im zylindrischen Mantel muss aus Sicherheitsgründen auf σ_t = 250 N/mm^2 beschränkt werden.

a) Berechnen Sie den zulässigen statischen Innendruck.

b) Ermitteln Sie die Axialspannung σ_a und die Radialspannung σ_r in der Behälterwand.

c) Berechnen Sie die Aufweitung des Druckbehälters am Außenrand, d. h. die Vergrößerung des äußeren Zylinderdurchmessers.

d) Überprüfen Sie, ob eine ausreichende Sicherheit gegen Fließen vorliegt.

Bei einer Variante des Druckbehälters wird ein axial beweglicher, druckdichter Deckel verwendet (Abbildung b).

e) Berechnen Sie die erforderliche Haltekraft F, damit der Deckel keine axiale Verschiebung erfährt (p_i = 8 MPa).

f) Berechnen Sie für diese Variante die Tangential-, die Axial- und die Radialspannung im Bereich A der zylindrischen Behälterwand.

g) Bestimmen Sie mit Hilfe des Mohr'schen Spannungskreises die maximale Schubspannung in der von σ_t und σ_a aufgespannten Ebene (Zylindermantelfläche) für den geschlossenen Behälter sowie für den Behälter mit Deckel.

Aufgabe 12.5 ○○●●●

Ein beidseitig verschlossenes Rohrstück einer Hochdruck-Dampfleitung aus der warmfesten Stahlsorte 16Mo3 wird für eine Materialuntersuchung durch einen statischen Innendruck p_i beansprucht.

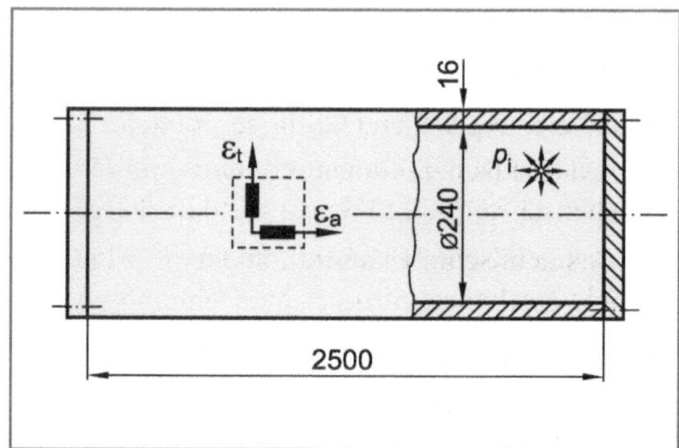

Der Innendurchmesser des Rohres beträgt d_i = 240 mm, die Wandstärke s = 16 mm und die Länge l = 2500 mm.

An der Außenoberfläche des Rohres werden die Dehnungen ε_t = 0,4048 ‰ (in tangentialer Richtung) und ε_a = 0,0952 ‰ (in axialer Richtung) gemessen.

Werkstoffkennwerte 16Mo3:

$R_{p0,2}$ = 280 N/mm²
R_m = 570 N/mm²
E = 210000 N/mm²
μ = 0,30

a) Berechnen Sie aus den experimentell ermittelten Dehnungswerten (ε_t und ε_a) die Tangentialspannung σ_t und die Axialspannung σ_a.

b) Ermitteln Sie den wirkenden statischen Innendruck p_i.

c) Berechnen Sie den zulässigen Innendruck, falls eine Sicherheit gegen Fließen von S_F = 1,6 gefordert wird.

Für eine zusätzliche Druckzuführung muss das Rohr mit einer Querbohrung mit t = 24 mm Durchmesser versehen werden.

d) Berechnen für einen statischen Innendruck von p_i = 10 MPa jeweils für die höchst beanspruchte Stelle:
   1. die Sicherheit gegen Fließen,
   2. die Sicherheit gegen das Erreichen einer plastischen Dehnung von ε_{pl} = 0,30 %.

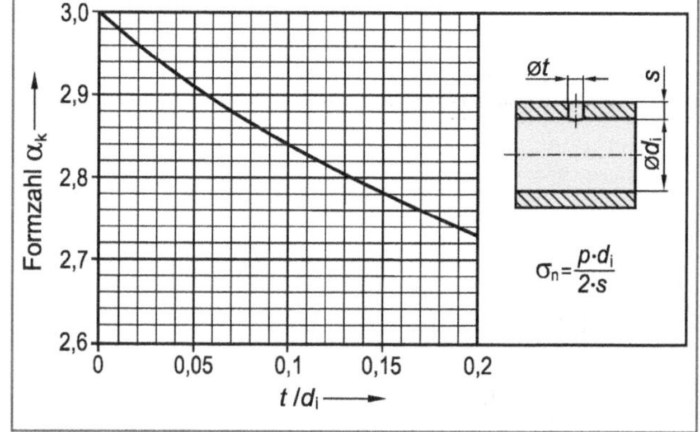

Aufgabe 12.6 ○○●●●

An der Außenoberfläche eines Druckbehälters (d_i = 400 mm; s = 10 mm) aus der legierten Stahlsorte 13CrMo4-5 werden die Dehnungen ε_t = 0,929 ‰ (in tangentialer Richtung) und ε_a = -0,929 ‰ (in axialer Richtung) gemessen.

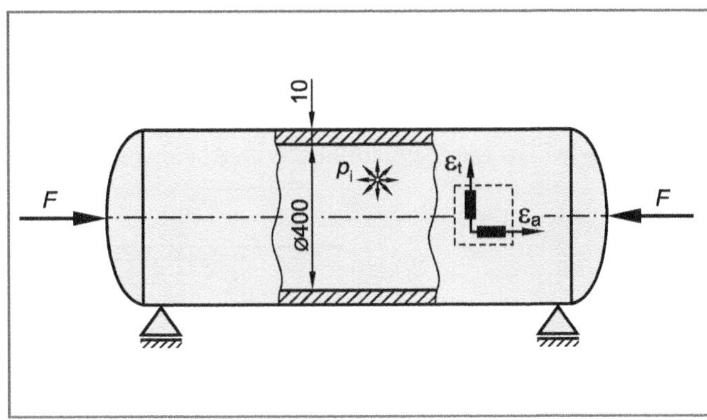

Der Druckbehälter wird durch einen unbekannten Innendruck p_i und eine unbekannte axiale Druckkraft F statisch beansprucht.

Werkstoffkennwerte 13CrMo4-5:

$R_{p0,2}$ = 380 N/mm^2
R_m = 620 N/mm^2
E = 210000 N/mm^2
μ = 0,30

a) Berechnen Sie aus den experimentell ermittelten Dehnungswerten (ε_t und ε_a) die Tangentialspannung σ_t und die Axialspannung σ_a.

b) Zeichnen Sie den Mohr'schen Spannungskreis für die durch σ_t und σ_a aufgespannte Ebene (Zylindermantelfläche). Ermitteln Sie diejenigen Schnittflächen dieser Ebene, die keine Schubspannungen beinhalten. Welche Schnittflächen enthalten hingegen keine Normalspannungen?

c) Berechnen Sie die Sicherheit gegen Fließen. Ist die Sicherheit ausreichend?

d) Ermitteln Sie den Innendruck p_i und die axiale Druckkraft F, die gemeinsam die Dehnungen ε_t und ε_a verursachen.

e) Anstelle einer Beanspruchung aus Innendruck p_i mit überlagerter Druckkraft F, kann derselbe Spannungszustand in der Behälterwand auch durch eine andere Beanspruchungsart erzeugt werden. Nennen Sie eine mögliche Beanspruchung und berechnen Sie deren Größe.

Aufgabe 12.7

Die Abbildung zeigt einen beidseitig verschlossenen, dünnwandigen Hochdruckbehälter aus der unlegierten Vergütungsstahlsorte C45E (E = 210000 N/mm^2, μ = 0,30). Der Außendurchmesser des Druckbehälters beträgt d_a = 160 mm und die Wandstärke s = 10 mm. An der markierten Stelle ("X") des Druckbehälters wird eine 0°-45°-90° DMS-Rosette appliziert. Der Behälter wird auf unterschiedliche Weise beansprucht.

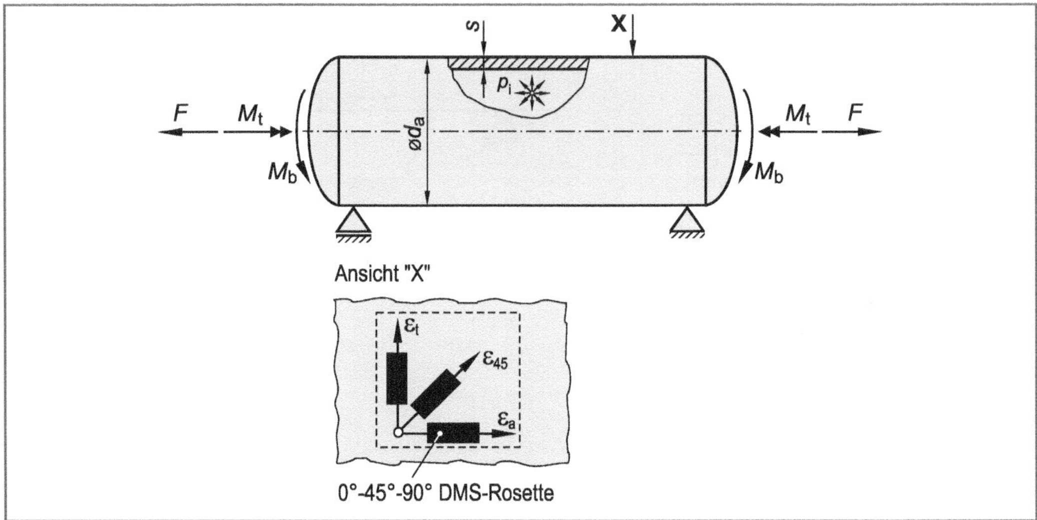

Bei einem ersten Versuch wird der (drucklose) Behälter mit einer statischen Zugkraft von F = 500 kN belastet.

a) Ermitteln Sie die Dehnungen in Axial-, Tangential- und in 45°-Richtung.

b) Zeichnen Sie für die Beanspruchung durch die Zugkraft F den Mohr'schen Spannungskreis sowie den Mohr'schen Verformungskreis.

Bei einem zweiten Versuch wird der Hochdruckbehälter mit einem statischen Innendruck von p_i = 15 MPa beaufschlagt.

c) Ermitteln Sie die Dehnungen in Axial-, Tangential- und in 45°-Richtung.

d) Zeichnen Sie für die Beanspruchung durch den Innendruck p_i den Mohr'schen Spannungskreis sowie den Mohr'schen Verformungskreis.

Bei einem dritten Versuch wird der Behälter mit einem statisch wirkenden Biegemoment von M_b = 13500 Nm belastet.

e) Ermitteln Sie die Dehnungen in Axial-, Tangential- und in 45°-Richtung.

f) Zeichnen Sie für die Beanspruchung durch das Biegemoment M_b den Mohr'schen Spannungskreis sowie den Mohr'schen Verformungskreis.

Bei einem vierten Versuch wird der Behälter schließlich mit einem statischen Torsionsmoment von M_t = 15000 Nm belastet.

g) Ermitteln Sie die Dehnungen in Axial-, Tangential- und in 45°-Richtung.

h) Zeichnen Sie für die Beanspruchung durch das Torsionsmoment M_t den Mohr'schen Spannungskreis sowie den Mohr'schen Verformungskreis.

Aufgabe 12.8 ○●●●●

Am Umfang eines dünnwandigen, beidseitig verschlossenen Hohlzylinders aus Werkstoff 34CrNiMo6 wurden an vier jeweils um 90° zueinander versetzten Stellen Dehnungsmessstreifen in gleicher Weise appliziert (siehe Abbildung). Der Hohlzylinder wird durch den Innendruck p_i, das Biegemoment M_b und das Torsionsmoment M_t statisch beansprucht.

Messstelle	1	2 und 4	3
ε_a [‰]	0,449	0,146	-0,156
ε_t [‰]	0,531	0,622	0,713
ε_{45} [‰]	0,785	0,679	0,573

Werkstoffkennwerte 34CrNiMo6:

R_e = 270 N/mm^2

R_m = 420 N/mm^2

E = 205000 N/mm^2

μ = 0,30

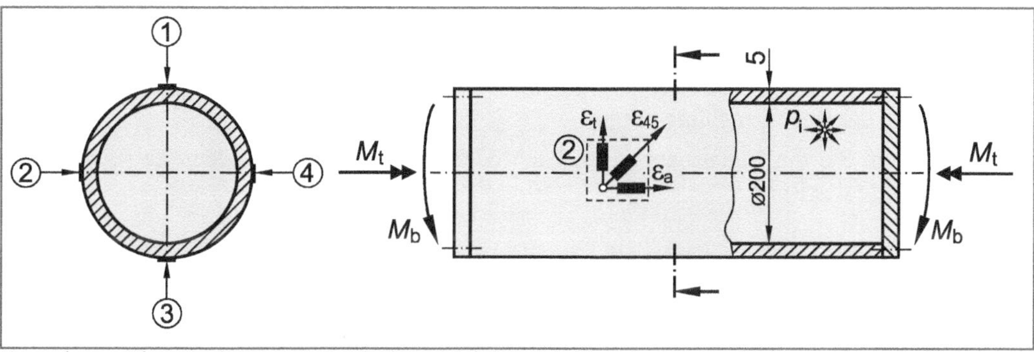

Berechnen Sie aus den Messergebnissen (siehe Tabelle) den Innendruck p_i, das Biegemoment M_b und das Torsionsmoment M_t.

Aufgabe 12.9 ○●●●●

Ein dickwandiges, an beiden Enden verschlossenes Rohrstück aus dem niedrig legierten Vergütungsstahl 20MnMoNi5-5 wird durch einen statischen Innendruck beansprucht.

Zur Überwachung des Innendrucks sind auf der Außenoberfläche des Rohres zwei Dehnungsmessstreifen in der dargestellten Weise appliziert worden (siehe Abbildung).

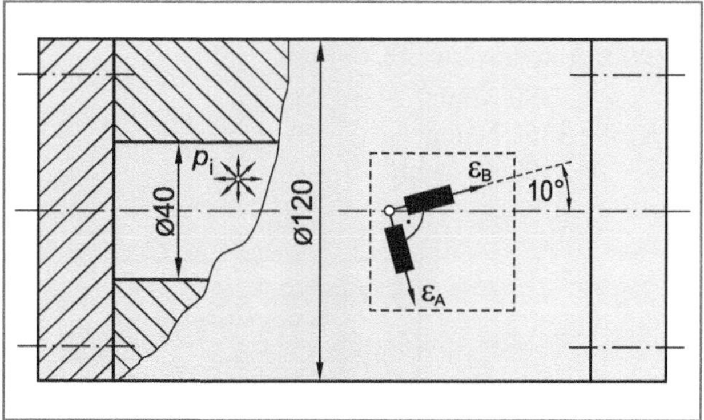

Werkstoffkennwerte 20MnMoNi5-5:

$R_{p0,2}$ = 340 N/mm²
R_m = 650 N/mm²
E = 210000 N/mm²
μ = 0,30

a) Berechnen Sie den statisch wirkenden Innendruck, falls an der Außenoberfläche die Dehnungen ε_A = 0,158 ‰ und ε_B = 0,042 ‰ gemessen werden. Bestimmen Sie außerdem die Hauptnormalspannungen sowie die Hauptspannungsrichtungen. Das Rohrstück kann zunächst als elastisch beansprucht angesehen werden.

b) Ermitteln Sie den Innendruck p_{iFB} bei Fließbeginn des Rohres.

c) Um das Rohr höher auszunutzen, wird ein plastischer Bereich bis zum Radius c = 30 mm zugelassen. Berechnen Sie den nunmehr zulässigen Innendruck p_{ic}. Es kann ein linear-elastisch ideal-plastisches Werkstoffverhalten angenommen werden.

d) Ermitteln Sie die Messwerte der Dehnungsmessstreifen an der Außenoberfläche (ε^*_A und ε^*_B) sofern der Innendruck p_{ic} aus Aufgabenteil c) wirkt.

e) Skizzieren Sie mit Hilfe der Spannungswerte am Innenrand, am Radius c und am Außenrand, maßstäblich den Verlauf der Tangential-, Axial- und Radialspannung über der Wanddicke bei der Beanspruchung mit p_{ic}.

f) Berechnen Sie die Eigenspannungen nach dem Entlasten an der Innenseite sowie an der Außenseite des Rohres.

Aufgabe 12.10 

Ein dickwandiger Druckbehälter aus Werkstoff 30CrNiMo8 wird durch einen unbekannten statischen Innendruck p_i und ein unbekanntes statisches Torsionsmoment M_t belastet. Zur Ermittlung der Belastung wird eine 0°-45°-90° DMS-Rosette unter 45° zur Rohrachse appliziert (siehe Abbildung). Nach dem Aufbringen der Belastung (p_i und M_t) werden die folgenden Dehnungen ermittelt:

DMS A: ε_A = 0,1496 ‰
DMS B: ε_B = 1,1657 ‰
DMS C: ε_C = 1,2904 ‰

Werkstoffkennwerte 30CrNiMo8:

$R_{p0,2}$ = 980 N/mm²
R_m = 1450 N/mm²
E = 210000 N/mm²
μ = 0,30

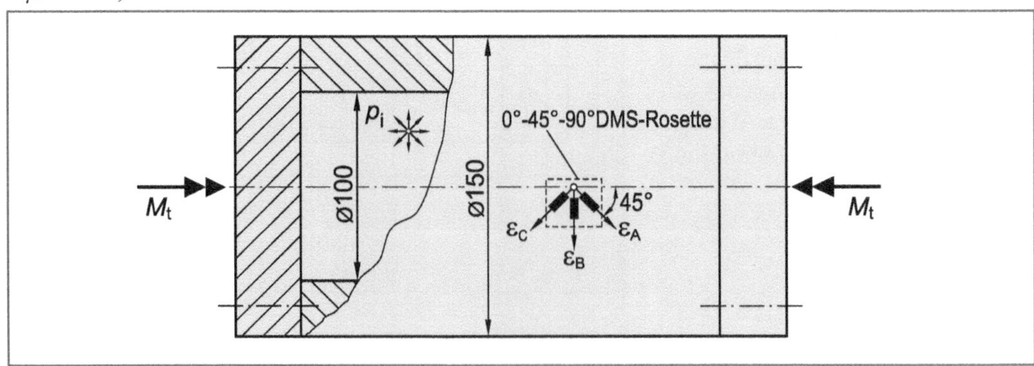

a) Berechnen Sie aus den experimentell ermittelten Dehnungen den Innendruck p_i und das Torsionsmoment M_t unter der Voraussetzung eines elastisch beanspruchten Druckbehälters.

b) Überprüfen Sie, unter Zugrundelegung der Gestaltänderungsenergiehypothese, ob bei der Belastung gemäß Aufgabenteil a), der Behälter überhaupt noch vollelastisch beansprucht war. Führen Sie den Nachweis für die Innen- und die Außenoberfläche des Rohres durch.

Der Druckbehälter wird in einer zweiten Versuchsreihe nur noch durch einen statisch wirkenden Innendruck p_i beaufschlagt. Das Torsionsmoment M_t wirkt nicht mehr ($M_t = 0$).

c) Ermitteln Sie den Innendruck $p_{i\,FB}$ der zum Fließen des Druckbehälters führt. Verwenden Sie für Ihre Berechnung die Gestaltänderungsenergiehypothese.

d) Bestimmen Sie den Innendruck p_{ic} der erforderlich ist, um den inneren Teil der Behälterwand bis in eine Tiefe von 10 mm (c = 60 mm) zu plastifizieren. Es kann ein linear-elastisches ideal-plastisches Werkstoffverhalten angenommen werden.

e) Bestimmen Sie für den Innendruck p_{ic} (siehe Aufgabenteil d) die Dehnungsanzeigen von DMS A, DMS B und DMS C.

Aufgabe 12.11 ○○●●●

Ein Druckbehälter mit d_i = 600 mm und s = 12 mm aus dem legierten Vergütungsstahl 50CrMo4 wird im Betrieb durch den statisch wirkenden Innendruck p_i = 20 MPa sowie durch die statisch wirkenden Kräfte F_1 = 900 kN und F_2 = 1500 kN belastet.

Im Rahmen einer experimentellen Spannungsanalyse werden vier Dehnungsmessstreifen appliziert. Die Messebenen von DMS B und DMS C fallen hierbei mit der neutralen Faser zusammen (siehe Abbildung).

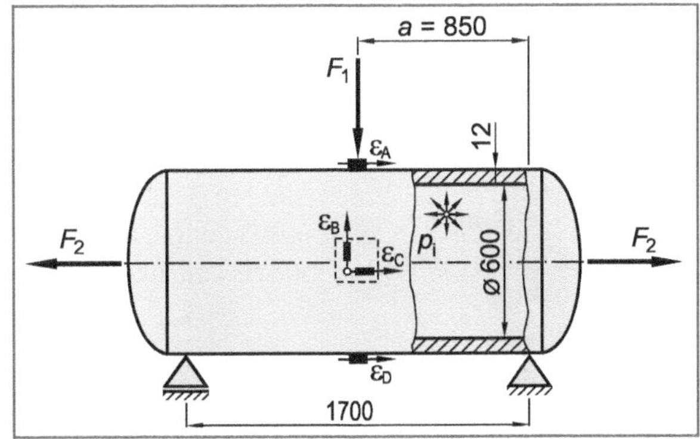

Werkstoffkennwerte 50CrMo4:

$R_{p0,2}$ = 870 N/mm^2
R_m = 1080 N/mm^2
E = 210000 N/mm^2
μ = 0,30

a) Berechnen Sie die Dehnungsanzeigen der vier Dehnungsmessstreifen, falls der Druckbehälter durch den Innendruck p_i sowie durch die Kräfte F_1 und F_2 beansprucht wird. Schubspannungen durch Querkräfte sollen vernachlässigt werden.

b) Berechnen Sie, unter Verwendung der Schubspannungshypothese, die Sicherheit gegen Fließen an der höchst beanspruchten Stelle der Außenoberfläche. Ist die Sicherheit ausreichend?

Hinweis: Versuchen Sie, zur weiteren Übung, aus den in Aufgabenteil a) errechneten Dehnungen die Kräfte F_1 und F_2 sowie den Innendruck p_i zu berechnen.

Aufgabe 12.12

Zur Ermittlung des unbekannten Innendrucks p_i werden an einem dünnwandigen Hochdruckbehälter (d_i = 450 mm; s = 15 mm) aus Werkstoff P355GH zwei Dehnungsmessstreifen appliziert (siehe Abbildung).

Ermitteln Sie den statisch wirkenden Innendruck p_i für die folgenden Dehnungswerte:

DMS A: ε_A = 0,1972 ‰
DMS B: ε_B = 0,5528 ‰

Werkstoffkennwerte P355GH:

$R_{p0,2}$ = 400 N/mm²
R_m = 630 N/mm²
E = 210000 N/mm²
μ = 0,30

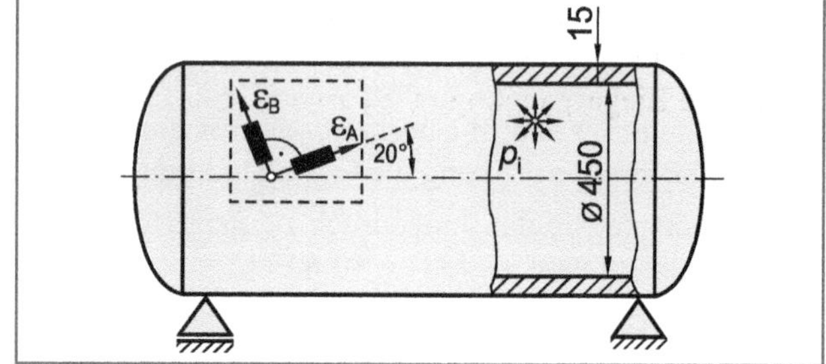

Aufgabe 12.13

Ein Druckbehälter aus Werkstoff 16Mo3 (d_i = 300 mm; s = 15 mm) wird durch einen unbekannten Innendruck p_i und ein zusätzliches, unbekanntes Torsionsmoment M_t beansprucht.

Ermitteln Sie den Innendruck p_i sowie den Betrag und die Wirkungsrichtung des Torsionsmomentes M_t, falls die auf der Behälteroberfläche applizierte DMS-Rosette (siehe Abbildung) die folgenden Messwerte liefert:

ε_A = 0,2011 ‰
ε_B = 0,5715 ‰
ε_C = 0,3989 ‰

Werkstoffkennwerte 16Mo3:

$R_{p0,2}$ = 275 N/mm²
R_m = 510 N/mm²
E = 210000 N/mm²
μ = 0,30

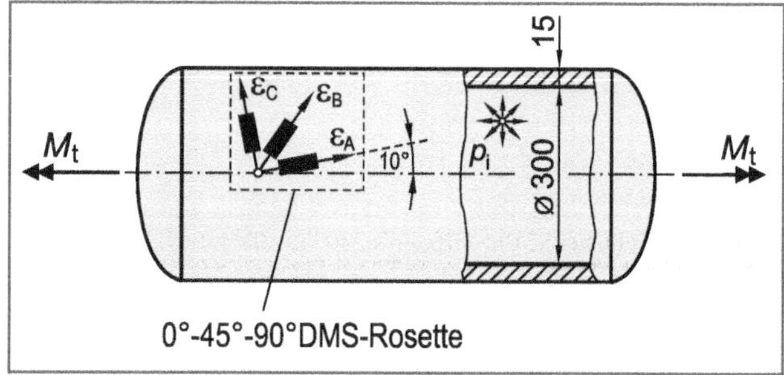

Aufgabe 12.14

Für den Teleskopzylinder einer Aufzugsanlage soll ein Festigkeitsnachweis für die Stellen 1 bis 4 (siehe Abbildung) erbracht werden.

Der Teleskopzylinder besteht im Wesentlichen aus zwei ineinander geführten Stahlrohren aus Werkstoff 42CrMo4 (d_{i1} = 60 mm; s_1 = 5 mm; d_{i2} = 80 mm). Reibung sowie radiale Druckkräfte im Bereich der Dichtstellen können vernachlässigt werden. Außerdem soll das Eigengewicht vernachlässigt werden.

Werkstoffkennwerte 42CrMo4:

$R_{p0,2}$ = 780 N/mm²
R_m = 1090 N/mm²
E = 208000 N/mm²
μ = 0,30

a) Berechnen Sie den erforderlichen Innendruck p_i, um die Last $F = 150$ kN in einer Höhe von $h = 500$ mm im Gleichgewicht zu halten.

b) Ermitteln Sie unter Verwendung der Schubspannungshypothese die Sicherheit gegen Fließen (S_F) in der Zylinderwand an der Stelle 1 für den Innendruck p_i (siehe Aufgabenteil a). Ist die Sicherheit ausreichend, falls $S_F \geq 1{,}5$ gefordert wird?

c) Dimensionieren Sie für den in Aufgabenteil a) errechneten Innendruck p_i, die Dicke s_2 der äußeren Zylinderwand so, dass die Sicherheit gegen Fließen an der Stelle 4 der Sicherheit gegen Fließen an der Stelle 1 entspricht.

d) Ermitteln Sie für den in Aufgabenteil a) errechneten Innendruck p_i und die in Aufgabenteil c) berechnete Wanddicke s_2 die Sicherheit gegen Versagen an der Stelle 3 des äußeren Zylinders.

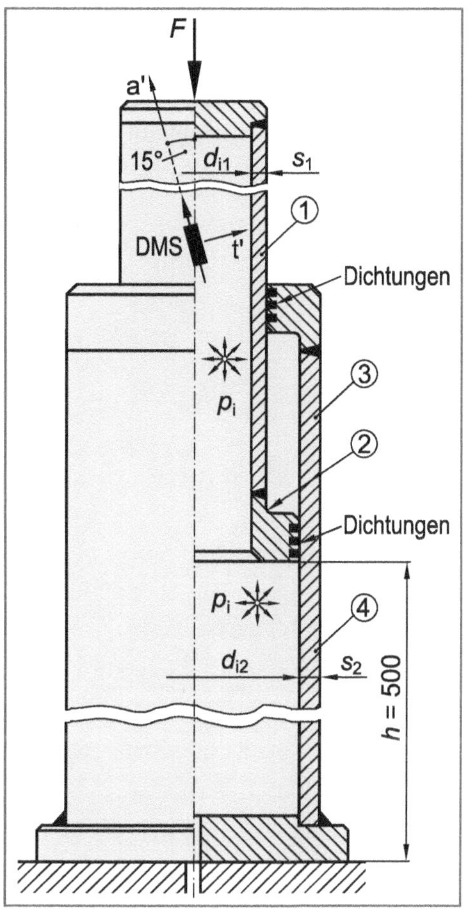

Zur Kontrolle des Innendrucks wird auf der Außenoberfläche des inneren Zylinders ein Dehnungsmessstreifen (DMS) appliziert. Durch eine Montageungenauigkeit schließt der DMS mit der Zylinderlängsachse einen Winkel von $\alpha = 15°$ ein (siehe Abbildung).

e) Berechnen Sie den Messwert des Dehnungsmessstreifens für den Innendruck p_i aus Aufgabenteil a).

Der maximale Innendruck wird durch ein Überdruckventil auf $p_{max} = 40$ MPa begrenzt. Die Wanddicke des äußeren Zylinders wird zu $s_2 = 6$ mm gewählt.

f) Berechnen Sie für den Innendruck $p_{max} = 40$ MPa und eine Last von $F = 150$ kN die Sicherheiten gegen Fließen an den Stellen 1 und 4. Sind die Sicherheiten ausreichend, falls $S_F \geq 1{,}50$ gefordert wird?

   Hinweis: Berücksichtigen Sie bei der Berechnung der Sicherheiten gegen Fließen die neue Position des inneren Zylinders und die mögliche Auswirkung auf die Spannungskomponenten.

Für den Radius an der Stelle 2 kann eine Formzahl von $\alpha_k = 2{,}25$ angenommen werden, die sich außerdem nur auf die Axialspannung überhöhend auswirken soll.

g) Überprüfen Sie, ob für den Innendruck $p_{max} = 40$ MPa an der Kerbstelle 2 noch eine ausreichende Sicherheit gegen Fließen gegeben ist.

Aufgabe 12.15 

Weisen Sie rechnerisch für die Außenoberfläche eines dünnwandigen Druckbehälters aus einem duktilen Werkstoff (Streckgrenze R_e) unter Innendruck nach, dass Fließen erst eintritt, falls die Tangentialspannung das 1,155-fache der Streckgrenze des Behälterwerkstoffs erreicht.

13 Werkstoffermüdung und Schwingfestigkeit

In den vorangegangenen Kapiteln wurde ausschließlich eine statische (ruhende) Beanspruchung zugrunde gelegt. Die äußere Belastung wird einmal aufgebracht und wirkt dann mit konstanter, zeitlich unveränderlicher Größe.

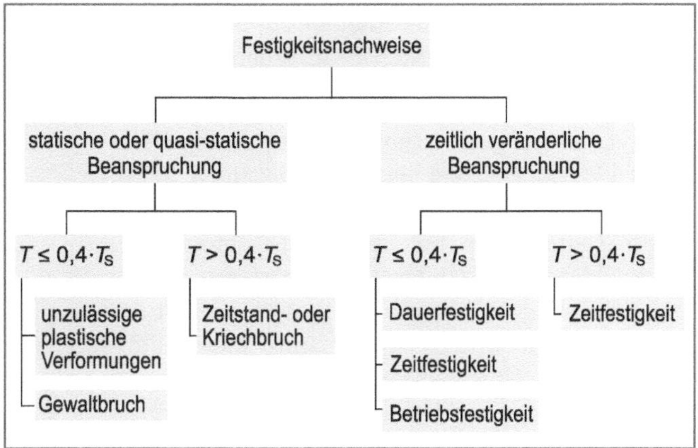

Bild 13.1 Festigkeitsnachweise für metallische Werkstoffe in Abhängigkeit von Beanspruchungsart und Temperatur

Während bei statischer oder quasi-statischer Beanspruchung und Temperaturen (T) die etwa 40% der absoluten Schmelztemperatur (T_S) des Werkstoffs nicht überschreiten, ein Festigkeitsnachweis gegen unzulässige plastische Verformungen oder Gewaltbruch erfolgt, muss bei zeitlich veränderlicher Beanspruchung ein Nachweis der Dauer-, Zeit- oder Betriebsfestigkeit geführt werden (Bild 13.1).

Die Mehrzahl der technischen Bauteile unterliegt im Betrieb einer zeitlich veränderlichen Beanspruchung. Eine derartige Schwingbeanspruchung kann entstehen durch:

- Umlaufbiegung rotierender Wellen,
- Vibrationen, insbesondere in oder in der Nähe der Resonanzfrequenz,
- An- und Abfahrvorgänge von Maschinen und Anlagen,
- Straßenunebenheiten bei Fahrzeugen,
- Seegang bei Schiffen und Off-Shore-Strukturen,
- Turbulenzen, Start- und Landevorgänge bei Flugzeugen.

Häufig beobachtet man eine statische Grundbeanspruchung, der sich eine zeitlich veränderliche Beanspruchung überlagert. Die Frequenz einer solchen Schwingbeanspruchung kann sich dabei von einer Schwingung pro Tag (z. B. Temperaturschwankungen) bis in den kHz-Bereich (z. B. Resonanzschwingungen) erstrecken (Bild 13.2).

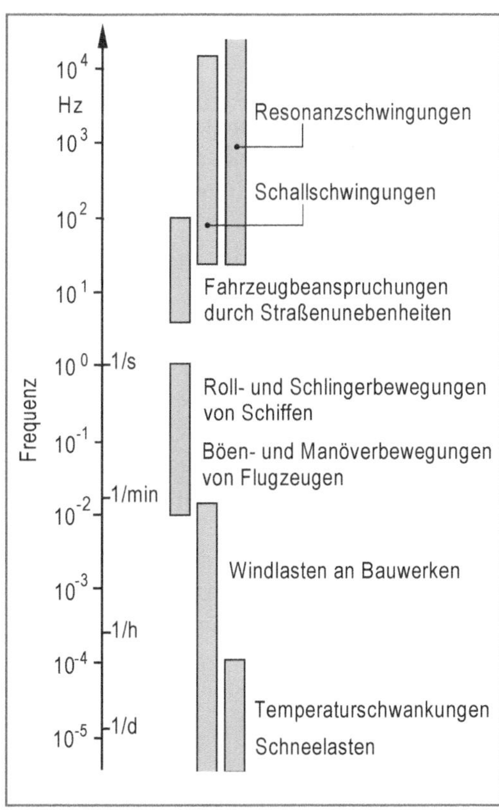

Bild 13.2 Frequenzbereiche Schwingbruch gefährdeter Maschinenteile und Bauwerke (nach Jacoby)

Die Erfahrung zeigt, dass Bauteile unter schwingender Beanspruchung bereits bei weitaus geringeren Belastungen als der im (quasi-)statischen Zugversuch ermittelten Zugfestigkeit zu Bruch gehen können. Man spricht dann von einem **Ermüdungsbruch**. Werkstoffkennwerte, die mit statischen Prüfverfahren ermittelt wurden, dürfen daher keinesfalls zur Dimensionierung zeitlich veränderlich beanspruchter Bauteile herangezogen werden. Ein Nachweis der Dauer-, Zeit- oder Betriebsfestigkeit muss in diesem Fall separat geführt werden.

Den beschriebenen Sachverhalt veranschaulicht Bild 13.3 am Beispiel eines Bauteils aus S235JR. Während die vom Hersteller angegebene statische Zugfestigkeit bei etwa 340 N/mm² liegt, muss bei schwingender Beanspruchung bereits bei Spannungen oberhalb der Dauerfestigkeit des Bauteils von etwa 60 N/mm² nach einer endlichen Schwingspielzahl mit einem Bruch gerechnet werden. Die auf Dauer ohne Versagen ertragbare Nennspannung liegt damit deutlich unter der statischen Festigkeit!

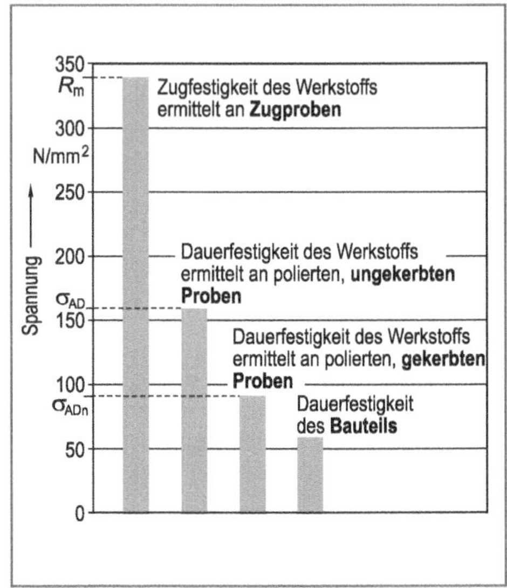

Bild 13.3 Bruchnennspannungen am Beispiel eines Bauteils aus S235JR

Im Gegensatz zu einem Gewaltbruch, der bei einer einmaligen Überbeanspruchung auftreten kann, ist es für den Schwingbruch kennzeichnend, dass er im Laufe der Zeit unter zeitlich veränderlicher Betriebsbeanspruchung entsteht. Die Zeit, die das Bauteil unter Einwirkung der Schwingungsbeanspruchung bis zum Bruch erträgt, wird als **Lebensdauer** bezeichnet.

13.1 Schadensfälle infolge Werkstoffermüdung

Mehr als ein Drittel aller bekannten Werkstoffschäden können auf Materialermüdung zurückgeführt werden (Bild 13.4). Die ersten durch Werkstoffermüdung verursachten Schäden an Eisenbahnachsen wurden bereits Mitte des 19. Jahrhunderts beschrieben. Bis heute ereignete sich eine Vielzahl ermüdungsbedingter Schäden mit zum Teil katastrophalem Ausmaß (Tabelle 13.1).

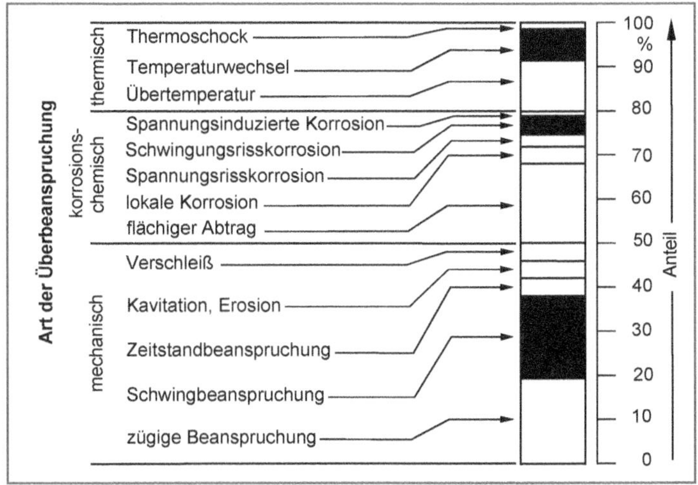

Bild 13.4 Ergebnis einer statistischen Auswertung von 1002 Schadensfällen nach [10]. Versagensfälle infolge Werkstoffermüdung sind schwarz gekennzeichnet

Tabelle 13.1 Beispiele für teilweise katastrophale Schadensfälle infolge Materialermüdung

Datum	Schadensfall	Ursache
1842	Zugunglück auf der Versailler Bahn.	Ermüdungsbruch an den Achsen.
1927	Auf der Fahrt nach USA fallen am Luftschiff LZ 127 ("Graf Zeppelin") innerhalb von nur wenigen Stunden vier der fünf Motoren aus. Nur durch den fünften, noch intakten Motor gelingt es, Luftschiff und Passagiere zu retten.	Torsionsschwingungen führen zu Schwingbrüchen an den Kurbelwellen.
10.01.1954 08.04.1954	Absturz zweier Passagierflugzeuge des Typs „De Havilland Comet“ aus großer Höhe bereits nach kurzer Betriebszeit.	Aufreissen des Rumpfes ausgehend von einem Ermüdungsriss u. a. an einer Fensteröffnung.
27.03.1980	Kentern der halbtauchenden Bohrplattform „Alexander L. Kielland“.	Ermüdungsbruch einer Rohrstrebe zwischen den Pontonsäulen ausgehend von einem eingeschweißten Hydrophonstutzen.
4.10.1992	Absturz eines voll betankten Großraumfrachtflugzeuges vom Typ Boeing 747-200 in einen Wohnblock in Amsterdam kurz nach dem Start.	Ermüdungsbruch an einem Bolzen der Triebwerkaufhängung. Durch das Abreißen zweier Triebwerke wurde der Flügel beschädigt, sodass die Steuerbarkeit verloren ging. Der Ermüdungsriss mit einer Tiefe von etwa 3,5 mm wurde wahrscheinlich bei der Inspektion übersehen.
03.06.1998	ICE Unglück bei Eschede.	Ermüdungsbruch an einem Radreifen.

13.2 Mechanismen der Entstehung eines Ermüdungsrisses

Die Entstehung eines Ermüdungsrisses kann in die Phasen der Risseinleitung, des stabilen Risswachstums und des instabilen Rissfortschritts, der schließlich zum Restgewaltbruch führt, unterteilt werden (Bild 13.5).

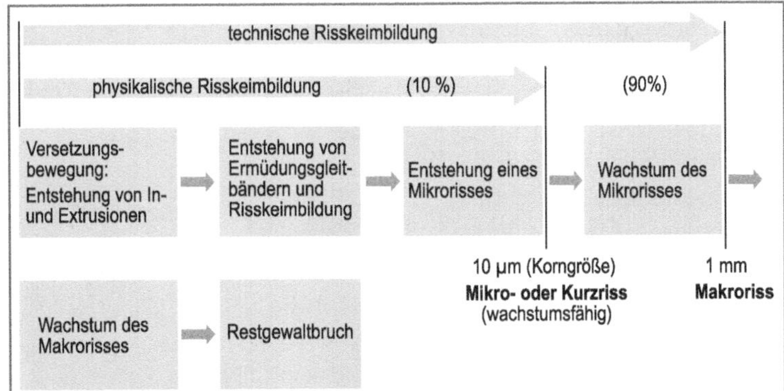

Bild 13.5 Phasen der Entstehung eines Ermüdungsrisses

Risseinleitung

Überschreiten die mechanischen Spannungen im Innern eines Bauteils die Proportionalitätsgrenze, dann treten im Werkstoff plastische Verformungen auf (Kapitel 2.1.2.3). Auch relativ niedrige Beanspruchungen, die makroskopisch lediglich eine elastische Verformung des Bauteils hervorrufen würden, können im Mikrobereich irreversible Abgleitungen durch Versetzungsbewegungen auslösen und dabei zu plastischen Verformungen führen.

Versetzungen können an der Bauteiloberfläche austreten und dort z. B. während der ersten Zugphase eine Gleitstufe erzeugen. Bei der Umkehrung der Belastungsrichtung werden in diesem Bereich erneut Versetzungen aktiviert, die in der Regel jedoch auf parallelen Ebenen abgleiten. Auf diese Weise bilden sich mit zunehmender Schwingspielzahl an der Proben- oder Bauteiloberfläche zunächst **Extrusionen** und **Intrusionen** (Bild 13.6).

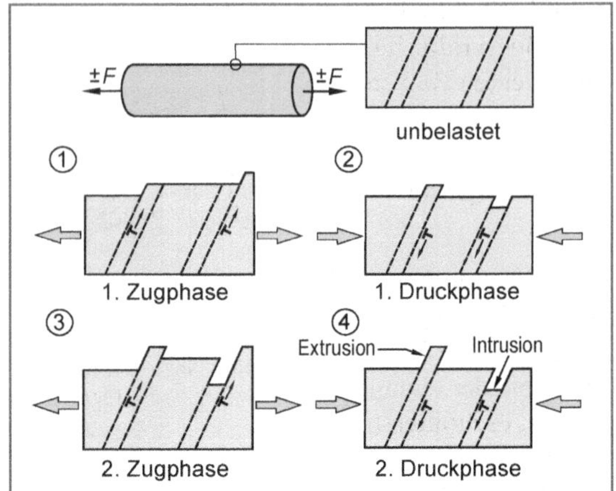

Bild 13.6 Entstehung von Extrusionen und Intrusionen bei Schwingbeanspruchung

Mit steigender Schwingspielzahl bilden sich aus diesen Extrusionen bzw. Intrusionen in Richtung der maximalen Schubspannung **Ermüdungsgleitbänder** (Bild 13.7), die nach einer ausreichend hohen Schwingspielzahl Risskeime, also Ausgangspunkte für eine Rissentstehung darstellen. Aus den Risskeimen entsteht ein wachstumsfähiger **Mikroriss** (**Kurzriss**), sobald die Risslänge etwa der Korngröße entspricht (Bild 13.8). Man spricht von **physikalischer Risskeimbildung**.

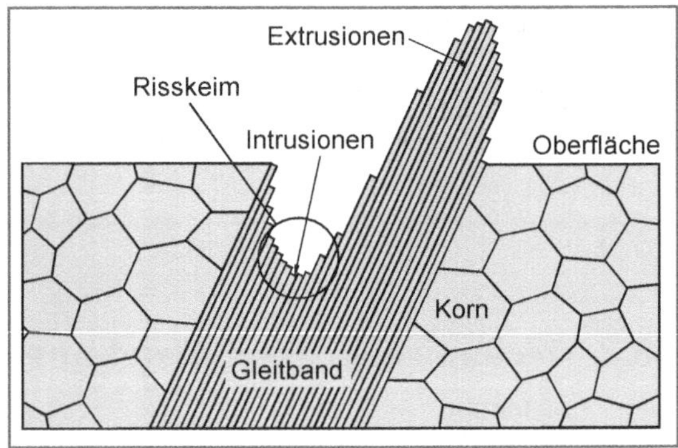

Bild 13.7 Entstehung von Ermüdungsgleitbändern und Risskeimbildung

Ermüdungsgleitbänder entstehen bevorzugt an Stellen örtlicher Spannungsüberhöhung wie Formkerben, Einschlüssen, Hohlräumen oder bereits vorhandenen Rissen (z. B. Aufhärtungsrisse beim Schweißen). Aus diesen Gründen gehen Ermüdungsrisse in der Regel von der Oberfläche aus. Allerdings können auch nichtmetallische Einschlüsse (z. B. Mangansulfide), Ausscheidungen oder Korngrenzen Ausgangspunkte einer Ermüdungsrissbildung darstellen. In diesem Fall können Risse auch unterhalb der Oberfläche entstehen.

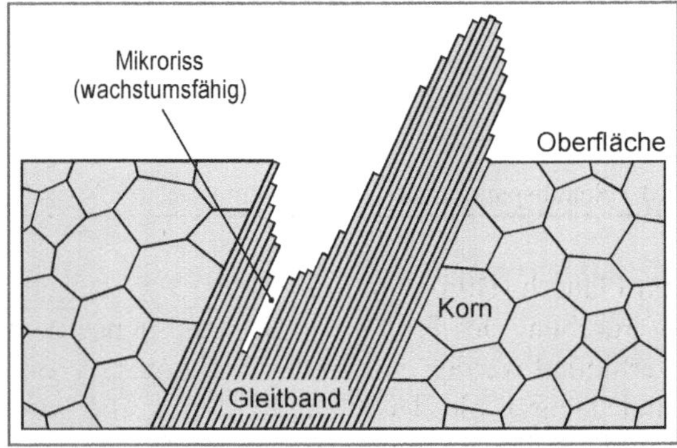

Bild 13.8 Entstehung eines wachstumsfähigen Mikrorisses (Kurzriss). Voraussetzung: Risslänge ≥ Korngröße

Stabiles Risswachstum

Im Anschluss an die physikalische Risskeimbildung breiten sich die Ermüdungsrisse zunächst entlang der Gleitebene aus, bis sie auf ein Hindernis, in der Regel eine Korngrenze, stoßen. Dann erfolgt die Rissausbreitung senkrecht zur größten Normalspannung. In dieser Phase schreitet der Riss bei jedem Lastwechsel um einen bestimmten Betrag voran (stabiles Risswachstum), Bild 13.9.

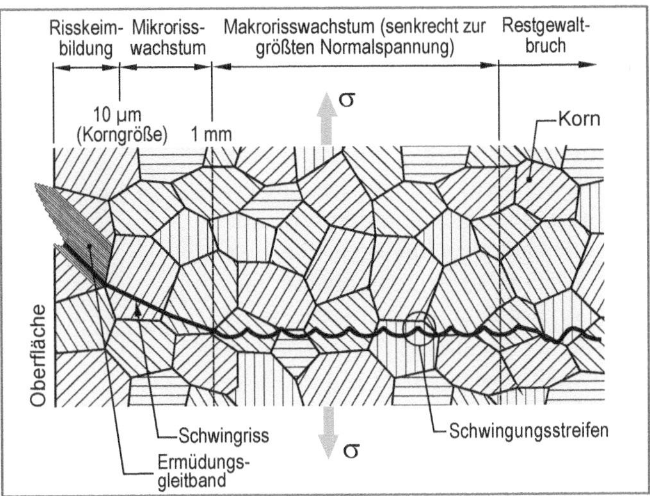

Bild 13.9 Stabiles Risswachstum und Restgewaltbruch

Von **technischer Risskeimbildung** spricht man, sobald die Risslänge eine Größe von etwa 1 mm erreicht hat (**Makroriss**). Ein Riss dieser Größenordnung kann in der Regel mit Hilfe betrieblich anwendbarer Inspektionsverfahren wie z. B. Eindringprüfung oder Ultraschallprüfung vor Ort nachgewiesen werden.

Der Makroriss breitet sich aus, bis die verbleibende Querschnittsfläche die Beanspruchung nicht mehr aufnehmen kann und schließlich ein Restgewaltbruch eintritt.

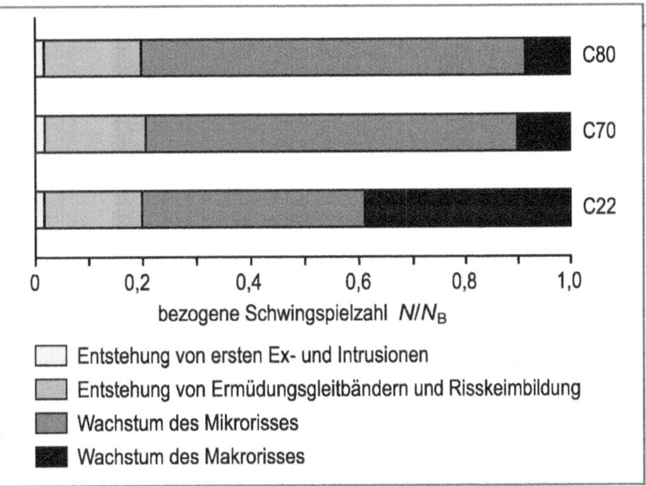

Bild 13.10 Zeitliche Anteile der einzelnen Phasen der Werkstoffermüdung bis zum Ermüdungsbruch (N_B = Anzahl der Lastwechsel bis zum Bruch)

Mit Hilfe experimenteller Untersuchungen an ungekerbten Proben konnte nachgewiesen werden, dass etwa 10% der Zeitdauer bis zum Erreichen eines technischen Anrisses von 1 mm Tiefe, der Entstehung eines Mikrorisses (physikalische Risskeimbildung) und etwa 90% dem Wachstum des Mikrorisses zugeordnet werden können (Bild 13.5).

Betrachtet man die Zeitspannen bis zum Ermüdungsbruch, dann entfallen etwa 60% bis 90% der Lebensdauer auf das Wachstum des Mikrorisses, während die Zeitdauer für das Wachstum des Makrorisses (Risslänge > 1 mm) nur noch einen relativ geringen Anteil an der gesamten Lebensdauer einnimmt (Bild 13.10). Diese Beobachtung ist insofern von Bedeutung, als ein bereits vorhandener Riss, wie er zum Beispiel beim Schweißen entstehen kann (z. B. Aufhärtungsriss), die Lebensdauer eines Bauteils erheblich reduziert.

13.3 Ermüdungsbruchflächen

Ein Ermüdungsriss breitet sich in der Regel transkristallin (also durch das Korn hindurch) aus. Der Rissfortschritt erfolgt allerdings nicht in einer Ebene, sondern aufgrund des vielkristallinen Gefüges entlang von parallel verlaufenden **Bruchbahnen**. Bei mikroskopischer Betrachtung erkennt man auf der Ermüdungsbruchfläche feine, parallel zueinander verlaufende **Schwingungsstreifen** (Bild 13.11).

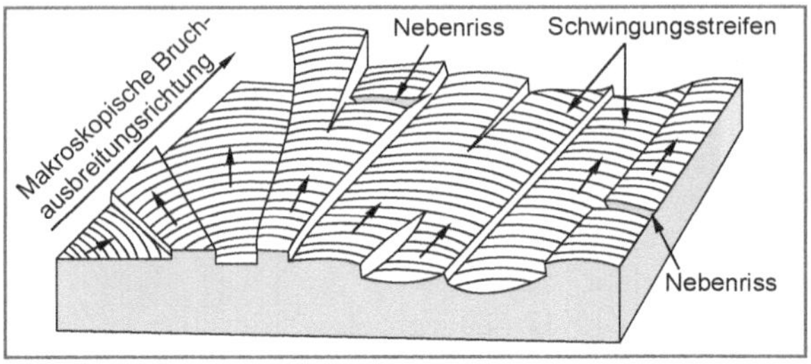

Bild 13.11 Ermüdungsbruchfläche

Anhand dieser typischen Strukturmerkmale können Ermüdungsbrüche in der Regel eindeutig identifiziert werden.

Bild 13.12 zeigt den Entstehungsmechanismus von Schwingungsstreifen. Während der Belastungsphase tritt eine Plastifizierung des Rissspitzenbereiches und damit eine Abstumpfung der Rissspitze ein (Teilbild 3 in Bild 13.12). Der Riss erweitert sich in Richtung der maximalen Schubspannungen (τ_{max}), sodass sich beidseitig zwei Rissspitzen ausbilden (Teilbild 4 in Bild 13.12). Bei der anschließenden Entlastung werden die beiden Rissspitzen zusammengefaltet, sodass sich die typische wellenartige Bruchfläche (Bild 13.11) ausbildet.

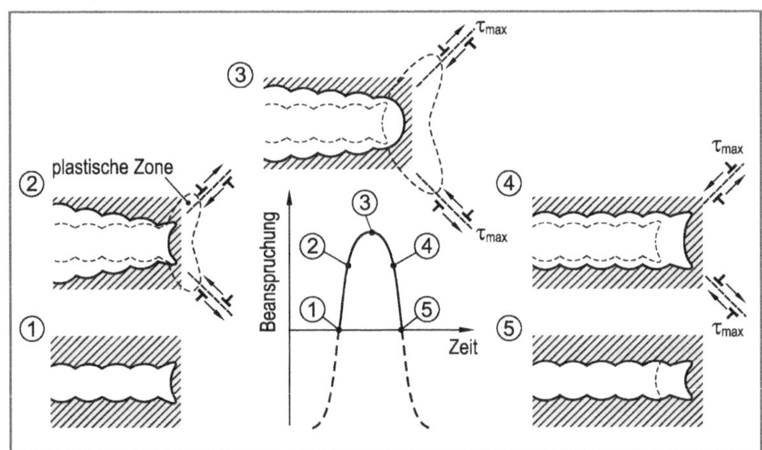

Bild 13.12 Entstehungsmechanismus für Schwingungsstreifen

13.4 Begriffsdefinitionen

Für die nachfolgenden Ausführungen ist es sinnvoll, zwischen den Begriffen Ermüdungs-, Schwing- und Betriebsfestigkeit zu unterscheiden. Von **Schwingfestigkeit** soll gesprochen werden, falls es sich um einen periodisch veränderlichen Beanspruchungs-Zeit-Verlauf handelt (z. B. eine sinusförmige Funktion). Der Begriff **Betriebsfestigkeit** soll hingegen verwendet werden, falls eine zeitlich veränderliche Beanspruchung zugrunde liegt. **Ermüdungsfestigkeit** findet als Überbegriff Anwendung (Bild 13.13).

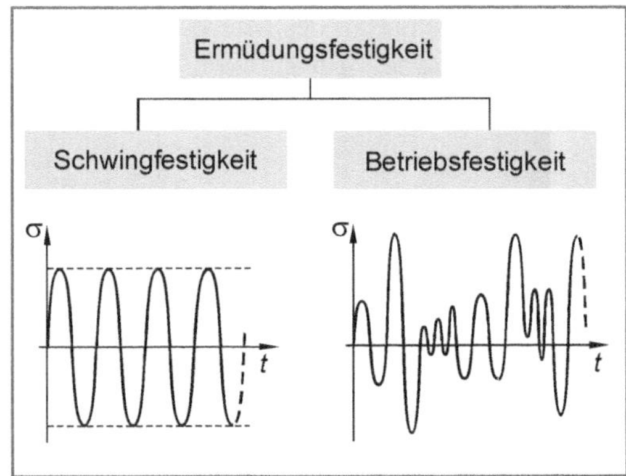

Bild 13.13 Ermüdungs-, Schwing- und Betriebsfestigkeit

Der zeitliche Verlauf einer sinusförmigen Schwingbeanspruchung wird üblicherweise festgelegt durch die **Mittelspannung σ_m** und die **Spannungsamplitude σ_a**. Die höchste Spannung wird als **Oberspannung σ_o**, die niedrigste Spannung als **Unterspannung σ_u** bezeichnet. Alternativ können auch die mittlere Dehnung ε_m und die Dehnungsamplitude ε_a zur Begriffsbestimmung herangezogen werden.

Es gelten die Beziehungen (Bild 13.14):

$$\sigma_m = \frac{\sigma_o + \sigma_u}{2}$$ **Mittelspannung** (13.1)

$$\sigma_a = \frac{\sigma_o - \sigma_u}{2}$$ **Spannungsamplitude** (13.2)

Anstelle der Spannungsamplitude σ_a wird alternativ auch die **Schwingbreite $\Delta\sigma$** verwendet, wobei gilt:

$$\Delta\sigma = \sigma_o - \sigma_u = 2 \cdot \sigma_a \qquad (13.3)$$

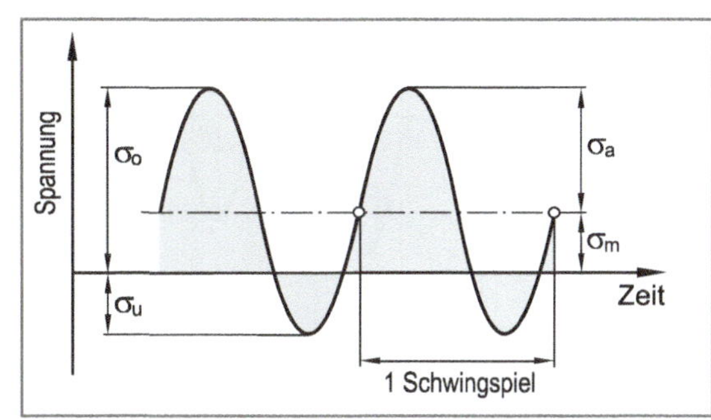

Bild 13.14 Begriffsfestlegungen nach DIN 50 100

Den Quotienten aus Unter- und Oberspannung nennt man **Spannungsverhältnis *R***:

$$R = \frac{\sigma_u}{\sigma_o}$$ **Definition des Spannungsverhältnisses** (13.4)

Zwischen dem Spannungsverhältnis R, der Spannungsamplitude σ_a und der Mittelspannung σ_m besteht der Zusammenhang:

$$\sigma_a = \frac{1-R}{1+R} \cdot \sigma_m$$ **Zusammenhang zwischen Spannungsamplitude, Mittelspannung und Spannungsverhältnis** (13.5)

Ein vollständiger Zyklus wird als **Schwingspiel** oder **Lastspiel** bezeichnet. Die Anzahl der Schwingungen in einem vorgegebenen Zeitintervall Δt nennt man **Schwingspielzahl *N*** (oder **Lastspielzahl**). Bei bekannter **Schwingungs-** oder **Schwingspielfrequenz *f*** (Bild 13.14) ergibt sich zwischen der Zeitdauer der Schwingbeanspruchung (Δt) und der Schwingspielzahl (N) der Zusammenhang:

$$N = f \cdot \Delta t$$ **Schwingspielzahl** (13.6)

Entsprechend der Lage der Mittelspannung sowie der Höhe der Spannungsamplitude bzw. dem Vorzeichen von Ober- und Unterspannung unterscheidet man die in Bild 13.15 dargestellten Beanspruchungsbereiche.

- Zug-Schwellbereich: $\sigma_o > 0$ und $\sigma_u > 0$ bzw. $0 \le R < 1$
- Wechselbereich: $\sigma_o > 0$ und $\sigma_u < 0$ bzw. $-\infty < R < 0$
- Druck-Schwellbereich: $\sigma_o < 0$ und $\sigma_u < 0$ bzw. $1 < R \le \infty$

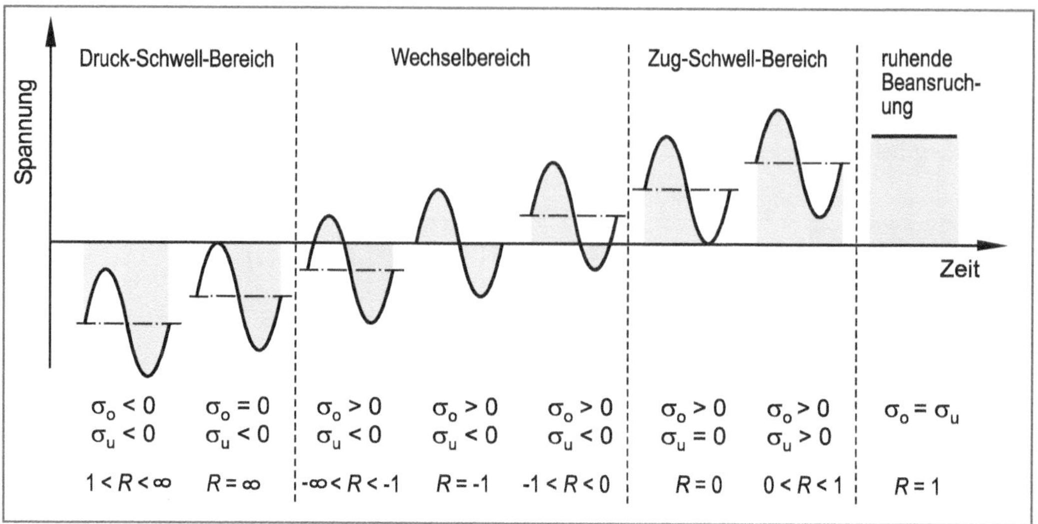

Bild 13.15 Begriffsfestlegungen nach DIN 50 100

13.5 Werkstoffverhalten und Kennwerte

Zur Beurteilung des Werkstoffverhaltens unter einstufiger Schwingbeanspruchung hat die nach ***August Wöhler*** (1819 ... 1914) benannte Wöhlerkurve (oder Wöhlerlinie) eine zentrale Bedeutung.

13.5.1 Wöhlerversuch und Wöhlerkurve

Beim **Wöhlerversuch** werden hinsichtlich Werkstoff, Geometrie und Bearbeitung gleichwertige, ungekerbte oder gekerbte Proben oder Bauteile nacheinander mit (für alle Proben) gleicher Mittelspannung σ_m und jeweils gestaffelter Spannungsamplitude σ_a solange einer meist sinusförmigen Schwingbeanspruchung unterworfen, bis ein Ermüdungsbruch eintritt. Mitunter werden Wöhlerversuche auch mit konstantem Spannungsverhältnis R und gestufter Schwingbreite $\Delta\sigma = 2\cdot\sigma_a$ durchgeführt. Üblicherweise wird eine sinusförmige Schwingbeanspruchung gewählt, jedoch werden bisweilen auch Versuche mit dreieckigem oder trapezförmigem Belastungsverlauf realisiert.

Werden die jeweiligen Spannungsamplituden σ_a bzw. die Schwingbreiten $\Delta\sigma = 2\cdot\sigma_a$ über der bis zum Bruch ertragbaren Schwingspielzahl N_B in einem Diagramm aufgetragen und eine ausreichende Anzahl von Messpunkten miteinander verbunden, dann erhält man eine Kurve, die als **Wöhlerkurve** (oder **Wöhlerlinie** bzw. **Wöhlerdiagramm**) bezeichnet wird (Bild 13.16). Bei Verwendung von bauteilähnlichen Proben oder gar von Bauteilen spricht man auch von der **Bauteil-Wöhlerkurve**. *August Wöhler* erklärte erstmals diese Zusammenhänge, nachdem sich in zunehmendem Maße Eisenbahnunglücke durch Materialfehler an Schienen, Achsen und Radreifen ereignet hatten.

Es soll an dieser Stelle vereinbart werden, dass *Beanspruchungswerte* Kleinbuchstaben als Index (z. B. σ_a, σ_o oder σ_u), *Festigkeitskennwerte* hingegen Großbuchstaben (z. B. σ_A, σ_W, σ_O oder σ_U) erhalten sollen.

Üblicherweise trägt man in der Wöhlerkurve sowohl die Schwingspielzahl als auch die Spannungsamplitude bzw. die Schwingbreite logarithmisch auf, da bei linearer Aufteilung keine sinnvolle Auflösung der Versuchsergebnisse möglich ist. Eine einfach logarithmische Auftragung (Schwingspielzahl logarithmisch, Spannungsamplitude linear) ist jedoch auch möglich.

Die Ordinatenbezeichnung der Wöhlerkurve muss näher erläutert werden. Aus Sicht der Versuchsauswertung handelt es sich bei der Wöhlerkurve um eine Grenzlinie der Bruchschwingspielzahl N_B in Abhängigkeit der Spannungsamplitude σ_a, allerdings in horizontaler Auftragung, also um ein σ_a-N_B-Diagramm. Im Hinblick auf die Anwendung (z. B für Festigkeitsnachweise) ist die Wöhlerkurve eine Grenzlinie der ertragbaren Spannungsamplitude σ_A (zyklische Festigkeit des Werkstoffs) in Abhängigkeit der Schwingspielzahl N, also ein σ_A-N-Diagramm. Je nachdem, ob die Versuchsauswertung oder die Anwendung im Vordergrund steht, wird bei den nachfolgend dargestellten Wöhlerkurven als Ordinatenbezeichnung entweder σ_a (z. B. Bild 13.16 und Bild 13.17) oder σ_A (z. B. Bild 13.18) gewählt.

Für eine statistisch ausreichend abgesicherte Wöhlerkurve sollten zweckmäßigerweise etwa vier Lastniveaus mit mindestens jeweils fünf Prüflingen geprüft werden. Sofern große Streuungen zu erwarten sind, werden in der Praxis im Hinblick auf eine statistische Auswertung der Ergebnisse mitunter auch deutlich mehr Proben geprüft (siehe auch Kapitel 13.5.5)

Die Belastungsart (Zug, Druck, Biegung, Torsion, Innendruck) und die Art und Höhe der Beanspruchung (wie z. B. konstante Mittelspannung, konstante Unterspannung, konstantes Spannungsverhältnis) müssen entsprechend den Betriebsbedingungen gewählt werden. Mitunter ist es erforderlich, die Umgebungsbedingungen des Bauteils (z. B. Temperatur oder korrosive Medien) bei der Durchführung des Wöhlerversuchs zu berücksichtigen.

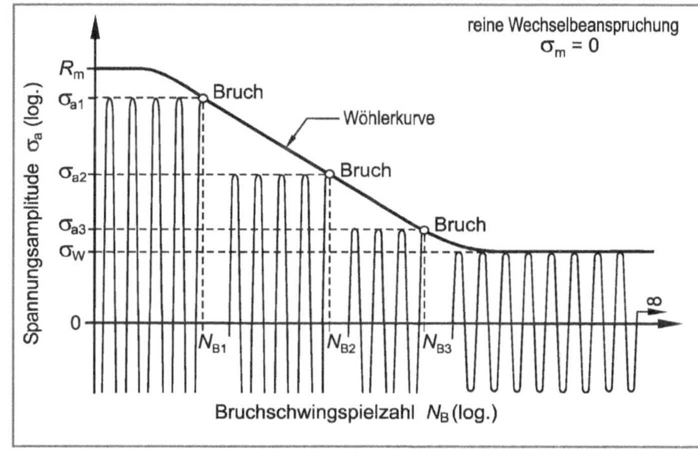

Bild 13.16 Wöhlerkurve für den Fall einer Schwingbeanspruchung ohne Mittelspannung ($\sigma_m = 0$)

Es ist zu beachten, dass Wöhlerkurven nur für die Bedingungen gelten, unter denen sie aufgestellt wurden, also beispielsweise konstante Mittelspannung oder konstantes Spannungsverhältnis. Diese wichtigen Parameter *müssen* bei der Darstellung einer Wöhlerkurve bzw. mit den Ergebnissen des Wöhlerversuchs angegeben werden. Bild 13.17 zeigt beispielhaft die Erstellung einer Wöhlerkurve bei konstanter Mittelspannung ($\sigma_m \neq 0$).

Das Ende des Wöhlerversuches ist erreicht, sobald erste Anrisse zu beobachten sind, oder der Bruch eintritt. Im Hinblick auf eine sichere Auslegung wäre eigentlich das Auftreten erster Anrisse als Versagenskriterium zu definieren. Bei der praktischen Durchführung lastkontrollierter Wöhlerversuche dient jedoch aus Gründen einer einfacheren Versuchsdurchführung der Bruch als Versagenskriterium.

Mit der entsprechenden Messtechnik ist jedoch auch eine Anrisserkennung möglich (z. B. Potentialsondenmesstechnik, Beobachtung der Veränderung der Probensteifigkeit während des Versuches, Frequenzabfall bei Resonanzprüfmaschinen).

Anstelle einer last- bzw. spannungsgeregelten Versuchsdurchführung können Wöhlerkurven auch mit geregelter Verformung bzw. Dehnung durchgeführt werden. Man spricht dann von **Dehnungs-Wöhlerkurven**.

Wird nicht der Bruch sondern der Anriss der Probe oder des Bauteils als Versagenskriterium gewählt, dann spricht man von einer **Anriss-Wöhlerkurve** (im Unterschied zur **Bruch-Wöhlerkurve**). Bei einer Anriss-Wöhlerkurve ist jedoch zu beachten, dass die Lage der Kurve von der ausgewerteten Anrissgröße abhängt.

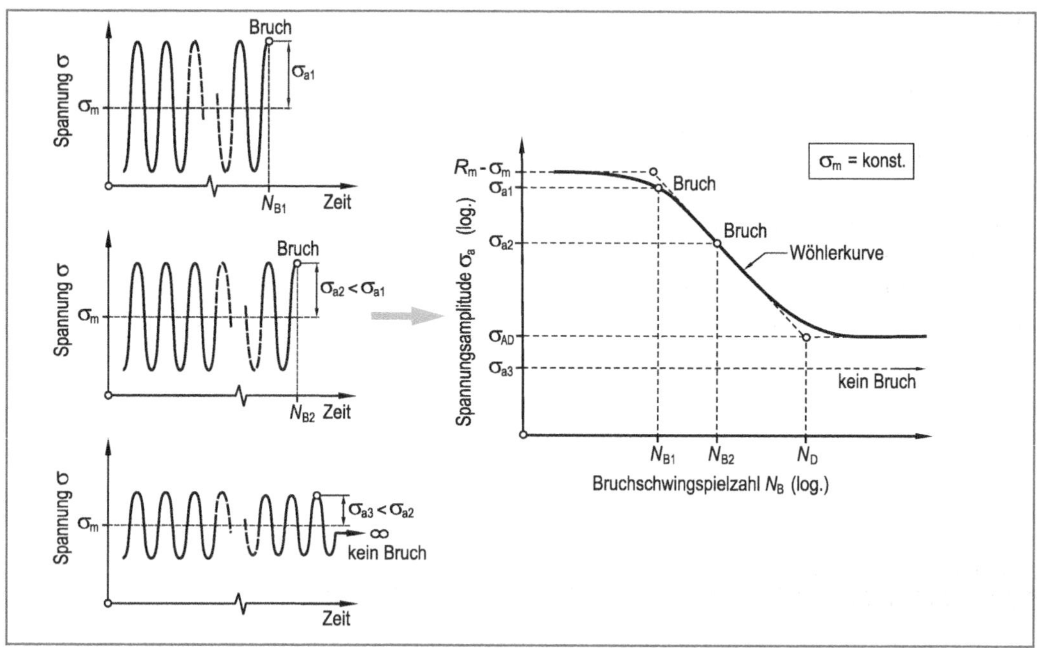

Bild 13.17 Prinzip der Erstellung einer Wöhlerkurve bei konstanter Mittelspannung σ_m

13.5.2 Einteilung der Wöhlerkurve

Mit Hilfe der Wöhlerkurve können verschiedene Gebiete voneinander abgegrenzt werden. Üblicherweise unterscheidet man (Bild 13.18):

- Kurzzeitfestigkeit (quasi-statische Festigkeit)
- Zeitfestigkeit
- Dauerfestigkeit
- Betriebsfestigkeit

Kurzzeitfestigkeit

Bei einer einstufigen Schwingbeanspruchung mit Oberspannungen im Bereich zwischen der Dehngrenze und der Zugfestigkeit können nur etwa 100 ... 10000 Schwingspiele bis zum Bruch ertragen werden. Dieser nach oben durch die Zugfestigkeit (R_m) begrenzte Bereich bezeichnet man als das Gebiet der **Kurzzeitfestigkeit** oder der **quasi-statischen Festigkeit**.

Zeitfestigkeit
Der Bereich unterhalb der Kurzzeitfestigkeit wird als das Gebiet der **Zeitfestigkeit** bezeichnet. Mit sinkender Beanspruchung nimmt dort die ertragbare Schwingspielzahl stetig zu. Die Anzahl der ertragbaren Schwingspiele hängt in hohem Maße von der Beanspruchungshöhe ab.

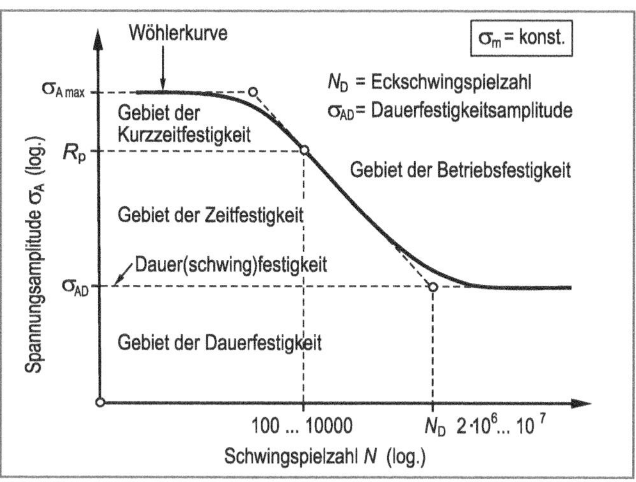

Bild 13.18 Einteilung der Wöhlerkurve

Dauerfestigkeit
Mit weiter abnehmender Belastung wird in Abhängigkeit des Werkstoffes bzw. des Werkstoffzustandes zwischen zwei Kurvenverläufen unterschieden:

1. Bei ferritisch-perlitischen Stählen und Titanlegierungen geht die Wöhlerkurve bei etwa $2 \cdot 10^6$ bis 10^7 Schwingspielen in eine Parallele zur Abszisse über. Spannungsamplituden kleiner als σ_{AD} können demnach beliebig oft ertragen werden, ohne dass ein Bruch eintritt. Die Wöhlerkurve hat das Gebiet der **Dauerfestigkeit** erreicht. Dieser Kurvenverlauf wird auch als **Wöhler-Kurventyp I** bezeichnet (Bild 13.19a).
2. Kubisch-flächenzentrierte Metalle wie Aluminium oder Kupfer sowie die meisten ihrer Legierungen, austenitische Stähle aber auch gehärtete Stähle sowie Werkstoffe in korrosiver Umgebung oder bei erhöhten Temperaturen, weisen keine ausgeprägte („echte") Dauerschwingfestigkeit auf. Die Wöhlerkurve geht auch bei sehr niedrigen Spannungsamplituden nicht mehr in eine horizontale Linie über, sondern fällt stetig ab. Die ertragbare Schwingspielzahl bleibt von der Spannungsamplitude abhängig. Man spricht auch vom **Wöhler-Kurventyp II** (Bild 13.19b).

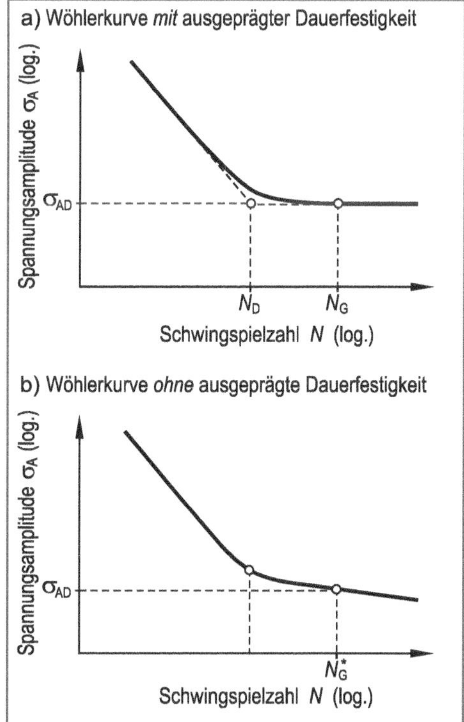

Bild 13.19 Wöhlerkurven mit und ohne Dauerfestigkeit

Betriebsfestigkeit
Der Wöhlerversuch besteht aus einer Folge von Einstufenversuchen. Jeder dieser Einstufenversuche wird mit über die gesamte Versuchsdauer konstanter Spannungsamplitude durchgeführt. Die tatsächliche Betriebsbelastung ist demgegenüber jedoch eine zufallsartige Folge unterschiedlicher Spannungsamplituden mit zudem veränderlicher Mittelspannung. Die unter diesen Bedingungen bis zum Bruch ertragbare Schwingspielzahl, die Betriebslebensdauer,

kann die Bruchschwingspielzahl des Wöhlerversuchs um mehrere Größenordnungen überschreiten und liegt damit deutlich rechts der Wöhlerkurve (Bild 13.18). Der Bereich rechts der Wöhlerkurve wird daher auch als das Gebiet der Betriebsfestigkeit bezeichnet.

Versuche, bei denen die Höhe der Beanspruchung nach einem bestimmten Programm oder zufallsartig verändert wird, bezeichnet man als **Betriebsfestigkeitsversuche**. Sie erlauben eine wirklichkeitsgetreue Prüfung schwingend beanspruchter Bauteile. Ausführliche Abhandlungen zur Betriebsfestigkeit und Werkstoffermüdung finden sich beispielsweise in [11-19].

13.5.3 Grenzschwingspielzahl

Mit abnehmender Spannungsamplitude steigt die bis zum Bruch ertragbare Schwingspielzahl bzw. es tritt beim Wöhler-Kurventyp I letztlich überhaupt kein Bruch mehr ein (Dauerfestigkeit). Bei sehr niedriger Beanspruchung sind dementsprechend sehr hohe Schwingspielzahlen d. h. sehr lange bzw. unendlich lange Versuchzeiten erforderlich. Da die zu prüfenden Proben oder Bauteile aus Zeit- und Kostengründen jedoch nicht unendlich lange einer schwingenden Beanspruchung ausgesetzt werden können, führt man Wöhlerversuche in der Regel bis zu einer bestimmten **Grenzschwingspielzahl** N_G durch.

Wöhlerkurven vom Typ I zeigen bei hohen Schwingspielzahlen ($N_D = 2 \cdot 10^6 \ldots 10^7$) einen horizontalen Verlauf (Bild 13.19a), daher genügt es bei diesen Werkstoffen bis maximal $N_G = 10^7$ Schwingspiele zu prüfen.

Wöhlerkurven vom Typ II (Bild 13.19b) zeigen auch bei sehr hohen Schwingspielzahlen keinen horizontalen Verlauf, sondern einen weiteren, stetigen Festigkeitsabfall. In diesem Fall wird ersatzweise bis zu einer Schwingspielzahl von $N^*_G = 10^7$ bis maximal $N^*_G = 10^8$ geprüft.

Tritt mit Erreichen der Grenzschwingspielzahl N_G bzw. N^*_G noch kein Bruch ein, dann bezeichnet man die zugehörige Spannungsamplitude σ_{AD} (bei vorgegebener Mittelspannung) als **(technische) Dauerschwingfestigkeit** (kurz: **Dauerfestigkeit**).

Nach DIN 50 100 wird, insbesondere im Hinblick auf Wöhlerkurven von Typ II empfohlen, die Grenzschwingspielzahl N_G bzw. N^*_G bei der Angabe des (technischen) Dauerfestigkeitswertes mit zu vermerken, also z. B. $\sigma_{AD(10^7)}$. Proben, die die Grenzschwingspielzahl N_G ohne Bruch erreicht haben, bezeichnet man üblicherweise als **„Dauerläufer“** oder **„Durchläufer“**.

13.5.4 Analytische Beschreibung der Wöhlerkurve

Bei doppeltlogarithmischer Auftragung der Ergebnisse des Wöhlerversuchs kann die Wöhlerkurve durch Geradenabschnitte angenähert und analytisch beschrieben werden (Bild 13.20).

- **Quasi-statische Festigkeit**:
  Erreicht die Oberspannung σ_o die Zugfestigkeit R_m, dann muss mit einem Bruch gerechnet werden. Mit $\sigma_o = R_m$ und $R = \sigma_u / \sigma_o$ d. h. $\sigma_u = R \cdot R_m$ folgt aus Gleichung 13.2 für die zum Bruch führende Amplitude $\sigma_{A\,max}$:

$$\sigma_{A\,max} = R_m \cdot \frac{1-R}{2} \qquad \textbf{Zum Bruch führende Spannungsamplitude} \qquad (13.7)$$

- **Zeitfestigkeit**
  Wöhlerversuche mit unterschiedlichen Werkstoffen, Probenformen bzw. Bauteilgeometrien und Belastungsarten haben gezeigt, dass sich die Bruchschwingspielzahlen im Gebiet der Zeitfestigkeit bei doppeltlogarithmischer Auftragung durch eine Gerade annähern lassen. Man erhält für die Geradengleichung der Wöhlerkurve für den Bereich der Zeitfestigkeit:

$$\lg\sigma_A = -m\cdot\lg N + \lg C \qquad (13.8)$$

Unter Verwendung des **Neigungsexponenten** $k = 1/m$ (auch als **k-Faktor** bezeichnet) folgt:

$$\lg\sigma_A = -\frac{1}{k}\cdot\lg N + \lg C \qquad (13.9)$$

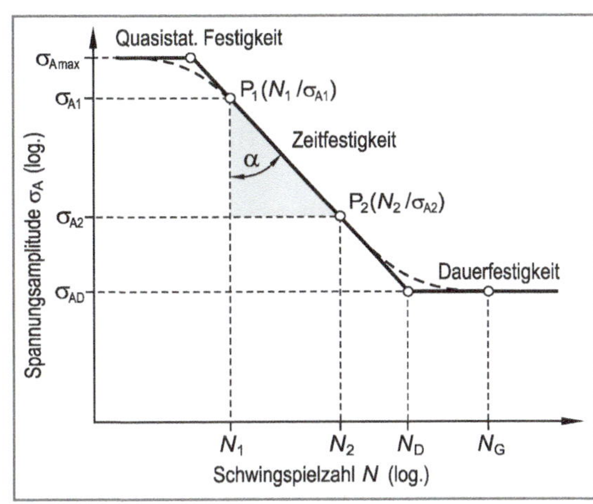

Bild 13.20 Idealisierte Wöhlerkurve in doppeltlogarithmischer Auftragung

Einsetzen der Koordinaten des Stützpunktes P_1 (N_1, σ_{A1}) in Gleichung 13.9 liefert:

$$\lg\sigma_{A1} - \lg(N_1^{-\frac{1}{k}}) = \lg C$$

$$\lg\left(\frac{\sigma_{A1}}{N_1^{-\frac{1}{k}}}\right) = \lg C \qquad (13.10)$$

Gleichung 13.10 in Gleichung 13.9 eingesetzt liefert:

$$\lg\sigma_A = \lg N^{-\frac{1}{k}} + \lg\left(\frac{\sigma_{A1}}{N_1^{-\frac{1}{k}}}\right)$$

$$\lg\sigma_A - \lg\sigma_{A1} = \lg N^{-\frac{1}{k}} - \lg N_1^{-\frac{1}{k}}$$

$$\lg\left(\frac{\sigma_A}{\sigma_{A1}}\right) = \lg\left(\frac{N^{-\frac{1}{k}}}{N_1^{-\frac{1}{k}}}\right)$$

$$\sigma_A = \sigma_{A1}\cdot\left(\frac{N}{N_1}\right)^{-\frac{1}{k}}$$ **Gleichung der Wöhlerkurve im Zeitfestigkeitsbereich** (13.11)

bzw. nach der Schwingspielzahl N aufgelöst:

$$\left(\frac{\sigma_A}{\sigma_{A1}}\right)^{-k} = \frac{N}{N_1} \qquad (13.12)$$

$$N = N_1 \cdot \left(\frac{\sigma_A}{\sigma_{A1}}\right)^{-k}$$ **Gleichung der Wöhlerkurve im Zeitfestigkeitsbereich** (13.13)

Den Neigungsexponenten k der Wöhlerkurve erhält man, sofern zwei Stützpunkte P_1 (N_1, σ_{A1}) und P_2 (N_2, σ_{A2}) im Bereich der Zeitfestigkeit bekannt sind. Aus Gleichung 13.13 folgt dann:

$$k = -\frac{\lg\left(\frac{N_1}{N_2}\right)}{\lg\left(\frac{\sigma_{A1}}{\sigma_{A2}}\right)}$$ **Ermittlung des Neigungsexponenten der Wöhlerkurve** (13.14)

Aus Gleichung 3.14 folgt weiterhin:

$$k = -\frac{\lg N_1 - \lg N_2}{\lg \sigma_{A1} - \lg \sigma_{A2}} = \frac{\lg N_2 - \lg N_1}{\lg \sigma_{A1} - \lg \sigma_{A2}} = \tan\alpha \tag{13.15}$$

Bei *gleicher Teilung* des Abszissen- und Ordinatenmaßstabes kann der Neigungsexponent k aus dem Winkel α ermittelt werden (Bild 13.20):

$$k = \tan\alpha$$ **Berechnung des Neigungsexponenten aus dem Winkel α** (13.16)

Je größer der Betrag des Neigungsexponenten k ist, desto flacher verläuft die Wöhlerkurve.

- **Dauerfestigkeit**

Ein horizontaler Verlauf des Dauerfestigkeitsastes der Wöhlerkurve ergibt sich nur bei Vorliegen einer „echten" Dauerfestigkeit (Bild 13.19a). In diesem Fall kann die horizontale Linie in Höhe der dauernd ertragbaren Amplitude σ_{AD} wie folgt beschrieben werden:

$$\sigma_{AD} = \text{konstant} \tag{13.17}$$

13.5.5 Statistische Auswertung von Wöhlerversuchen

Die praktische Durchführung von Wöhlerversuchen zeigt, dass die Schwingspielzahlen im Zeitfestigkeitsgebiet, auch unter genau definierten Prüfbedingungen, erheblichen Streuungen unterliegen.

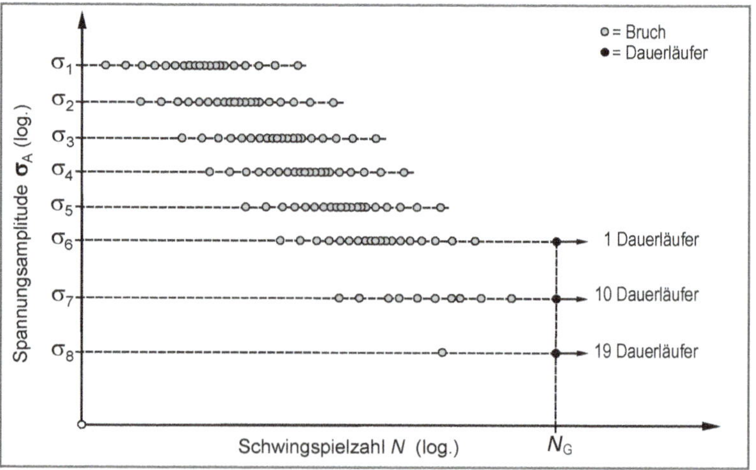

Bild 13.21 Streuung der Ergebnisse eines Wöhlerversuchs (Beispiel)

Auch am Übergang zur Dauerfestigkeit beobachtet man mit sinkender Spannungsamplitude keinen abrupten

Wechsel von 100% Brüchen zu 100% Dauerläufern. Vielmehr nimmt die Anzahl der Dauerläufer stetig zu, bis schließlich alle geprüften Proben oder Bauteile die Grenzschwingspielzahl N_G bzw. N^*_G ohne Bruch erreichen (Bild 13.21).

Die Ursachen der genannten Streuungen liegen einerseits in einer unvermeidlichen, zufälligen Abweichung der Prüfstücke zueinander (z. B. unterschiedliche Oberflächenrauigkeiten, Werkstoffinhomogenitäten) und andererseits in gewissen Ungenauigkeiten bei der Lastaufbringung (z. B. Einspannung und Lastregelung). Dies bedeutet, dass die Schwankungen der Versuchsergebnisse nicht das Resultat einer einzigen Veränderlichen sondern vielmehr das Produkt einer Vielzahl von Zufallsvariablen ist, deren Beitrag zur resultierenden Streuung von Fall zu Fall unterschiedlich sein kann.

Früher entsprach es dem Stand der Technik, die Versuchsergebnisse durch eine mittelnde Kurve anzugeben und versuchte die Unsicherheiten durch Sicherheitsfaktoren abzudecken. Je nach Auswertungsmethodik kann es dabei zu sehr unterschiedlichen Einschätzungen des Kurvenverlaufs und damit letztlich auch zu verschiedenen Versuchsergebnissen kommen. Um der wachsenden Forderung nach zuverlässigen Unterlagen für die sichere Bemessung tragender Bauteile gerecht zu werden, wurden von einer Reihe von Forschern wie z. B. ***W. Weibull*** etwa ab 1950 statistische Verfahren für die Auswertung der Versuchsergebnisse eingeführt.

Um die Ergebnisse einer statistischen Auswertung nach Mittelwert und Streubreite unterziehen zu können, ist man zunächst gezwungen, eine Mindestanzahl gleicher Proben unter gleichen Bedingungen (z. B. gleicher Belastungshorizont) zu prüfen. Heute prüft man je Spannungshorizont etwa 10 bis 20 Proben d. h. 100 bis 200 Proben für den gesamten Wöhlerversuch (DIN 50 100 fordert hingegen nur 6 bis 10 Proben für den gesamten Wöhlerversuch).

Führt man mit den experimentellen Ergebnissen des Wöhlerversuches eine statistische Auswertung durch, dann gewinnt man Ergebnisse über den prozentualen Anteil der Proben, die bei konstanten Bedingungen eine bestimmte Schwingspielzahl mindestens ertragen, man nennt sie die **Überlebenswahrscheinlichkeit $P_Ü$** der geprüften Probe bzw. des Werkstücks, den dazu komplementären Prozentsatz bezeichnet man als **Bruch- oder Ausfallwahrscheinlichkeit P_A**.

Es ist heute Stand der Technik, Wöhlerversuche statistisch auszuwerten und den Ergebnissen durch Angabe der Überlebenswahrscheinlichkeit $P_Ü$ (oder der Ausfallwahrscheinlichkeit P_A = 100% - $P_Ü$) eine größere Aussagefähigkeit zu verleihen. Es hat sich dabei eingebürgert, eine Ausfallwahrscheinlichkeit von 10% als untere Streugrenze und eine Ausfallwahrscheinlichkeit von 90% als obere Streugrenze anzugeben.

Die Streugrenzen können nur durch eine statistische Auswertung der experimentellen Ergebnisse ermittelt werden. Hierzu sucht man im Zeitfestigkeitsgebiet nach einem geeigneten Verteilungsgesetz für die Streuung der Bruchschwingspielzahlen, am Übergang zur Dauerfestigkeit dagegen nach einem entsprechenden Verteilungsgesetz für das Verhältnis der Anzahl der Brüche je Lasthorizont zur Gesamtzahl der Prüfkörper (auf diesem Lasthorizont). Häufig findet man als Verteilungsgesetz eine logarithmische Normalverteilung.

Die Angabe einer Wahrscheinlichkeit hat im Gebiet der Zeitfestigkeit eine völlig andere Bedeutung als am Übergang zur Dauerfestigkeit. Während die prozentuale Angabe im Bereich der Zeitfestigkeit die Ausfallwahrscheinlichkeit bei einer bestimmten Schwingspielzahl kennzeichnet (das statistische Merkmal ist dort also die Bruchschwingspielzahl), gibt die Prozentzahl im Übergangsgebiet die Häufigkeit des Auftretens von Brüchen bei einem bestimmten

Belastungsniveau an (als statistisches Merkmal dient hier also das Verhältnis der Anzahl der Brüche je Lastebene zur Gesamtzahl der Prüfkörper auf dieser Lastebene).

Eine Wöhlerkurve, die durch Angabe der Ausfallwahrscheinlichkeiten (z. B. 10%, 50% und 90%) ergänzt ist, zeigt Bild 13.22. Demzufolge erreichen beispielsweise bei der Spannungsamplitude σ_{A1} 90% aller Prüflinge N_1 Schwingspiele. Mit einer Wahrscheinlichkeit von 50% können bei dieser Beanspruchung N_2 Schwingspiele ertragen werden. N_3 Lastwechsel werden bei dieser Belastungsamplitude nur noch von 10% aller Prüflinge überschritten, d. h. bereits 90% der Proben sind bis dahin gebrochen.

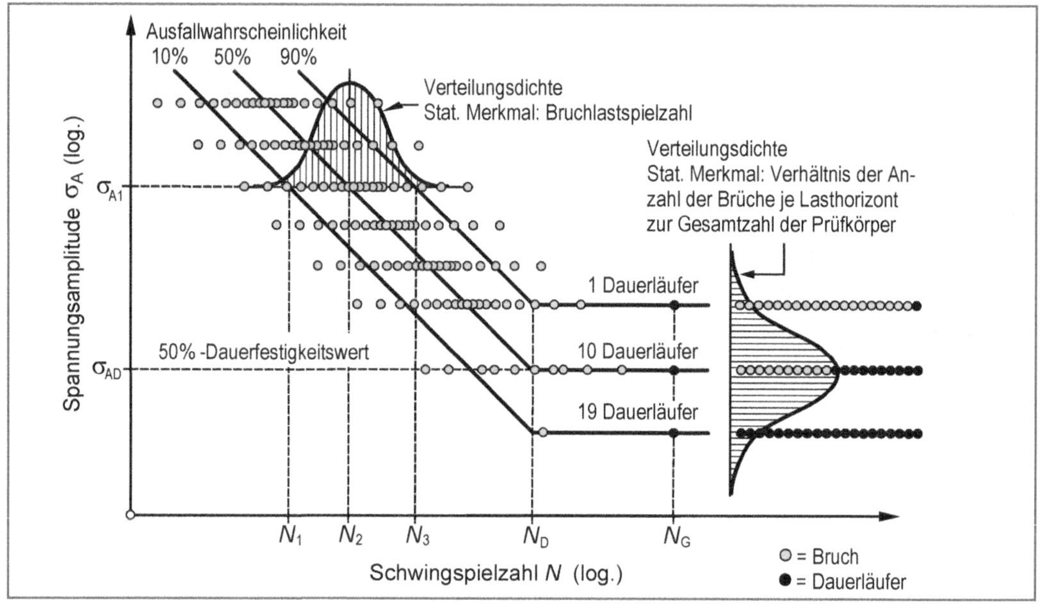

Bild 13.22 Statistisch ausgewertete Wöhlerkurve (Beispiel)

Fehlt die Angabe der Ausfall- oder Überlebenswahrscheinlichkeit einer Wöhlerkurve (z. B. in älteren Veröffentlichungen), dann kann günstigstenfalls mit einer Überlebenswahrscheinlichkeit von 50% gerechnet werden.

Auf die Verfahren der statistischen Auswertung von Wöhlerversuchen kann im Rahmen dieses einführenden Lehrbuches nicht näher eingegangen werden. Statt dessen wird auf die weiterführende Literatur zur Ermüdungs- bzw. Betriebsfestigkeit verweisen [11,13,16 bis 18, 21].

13.5.6 Dauerfestigkeitskennwerte

Der wichtigste Kennwert zum Nachweis der Dauerfestigkeit eines Bauteils ist die **Wechselfestigkeit σ_w**. Die Wechselfestigkeit σ_w ist die auf Dauer ertragbare Spannungsamplitude σ_{AD} bei rein wechselnder Beanspruchung ($\sigma_m = 0$).
Zur Ermittlung der Wechselfestigkeit werden eine Reihe von Wöhlerversuchen mit unterschiedlich hoher Spannungsamplitude σ_a und Mittelspannung $\sigma_m = 0$ durchgeführt. Diejenige Spannungsamplitude die „unendlich oft" d. h. praktisch bis zur Grenzschwingspielzahl N_G bzw. N^*_G ohne Bruch ertragen werden kann, wird als Wechselfestigkeit σ_w bezeichnet. In Bild 13.16 entspricht die Dauerfestigkeitsamplitude σ_{AD} der Wechselfestigkeit σ_W, also $\sigma_{AD} \equiv \sigma_W$ (da $\sigma_m = 0$). Zur Durchführung der Versuche verwendet man in der Regel glatte, polierte

Kleinproben. Die Wechselfestigkeit kann unter Zug-, Druck-, Biege-, Schub- oder Torsionsbeanspruchung ermittelt werden. Dementsprechend unterscheidet man die **Zug-Druck-Wechselfestigkeit** σ_{zdW}, die **Biegewechselfestigkeit** σ_{bW}, die **Schubwechselfestigkeit** τ_{sW} und die **Torsionswechselfestigkeit** τ_{tW}.

Stehen experimentell ermittelte Dauerfestigkeitskennwerte nicht zur Verfügung, dann kann auch eine Abschätzung unter Verwendung der Streck- bzw. Dehngrenze oder der Zugfestigkeit des Werkstoffs durchgeführt werden. Hierzu findet man in der Literatur verschiedene Vorschläge. In Tabelle 13.2 sind die wichtigsten Korrelationsvorschläge zusammengestellt. Hierbei handelt es sich um empirisch ermittelte Näherungswerte. Teilweise werden allerdings erhebliche Abweichungen von den angegebenen Werten festgestellt, sodass eine experimentelle Ermittlung der Wechselfestigkeit empfehlenswert ist.

Tabelle 13.2 Empirisch ermittelte Beziehungen zur Abschätzung von Dauerfestigkeitskennwerten unter rein wechselnder Beanspruchung (Anhaltswerte für ungekerbte Proben mit polierter Oberfläche)

Werkstoffsorte / Werkstoffgruppe	**Dauerfestigkeitskennwert** [1)			
	Zug-Druck-Wechselfestigkeit σ_{zdW} [2)]	**Biege-wechselfestigkeit** σ_{bW} [7) 8)]	**Schub-wechselfestigkeit** τ_{sW} [2)]	**Torsions-wechselfestigkeit** τ_{tW} [7) 8) 9)]
Walzstahl, allgemein [3) 4)]	$0{,}45 \cdot R_m$	$1{,}1 \ldots 1{,}3 \cdot \sigma_{zdW}$	$0{,}577 \cdot \sigma_{zdW}$	$0{,}577 \cdot \sigma_{bW}$
Einsatzstahl [4)]	$0{,}40 \cdot R_m$ [5)]	$1{,}1 \ldots 1{,}3 \cdot \sigma_{zdW}$	$0{,}577 \cdot \sigma_{zdW}$ [5)]	$0{,}577 \cdot \sigma_{bW}$
Nichtrostender Stahl	$0{,}40 \cdot R_m$ [6)]	$1{,}1 \ldots 1{,}3 \cdot \sigma_{zdW}$	$0{,}577 \cdot \sigma_{zdW}$	$0{,}577 \cdot \sigma_{bW}$
Schmiedestahl [4)]	$0{,}40 \cdot R_m$ [6)]	$1{,}1 \ldots 1{,}3 \cdot \sigma_{zdW}$	$0{,}577 \cdot \sigma_{zdW}$	$0{,}577 \cdot \sigma_{bW}$
Stahlguss	$0{,}34 \cdot R_m$	$1{,}15 \cdot \sigma_{zdW}$	$0{,}577 \cdot \sigma_{zdW}$	k. A.
Gusseisen mit Lamellengraphit	$0{,}30 \cdot R_m$	$1{,}50 \cdot \sigma_{zdW}$	$0{,}850 \cdot \sigma_{zdW}$	$0{,}8 \ldots 0{,}9 \cdot \sigma_{zdW}$
Gusseisen mit Kugelgraphit	$0{,}34 \cdot R_m$	$1{,}30 \cdot \sigma_{zdW}$	$0{,}650 \cdot \sigma_{zdW}$	k. A.
Temperguss	$0{,}30 \cdot R_m$	$1{,}40 \cdot \sigma_{zdW}$	$0{,}750 \cdot \sigma_{zdW}$	k. A.
Al-*Knet*legierungen	$0{,}30 \cdot R_m$	$1{,}1 \ldots 1{,}3 \cdot \sigma_{zdW}$	$0{,}577 \cdot \sigma_{zdW}$	k. A.
Al-*Guss*legierungen	$0{,}30 \cdot R_m$	k. A.	$0{,}750 \cdot \sigma_{zdW}$	k. A.

1) Werkstoffkennwerte sind in N/mm^2 einzusetzen.
2) Werte nach [2]. Für $N = 10^6$ Schwingspiele.
3) Außer Einsatzstahl, nichtrostender Stahl und Schmiedestahl.
4) Nach DIN 743-3: $\sigma_{zdW} \approx 0{,}4 \cdot R_m$; $\sigma_{bW} \approx 0{,}5 \cdot R_m$; $\tau_{tW} \approx 0{,}3 \cdot R_m$ (Torsionswechselfestigkeit).
5) Blindgehärtet. Der Einfluss einer Einsatzhärtung wird durch den Randschichtfaktor (Tabelle 13.4) berücksichtigt.
6) Vorläufiger Wert.
7) Anhaltswerte für zähe Werkstoffe [22].
8) $0{,}577 = 1/\sqrt{3}$ (Gestaltänderungsenergiehypothese).
9) Experimentelle Ergebnisse deuten eher auf ein Verhältnis von $\tau_{tW} = 0{,}62 \cdot \sigma_{bW}$ hin [22].
k. A. = keine Angabe

Es bleibt anzumerken, dass in der FKM-Richtlinie [2] ein Verfahren zur Ermittlung der Biegewechselfestigkeit (σ_{bW}) aus der Zug-Druck-Wechselfestigkeit (σ_{zdW}) bzw. der Torsionswechselfestigkeit (τ_{tW}) aus der Schubwechselfestigkeit (τ_{sW}) genannt wird. Hierauf soll jedoch im Rahmen dieses einführenden Lehrbuches nicht näher eingegangen werden.

Neben den in Tabelle 13.2 zusammengestellten Korrelationsgleichungen sind in der Literatur für nicht geschweißte Bauteile noch weitere Beziehungen bekannt geworden.

Stähle [16] bzw. [20]:

$$\sigma_{zdW} = 0{,}385 \cdot R_m + 30\ \text{N/mm}^2 \quad \text{(Streubreite} \pm 15\%\text{) bzw.} \tag{13.18}$$

$$\sigma_{zdW} = 0{,}436 \cdot R_{p0,2} + 77\ \text{N/mm}^2 \tag{13.19}$$

Stahlguss [15,20]:

$$\sigma_{zdW} = 0{,}27 \cdot R_m + 85\ \text{N/mm}^2 \tag{13.20}$$

Gusseisen mit Lamellengraphit [15,20]:

$$\sigma_{zdW} = 0{,}39 \cdot R_m \tag{13.21}$$

Gusseisen mit Kugelgraphit [15]:

$$\sigma_{zdW} = 0{,}27 \cdot R_m + 100\ \text{N/mm}^2 \tag{13.22}$$

Schwarzer Temperguss [15]:

$$\sigma_{zdW} = 0{,}27 \cdot R_m + 110\ \text{N/mm}^2 \tag{13.23}$$

Aluminium, Magnesium und deren Legierungen [16]

$$R_m \leq 330\ \text{N/mm}^2: \quad \sigma_{zdW} \approx 0{,}35 \cdot R_m \ldots 0{,}50 \cdot R_m \quad (N_D = 10^8) \tag{13.24}$$

$$R_m > 330\ \text{N/mm}^2: \quad \sigma_{zdW} \approx 130\ \text{N/mm}^2 \tag{13.25}$$

Titan und Titanlegierungen [16]

$$R_m \leq 1100\ \text{N/mm}^2: \quad \sigma_{zdW} = 0{,}45 \cdot R_m \ldots 0{,}65 \cdot R_m \quad (N_D = 10^6 \ldots 10^7) \tag{13.26}$$

$$R_m > 1100\ \text{N/mm}^2: \quad \sigma_{zdW} \approx 620\ \text{N/mm}^2 \tag{13.27}$$

Kupfer und Kupferlegierungen [16]

$$R_m \leq 750\ \text{N/mm}^2: \quad \sigma_{zdW} = 0{,}30 \cdot R_m \ldots 0{,}50 \cdot R_m \quad (N_D = 10^8) \tag{13.28}$$

$$R_m > 750\ \text{N/mm}^2: \quad \sigma_{zdW} \approx 300\ \text{N/mm}^2 \tag{13.29}$$

Für den Schweißnahtquerschnitt (Schweißgut) und für den Schweißnahtübergangsquerschnitt (Wärmeeinflusszone) fachgerecht geschweißter Bauteile sind die nachfolgenden Werkstoffkennwerte zugrunde zu legen [2]:

Für schweißbare Stähle [1)]**:**

$$\sigma_{zdW} = 92\ \text{N/mm}^2 \quad (\text{für } N = 5 \cdot 10^6 \text{ Schwingspiele}) \tag{13.30}$$

$$\tau_W = 37\ \text{N/mm}^2 \quad (\text{für } N = 10^8 \text{ Schwingspiele}) \tag{13.31}$$

Für bedingt schweißbare Stähle, nichtrostende Stähle und schweißbare Eisengusswerkstoffe sind diese Werte nach [2] als vorläufig zu betrachten.

Für Aluminiumwerkstoffe:

$$\sigma_{zdW} = 33\ \text{N/mm}^2 \quad (\text{für } N = 5 \cdot 10^6 \text{ Schwingspiele}) \tag{13.32}$$

$$\tau_W = 13\ \text{N/mm}^2 \quad (\text{für } N = 10^8 \text{ Schwingspiele}) \tag{13.33}$$

[1)] Für bedingt schweißbare Stähle, nichtrostende Stähle und schweißbare Eisengusswerkstoffe sind diese Werte als vorläufig zu betrachten und mit Vorsicht anzuwenden.

13.6 Spannungsermittlung bei Schwingbeanspruchung

Im Vergleich zu einem statischen Festigkeitsnachweis ist der Nachweis der Ermüdungsfestigkeit in der Regel weitaus schwieriger, wie die in Tabelle 13.1 beispielhaft zusammengestellten Schadensfälle sowie die nachfolgende Gegenüberstellung eines statischen Festigkeitsnachweises mit dem Nachweis der Ermüdungsfestigkeit zeigen. Dementsprechend ist es verständlich, dass ein nicht unerheblicher Anteil der bekannt gewordenen Schadensfälle an Maschinen und Anlagen durch Werkstoffermüdung verursacht wird (Bild 13.4).

Statischer Festigkeitsnachweis:

- Der Werkstoff kann als diskretes Kontinuum angesehen werden.
- Stoffgesetze sind bekannt oder in Versuchen (z. B. Zugversuch) relativ einfach zu ermitteln.
- Berechnung von Spannungen oder Verformungen ist mit Hilfe elementarer Gleichungen oder beispielsweise mittels Finite-Element-Methode möglich.
- Vergleich der maximalen Spannung bzw. Dehnung (Beanspruchung) mit geeigneten Werkstoffkennwerten (Beanspruchbarkeit) liefert den Nachweis.

Nachweis der Ermüdungsfestigkeit (Dauer-, Zeit- oder Betriebsfestigkeit):

- Werkstoffverhalten (Anriss- und Risswachstum) ist mathematisch nur bedingt oder nicht formulierbar.
- Einflüsse auf die Entstehung und das Wachstum eines Ermüdungsrisses sind außerordentlich vielfältig und teilweise nicht quantifizierbar. Darüber hinaus überlagern sich der Werkstoffermüdung weitere Einflüsse wie Korrosion oder erhöhte Temperaturen (Kriechen), so dass die Versagensmechanismen zusätzlich zeitabhängig werden (z. B. Schwingungsrisskorrosion).
- Es gibt kein allgemein gültiges Konzept für den Ermüdungsfestigkeitsnachweis, vielmehr steht eine Vielzahl von Berechnungsmethoden zur Verfügung. Außerdem sind die Konzepte zur Formulierung der Festigkeitsbedingungen unter zeitlich veränderlicher Beanspruchung (z. B. Festigkeitshypothesen, Schadensakkumulationshypothese) zum Teil noch lückenhaft.
- Jede einzelne kritische Stelle muss in der Regel hinsichtlich der relevanten, die Ermüdung beeinflussenden Faktoren, sowie hinsichtlich der Anwendung geeigneter Berechnungskonzepte individuell betrachtet werden.
- Der zeitliche Verlauf der betrieblichen Beanspruchung ist teilweise nur unzureichend oder überhaupt nicht bekannt bzw. muss durch aufwändige Versuche ermittelt werden.
- Schwingfestigkeitskennwerte unterliegen aufgrund der hohen Anzahl von Einflussparametern erheblich größeren Streuungen, verglichen mit den statischen Kennwerten (siehe beispielsweise Bild 13.21). Außerdem sind, im Gegensatz zu den statischen Festigkeitskennwerten, nur relativ wenige Schwingfestigkeitskennwerte verfügbar. Die experimentelle Ermittlung statistisch abgesicherter Kennwerte ist äußerst aufwändig und verursacht mitunter hohe Kosten.
- Fehlstellen wie Kerben oder Riefen im Bereich der Oberfläche sowie Werkstoffinhomogenitäten (Poren, Einschlüsse, usw.) können die Ermüdungsfestigkeit zum Teil erheblich verschlechtern.

13.6.1 Nachweis der Dauerfestigkeit

Für die Auslegung zahlreicher Bauteile insbesondere im Maschinen- und Anlagenbau sowie für eine Abschätzung des Ermüdungsverhaltens im Rahmen von Konstruktionsentwürfen ist der mit relativ geringem Aufwand verbundene Nachweis der Dauerfestigkeit häufig ausreichend. Steht allerdings im Rahmen von Leichtbaukonzepten die Massenreduktion im Vordergrund (z. B. im Fahrzeugbau oder beim Bau von Luft- und Raumfahrzeugen), dann muss ein Nachweis der Zeit- oder der Betriebsfestigkeit erfolgen. Insbesondere der Betriebsfestigkeitsnachweis ist hierbei mit einem zum Teil erheblichen rechnerischen und experimentellen Aufwand verbunden.

Um den Rahmen dieses Kapitels nicht zu sprengen, beschränken sich die nachfolgenden Ausführungen auf den Nachweis der Dauerfestigkeit. Konzepte zum Nachweis der Zeit- sowie der Betriebsfestigkeit sind der weiterführenden Literatur wie zum Beispiel [11-18] zu entnehmen.

Für den Nachweis der Dauerfestigkeit sollen die folgenden Voraussetzungen erfüllt sein:

- Es liegt eine synchrone Beanspruchung vor, d. h. bei mehrachsiger Beanspruchung sind die Phasenlagen der Spannungskomponenten gleich (Richtung des Hauptspannungsvektors bleibt unverändert). Bei einer nicht synchronen mehrachsigen Beanspruchung können die klassischen Festigkeitshypothesen nicht mehr angewandt werden, da nicht nur der Betrag sondern auch die Richtung des Hauptspannungsvektors einer zeitlichen Veränderung unterliegt. Die Vergleichsspannung ist damit keine skalare Größe mehr.
- Es wird ein linear-elastisches Werkstoffverhalten vorausgesetzt (keine überelastische Beanspruchung).
- Fehlstellen sind geometrisch beschreibbar, d. h. es werden keine angerissenen Bauteile betrachtet.
- Es soll ein sinusförmiger Beanspruchungs-Zeit-Verlauf vorausgesetzt werden.

Sofern sich die äußere Beanspruchung nicht zu schnell ändert, muss die Spannung im Innern des Werkstücks in jedem Augenblick der äußeren Belastung proportional sein. Damit kann man aber den zeitlichen Verlauf der äußeren Belastung und der Spannung im Bauteilinnern durch die gleiche Sinusschwingung darstellen. Die bereits in Kapitel 2 (Grundbelastungsarten) abgeleiteten Beziehungen zwischen äußerer und innerer Beanspruchung müssen dementsprechend auch bei Schwingbeanspruchung gültig sein:

$$\sigma = F / A \quad \text{(Zug bzw. Druck)} \tag{13.34}$$

$$\sigma_b = M_b / W_b \quad \text{(gerade Biegung)} \tag{13.35}$$

$$\tau_a = F / A \quad \text{(Abscherbeanspruchung)} \tag{13.36}$$

$$\tau_t = M_t / W_t \quad \text{(Torsion)} \tag{13.37}$$

Bei nichtsynchroner mehrachsiger Beanspruchung oder bei beliebiger Beanspruchungs-Zeit-Funktion (nicht durch eine zwischen zwei Grenzen periodisch verlaufende Funktion beschreibbar) gelten diese Zusammenhänge allerdings nicht mehr.

13.6.2 Festigkeitsbedingung

Ein Bauteil kann als dauerfest angesehen werden, falls die (Last-)Spannungsamplitude σ_a an der höchst beanspruchten Stelle, unter Berücksichtigung eines angemessenen Sicherheitsfaktors gegen Schwingbruch (S_D), die dauernd ertragbare Spannungsamplitude (Wechselfestigkeit σ_W) nicht überschreitet. Die **Festigkeitsbedingung** lautet also:

$$\sigma_a \leq \sigma_{a\,zul} = \frac{\sigma_W}{S_D} \qquad (13.38)$$

Festigkeitsbedingung für ungekerbte Bauteile mit polierter Oberfläche unter reiner Wechselbeanspruchung

σ_a = (Last-)Spannungsamplitude
$\sigma_{a\,zul}$ = zulässige Spannungsamplitude
σ_W = Wechselfestigkeit (Kapitel 13.5.6)
S_D = Sicherheitsbeiwert gegen Schwingbruch ($S_D \geq 2{,}5$)

Für die Sicherheit gegen Dauerbruch sollte in der Regel ein Wert von $S_D \geq 2{,}5$ gewählt werden. Gleichung 13.38 gilt auch in Zusammenhang mit Schubspannungen.

Gleichung 13.38 kann in dieser Form nur für ungekerbte Bauteile mit polierter Oberfläche unter reiner Wechselbeanspruchung angewandt werden. In der Regel treten jedoch eine Vielzahl von Einflussfaktoren auf, die sowohl die (Last-)Spannungsamplitude σ_a (Beanspruchung) als auch die dauernd ertragbare Spannungsamplitude σ_{AD} (Beanspruchbarkeit) beeinflussen. Die wichtigsten Einflussfaktoren sollen nachfolgend besprochen und quantifiziert werden.

13.7 Einflussgrößen auf die Schwingfestigkeit von Metallen

Eine Reihe von Einflussfaktoren können zu einer teilweise erheblichen Veränderung (zumeist Verminderung) der Dauerfestigkeit führen. Die wichtigsten herstellungs-, konstruktions- und einsatzbedingten Einflussgrößen sind in Bild 13.23 zusammengestellt.

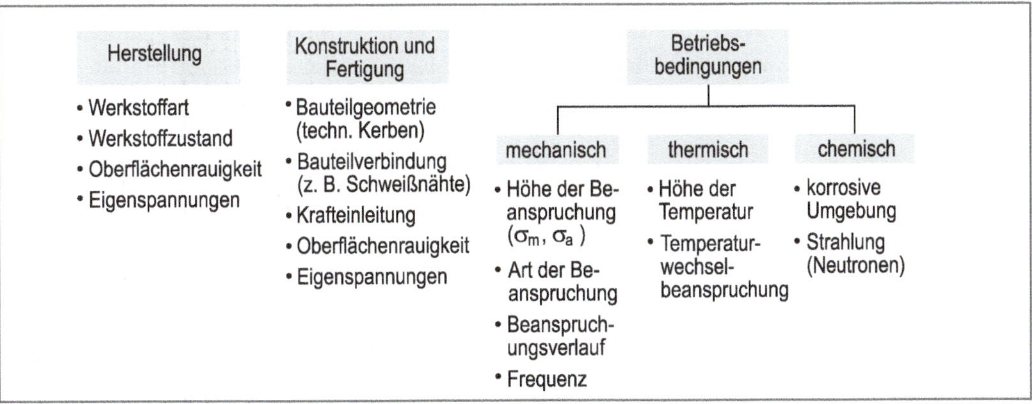

Bild 13.23 Einflüsse auf die Schwingfestigkeit metallischer Werkstoffe

Die wichtigsten der in Bild 13.23 genannten Einflussgrößen sollen nachfolgend beschrieben und ihr Einfluss auf die Schwingfestigkeit quantifiziert werden.

13.7.1 Mittelspannungseinfluss (Dauerfestigkeitsschaubilder)

Der aufwändige und teure Wöhlerversuch liefert jeweils nur für einen Belastungsfall (z. B. für eine Mittelspannung oder ein konstantes Spannungsverhältnis) einen Werkstoffkennwert für die Dauerschwingfestigkeit. Wöhlerkurven gelten also jeweils nur für eine konstante Mittelspannung σ_m oder ein konstantes Spannungsverhältnis R (Kapitel 13.5.1).

Führt man Schwingfestigkeitsversuche mit systematisch veränderten Mittelspannungen σ_m bzw. Spannungsverhältnissen R durch, dann stellt man fest, dass eine Zugmittelspannung in der Regel die dauernd ertragbare Spannungsamplitude σ_{AD} erniedrigt. Eine Druckmittelspannung führt hingegen zu einer Verbesserung der Schwingfestigkeit (Bild 13.24).

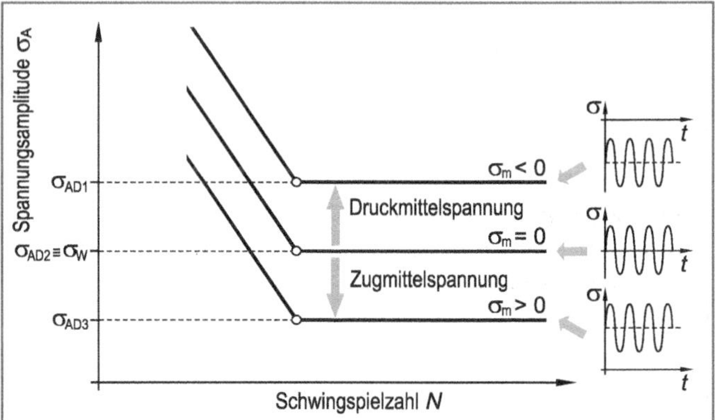

Bild 13.24 Einfluss einer Mittelspannung auf die Schwingfestigkeit

Diese Beobachtung kann vereinfacht dadurch erklärt werden, dass die zum Dauerbruch führenden Werkstoffgleitungen durch eine gleichzeitig auf der Gleitebene wirkende Zugspannung erleichtert, durch eine Druckspannung hingegen erschwert wird. Die Zusammenhänge zwischen Mittelspannung σ_m und dauernd ertragbarer Spannungsamplitude σ_{AD} bzw. dauernd ertragbarer Ober- und Unterspannung (σ_O und σ_U) stellt man üblicherweise in **Dauerfestigkeitsschaubildern (DFS)** dar.

Das Dauerfestigkeitsschaubild ist die bildliche Darstellung aller aus einer Anzahl von Wöhlerkurven gewonnenen Werte der Dauerfestigkeit. Es lässt auf besonders anschauliche Weise die Zusammenhänge zwischen Mittelspannung σ_m, der dauernd ertragbaren Spannungsamplitude σ_A sowie ggf. der dauernd ertragbaren Oberspannung σ_O bzw. Unterspannung σ_U erkennen.

Man unterscheidet im Wesentlichen die folgenden Dauerfestigkeitsschaubilder bzw. Darstellungen:

- nach Smith
- nach Haigh
- neuere Vorschläge für Dauerfestigkeitsschaubilder (z. B. nach FKM-Richtlinie)
- nach Gerber, Goodman, Kommerell
- nach Moore, Kommers, Jasper, Pohl

13.7.1.1 Dauerfestigkeitsschaubild nach Smith

Das DFS nach Smith hatte früher vor allem in Deutschland für den Maschinenbau und für die Werkstoffprüfung eine große Bedeutung. Gegenüber der Darstellung nach Haigh (Kapitel 13.7.1.2) hat es insbesondere den Vorteil, dass der zeitliche Verlauf der Spannung direkt dem Schaubild zugeordnet werden kann.

a) Deutung des Dauerfestigkeitsschaubildes nach Smith

Zur Aufstellung eines Dauerfestigkeitsschaubildes führt man Wöhler-Versuche durch, wobei innerhalb einer Versuchsreiche die Mittelspannung konstant gehalten, von Versuchsreihe zu Versuchsreihe aber systematisch abgestuft wird. Man erhält auf diese Weise die dauernd ertragbare Spannungsamplitude σ_{AD} mit der Mittelspannung σ_m als Versuchsparameter.

Bei der Darstellung nach *Smith* wird auf der Abszisse die Mittelspannung σ_m aufgetragen und auf der Ordinate im gleichen Achsenmaßstab die dauernd ertragbare Oberspannung σ_O bzw. Unterspannung σ_U. Da die Achsenmaßstäbe gleich gewählt wurden, fallen die Mittelwerte mit der ersten Winkelhalbierenden zusammen d. h. $\sigma_m = (\sigma_U + \sigma_O) / 2$. Der Abstand von σ_O bzw. σ_U zur 1. Winkelhalbierenden ist dann die bei der jeweiligen Mittelspannung σ_m dauernd ertragbare Spannungsamplitude σ_{AD}.

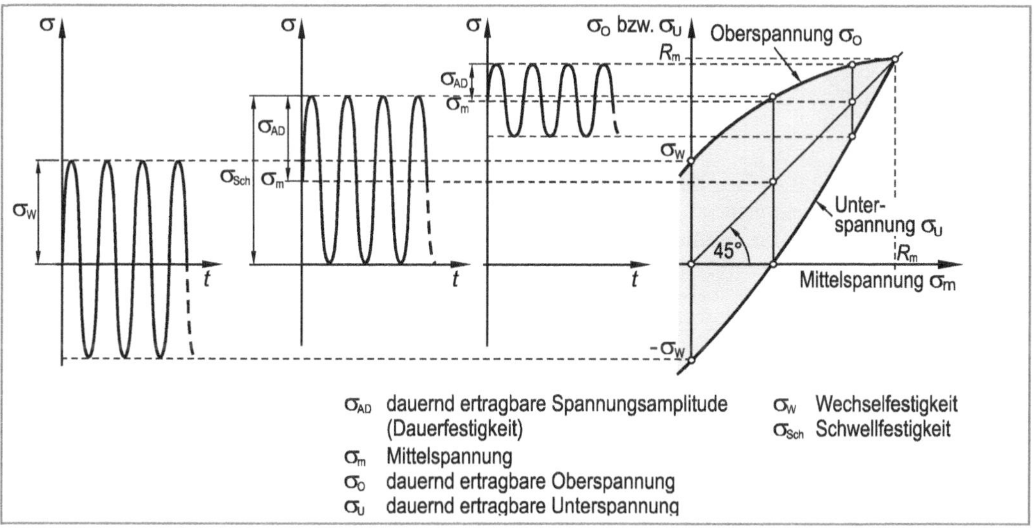

Bild 13.25 Entstehung des Dauerfestigkeitsschaubildes nach Smith für Normalspannungen und duktile Werkstoffe

Abbildung 13.25 zeigt, dass mit zunehmender Mittelspannung σ_m die dauernd ertragbare Amplitude σ_{AD} abnimmt und mit Erreichen der Zugfestigkeit R_m schließlich zu Null wird. Dort tritt wegen $\sigma_m = R_m$ der Bruch bereits bei der ersten Belastung ein.

b) Näherungskonstruktionen für das Dauerfestigkeitsschaubild nach Smith

Die Aufstellung von Dauerfestigkeitsschaubildern setzt eine Vielzahl statistisch abgesicherter Wöhlerkurven voraus und erfordert demzufolge einen sehr hohen experimentellen Aufwand. Dauerfestigkeitsschaubilder sind daher nur für sehr wenige Werkstoffe verfügbar. Nachfolgend soll eine Möglichkeit aufgezeigt werden, das Dauerfestigkeitsschaubild aus einigen wenigen Werkstoffkennwerten wie der Zugfestigkeit R_m, der Streckgrenze R_e bzw. der Dehngrenze R_p und der Wechselfestigkeit (Zug-Druck-Wechselfestigkeit σ_{zdW}, Biegewechselfestigkeit σ_{bW}, Schubwechselfestigkeit τ_{sW} oder Torsionswechselfestigkeit τ_{tW}) zu konstruieren. Für die Näherungskonstruktion ist zwischen duktilen und spröden Werkstoffen zu unterscheiden.

Duktile Werkstoffe:

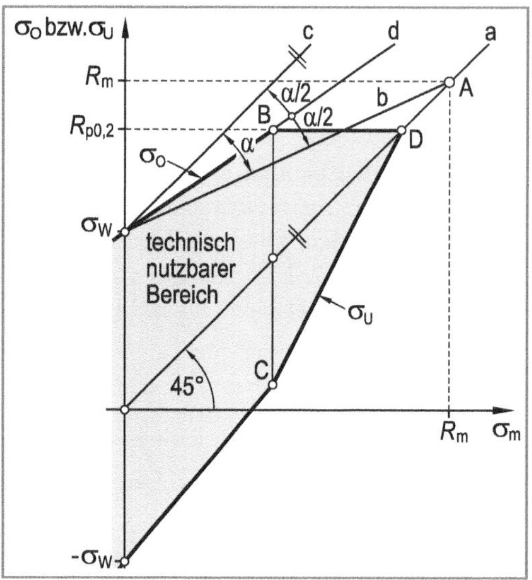

Bild 13.26 Näherungskonstruktion des DFS nach Smith für duktile Werkstoffe

Konstruktionsbeschreibung (Bild 13-26):

1. Zeichnen eines σ-σ_m-Koordinatensystems und Einzeichnen der ersten Winkelhalbierenden (Gerade *a*).
2. Einzeichnen der Wechselfestigkeit (σ_W bzw. -σ_W).
3. Einzeichnen der Verbindungsgeraden (Gerade *b*) zwischen σ_W und dem Schnittpunkt einer Parallelen zur Abszisse durch R_m mit der Linie *a* (Schnittpunkt *A*).
4. Konstruktion einer Parallelen zur Geraden *a* durch σ_W (Gerade *c*).
5. Konstruktion der Winkelhalbierenden zum Winkel α (Gerade *d*).
6. Gerade *d* schneidet Parallele zur Abszisse durch $R_{p0,2}$ im Punkt *B* (Begrenzung der Oberspannung durch die Streck- bzw. Dehngrenze).
7. Spiegelung des Punktes *B* an der Geraden *a* ergibt den Punkt *C*.
8. Linienzug σ_W - B - D - C - -σ_W ist die gesuchte Näherungskonstruktion des DFS nach Smith für duktile Werkstoffe.

Spröde Werkstoffe:

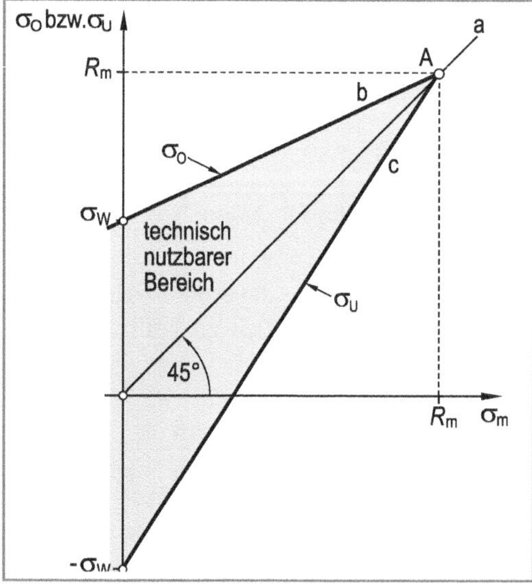

Bild 13.27 Näherungskonstruktion des DFS nach Smith für spröde Werkstoffe

Konstruktionsbeschreibung (Bild 13-27):

1. Zeichnen eines σ-σ_m-Koordinatensystems und Einzeichnen der ersten Winkelhalbierenden (Gerade *a*).
2. Einzeichnen der Wechselfestigkeit (σ_W bzw. -σ_W).
3. Einzeichnen der Verbindungsgeraden (Gerade *b*) zwischen σ_W und dem Schnittpunkt einer Parallelen zur Abszisse durch R_m mit der Linie *a* (Schnittpunkt *A*)
4. Verbinden des Schnittpunktes *A* mit der Wechselfestigkeit -σ_W (Gerade *c*).
5. Linienzug σ_W - A - -σ_W ist die gesuchte Näherungskonstruktion des DFS nach Smith für spröde Werkstoffe.

Auf analoge Weise konstruiert man auch die Dauerfestigkeitsschaubilder für duktile und spröde Werkstoffe unter der Wirkung von Schubspannungen. Im Falle einer Torsionsbeanspruchung ist die Zugfestigkeit R_m durch die Torsionsfestigkeit τ_{tB}, die Dehngrenze $R_{p0,2}$ durch die Torsionsfließgrenze τ_{tF} (Kapitel 2.5.3) und die Zug-Druck- bzw. Biegewechselfestigkeit durch die Schubwechselfestigkeit τ_W (Tabelle 13.2) zu ersetzen.

13.7.1.2 Dauerfestigkeitsschaubild nach Haigh

Die Darstellung nach Haigh (Dauerfestigkeitsschaubild nach Haigh) ist heute aufgrund der Übersichtlichkeit und der Möglichkeit zur analytischen Formulierung der Grenzkurve üblich.

a) Deutung des Dauerfestigkeitsschaubildes nach Haigh

Trägt man für unterschiedliche Mittelspannungen die jeweils zugehörigen, dauernd ertragbaren Spannungsamplituden σ_{AD} über der entsprechenden Mittelspannung σ_m auf, dann erhält man das Dauerfestigkeitsschaubild nach Haigh, Bild 13.28. Diese Art der Auftragung hat sich, wie bereits erwähnt, aufgrund der übersichtlichen grafischen Darstellung und der Möglichkeit zur einfachen analytischen Formulierung der Grenzlinie weitgehend durchgesetzt.

Die Benennung der Ordinate des Dauerfestigkeitsschaubildes muss näher erläutert werden. Ein DFS beinhaltet neben der Grenzkurve für die dauernd ertragbare Spannungsamplitude $\sigma_{AD} = f(\sigma_m)$ häufig noch Betriebspunkte ($\sigma_m \,|\, \sigma_a$) und ggf. diverse Grenz- und Hilfslinien $\sigma_a = f(\sigma_m)$ wie zum Beispiel Linien mit R = konstant sowie Grenzkurven für plastische Verformung und Bruch. Dementsprechend stehen der Eindeutigkeit halber (zumindest im Rahmen dieses Lehrbuches) an der Ordinate zuerst die Bezeichnungen σ_{AD} (dauernd ertragbare Spannungsamplitude) *und* σ_a (beliebige Spannungsamplitude).

Aus dem Dauerfestigkeitsschaubild wird ersichtlich, dass die dauernd ertragbare Spannungsamplitude σ_{AD} bei Vorhandensein einer Zugmittelspannung abnimmt, bei einer Druckmittelspannung hingegen zunimmt. Für $\sigma_m = 0$, also für eine reine Wechselbeanspruchung, wird $\sigma_{AD} = \sigma_W$. Erreicht die Mittelspannung die Zugfestigkeit ($\sigma_m = R_m$), dann kann keine zusätzliche Amplitude mehr aufgenommen werden, d. h. $\sigma_{AD} = 0$. Der Schnittpunkt der Grenzkurve $\sigma_{AD}(\sigma_m)$ mit der Winkelhalbierenden im 1. Quadranten führt auf die halbe Zugschwellfestigkeit $\sigma_{Sch}/2$.

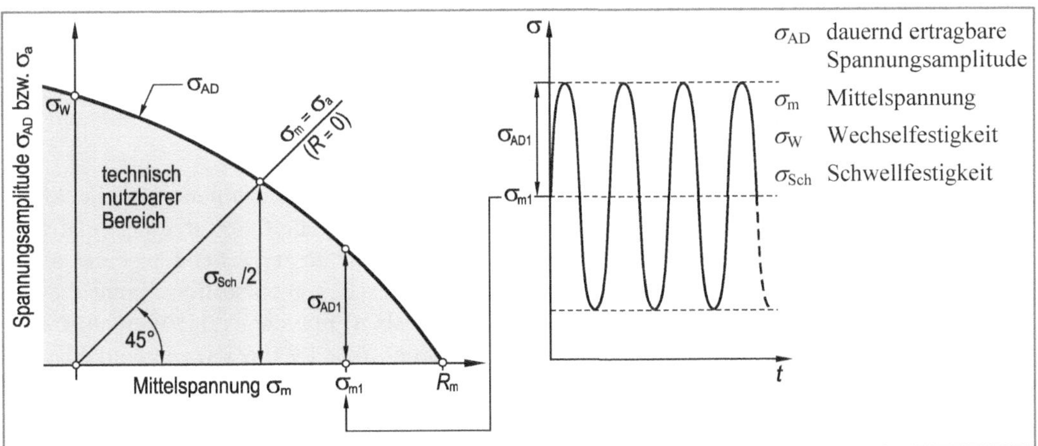

Bild 13.28 Entstehung des Dauerfestigkeitsschaubildes nach Haigh für Normalspannungen und duktile Werkstoffe unter der Wirkung von Normalspannungen

Beanspruchungen mit konstantem Spannungsverhältnis R erscheinen im DFS nach Haigh als Ursprungsgerade. Es gilt:

$$R = \frac{\sigma_u}{\sigma_o} = \frac{\sigma_m - \sigma_a}{\sigma_m + \sigma_a} \tag{13.39}$$

aus Gleichung 13.39 folgt nach Umformung:

$$\sigma_a = \frac{1-R}{1+R} \cdot \sigma_m \tag{13.40}$$

Die Steigung der Ursprungsgeraden ergibt sich dann unter der Voraussetzung gleicher Teilung des Abszissen- und Ordinatenmaßstabes zu:

$$\tan\alpha = \frac{\sigma_a}{\sigma_m} = \frac{1-R}{1+R} \tag{13.41}$$

Ursprungsgerade mit konstantem Spannungsverhältnis im DFS nach Haigh

b) Mittelspannungsempfindlichkeit

Zur Kennzeichnung des Einflusses der Mittelspannung auf die dauernd ertragbare Spannungsamplitude wird die **Mittelspannungsempfindlichkeit *M*** eingeführt.

Die Mittelspannungsempfindlichkeit *M* ist definiert als die Neigung der Sekante zwischen der Wechselfestigkeit σ_W und der halben Zugschwellfestigkeit ($\sigma_{Sch}/2$). Sofern der Winkel α im DFS eingezeichnet bzw. aus dem DFS entnommen werden muss, ist auf gleiche Achseinteilung von Abszisse und Ordinate zu achten (Bild 13.29).

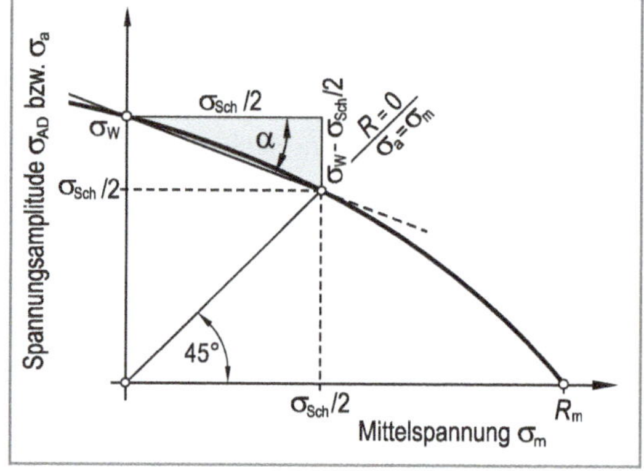

Bild 13.29 Definition der Mittelspannungsempfindlichkeit im DFS nach Haigh

Für die Mittelspannungsempfindlichkeit gilt:

$$M = \tan\alpha = \frac{\sigma_W - \sigma_{Sch}/2}{\sigma_{Sch}/2} \tag{13.42}$$

Definition der Mittelspannungsempfindlichkeit

Gleichung 13.42 gilt in analoger Weise für die Wirkung von Schubspannungen, falls die Normalspannung σ durch die Schubspannung τ ersetzt wird.

Eine geringe Empfindlichkeit der dauernd ertragbaren Spannungsamplitude auf die Mittelspannung (eine geringe Mittelspannungsempfindlichkeit also) äußert sich in einer relativ flachen Neigung, eine hohe Mittelspannungsempfindlichkeit dementsprechend in einer steilen Neigung der Sekante zwischen σ_W und $\sigma_{Sch}/2$. Bei metallischen Werkstoffen nimmt die Mittelspannungsempfindlichkeit (für glatte und gekerbte Proben) mit steigender Werkstofffestigkeit zu. Höherfeste Al-Legierungen oder hochfeste Stähle ($R_m > 1800$ MPa) zeigen daher hohe Mittelspannungsempfindlichkeiten von $M = 0{,}5 \ldots 0{,}7$ (Bild 13.30).

Die Mittelspannungsempfindlichkeit ist streng genommen kein echter Werkstoffkennwert, da insbesondere bei gekerbten Bauteilen aus Werkstoffen mit niedriger und mittlerer Festigkeit im Kerbgrund mit zunehmender Mittelspannung örtliches Fließen eintritt. Dies führt zur Ausbildung von Druckeigenspannungen, deren Größe u. a. von der Höhe der Mittelspannung abhängen. Diese Druckeigenspannungen überlagern sich der Zugmittelspannung aus der äußeren Belastung und vermindern dementsprechend deren Wirkung im Bereich des Kerbgrundes.

Zur rechnerischen Ermittlung der Mittelspannungsempfindlichkeit muss zwischen der Wirkung von Normalspannungen und Schubspannungen unterschieden werden.

Wirkung von Normalspannungen:
Unter der Wirkung von Normalspannungen errechnet sich die Mittelspannungsempfindlichkeit M_σ für nicht geschweißte Bauteile zu [2]:

- Stahl: [1] $M_\sigma = 0{,}00035 \cdot R_m - 0{,}10$ (13.43)
- Stahlguss: $M_\sigma = 0{,}00035 \cdot R_m + 0{,}05$ (13.44)
- GJL: [2] $M_\sigma = 0{,}5$ (13.45)
- GJS: [3] $M_\sigma = 0{,}00035 \cdot R_m + 0{,}08$ (13.46)
- Temperguss: $M_\sigma = 0{,}00035 \cdot R_m + 0{,}13$ (13.47)
- Al-Knetlegierungen: $M_\sigma = 0{,}001 \cdot R_m - 0{,}04$ (13.48)
- Al-Gusslegierungen: $M_\sigma = 0{,}001 \cdot R_m + 0{,}20$ (13.49)

In Bild 13.30 ist die Mittelspannungsempfindlichkeit unter der Wirkung von Normalspannungen (M_σ) technisch wichtiger Konstruktionswerkstoffe veranschaulicht. Mit eingezeichnet sind die gemäß FKM-Richtlinie [2] vorgeschlagenen Gleichungen 13.43 bis 13.45 und Gleichungen 13.47 bis 13.49.

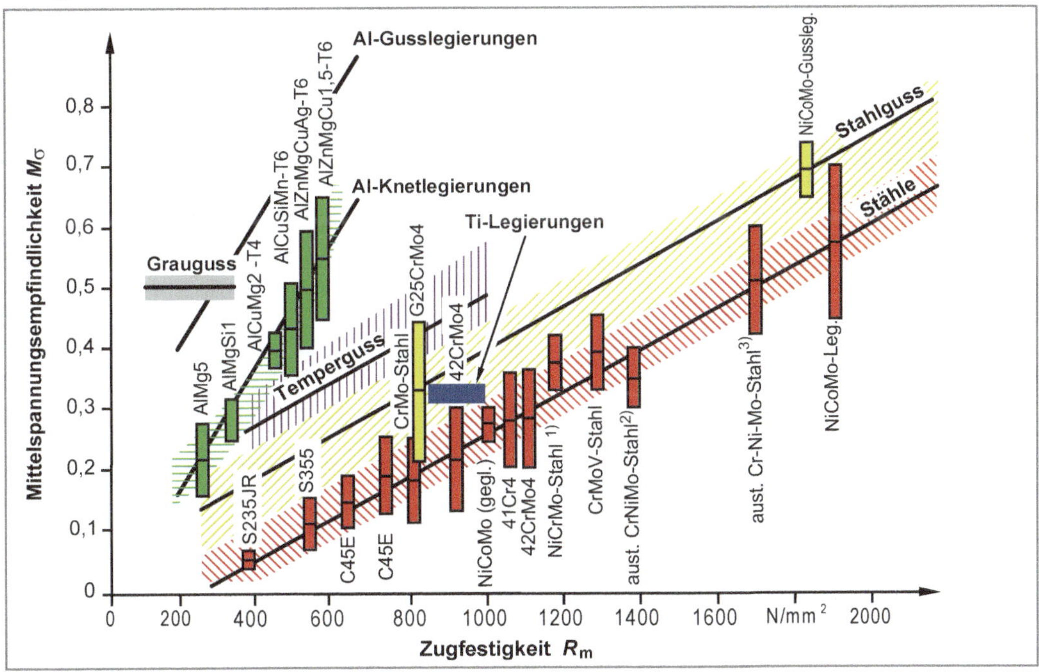

[1] etwa 0,3% C, 2% Cr, 2% Ni, 0,4% Mo
[2] 15% Cr, 7% Ni, 2,2% Mo
[3] 15,5% Cr, 4,25% Ni, 2,75% Mo
T4 = kalt ausgehärtete Al-Legierung
T6 = warm ausgehärtete Al-Legierung

Streubereich für:
- gekerbte Flachstäbe ($\alpha_k = 1{,}0 \ldots 5{,}0$)
- axiale Beanspruchung
- $N_D = 10^4 \ldots 10^6$ ($P_A = 50\%$)

Bild 13.30 Mittelspannungsempfindlichkeit M_σ wichtiger Konstruktionswerkstoffe mit Beispielen (Anhaltswerte). Durchgezogene Linien nach FKM-Richtlinie [2].

[1] auch für nichtrostende Stähle
[2] GJL: Gusseisen mit Lamellengraphit
[3] GJS: Gusseisen mit Kugelgraphit

Unter der Wirkung von Schubspannungen errechnet sich die Mittelspannungsempfindlichkeit M_τ für nicht geschweißte Bauteile zu [2]:

- Stahl [1] $M_\tau = 0{,}577 \cdot M_\sigma$ (13.50)
- Stahlguss: $M_\tau = 0{,}577 \cdot M_\sigma$ (13.51)
- GJL: [2] $M_\tau = 0{,}850 \cdot M_\sigma$ (13.52)
- GJS: [3] $M_\tau = 0{,}650 \cdot M_\sigma$ (13.53)
- Temperguss: $M_\tau = 0{,}750 \cdot M_\sigma$ (13.54)
- Al-Knetlegierungen: $M_\tau = 0{,}577 \cdot M_\sigma$ (13.55)
- Al-Gusslegierungen: $M_\tau = 0{,}750 \cdot M_\sigma$ (13.56)

c) Näherungskonstruktion für das Dauerfestigkeitschaubild nach Haigh

Auch für das Dauerfestigkeitsschaubild nach Haigh kann eine Näherungskonstruktion bzw. eine Näherungsgleichung angegeben werden. Hierbei ist ebenfalls zu unterscheiden zwischen duktilen und spröden Werkstoffen sowie zwischen Normal- und Schubspannungen.

Wirkung von Normalspannungen:

Für **duktile Werkstoffe** kann unter der Wirkung von Normalspannungen das DFS nach Haigh durch eine Parabel mit Scheitel im Punkt (R_m | 0) angenähert werden (Bild 13.31a).

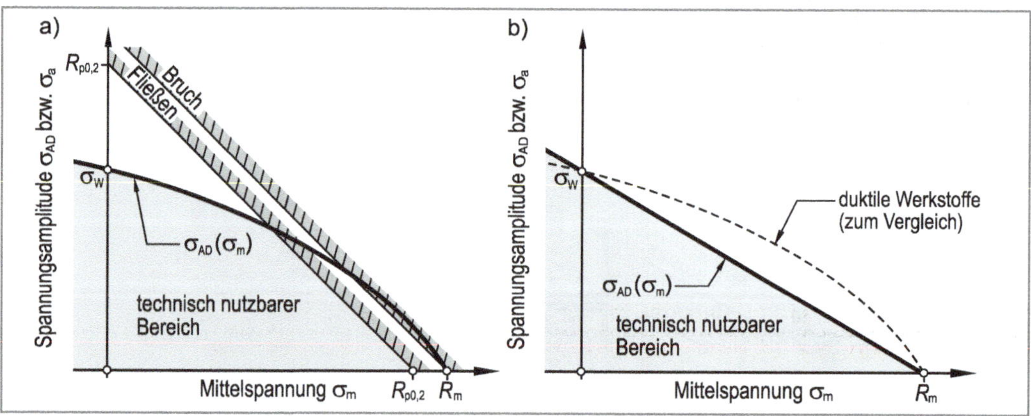

Bild 13.31 Näherungskonstruktionen für das DFS nach Haigh für duktile und spröde Werkstoffe unter der Wirkung von Normalspannungen

Bei duktilen Werkstoffen ist es sinnvoll, im DFS nach Haigh die Grenzkurve für plastische Verformung (statische Fließgrenze) bzw. die Grenzkurve für Zähbruch zu ergänzen. Bei Zugbeanspruchung ist mit plastischen Verformungen zu rechnen, sobald die Oberspannung $\sigma_o = \sigma_a + \sigma_m$ die Streck- bzw. Dehngrenze (R_e bzw. $R_{p0,2}$) erreicht. Die Fließbedingung lautet damit:

$$\sigma_a + \sigma_m = R_{p0,2}$$

hieraus folgt nach Umformung die Grenzkurve für plastische Verformung im DFS nach Haigh:

$$\sigma_a(\sigma_m) = R_{p0,2} - \sigma_m$$ **Grenzkurve für plastische Verformung im DFS nach Haigh** (13.57)

Gleichung 13.57 stellt im σ_a-σ_m-Diagramm (Haigh-Diagramm) eine Gerade mit Achsenabschnitt $R_{p0,2}$ und Steigung –1 dar (Grenzkurve für plastische Verformung).

[1] auch für nichtrostende Stähle
[2] GJL: Gusseisen mit Lamellengraphit
[3] GJS: Gusseisen mit Kugelgraphit

Bei Druckbeanspruchung erhält man in analoger Weise mit der Druckfließgrenze σ_{dF} anstelle der Dehngrenze $R_{p0,2}$ die Beziehung:

$$\sigma_a(\sigma_m) = \sigma_{dF} - \sigma_m \quad \text{mit } \sigma_m < 0 \tag{13.58}$$

Auf analoge Weise erhält man die Grenzkurve für Zähbruch zu:

$$\sigma_a(\sigma_m) = R_m - \sigma_m \tag{13.59}$$

Grenzkurve für Bruch im DFS nach Haigh

Die (dauernd ertragbare Spannungsamplitude σ_{AD} kann für duktile Werkstoffe unter der Wirkung von Normalspannungen (bis zum Eintritt erster plastischer Verformungen) durch die folgende Näherungsgleichung beschrieben werden:

$$\sigma_{AD} = \sigma_W \cdot \sqrt{1 - \frac{\sigma_m}{R_m}} \tag{13.60}$$

Dauernd ertragbare Normalspannungsamplitude für duktile Werkstoffe

σ_W = Zug-Druck- oder Biegewechselfestigkeit (Kapitel 13.5.6)
σ_{AD} = dauernd ertragbare (Normal-)Spannungsamplitude
σ_m = Mittelspannung
R_m = Zugfestigkeit

Für **spröde Werkstoffe** wird unter der Wirkung von Normalspannungen die dauernd ertragbare Spannungsamplitude σ_{AD} im DFS nach Haigh durch eine Gerade durch die Punkte $(0 \mid \sigma_W)$ und $(R_m \mid 0)$ angenähert (Bild 13.31b). Dieser auf ***J. Goodman*** zurückgehende Vorschlag bezeichnet man deshalb auch als **Goodman-Gerade**. Der geradlinige Verlauf trägt dem experimentellen Befund Rechnung, dass spröde Werkstoffe eine höhere Mittelspannungsempfindlichkeit haben gegenüber den duktilen Werkstoffen. Für spröde Werkstoffe kann unter der Wirkung von Normalspannungen die Grenzlinie des DFS nach Haigh demnach durch die folgende Gleichung beschrieben werden:

$$\sigma_{AD} = \sigma_W \cdot \left(1 - \frac{\sigma_m}{R_m}\right) \tag{13.61}$$

Dauernd ertragbare Normalspannungsamplitude für spröde Werkstoffe

Wirkung von Schubspannungen:
Wird einem statisch vorgespannten Torsionsstab eine Torsionsschwingung überlagert, dann hat die Richtung der statischen Vorspannung auf die dauernd ertragbare Amplitude keinen Einfluss. Dementsprechend ist das DFS nach Haigh für Schubbeanspruchung sowohl für duktile als auch für spröde Werkstoffe symmetrisch zur Ordinate (τ_{AD}-Achse).

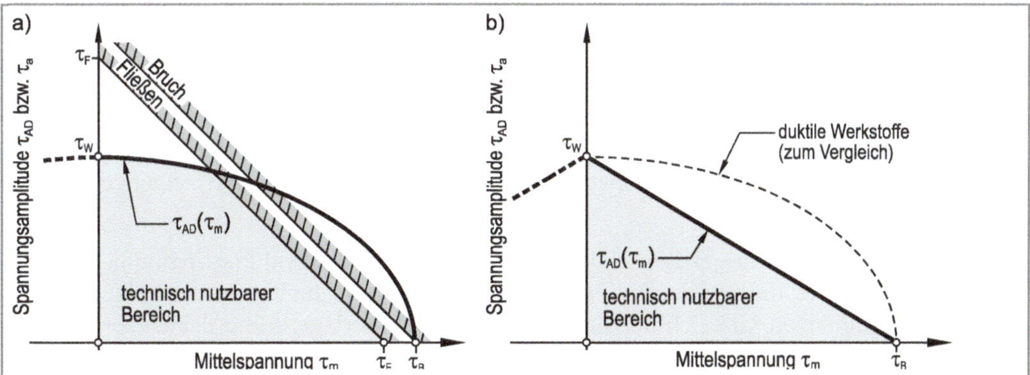

Bild 13.32 Näherungskonstruktionen für das DFS nach Haigh für duktile und spröde Werkstoffe unter der Wirkung von Schubspannungen

Für **duktile Werkstoffe** kann unter der Wirkung von Schubspannungen die dauernd ertragbare Schubspannungsamplitude τ_{AD} im DFS nach Haigh durch eine Ellipse angenähert (Bild 13.32a) und dementsprechend durch die folgende Gleichung beschrieben werden:

$$\tau_{AD} = \tau_W \cdot \sqrt{1 - \left(\frac{\tau_m}{\tau_B}\right)^2}$$

Dauernd ertragbare Schubspannungsamplitude für duktile Werkstoffe (13.62)

τ_W = Schub- oder Torsionswechselfestigkeit (Kapitel 13.5.6)
τ_{AD} = dauernd ertragbare Schubspannungsamplitude
τ_m = Schubmittelspannung
τ_B = Torsionsfestigkeit bei Torsionsbeanspruchung (Kapitel 2.5.3) bzw. Abscherfestigkeit bei Abscherbeanspruchung (Kapitel 2.4.5)

Für **spröde Werkstoffe** wird unter der Wirkung von Schubspannungen die dauernd ertragbare Spannungsamplitude τ_{AD} in DFS nach Haigh ebenfalls durch eine Gerade durch die Punkte $(0 \mid \tau_W)$ und $(R_m \mid 0)$ angenähert (Bild 13.32b). Die Grenzkurve kann dementsprechend für spröde Werkstoffe unter der Wirkung von Schubspannungen wie folgt beschrieben werden:

$$\tau_{AD} = \tau_W \cdot \left(1 - \frac{|\tau_m|}{\tau_B}\right)$$

Dauernd ertragbare Schubspannungsamplitude für spröde Werkstoffe (13.63)

Das DFS nach Haigh lässt sich aus dem DFS nach Smith ableiten, falls man bei einer gegebenen Mittelspannung die dauernd ertragbare Amplitude nicht an der 45°-Linie sondern an der Abszisse aufträgt. Die Vorteile des DFS nach Haigh sind eine einfache analytische Formulierung der Grenzkurven und ein einfaches Eintragen von Betriebspunkten. Das DFS in der Darstellung nach Smith erlaubt hingegen eine anschauliche Zuordnung des Beanspruchungsniveaus der Schwingung zum Schaubild. Außerdem erscheinen die Grenzlinien für plastische Verformung in der Darstellung nach Smith anschaulich als Parallelen zur Abszisse.

13.7.1.3 Neue Vorschläge für das Dauerfestigkeitsschaubild für duktile Stähle

Das Dauerfestigkeitsschaubild in der Darstellung nach Haigh wurde für *duktile Stähle* zwischenzeitlich weiterentwickelt. Anstelle eines parabolischen oder elliptischen Verlaufes der Grenzkurven (Bild 13.31a und 13.32a) ist es heute in Übereinstimmung mit experimentellen Beobachtungen üblich, das Dauerfestigkeitsschaubild durch Geradenstücke anzunähern. Hierbei ist zu unterschieden zwischen der Wirkung von Normal- und Schubspannungen.

Wirkung von Normalspannungen

Für duktile Stähle unter der Wirkung von Normalspannungen ist in Bild 13.33 eine neuere Variante des DFS nach Haigh [2] wiedergegeben.

Im Bereich zwischen reiner Druckschwellbeanspruchung ($R = -\infty$) und reiner Zugschwellbeanspruchung ($R = 0$), also im Zug-Druck-Wechselbereich, wird das DFS durch eine Gerade mit der Steigung $-M_\sigma$ (M_σ = Mittelspannungsempfindlichkeit für Normalspannungen, Kapitel 13.7.1.2) angenähert.

Oberhalb von $R = 0$ (niedriger Zugschwellbereich) treten zunehmend Plastifizierungen auf, da die Oberspannung σ_o die Streck- bzw. Dehngrenze lokal überschreitet. In der Folge entstehen Druckeigenspannungen, die sich der Zugmittelspannung überlagern und dementsprechend zu einer Verbesserung der Schwingfestigkeit führen. Daher verläuft das DFS oberhalb von $R = 0$ mit einer geringeren Steigung $M'_\sigma < M_\sigma$. Häufig wird $M'_\sigma = M_\sigma / 3$ vorgeschlagen (z. B. [2]).

Mit Überschreiten von $R = 0{,}5$ (hoher Zugschwellbereich) ist schließlich keine signifikante Abhängigkeit der dauernd ertragbaren Spannungsamplitude von der Mittelspannung mehr zu beobachten, so dass sich ein horizontaler Verlauf einstellt ($M_\sigma = 0$). Nach oben wird das DFS durch die Formdehngrenze (Fließbeginn) bzw. durch den Zähbruch begrenzt.

Im Druckschwellbereich ($1 < R \leq \infty$) wird die ertragbare Spannungsamplitude unabhängig von der Mittelspannung ($M_\sigma = 0$). Das DFS stellt sich dort also ebenfalls als Gerade mit horizontalem Verlauf dar.

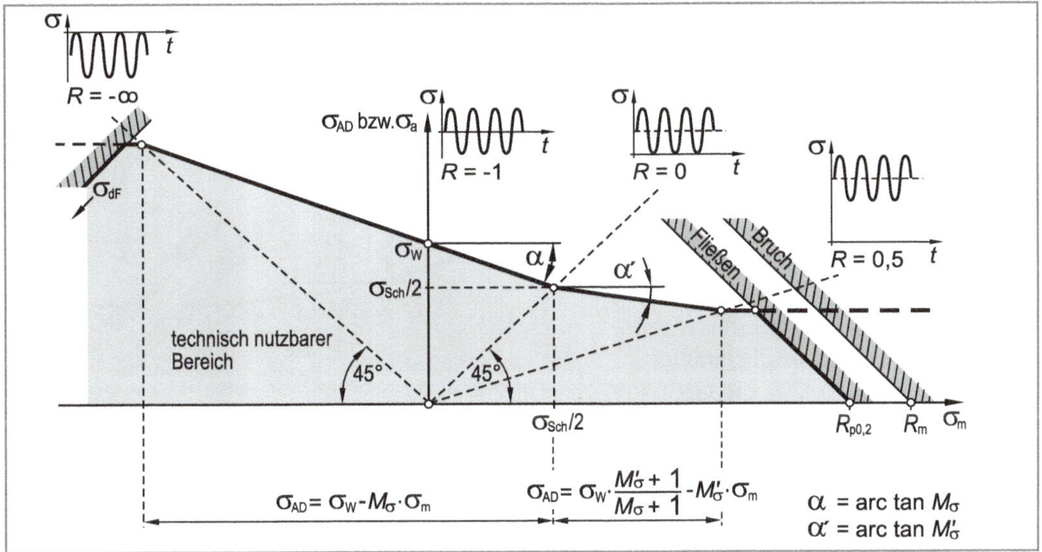

Bild 13.33 Weiterentwickeltes Dauerfestigkeitsschaubild nach Haigh für duktile Stähle unter der Wirkung von Normalspannungen

Das weiterentwickelte DFS kann unter der Wirkung von Normalspannungen dementsprechend durch die nachfolgenden Gleichungen beschrieben werden.

Für $\dfrac{\sigma_W}{M_\sigma - 1} \leq \sigma_m \leq \dfrac{\sigma_W}{M_\sigma + 1}$:

$$\sigma_{AD} = \sigma_W - M_\sigma \cdot \sigma_m$$

Dauernd ertragbare Normalspannungsamplitude für duktile Stähle (13.64)

Für $\dfrac{\sigma_W}{M_\sigma + 1} < \sigma_m \leq \dfrac{3 \cdot \sigma_W}{3 \cdot M'_\sigma + 1} \cdot \dfrac{M'_\sigma + 1}{M_\sigma + 1}$:

$$\sigma_{AD} = \sigma_W \cdot \frac{M'_\sigma + 1}{M_\sigma + 1} - M'_\sigma \cdot \sigma_m$$

Dauernd ertragbare Normalspannungsamplitude für duktile Stähle (13.65)

Für $\frac{3 \cdot \sigma_W}{3 \cdot M'_\sigma + 1} \cdot \frac{M'_\sigma + 1}{M_\sigma + 1} < \sigma_m < \infty$:

$$\sigma_{AD} = \frac{\sigma_W}{3 \cdot M'_\sigma + 1} \cdot \frac{M'_\sigma + 1}{M_\sigma + 1}$$ **Dauernd ertragbare Normalspannungsamplitude für duktile Stähle** (13.66)

Für $-\infty < \sigma_m < \frac{\sigma_W}{M_\sigma - 1}$:

$$\sigma_{AD} = \frac{\sigma_W}{1 - M_\sigma}$$ **Dauernd ertragbare Normalspannungsamplitude für duktile Stähle** (13.67)

Wirkung von Schubspannungen:

Unter der Wirkung von Schubspannungen stellt sich das weiterentwickelte DFS nach Haigh für duktile Werkstoffe analog zu Bild 13.33 dar. Aufgrund der Tatsache, dass die Richtung der statischen Vorspannung keinen Einfluss auf die dauernd ertragbare Spannungsamplitude hat (s. o.), ist die Grenzlinie des DFS symmetrisch zur Ordinate (τ_A-Achse) bzw. der Bereich für ein Spannungsverhältnis $R < -1$ entfällt in der Darstellung (Bild 13.34).

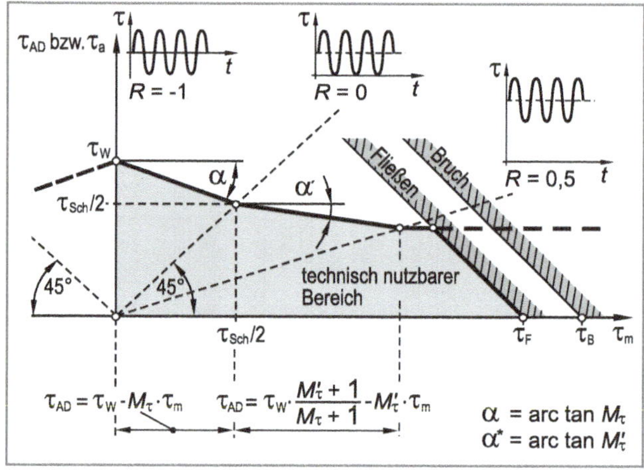

Bild 13.34 Weiterentwickeltes Dauerfestigkeitsschaubild nach Haigh für duktile Stähle unter der Wirkung von Schubspannungen

Die Gleichungen 13.64, 13.65 und 13.66 können sinngemäß auch unter der Wirkung von Schubspannungen angewandt werden, falls σ_{AD} durch τ_{AD}, σ_m durch τ_m und M_σ bzw. M'_σ durch M_τ bzw. M'_τ ersetzt werden.

13.7.1.4 Berücksichtigung der Mittelspannung im Festigkeitsnachweis

Liegt eine mittelspannungsbehaftete Schwingbeanspruchung vor, dann kann Gleichung 13.38 sinngemäß angewandt werden, falls die Wechselfestigkeit σ_W durch die dauernd ertragbare Spannungsamplitude σ_{AD} ersetzt wird.

$$\sigma_a \leq \sigma_{a\,zul} = \frac{\sigma_{AD}}{S_D}$$ **Festigkeitsbedingung unter Schwingbeanspruchung ungekerbter Bauteile mit polierter Oberfläche unter der Wirkung einer von Null verschiedenen Mittelspannung** (13.68)

σ_a = (Last-)Spannungsamplitude
$\sigma_{a\,zul}$ = zulässige Spannungsamplitude
σ_{AD} = dauernd ertragbare (Normal-)Spannungsamplitude entsprechend Kapitel 13.7.1.1 bis 13.7.1.3
S_D = Sicherheitsbeiwert gegen Schwingbruch ($S_D \geq 2{,}5$)

13.7.2 Einfluss der Oberflächenrauigkeit

Während bei statischer Beanspruchung eine geringe Abhängigkeit der Werkstoffkennwerte (R_m, $R_{p0,2}$ bzw. R_e) von der Oberflächenrauigkeit zu beobachten ist, ist der Zustand der Oberfläche (Oberflächenrauigkeit) auf die Kennwerte der Schwingfestigkeit (z. B. σ_W) von erheblicher Bedeutung. Hierfür gibt es mehrere Ursachen:

1. Die maximale Spannung tritt in der Regel an der Oberfläche auf (z. B. bei Biegung und Torsion).
2. Das Oberflächenprofil begünstigt infolge Mikrokerbwirkung eine oberflächliche Mikrorissbildung.
3. Die Oberflächen sind häufig Riss erzeugenden Einflüssen wie z. B. Korrosion ausgesetzt.

Der Einfluss der Oberfläche wird rechnerisch durch einen Korrekturfaktor, den **Oberflächenfaktor C_O** (bisweilen auch als **Rauheitsfaktor** bezeichnet) berücksichtigt. Mit diesem Faktor wird allerdings nur der zeitlich veränderliche Anteil einer Schwingbeanspruchung, die Amplitude also, korrigiert. Für eine polierte Oberfläche ($Rz \leq 1\,\mu m$) als Referenzzustand gilt: $C_O = 1$.

Zur Quantifizierung des Oberflächenfaktors muss zwischen Normal- und Schubspannungen unterschieden werden.

13.7.2.1 Oberflächenfaktor unter der Wirkung von Normalspannungen

Unter der Wirkung von Normalspannungen kann der Betrag des Oberflächenfaktors $C_{O\sigma}$ in Abhängigkeit der Zugfestigkeit des Werkstoffs sowie des Oberflächenzustandes (Rz-Wert nach ISO 4287) für Walzstähle, Eisengusswerkstoffe und Gusseisen mit Lamellengraphit aus Bild 13.35 entnommen werden.

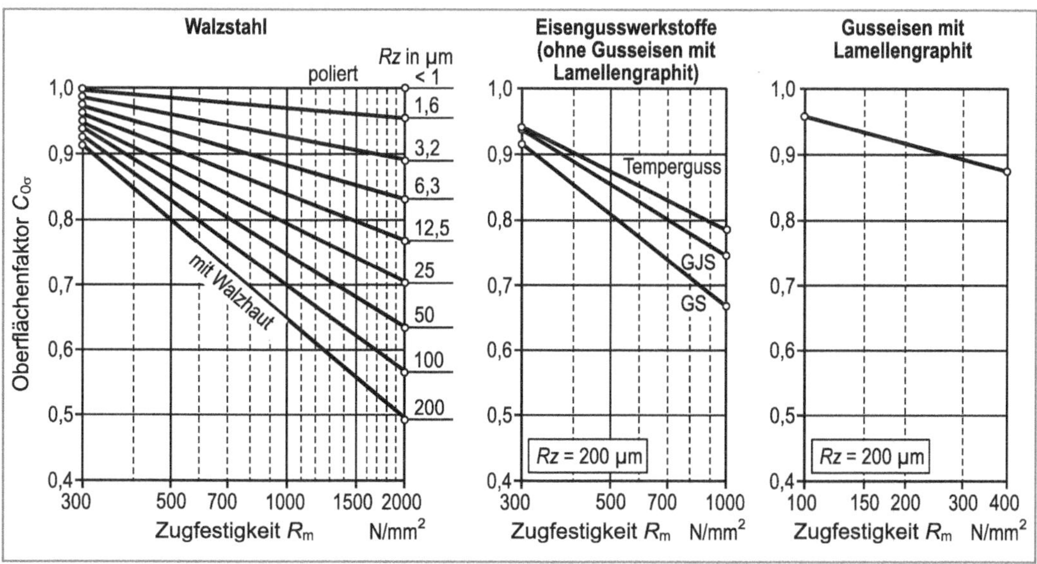

Bild 13.35 Oberflächenfaktor $C_{O\sigma}$ unter der Wirkung von Normalspannungen für Walzstahl, Temperguss, Gusseisen mit Kugelgraphit (GJS), Stahlguss (GS) und Gusseisen mit Lamellengraphit [2]

Alternativ kann der Oberflächenfaktor $C_{O\sigma}$ für Stähle und Eisengusswerkstoffe auch mit Hilfe der nachfolgenden der Korrelationsgleichung nach *Hück* [20] abgeschätzt werden:

$$C_{O\sigma} = 1 - 0{,}22 \cdot (\lg Rz)^{0{,}64} \cdot \lg R_m + 0{,}45 \cdot (\lg Rz)^{0{,}53}$$ **Rauheitsfaktor nach *Hück*** (13.69)

$C_{O\sigma}$ = Oberflächenfaktor unter der Wirkung von Normalspannungen
Rz = Rz-Wert (µm)
R_m = Zugfestigkeit (N/mm²)

Für Aluminium*knet*legierungen ergibt sich der Oberflächenfaktor $C_{O\sigma}$ unter Wirkung von Normalspannungen näherungsweise nach FKM-Richtlinie [2]:

$$C_{O\sigma} = 1 - 0{,}22 \cdot \lg Rz \cdot \lg\left(\frac{2 \cdot R_m}{133}\right)$$ **Rauheitsfaktor für Aluminium*knet*legierungen unter der Wirkung von Normalspannungen** (13.70)

Für Aluminium*guss*legierungen folgt entsprechend [2]:

$$C_{O\sigma} = 1 - 0{,}20 \cdot \lg Rz \cdot \lg\left(\frac{2 \cdot R_m}{133}\right)$$ **Rauheitsfaktor für Aluminium*guss*legierungen unter der Wirkung von Normalspannungen** (13.71)

Bild 13.35 bzw. Gleichung 13.69 bis 13.71 lassen erkennen, dass mit zunehmender Festigkeit des Werkstoffs der Einfluss der Oberflächenbeschaffenheit auf die Schwingfestigkeit zunimmt (C_O sinkt mit zunehmendem R_m). Ursache ist eine mit steigender Festigkeit in der Regel abnehmende plastische Verformungsfähigkeit des Werkstoffs. Ein vermindertes Verformungsvermögen führt aber zu einer höheren Kerbempfindlichkeit. Die Schwingfestigkeit hochfester Werkstoffe wird damit durch Kerben und auch durch die Oberflächenrauhigkeit („Mikrokerben“) besonders stark vermindert.

13.7.2.2 Oberflächenfaktor unter der Wirkung von Schubspannungen

Unter der Wirkung von Schubspannungen kann der Betrag des Oberflächenfaktors $C_{O\tau}$ in Abhängigkeit der Werkstoffart aus Bild 13.36 entnommen werden.

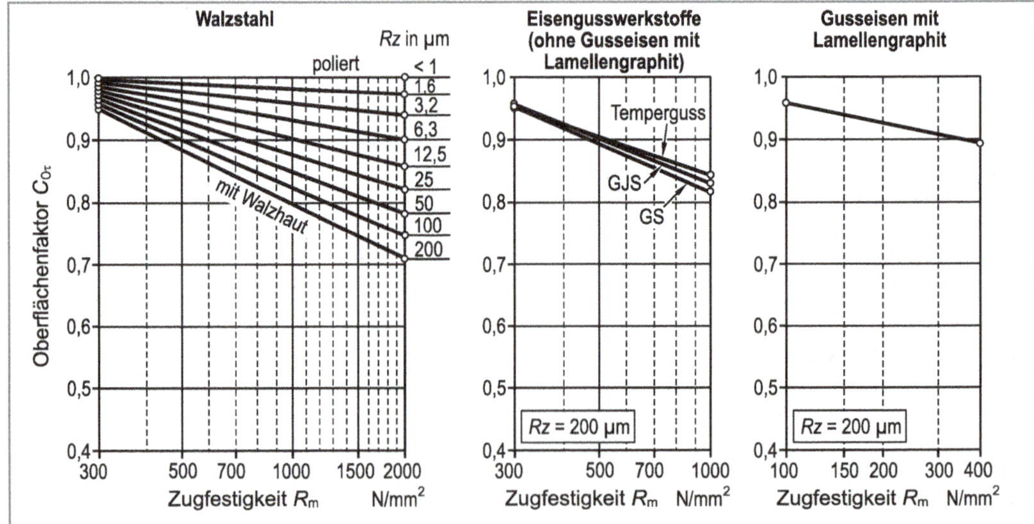

Bild 13.36 Oberflächenfaktor $C_{O\tau}$ unter der Wirkung von Schubspannungen für Walzstahl, Temperguss, Gusseisen mit Kugelgraphit (GJS), Stahlguss (GS) und Gusseisen mit Lamellengraphit [2]

Für Aluminium*knet*legierungen kann der Oberflächenfaktor $C_{O\tau}$ unter Wirkung von Schubspannungen aus der nachfolgenden Korrelationsgleichung nach FKM-Richtline [2] abgeschätzt werden:

$$C_{O\tau} = 1 - 0{,}127 \cdot \lg Rz \cdot \lg\left(\frac{2 \cdot R_m}{133}\right)$$

Rauheitsfaktor für Aluminium*knet*legierungen unter der Wirkung von Schubspannungen (13.72)

$C_{O\tau}$ = Oberflächenfaktor unter der Wirkung von Schubspannungen
Rz = Rz-Wert (µm)
R_m = Zugfestigkeit (N/mm²)

Für Aluminium*guss*legierungen folgt [2]:

$$C_{O\tau} = 1 - 0{,}150 \cdot \lg Rz \cdot \lg\left(\frac{2 \cdot R_m}{133}\right)$$

Rauheitsfaktor für Aluminium*guss*legierungen unter der Wirkung von Schubspannungen (13.73)

13.7.2.3 Berücksichtigung des Oberflächeneinflusses im Festigkeitsnachweis

Eine raue Oberfläche ($Rz > 1$ µm) führt zu einer Verminderung der dauernd ertragbaren Spannungsamplitude, also zu einer Verminderung der Beanspruchbarkeit (Bild 13.37).

Im Rahmen eines Festigkeitsnachweises wird dementsprechend (unter der Wirkung von Normalspannungen) die Wechselfestigkeit σ_W mit dem Größenfaktor $C_{O\sigma}$ multipliziert und erhält auf diese Weise die **korrigierte Wechselfestigkeit σ^*_W** (Zug-Druck- oder Biegewechselfestigkeit):

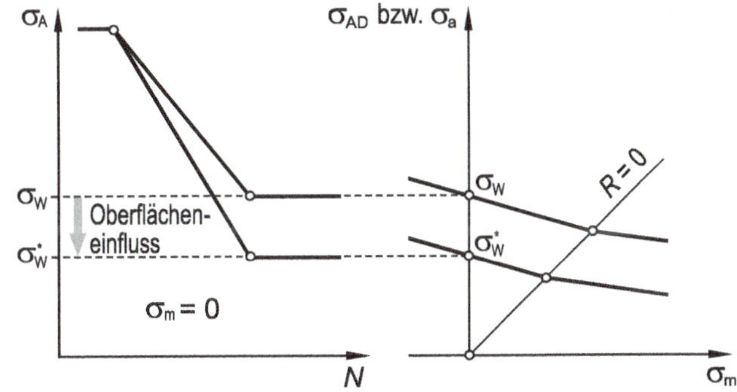

σ_W Wechselfestigkeit
σ^*_W korrigierte Wechselfestigkeit (hier: Zug-Druck- bzw. Biegewechselfestigkeit)
C_O Oberflächenfaktor (Kapitel 13.7.2.1)

Bild 13.37 Ermittlung der korrigierten Wechselfestigkeit

$$\sigma^*_W = C_{O\sigma} \cdot \sigma_W$$

Korrigierte Zug-Druck- bzw. Biegewechselfestigkeit (13.74)

In analoger Weise erhält man bei Schubbeanspruchung (z. B. Torsion) die korrigierte Schubwechselfestigkeit τ^*_W zu:

$$\tau^*_W = C_{O\tau} \cdot \tau_W$$

Korrigierte Schubwechselfestigkeit (13.75)

Die korrigierte Wechselfestigkeit σ^*_W bzw. τ^*_W wird in den entsprechenden Gleichung (z. B. Gleichung 13.42 oder Gleichungen 13.60 bis 13.67 anstelle der Wechselfestigkeit σ_W bzw. τ_W eingesetzt.

13.7.3 Einfluss der Proben- bzw. Bauteilgröße - Größeneinfluss

Ergebnisse aus Schwingfestigkeitsversuchen, die an geometrisch ähnlichen, jedoch unterschiedlich großen Proben bzw. Bauteilen ermittelt werden, stimmen in der Regel nicht überein.

Überträgt man die an kleinen Proben bzw. Bauteilen ermittelten Ergebnisse auf große Proben bzw. Bauteile, so führt dies häufig zu einer Überschätzung des tatsächlichen Werkstoffverhaltens d. h. mit zunehmender Bauteilgröße verschlechtert sich die Schwingfestigkeit (Bild 13.38). Hierfür gibt es im Wesentlichen drei Ursachen:

- Spannungsmechanischer (geometrischer) Größeneinfluss
- Statistischer Größeneinfluss
- Technologischer Größeneinfluss.

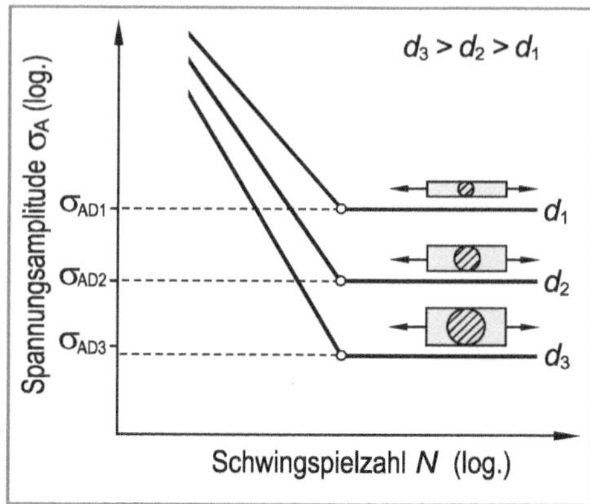

Bild 13.38 Einfluss der Probengröße auf die Schwingfestigkeit am Beispiel des Probendurchmessers

13.7.3.1 Spannungsmechanischer (geometrischer) Größeneinfluss

Für ungekerbte Bauteile, die einer äußeren Beanspruchung unterliegen, die zu einer inhomogenen Spannungsverteilung führt (z. B. Biegung oder Torsion), nimmt bei gleicher Randspannung σ_{max} der Spannungsgradient $\chi = d\sigma / dx$ mit abnehmender Probengröße zu (Bild 13.39a).

Entscheidend für eine Rissinitiierung ist hierbei die Ausdehnung s derjenigen Werkstoffschicht, die mit der Maximalspannung von beispielsweise 0,9 ... 1,0 · σ_{max} beaufschlagt ist. Diese „hoch beanspruchte Schicht" (bzw. das hoch beanspruchte Volumen) hat bei der großen Probe aufgrund ihres flacheren Spannungsgradienten eine größere Ausdehnung ($s_1 > s_2$), Bild 13.39a (gleiche Randspannung vorausgesetzt). Mit zunehmender Größe des hoch beanspruchten Volumens steigt die Wahrscheinlichkeit für das Vorhandensein einer Riss auslösenden Fehlstelle (Kapitel 13.7.3.2). Anders formuliert, ist bei einer milden Kerbe mehr Werkstoffvolumen einer hohen Spannung ausgesetzt. Die Schwingfestigkeit verschlechtert sich dementsprechend. Daher verhalten sich kleine Proben (steiler Spannungsgradient bzw. kleines hoch beanspruchtes Volumen) unter Schwingbeanspruchung günstiger.

Vergleichbare Verhältnisse liegen auch bei gekerbten Proben vor. Auch hier nimmt, gleiche Randspannung vorausgesetzt, mit abnehmender Probengröße der Spannungsgradient zu und damit das hoch beanspruchte Volumen ab (Bild 13.39b).

Der spannungsmechanische Größeneinfluss ist teilweise bereits mit dem Werkstoffkennwert berücksichtigt. So hat zum Beispiel bei ungekerbten Proben bzw. Bauteilen die Biegewechselfestigkeit (σ_{bW}) im Vergleich zur Zug-Druck-Wechselfestigkeit (σ_{zdW}) einen um etwa 10% bis 30% höheren Wert (Tabelle 13.2). Bei gekerbten Proben wird hingegen die Probengröße bei der Ermittlung der Kerbwirkungszahl β_k berücksichtigt (siehe Kapitel 13.7.8.2).

Der spannungsmechanische Größeneinfluss ist bei kleinen Proben (bis etwa 50 mm) besonders ausgeprägt, während bei größeren Proben aufgrund der nur noch geringfügigen Veränderung des Spannungsgradienten ein signifikanter Größeneinfluss kaum mehr zu beobachten ist.

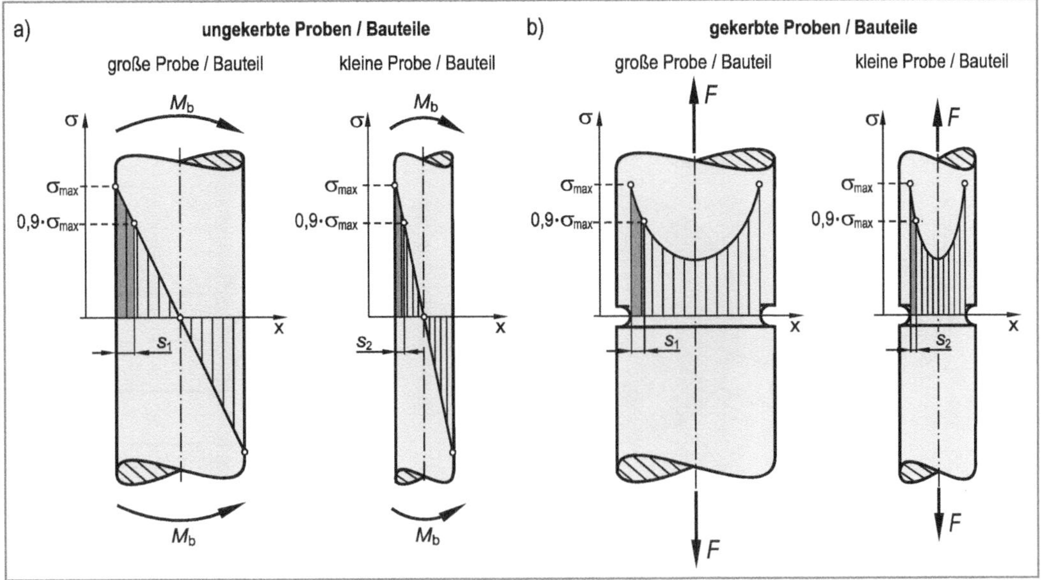

Bild 13.39 Veranschaulichung des spannungsmechanischen Größeneinflusses auf die Schwingfestigkeit

13.7.3.2 Statistischer Größeneinfluss

Mit zunehmender Proben- bzw. Bauteilgröße nimmt auch die Oberfläche bzw. das Volumen zu. Damit steigt die Wahrscheinlichkeit für das Vorhandensein einer Schwingbruch auslösenden Fehlstelle im oberflächennahen, hoch beanspruchten Werkstoffvolumen (Bild 13.40).

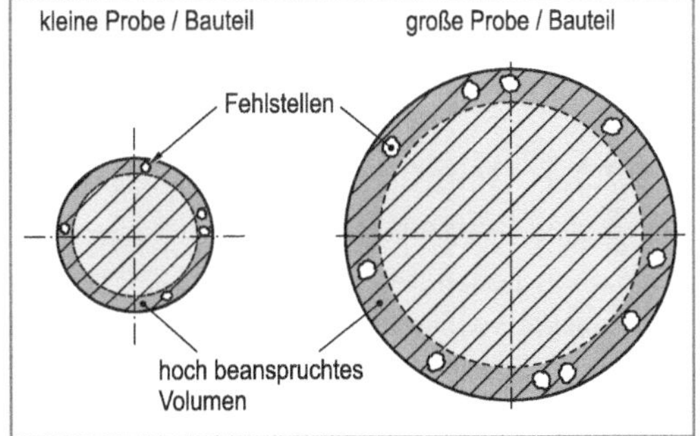

Bild 13.40 Veranschaulichung des statistischen Größeneinflusses

Mit Ausnahme axial beanspruchter ungekerbter Proben (kein Spannungsgefälle) wird der statistische Größeneinfluss vom geometrischen Größeneinfluss zahlenmäßig nicht getrennt berücksichtigt, da eine Vergrößerung der Probenabmessungen das Spannungsgefälle vermindert und damit zu einer Vergrößerung des hoch beanspruchten Werkstoffvolumens führt.

13.7.3.3 Technologischer Größeneinfluss

Die Herstellungstechnologie großer bzw. dickwandiger Bauteile, beispielsweise durch Gießen, Umformen oder Wärmebehandeln, unterscheidet sich in der Regel von der Herstellung kleiner bzw. dünnwandiger Bauteile. Aufgrund von größenabhängigen Effekten wie zum Beispiel der Abkühlgeschwindigkeit (und der davon abhängigen Gefügeausbildung) oder des Umformgrades, liegt in Abhängigkeit der Bauteilgröße ein unterschiedlicher Werkstoff- und Eigenspannungszustand und somit ein verändertes Schwingfestigkeitsverhalten vor. So erhält man beispielsweise beim Vergüten dünnwandiger Proben bzw. Bauteile ein Vergütungsgefüge über die gesamte Querschnittsfläche, während sich bei dickwandigen Proben bzw. Bauteilen zum

Kern hin ein Gefüge mit geringerer Festigkeit (Perlit, Ferrit) ausbildet. Dementsprechend zeigen kleine Proben bzw. Bauteile eine höhere Festigkeit und somit auch ein günstigeres Schwingfestigkeitsverhalten im Vergleich zu Proben aus der Rand- oder Kernzone dickwandiger Bauteile (Bild 13.41).

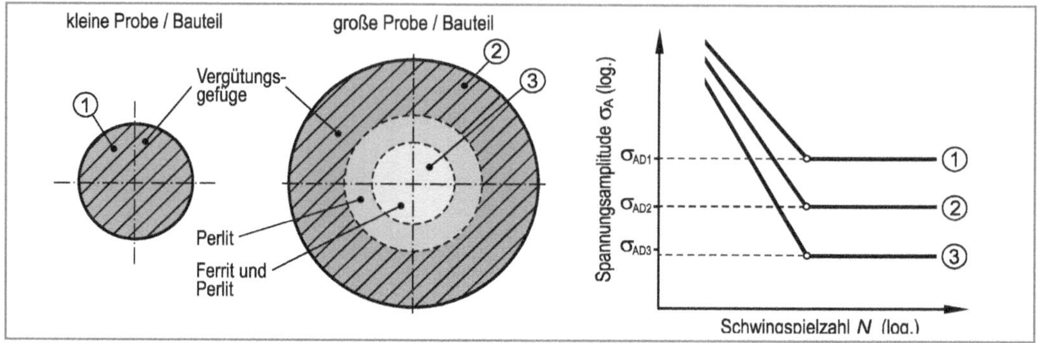

Bild 13.41 Veranschaulichung des technologischen Größeneinflusses am Beispiel eines vergüteten Bauteils

Da der technologische Größeneinfluss den geometrischen und den statistischen Größeneinfluss teilweise deutlich überwiegt, ist es empfehlenswert, diese Einflussgröße besonders sorgfältig zu ermitteln.

Da Schwingrisse in der Regel von der Bauteiloberfläche ausgehen, sollten die Kennwerte der Schwingfestigkeit an Proben ermittelt werden, die hinsichtlich Festigkeit und Werkstoffzustand dem oberflächennahen Bauteilbereich entsprechen. In diesem Fall muss ein technologischer Größeneinfluss auf die Schwingfestigkeit nicht mehr berücksichtigt werden.

13.7.3.4 Quantifizierung des Größeneinflusses und Berücksichtigung im Festigkeitsnachweis

Die oben genannten Grundmechanismen lassen sich nicht eindeutig voneinander trennen. So hat beispielsweise ein großes, biegebeanspruchtes Bauteil gegenüber einer kleinen Probe einen geringen Spannungsgradienten, aufgrund der großen Oberfläche ein großes hoch beanspruchtes Volumen sowie unterschiedliche herstellungs- und verarbeitungsbedingte Werkstoffeigenschaften. Nicht zuletzt aufgrund der teilweisen Abhängigkeit der Grundmechanismen voneinander, ist es in der Praxis daher häufig schwierig und aufwändig, den Einfluss der Bauteilgröße auf die Schwingfestigkeit quantitativ zu erfassen.

Falls zur Ermittlung des Schwingfestigkeitsverhaltens keine hinsichtlich Probengröße und Herstellungsverfahren bauteilähnliche Proben verwendet werden, so kann der Größeneinfluss bei gekerbten Bauteilen über die Kerbwirkungszahl β_k (Kapitel 13.7.8.1) erfasst werden. Eine andere Möglichkeit besteht darin, in Analogie zum Oberflächeneinfluss, den Größeneinfluss pauschal durch Einführung eines **Größenfaktors C_G** zu berücksichtigen. In der Literatur finden sich zahlreiche Ansätze den Größenfaktor C_G zu quantifizieren. Hierauf kann im Rahmen dieses einführenden Lehrbuches allerdings nicht näher eingegangen werden. Ein Überblick findet sich beispielsweise in [22].

Sofern das höchst beanspruchte Volumen der Probe ($V_{90\%\ \text{Probe}}$) sowie des Bauteils ($V_{90\%\ \text{Bauteil}}$) ermittelt werden können, dann ist beispielsweise mit Hilfe von Bild 13.42 eine grobe Abschätzung des Größenfaktors C_G möglich.

Analog zum Oberflächeneinfluss (Kapitel 13.7.2.3) führt auch der Größeneinfluss zu einer Verminderung der dauernd ertragbaren Amplitude. Dementsprechend erhält man die korrigierte Wechselfestigkeit σ^*_W bzw. τ^*_W durch Multiplikation der Wechselfestigkeit σ_W bzw. τ_W mit dem Größenfaktor C_G:

$$\sigma^*_W = C_G \cdot \sigma_W \tag{13.76}$$

In analoger Weise erhält man bei Schubbeanspruchung (z. B. Torsion) die korrigierte Schubwechselfestigkeit τ^*_W zu:

$$\tau^*_W = C_G \cdot \tau_W \tag{13.77}$$

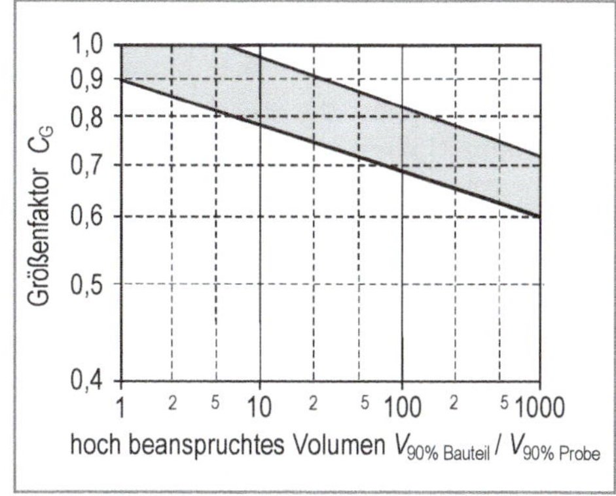

Bild 13.42 Diagramm zur Abschätzung des Größenfaktors C_G nach [22]

Die korrigierte Wechselfestigkeit σ^*_W bzw. τ^*_W wird in den entsprechenden Gleichungen (z. B. Gleichung 13.42 und Gleichungen 13.60 bis 13.67) anstelle der Wechselfestigkeit σ_W bzw. τ_W eingesetzt. Bei gleichzeitigem Oberflächen- und Größeneinfluss wird die Wechselfestigkeit σ^*_W bzw. τ^*_W sinngemäß mit dem Oberflächenfaktor C_O *und* dem Größenfaktor C_G multipliziert. Abschließend ist noch zu erwähnen, dass eine Reihe von Autoren wie zum Beispiel [13] einen Größeneinfluss nicht berücksichtigt.

13.7.4 Einfluss der Temperatur

Eine steigende Temperatur führt in der Regel zu einer Verminderung der Beanspruchbarkeit. Dementsprechend vermindert sich mit steigender Temperatur auch die Wechselfestigkeit σ_W bzw. τ_W. Der Einfluss der Temperatur auf die Wechselfestigkeit des Werkstoffs wird durch einen **Temperaturfaktor C_T** berücksichtigt. Übliche Werte in Abhängigkeit der Werkstoffart sind in Tabelle 13.3 zusammengestellt [2].

Tabelle 13.3 Temperaturfaktor in Abhängigkeit der Werkstoffart nach [2]

Werkstoffart	Temperatur °C [1]	Temperaturfaktor C_T [2]
Stähle außer Feinkornbaustähle und nichtrostende Stähle [3]	100 … 500	$C_T = 1 - 1{,}4 \cdot 10^{-3} \cdot (\vartheta - 100°C)$
Feinkornbaustähle	60 … 500	$C_T = 1 - 10^{-3} \cdot \vartheta$
Stahlguss	100 … 500	$C_T = 1 - 1{,}2 \cdot 10^{-3} \cdot (\vartheta - 100°C)$
Gusseisen mit Lamellengraphit	100 … 500	$C_T = 1 - (10^{-3} \cdot \vartheta)^2$
Gusseisen mit Kugelgraphit	100 … 500	$C_T = 1 - 1{,}6 \cdot (10^{-3} \cdot \vartheta)^2$
Temperguss	100 … 500	$C_T = 1 - 1{,}3 \cdot (10^{-3} \cdot \vartheta)^2$
Aluminiumwerkstoffe	50 … 200	$C_T = 1 - 1{,}2 \cdot 10^{-3} \cdot (\vartheta - 50°C)$

[1] Bereich der Gültigkeit des Temperaturfaktors C_T
[2] ϑ = Betriebstemperatur in °C
[3] Für nichtrostende Stähle sind keine Temperaturfaktoren bekannt

Analog zum Oberflächen- bzw. zum Größeneinfluss (Kapitel 13.7.2 und 13.7.3) führt auch der Temperatureinfluss zu einer Verminderung der dauernd ertragbaren Amplitude. Dementsprechend erhält man die korrigierte Wechselfestigkeit σ^*_W bzw. τ^*_W durch Multiplikation der Wechselfestigkeit σ_W bzw. τ_W mit dem Temperaturfaktor C_T.

Bei erhöhter Temperatur und insbesondere einer Zugmittelspannung ($\sigma_m > 0$) ist außerdem zu berücksichtigen, dass die maximale Spannung (Oberspannung) die statischen Werkstoffkennwerte d. h. die Warmdehngrenze bzw. die Warmzugfestigkeit oder sogar die Zeitdehngrenze bzw. die Zeitstandfestigkeit überschreiten und damit Bauteilversagen auslösen kann.

13.7.5 Einfluss einer Oberflächenverfestigung (Randschichteinfluss)

Der Zustand der Bauteiloberfläche (bis in eine Tiefe, die der technischen Anrissphase entspricht, also etwa 0,5 mm ... 1 mm) hat einen erheblichen Einfluss auf die Schwingfestigkeit, da Ermüdungsrisse meist von der Oberfläche bzw. der oberflächennahen Schicht ausgehen. Mit einer Verbesserung der Schwingfestigkeit ist dann zu rechnen, falls durch das angewandte Verfahren in der Oberflächenschicht die Werkstofffestigkeit örtlich verbessert und Druckeigenspannungen eingebracht werden. Hierzu zählen insbesondere die folgenden Verfahren:

- Nitrieren und Nitrocarburieren
- Einsatzhärten und Carbonitrieren
- Flamm- und Induktionshärten
- Festwalzen und Kugelstrahlen

Der Einfluss einer Oberflächenverfestigung (Randschichteinfluss) wird durch den **Randschichtfaktor C_V** erfasst. Übliche Werte des Randschichtfaktors nach DIN 743-2 sind in Abhängigkeit des angewandten Verfahrens für ungekerbte und gekerbte Proben in den Tabellen 13.4 und 13.5 zusammengestellt. Vergleichbare Zahlenwerte finden sich auch in [2].

Die erzielbare Steigerung der Beanspruchbarkeit durch die genannten Verfahren der Oberflächenverfestigung ist umso ausgeprägter, je steiler der Spannungsgradient senkrecht zur Oberfläche ist. Die genannten Verfahren der Oberflächenverfestigung sind demnach, wie die Zahlenwerte in den Tabellen 13.4 und 13.5 zeigen, bei gekerbten Proben oder Bauteilen deutlich wirkungsvoller. Die Ursachen sind, wie bereits erwähnt, einerseits in einer signifikanten Anhebung der lokalen Werkstofffestigkeit und andererseits in der Einbringung hoher Druckeigenspannungen im Kerbgrund zu sehen. Auch bei dünnen, auf Biegung oder Torsion beanspruchten Bauteilen ist aus den genannten Gründen eine signifikante Steigerung der Beanspruchbarkeit festzustellen.

In der Praxis können jedoch auch Oberflächenzustände auftreten, die zu einer Verschlechterung der Schwingfestigkeit führen. Dies ist insbesondere immer dann der Fall, falls Zugeigenspannungen eingebracht werden. Hierzu zählen die folgenden Verfahren:

- Umformen
- Gießen
- spanende Bearbeitung wie Drehen oder Fräsen (sofern Zugeigenspannungen entstehen)

Die Berücksichtigung eines Randschichteinflusses im Rahmen eines Festigkeitsnachweises erfolgt in analoger Weise zum Oberflächen-, Größen- oder Temperatureinfluss durch Multiplikation der Wechselfestigkeit σ_W bzw. τ_W mit dem Randschichtfaktor C_V.

Abschließend bleibt noch anzumerken, dass die Verfahren der Oberflächenverfestigung im Bereich der Dauerfestigkeit besonders effektiv sind. Im Bereich der Zeit-, Kurzzeit- oder Betriebsfestigkeit liegen hingegen deutlich höhere Beanspruchungen vor, die zu einem teilweisen Abbau der durch diese Verfahren eingebrachten Druckeigenspannungen führen.

Tabelle 13.4 Kennzahlen zum Einfluss einer Oberflächenhärtung für Stähle nach DIN 743-2

Verfahren	Randschichtfaktor C_V [1)]		Bemerkungen
	ungekerbt	gekerbt	
Nitrieren Nitrierhärtetiefe: 0,1 ... 0,4 mm Oberflächenhärte: 700 ... 1000 HV10	1,10 ... 1,15 (1,15 ... 1,25)	1,20 ... 2,00 (1,50 ... 2,50)	• Aufbau hoher Druckeigenspannungen. • Steigerung der Dauerfestigkeit mit zunehmender Nitrierhärtetiefe erzielbar.
Einsatzhärten Einsatzhärtetiefe: 0,2 ... 0,8 mm Oberflächenhärte: 670 ... 750 HV10	1,10 ... 1,50 (1,20 ... 2,10)	1,20 ... 2,00 (1,50 ... 2,50)	• Aufbau hoher Druckeigenspannungen. • Steigerung der Dauerfestigkeit mit zunehmender Einsatzhärtungstiefe erzielbar.
Carbonitrieren Einsatzhärtetiefe: 0,2 ... 0,4 mm Oberflächenhärte: 670 HV10	1,00 ... 1,40 (1,10 ... 1,90)	1,10 ... 1,80 (1,40 ... 2,25)	
Flamm- und Induktionshärten Einhärtungstiefe: 0,9 ... 1,5 mm Oberflächenhärte: 51 ... 64 HRC	1,10 ... 1,40 (1,20 ... 1,60)	1,20 ... 1,80 (1,40 ... 2,00)	• Aufbau hoher Druckeigenspannungen durch Austenit-Martensit-Umwandlung (effektive Volumenvergrößerung 1% ... 2%) • Achtung: Anrissbildung möglich!

1) Richtwerte, gültig für die Bauteil-Dauerfestigkeit
Werte ohne Klammern: Probendurchmesser 25 mm ... 40 mm
Werte in Klammern: Probendurchmesser 8 mm ... 25 mm für Nitrieren, Einsatzhärten und Carbonitrieren
Probendurchmesser 7 mm ... 25 mm für Flamm- und Induktionshärten

Tabelle 13.5 Kennzahlen zum Einfluss einer mechanischen Verfestigung der Bauteiloberfläche für Stähle nach DIN 743-2

Verfahren	Randschichtfaktor C_V [1)]		Bemerkungen
	ungekerbt	gekerbt	
Festwalzen (Rollen)	1,10 ... 1,25 (1,20 ... 1,40)	1,30 ... 1,80 (1,50 ... 2,20)	Wirkungsweise: • Aufbau hoher Druckeigenspannungen. • Glättung der Oberfläche (Rauigkeit). • Zusammendrücken von Poren. • Achtung: Anrissbildung möglich !
Kugelstrahlen	1,10 ... 1,20 (1,10 ... 1,30)	1,10 ... 1,50 (1,40 ... 2,50)	• Stahl-, Keramik-, Glaskugeln (0,2 ... 4 mm). • Druckeigenspannungsschicht: 0,02 ... 0,2 mm. • Druckeigenspannungen können bis zur Hälfte der Werkstofffließgrenze erreichen. • Höherfeste Werkstoffe besser geeignet, da Druckeigenspannungszustand dort besser aufgebaut und erhalten wird.

1) Richtwerte, gültig für die Bauteil-Dauerfestigkeit
Werte ohne Klammern: Probendurchmesser 25 mm ... 40 mm
Werte in Klammern: Probendurchmesser 7 mm ... 25 mm

13.7.6 Einfluss von Eigenspannungen

Eigenspannungen sind Spannungen im Innern eines Bauteils, ohne das Vorhandensein einer äußeren Beanspruchung. Eigenspannungen befinden sich stets im inneren Gleichgewicht und sind daher inhomogen verteilt. Eigenspannungen überlagern sich den Lastspannungen. Hinsichtlich der räumlichen Ausdehnung unterscheidet man **Eigenspannungen erster Art** (Ausdehnung über makroskopische Bereiche), **Eigenspannungen zweiter Art** (Ausdehnung über einige Kristallite) und **Eigenspannungen dritter Art** (wirken innerhalb eines Kristalliten). Im Hinblick auf die Schwingfestigkeit sind insbesondere Eigenspannungen erster Art von Bedeutung.

Anstelle einer pauschalen Berücksichtigung von Eigenspannungen mit Hilfe entsprechender Kennzahlen, kann bei bekannter oder abschätzbarer Größe der Eigenspannungen (σ_{Ei}), ihr Einfluss auch mit Hilfe des Dauerfestigkeitsschaubildes quantifiziert werden. Entscheidend ist hierbei der Betrag der Eigenspannungen im Bereich der Oberfläche, da Ermüdungsrisse in der Regel von der Proben- oder Bauteiloberfläche ausgehen.

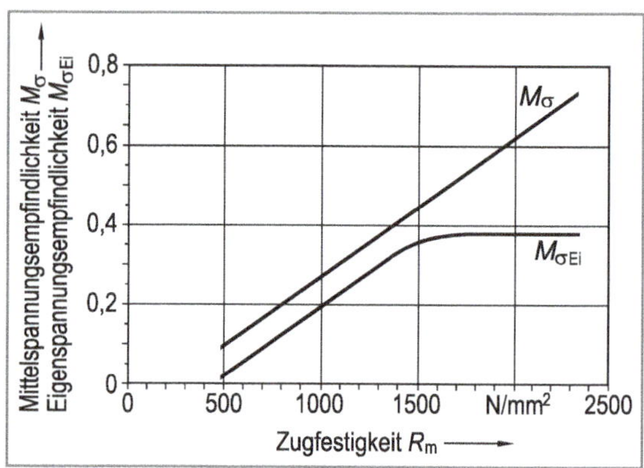

Bild 13.43 Mittelspannungs- und Eigenspannungsempfindlichkeit [16]

Analog zur Mittelspannungsempfindlichkeit M (Kapitel 13.7.1.2) nimmt die Eigenspannungsempfindlichkeit M_{Ei} mit steigender Zugfestigkeit des Werkstoffs zu, da der Abbau von Eigenspannungen mit zunehmender Werkstofffestigkeit erschwert wird (Bild 13.43). Im Vergleich zur Mittelspannungsempfindlichkeit M ist der Betrag der Eigenspannungsempfindlichkeit M_{Ei} etwas geringer. Eine Erklärung für diese Beobachtung ist in einer lokalen Plastifizierung des Werkstoffs, verbunden mit einem Abbau der inhomogen verteilten Eigenspannungen zu sehen. Die besonders starke Verminderung der Mittelspannungsempfindlichkeit bei hochfesten Stählen ($R_m > 1500$ N/mm²) ist ungeklärt. Bild 13.44 zeigt den Einfluss von Eigenspannungen (σ_{Ei}) auf die dauernd ertragbare Spannungsamplitude.

Liegt eine eigenspannungsbehaftete Schwingbeanspruchung vor, der sich ggf. noch eine Mittelspannung aus der äußeren Belastung überlagert, dann wird ausgehend von der Wechselfestigkeit σ_W mit Hilfe des Dauerfestigkeitsschaubildes zunächst die dauernd ertragbare Spannungsamplitude σ_{AD} für die gegebene Mittelspannung bestimmt (Punkt A in Bild 13.44). Die dauernd ertragbare Spannungsamplitude unter zusätzlicher Berücksichtigung des Eigenspannungseinflusses ($\sigma_{AD\,Ei}$) erhält man schließlich, indem man ausgehend vom Punkt A und unter Berücksichtigung der Eigenspannungsempfindlichkeit M_{Ei} gemäß Bild 13.43 eine weitere Spannungstransformation durchführt. Für die dauernd ertragbare Spannungsamplitude gilt dann:

$$\sigma_{AD\,Ei} = \sigma_W - M_\sigma \cdot \sigma_m - M_{\sigma\,Ei} \cdot \sigma_{Ei} \quad (13.78)$$

Dauernd ertragbare Spannungsamplitude unter Mittel- und Eigenspannungseinfluss

Für Zugeigenspannungen ist σ_{Ei} in Gleichung 13.78 positiv und für Druckeigenspannungen negativ einzusetzen.

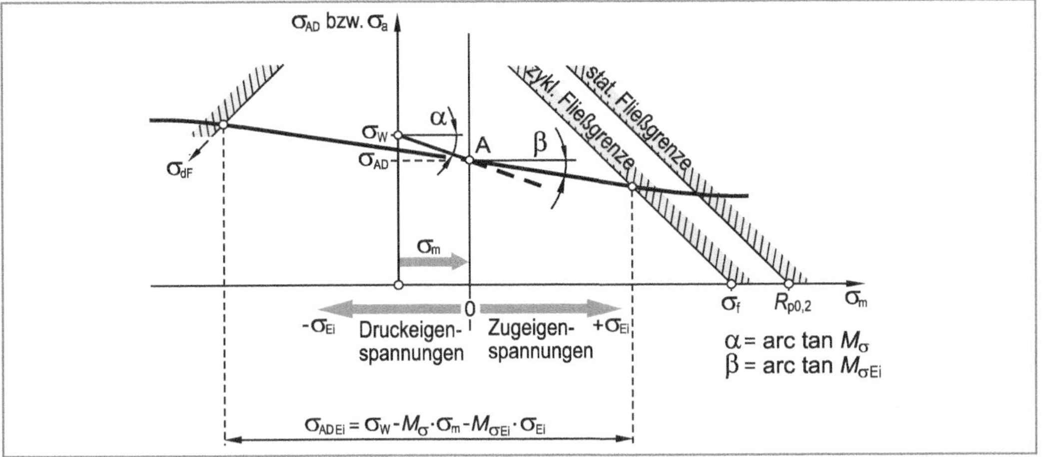

Bild 13.44 Einfluss von Eigenspannungen auf die dauernd ertragbare Spannungsamplitude am Beispiel der Wirkung von Normalspannungen

13.7.7 Frequenzeinfluss

Die Frequenz der Schwingbeanspruchung (Bild 13.45) hat bei Stählen im Bereich zwischen 1 Hz und 1000 Hz keinen nennenswerten Einfluss auf die Schwingfestigkeit, vorausgesetzt es treten keine erhöhten Temperaturen, keine Korrosion sowie keine Beanspruchungen bis nahe der Dehngrenze auf.

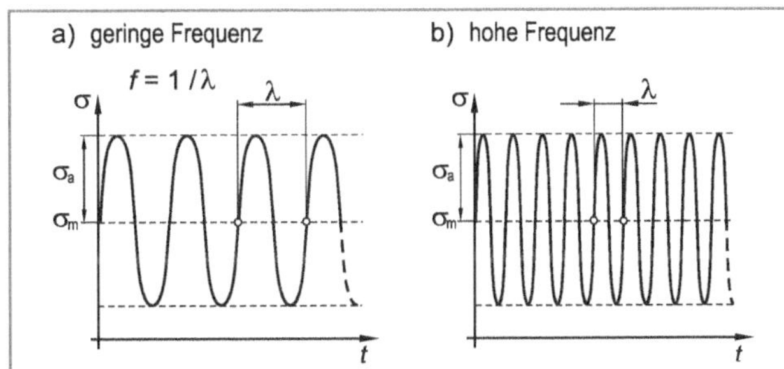

Bild 13.45 Niedrig- und hochfrequente Schwingbeanspruchung

Bei Temperaturen oberhalb der Kristallerholung überlagert sich der Werkstoffermüdung eine Werkstoffschädigung durch Kriechen. Unter diesen Bedingungen beobachtet man eine verringerte Lebensdauer des Bauteils mit sinkender Frequenz, da bei gleicher Schwingspielzahl aufgrund der längeren Versuchsdauer eine stärkere Schädigung durch Kriechen eintreten kann.

Auch unter dem Einfluss eines korrosiven Mediums, wie zum Beispiel Luftfeuchtigkeit oder Wasser, ist ein Frequenzeinfluss bei der Werkstoffermüdung zu beobachten. Mit abnehmender Frequenz der Schwingbeanspruchung steht für einen Korrosionsangriff (anodischer Teilprozess der Metallauflösung) mehr Zeit zur Verfügung. Außerdem bewirkt der Korrosionseinfluss eine Veränderung der Oberfläche im Sinne einer Erhöhung der Oberflächenrauigkeit sowie der Bildung von Mikrokerbstellen. Dementsprechend verringert sich unter Korrosionseinfluss die Bruchschwingspielzahl. Weiterhin ist unter diesen Bedingungen in der Regel keine ausgeprägte Dauerfestigkeit mehr zu erwarten (Bild 13.19b). Der kombinierte Einfluss von Werkstoffermüdung und Korrosion wird als **Korrosionsermüdung** oder **Schwingungsrisskorrosion** bezeichnet.

Während man bei Stählen in inerter Umgebung und Temperaturen unterhalb der Kristallerholung keinen nennenswerten Frequenzeinfluss auf das Ermüdungsverhalten feststellt, beobachtet man bei Leichtmetalllegierungen, wie zum Beispiel beim Aluminium, einen Anstieg der Schwingfestigkeit mit zunehmender Frequenz [16].

13.7.8 Kerbwirkung bei schwingender Beanspruchung

Ungekerbte Bauteile versagen durch Schwingbruch, falls die (Last-)Spannungsamplitude σ_a die dauernd ertragbare Spannungsamplitude σ_{AD} erreicht. Entsprechend den Erkenntnissen aus Kapitel 7 (Kerbwirkung) müsste bei einem gekerbten Bauteil hingegen mit einem Schwingbruch gerechnet werden, sobald die maximale Spannungsamplitude $\sigma_{a\,max}$ die dauernd ertragbare Amplitude σ_{AD} erreicht, falls also gilt: $\sigma_{a\,max} = \alpha_k \cdot \sigma_{an} = \sigma_{AD}$ bzw. $\sigma_{an} = \sigma_{AD} / \alpha_k$.

Diese theoretische Vorstellung entspricht allerdings nicht dem realen Werkstoffverhalten, da experimentelle Untersuchungen zeigen, dass eine gekerbte Probe bzw. ein gekerbtes Bauteil in der Regel eine höhere Nennspannung ertragen kann, als gemäß der Formzahl α_k zu erwarten wäre ($\sigma_{an} > \sigma_{AD} / \alpha_k$).

Aus dieser Beobachtung schließt man, dass die Maximalspannung $\sigma_{a\,max}$ bei schwingender Beanspruchung im Gebiet der Dauerfestigkeit nicht mit dem „statischen“ Wert $\sigma_{a\,max} = \alpha_k \cdot \sigma_{an}$, sondern mit einem verminderten Betrag $\sigma_{a\,max} = \beta_k \cdot \sigma_{an}$ schädigungswirksam wird (Bild 13.46). Die effektive Spannungsüberhöhung bei Schwingbeanspruchung ist dementsprechend geringer als die theoretische Spannungsüberhöhung bei statischer Beanspruchung. Den Faktor β_k nennt man **Kerbwirkungszahl**. Anstelle von β_k wird für die Kerbwirkungszahl mitunter auch das Formelzeichen K_f (f steht für fatigue, engl.: Ermüdung) [2] oder β_σ bzw. β_τ [4] verwendet. Für die Dauerschwingfestigkeit von gekerbten Bauteilen ist dementsprechend nicht die Formzahl α_k sondern die Kerbwirkungszahl β_k maßgebend.

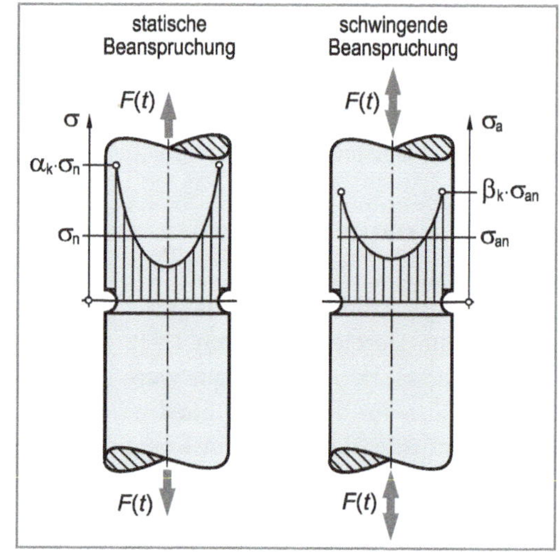

Bild 13.46 Schädigungswirksame Spannungsverteilung unter statischer und schwingender Beanspruchung am Beispiel eines gekerbten Rundstabes unter Zugbeanspruchung

13.7.8.1 Definition der Kerbwirkungszahl

Die Kerbwirkungszahl β_k ist definiert als das Verhältnis der Dauerfestigkeit der ungekerbten, polierten Probe ($\sigma_{AD}(\alpha_k = 1)$) zur Dauerfestigkeit der gekerbten, polierten Probe, ausgedrückt durch die Nennspannung ($\sigma_{ADn}(\alpha_k > 1)$), Bild 13.47:

$$\beta_k = \frac{\sigma_{AD}(\alpha_k = 1)}{\sigma_{ADn}(\alpha_k > 1)} \quad (13.79)$$

β_k Kerbwirkungszahl

σ_{AD} dauernd ertragbare Spannungsamplitude (ungekerbte Probe)

σ_{ADn} dauernd ertragbare Nennspannungsamplitude (gekerbte Probe)

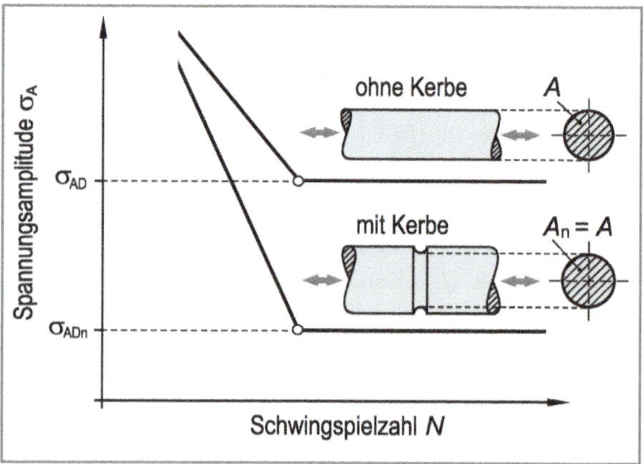

Bild 13.47 Vergleich der Wöhlerkurven eines ungekerbten und eines gekerbten Stabes (gleiche Nennspannung)

Eine Kerbe wirkt sich also weniger stark mindernd auf die Dauerfestigkeit aus, als dies durch die elastische Formzahl α_k zu erwarten wäre. Diese Feststellung ist dadurch erklärbar, dass nicht die maximale Spannung die Dauerfestigkeit bestimmt, sondern das einer hohen Spannung ausgesetzte Werkstoffvolumen. Da dieses hoch beanspruchte Werkstoffvolumen einer scharfen Kerbe (steiler Spannungsgradient) geringer ist im Vergleich zu einer milden Kerbe, ist die Kerbwirkungszahl β_k stets kleiner als die Formzahl α_k.

Der Unterschied zwischen β_k und α_k wird umso größer, je schärfer die Kerbe (d. h. die Formzahl α_k) wird, da mit zunehmender Kerbschärfe das hoch beanspruchte Volumen sinkt (Bild 13.48). Dementsprechend ist eine Rissinitiierung bei der mild gekerbten Probe wahrscheinlicher.

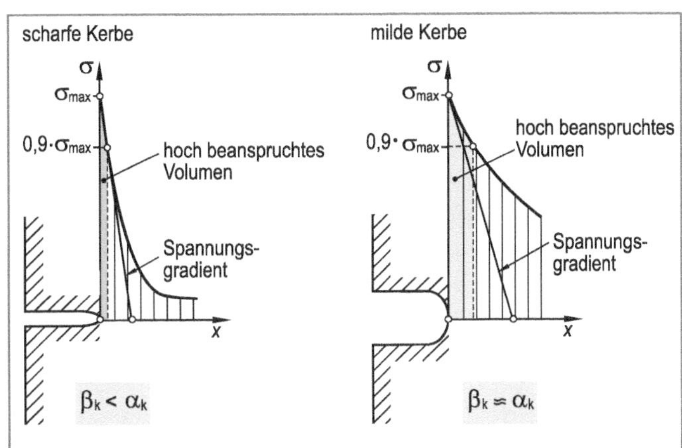

Bild 13.48 Vergleich des schädigungsrelevanten, hoch beanspruchten Volumens einer scharf und einer mild gekerbten Probe bzw. Bauteil

Aus dem beschriebenen **Konzept der Mikrostützwirkung** lassen sich die folgenden Erkenntnisse ableiten:

1. Scharfe Kerben mit hoher Formzahl zeigen einen besonders großen Unterschied zwischen der Formzahl α_k und der Kerbwirkungszahl β_k.
2. Während die Formzahl α_k mit abnehmendem Kerbradius gegen unendlich geht (siehe Formzahldiagramme), übersteigt die Kerbwirkungszahl einen Betrag von $\beta_k \approx 6$ nur selten.
3. Bei geometrisch ähnlichen Proben (gleiche Formzahl α_k) hat die große Probe (geringerer Spannungsgradient) die höhere Kerbwirkungszahl.
4. Biege- oder torsionsbeanspruchte, gekerbte Proben oder Bauteile weisen einen größeren Unterschied zwischen α_k und β_k auf, im Vergleich zu einer Zug-Druck-Beanspruchung.
5. Bei sehr kleinen Kerbabmessungen ergibt sich infolge der Mikrostützwirkung auch bei milden Kerben eine signifikante Abminderung der Kerbwirkung.

13.7.8.2 Berechnungsverfahren für die Kerbwirkungszahl β_k

Entscheidend für eine Rissinitiierung ist der Spannungsgradient im Kerbgrund. Eine weit verbreitete empirische Methode zur Ermittlung der Kerbwirkungszahl β_k stellt der **Spannungsgradientenansatz** nach Siebel, Meuth und Stieler dar [23 bis 26]. Nach dieser Methode geht man zur Ermittlung der Kerbwirkungszahl β_k wie nachfolgend beschrieben vor.

1. Berechnung des (bezogenen) Spannungsgradienten χ^+

Der bezogene Spannungsgradient ist definiert als das Spannungsgefälle ($d\sigma / dx$) im Kerbgrund ($x = 0$) bezogen auf die maximale Spannung σ_{max} (Spannungsspitze im Kerbgrund), Bild 13.49:

$$\chi^+ = \frac{1}{\sigma_{max}} \cdot \frac{d\sigma}{dx} \qquad (13.80)$$

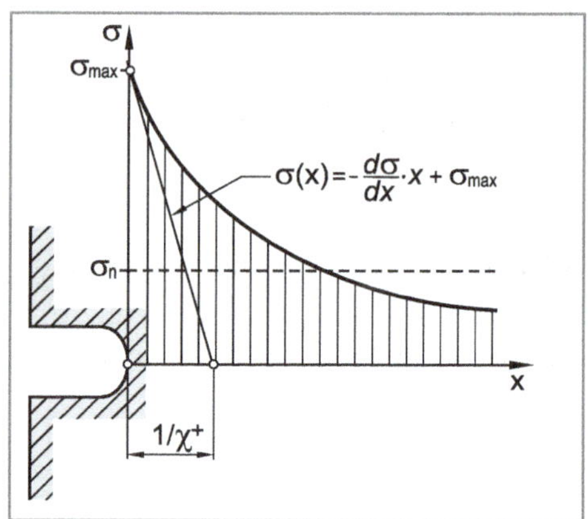

Bild 13.49 Veranschaulichung des bezogenen Spannungsgradienten χ^+

Zur Ermittlung des bezogenen Spannungsgradienten stehen verschiedene Möglichkeiten zu Verfügung:

- Für einfache Geometrien stehen elementare Gleichungen für die Abschätzung des bezogenen Spannungsgradienten zur Verfügung. In Bild 13.50 ist eine Auswahl zusammengestellt. Der bezogene Spannungsgradient setzt sich dabei zusammen aus einem Anteil der sich ohne Kerbe, also allein aus der Beanspruchungsart ergibt (bei Zug- bzw. Druckbeanspruchung ist dieser Anteil Null) und einem zusätzlichen nur durch die Formkerbe verursachten Anteil.
- Für komplexe Geometrien können die bezogenen Spannungsgradienten beispielsweise mit Hilfe der Methode der Finiten Elemente ermittelt werden (FEM-Analyse).
- Auf experimenteller Ebene kann der Spannungsgradient mit Hilfe der DMS-Messtechnik ermittelt werden (experimentelle Spannungsanalyse).

Kerbgeometrie	Beanspruchungsart	χ^+ 1/mm
R	Zug bzw. Druck	$\frac{2}{R}$
R, b	Zug bzw. Druck	$\frac{2}{R}$
	Biegung	$\frac{2}{b}+\frac{2}{R}$
R, ød	Zug bzw. Druck	$\frac{2}{R}$
	Biegung	$\frac{2}{d}+\frac{2}{R}$
	Torsion	$\frac{2}{d}+\frac{1}{R}$
R, øD, ød	Zug bzw. Druck	$\frac{2}{R}$
	Biegung	$\frac{4}{D+d}+\frac{2}{R}$
	Torsion	$\frac{4}{D+d}+\frac{1}{R}$
$D \gg d_B$ $0 \leq d \leq D$; $ød_B$, ød, øD	Biegung	$\frac{2}{D}+\frac{8}{d_B}$
	Torsion	$\frac{2}{D}+\frac{6}{d_B}$

Bild 13.50 Bezogener Spannungsgradient χ^+ für unterschiedliche Kerbformen und Beanspruchungsarten nach [5,27]

2. Ermittlung der dynamischen Stützziffer n_χ

Mit zunehmendem Spannungsgradienten wird die Ausbreitung eines Schwingrisses bzw. eines bereits eingeleiteten Kurzrisses wirksam verzögert, d. h. die Stützwirkung nimmt zu. Neben dem Spannungsgradienten wird die ausgeübte Stützwirkung jedoch zusätzlich von der Werkstoffart beeinflusst. Hierbei beobachtet man mit zunehmender Werkstofffestigkeit eine abnehmende Stützwirkung.

Gemäß der beschriebenen Abhängigkeit der Stützwirkung vom Spannungsgradienten und von der Werkstoffart kann die **dynamische Stützziffer n_χ (Stützfaktor)** mit Hilfe von Bild 13.51 abgeschätzt werden.

Eine Besonderheit stellt hierbei das Gusseisen mit Lamellengraphit dar. Es hat aufgrund seiner Graphitform eine hohe **innere Kerbwirkung**, d. h. eine äußere Formkerbe wirkt sich kaum mehr auf die Schwingfestigkeit aus. Die Kerbwirkungszahl β_k unterscheidet sich dementsprechend sehr stark von der Formzahl α_k.

Ergibt sich für die dynamische Stützziffer n_χ ein Wert nahe 1,0 (z. B. hochfeste Stähle), dann liegt eine volle Kerbempfindlichkeit bei Schwingbeanspruchung vor, während ein hoher Wert für n_χ ($n_\chi \approx \alpha_k$) eine weitgehende Kerbunempfindlichkeit bedeutet (z. B. Gusseisen mit Lamellengraphit).

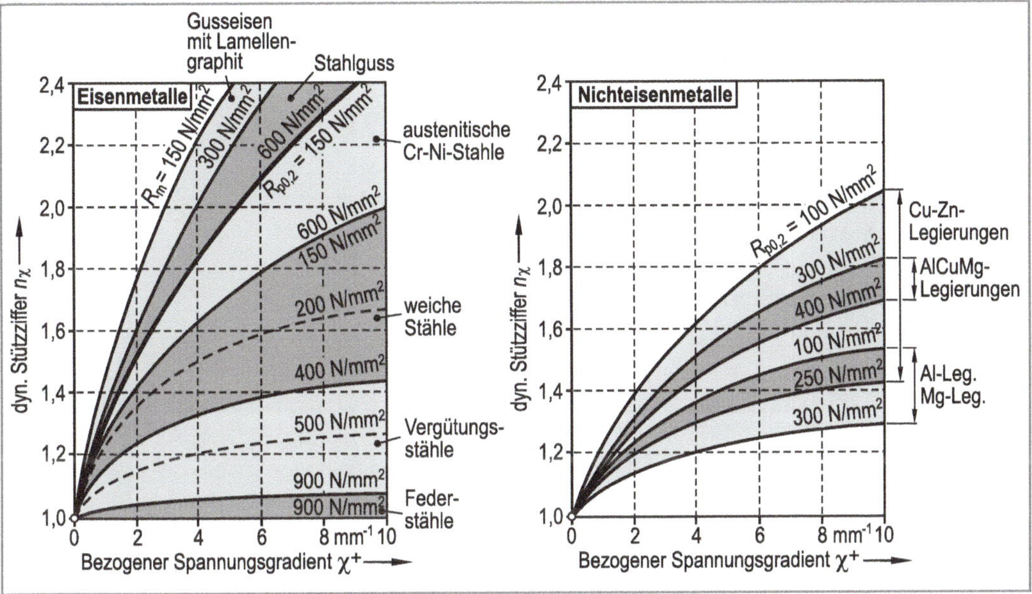

Bild 13.51 Dynamische Stützziffer (Stützfaktor) in Abhängigkeit des bezogenen Spannungsgradienten χ^+ sowie der Werkstoffart nach [5,27]

Zur Ermittlung der dynamischen Stützziffer n_χ kann auch die nachfolgende Näherungsgleichung verwendet werden [27]:

$$n_\chi = 1 + \left(\frac{c_1}{K}\right)^m \cdot \sqrt{\frac{c_2}{R}} \tag{13.81}$$

n_χ dynamische Stützziffer (dimensionslos)

K Konstante (Werkstoffkennwert), siehe Tabelle 13.6

c_1 Konstante (Tabelle 13.6)

c_2 Konstante für die Beanspruchungsart (mm)

$c_2 = 2$ für Zug-Druck- oder Biegebeanspruchung

$c_2 = 1$ für Torsion oder Schubbeanspruchung

R Kerbradius (mm)

m Exponent (dimensionslos)

Tabelle 13.6 Berechnungsgrößen für die dynamische Stützziffer [27]

Werkstoffart	c_1 N/mm²	K N/mm²	m
Ferritisch-perlitische Stähle	55	$R_{p0,2}$	1,00
Austenitische Stähle	28	$R_{p0,2}$	0,45
Gusseisen mit Lamellengraphit und Stahlguss	12	R_m	0,20

3. Berechnung der Kerbwirkungszahl β_k

Entsprechend dem beschriebenen Konzept ergibt sich die Kerbwirkungszahl β_k letztlich als Quotient aus Formzahl α_k und dynamischer Stützziffer n_χ:

$$\beta_k = \frac{\alpha_k}{n_\chi} \tag{13.82}$$

β_k Kerbwirkungszahl
α_k Formzahl
n_χ dynamische Stützziffer

13.8 Aufgaben

Aufgabe 13.1 ○○○●●

Die Abbildung zeigt die Wöhlerkurve eines glatten, polierten Rundstabes aus der Vergütungsstahlsorte 25CrMo4 mit Vollkreisquerschnitt (d = 10 mm) für eine Ausfallwahrscheinlichkeit von P_A = 50%. Der Rundstab unterliegt einer Zug-Druck-Wechselbeanspruchung.

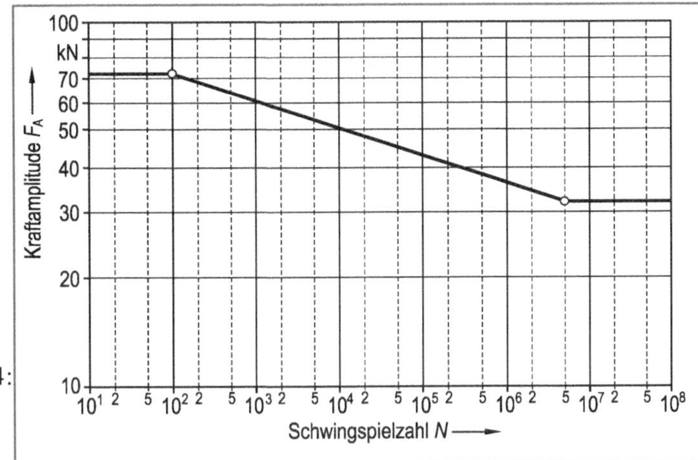

Werkstoffkennwerte 25CrMo4:

$R_{p0,2}$ = 700 N/mm²
R_m = 900 N/mm²
E = 208000 N/mm²
μ = 0,30

a) Ermitteln Sie anhand der Wöhlerkurve die Zug-Druck-Wechselfestigkeit des Werkstoffs.

b) Berechnen Sie den Neigungsexponenten k (k-Faktor) der Wöhlerkurve.

c) Berechnen Sie die dauernd ertragbare Kraftamplitude F_{AD1} bei reiner Zugschwellbeanspruchung.

d) Konstruieren Sie aus den gegebenen Daten das weiterentwickelte Dauerfestigkeitsschaubild nach Haigh und überprüfen Sie graphisch das Ergebnis aus Aufgabenteil c).

e) Der Stab sei nun mit einer statischen Zugkraft von F = 20 kN vorgespannt. Berechnen Sie für diese Vorspannung die dauernd ertragbare Kraftamplitude F_{AD2}.

Aufgabe 13.2 ○○○●●

Für die unlegierte Vergütungsstahlsorte C45E+QT (R_m = 850 N/mm²) wurde an glatten, polierten Rundproben mit Vollkreisquerschnitt (d = 10 mm) eine Wöhlerkurve unter reiner Wechselbeanspruchung ermittelt.

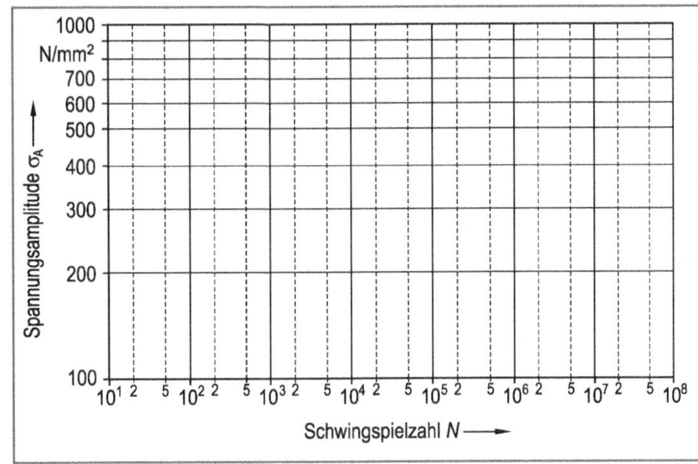

Eine statistische Auswertung ergab für eine Ausfallwahrscheinlichkeit von $P_A = 50\%$ die folgenden Werte:

σ_{zdW} = 350 N/mm^2
k = 12,5
N_D = $3 \cdot 10^6$

a) Konstruieren Sie aus den gegebenen Zahlenwerten die Wöhlerkurve in das vorbereitete Diagramm.

b) Berechnen Sie für eine Spannungsamplitude von σ_A = 450 N/mm^2 und eine Prüffrequenz von f = 15 Hz die erforderliche Versuchsdauer bis zum Ausfall von 50% der bei dieser Beanspruchung geprüften Proben.

c) Berechnen Sie die dauernd ertragbare Spannungsamplitude für eine statisch wirkende Mittelspannung von σ_m = 150 N/mm^2.

Aufgabe 13.3 ○○○○●

Nennen Sie je ein Beispiel aus der technischen Praxis, für die nachfolgend genannten Beanspruchungsarten.

a) Zug-Schwellbeanspruchung ($\sigma_u > 0$).
b) Reine Zug-Schwellbeanspruchung ($\sigma_u = 0$).
c) Reine Wechselbeanspruchung ($\sigma_u = -\sigma_o$).
d) Druck-Schwellbeanspruchung ($\sigma_o < 0$).
e) Reine Druck-Schwellbeanspruchung ($\sigma_o = 0$)

Aufgabe 13.4 ○○○●●

In einem dünnwandigen Gashochdruckbehälter (d_i = 800 mm, s = 10 mm) aus Werkstoff S620QL herrscht ein zeitlich veränderlicher Innendruck p_i (siehe Abbildung).

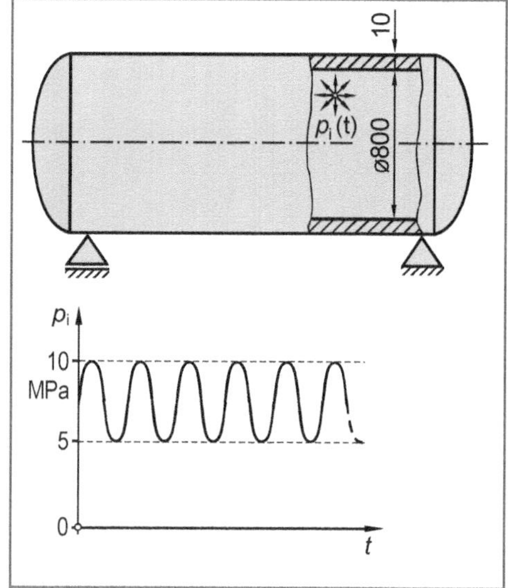

Werkstoffkennwerte S620QL:

$R_{p0,2}$ = 620 N/mm^2
R_m = 870 N/mm^2
E = 210000 N/mm^2
μ = 0,30

a) Berechnen Sie für die Tangential-, für die Axial- und für die Radialspannungskomponente jeweils die Oberspannung σ_o und die Unterspannung σ_u.

b) Berechnen Sie für die Tangentialspannung σ_t:
- die Spannungsamplitude σ_{ta}
- die Mittelspannung σ_{tm}
- das Spannungsverhältnis R

c) Zeichnen Sie ein σ_a-σ_m- Diagramm und kennzeichnen Sie dort die Orte mit:

- $R = -1$
- $R = -0,5$
- $R = 0$
- $R = 0,5$
- $R = 1$
- $R = \infty$

Aufgabe 13.5 ○○○●●

Ein einseitig eingespannter Rundstab mit Vollkreisquerschnitt (d = 25 mm) und einer Länge von l = 500 mm aus der legierten Vergütungsstahlsorte 37Cr4 kann auf unterschiedliche Weise beansprucht werden.

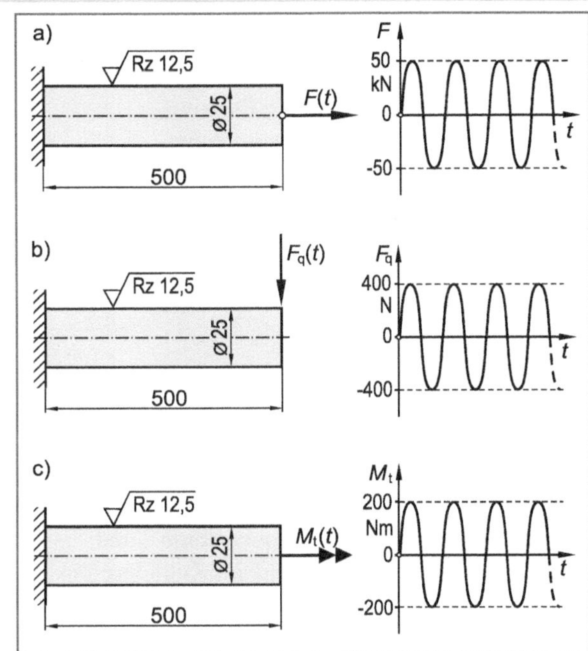

Die Oberfläche des Rundstabes ist gedreht (Rz = 12,5 µm). Kerbwirkung an der Einspannstelle, Schubspannungen durch Querkräfte (Aufgabenteil b) sowie ein Einfluss der Bauteilgröße auf die Schwingfestigkeit dürfen vernachlässigt werden.

Werkstoffkennwerte 37Cr4:

$R_{p0,2}$ = 820 N/mm²
R_m = 950 N/mm²
σ_{zdW} = 415 N/mm²
σ_{bW} = 480 N/mm²
τ_{tW} = 240 N/mm²
E = 212000 N/mm²
μ = 0,30

Berechnen Sie die Sicherheit gegen Dauerbruch (S_D) für die nachfolgenden Lastfälle.

a) Rein wechselnde Zugkraft F.

b) Rein wechselnde Querkraft F_q.

c) Rein wechselndes Torsionsmoment M_t.

Aufgabe 13.6 ○○○●●

Ein einseitig eingespannter Rundstab mit Vollkreisquerschnitt (d = 30 mm) aus der unlegierten Baustahlsorte S275JR unterliegt einer zeitlich veränderlichen Beanspruchung.

Die Oberfläche der Welle ist gedreht (Rz = 6,3 µm). Kerbwirkung an der Einspannstelle sowie ein Einfluss der Bauteilgröße auf die Schwingfestigkeit dürfen vernachlässigt werden.

Werkstoffkennwerte S275JR:

$R_{p0,2}$ = 290 N/mm^2
R_m = 540 N/mm^2
σ_{zdW} = 240 N/mm^2
E = 210000 N/mm^2
μ = 0,30

a) Berechnen Sie die dauernd ertragbare Kraftamplitude F_{A1} für eine Schwingbeanspruchung mit einer statisch wirkenden Vorspannkraft von F_m = 150 kN (Abbildung a).

b) Berechnen Sie die dauernd ertragbare Kraftamplitude F_{A2} für eine reine Zugschwellbeanspruchung (Abbildung b).

c) Berechnen Sie die dauernd ertragbare Kraftamplitude F_{A3} für eine reine Druckschwellbeanspruchung (Abbildung c).

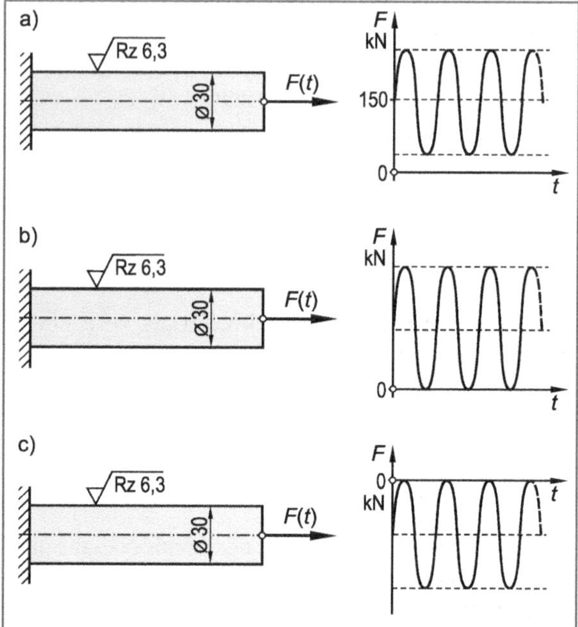

Aufgabe 13.7 ○○○●●

Eine Dehnschraube aus der warmfesten, legierten Stahlsorte 13CrMo4-4 mit Vollkreisquerschnitt und geschliffener Oberfläche (Rz = 4 µm) steht im Zylinderblock eines Motors unter einer statischen Vorspannung von F_1 = 12000 N. Bei jedem Arbeitstakt wird die Dehnschraube zusätzlich schwellend mit F_2 = 25000 N belastet.

Werkstoffkennwerte 13CrMo4-4:

$R_{p0,2}$ = 300 N/mm^2
R_m = 560 N/mm^2
σ_{zdW} = 250 N/mm^2
E = 209000 N/mm^2
μ = 0,30

a) Berechnen Sie den erforderlichen Durchmesser d der Dehnschraube, falls eine Sicherheit gegen Fließen von S_F = 1,20 gefordert wird.

b) Ermitteln Sie den notwendigen Durchmesser d, falls eine Sicherheit von S_D = 2,80 gegen Dauerbruch gefordert wird.

Aufgabe 13.8 ○○●●●

Ein einseitig eingespannter Freiträger (l = 200 mm) mit rechteckiger Querschnittsfläche (a = 25 mm; b = 50 mm) aus der Gusseisensorte EN-GJL-350 wird durch die statisch wirkende Kraft F_1 = 120 kN sowie durch die zeitlich veränderliche, rein wechselnd wirkende Kraft F_2 beansprucht. Die Oberflächenrauigkeit des Stabes kann mit Rz = 200 μm angenommen werden.

Werkstoffkennwerte EN-GJL-350:

R_m = 400 N/mm²
σ_{bW} = 130 N/mm²
E = 108000 N/mm²
μ = 0,25

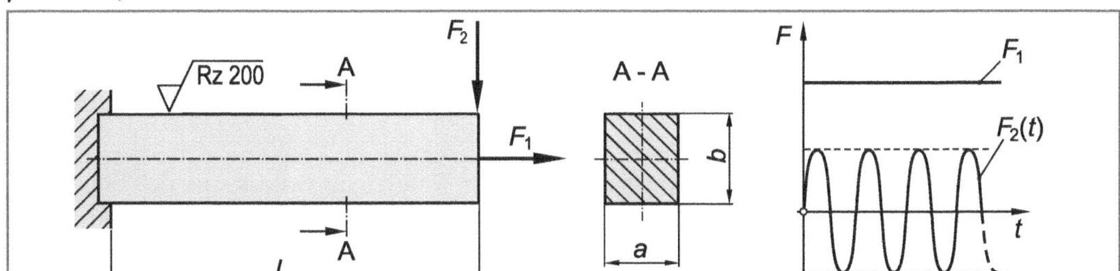

Berechnen Sie die dauernd ertragbare Kraftamplitude F_2 damit kein Dauerbruch eintritt. Es wird eine Sicherheit von S_D = 5,0 gefordert.

Kerbwirkung an der Einspannstelle, Schubspannungen durch Querkräfte sowie ein Einfluss der Bauteilgröße auf die Schwingfestigkeit dürfen vernachlässigt werden.

Aufgabe 13.9 ○○●●●

Eine statisch vorgespannte, abgesetzte Torsionsfeder mit gedrehter Oberfläche (Rz = 25 μm) aus der Federstahlsorte 61SiCr7 wird im Betrieb durch ein zeitlich veränderliches Torsionsmoment beansprucht (siehe Abbildung). Ein Einfluss der Bauteilgröße auf die Schwingfestigkeit muss nicht berücksichtigt werden.

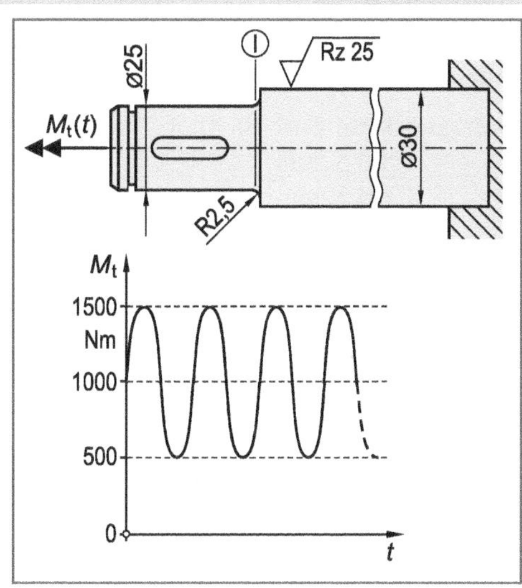

Werkstoffkennwerte 61SiCr7:

$R_{p0,2}$ = 1400 N/mm²
R_m = 1830 N/mm²
τ_{tW} = 490 N/mm²
E = 211000 N/mm²
μ = 0,30

Hat die Torsionsfeder im Bereich des Absatzes (Querschnitt I) eine ausreichende Sicherheit gegenüber Dauerbruch?

Aufgabe 13.10 ○○●●●

Der abgebildete, abgesetzte Bolzen aus der Feinkornbaustahlsorte S890QL mit polierter Oberfläche (D = 50 mm; d = 25 mm) wird einer Zug-Druck-Wechselbeanspruchung ausgesetzt.

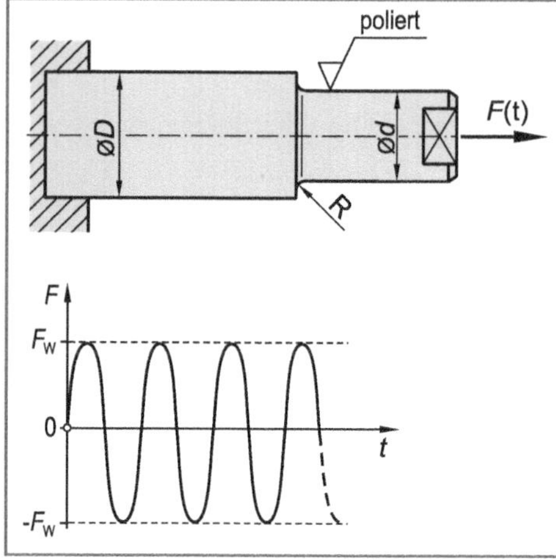

a) Berechnen Sie den erforderlichen Radius R so, dass die Formzahl $\alpha_k = 2{,}0$ wird.

b) Ermitteln Sie die zulässige, rein wechselnd wirkende Zugkraft F_W so, dass ein Dauerbruch mit einer Sicherheit von $S_D = 2{,}50$ ausgeschlossen werden kann.

Werkstoffkennwerte S890QL:

R_m = 1050 N/mm²
$R_{p0,2}$ = 920 N/mm²
σ_{zdW} = 480 N/mm²

c) Berechnen Sie die zulässige Zugkraft F_W, falls der baugleiche Bolzen aus der Gusseisensorte EN-GJL-300 hergestellt wurde. Es wird eine Sicherheit gegenüber Dauerbruch von $S_D = 4{,}0$ gefordert. Die Oberfläche des Bolzens sei poliert.

Werkstoffkennwerte EN-GJL-300:

R_m = 320 N/mm²
σ_{zdW} = 100 N/mm²

Aufgabe 13.11 

Der abgebildete Hebel mit Vollkreisquerschnitt aus einem schweißgeeigneten Feinkornbaustahl (S890QL) und gedrehter Oberfläche (Rz = 10 µm) ist auf der einen Seite mit einer dickwandigen Stahlplatte verschweißt. An seinem freien, rechten Ende wurde eine symmetrische Querlasche angebracht. Der Hebel kann durch die Querkraft F_1 sowie durch das Kräftepaar F_2 beansprucht werden. Es sind unterschiedliche Lastfälle zu untersuchen.

Werkstoffkennwerte S890QL:

$R_{p0,2}$ = 900 N/mm²
R_m = 1050 N/mm²
σ_{bW} = 480 N/mm²
τ_{tW} = 275 N/mm²
E = 212000 N/mm²
μ = 0,30

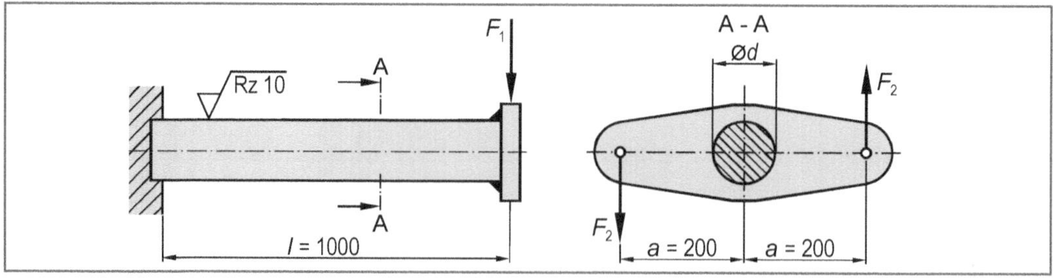

a) Die Kraft F_1 wirkt rein schwellend zwischen 0 und 10 kN. Das Kräftepaar F_2 wirkt zunächst nicht ($F_2 = 0$). Berechnen Sie den mindestens erforderlichen Durchmesser d des Stabes, damit ein Dauerbruch mit einer Sicherheit von $S_D = 2{,}5$ ausgeschlossen werden kann.

b) Das Kräftepaar F_2 wirkt rein wechselnd mit $F_2 = \pm 15$ kN. Die Querkraft F_1 wirkt nicht ($F_1 = 0$). Berechnen Sie auch für diese Beanspruchung den mindestens erforderlichen Durchmesser d des Stabes, damit ein Dauerbruch mit einer Sicherheit von $S_D = 3{,}0$ nicht auftritt.

c) Die Kräfte F_1 und F_2 wirken statisch und treten gemeinsam auf, wobei stets gilt $F_1 = F_2$. Berechnen Sie die zulässigen Kräfte $F_1 = F_2$, damit bei einem Stab mit $d = 60$ mm kein Fließen eintritt ($S_F = 1{,}20$).

Aufgabe 13.12 ○○●●●

Eine einseitig eingespannte Blattfeder mit Rechteckquerschnitt (Breite $b = 25$ mm; Dicke $t = 8$ mm) und einer Länge von $l = 1000$ mm aus der vergüteten Federstahlsorte 54SiCr6 wird unter Einwirkung der Kraft F rein wechselnd beansprucht.

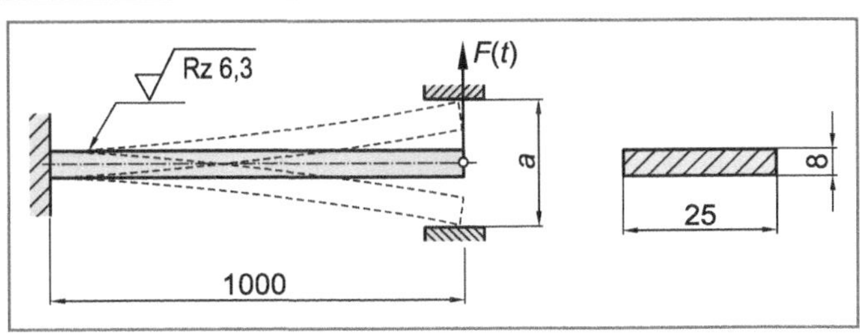

Die maximale Durchbiegung der Feder wird durch zwei Anschläge (Abstand a) begrenzt. Die Oberfläche der Feder ist geschliffen ($Rz = 6{,}3$ µm).

Werkstoffkennwerte 54SiCr6:

$R_{p0,2} = 1300$ N/mm²
$R_m = 1550$ N/mm²
$\sigma_{bW} = 750$ N/mm²
$E = 207000$ N/mm²
$\mu = 0{,}30$

Berechnen Sie den maximal zulässigen Abstand a der Anschläge, so dass die Blattfeder dauerfest ist ($S_D = 2{,}5$).

Hinweis: Die Durchbiegung f eines einseitig eingespannten Balkens berechnet sich zu:

$$f = \frac{F \cdot l^3}{3 \cdot E \cdot I}$$

Aufgabe 13.13

Eine Torsionsfeder aus der legierten Federstahlsorte 51CrV4 mit geschliffener Oberfläche (Rz = 4 µm) hat einen Kreisringquerschnitt. Der Außendurchmesser beträgt d_a = 25 mm, die Wandstärke s = 2,5 mm die Länge l = 1000 mm. Kerbwirkung an der Einspannstelle kann vernachlässigt werden.

Werkstoffkennwerte 51CrV4:

$R_{p0,2}$ = 1250 N/mm²
R_m = 1620 N/mm²
τ_{tW} = 420 N/mm²
E = 211000 N/mm²
μ = 0,30

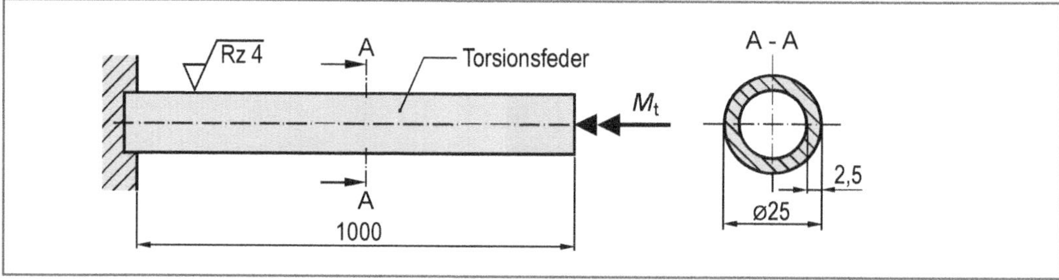

a) Berechnen Sie das maximal zulässige statische Torsionsmoment M_t, damit kein Fließen eintritt (S_F = 1,5).

b) Berechnen Sie das maximal zulässige, rein wechselnd wirkende Torsionsmoment (M_{ta}) damit ein Dauerbruch mit einer Sicherheit von S_D = 2,2 ausgeschlossen werden kann. Ein Einfluss der Bauteilgröße auf die Schwingfestigkeit kann vernachlässigt werden.

c) Berechnen Sie für die in Aufgabenteil a) und b) ermittelten Torsionsmomente die jeweiligen Verdrehwinkel φ der Torsionsfeder.

Aufgabe 13.14

Ein Welle mit Vollkreisquerschnitt aus der Vergütungsstahlsorte 42CrMo4 mit geschliffener Oberfläche (Rz = 3,2 µm) und einem Durchmesser von d = 50 mm ist im Betrieb durch die statisch wirkende, außermittig angreifende Querkraft F_Q = 10 kN beansprucht. Weiterhin kann eine horizontale Zugkraft F_H auftreten. Schubspannungen durch Querkräfte sowie ein Einfluss der Bauteilgröße auf die Schwingfestigkeit können vernachlässigt werden.

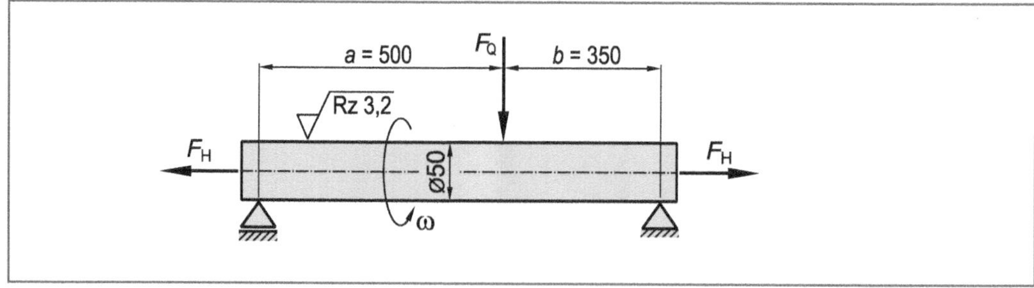

Werkstoffkennwerte 42CrMo4:
$R_{p0,2}$ = 980 N/mm²
R_m = 1070 N/mm²
σ_{bW} = 530 N/mm²

a) Skizzieren Sie den Beanspruchungs-Zeit-Verlauf für die höchst beanspruchte Stelle bei umlaufender Welle. Berechnen Sie außerdem die maximale Spannungsamplitude. Die horizontale Zugkraft F_H wirkt zunächst nicht ($F_H = 0$).

b) Überprüfen Sie, ob die Welle dauerfest ist, falls ein Sicherheitsfaktor gegen Dauerbruch (S_D) von mindestens 3,50 gefordert wird ($F_H = 0$).

c) Berechnen Sie die Sicherheit gegen Dauerbruch (S_D), falls die umlaufende Welle zusätzlich mit einer horizontalen Zugkraft von $F_H = 350$ kN vorgespannt ist.

Aufgabe 13.15 ○○●●●

Eine umlaufende Hohlwelle ($d_a = 70$ mm; $s = 5$ mm; $l = 500$ mm) aus der Vergütungsstahlsorte 42CrMo4 ($R_m = 1180$ N/mm²; $R_{p0,2} = 810$ N/mm² ; $\sigma_{bW} = 590$ N/mm²) mit gedrehter Oberfläche ($Rz = 12{,}5$ µm) wird durch die axiale Zugkraft $F_1 = 100$ kN statisch beansprucht.

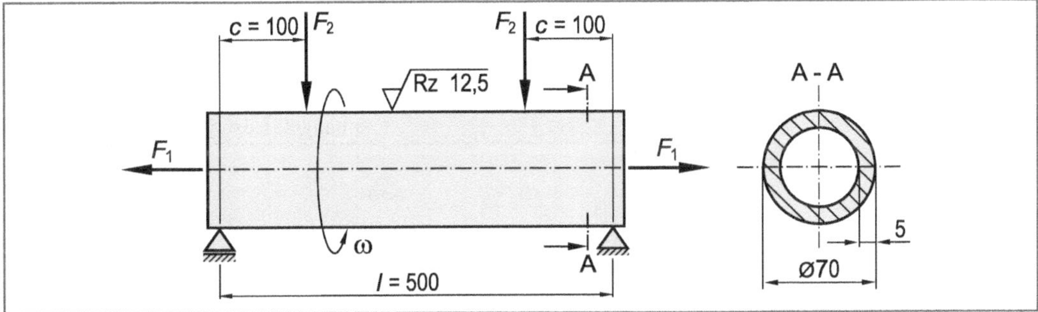

Ermitteln Sie den maximal zulässigen Betrag zweier zusätzlicher, im Abstand $c = 100$ mm von den Lagerstellen wirkenden Querkräfte F_2, damit ein Dauerbruch mit Sicherheit vermieden wird ($S_D = 2{,}50$). Schubspannungen durch Querkräfte sowie ein Einfluss der Bauteilgröße auf die Schwingfestigkeit können vernachlässigt werden.

Aufgabe 13.16 ○○●●●

Ein Rohr (Durchmesser $D = 40$ mm; Wandstärke $s = 5$ mm) mit Querbohrung ($d_B = 5$ mm) aus der Gusseisensorte EN-GJL-300 wird auf Torsion beansprucht. Die Oberflächenrauigkeit des Rohres beträgt $Rz = 200$ µm. Kerbwirkung an der Einspannstelle sowie ein Einfluss der Bauteilgröße auf die Schwingfestigkeit können vernachlässigt werden.

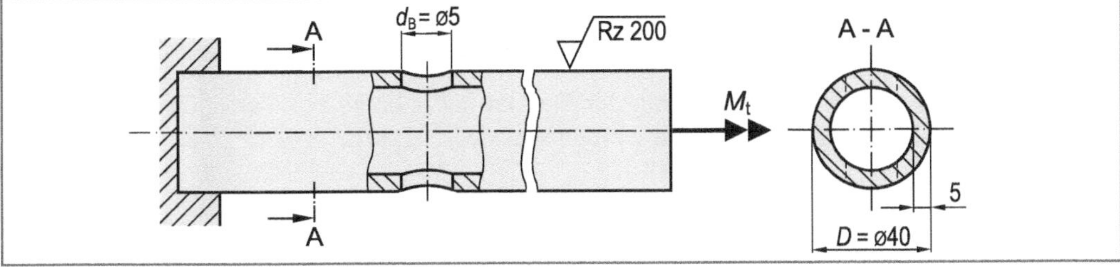

Werkstoffkennwerte EN-GJL-300:
R_m = 320 N/mm^2
τ_{tW} = 80 N/mm^2

a) Ermitteln Sie das zulässige Torsionsmoment M_t bei statischer Beanspruchung (S_B = 4,0).
b) Berechnen Sie das zulässige Torsionsmoment M_{ta} bei einer rein wechselnden Beanspruchung, so dass kein Dauerbruch eintritt (S_D = 2,50).

Aufgabe 13.17 

Die Welle einer Werkzeugmaschine aus Werkstoff 38Cr2 wird durch die beiden Querkräfte F_Q in der dargestellten Weise belastet. In der Mitte der Welle befindet sich ein halbkreisförmiger Einstich. Die Oberfläche der Welle ist gedreht (Rz = 25 µm). Ein Einfluss der Bauteilgröße auf die Schwingfestigkeit sowie Schubspannungen durch Querkräfte müssen nicht berücksichtigt werden.

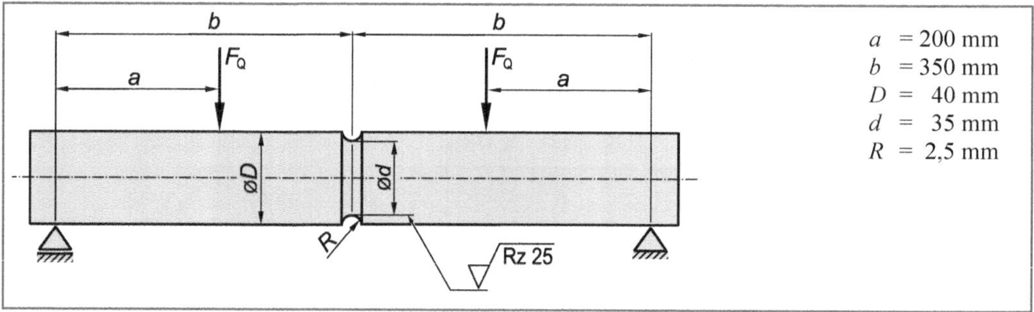

Werkstoffkennwerte 38Cr2 (vergütet):
$R_{p0,2}$ = 550 N/mm^2
R_m = 780 N/mm^2
σ_{bW} = 390 N/mm^2

Die Welle steht still. Die beiden statisch wirkenden Querkräfte betragen jeweils F_Q = 3900 N.

a) Skizzieren Sie den Verlauf des Biegemomentes M_b und berechnen Sie das maximale Biegemoment $M_{b\,max}$.
b) Berechnen Sie die Sicherheit gegen Fließen (S_F) an der höchst beanspruchten Stelle. Ist die Sicherheit ausreichend?

Die Welle läuft um. Die Kräfte F_Q wirken statisch.

c) Auf welche Weise kann die Welle nunmehr versagen?
d) Berechnen Sie die Kerbwirkungszahl β_{kb}.
e) Skizzieren Sie qualitativ den zeitlichen Verlauf der Biegespannung für die höchst beanspruchte Stelle.
f) Berechnen Sie den zulässigen Betrag der Querkraft F_Q, damit ein Versagen durch Dauerbruch mit Sicherheit ausgeschlossen werden kann (S_D = 2,50)

Aufgabe 13.18

Die dargestellte abgesetzte Antriebswelle aus der Feinkornbaustahlsorte S460M mit geschliffener Oberfläche (Rz = 12,5 µm) kann durch die beiden statisch wirkenden Kräfte F_1 und F_2 belastet werden. Ein Einfluss der Bauteilgröße auf die Schwingfestigkeit sowie Schubspannungen durch Querkräfte müssen nicht berücksichtigt werden.

Werkstoffkennwerte S460M:

R_e = 460 N/mm²
R_m = 530 N/mm²
σ_{bW} = 280 N/mm²
E = 207000 N/mm²
μ = 0,30

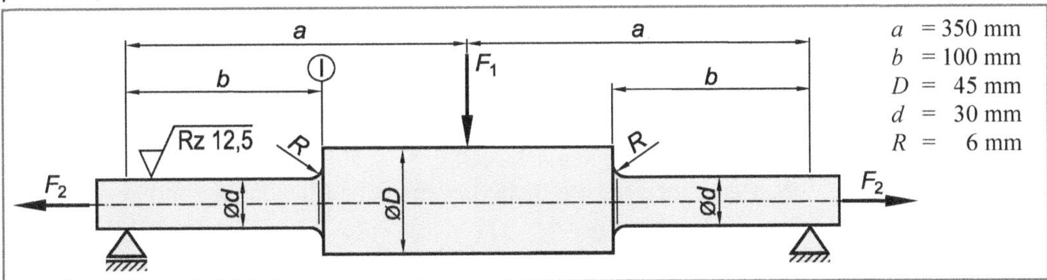

Die Welle steht zunächst still und es wirkt nur die statische Querkraft F_1 = 10 kN (F_2 = 0).

a) Berechnen Sie das Biegemoment am linken Wellenabsatz (Stelle I).

b) Ermitteln Sie für den Wellenabsatz (Stelle I) die Formzahlen für Zug- und für Biegebeanspruchung (α_{kz} und α_{kb}).

c) Bestimmen Sie die Sicherheit gegen Fließen (S_F) am Wellenabsatz. Ist die Sicherheit ausreichend?

d) Berechnen Sie die maximal mögliche, zusätzliche, statisch wirkende Zugkraft F_2 so dass Fließen am Wellenabsatz gerade noch nicht eintritt.

Die Welle läuft um. Es wirkt nur die statische Querkraft F_1 = 10 kN (F_2 = 0).

e) Berechnen Sie die Kerbwirkungszahl β_{kb} für den Wellenabsatz (Stelle I).

f) Skizzieren Sie quantitativ den zeitlichen Verlauf der Biegespannung am Wellenabsatz.

g) Berechnen Sie die Sicherheit gegen Dauerbruch (S_D). Ist die Sicherheit ausreichend?

Aufgabe 13.19

Der abgebildete Bolzen mit Vollkreisquerschnitt aus der Vergütungsstahlsorte 25CrMo4 hat eine geschliffene Oberfläche (Rz = 6,3 µm) und ist am linken Ende fest eingespannt. Am rechten Ende kann der Bolzen durch die Kräfte F_1 und F_2 sowie durch das Torsionsmoment M_t beansprucht werden.

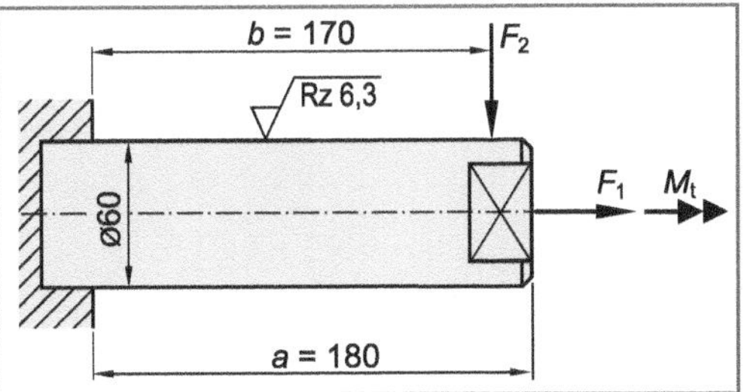

Kerbwirkung an der Einspannstelle sowie Schubspannungen durch Querkräfte sind zu vernachlässigen. Ein Einfluss der Bauteilgröße auf die Schwingfestigkeit muss nicht berücksichtigt werden.

Werkstoffkennwerte 25CrMo4 (vergütet):
$R_{p0,2}$ = 620 N/mm^2
R_m = 920 N/mm^2
σ_{bW} = 450 N/mm^2
E = 210000 N/mm^2
μ = 0,30

a) Es wirkt zunächst nur die statische Zugkraft F_1 = 700 kN.
   1. Berechnen Sie die Zugspannung im Bolzen.
   2. Ermitteln Sie die Verlängerung des Bolzens infolge der Zugkraft F_1.
   3. Berechnen Sie die Sicherheit gegen Fließen (S_F). Ist die Sicherheit ausreichend?

b) Es wirkt die rein wechselnde Kraft F_2 = ± 12,5 kN. Ermitteln Sie für die höchst beanspruchte Stelle die Sicherheit gegen Dauerbruch (S_D). Ist die Sicherheit ausreichend?

c) Es wirken nunmehr gleichzeitig die statische Kraft F_1 = 700 kN und die rein wechselnde Kraft F_2 = ± 12,5 kN. Berechnen Sie die Sicherheiten gegen Fließen (S_F) und gegen Dauerbruch (S_D).

d) Es wirkt nur das statische Torsionsmoment M_t.
   1. Berechnen Sie das zulässige Torsionsmoment M_t damit Fließen des Bolzens an der höchst beanspruchten Stelle nicht eintritt.
   2. Ermitteln Sie für das Torsionsmoment M_t den Verdrehwinkel φ des Bolzens.

e) Es wirken gleichzeitig die statische Kraft F_1 = 700 kN und ein statisches Torsionsmoment M_t. Auf welchen Wert ist M_t zu begrenzen, falls eine Sicherheit gegen Fließen von S_F = 1,5 gefordert wird?

Für eine Konstruktionsvariante erhält der Bolzen an seinem rechten Ende einen Absatz.

f) Es wirkt nur die statische Kraft F_2 = 12,5 kN. Mit welchem Radius R muss der Absatz ausgeführt werden, damit die maximalen Spannungen in den Querschnitten I und II gleich groß werden?

g) Es soll nun eine rein wechselnde Biegekraft F_3 = ± 12,5 kN wirken. Berechnen Sie für den Querschnitt II die Sicherheit gegen Dauerbruch, falls der Absatz mit einem Radius von R = 2,5 mm ausgeführt wird.

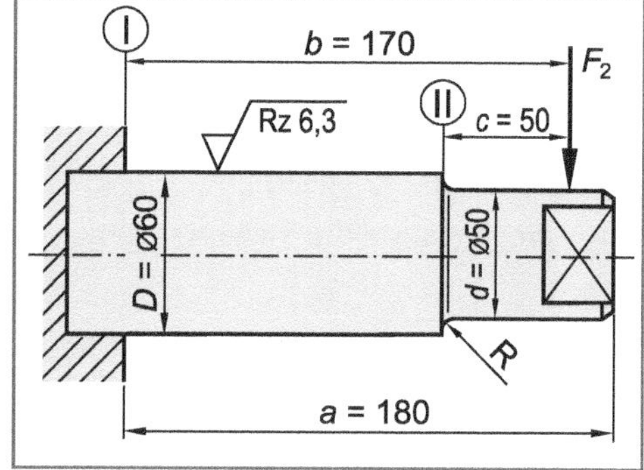

Aufgabe 13.20

Eine Antriebswelle mit geschliffener Oberfläche (Rz = 12,5 µm) aus der legierten Vergütungsstahlsorte 51CrV4 ist im Hinblick auf eine sichere Dimensionierung unter statischer und schwingender Beanspruchung an der Kerbstelle I zu überprüfen (siehe Abbildung). Ein Einfluss der Bauteilgröße auf die Schwingfestigkeit sowie Schubspannungen durch Querkräfte müssen nicht berücksichtigt werden.

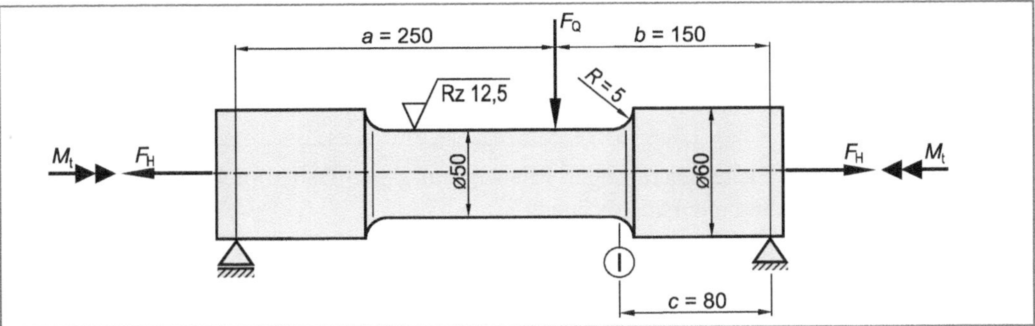

Werkstoffkennwerte 51CrV4:

$R_{p0,2}$ = 930 N/mm²
R_m = 1150 N/mm²
σ_{bW} = 570 N/mm²

Die Welle steht zunächst still. An der Welle greifen die statisch wirkenden Kräfte F_Q = 50 kN und F_H = 100 kN an (siehe Abbildung).

a) Berechnen Sie das Biegemoment an der Kerbstelle I.

b) Berechnen Sie das zusätzlich übertragbare statische Torsionsmoment M_t (bei gleichzeitiger Einwirkung der beiden Kräfte F_Q und F_H), damit Fließen im Kerbquerschnitt I mit Sicherheit (S_F = 1,50) ausgeschlossen werden kann.

In einem anderen Betriebszustand ist die Schwingfestigkeit der *umlaufenden* Antriebswelle zu überprüfen. Das Torsionsmoment soll hierbei vernachlässigt werden (M_t = 0). Die beiden Kräfte F_Q = 50 kN und F_H = 100 kN bleiben hingegen unverändert.

c) Skizzieren Sie qualitativ den Spannungsverlauf in Abhängigkeit der Zeit im Kerbgrund bei umlaufender Welle.

d) Ermitteln Sie die Kerbwirkungszahl β_{kb} für die Biegebeanspruchung.

e) Berechnen Sie die Sicherheit S_D gegen Dauerbruch. Ist die Sicherheit ausreichend?

Aufgabe 13.21

Eine an beiden Enden gelagerte, umlaufende Antriebswelle aus der legierten Vergütungsstahlsorte 36NiCrMo16 (D = 100 mm; a = 1000 mm) wird im Betrieb durch die statisch wirkenden Kräfte F_1 = 70 kN und F_2 = 480 kN belastet (siehe Abbildung). Die Welle hat eine gedrehte Oberfläche (Rz = 25 µm). Die Querbohrung sei zunächst (Aufgabenteile a und b) nicht vorhanden. Schubspannungen durch Querkräfte sowie ein Einfluss der Bauteilgröße auf die Schwingfestigkeit muss nicht berücksichtigt werden.

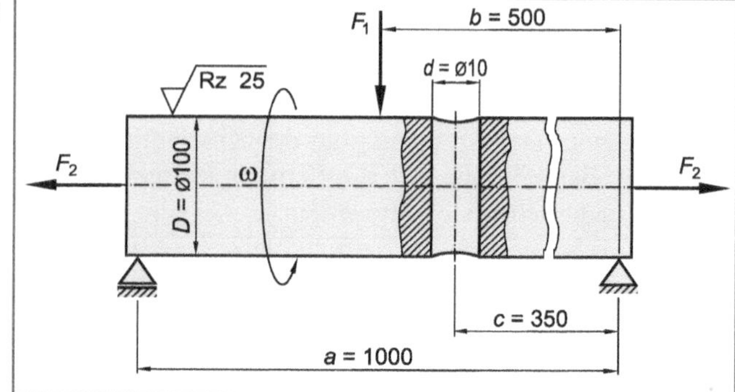

Werkstoffkennwerte 36NiCrMo16:

$R_{p0,2}$ = 900 N/mm²
R_m = 1420 N/mm²
σ_{bW} = 710 N/mm²
E = 211000 N/mm²
μ = 0,30

a) Skizzieren Sie quantitativ den zeitlichen Verlauf der Spannung an der höchst beanspruchten Stelle (umlaufende Welle).

b) Berechnen Sie die Sicherheiten gegen Fließen und gegen Dauerbruch für die umlaufende Welle. Sind die Sicherheiten ausreichend?

Für eine Konstruktionsvariante erhält die Welle eine Querbohrung (d = 10 mm) an der in der Abbildung dargestellten Stelle. Die beiden Kräfte F_1 = 70 kN und F_2 = 480 kN bleiben unverändert.

c) Ermitteln Sie die Kerbwirkungszahl β_{kb} für die Welle mit Querbohrung.

d) Berechnen Sie die Sicherheit gegen Dauerbruch (S_D) an der höchst beanspruchten Stelle. Ist die Sicherheit ausreichend?

Aufgabe 13.22 ○●●●●

Zur Befestigung von Lagerdeckeln an Pleuelstangen sollen Dehnschrauben aus der Vergütungsstahlsorte 34CrNiMo6 verwendet werden. Für die Erprobung wird ein Dehnungsmessstreifen (DMS) am zylindrischen Schaft der Dehnschraube appliziert. Der Dehnungsmessstreifen schließt mit der Schraubenlängsachse einen Winkel von 12° ein (siehe Abbildung). Ein Torsionsmoment durch das Anziehen der Schraube soll zunächst nicht auftreten.

Werkstoffkennwerte 34CrNiMo6:

$R_{p0,2}$ = 1050 N/mm²
R_m = 1400 N/mm²
σ_{zdW} = 630 N/mm²
E = 210000 N/mm²
μ = 0,30

a) Berechnen Sie die Dehnung in Messrichtung des DMS (ε_{DMS}) bei einer statischen Vorspannkraft von F_V = 100 kN.

b) Berechnen Sie den Betrag der zu F_V zusätzlich wirksamen Betriebskraft F_B bei einer Dehnung von ε_{DMS} = 2,500 ‰ in Messrichtung des DMS.

c) Die Vorspannkraft F_V = 100 kN soll weiterhin wirken. Ermitteln Sie die zusätzlich mögliche Betriebskraft F_{B1} damit im Kerbquerschnitt I keine plastischen Verformungen auftreten.

Im Betrieb überlagert sich der statischen Vorspannkraft F_V = 100 kN eine schwellende Betriebskraft F_{B2} = 50 kN (siehe Abbildung).

d) Bestimmen Sie die Kerbwirkungszahl β_k für die Kerbstelle I der Dehnschraube.

e) Ermitteln Sie für die Kerbstelle I die Sicherheit gegen Dauerbruch (S_D). Ist die Sicherheit ausreichend?

Die Oberfläche sei gedreht (Rz = 6,3 µm). Der Lagerdeckel kann als ideal starr angenommen werden. Ein Einfluss der Bauteilgröße auf die Schwingfestigkeit muss nicht berücksichtigt werden.

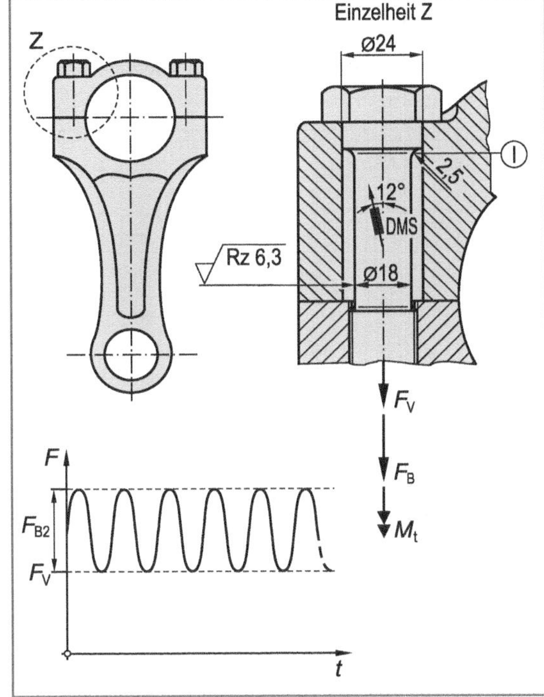

Im Rahmen eines statischen Festigkeitsnachweises für die Dehnschraube soll zur Vorspannkraft F_V = 100 kN ein zusätzliches Torsionsmoment M_t = 63 Nm (beide statisch wirkend) aufgebracht werden.

f) Berechnen Sie die zulässige (zusätzlich zur Vorspannkraft wirkende) statische Betriebskraft F_{B3}, damit Fließen an der Kerbstelle I der Dehnschraube mit Sicherheit (S_F = 1,20) ausgeschlossen werden kann.

Aufgabe 13.23

Die dargestellte Antriebswelle mit gedrehter Oberfläche (Rz = 4 µm) aus der legierten Vergütungsstahlsorte 34Cr4 wird durch die statisch wirkende Zugkraft F_1 und das statische Antriebsmoment M_t belastet. Außerdem kann im Betrieb noch eine Querkraft F_2 auftreten (siehe Abbildung). Um eine Überbeanspruchung der Welle zu vermeiden, werden am zylindrischen Teil des Schaftes zwei Dehnungsmessstreifen (DMS A und DMS B) in der abgebildeten Weise appliziert.

Werkstoffkennwerte 34Cr4:

$R_{p0,2}$ = 690 N/mm^2
R_m = 870 N/mm^2
σ_{bW} = 430 N/mm^2
E = 210000 N/mm^2
μ = 0,30

a) Während eines Probebetriebs betrug die statische Zugkraft F_1 = 50 kN und das statische Torsionsmoment M_{t1} = 500 Nm. Eine Querkraft F_2 trat zunächst nicht auf (F_2 = 0). Berechnen Sie die Dehnungen in Messrichtung der beiden Dehnungsmessstreifen (DMS A und DMS B).

b) Ermitteln Sie für die Kerbstelle I (durchgehende Querbohrung) die Formzahlen für Zugbeanspruchung (α_{kz}) und für Torsionsbeanspruchung (α_{kt}).

c) Berechnen Sie das zulässige, statisch wirkende Antriebsmoment M_{t2}, damit bei der gegebenen statischen Zugkraft (F_1 = 50 kN) an der Kerbstelle I plastische Verformungen mit Sicherheit (S_F = 1,20) ausgeschlossen werden können (F_2 = 0).

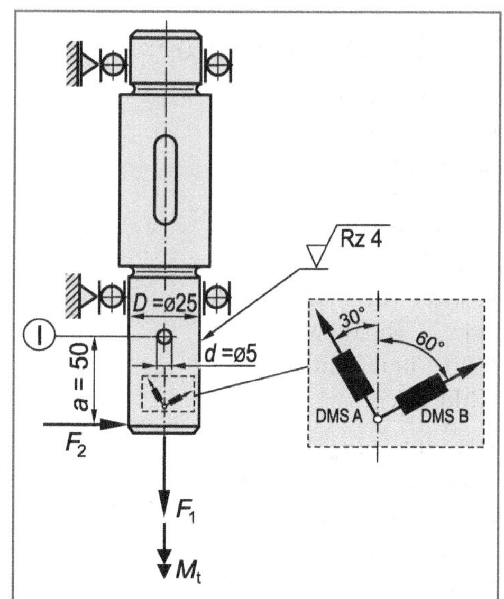

In einem anderen Betriebszustand wird die umlaufende Welle durch die statisch wirkenden Kräfte F_1 = 50 kN und F_2 = 2,5 kN beansprucht. Das Antriebsmoment kann vernachlässigt werden (M_t = 0).

d) Ermitteln Sie die Kerbwirkungszahl β_{kb} für die Biegebeanspruchung.

e) Berechnen Sie die Sicherheit gegen Dauerbruch (S_D). Ist die Sicherheit ausreichend? Schubspannungen durch Querkräfte sowie ein Einfluss der Bauteilgröße auf die Schwingfestigkeit muss nicht berücksichtigt werden.

Aufgabe 13.24

Eine Welle aus der unlegierten Baustahlsorte E335 mit polierter Oberfläche kann durch die beiden Kräfte F_1 und F_2 beansprucht werden (siehe Abbildung). Zu untersuchen sind unterschiedliche Belastungsfälle.

Werkstoffkennwerte E335:

R_e = 340 N/mm^2

R_m = 600 N/mm^2

σ_{bW} = 300 N/mm^2

E = 210000 N/mm^2

μ = 0,30

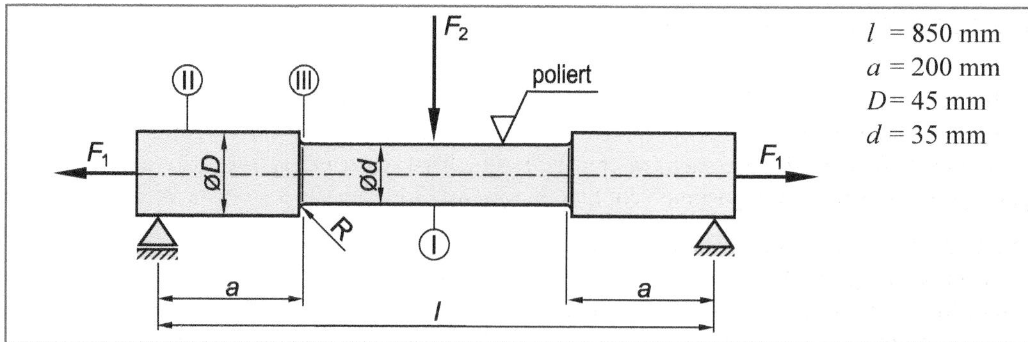

a) Stillstehende Welle, F_1 = 50 kN (statisch), F_2 = 0.
- Berechnen Sie die Spannungen und Dehnungen in den Querschnitten I und II.
- Ermitteln Sie den Betrag der Verlängerung der Welle (ohne Berücksichtigung der Kerbwirkung an den Wellenabsätzen).
- Bestimmen Sie die Sicherheit gegen Fließen in den Querschnitten I und II. Sind die Sicherheiten jeweils ausreichend?

b) Stillstehende Welle, F_1 = 0, F_2 = 5 kN (statisch).
Berechnen Sie die Spannungen im Querschnitt I sowie die Nennspannung im Querschnitt III (Kerbgrund).

c) Ermitteln Sie für die Beanspruchung gemäß Aufgabenteil b) den erforderlichen Radius R der Kerbstelle so, dass die maximale Spannung an der Kerbstelle (Querschnitt III), die Spannung im Querschnitt I nicht übersteigt.

d) Umlaufende Welle, F_1 = 50 kN (statisch).
Berechnen Sie für eine umlaufende Welle die zulässige, statisch wirkende Querkraft F_2, sodass an der Kerbstelle (Querschnitt III) kein Dauerbruch eintritt (S_D = 3,0). Schubspannungen durch Querkräfte sowie ein Einfluss der Bauteilgröße auf die Schwingfestigkeit muss nicht berücksichtigt werden.

Aufgabe 13.25 ●●●●●

Die Dimensionierung eines abgesetzten Bolzens mit geschliffener Oberfläche (Rz = 6,3 µm) und Vollkreisquerschnitt aus der legierten Vergütungsstahlsorte 30NiCrMo8 soll überprüft werden.

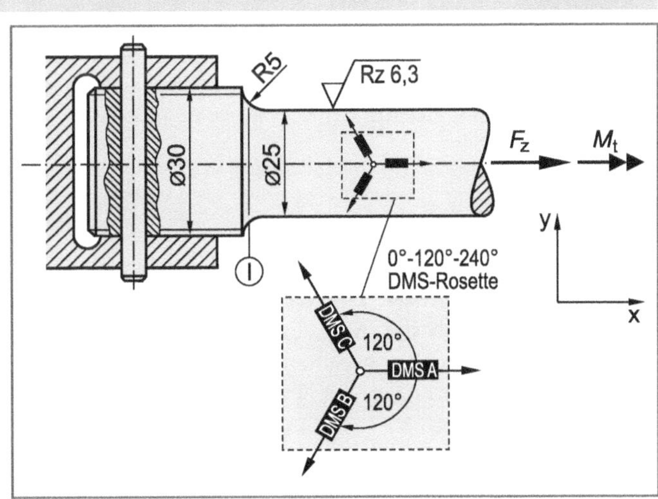

Um die Beanspruchung durch die Zugkraft F_Z und das Torsionsmoment M_t zu ermitteln, wurden drei Dehnungsmessstreifen in hinreichender Entfernung von der Kerbstelle I in der dargestellten Weise appliziert (0°-120°-240°-DMS-Rosette).

Werkstoffkennwerte 30NiCrMo8:

$R_{p0,2}$ = 1180 N/mm^2
R_m = 1520 N/mm^2
σ_{zdW} = 690 N/mm^2
E = 210000 N/mm^2
μ = 0,30

a) Zur Überprüfung der Dehnungsmessstreifen wird eine statische Belastung von F_{z1} = 170 kN und M_{t1} = 500 Nm aufgebracht. Ermitteln Sie die Dehnungsanzeigen von DMS A, DMS B und DMS C.

b) Im Betrieb wird der Bolzen einer unbekannten Betriebsbeanspruchung aus einer Zugkraft (F_{z2}) und einem unbekannten Torsionsmoment (M_{t2}) ausgesetzt. Es werden dabei die folgenden Dehnungen gemessen:

ε_A = 1,798 ‰
ε_C = 0,816 ‰

DMS B fiel leider aus und lieferte keine Messwerte. Ermitteln Sie aus den beiden verbliebenen Dehnungsmesswerten die Zugkraft F_{z2} sowie Betrag und Drehrichtung des Torsionsmomentes M_{t2}.

c) Ermitteln Sie für die Beanspruchung gemäß Aufgabenteil b) an der Kerbstelle I die Sicherheit gegen Fließen (S_F). Ist die Sicherheit ausreichend?

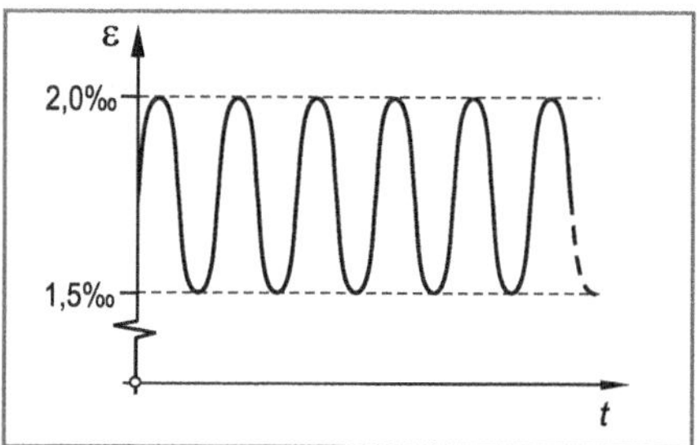

Bei einer anderen Betriebsbeanspruchung tritt nur noch eine zeitlich veränderliche Zugkraft F_{z3}, jedoch kein Torsionsmoment mehr auf (M_t = 0). Eine Messung ergab den in der Abbildung dargestellten, sinusförmigen Dehnungs-Zeit-Verlauf am Dehnungsmessstreifen A.

d) Überprüfen Sie, ob der Bolzen bei dieser Belastung im Bereich der Kerbstelle I eine ausreichende Dauerfestigkeit hat, falls S_D > 3,0 wird gefordert wird. Ein Einfluss der Bauteilgröße auf die Schwingfestigkeit muss nicht berücksichtigt werden.

Aufgabe 13.26 ○●●●●

Die Abbildung zeigt eine umlaufende Antriebswelle (∅50 mm) mit Querbohrung (∅10 mm) aus Werkstoff 34CrMo4. Die Welle hat eine gedrehte Oberfläche (Rz = 12,5 µm). Es soll überprüft werden, ob die Antriebswelle gegenüber unzulässiger plastischer Verformung und gegenüber Dauerbruch ausreichend dimensioniert ist. Während des Betriebs (umlaufende Welle) wirken die Kräfte F_Q = 15 kN und F_H = 250 kN (siehe Abbildung).

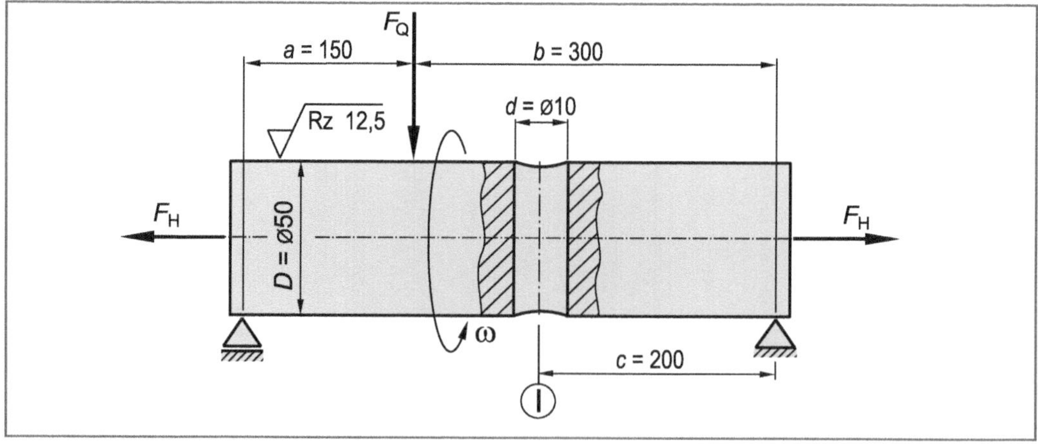

Werkstoffkennwerte 34CrMo4:

$R_{p0,2}$ = 820 N/mm^2
R_m = 1050 N/mm^2
σ_{bW} = 520 N/mm^2
E = 210000 N/mm^2
μ = 0,30

a) Berechnen Sie für die Kerbstelle I (Querbohrung) die Sicherheit gegen Fließen (S_F). Ist die Sicherheit ausreichend?

b) Berechnen Sie für die Kerbstelle I (Querbohrung) die Sicherheit gegen Dauerbruch (S_D). Ist die Sicherheit ausreichend? Ein Einfluss der Bauteilgröße auf die Schwingfestigkeit sowie Schubspannungen durch Querkräfte müssen nicht berücksichtigt zu werden.

c) Ermitteln Sie die Querkraft F_{Q1}, damit bei einer gleich bleibenden Zugkraft von F_H = 250 kN kein Fließen an der Kerbstelle eintritt (stillstehende Welle in der dargestellten Lage).

d) Bestimmen Sie die Zugkraft F_{H1}, damit bei einer gleich bleibenden Querkraft von F_Q = 15 kN kein Fließen an der Kerbstelle eintritt (stillstehende Welle in der dargestellten Lage).

Anhang 1: Werkstoffkennwerte

Tabelle A1-1 Mechanische Eigenschaften für **unlegierte Baustähle** nach DIN EN 10025-2

Werkstoffsorte			Mechanische Eigenschaften						
Kurzname		Werkstoffnummer	R_e 3) N/mm² min.	R_m 4) N/mm²	A 5) % min.	σ_{zdW} 6) N/mm²	σ_{bW} 6) N/mm²	τ_{tW} 6) N/mm²	τ_{sW} 6) N/mm²
neu 1)	alt 2)								
S185	St 33	1.0035	185	290 ... 510	18	140	155	90	80
S235JR	RSt 37-2	1.0038			26				
S235J0	St 37-3 U	1.0114	235	360 ... 510	26	160	180	105	95
S235J2	---	1.0117			24				
S275JR	St 44-2	1.0044			23				
S275J0	St 44-3 U	1.0143	275	410 ... 560	23	195	215	125	110
S275J2	---	1.0145			21				
S355JR	---	1.0045			22				
S355J0	St 52-3 U	1.0553	355	470 ... 630	22	230	255	150	130
S355J2	St 52-3 N	1.0577			22				
S355K2	---	1.0596			20				
S450J0	---	1.0590	450	550 ... 720	17	---	---	---	---
E295	St 50-2	1.0050	295	470 ... 610	20	220	245	145	125
E355	St 60-2	1.0060	355	570 ... 710	16	265	290	170	155
E360	St 70-2	1.0070	360	670 ... 830	11	310	340	200	180

1) nach DIN 10027-1
2) nach DIN 17006
3) Kennwerte für Nenndicken ≤ 16 mm. Kennwerte für Nenndicken > 16 mm siehe DIN EN 10025-2.
4) Kennwerte für Nenndicken von 3 mm ... 100 mm. Kennwerte für Nenndicken < 3 mm oder > 100 mm siehe DIN EN 10025-2.
5) Kurzer Proportionalstab ($L_0 = 5{,}65 \cdot \sqrt{S_0}$). Kennwerte gültig für Nenndicken von 3 mm ... 40 mm. Kennwerte für Nenndicken > 40 mm siehe DIN EN 10025-2.
6) Kennwerte nach FKM-Richtlinie [2].

Tabelle A1-2 Mechanische Eigenschaften für **normalgeglühte, schweißgeeignete Feinkornbaustähle** nach DIN EN 10025-3

Werkstoffsorte			Mechanische Eigenschaften						
Kurzname		Werkstoffnummer	R_e 3) N/mm² min.	R_m 4) N/mm²	A 5) % min.	σ_{zdW} 6) N/mm²	σ_{bW} 6) N/mm²	τ_{tW} 6) N/mm²	τ_{sW} 6) N/mm²
neu 1)	alt 2)								
S275N	StE 285	1.0490	275	370 ... 510	24	165	185	110	95
S275NL	TStE 285	1.0491							
S355N	StE 355	1.0545	355	470 ... 630	22	210	235	140	120
S355NL	TStE 355	1.0546							
S420N	StE 420	1.8902	420	520 ... 680	19	235	260	150	135
S420NL	TStE 420	1.8912							
S460N	StE 460	1.8901	460	550 ... 720	17	245	275	160	140
S460NL	TStE 460	1.8903							

1) nach DIN 10027-1 2) nach DIN 17006
3) Kennwerte für Nenndicken ≤ 16 mm. Kennwerte für Nenndicken > 16 mm siehe DIN EN 10025-3.
4) Kennwerte für Nenndicken ≤ 100 mm. Kennwerte für Nenndicken > 100 mm siehe DIN EN 10025-3.
5) Kennwerte für Nenndicken ≤ 16 mm. Kennwerte für Nenndicken > 16 mm siehe DIN EN 10025-3.
6) Kennwerte nach FKM-Richtlinie [2].

Tabelle A1-3 Mechanische Eigenschaften für **thermomechanisch gewalzte, schweißgeeignete Feinkornbaustähle** nach DIN EN 10025-4

Werkstoffsorte Kurzname neu [1]	alt [2]	Werkstoff nummer	Mechanische Eigenschaften R_e [3] N/mm² min.	R_m [4] N/mm²	A [5] % min.	σ_{zdW} [6] N/mm²	σ_{bW} [6] N/mm²	τ_{tW} [6] N/mm²	τ_{sW} [6] N/mm²
S275M	----	1.8818	275	370 ...530	24	160	180	105	95
S275ML	----	1.8819							
S355M	StE 355 TM	1.8823	355	470 ...630	22	205	225	130	115
S355ML	TStE 355 TM	1.8834							
S420M	StE 420 TM	1.8825	420	520 ...680	19	225	250	145	130
S420ML	TStE 420 TM	1.8836							
S460M	StE 460 TM	1.8827	460	550 ...720	17	240	265	155	140
S460ML	TStE 460 TM	1.8838							

1) nach DIN 10027-1
2) nach DIN 17006
3) Kennwerte für Nenndicken ≤ 16 mm. Kennwerte für Nenndicken > 16 mm siehe DIN EN 10025-4.
4) Kennwerte für Nenndicken ≤ 40 mm. Kennwerte für Nenndicken > 40 mm siehe DIN EN 10025-4.
5) Kurzer Proportionalstab ($L_0 = 5{,}65 \cdot \sqrt{S_0}$).
6) Kennwerte nach FKM-Richtlinie [2].

Tabelle A1-4 Mechanische Eigenschaften für **Vergütungsstähle im vergüteten Zustand** nach DIN EN 10083-2 und -3

Werkstoffsorte Kurzname neu [1]	alt [2]	Werkstoff nummer	Mechanische Eigenschaften $R_{p0,2}$ [3] N/mm² min.	R_m [3] N/mm²	A [3] [4] % min.	σ_{zdW} [5] N/mm²	σ_{bW} [5] N/mm²	τ_{tW} [5] N/mm²	τ_{sW} [5] N/mm²
Unlegierte Vergütungsstähle									
C22E C22R	Ck 22 Cm 22	1.1151 1.1149	340	500 ...650	20	225	250	145	130
C35E C35R C35	Ck 35 Cm 35 C 35	1.1181 1.1180 1.0501	430	630 ...780	17	285	310	185	165
C40E C40R C40	Ck 40 Cm 40 C 40	1.1186 1.1189 1.0511	460	650 ...800	16	295	320	190	170
C45E C45R C45	Ck 45 Cm 45 C 45	1.1191 1.1201 1.0503	490	700 ...850	14	315	345	205	185
C50E C50R	Ck 50 Cm 50	1.1206 1.1241	520	750 ...900	13	340	365	215	195
C55E C55R C55	Ck 55 Cm 55 C 55	1.1203 1.1209 1.0535	550	800 ...950	12	360	390	230	210
C60E C60R C60	Ck 60 Cm 60 C 60	1.1221 1.1223 1.0601	580	850 ...1000	11	385	415	245	220
28Mn6	28 Mn 6	1.1170	590	800 ... 950	13	360	390	230	210

Fortsetzung Tabelle A1-4 Mechanische Eigenschaften für **Vergütungsstähle im vergüteten Zustand** nach DIN EN 10083-2 und -3

Werkstoffsorte			Mechanische Eigenschaften						
Kurzname		Werkstoffnummer	$R_{p0,2}$ [3]	R_m [3]	A [3) 4)]	σ_{zdW} [5]	σ_{bW} [5]	τ_{tW} [5]	τ_{sW} [5]
neu [1]	alt [2]		N/mm² min.	N/mm²	% min.	N/mm²	N/mm²	N/mm²	N/mm²
Legierte Vergütungsstähle									
38Cr2	38 Cr 2	1.7003	550	800 ... 950	14	360	390	230	210
38CrS2	38 CrS 2	1.7023							
46Cr2	46 Cr 2	1.7006	650	900 ... 1100	12	405	435	260	235
46CrS2	46 CrS 2	1.7025							
34Cr4	34 Cr 4	1.7033	700	900 ... 1100	12	405	435	260	235
34CrS4	34 CrS 4	1.7037							
37Cr4	37 Cr 4	1.7034	750	950 ... 1150	11	430	460	270	245
37CrS4	37 CrS 4	1.7038							
41Cr4	41 Cr 4	1.7035	800	1000 ... 1200	11	450	480	285	260
41CrS4	41 CrS 4	1,7039							
25CrMo4	25 CrMo 4	1.7218	700	900 ... 1100	12	405	435	260	235
25CrMoS4	25 CrMoS 4	1.7213							
34CrMo4	34 CrMo 4	1.7220	800	1000 ... 1200	11	450	480	285	260
34CrMoS4	34 CrMoS 4	1.7226							
42CrMo4	42 CrMo 4	1.7225	900	1100 ... 1300	10	495	525	315	285
42CrMoS4	42 CrMoS 4	1,7227							
50CrMo4	50 CrMo 4	1.7228	900	1100 ... 1300	9	495	525	315	285
34CrNiMo6	34 CrNiMo 6	1.6582	1000	1200 ... 1400	6	540	570	340	310
30CrNiMo8	30 CrNiMo 8	1.6580	1050	1250 ... 1450	9	565	595	355	325
36CrNiMo16	----	1.6773	740	880 ... 1180	12	565	595	355	325
39NiCrMo3	----	----	785	980 ... 1180	11	----	----	----	----
30NiCrMo16-6		1.6747	880	1080 ... 1230	10	----	----	----	----
51CrV4	50CrV4	1.8159	900	1100 ... 1300	9	495	525	315	285
20MnB5	----	1.5530	700	900 ... 1050	14	----	----	----	----
30MnB5	----	1.5531	800	950 ... 1150	13	----	----	----	----

[1] nach DIN 10027-1
[2] nach DIN 17006
[3] Kennwerte für maßgebliche Querschnitte ≤ 16 mm bzw. für Flacherzeugnisse mit Dicken ≤ 8 mm. Kennwerte für Querschnitte > 16 mm bzw. Dicken > 8 mm siehe DIN EN 10083-2 bzw. -3.
[4] Kurzer Proportionalstab ($L_0 = 5{,}65 \cdot \sqrt{S_0}$). Kennwerte für Nenndicken von 3 mm ... 40 mm. Kennwerte für Nenndicken > 40 mm siehe DIN EN 10083-2 bzw. -3.
[5] Kennwerte nach FKM-Richtlinie [2]. Falls keine Werte angegeben, erfolgt die Berechnung gemäß Tabelle 13.2.

Tabelle A1-5 Mechanische Eigenschaften für **Einsatzstähle** nach DIN EN 10084 (Auswahl)

Werkstoffsorte			**Mechanische Eigenschaften**						
Kurzname		**Werkstoff nummer**	$R_{p0,2}$ [3)] N/mm² min.	R_m N/mm² min.	A % min.	σ_{zdW} [3)] N/mm²	σ_{bW} [3)] N/mm²	τ_{tW} [3)] N/mm²	τ_{sW} [3)] N/mm²
neu [1)]	**alt** [2)]								
Unlegierte Einsatzstähle									
C10E	Ck 10	1.1121	310	500	k.A.	200	220	130	115
C10R	----	1.1207							
C15E	Ck 15	1.1141	545	750	k.A.	320	345	205	185
C15R	Cm 15	1.1140							
C16E	----	1.1148	545	780	k.A.	320	345	205	185
C16R	----	1.1208							
Legierte Einsatzstähle									
17Cr3	17 Cr 3	1.7016	545	780	k.A.	320	345	205	185
28Cr4	28 Cr 4	1.7030	620	870	k.A.	360	385	230	210
16MnCr5	16 MnCr 5	1.7131	695	1000	k.A.	400	430	255	230
20MnCr5	20 MnCr 5	1.7147	850	1200	k.A.	480	510	305	280
18CrMo4	---	1.7243	775	1100	k.A.	440	470	280	255
22CrMoS3-5	22 CrMoS 3-5	1.7333	775	1100	k.A.	440	470	280	255
20MoCr3	---	1.7320	620	880	k.A.	360	385	230	210
20MoCr4	20 MoCr 4	1.7321	620	880	k.A.	360	385	230	210
16NiCr4	---	1.5714	695	950	k.A.	400	430	255	230
10NiCr5-4	---	1.5805	620	850	k.A.	360	385	230	210
18NiCr5-4	---	1.5810	850	1200	k.A.	480	510	305	280
17CrNi6-6	---	1.5918	850	1200	k.A.	480	510	305	280
15NiCr13	---	1.5752	695	1000	k.A.	400	430	255	230
20NiCrMo2-2	21 NiCrMo 2	1.6523	775	1100	k.A.	440	470	280	255
17NiCrMo6-4	---	1.6566	850	1200	k.A.	480	510	305	280
20NiCrMoS6-4	---	1.6571	850	1200	k.A.	480	510	305	280
18CrNiMo7-6	17 CrNiMo 6	1.6587	850	1200	k.A.	480	510	305	280
14NiCrMo13-4	---	1.6657	850	1200	k.A.	480	510	305	280

1) nach DIN 10027-1
2) nach DIN 17006
3) Kennwerte für nach FKM-Richtlinie [2].
k.A. = keine Angabe

Tabelle A1-6 Mechanische Eigenschaften für **Nitrierstähle** nach DIN EN 10085

Werkstoffsorte		**Mechanische Eigenschaften** (im vergüteten Zustand)						
Kurzname	**Werkstoff nummer**	$R_{p0,2}$ [1] N/mm² min.	R_m [1] N/mm²	A [1] % min.	σ_{zdW} [2] N/mm²	σ_{bW} [2] N/mm²	τ_{tW} [2] N/mm²	τ_{sW} [2] N/mm²
24CrMo3-6	1.8516	800	1000 ... 1200	10	450	480	285	260
31CrMo12	1.8515	835	1030 ... 1230	10	465	495	295	270
32CrAlMo7-10	1.8505	835	1030 ... 1230	10	465	495	295	270
31CrMoV9	1.8519	900	1100 ... 1300	9	495	525	315	285
33CrMoV12-9	1.8522	950	1150 ... 1350	11	520	550	330	300
34CrAlNi7-10	1.8550	680	900 ... 1100	10	405	435	260	235
41CrAlMo7-10	1.8509	750	950 ... 1150	11	430	460	275	250
40CrMoV13-9	1.8523	750	950 ... 1100	11	430	460	275	250
34CrAlMo5-10	1.8807	600	800 ... 1000	14	360	390	230	210

[1] Kennwerte für Dicken von 16 mm ... 40 mm. Kennwerte für Dicken > 40 mm siehe DIN EN 10085.
[2] Kennwerte nach FKM-Richtlinie [2].

Tabelle A1-7 Mechanische Eigenschaften für **nichtrostende Stähle** nach DIN EN 10088

Werkstoffsorte		**Mechanische Eigenschaften** [1]						
Kurzname	**Werkstoff-nummer**	$R_{p0,2}$ [2] N/mm² min.	R_m [2] N/mm²	A [2) 3)] % min.	σ_{zdW} [4] N/mm²	σ_{bW} [4] N/mm²	τ_{tW} [4] N/mm²	τ_{sW} [4] N/mm²
Nichtrostende ferritische Stähle (geglühter Zustand)								
X2CrNi12	1.4003	250	450 ... 650	18	180	205	120	105
X6CrAl13	1.4002	210	400 ... 600	17	160	180	110	90
X6Cr17	1.4016	240	430 ... 630	20	170	195	115	100
X6CrMo17-1	1.4113	260	450 ... 630	18	180	205	120	105
X6CrNi17-1	1.4017	330	500 ... 750	12	260	290	175	150
X2CrTiNb18	1.4509	230	430 ... 630	18	170	195	115	100
Nichtrostende austenitische Stähle (lösungsgeglühter Zustand)								
X10CrNi18-8	1.4310	250	600 ... 950	40	240	270	160	140
X2CrNiN18-10	1.4311	270	550 ... 750	40	220	245	145	125
X5CrNi18-10	1.4301	210	520 ... 720	45	230	235	140	120
X6CrNiTi18-10	1.4541	200	500 ... 700	40	200	225	135	115
X6CrNiMoTi17-12-2	1.4571	220	520 ... 670	40	210	235	140	120
X2CrNiMoN17-13-5	1.4439	270	580 ... 780	40	230	260	155	135
X1NiCrMoCuN25-20-7	1.4529	300	650 ... 850	40	260	290	170	150
Nichtrostende austenitisch-ferritische Stähle (lösungsgeglühter Zustand)								
X2CrNiN23-4	1.4362	400	630 ... 800	25	250	280	165	145
X2CrNiMoN25-7-4	1.4410	530	730 ... 930	20	290	320	190	170
Nichtrostende martensitische Stähle (vergüteter Zustand)								
X20Cr13	1.4021	550	750 ... 950	10	300	330	195	175
X4CrNiMo16-5-1	1.4418	660	840 ... 1100	14	335	410	220	195

[1] Für Blech und Band für die allgemeine Verwendung.
[2]
- Ferritische Stähle: Warmgewalztes Blech bis 25 mm Dicke. Längsproben. Für X6CrNi17-1 warmgewalztes Band bis 13,5 mm Dicke.
- Austenitische Stähle: Warmgewalztes Blech bis 75 mm Dicke. Querproben. Für X10CrNi18-8 kaltgewalztes Band bis 8 mm Dicke. Querproben.
- Austenitisch-ferritische Stähle: Werte gültig für warmgewalztes Band bis 75 mm Dicke. Querproben.
- Martensitische Stähle: für X20Cr13 vergüteter Zustand (+QT750) und für X4CrNiMo16-5-1 vergüteter Zustand (+QT840). Warmgewalztes Band mit Dicken bis 75 mm. Längsproben.

[3] Kurzer Proportionalstab ($L_0 = 5{,}65 \cdot \sqrt{S_0}$). Kennwerte für Dicken > 3 mm.
[4] Kennwerte nach FKM-Richtlinie [2].

Tabelle A1-8 Mechanische Eigenschaften für **Stahlguss für allgemeine Anwendungen** nach DIN EN 10293

Werkstoffsorte Kurzname neu [1]	alt [2]	Werkstoff nummer	$R_{p0,2}$ [3] N/mm² min.	R_m [3] N/mm²	A [3] % min.	σ_{zdW} [4] N/mm²	σ_{bW} [4] N/mm²	τ_{tW} [4] N/mm²	τ_{sW} [4] N/mm²
GE200	GS-38	1.0420	200	380 ... 530	25	130	150	90	75
GE240	GS-45	1.0446	240	450 ... 600	22	150	180	105	90
GE300	GS-60	1.0558	300	600 ... 750	15	205	235	140	120
G28Mn6	GS-30 Mn 5	1.1165	260	520 ... 670	18	175	205	125	100
G26CrMo4	GS-25 CrMo 4	1.7221	300	550 ... 700	14	185	215	130	110
G34CrMo4	GS-34 CrMo 4	1.7230	480	620 ... 770	10	220	250	150	130
G42CrMo4	GS-42 CrMo 4	1.7231	550	700 ... 850	10	240	270	160	135
G30CrMoV6-4	GS-30 CrMoV 6 4	1.7725	550	750 ... 900	12	220	250	150	130
G35CrNiMo6-6	GS-34 CrNiMo 6	1.6579	650	800 ... 950	12	270	305	185	155
G32NiCrMo8-5-4	GS-30 NiCrMo 8 5	1.6570	650	820 ... 970	14	270	305	185	155

[1] nach DIN EN 10027-1
[2] nach DIN 17006-4
[3] GE200, GE240: normalgeglüht, Kennwerte für Nenndicken bis 300 mm.
GE300: normalgeglüht, Kennwerte für Nenndicken bis 30 mm.
G28Mn6: normalgeglüht, Kennwerte für Nenndicken bis 250 mm.
G26CrMo4: vergütet (+QT1), Kennwerte für Nenndicken bis 250 mm.
G34CrMo4, G42CrMo4, G30CrMoV6-4 und G35CrNiMo6-6: vergütet (+QT1), Kennwerte für Nenndicken von 100 mm ... 150 mm.
G32NiCrMo8-5-4: vergütet (+QT1), Kennwerte für Nenndicken von 100 mm ... 250 mm.
[4] Kennwerte nach FKM-Richtlinie [2].

Tabelle A1-9 Mechanische Eigenschaften für **Gusseisen mit Lamellengraphit** nach DIN EN 1561

Werkstoffsorte Kurzname neu [1]	alt [2]	Werkstoff nummer	$R_{p0,2}$ [3] N/mm² min.	R_m [3] N/mm²	A [3] % min.	σ_{zdW} [4) 5)] N/mm²	σ_{bW} [4) 6)] N/mm²	τ_{tW} [4] N/mm²	τ_{sW} [4] N/mm²
EN-GJL-100	GG-10	5.1100	---	100 … 200	0,3 …0,8	30	45	40	25
EN-GJL-150	GG-15	5.1200	---	150 … 250	0,3 …0,8	45	70	60	40
EN-GJL-200	GG-20	5.1300	---	200 … 300	0,3 …0,8	60	90	75	50
EN-GJL-250	GG-25	5.1301	---	250 … 350	0,3 …0,8	75	110	95	65
EN-GJL-300	GG-30	5.1302	---	300 … 400	0,3 …0,8	90	140	115	75
EN-GJL-350	GG-35	5.1303	---	350 … 450	0,3 …0,8	105	145	130	90

[1] nach DIN EN 1560
[2] nach DIN 17006-4
[3] Mechanische Eigenschaften gemessen an Proben aus getrennt gegossenen Probestücken. Rohgussdurchmesser 30 mm bzw. maßgebende Wanddicke 15 mm. Kennwerte für abweichende Wanddicken siehe DIN EN 1561.
[4] Kennwerte nach FKM-Richtlinie [2].
[5] Weitere Kennwerte siehe DIN EN 1561. Näherungsweise wird dort angegeben: $\sigma_{zdW} = 0{,}26 \cdot R_m$
[6] Weitere Kennwerte siehe DIN EN 1561. Näherungsweise wird dort angegeben: $\sigma_{bW} = 0{,}35 \ldots 0{,}5 \cdot R_m$

Tabelle A1-10 Mechanische Eigenschaften für **Gusseisen mit Kugelgraphit** nach DIN EN 1563

Werkstoffsorte			Mechanische Eigenschaften						
Kurzname		Werkstoff nummer	$R_{p0,2}$ [3)] N/mm² min.	R_m [3)] N/mm² min.	A [3)] % min.	σ_{zdW} [4)] N/mm²	σ_{bW} [4)] N/mm²	τ_{tW} [4)] N/mm²	τ_{sW} [4)] N/mm²
neu [1)]	alt [2)]								
EN-GJS-350-22	---	5.3102	220	350	22	120	160	110	75
EN-GJS-400-18	---	5.3105	250	400	18	135	185	120	90
EN-GJS-400-15	GGG-40	5.3106	250	400	15	135	185	120	90
EN-GJS-450-10	---	5.3107	310	450	10	155	205	135	100
EN-GJS-500-7	GGG-50	5.3200	320	500	7	170	225	150	110
EN-GJS-600-3	GGG-60	5.3201	370	600	3	205	265	180	135
EN-GJS-700-2	GGG-70	5.3300	420	700	2	240	305	205	155
EN-GJS-800-2	GGG-80	5.3301	480	800	2	270	340	235	175
EN-GJS-900-2	---	5.3302	600	900	2	305	380	260	200

1) nach DIN EN 1560
2) nach DIN 17006-4
3) Mechanische Eigenschaften gemessen an Proben aus getrennt gegossenen Probestücken.
4) Kennwerte nach FKM-Richtlinie [2].

Tabelle A1-11 Mechanische Eigenschaften für **Temperguss** nach DIN EN 1562

Werkstoffsorte			Mechanische Eigenschaften						
Kurzname		Werkstoff nummer	$R_{p0,2}$ [3)] N/mm² min.	R_m [3)] N/mm² min.	A [3)] % min.	σ_{zdW} [4)] N/mm²	σ_{bW} [4)] N/mm²	τ_{tW} [4)] N/mm²	τ_{sW} [4)] N/mm²
neu [1)]	alt [2)]								
Weißer Temperguss									
EN-GJMW-350-4	GTW-35-04	5.4200	---	350	4	105	150	115	80
EN-GJMW-360-12	GTW-S-38-12	5.4201	190	360	12	110	155	120	80
EN-GJMW-400-5	GTW-40-05	5.4202	220	400	5	120	170	130	90
EN-GJMW-450-7	GTW-45-07	5.4203	260	450	7	135	190	145	100
EN-GJMW-550-4	---	5.4204	340	550	4	165	230	175	125
Schwarzer Temperguss									
EN-GJMB-300-6	---	5.4100	---	300	6	90	130	100	70
EN-GJMB-350-10	GTS-35-10	5.4101	200	350	10	105	150	115	80
EN-GJMB-450-6	GTS-45-06	5.4205	270	450	6	135	190	145	100
EN-GJMB-500-5	---	5.4206	300	500	5	150	210	160	115
EN-GJMB-550-4	GTS-55-04	5.4207	340	550	4	165	230	175	125
EN-GJMB-600-3	---	5.4208	390	600	3	180	250	190	135
EN-GJMB-650-2	GTS-65-02	5.4300	430	650	2	195	265	205	145
EN-GJMB-700-2	GTS-70-02	5.4301	530	700	2	210	285	220	160
EN-GJMB-800-1	---	5.4302	600	800	1	240	320	250	180

1) nach DIN EN 1560
2) nach DIN 17006-4
3) Mechanische Eigenschaften für einen Probendurchmesser von 12 mm bei weißem Temperguss und 12 mm oder 15 mm bei schwarzem Temperguss. Kennwerte für abweichende Probendurchmesser siehe DIN EN 1562.
4) Kennwerte nach FKM-Richtlinie [2].

Tabelle A1-12 Mechanische Eigenschaften für **Aluminiumknetlegierungen** nach DIN EN 485-2 (Auswahl)

Werkstoffsorte			Mechanische Eigenschaften						
Kurzname [1]	Numerische Bezeichnung [2]	Wst.-zustand [3]	$R_{p0,2}$ [4] N/mm² min.	R_m [4] N/mm² min.	A_{50} [4] % min.	σ_{zdW} [5] N/mm²	σ_{bW} [5] N/mm²	τ_{tW} [5] N/mm²	τ_{sW} [5] N/mm²
EN-AW Al Cu4SiMg	EN AW-2014	T451	240	395	14	120	140	85	70
		T651	390	440	7	130	150	95	75
EN-AW Al Cu4Mg	EN AW-2024	T4	275	425	14	130	145	90	75
		T62	345	440	5	130	150	95	75
EN-AW Al Si1Fe	EN AW-4006	H14	120	140	3	40	55	35	25
		T4	55	120	18	35	50	30	20
EN-AW Al Mg2,5	EN AW-5052	O	65	170	16	50	65	40	30
		H12	160	210	8	65	85	50	35
		H18	240	270	2	80	100	60	45
EN-AW Al Mg3	EN AW-5754	O	80	190	16	55	75	45	35
		H12	170	220	6	65	85	50	40
		H18	250	290	2	85	105	65	50
EN-AW Al Mg4,5Mn0,7	EN AW-5083	O	125	275	13	85	100	60	45
		H12	250	315	5	95	115	70	55
		H16	300	360	2	110	130	80	60
EN-AW Al Si1MgMn	EN AW-6082	T451	110	205	14	60	80	50	35
		T651	260	310	7	95	110	70	55
EN-AW Al Zn4,5Mg1	EN AW-7020	T451	210	320	12	95	115	70	55
		T651	280	350	8	105	125	75	60
EN-AW Al Zn5,5MgCu	EN AW-7075	T62	470	540	7	160	180	115	95

[1] nach DIN EN 573-2 [2] nach DIN EN 573-1 [3] nach DIN EN 515
[4] Kennwerte für Bänder, Bleche und Platten mit einer Nenndicke von 1,5 mm ... 3 mm. Für EN AW Al Cu4SiMg-T451 und -T651 sowie EN-AW Al Cu4Mg-T4 Nenndicke 1,5 mm ... 6 mm. Für EN-AW Al Cu4Mg-T62 Nenndicke 0,4 mm ... 12,5 mm.
[5] Kennwerte nach FKM-Richtlinie [2].

Tabelle A1-13 Mechanische Eigenschaften für **Aluminiumgusslegierungen** nach DIN EN 1706 (Auswahl)

Werkstoffsorte			Mechanische Eigenschaften						
Kurzname [1]	Numerische Bezeichnung [2]	Wst.-zustand [3]	$R_{p0,2}$ [4] N/mm² min.	R_m [4] N/mm² min.	A_{50} [4] % min.	σ_{zdW} [5] N/mm²	σ_{bW} [5] N/mm²	τ_{tW} [5] N/mm²	τ_{sW} [5] N/mm²
EN-AC Al Cu4MgTi	AC-21000	T4	200	320	8	95	140	105	70
EN-AC Al Cu4Ti	AC-21100	T6	220	330	7	100	145	110	75
EN-AC Al Si7Mg	AC-42000	T6	220	260	1	80	115	90	60
EN-AC Al Si10Mg	AC-43000	T6	220	260	1	80	115	90	60
EN-AC Al Si9Mg	AC-43300	T6	210	290	4	85	130	100	65
EN-AC Al Si11	AC-44000	F	80	170	7	50	75	60	40
EN-AC Al Si12	AC-44100	F	80	170	5	50	75	60	40
EN-AC Al Si5Cu1Mg	AC-45300	T4	140	230	3	70	105	80	50
		T6	210	280	< 1	85	125	95	65
EN-AC Al Mg3	AC-51100	F	70	150	5	45	70	50	35
EN-AC Al Mg5	AC-51300	F	100	180	4	55	80	60	40
EN-AC Al Zn5Mg	AC-71000	T1	130	210	4	65	95	70	45

[1] nach DIN EN 573-2 [2] nach DIN EN 573-1 [3] nach DIN EN 515
[4] Mechanische Eigenschaften für Kokillengusslegierungen und getrennt gegossene Probestücke.
[5] Kennwerte nach FKM-Richtlinie [2].

Tabelle A1-14 Elastische Werkstoffkennwerte (Anhaltswerte)

Werkstoff / Werkstoffgruppe	Elastizitätsmodul *E* GPa	Querkontraktions-zahl *μ*	Schubmodul *G* GPa
Metalle			
Eisen	210	0,29	81
Ferritisch-perlitischer Stahl	200 ... 216	0,30	77 ... 83
Austenitischer Stahl	190 ... 203	0,30	73 ... 78
Gusseisen mit Lamellengraphit [1)]	78 ... 143	0,26	31 ... 57
Gusseisen mit Kugelgraphit [2)]	169 ... 176	0,275	65 ... 72
Al und Al-Legierungen	60 ... 80	0,33	23 ... 30
Mg und Mg- Legierungen	40 ... 45	0,30	15 ... 17
Unlegiertes Kupfer	125	0,34	47
Cu-Zn-Legierungen (Messing)	80 ... 125	0,35	30 ... 46
Cu-Sn-Legierungen (Bronze)	110 ... 125	0,35	41 ... 46
Ti und Ti-Legierungen	112 ... 130	0,32 ... 0, 38	42 ... 47
Blei	17,5	0,42	6,2
Silber	80	0,38	29
Zink	94	0,29	36
Zinn	55	0,33	21
Nichtmetalle			
Polyethylen • PE-LD • PE-HD	 1,0 ... 1,5 0,28	 0,38 0,38	 0,36 ... 0,54 0,10
Polypropylen (PP)	0,7 ... 1,4	0,34	0,3 ... 0,5
Polyamid 6 (PA6) • feucht ... trocken • Glasfaser verstärkt (30 %) • Kohlefaser verstärkt (30 %)	 1,5 ... 3,2 6,5 18	 0,32 0,32 0,32	 0,6 ... 3,2 10 6,8
Polycarbonat (PC)	2,0 ... 2,5	0,32	0,6 ... 1,2
Polymethylmethacrylat (PMMA)	2,4 ... 4,5	0,32	0,9 ... 1,7
Polyoxymethylen (POM)	2,5 ... 3,6	0,32	1,0 ... 1,4
Polytetrafluorethylen (PTFE)	0,4 ... 0,7	k.A.	k.A.
Polystyrol (PS)	3,0 ... 3,6	0,33	1,1 ... 1,4
Polyvinylchlorid • PVC-P (Weich-PVC) • PVC-U (Hart-PVC)	 0,45 ... 0,60 3,0 ... 3,5	 0,36 0,36	 0,17 ... 0,22 1,1 ... 1,3
Expoxidharz (EP)	2,6 ... 3,5	k.A.	k.A.
Ungesättigtes Polyesterharz (UP)	3,7	k.A.	k.A.
Phenolharz	8,8	k.A.	k.A.
Elastomere	k.A.	0,50	k.A.
Porzellan	70 ... 80	k.A.	k.A.
Glas	70 ... 80	0,17	30 ... 34
Beton	25 ... 30	0,15	11 ... 13
Diamant	1000	k.A.	k.A.
Glasfaser	70 ... 85	0,18	30 ... 36
Holz (Fichte)	10	0,33	k.A.
Eis (Firn, 10 m Tiefe)	2,5	0,29	k.A.

[1)] siehe auch DIN EN 1561 [2)] siehe auch DIN EN 1563 k.A. = keine Angabe

Anhang 2: Sicherheitsfaktoren

Tabelle A2-1 Empfohlene Sicherheitsfaktoren bei statischer Beanspruchung nach FKM-Richtlinie (gültig für normale Temperaturen [1)]) [2]

Wahrscheinlichkeit für das Auftreten der Lastspannung	Schadensfolge [2)] gering	Schadensfolge [2)] hoch
Stahl und Aluminiumknetwerkstoffe ($A \geq 12{,}5$ % [3)])		
gering	$S_F = 1{,}20 \cdot R_m/R_p$ $S_B = 1{,}60$	$S_F = 1{,}35 \cdot R_m/R_p$ $S_B = 1{,}80$
hoch	$S_F = 1{,}30 \cdot R_m/R_p$ $S_B = 1{,}75$	$S_F = 1{,}50 \cdot R_m/R_p$ $S_B = 2{,}00$
Stahlguss ($A \geq 12{,}5$ % [3)]) **und Gusseisen mit Kugelgraphit** ($A \geq 12{,}5$ % [3)]) Gussstücke *nicht* zerstörungsfrei geprüft		
gering	$S_F = 1{,}65 \cdot R_m/R_p$ $S_B = 2{,}20$	$S_F = 1{,}90 \cdot R_m/R_p$ $S_B = 2{,}55$
hoch	$S_F = 1{,}80 \cdot R_m/R_p$ $S_B = 2{,}45$	$S_F = 2{,}10 \cdot R_m/R_p$ $S_B = 2{,}80$
Stahlguss ($A \geq 12{,}5$ % [3)]) **und Gusseisen mit Kugelgraphit** ($A \geq 12{,}5$ % [3)]) Gussstücke zerstörungsfrei geprüft		
gering	$S_F = 1{,}50 \cdot R_m/R_p$ $S_B = 2{,}00$	$S_F = 1{,}70 \cdot R_m/R_p$ $S_B = 2{,}25$
hoch	$S_F = 1{,}65 \cdot R_m/R_p$ $S_B = 2{,}20$	$S_F = 1{,}90 \cdot R_m/R_p$ $S_B = 2{,}50$

[1)] Normale Temperaturen: Stähle außer Feinkornbaustähle: -40°C ... 100°C
Feinkornbaustähle: -40°C ... 60°C
Eisengusswerkstoffe: -25°C ... 100°C
aushärtbare Aluminiumwerkstoffe: -25°C ... 50°C
nicht aushärtbare Aluminiumwerkstoffe: -25°C ... 100°C

[2)] R_p = Dehngrenze (z. B. $R_{p0,2}$) oder Streckgrenze (R_e); R_m = Zugfestigkeit

[3)] Bruchdehnungswerte A für kurzen Proportionalstab ($L_0 = 5{,}65 \cdot \sqrt{S_0}$)

Hinweis:

1. Nach FKM-Richtlinie sind die Sicherheitsfaktoren S_F und S_B wie folgt zu verwenden:
   - S_F falls $R_p \leq 0{,}75 \cdot R_m$
   - S_B falls $R_p > 0{,}75 \cdot R_m$

2. Die Sicherheitsfaktoren gelten *nicht*, für:
   - Aluminiumknetwerkstoffe mit $A < 12{,}5$ %
   - Aluminiumgusswerkstoffe
   - Eisengusswerkstoffe mit $A < 12{,}5$ % wie z. B. Gusseisen mit Lamellengraphit

Anhang 3: Formzahldiagramme

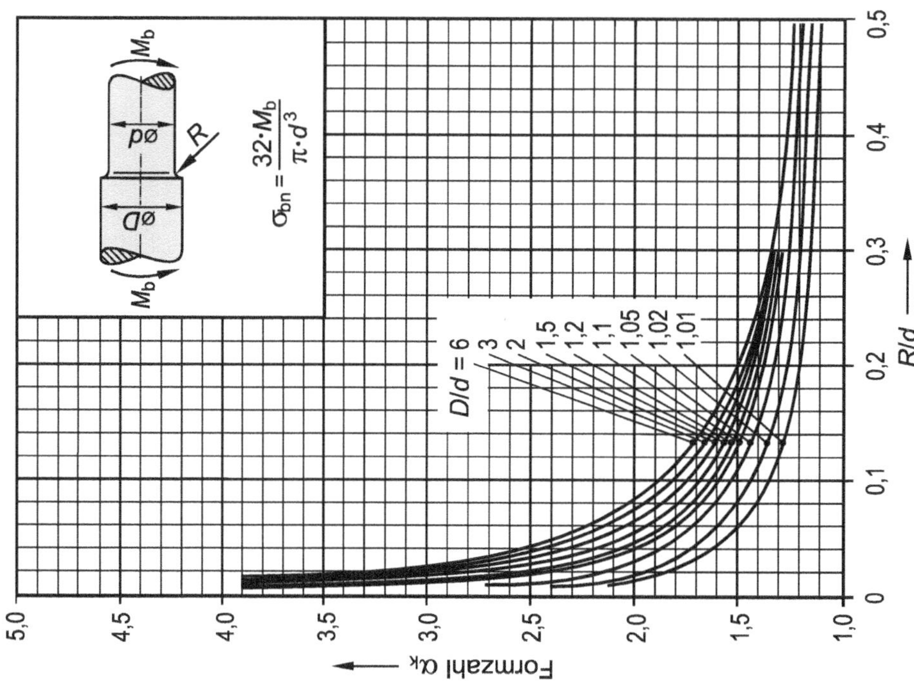

Bild A2.2 Formzahldiagramm für abgesetzten Rundstab unter Biegung nach [5]

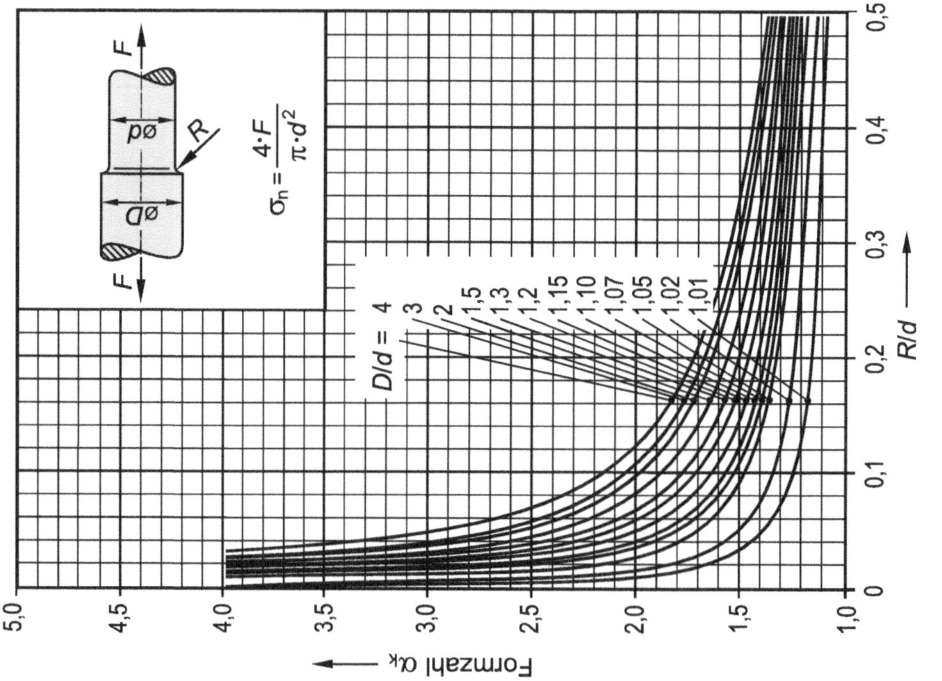

Bild A2.1 Formzahldiagramm für abgesetzten Rundstab unter Zugbeanspruchung nach [5]

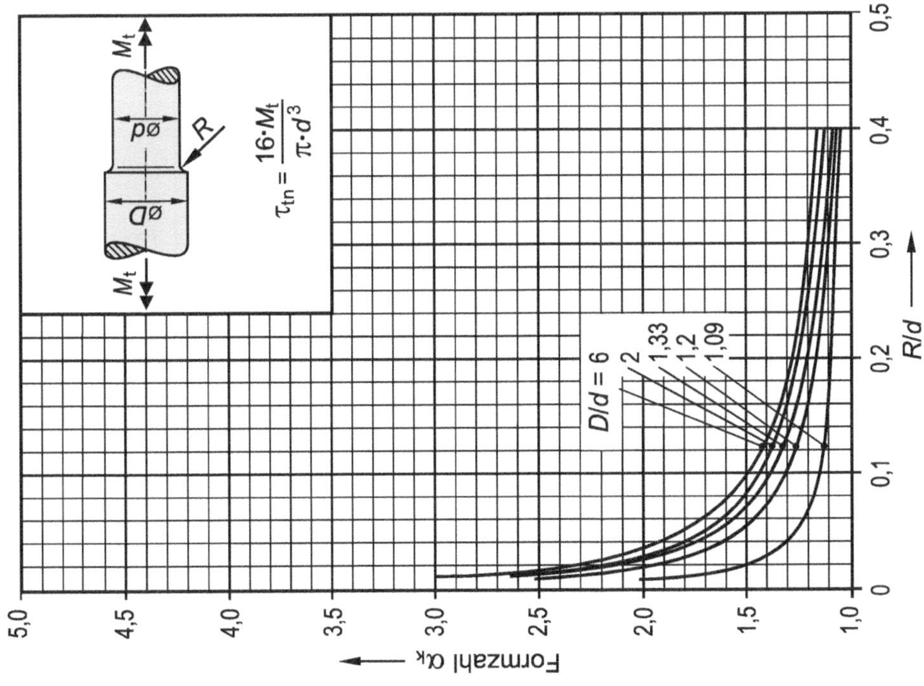

Bild A2.3 Formzahldiagramm für abgesetzten Rundstab unter Torsion nach [5]

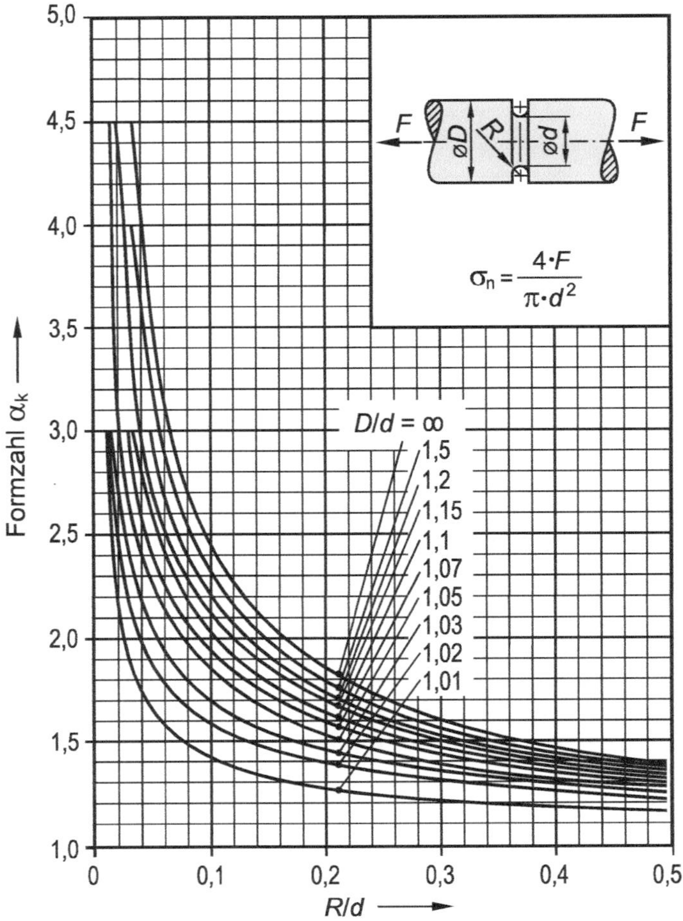

Bild A2.4 Formzahldiagramm für Rundstab mit Umdrehungskerbe unter Zugbeanspruchung nach [5]

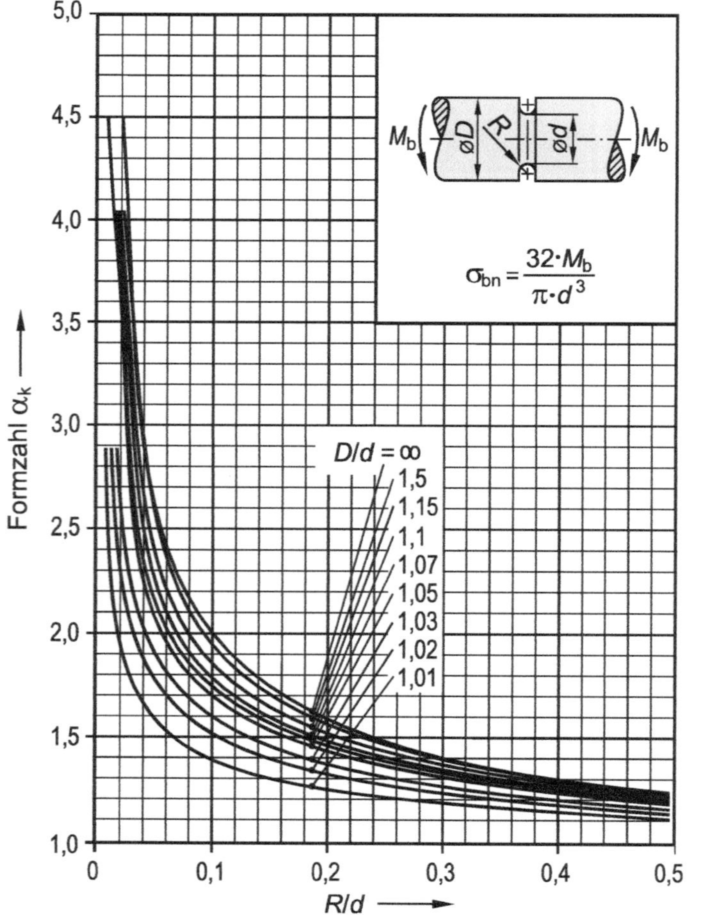

Bild A2.5 Formzahldiagramm für Rundstab mit Umdrehungskerbe unter Biegung nach [5]

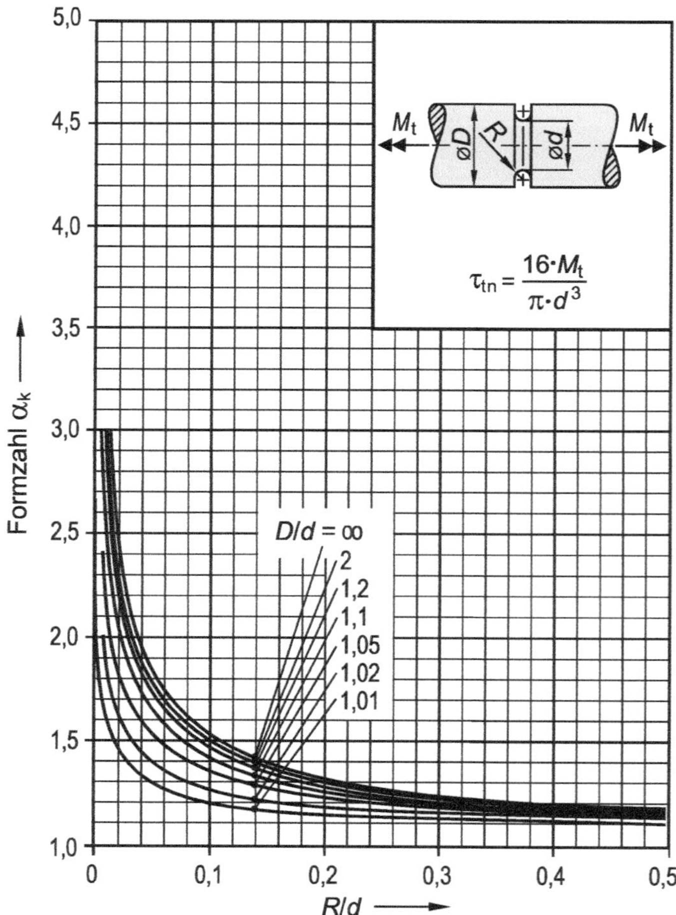

Bild A2.6 Formzahldiagramm für Rundstab mit Umdrehungskerbe unter Torsion nach [5]

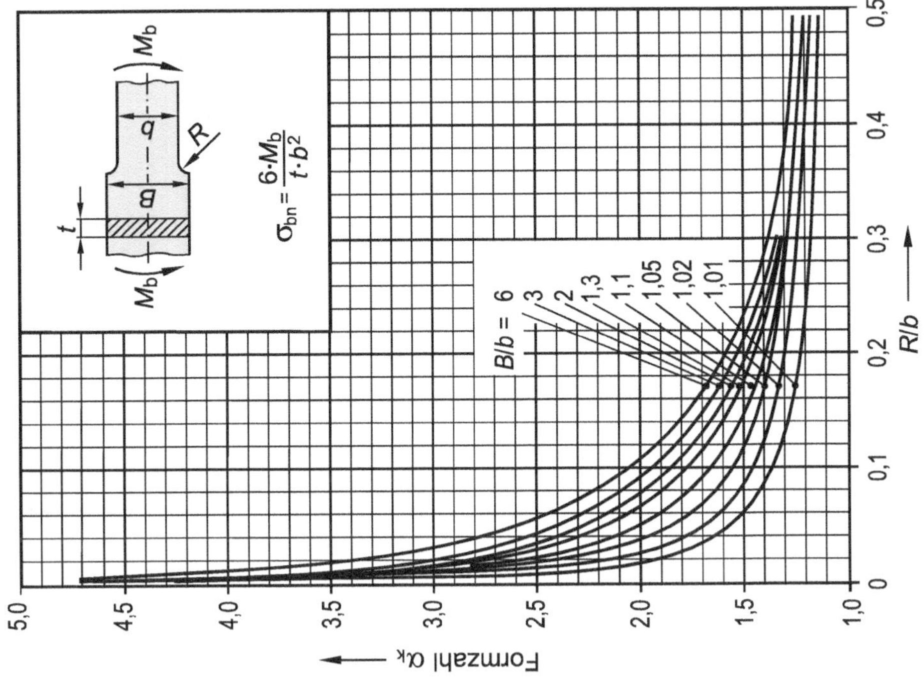

Bild A2.8 Formzahldiagramm für abgesetzten Flachstab unter Biegung nach [5]

Bild A2.7 Formzahldiagramm für abgesetzten Flachstab unter Zugbeanspruchung nach [5]

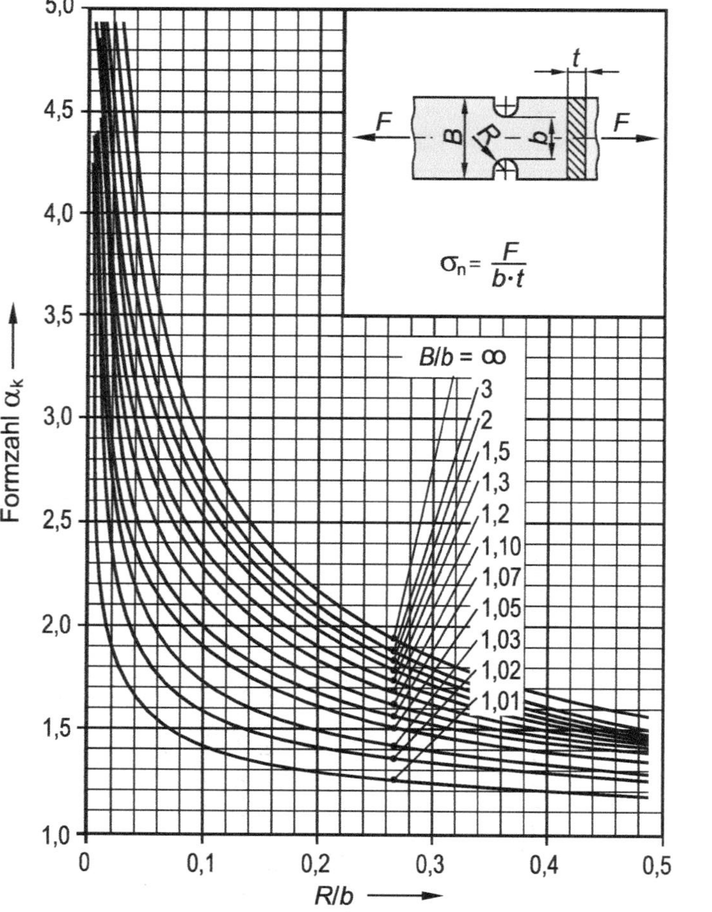

Bild A2.9 Formzahldiagramm für Flachstab mit Außenkerben unter Zugbeanspruchung nach [5]

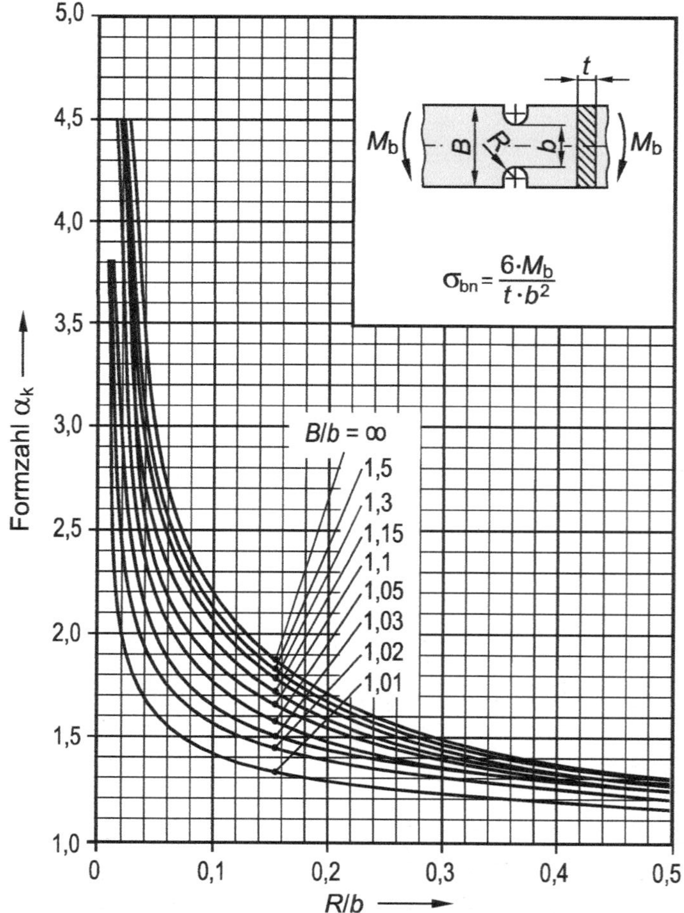

Bild A2.10 Formzahldiagramm für Flachstab mit Außenkerben unter Biegung nach [5]

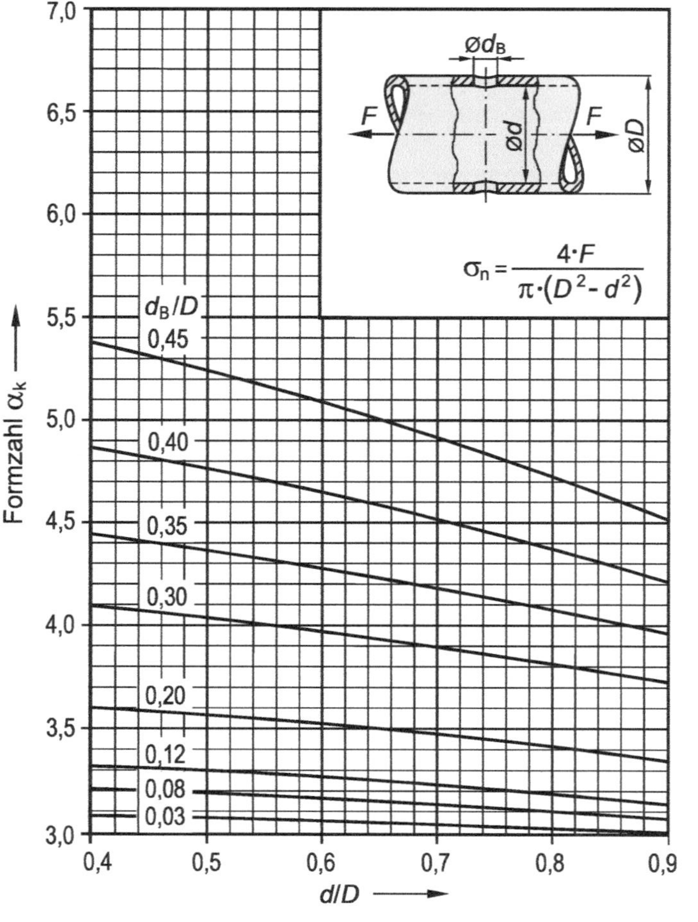

Bild A2.11 Formzahldiagramm für Rohr mit Querbohrung unter Zugbeanspruchung nach [22]

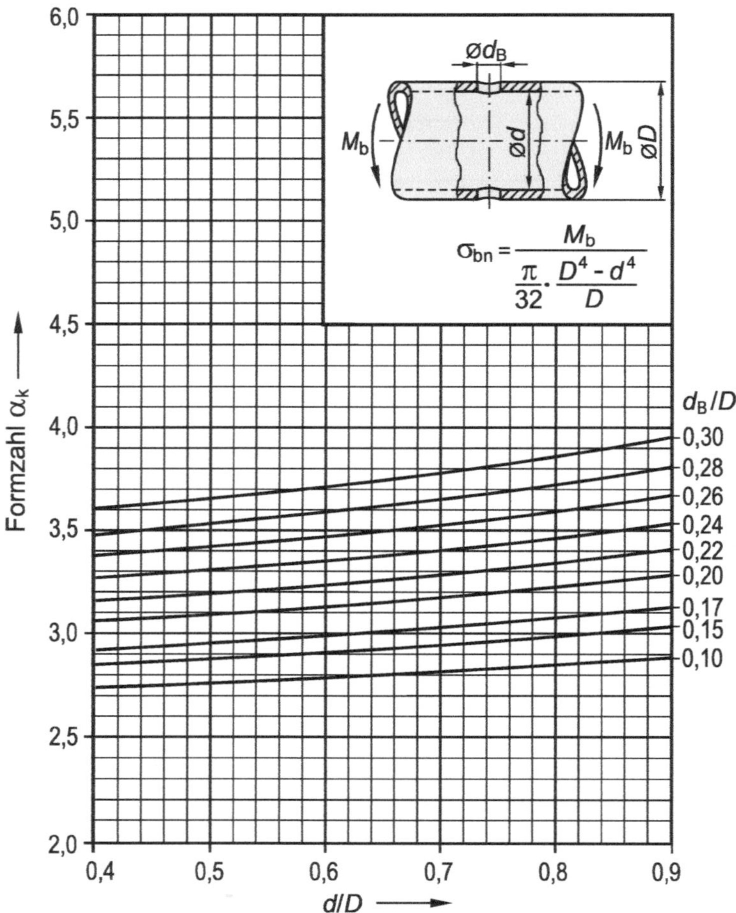

Bild A2.12 Formzahldiagramm für Rohr mit Querbohrung unter Biegung nach [22]

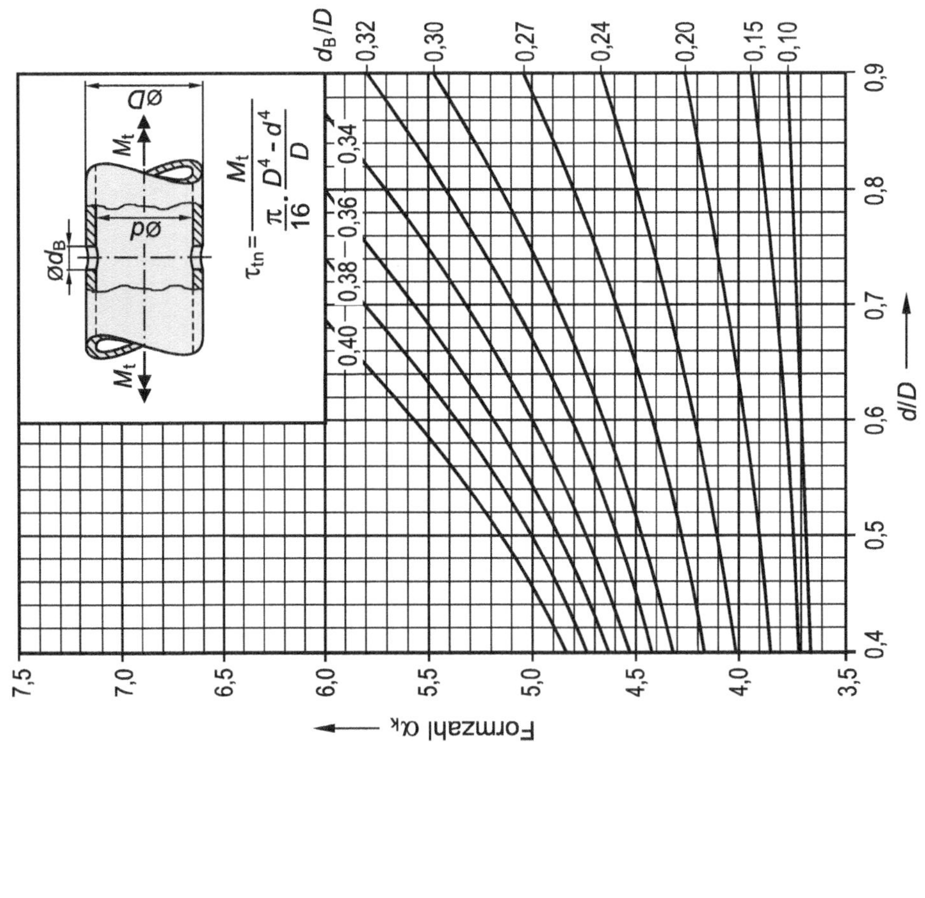

Bild A2.13 Formzahldiagramm für Rohr mit Querbohrung unter Torsion nach [22]

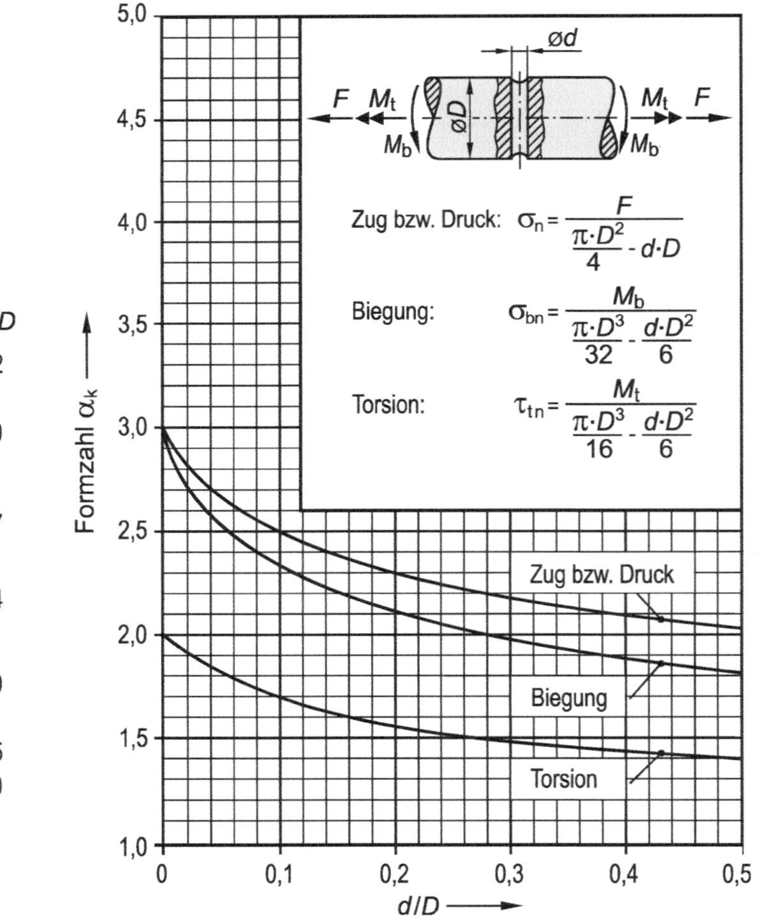

Bild A2.14 Formzahldiagramm für Rundstab mit Querbohrung nach [5]

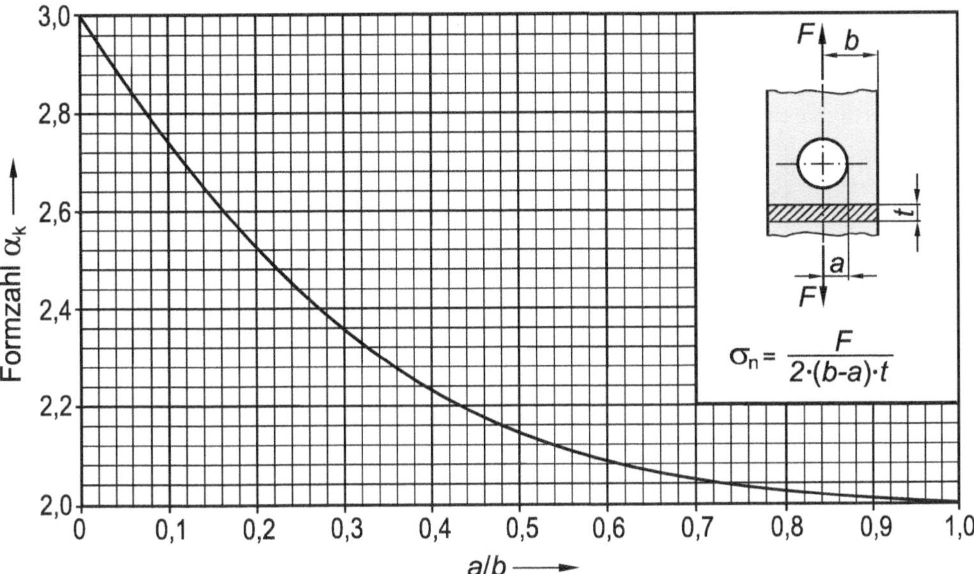

Bild A2.15 Formzahldiagramm für Flachstab mit Querbohrung unter Zugbeanspruchung nach [5]

Anhang 4: Lösungen zu den Aufgaben

Die ausführlichen Lösungen (Rechenwege) sowie alternative Lösungsvorschläge finden Sie im separat verfügbaren **Lösungsbuch zur Einführung in die Festigkeitslehre**.

Lösungen zu Kapitel 2

Lösung zu Aufgabe 2.1

a) $\sigma = 339{,}53 \text{ N/mm}^2$

b) $S_F = 2{,}00$ (ausreichend, da $S_F > 1{,}20$)
$S_B = 3{,}09$ (ausreichend, da $S_B > 2{,}0$)

c) $\Delta l = 1{,}96$ mm

d) $F = 49008 \text{ N} \approx 49$ kN

e) $s = 4{,}89$ mm

Lösung zu Aufgabe 2.2

a) $d = 8{,}29$ mm (Berechnung gegen Fließen)

b) $\varepsilon = 1{,}37$ ‰
$\Delta l = 2{,}05$ mm

c) $F_B = 34064$ N

Lösung zu Aufgabe 2.3

a) Leerer Wassertank: $\sigma_L = 49{,}05 \text{ N/mm}^2$
Voller Wassertank: $\sigma_V = 88{,}29 \text{ N/mm}^2$

b) $S_F = 3{,}00$ (ausreichend, da $S_F > 1{,}20$)
$S_B = 5{,}32$ (ausreichend, da $S_B > 2{,}0$)

c) $\Delta l = 0{,}28$ mm

Lösung zu Aufgabe 2.4

a) $d = 13{,}42$ mm

b) $S_B = 3{,}84$ (nicht ausreichend, da $S_B < 4{,}0$)

c) $m = 2402$ kg

Lösung zu Aufgabe 2.5

a) $F_S = 35195$ N

b) $\sigma_S = 49{,}8 \text{ N/mm}^2$

c) Stahl: $\Delta l = 0{,}64$ mm
Al-Legierung: $\Delta l = 1{,}91$ mm

d) Stahl: $m_1 = 15364$ kg
Al-Legierung: $m_1 = 10544$ kg

e) Stahl: $s = 3{,}07$ mm
Al-Legierung: $s = 3{,}21$ mm

Lösung zu Aufgabe 2.6

$F = 2090{,}4$ N

Lösung zu Aufgabe 2.7

a) $F_1 = 428{,}6$ kN

b) $F_2 = 600$ kN

c) $\sigma_{PL} = 240$ N/mm^2
$\sigma_{VK} = 394{,}32$ N/mm^2

d) $F_4 = 783{,}5$ kN

Lösung zu Aufgabe 2.8

$\Delta l = 221{,}9$ mm
$\sigma_K = 627{,}2$ N/mm^2
$\sigma_M = 37{,}0$ N/mm^2

Lösung zu Aufgabe 2.9

a) Fließen oder Knickung

b) $s = 2{,}5$ mm

c) $\Delta l = 1{,}19$ mm

Lösung zu Aufgabe 2.10

a) $d = 28{,}7$ mm

b) $\Delta l = 3{,}45$ mm

c) $m^* = 21065$ kg

Lösung zu Aufgabe 2.11

a) $F = 349{,}2$ kN

b) $\sigma_d = \sigma_{d1} = \sigma_{d2} = \sigma_{d3} = 177{,}8$ N/mm^2

c) Scheibe 1 (Mg): $\Delta l_1 = 0{,}148$ mm
Scheibe 2 (Cu): $\Delta l_2 = 0{,}075$ mm
Scheibe 3 (Stahl): $\Delta l_3 = 0{,}027$ mm

Lösung zu Aufgabe 2.12

$s = 15{,}3$ mm

Lösung zu Aufgabe 2.13

a) $z_S = 38$ mm
$I_{yS} = 578667$ mm^4
$W_{by} = 15228$ mm^3

b) $S_F = 5{,}41$ (ausreichend, da $S_F > 1{,}20$)

c) $W^*_{by} = 6338{,}0$ mm^3

Lösung zu Aufgabe 2.14

a) $M_{b\,max} = F \cdot l / 4$

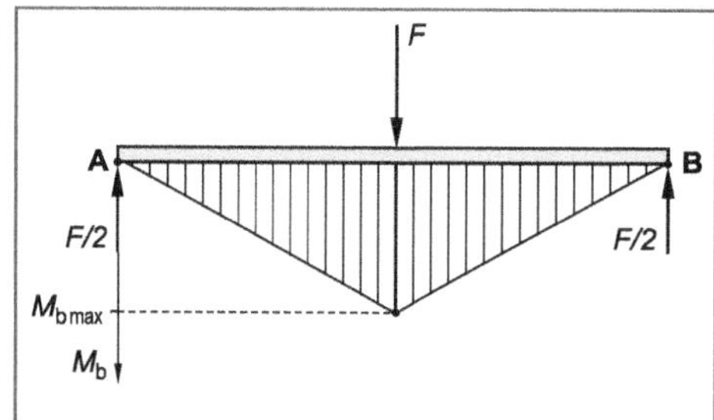

b) $f_{max} = 9{,}09$ mm

c) $f^*_{max} = 18{,}23$ mm

Lösung zu Aufgabe 2.15

$l = 16630$ mm

Lösung zu Aufgabe 2.16

a) $W_b = 14{,}96 \cdot 10^4$ mm^3

b) $m^* = 47{,}95$ kg

Lösung zu Aufgabe 2.17

a) $$I_y = \frac{b \cdot h^3}{36}$$

$$W_{by} = \frac{b \cdot h^2}{24}$$

b) $$I_y = \frac{b^4}{32\sqrt{3}}$$

$$W_{by} = \frac{b^3}{32}$$

c) $$I_{y'} = \frac{b \cdot h^3}{12}$$

$$W_{by'} = \frac{b \cdot h^2}{12}$$

Lösung zu Aufgabe 2.18

a) $$I_y = \frac{b \cdot h^3}{12}$$

$$W_{by} = \frac{b \cdot h^2}{6}$$

b) $$I_z = \frac{h \cdot b^3}{12}$$

$$W_{bz} = \frac{h \cdot b^2}{6}$$

Lösung zu Aufgabe 2.19

$I_{yb} = 1152\ \text{cm}^4$

Lösung zu Aufgabe 2.20

a) $z_S = 43{,}33\ \text{mm}$

b) $I_{yS} = 4426667\ \text{mm}^4$

Lösung zu Aufgabe 2.21

a) $I_{yS} = 1568\ \text{cm}^4$
$W_{byS} = 224\ \text{cm}^3$

b) $I_{zS} = 2368\ \text{cm}^4$
$W_{bzS} = 338{,}3\ \text{cm}^3$

Lösung zu Aufgabe 2.22

a) z_S = 14,11 mm
   I_y = 180721 mm^4

b) F = 69,6 kN

c) F = 12,1 kN

Lösung zu Aufgabe 2.23

a) d = 17,24 mm

b) σ_b = 696,2 N/mm^2 (> R_e)

c) p = 101,5 N/mm^2

Lösung zu Aufgabe 2.24

a) S_B = 3,04 (ausreichend, da S_B > 2,0)
   Für τ_{aB} wurde gewählt: $\tau_{aB} = 0{,}8 \cdot R_m$ = 464 N/mm^2

b) l_K = 53,1 mm

Lösung zu Aufgabe 2.25

h = 26,0 mm
Für τ_{aB} wurde gewählt: $\tau_{aB} = 0{,}8 \cdot R_m$ = 600 N/mm^2

Lösung zu Aufgabe 2.26

F_S = 226,2 kN

Lösung zu Aufgabe 2.27

d = 19,60 mm

Lösung zu Aufgabe 2.28

d = 22,42 mm

Lösung zu Aufgabe 2.29

a) 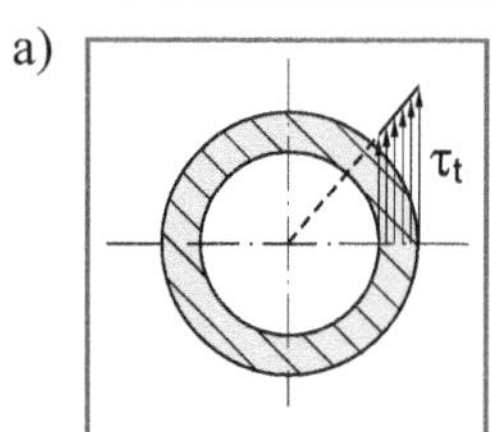

b) M_t = 2010 Nm

Lösung zu Aufgabe 2.30

a) $d = 44{,}31$ mm

b) $d^* = 47{,}47$ mm

c) S275JR: $\varphi = 4{,}72°$
EN-GJL-300: $\varphi = 6{,}58°$

Lösung zu Aufgabe 2.31

a) $F = 21530$ N

b) 1. Abschnitt: $S_{F1} = 4{,}08$ (ausreichend, da $S_F > 1{,}20$)
2. Abschnitt: $S_{F2} = 4{,}16$ (ausreichend, da $S_F > 1{,}20$)
3. Abschnitt: $S_{F3} = 1{,}02$ (nicht ausreichend, da $S_F < 1{,}20$)

Lösung zu Aufgabe 2.32

a)
$$I_p = \frac{\pi}{32} \cdot d^4$$

$$W_t = \frac{\pi}{16} \cdot d^3$$

b)
$$I_p = \frac{\pi}{32} \cdot \left(d_a^4 - d_i^4\right)$$

$$W_t = \frac{\pi}{16} \cdot \frac{d_a^4 - d_i^4}{d_a}$$

Lösung zu Aufgabe 2.33

a)
$$M_{t1} = M_{t2} \cdot \frac{D_1}{D_2}$$

b) $M_{t2} = 2054$ Nm

Lösung zu Aufgabe 2.34

$M_t = 1328{,}9$ Nm

Lösung zu Aufgabe 2.35

$M_{t\,zul} = 402{,}6$ Nm
$\varphi_{zul} = 1{,}435°$

Lösungen zu Kapitel 3

Lösung zu Aufgabe 3.1

a)

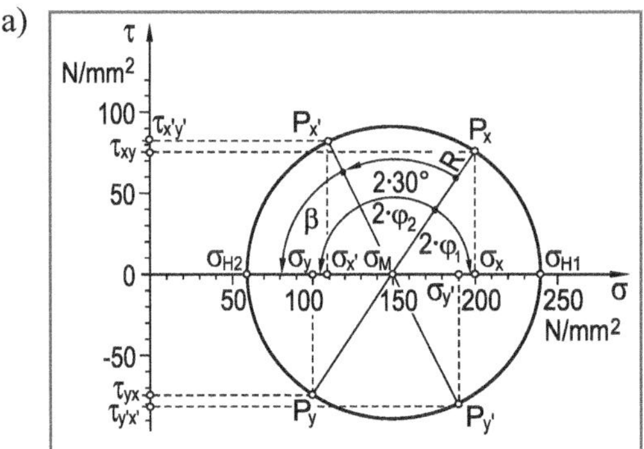

b) $\sigma_{H1} = 240{,}1\ \text{N/mm}^2$ $\varphi_1 = -28{,}15°$
$\sigma_{H2} = 59{,}9\ \text{N/mm}^2$ $\varphi_2 = 61{,}85°$

c) Schnittebene $E_{x'}$: $\sigma_{x'} = 110{,}0\ \text{N/mm}^2$
$\tau_{x'y'} = 80{,}8\ \text{N/mm}^2$

Schnittebene $E_{y'}$: $\sigma_{y'} = 189{,}9\ \text{N/mm}^2$
$\tau_{y'x'} = -80{,}8\ \text{N/mm}^2$

Lösung zu Aufgabe 3.2

a) Lastspannungen: $\sigma_z = 150{,}3\ \text{N/mm}^2$
$\tau_t = 79{,}8\ \text{N/mm}^2$

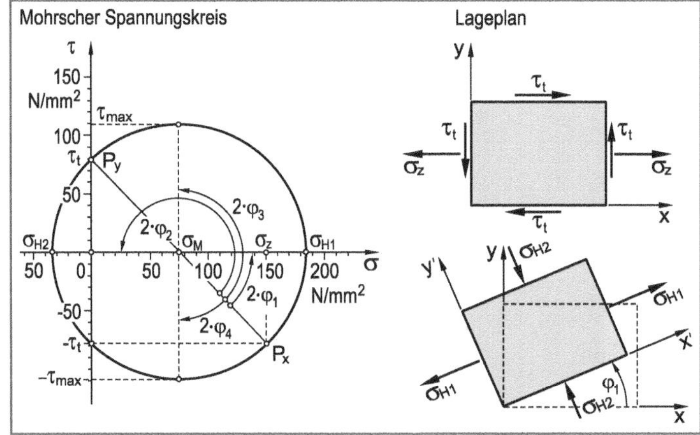

b) $\sigma_{H1} = 184{,}8\ \text{N/mm}^2$ $\varphi_1 = 23{,}4°$
$\sigma_{H2} = -34{,}5\ \text{N/mm}^2$ $\varphi_2 = 113{,}4°$ (oder $-66{,}6°$)
$\tau_{max} = \pm\ 109{,}6\ \text{N/mm}^2$ $\varphi_3 = 68{,}4°$ und $\varphi_4 = -21{,}6°$

Lösung zu Aufgabe 3.3

a) $\sigma_{H1} = 205{,}24$ N/mm^2
$\sigma_{H2} = -105{,}20$ N/mm^2

b) $\varphi_1 = -7{,}47°$
$\varphi_2 = 82{,}53°$

Lösung zu Aufgabe 3.4

a) Zug und Biegung

b) $F = 1000$ kN

c) $S_B = 1{,}31$ (nicht ausreichend, da $S_B < 4{,}0$)

Lösung zu Aufgabe 3.5

a) $\sigma = 803{,}55$ N/mm^2
$\tau = 296{,}77$ N/mm^2

b) $\sigma = 907{,}63$ N/mm^2
$\tau = 0$

c) $\sigma_1 = 907{,}63$ N/mm^2
$\sigma_2 = 138{,}21$ N/mm^2
$\sigma_3 = -45{,}84$ N/mm^2

d) Richtungswinkel zur ersten Hauptnormalspannung (σ_1): $\alpha_1 = 40{,}83°$
$\beta_1 = 69{,}79°$
$\gamma_1 = 56{,}29°$

Richtungswinkel zur zweiten Hauptnormalspannung (σ_2): $\alpha_2 = 89{,}78°$
$\beta_2 = 32{,}17°$
$\gamma_2 = 122{,}16°$

Richtungswinkel zur dritten Hauptnormalspannung (σ_3): $\alpha_3 = 49{,}17°$
$\beta_3 = 113{,}89°$
$\gamma_3 = 50{,}27°$

e) Rechnerische Lösung

$\sigma_{E3} = 424{,}17$ N/mm^2
$\tau_{E3} = 410{,}74$ N/mm^2

Graphische Lösung

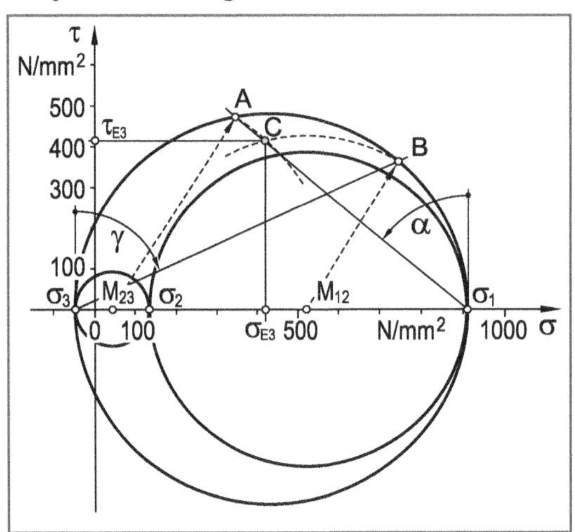

abgelesen: $\sigma_{E3} = 425\ \text{N/mm}^2$
$\tau_{E3} = 410\ \text{N/mm}^2$

Lösungen zu Kapitel 4

Lösung zu Aufgabe 4.1

a) $\varepsilon_x = 2$ ‰
$\varepsilon_y = 1{,}25$ ‰
$\gamma_{xy} = -4{,}36$ ‰

b) $\varepsilon_{x'} = 3{,}7$ ‰
$\varepsilon_{y'} = -0{,}45$ ‰
$\gamma_{x'y'} = -1{,}53$ ‰
$\gamma_{y'x'} = 1{,}53$ ‰

c) $l' = 5{,}0185$ mm
$\delta = 89{,}91°$

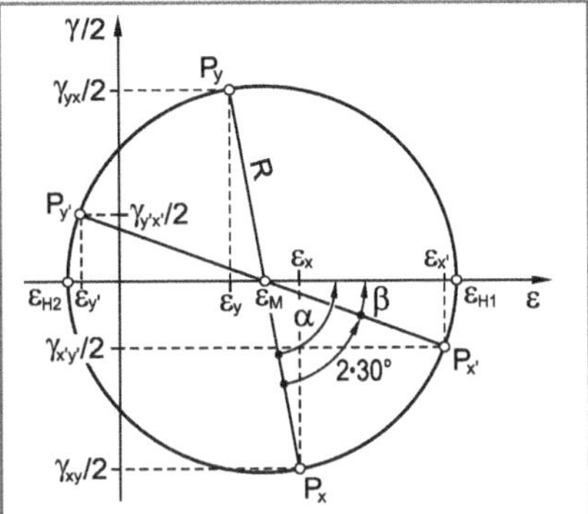

Lösung zu Aufgabe 4.2

a)

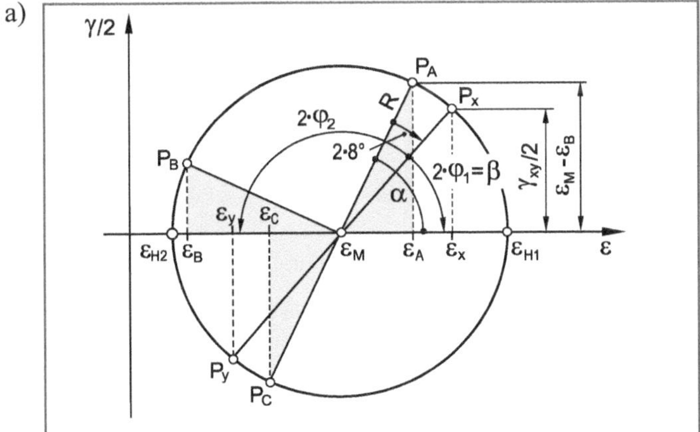

$\varepsilon_x = 0{,}977$ ‰
$\varepsilon_y = 0{,}357$ ‰
$\gamma_{xy} = 0{,}744$ ‰ (Winkelvergrößerung gemäß spezieller Vorzeichenregelung)

b) $\varepsilon_{H1} = 1{,}151$ ‰ $\quad \varphi_1 = -25{,}12°$
$\varepsilon_{H2} = 0{,}183$ ‰ $\quad \varphi_2 = 64{,}88°$

Lösung zu Aufgabe 4.3

a) + b)

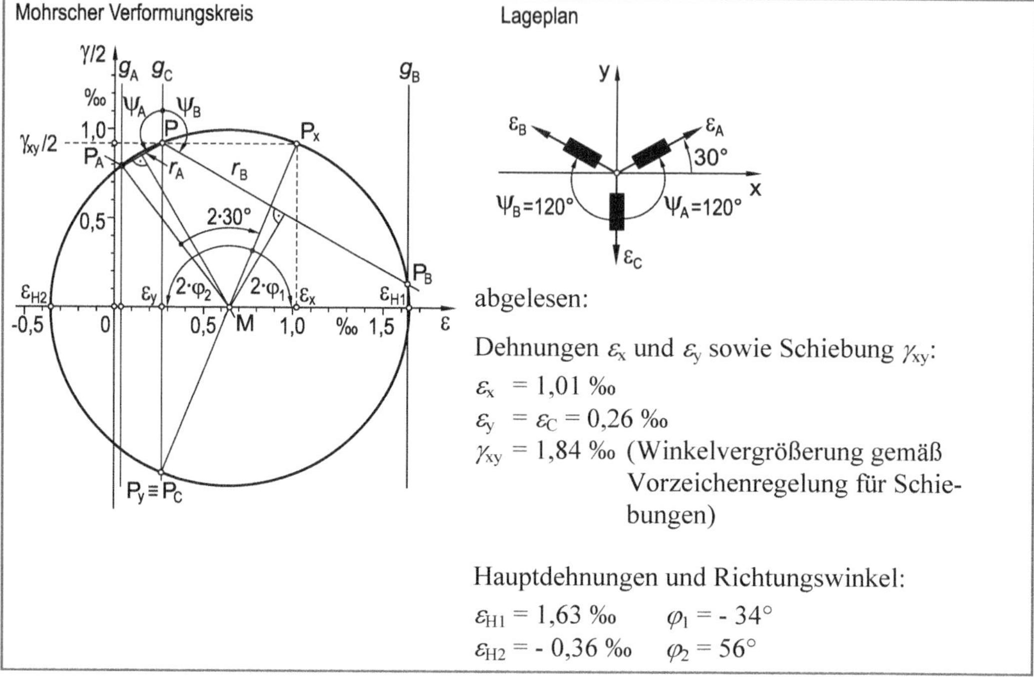

abgelesen:

Dehnungen ε_x und ε_y sowie Schiebung γ_{xy}:

ε_x = 1,01 ‰

ε_y = ε_C = 0,26 ‰

γ_{xy} = 1,84 ‰ (Winkelvergrößerung gemäß Vorzeichenregelung für Schiebungen)

Hauptdehnungen und Richtungswinkel:

ε_{H1} = 1,63 ‰ φ_1 = - 34°

ε_{H2} = - 0,36 ‰ φ_2 = 56°

c) Rechnerische Lösung:

ε_x = 1,004 ‰

ε_y = 0,2619 ‰

γ_{xy} = 1,8572 ‰ (Winkelvergrößerung gemäß Vorzeichenregelung für Schiebungen)

ε_{H1} = 1,6332 ‰ φ_1 = -34,10°

ε_{H2} = -0,3669 ‰ φ_2 = 55,90°

Lösung zu Aufgabe 4.4

a) + b)

Mohrscher Verformungskreis

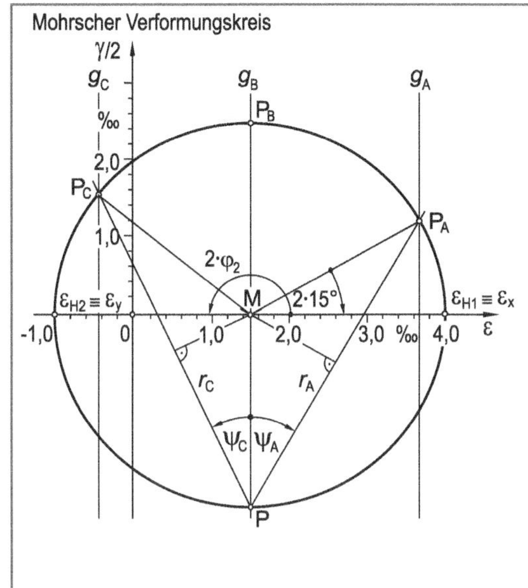

Lageplan

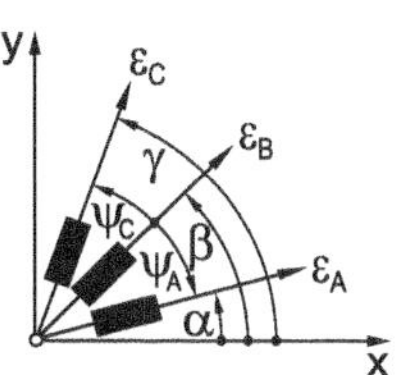

abgelesen:

Dehnungen ε_x und ε_y sowie Schiebung γ_{xy}:

$\varepsilon_x = 4$ ‰

$\varepsilon_y = -1$ ‰

$\gamma_{xy} = 0$ ‰

Hauptdehnungen und Richtungswinkel:

$\varepsilon_{H1} = \varepsilon_x = 4$ ‰ $\quad \varphi_1 = 0°$

$\varepsilon_{H2} = \varepsilon_y = -1$ ‰ $\quad \varphi_2 = 90°$

c) Rechnerische Lösung

$\varepsilon_x = 4$ ‰

$\varepsilon_y = -1$ ‰

$\gamma_{xy} = 0$ ‰

$\varepsilon_{H1} = \varepsilon_x = 4$ ‰ $\quad \varphi_1 = 0°$

$\varepsilon_{H2} = \varepsilon_y = -1$ ‰ $\quad \varphi_2 = 90°$

Lösungen zu Kapitel 5

Lösung zu Aufgabe 5.1

a) $F_x = 135{,}0$ kN
$F_y = 100{,}9$ kN

b) $\sigma_{x'} = 155{,}0$ N/mm²
$\tau_{x'y'} = 43{,}3$ N/mm²
$\sigma_{y'} = 105{,}0$ N/mm²
$\tau_{y'x'} = -43{,}3$ N/mm²

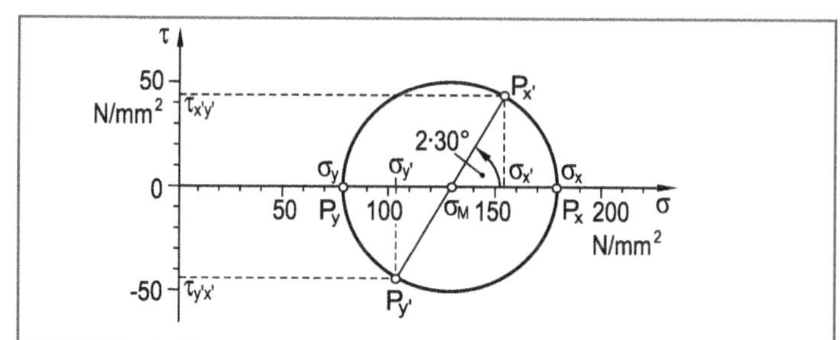

Lösung zu Aufgabe 5.2

a) $\varepsilon_M = -0{,}1275$ ‰
$R = 0{,}4648$ ‰

b) $F_x = 220{,}8$ kN
$F_y = -1359{,}6$ kN

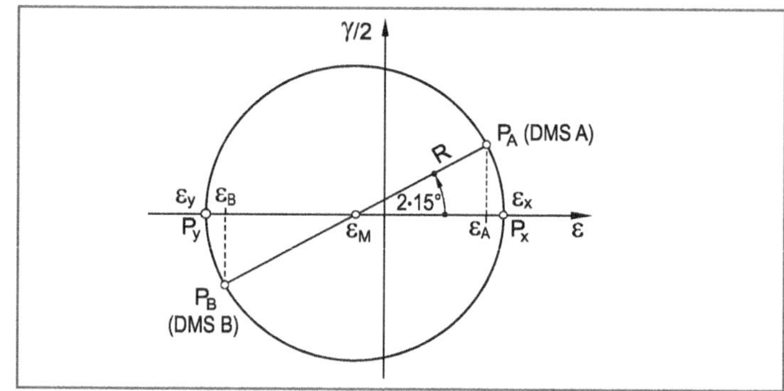

Lösung zu Aufgabe 5.3

$\sigma_x = 128{,}4$ N/mm²
$\sigma_y = -27{,}0$ N/mm²
$\tau_{xy} = -47{,}2$ N/mm²

Lösung zu Aufgabe 5.4

a) $\varepsilon_x = 0{,}161$ ‰
$\varepsilon_y = -0{,}044$ ‰
$\gamma_{xy} = 1{,}104$ ‰

b) $\varepsilon_{H1} = 0{,}620$ ‰
$\varepsilon_{H2} = -0{,}503$ ‰
$\varphi_1 = -39{,}72°$
$\varphi_2 = 50{,}28°$

c) $\sigma_{H1} = 108{,}3\ \text{N/mm}^2$
$\sigma_{H1} = -73{,}2\ \text{N/mm}^2$

Lösung zu Aufgabe 5.5

a) $F_x = 750$ kN
$F_y = 750$ kN

b) $\varepsilon_A = 0{,}503$ ‰
$\varepsilon_B = 0{,}477$ ‰
$\varepsilon_C = 0{,}179$ ‰

c) $\Delta t = -4{,}4\ \mu\text{m}$

Lösung zu Aufgabe 5.6

a) $\Delta l = 1{,}354$ mm

b) $\Delta l^* = 1{,}207$ mm

Lösung zu Aufgabe 5.7

$\sigma_x = 210\ \text{N/mm}^2$
$\sigma_y = 63\ \text{N/mm}^2$
$\varepsilon_x = 0{,}91$ ‰
$\varepsilon_z = -0{,}39$ ‰

Lösung zu Aufgabe 5.8

$F = -195{,}2$ kN

Lösungen zu Kapitel 6

Lösung zu Aufgabe 6.1

a) Die höchst beanspruchten Stellen befinden sich an der **Außenoberfläche**, da die Torsionsschubspannung τ_t nach außen hin linear zunimmt.

b) $\sigma_x \equiv \sigma_z = 70{,}7\ \text{N/mm}^2$

c) $\tau_{xy} \equiv \tau_t = 84{,}9\ \text{N/mm}^2$

d)

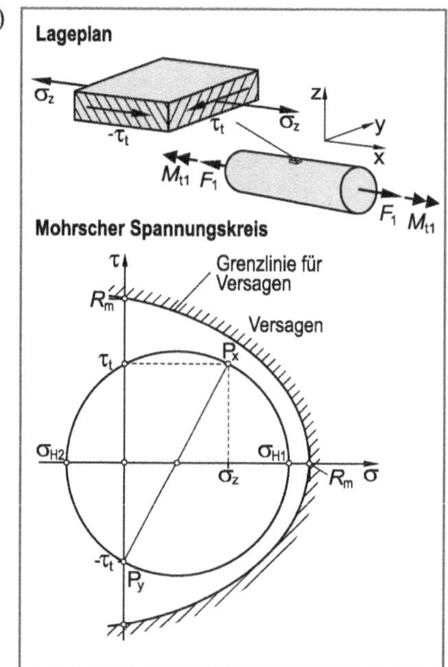

e) $S_B = 2{,}91$ (nicht ausreichend, da $S_B < 4{,}0$)

f) $F_2 = 247{,}8\ \text{kN}$

g) $M_{t2} = 1764{,}1\ \text{Nm}$

h) $\tau_t(\sigma_z) = \sqrt{R_m \cdot (R_m - \sigma_z)}$
Grenzlinie siehe Aufgabenteil d)

Lösung zu Aufgabe 6.2

a) $\sigma_x \equiv \sigma_z = 50{,}9\ \text{N/mm}^2$
$\sigma_x \equiv \sigma_d = -50{,}9\ \text{N/mm}^2$
$\tau_{xy} \equiv \tau_t = 61{,}1\ \text{N/mm}^2$
$\sigma_x \equiv \sigma_b = 81{,}5\ \text{N/mm}^2$

b)

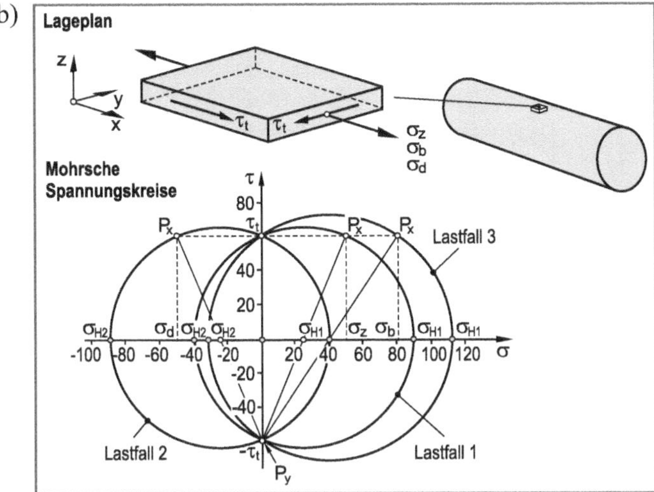

c)

Hauptnormal-spannung	Lastfall 1	Lastfall 2	Lastfall 3
σ_{H1}	**91,7 N/mm²**	**40,7 N/mm²**	**114,2 N/mm²**
σ_{H2}	**-40,7 N/mm²**	**-91,7 N/mm²**	**-37,2 N/mm²**
σ_{H3}	**0**	**0**	**0**

d) + e)

	Lastfall 1 σ_1 = 91,7 N/mm² σ_2 = 0 σ_3 = -40,7 N/mm²	**Lastfall 2** σ_1 = 40,7 N/mm² σ_2 = 0 σ_3 = -91,7 N/mm²	**Lastfall 3** σ_1 = 114,2 N/mm² σ_2 = 0 σ_3 = -32,7 N/mm²
$\sigma_{V\,SH}$	**132,4 N/mm²**	**132,4 N/mm²**	**146,9 N/mm²**
$\sigma_{V\,GEH}$	**117,5 N/mm²**	**117,5 N/mm²**	**133,6 N/mm²**
$S_F = R_{p0,2} / \sigma_{V\,GEH}$	**3,49**	**3,49**	**3,07**

Lösung zu Aufgabe 6.3

a) S_F = 2,04 unter Verwendung der SH (ausreichend, da $S_F > 1{,}20$)
falls mit der GEH gerechnet wurde: $S_{F\,GEH}$ = 2,23 (ausreichend, da $S_F > 1{,}20$)

b) M_t^* = 29 946,9 Nm unter Verwendung der SH
falls mit der GEH gerechnet wurde: M_t^* = 31 286,1 Nm

Lösung zu Aufgabe 6.4

a) $\sigma_x \equiv \sigma_z = 396{,}1\ \text{N/mm}^2$
$\Delta l = 1{,}226\ \text{mm}$

b) $\tau_{xy} \equiv \tau_t = 377{,}3\ \text{N/mm}^2$

c) $\sigma_{H1} = 624{,}2\ \text{N/mm}^2$
$\sigma_{H2} = -228{,}1\ \text{N/mm}^2$
$\sigma_{H3} = 0$

d) $M_t = 8427{,}5\ \text{Nm}$

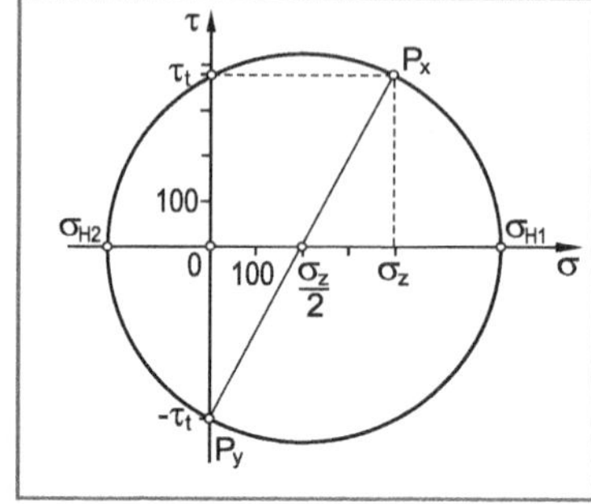

Lösung zu Aufgabe 6.5

a) $\sigma_x = 200\ \text{N/mm}^2$
$\sigma_y = 100\ \text{N/mm}^2$
$\tau_{xy} = 100\ \text{N/mm}^2$

b) $\varphi_1 = -31{,}71°$
$\varphi_1 = 58{,}29°$
$\sigma_{H1} = 261{,}77\ \text{N/mm}^2$
$\sigma_{H2} = 38{,}23\ \text{N/mm}^2$

c) $\Delta t = -19{,}8\ \mu\text{m}$

d) $S_F = 1{,}45$ unter Verwendung der SH (ausreichend, da $S_F > 1{,}20$)

Lösung zu Aufgabe 6.6

a) $\varepsilon_{H1} = 1{,}149$ ‰
$\varepsilon_{H2} = -0{,}749$ ‰
$\varphi_1 = 68{,}78°$
$\varphi_2 = -21{,}22°$
$\sigma_{H1} = 213{,}2\ \text{N/mm}^2$
$\sigma_{H2} = -93{,}2\ \text{N/mm}^2$

b) $\sigma_{V\,GEH} = 272{,}1\ \text{N/mm}^2$

c) $S_F = 3{,}12$ unter Verwendung der GEH (ausreichend, da $S_F > 1{,}20$)

Lösung zu Aufgabe 6.7

a) ε_{DMS} = 2,026 ‰

b) F_2 = 473,9 kN

c) F_3 = 720,9 kN
ε_{DMS} = 4,564 ‰

Lösung zu Aufgabe 6.8

a) M_b = 500 Nm
M_t = 250 Nm

b) S_F = 3,69 unter Verwendung der SH (ausreichend, da $S_F > 1{,}20$)

c) F_2 = 605,87 kN

d) d = 29,58 mm

Lösung zu Aufgabe 6.9

a) F_Z = 39996 N

b) F_S = 2001 N

c) F_Q = 5000 N

d) S_F = 1,69 unter Verwendung der SH (ausreichend, da $S_F > 1{,}20$)
S_B = 2,29 unter Verwendung der SH (ausreichend, da $S_B > 2{,}00$)

Lösung zu Aufgabe 6.10

Der unlegierte (allgemeine) Baustahl **S235JR** ist ein duktiler Werkstoff. Das Versagen erfolgt durch einen (duktilen) Verformungsbruch nach vorausgegangener plastischer Verformung. Die plastische Verformung infolge von Versetzungsbewegungen, findet bevorzugt in Ebenen mit der größten Schubspannung statt.

Aus dem Mohrschen Spannungskreis ist ersichtlich, dass bei reiner Torsionsbeanspruchung die Ebenen mit der größten Schubbeanspruchung die x- bzw. y-Achse als Normale besitzen (Bildpunkte P_x und P_y im Mohrschen Spannungskreis). Ein Bruch ist demzufolge in diesen Ebenen zu erwarten.

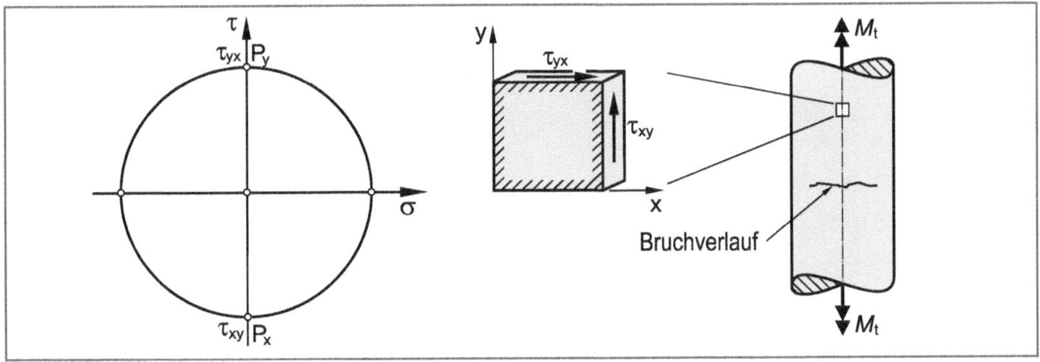

Die Graugusssorte **EN-GJL-250** ist ein spröder Werkstoff. Das Versagen erfolgt durch einen (spröden) Trennbruch. Derartige Trennbrüche verlaufen stets senkrecht zur größten Normalspannung.

Aus dem Mohrschen Spannungskreis ist ersichtlich, dass bei reiner Torsionsbeanspruchung diese Ebenen die x'- bzw. y'-Achse als Normale besitzen (Bildpunkte $P_{x'}$ und $P_{y'}$ im Mohrschen Spannungskreis). Ein Bruch ist demzufolge in Ebenen, die um 45° zur Längsachse gedreht sind, zu erwarten.

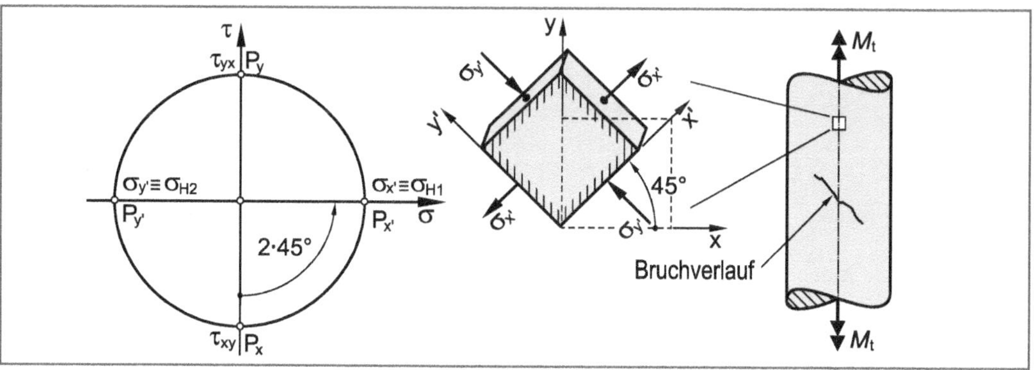

Lösung zu Aufgabe 6.11

$S_F = 2{,}26$ unter Verwendung der SH (ausreichend, da $S_F \geq 1{,}20$)

Lösung zu Aufgabe 6.12

a) $\varepsilon_A = 0{,}0148$ ‰
$\varepsilon_B = 1{,}6230$ ‰
$\varepsilon_C = 0{,}2619$ ‰

b) $\sigma_{H1} = 351{,}55$ N/mm^2
$\sigma_{H2} = 28{,}45$ N/mm^2
$\varphi_1 = -34{,}10°$
$\varphi_2 = 55{,}90°$

c) $S_F = 1{,}62$ unter Verwendung der SH (ausreichend, da $S_F > 1{,}20$)
alternativ: $S_{F\,GEH} = 1{,}68$ unter Verwendung der GEH (ausreichend, da $S_F > 1{,}20$)

d) $\tau_{xy} = 304{,}41$ N/mm^2

Lösung zu Aufgabe 6.13

a) $\sigma_Z = 108{,}23$ N/mm^2
$\tau_t = 88{,}21$ N/mm^2
$\sigma_{by} = 101{,}86$ N/mm^2
$\sigma_{bZ} = 529{,}28$ N/mm^2

b) $S_F = 1{,}57$ unter Verwendung der SH (ausreichend, da $S_F > 1{,}20$)

c) $\varepsilon_{DMS} = 2{,}510$ ‰

Lösungen zu Kapitel 7

Lösung zu Aufgabe 7.1

a) Stab 1: $\alpha_{kz} = 2{,}03$
Stab 2: $\alpha_{kb} = 1{,}78$
Stab 3: $\alpha_{kt} = 1{,}40$

b) Stab 1: $\sigma_{z\,n} = 397{,}9\ \text{N/mm}^2$
$\sigma_{z\,max} = 807{,}7\ \text{N/mm}^2$
Stab 2: $\sigma_{b\,n} = 397{,}7\ \text{N/mm}^2$
$\sigma_{b\,max} = 708{,}2\ \text{N/mm}^2$
Stab 3: $\tau_{t\,n} = 397{,}9\ \text{N/mm}^2$
$\tau_{t\,max} = 557{,}0\ \text{N/mm}^2$

Spannungsverläufe:

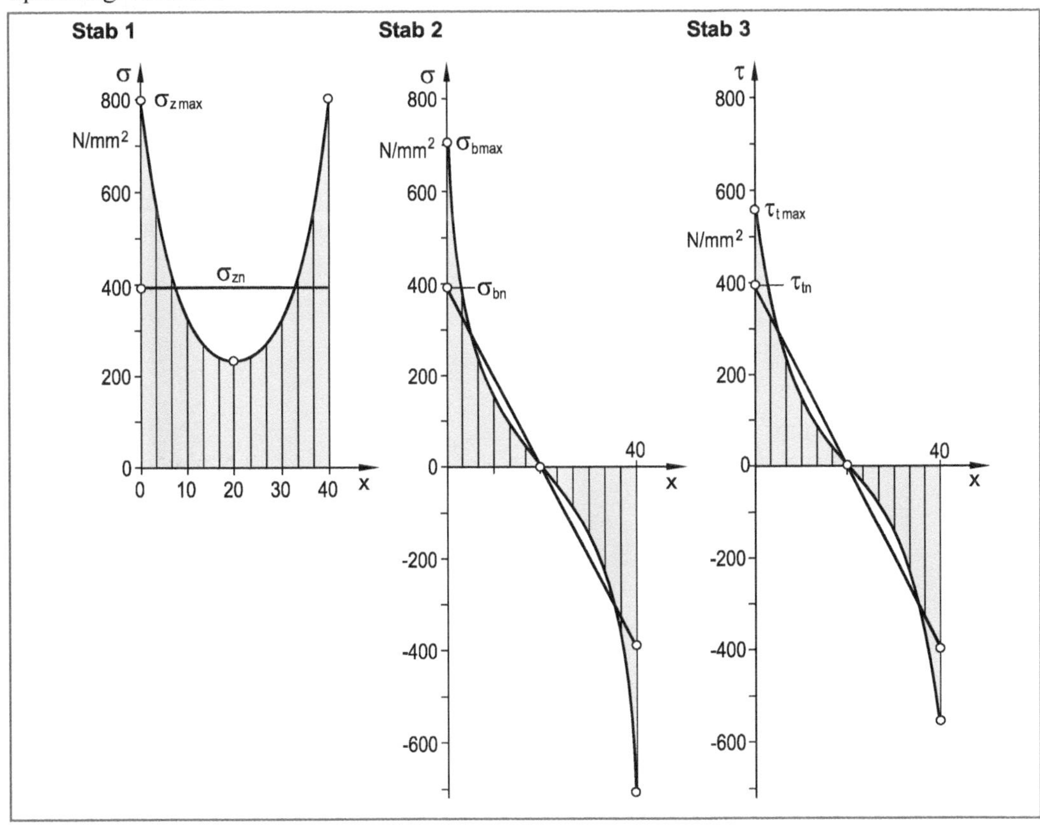

Lösung zu Aufgabe 7.2

$\alpha_k = 2{,}74$

Lösung zu Aufgabe 7.3

a) $\alpha_k = 1{,}75$

b) $S_F = 1{,}97$ (ausreichend, da $S_F > 1{,}20$)

c) $F_F = 49143$ N

d) $F_{pl} = 59484$ N

e) $F_{vpl} = 86000$ N

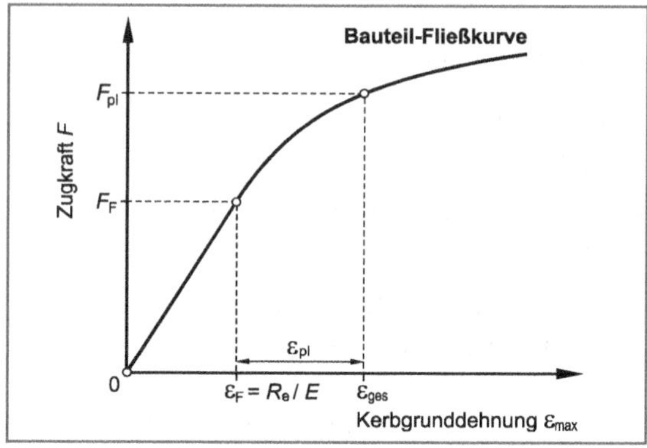

Lösung zu Aufgabe 7.4

a) $\Delta l_1 = 0{,}129$ mm
$\Delta l_2 = 0{,}038$ mm
Schraube plastifiziert zuerst.

b) $M_A = 105{,}33$ Nm

c) $F_{pl} = 46408$ N

Wird eine Sicherheit von $S_{pl} = 1{,}5$ gefordert, dann ist die Beanspruchung auf $F_{zul} = F_{pl} / S_{pl} = 46408 / 1{,}5 = 30939$ N zu begrenzen. Da die Betriebsbeanspruchung $F = 36500$ N beträgt, ist ein sicherer Betrieb nicht möglich.

Lösung zu Aufgabe 7.5

a) $F_F = 33793$ N

b) $\sigma_n = 211{,}2$ N/mm^2

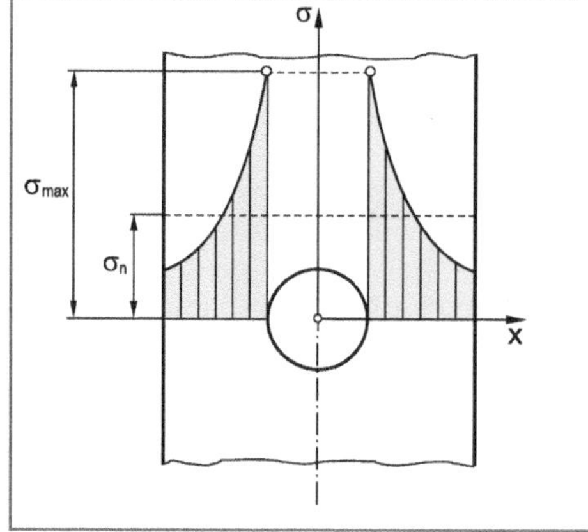

c) $F_{zul} = 32979$ N

d) $F_B = 113600$ N

Lösung zu Aufgabe 7.6

a) $\varepsilon_A = 0{,}783$ ‰
$\varepsilon_B = -0{,}389$ ‰

b) $S_F = 1{,}95$ (ausreichend, da $S_F > 1{,}20$)

c) $M_t^* = 167{,}7$ Nm

Lösung zu Aufgabe 7.7

a) $\sigma_b = 163{,}2$ N/mm²
$\varepsilon = 0{,}78$ ‰

b) $S_F = 1{,}60$ (ausreichend, da $S_F > 1{,}20$)

c) $F_3 = 1715{,}7$ N

d) $F_{pl\,zul} = 2338{,}5$ N

Lösung zu Aufgabe 7.8

a) $M_b = 52{,}5$ Nm

b) $S_F = 2{,}33$ (ausreichend, da $S_F > 1{,}20$)
$S_B = 4{,}25$ (ausreichend, da $S_B > 1{,}20$)

c) $M_t^* = 580{,}9$ Nm

d) $F_2 = 83723$ N

e) $F_1 = 1610{,}1$ N

f) $M_t = 96{,}6$ Nm
Die Drehrichtung des Torsionsmomentes M_t ist bei Blick von rechts auf den Wellenzapfen im Uhrzeigersinn (also entsprechend der Richtung der eingezeichneten Momentenpfeile in der Aufgabenstellung).

g) $S_F = 1{,}55$ (ausreichend, da $S_F > 1{,}20$)

Lösung zu Aufgabe 7.9

a) $\sigma_z = 100$ N/mm²
$\Delta l = 0{,}024$ mm

b) $\tau_t = 60$ N/mm²
$\varphi = 0{,}4256°$

c) $\sigma_{H1} = 128{,}1$ N/mm²
$\sigma_{H2} = -28{,}1$ N/mm²
$\varphi_1 = -25{,}1°$
$\varphi_2 = 64{,}9°$

d) $M_{t2} = 41{,}06$ Nm

e) $\alpha_{kz} = 1{,}75$
$F_2 = 6304$ N

f) $F_3 = 9897$ N

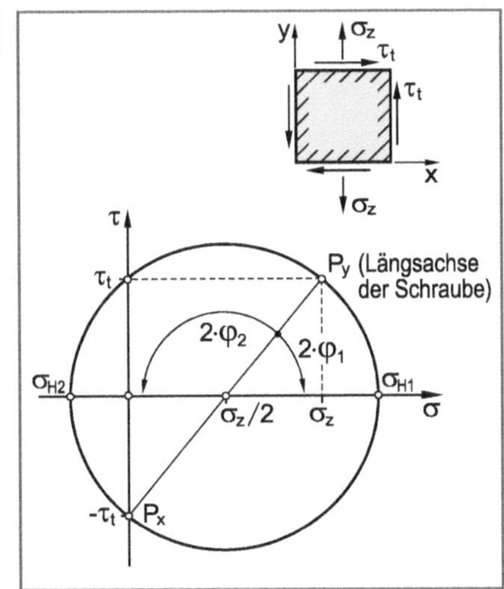

Lösung zu Aufgabe 7.10

a) $I_y = 2\,400\,833\ \text{mm}^4$
$W_{by} = 60\,020{,}8\ \text{mm}^3$

b) $F_F = 8853{,}1$ N

c) $F_{pl} = 10361{,}9$ N

d) $F^*_{pl} = 11279{,}2$ N

e) $F_{vpl} = 11843{,}1$ N

f) $\varepsilon_1 = 1{,}411$ ‰
$\varepsilon_2 = 1{,}881$ ‰
$\varepsilon_3 = 3{,}508$ ‰
$\varepsilon_{vpl} = \infty$

ε [1)] ‰	F N
1,411	8853,1
1,881	10361,9
3,508	11279,2
∞	11843,1

[1)] Außenrand Vierkantrohr

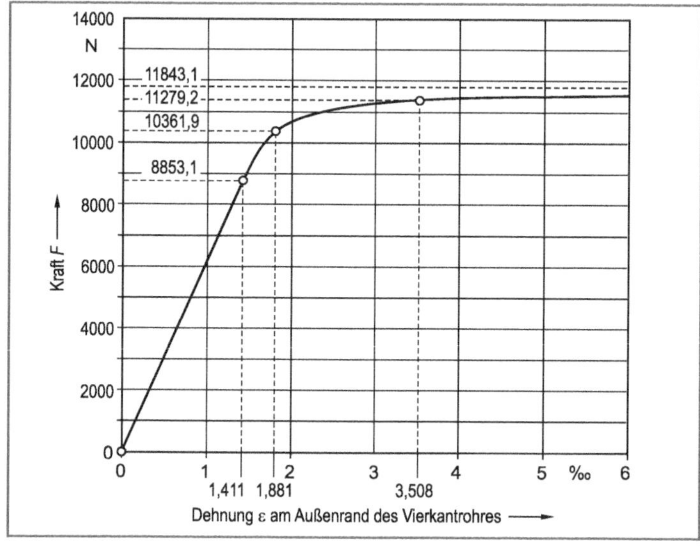

Lösung zu Aufgabe 7.11

a) $F_1 = 65948$ N

b) $F_2 = 659{,}5$ N

c) $M_t = 71{,}02$ Nm

d) $S_F = 1{,}06$ (nicht ausreichend, da $S_F < 1{,}20$)

Lösungen zu Kapitel 8

Lösung zu Aufgabe 8.1

F_K = 269872 N
S_K = 5,40 (ausreichend, da $S_K > 2{,}50$)
S_F = 16 (ausreichend, da $S_F > 1{,}20$)

Lösung zu Aufgabe 8.2

a) I_{yS} = 179479,2 mm^4
I_{zS} = 182916,7 mm^4

b) Knickung: F_d = 41333 N
Fließen: F_d = 161500 N
Die zulässige Druckkraft beträgt damit F_d = 41333 N

c) Δl = -1,24 mm

Lösung zu Aufgabe 8.3

a) F_d = 24525 N

b) S_F = 2,56 (ausreichend, da $S_F > 1{,}20$)
S_K = 1,18 (nicht ausreichend, da $S_K < 2{,}50$)

c) $M_{b\,max}$ = 14715 Nm
a = 97,0 mm

Lösung zu Aufgabe 8.4

a) F_d = 1616,2 kN

b) I_y = 11699,75 cm^4

c) S_F = 1,57 (ausreichend, da $S_F > 1{,}20$)
S_K = 52,1 (ausreichend, da $S_K > 2{,}50$)

Lösung zu Aufgabe 8.5

a) F_d = 135,35 kN

b) F_d^* = 27,307 kN

c) d = 8,06 mm

Lösung zu Aufgabe 8.6

$l \leq 616{,}2$ mm

Lösung zu Aufgabe 8.7

a) Fließen: $s = 2{,}53$ mm
Knickung: $s = 6{,}03$ mm

b) $e = 17{,}69$ mm

Lösung zu Aufgabe 8.8

a) Fließen: $F = 138{,}2$ kN
Knickung: $F = 55{,}73$ kN
Zulässige Druckkraft: $F_d = 55{,}73$ kN

b) $\Delta l =$ -1,075 mm

Lösung zu Aufgabe 8.9

Fließen: $S_F = 1{,}24$ (ausreichend, da $S_F > 1{,}20$)
Knickung: $S_K = 1{,}57$ (nicht ausreichend, da $S_K < 2{,}50$)

Kurzlösungen zu Kapitel 9

Lösung zu Aufgabe 9.1

a) Rechteckquerschnitt (symmetrische Querschnittsfläche): Hauptachsen fallen mit den Symmetrieachsen zusammen, d. h. das y-z-Koordinatensystem ist gleichzeitig Hauptachsensystem (y-Achse ≡ große Hauptachse; z-Achse ≡ kleine Hauptachse).

b) $I_1 \equiv I_y = 215\,653\,333 \text{ mm}^4$
$I_2 \equiv I_z = 111\,253\,333 \text{ mm}^4$

c) $\beta = -48{,}22°$
$\sigma_{xA} = 525{,}89 \text{ N/mm}^2$

d) $S_F = 1{,}69$ (ausreichend, da $S_F > 1{,}20$)

Lösung zu Aufgabe 9.2

a) $M_{b\,max} = 9\,375 \text{ Nm}$
Das maximale Biegemoment wirkt in der den Kraftangriffspunkt beinhaltenden Ebene.

b) Rechteckquerschnitt (symmetrische Querschnittsfläche): Hauptachsen fallen mit den Symmetrieachsen zusammen, d. h. das y-z-Koordinatensystem ist gleichzeitig Hauptachsensystem (y-Achse ≡ große Hauptachse; z-Achse ≡ kleine Hauptachse).
$I_1 \equiv I_y = 5 \cdot 10^6 \text{ mm}^4$
$I_2 \equiv I_z = 1{,}8 \cdot 10^6 \text{ mm}^4$

c) $\beta = -48{,}29°$
$\sigma_{xB} = 145{,}46 \text{ N/mm}^2$
$\sigma_{xA} = -\sigma_{xB} = -145{,}46 \text{ N/mm}^2$

d) $S_F = 1{,}68$ (ausreichend, da $S_F > 1{,}20$)

Lösung zu Aufgabe 9.3

a) Da es sich um eine symmetrische Querschnittsfläche handelt, fällt eine der beiden Hauptachsen mit der Symmetrieebene zusammen. Die zweite Hauptachse ergibt sich als Senkrechte zur ersten Hauptachse durch den Flächenschwerpunkt.
$z_S = 28{,}17 \text{ mm}$

b) $I_1 \equiv I_y = 55\,614{,}6 \text{ mm}^4$
$I_2 \equiv I_z = 27\,031{,}3 \text{ mm}^4$

c) $\beta = 36{,}83°$
$\sigma_{xA} = 226{,}5 \text{ N/mm}^2$
$\sigma_{xB} = -253{,}8 \text{ N/mm}^2$

d) $S_F = 1{,}42$ (ausreichend, da $S_F > 1{,}20$)

Lösung zu Aufgabe 9.4

a) y_S = 24,81 mm
z_S = 80,19 mm
φ_1 = 28,49°
φ_2 = 118,49°

b) I_1 = 4 976 871,6 mm^4
I_2 = 1 075 412,1 mm^4
β = -68,29°

c) Profileckpunkt A: σ_{xA} = 388,17 N/mm^2
Profileckpunkt B: σ_{xB} = -462,26 N/mm^2

d) S_F = 1,28 (ausreichend, da $S_F > 1{,}20$)

Lösung zu Aufgabe 9.5

S_F = 1,24 (ausreichend, da $S_F > 1{,}20$)

Lösungen zu Kapitel 10

Lösung zu Aufgabe 10.1

$$\tau_q(z) = \frac{3}{2} \cdot \frac{Q}{b \cdot h} \cdot \left(1 - \frac{4 \cdot z^2}{h^2}\right)$$

Lösung zu Aufgabe 10.2

$$\tau_q(z) = \frac{4}{3} \cdot \frac{Q}{\pi \cdot r^2} \cdot \left(1 - \frac{z^2}{r^2}\right)$$

Lösung zu Aufgabe 10.3

$$\tau(\varphi) = \frac{Q}{\pi \cdot r \cdot t} \cdot \cos \varphi$$

Lösung zu Aufgabe 10.4

a) $\tau_S = 31{,}6$ N/mm^2

b) $\tau_S < 85$ N/mm^2. Die Beanspruchung in der Schweißnaht ist zulässig.

Lösung zu Aufgabe 10.5

$t = 104{,}9$ mm

Lösung zu Aufgabe 10.6

$t = 61{,}97$ mm

Lösung zu Aufgabe 10.7

a) $z_S = 195$ mm

b) $I_y = 113\,125\,000$ mm^4

c) $\tau_{Leim} = 9{,}28$ N/mm^2. Da $\tau_{Leim} < 25$ N/mm^2 ist die Beanspruchung zulässig.

Lösungen zu Kapitel 11

Lösung zu Aufgabe 11.1

$a = 25$ mm

Lösung zu Aufgabe 11.2

$a = 67{,}9$ mm

Lösung zu Aufgabe 11.3

$a = 171$ mm

Lösung zu Aufgabe 11.4

$$\frac{M_{t2}}{M_{t1}} = \frac{3}{2} \cdot \frac{d_m}{s}$$

Lösungen zu Kapitel 12

Lösung zu Aufgabe 12.1

σ_t = 225 N/mm²
σ_a = 112,5 N/mm²
σ_r = -12,5 N/mm²

Lösung zu Aufgabe 12.2

a) P295GH: p_i = 25,83 MPa
EN-GJL-200: p_i = 6,67 MPa

b) P295GH: Δd_m = 0,128 mm
EN-GJL-200: Δd_m = 0,071 mm

Lösung zu Aufgabe 12.3

a) p_1 = 14,29 MPa

b) F_1 = 393,7 kN

c) p_2 = 7 MPa
F_2 = 230 kN

Lösung zu Aufgabe 12.4

a) p_i = 8 MPa

b) σ_a = 125 N/mm²
σ_r = -4 N/mm²

c) Δd_a = 0,522 mm

d) S_F = 1,40 (ausreichend, da $S_F > 1{,}20$)

e) F = 1672,9 kN

f) σ_t = 250 N/mm²
σ_a = 0
σ_r = -4 N/mm²

g) τ_{max1} = 62,5 N/mm²
τ_{max2} = 125 N/mm²

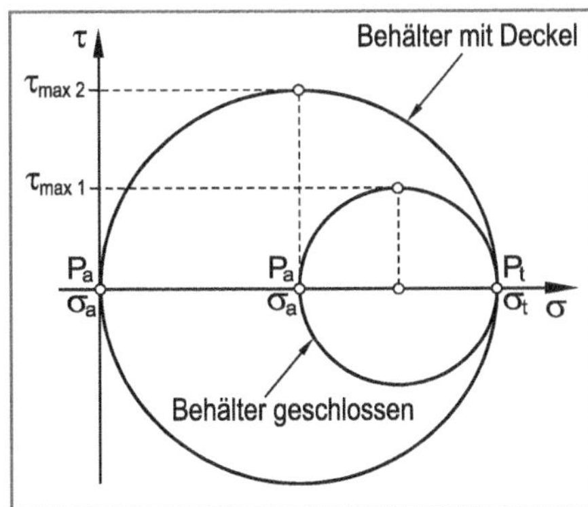

Lösung zu Aufgabe 12.5

a) σ_t = 100 N/mm²
σ_a = 50 N/mm²

b) p_i = 13,33 MPa

c) p_i = 21,88 MPa

d) S_F = 1,31 (ausreichend, da $S_F \geq 1,20$)
S_{pl} = 2,37

Lösung zu Aufgabe 12.6

a) σ_t = 150,1 N/mm²
σ_a = -150,1 N/mm²

b) • Ebene 1 und Ebene 2 sind schubspannungsfrei.
• Ebene 3 und Ebene 4 sind frei von Normalspannungen.

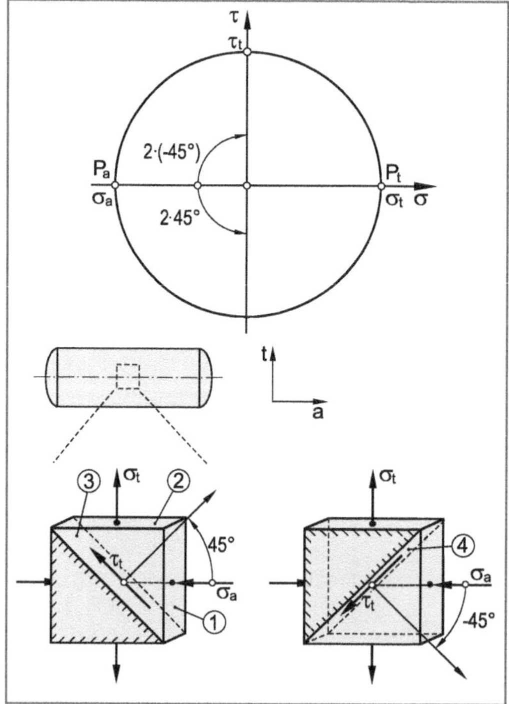

c) S_F = 1,27 (ausreichend, da $S_F > 1,20$)

d) p_i = 7,50 MPa
F = -2899,5 kN

e) Mögliche Beanspruchung zur Erzeugung desselben Spannungszustandes: **Torsion** (siehe Mohrscher Spannungskreis in Aufgabenteil b)

M_t = 387,1 kNm

Lösung zu Aufgabe 12.7

a) $\varepsilon_a = 0{,}505$ ‰
$\varepsilon_t = -0{,}152$ ‰
$\varepsilon_{45} = 0{,}177$ ‰

b)

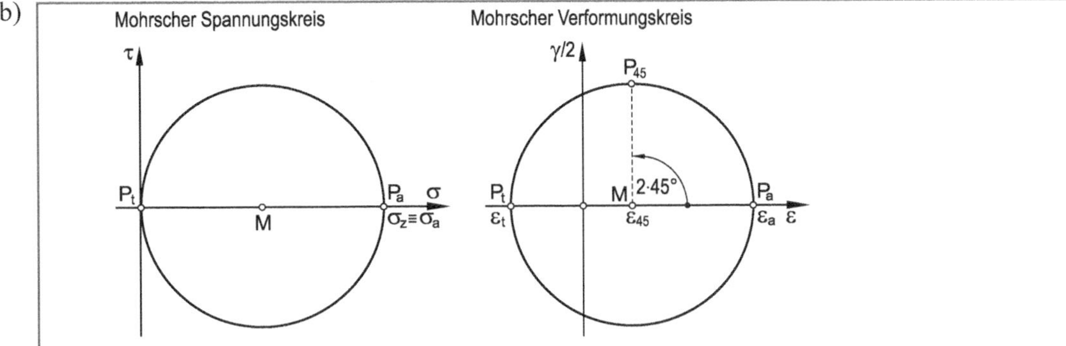

c) $\varepsilon_a = 0{,}1$ ‰
$\varepsilon_t = 0{,}425$ ‰
$\varepsilon_{45} = 0{,}263$ ‰

d)

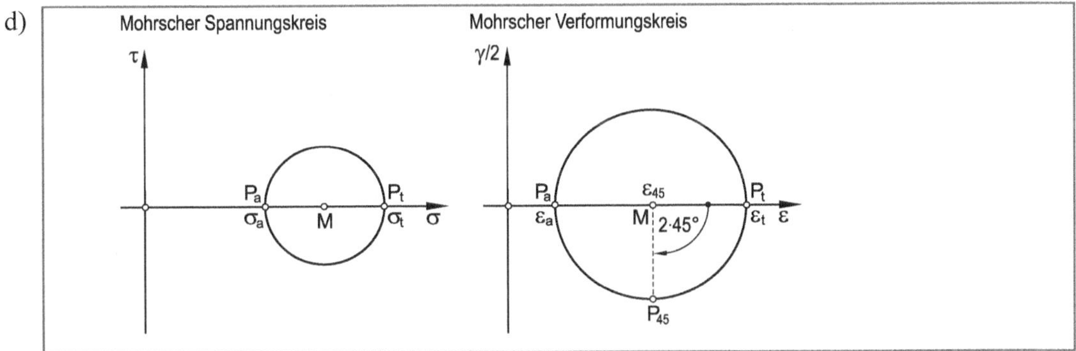

e) $\varepsilon_a = 0{,}386$ ‰
$\varepsilon_t = -0{,}116$ ‰
$\varepsilon_{45} = 0{,}135$ ‰

f)

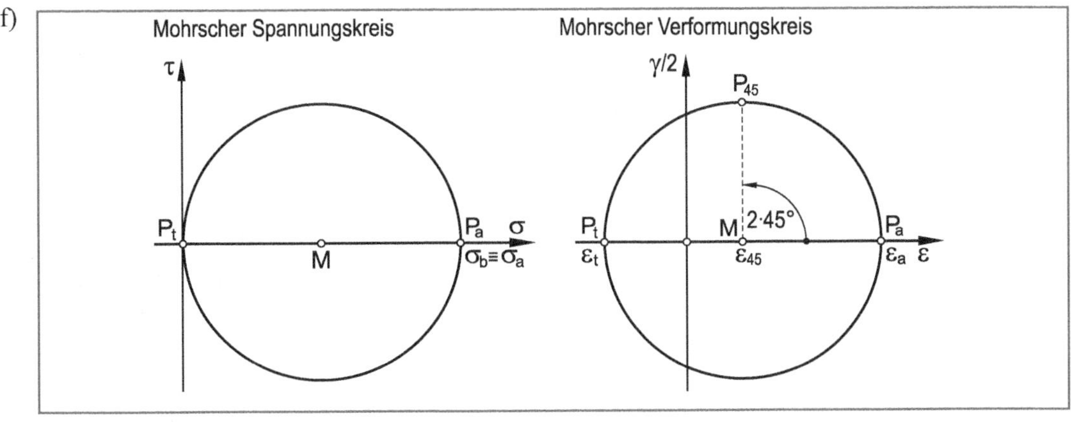

g) $\varepsilon_a = 0$
$\varepsilon_t = 0$
$\varepsilon_{45} = 0{,}279$ ‰

h)

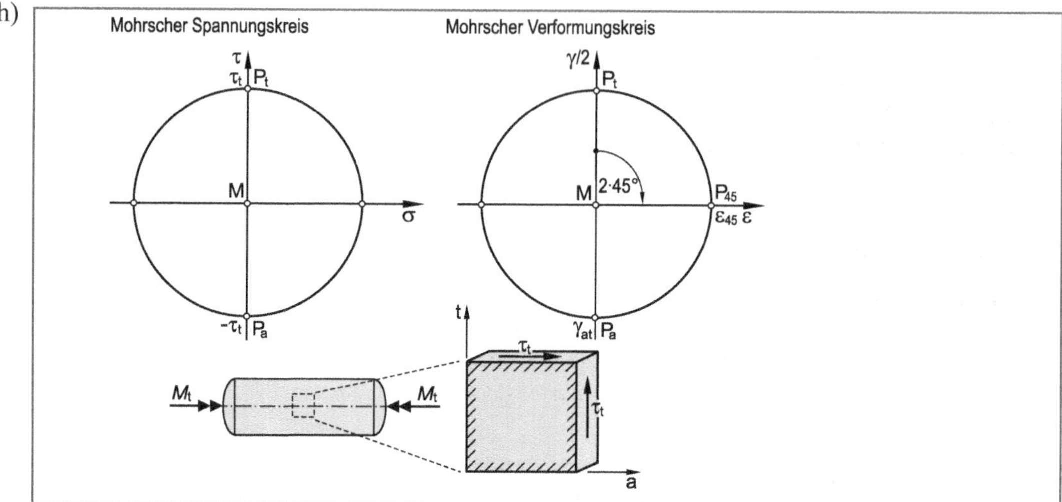

Lösung zu Aufgabe 12.8

$p_i = 7{,}50$ MPa
$M_t = 14998$ Nm
$M_b = 10000$ Nm

Lösung zu Aufgabe 12.9

a) $\sigma_t \equiv \sigma_1 = 39{,}97\ \text{N/mm}^2$
$\sigma_a \equiv \sigma_2 = 20{,}03\ \text{N/mm}^2$
$\sigma_r \equiv \sigma_3 = 0\ \text{N/mm}^2$
Da keine Schubspannungen wirken, fallen die Hauptnormalspannungen mit der Tangential-, der Axial- und der Radialrichtung des Behälters zusammen.
$p_i = 159{,}88$ MPa

b) $p_{i\,FB} = 174{,}49$ MPa

c) $p_{ic} = 306{,}41$ MPa

d) $\varepsilon_A^* = 0{,}388$ ‰
$\varepsilon_B^* = 0{,}103$ ‰

e)

Spannungskomponente	vollplastischer Innenring		elastischer Außenring	
	$r = r_i = 20$ mm	$r = c = 30$ mm	$r = c = 30$ mm	$r = r_a = 60$ mm
Tangentialspannung	86,19 N/mm²	245,37 N/mm²	245,37 N/mm²	98,15 N/mm²
Axialspannung	-110,11 N/mm²	49,07 N/mm²	49,07 N/mm²	49,07 N/mm²
Radialspannung	-306,41 N/mm²	-147,22 N/mm²	-147,22 N/mm²	0 N/mm²

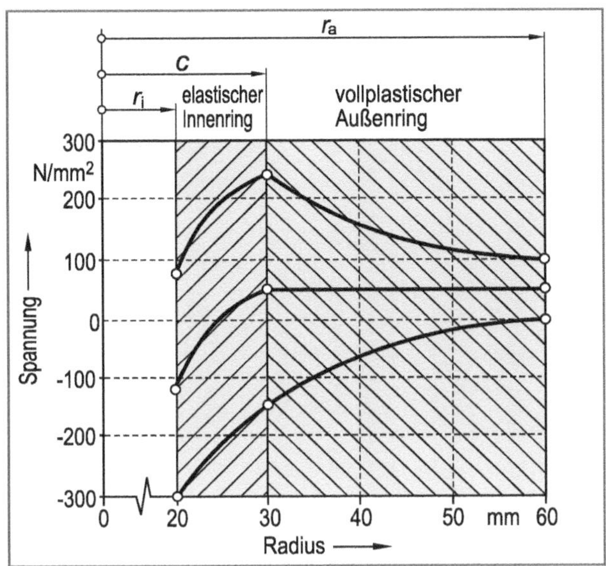

f) Innenrand

$\sigma_{t\,ei}$ = -296,86 N/mm²

$\sigma_{a\,ei}$ = -148,41 N/mm²

$\sigma_{r\,ei}$ = 0

Außenrand

$\sigma_{t\,ei}$ = 21,55 N/mm²

$\sigma_{a\,ei}$ = 10,77 N/mm²

$\sigma_{r\,ei}$ = 0

Lösung zu Aufgabe 12.10

a) p_i = 180 MPa
M_t = 49000 Nm

b) Innenrand: $\sigma_{V\,GEH}$ = 571,91 N/mm² — da $\sigma_{V\,GEH} < R_{p0,2}$ ist der Behälter am Innenrand elastisch beansprucht.

Außenrand: $\sigma_{V\,GEH}$ = 296,10 N/mm² — da $\sigma_{V\,GEH} < R_{p0,2}$ ist der Behälter am Außenrand elastisch beansprucht.

c) p_{iFB} = 314,4 MPa

d) p_{ic} = 410,0 MPa

e) $\varepsilon_A = \varepsilon_C$ = 1,8106 ‰
ε_B = 2,9314 ‰

Lösung zu Aufgabe 12.11

a) $\varepsilon_A = 0{,}2599$ ‰
$\varepsilon_B = 1{,}9309$ ‰
$\varepsilon_C = 0{,}7858$ ‰
$\varepsilon_D = 1{,}3117$ ‰

b) $S_F = 1{,}74$ (ausreichend, da $S_F > 1{,}20$)

Lösung zu Aufgabe 12.12

$p_i = 10$ MPa

Lösung zu Aufgabe 12.13

$p_i = 12$ MPa
$M_t = 80000$ Nm
Das Torsionsmoment wirkt entgegen der in der Aufgabenstellung eingezeichneten Richtung.

Lösung zu Aufgabe 12.14

a) $p_i = 29{,}84$ MPa

b) $S_F = 3{,}21$ (ausreichend, da $S_F > 1{,}50$)

c) $s_2 = 5{,}23$ mm

d) An der Stelle 3 herrscht kein Innendruck (Dichtungen), daher sind dort keine Spannungskomponenten aus Innendruck vorhanden. Da voraussetzungsgemäß außerdem keine Reibung auftritt, liegen auch keine Axialspannungen vor. Die Stelle 3 ist also **spannungsfrei**, d. h. $\boldsymbol{\sigma_V = 0}$. Die Sicherheit gegen Fließen ist dementsprechend **unendlich**.

e) $\varepsilon_{DMS} = -0{,}465$ ‰

f) Stelle 1: $S_F = 2{,}83$ (ausreichend, da $S_F > 1{,}50$)
Stelle 4: $S_F = 2{,}72$ (ausreichend, da $S_F > 1{,}50$)

g) $S_F = 2{,}43$ (ausreichend, da $S_F > 1{,}50$)

Lösung zu Aufgabe 12.15

$$\sigma_t = \frac{2}{\sqrt{3}} \cdot R_e = 1{,}155 \cdot R_e$$

Lösungen zu Kapitel 13

Lösung zu Aufgabe 13.1

a) $\sigma_{zdW} = 407{,}4 \text{ N/mm}^2$

b) $k = 13{,}65$

c) $F_{AD1} = 26337 \text{ N}$

d)

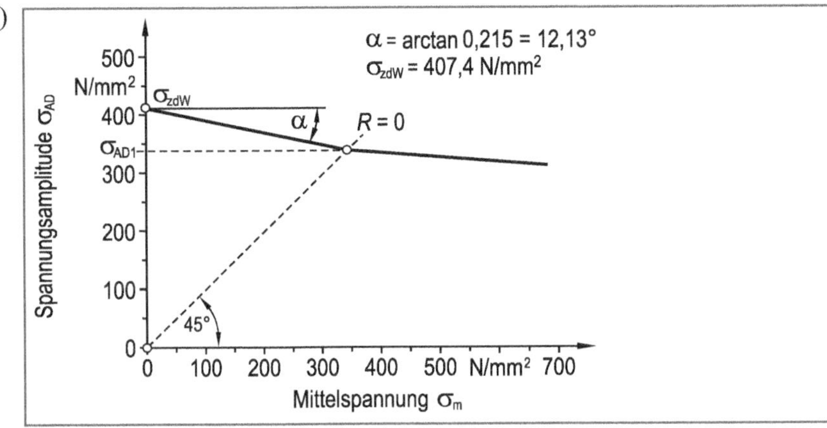

Abgelesen: $\sigma_{AD} = 340 \text{ N/mm}^2$

e) $F_{AD2} = 27700 \text{ N}$

Lösung zu Aufgabe 13.2

a) **Darstellung der Wöhlerkurve**

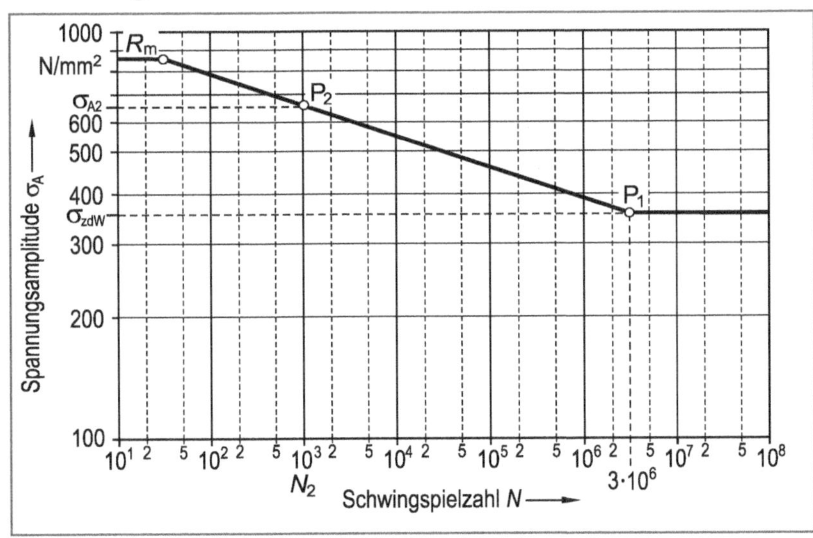

Stützpunkte für die Zeitfestigkeitsgerade

Punkt P_1: $N_1 = N_D = 3 \cdot 10^6$

$\sigma_{A1} = \sigma_{zdW} = 350\ \text{N/mm}^2$

Punkt P_2: $N_2 = 10^3$ (gewählt)

$\sigma_{A2} = 664{,}12\ \text{N/mm}^2$

b) $t = 2{,}40\ \text{h}$

c) $\sigma_{AD} = 320{,}4\ \text{N/mm}^2$

Lösung zu Aufgabe 13.3

a) Die Zylinderkopfschrauben eines Motors erfahren infolge statischer Vorspannung und rein schwellendem Arbeitsdruck eine Zugschwellbeanspruchung.

b) Ein rein schwellender Innendruck führt in einem Behälter in axialer, tangentialer und radialer Richtung zu einer reinen Zugschwellbeanspruchung (z. B. Befüll- und Entleerungsvorgänge einer Gasflasche).

c) Eine umlaufende, durch eine statische Radialkraft beanspruchte Welle unterliegt einer reinen Wechselbeanspruchung, sofern keine statische Vorspannung wirkt (Umlaufbiegung).

d) Ein Brückenpfeiler erfährt durch das Eigengewicht der Brücke und die zusätzliche, zeitlich veränderliche Verkehrsbelastung eine Druckschwellbeanspruchung.

e) Die Kolbenstange eines einseitig wirkenden Hydraulikzylinders unterliegt einer reinen Druckschwellbeanspruchung, sofern bei jedem Lastwechsel der Innendruck p_i zu Null wird.

Lösung zu Aufgabe 13.4

a)

Spannungs-komponente	Ober-spannung σ_o	Unter-spannung σ_u
$\sigma_t = p_i \cdot \frac{d_i}{2 \cdot s}$	400 N/mm²	200 N/mm²
$\sigma_a = p_i \cdot \frac{d_i}{4 \cdot s}$	200 N/mm²	100 N/mm²
$\sigma_r = -p_i$	-10 N/mm²	-5 N/mm²

b) $\sigma_{ta} = 100\ \text{N/mm}^2$

$\sigma_{tm} = 300\ \text{N/mm}^2$

$R = 0{,}5$

c)

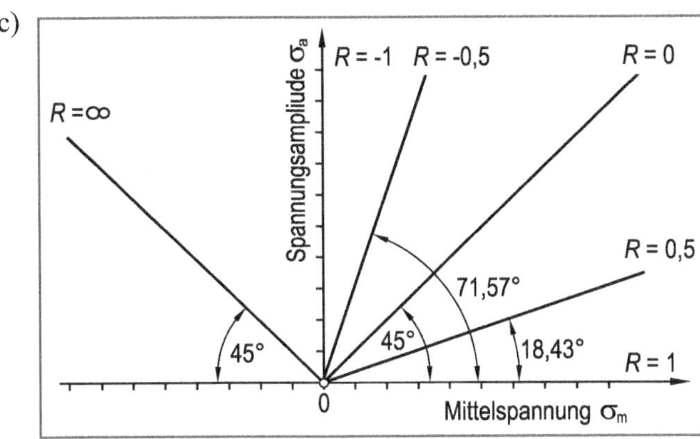

für $R = -1$ folgt:

$$\sigma_\mathrm{m} = 0 \text{ (Ordinate)}$$

für $R = -0{,}5$ folgt:

$$\sigma_\mathrm{a} = 3 \cdot \sigma_\mathrm{m} \quad (\alpha = 71{,}57°)$$

für $R = 0$ folgt:

$$\sigma_\mathrm{a} = \sigma_\mathrm{m} \quad \text{(erste Winkelhalbierende)}$$

für $R = 0{,}5$ folgt:

$$\sigma_\mathrm{a} = \frac{1}{3} \cdot \sigma_\mathrm{m} \quad (\alpha = 18{,}43°)$$

für $R = 1$ folgt:

$$\sigma_\mathrm{a} = 0 \text{ (Abszisse, d. h. statische Beanspruchung)}$$

für $R = \infty$ folgt:

$$\sigma_\mathrm{a} = -\sigma_\mathrm{m}$$

Lösung zu Aufgabe 13.5

a) $S_\mathrm{D} = 3{,}38$ (ausreichend, da $S_\mathrm{D} > 2{,}50$)

b) $S_\mathrm{D} = 3{,}06$ (ausreichend, da $S_\mathrm{D} > 2{,}50$)

c) $S_\mathrm{D} = 3{,}35$ (ausreichend, da $S_\mathrm{D} > 2{,}50$)

Lösung zu Aufgabe 13.6

a) $F_\mathrm{A1} = 144{,}6$ kN

b) $F_\mathrm{A2} = 144{,}9$ kN

c) $F_\mathrm{A3} = 173{,}2$ kN

Lösung zu Aufgabe 13.7

a) d = 13,73 mm

b) d = 14,23 mm

Lösung zu Aufgabe 13.8

F_2 = 905,7 N

Lösung zu Aufgabe 13.9

S_D = 1,40 (nicht ausreichend, da $S_D < 2{,}50$)

Lösung zu Aufgabe 13.10

a) R = 2,5 mm

b) F_W = 48,6 kN

c) F_W = 7,97 kN

Lösung zu Aufgabe 13.11

a) d = 70,19 mm

b) d = 71,82 mm

c) F = 14,8 kN

Lösung zu Aufgabe 13.12

a = 213,3 mm

Lösung zu Aufgabe 13.13

a) M_t = 754,7 Nm

b) M_{ta} = 325,1 Nm

c) statische Beanspruchung: $\varphi = 23{,}53°$
Schwingbeanspruchung: $\varphi = 10{,}14°$

Lösung zu Aufgabe 13.14

a) $\sigma_a = \sigma_{b\,max}$ = 167,77 N/mm^2

b) S_D = 2,91 (nicht ausreichend, da $S_D > 3{,}50$ gefordert)

c) S_D = 2,61 (ausreichend, da $S_D > 2{,}50$)

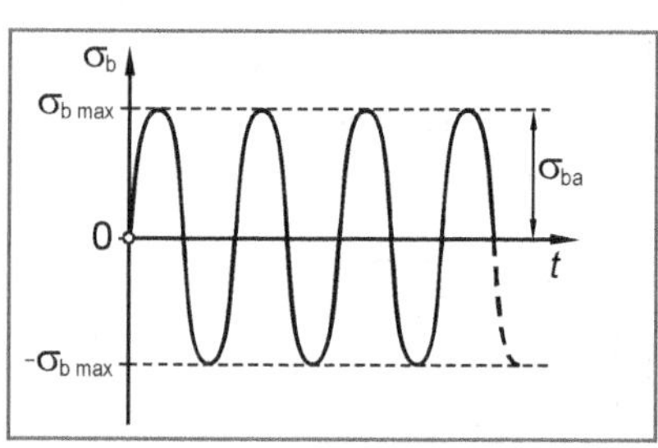

Lösung zu Aufgabe 13.15

$F_2 = 28{,}1\ \text{kN}$

Lösung zu Aufgabe 13.16

a) $M_t = 180{,}8\ \text{Nm}$

b) $M_{ta} = 94{,}4\ \text{Nm}$

Lösung zu Aufgabe 13.17

a)

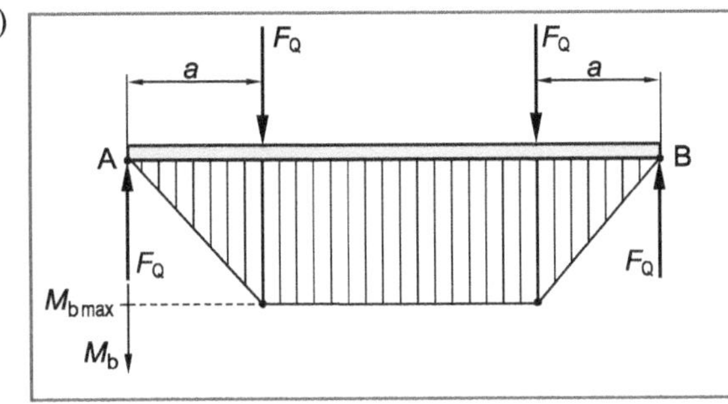

$M_{b\,max} = 780\ \text{Nm}$

b) $S_F = 1{,}41$ (ausreichend, da $S_F > 1{,}20$)

c) Zusätzlich mögliche Versagensart: **Dauerbruch** infolge Umlaufbiegung.

d) $\beta_{kb} = 1{,}91$

e)

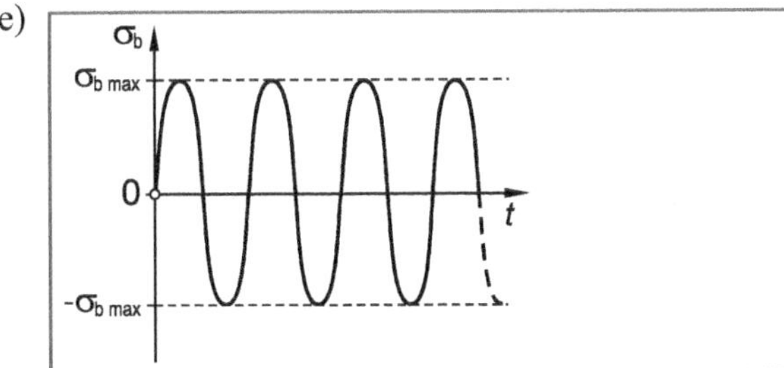

f) $F_Q = 1409{,}6\ \text{N}$

Lösung zu Aufgabe 13.18

a) $M_{bI} = 500$ Nm

b) $\alpha_{kz} = 1{,}55$
$\alpha_{kb} = 1{,}42$

c) $S_F = 1{,}72$ (ausreichend, da $S_F > 1{,}20$)

d) $F_2 = 87627$ N

e) $\beta_{kb} = 1{,}35$

f) $\sigma_{ba\,max} = 254{,}65$ N/mm^2

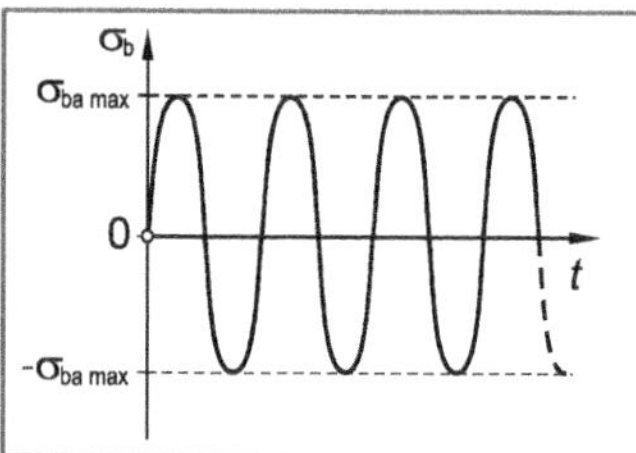

g) $S_D = 0{,}99$ (nicht ausreichend, da $S_D < 2{,}50$)

Lösung zu Aufgabe 13.19

a) $\sigma_z = 247{,}57$ N/mm^2
$\Delta l = 0{,}2122$ mm
$S_F = 2{,}50$ (ausreichend, da $S_F > 1{,}20$)

b) $S_D = 4{,}00$ (ausreichend, da $S_D > 2{,}50$)

c) $S_F = 1{,}78$ (ausreichend, da $S_F > 1{,}20$)
$S_D = 3{,}45$ (ausreichend, da $S_D > 2{,}50$)

d) $M_t = 13147{,}6$ Nm
$\varphi = 1{,}32°$

e) $M_t = 7018{,}9$ Nm

f) $R = 2{,}5$ mm

g) $S_D = 4{,}27$ (ausreichend, da $S_D > 2{,}50$)

Lösung zu Aufgabe 13.20

a) $M_{bI} = 2500$ Nm

b) $M_t = 4334{,}6$ Nm

c)

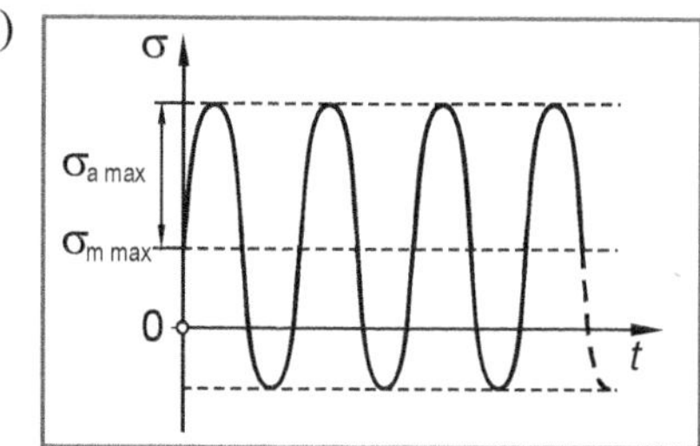

d) $\beta_{kb} = 1{,}59$

e) $S_D = 1{,}36$ (nicht ausreichend, da $S_D < 2{,}50$)

Lösung zu Aufgabe 13.21

a) 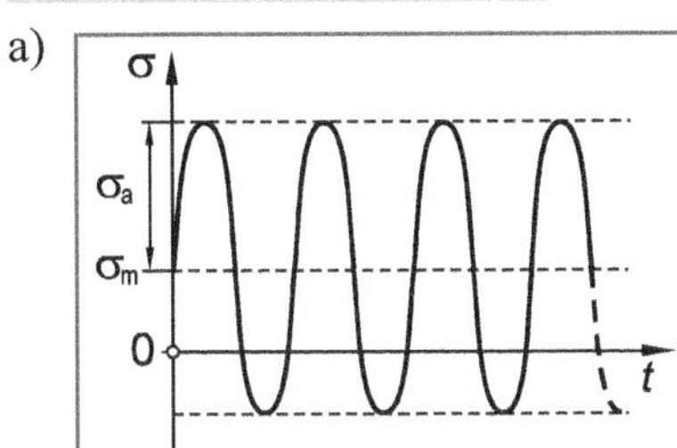

$\sigma_m \equiv \sigma_z = 61{,}12$ N/mm^2

$\sigma_a \equiv \sigma_b = 178{,}25$ N/mm^2

b) $S_F = 3{,}76$ (ausreichend, da $S_F > 1{,}20$)

$S_D = 2{,}85$ (ausreichend, da $S_D > 2{,}50$)

c) $\beta_{kb} = 2{,}13$

d) $S_D = 1{,}35$ (nicht ausreichend, da $S_D < 2{,}50$)

Lösung zu Aufgabe 13.22

a) $\varepsilon_{DMS} = 1{,}766$ ‰

b) $F_B = 41551$ N

c) $F_{B1} = 64934$ N

d) $\beta_k = 1{,}59$

e) $S_D = 2{,}22$ (nicht ausreichend, da $S_D < 2{,}50$)

f) $F_{B3} = 35596$ N

Lösung zu Aufgabe 13.23

a) $\varepsilon_{DMS\,A} = -0{,}546$ ‰

$\varepsilon_{DMS\,B} = 0{,}885$ ‰

b) $\alpha_{kz} = 2{,}30$

$\alpha_{kt} = 1{,}55$

c) $M_{t2} = 395{,}6$ Nm

d) $\beta_{kb} = 1{,}91$

e) $S_D = 1{,}40$ (nicht ausreichend, da $S_D < 2{,}50$)

Lösung zu Aufgabe 13.24

a) $\sigma_{z\,I} = 51{,}96$ N/mm^2

$\varepsilon_{l\,I} = 0{,}248$ ‰

$\varepsilon_{q\,I}$ = -0,074 ‰

$\sigma_{z\,II}$ = 31,44 N/mm^2

$\varepsilon_{l\,II}$ = 0,149 ‰

$\varepsilon_{q\,II}$ = -0,045 ‰

Δl = 0,171 mm

Querschnittsfläche I: S_F = 6,54 (ausreichend, da $S_F > 1{,}20$)

Querschnittsfläche II: S_F = 10,81 (ausreichend, da $S_F > 1{,}20$)

b) $\sigma_{b\,I}$ = 252,42 N/mm^2

$\sigma_{b\,III}$ = 118,79 N/mm^2

c) R = 1,4 mm

d) F_2 = 2360 N

Lösung zu Aufgabe 13.25

a) ε_A = 1,649 ‰

ε_B = -0,833 ‰

ε_C = 0,915 ‰

b) F_{z2} = 185,3 kN

M_{t2} = 441,2 Nm

c) S_F = 1,83 (ausreichend, da $S_F > 1{,}20$)

d) S_D = 5,18 (ausreichend, da $S_D > 3{,}0$)

Lösung zu Aufgabe 13.26

a) S_F = 1,26 (ausreichend, da $S_F > 1{,}20$)

b) S_D = 1,36 (nicht ausreichend, da $S_D < 2{,}50$)

c) F_{Q1} = 24,7 kN

d) F_{H1} = 356,9 kN

Anhang 5: Musterklausur 1

Bearbeitungsdauer:	120 min.		
Punkteverteilung:	1 a	14	Punkte
	b	4	Punkte
	c	7	Punkte
	2 a	6	Punkte
	b	14	Punkte
	c	20	Punkte
	3 a	4	Punkte
	b	2	Punkte
	c	10	Punkte
	d	15	Punkte
	e	4	Punkte
Gesamtpunktzahl:	100 Punkte		
Erlaubte Hilfsmittel:	alle		

Aufgabe 1

Die Abbildung zeigt einen abgesetzten Stab mit Vollkreisquerschnitt aus der legierten Vergütungsstahlsorte 42CrMo4. Der Stab ist an seinen beiden Enden fest eingespannt und wird über eine Querlasche durch das Kräftepaar $F = 2$ kN auf Torsion beansprucht.

a) Berechnen Sie die Torsionsmomente an den beiden Einspannstellen. Beachten Sie, dass die linke und die rechte Stabhälfte einen unterschiedlichen Durchmesser sowie eine unterschiedliche Länge haben.

b) Ermitteln Sie die maximale Schubspannung im Stab und berechnen Sie die Sicherheit gegen Fließen. Ist die Sicherheit ausreichend? Kerbwirkung muss nicht berücksichtigt werden.

c) Berechnen Sie den Verdrehwinkel φ der Querlasche.

Werkstoffkennwerte 42CrMo4:
$R_{p0,2} = 780$ N/mm^2
$R_m = 1220$ N/mm^2
$E = 210000$ N/mm^2
$\mu = 0,30$

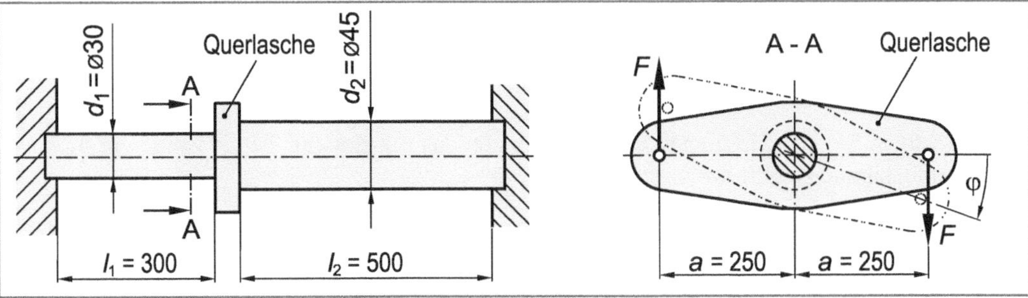

Aufgabe 2

Zur Messung von Torsionsmomenten soll das dargestellte Messelement mit Vollkreisquerschnitt aus der legierten Stahlsorte 36CrNiMo4 eingesetzt werden. Auf dem Messelement wurden drei Dehnungsmessstreifen in der dargestellten Weise appliziert.

Werkstoffkennwerte 36CrNiMo4:
$R_{p0,2}$ = 680 N/mm²
R_m = 1070 N/mm²
E = 210000 N/mm²
μ = 0,30

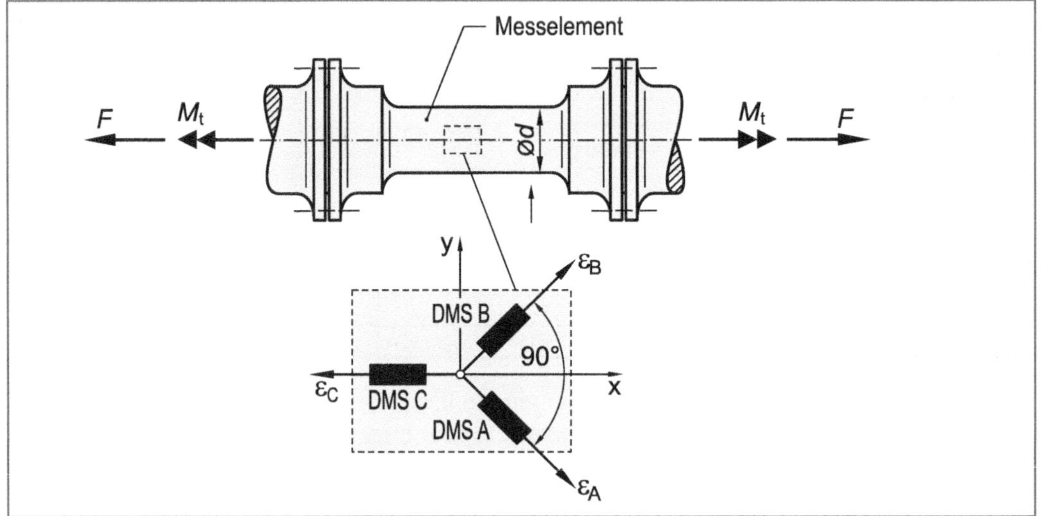

a) Mit Hilfe des dargestellten Messelementes sollen Torsionsmomente bis 10000 Nm gemessen werden. Berechnen Sie den erforderlichen Mindestdurchmesser d des zylindrischen Teils des Messelementes, damit Fließen mit einer Sicherheit von $S_F = 2{,}50$ ausgeschlossen werden kann. Kerbwirkung muss nicht berücksichtigt werden.

b) Für das Messelement wird ein Durchmesser von $d = 75$ mm gewählt. Berechnen Sie die Dehnungen in A-, B- und C-Richtung (Messrichtung der Dehnungsmessstreifen) bei einem Torsionsmoment von $M_t = 10000$ Nm. Das Torsionsmoment hat den in der Abbildung angegebenen Drehsinn. Eine axiale Zugkraft ist zunächst nicht vorhanden ($F = 0$).

c) Das Messelement ($d = 75$ mm) kann im Betrieb neben einem Torsionsmoment M_t zusätzlich einer axialen Zugkraft F ausgesetzt sein. Während einer Messung werden die folgenden Dehnungen ermittelt:

DMS A: ε_A = 1,3096 ‰
DMS B: ε_B = -0,9324 ‰
DMS C: ε_C = 0,5389 ‰

Berechnen Sie aus den gemessenen Dehnungen das unbekannte Torsionsmoment M_t sowie die unbekannte Zugkraft F.

Aufgabe 3

Ein beidseitig gelenkig gelagertes, symmetrisches Aluminium-Strangpressprofil (EN AW-Al Mg3-H14) wird durch eine unter einem Winkel von $\varphi = 28°$ angreifende Querkraft $F = 25$ kN auf Biegung beansprucht. Die Wirkungslinie der Kraft verläuft durch den Schwerpunkt der Querschnittsfläche. Schubspannungen durch Querkräfte sowie das Eigengewicht des Profils können vernachlässigt werden.

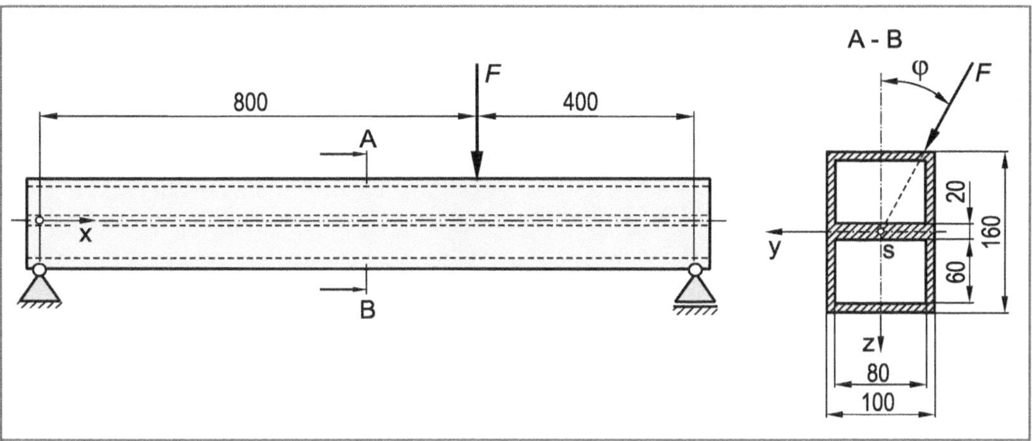

Werkstoffkennwerte EN AW-Al Mg3-H14:

$R_{p0,2} = 220$ N/mm²
$R_m = 280$ N/mm²
$E = 73000$ N/mm²
$\mu = 0{,}33$

a) Bestimmen Sie Ort und Betrag des maximalen Biegemomentes.

b) Ermitteln Sie die Lage der beiden Hauptachsen der Querschnittsfläche.

c) Berechnen Sie die axialen Flächenmomente zweiter Ordnung bezüglich der beiden Hauptachsen (Hauptflächenmomente I_1 und I_2).

d) Ermitteln Sie die Lage der Nulllinie und bestimmen Sie Ort und Betrag der maximalen Zugspannung sowie der maximalen Druckspannung.

e) Berechnen Sie für die gefährdete Stelle die Sicherheit gegen Fließen. Ist die Sicherheit ausreichend?

Lösung zu Aufgabe 1

a) **Freischneiden des Stabes**

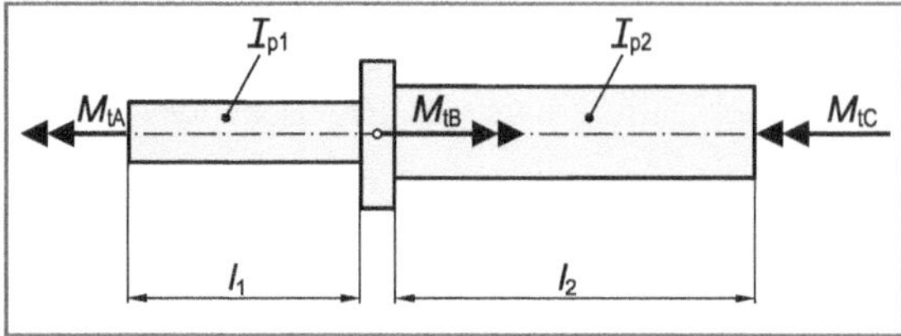

Berechnung des Torsionsmomentes M_{tB}

$$M_{tB} = 2 \cdot F \cdot a = 2 \cdot 2000\ \text{N} \cdot 0{,}25\ \text{m} = 1000\ \text{Nm}$$

Ansetzen des Momentengleichgewichts

$$M_{tA} + M_{tC} = M_{tB} \quad \text{(Momentengleichgewicht)} \tag{1}$$

Mit Hilfe von Gleichung 1 können die Torsionsmomente M_{tA} und M_{tC} noch nicht berechnet werden. Es wird eine zweite Gleichung (Verträglichkeitsbedingung) benötigt.

Da die Verdrehwinkel der linken und der rechten Stabhälfte gleich groß sein müssen, gilt:

$$\varphi_1 = \varphi_2$$

$$\frac{M_{tA} \cdot l_1}{G \cdot I_{p1}} = \frac{M_{tC} \cdot l_2}{G \cdot I_{p2}}$$

$$M_{tA} = M_{tC} \cdot \frac{l_2}{l_1} \cdot \frac{I_{p1}}{I_{p2}} \quad \text{(Verträglichkeitsbedingung)} \tag{2}$$

Gleichung 1 in Gleichung 2 eingesetzt liefert:

$$M_{tA} = \left(M_{tB} - M_{tA}\right) \cdot \frac{l_2}{l_1} \cdot \frac{I_{p1}}{I_{p2}} = \left(M_{tB} - M_{tA}\right) \cdot \frac{l_2}{l_1} \cdot \frac{\frac{\pi}{32} \cdot d_1^4}{\frac{\pi}{32} \cdot d_2^4} = \left(M_{tB} - M_{tA}\right) \cdot \frac{l_2}{l_1} \cdot \frac{d_1^4}{d_2^4}$$

$$M_{tA} = M_{tB} \cdot \frac{\frac{l_2}{l_1} \cdot \frac{d_1^4}{d_2^4}}{1 + \frac{l_2}{l_1} \cdot \frac{d_1^4}{d_2^4}} = 1000\ \text{Nm} \cdot \frac{\frac{500\ \text{mm}}{300\ \text{mm}} \cdot \frac{(30\ \text{mm})^4}{(45\ \text{mm})^4}}{1 + \frac{500\ \text{mm}}{300\ \text{mm}} \cdot \frac{(30\ \text{mm})^4}{(45\ \text{mm})^4}} = \mathbf{247{,}68\ Nm}$$

An der rechten Einspannstelle folgt schließlich für das Torsionsmoment M_{tC}:

$$M_{tC} = M_{tB} - M_{tA} = 1000\ \text{Nm} - 247{,}68\ \text{Nm} = \mathbf{752{,}32\ Nm}$$

b) **Berechnung der Schubspannungen in den beiden Stabhälften**

Schubspannung in der linken Stabhälfte:

$$\tau_{t1} = \frac{M_{tA}}{W_{t1}} = \frac{M_{tA}}{\frac{\pi}{16}\cdot d_1^3} = \frac{247\,680\text{ Nmm}}{\frac{\pi}{16}\cdot(30\text{ mm})^3} = 46{,}72\text{ N/mm}^2$$

Schubspannung in der rechten Stabhälfte:

$$\tau_{t2} = \frac{M_{tC}}{W_{t2}} = \frac{M_{tC}}{\frac{\pi}{16}\cdot d_3^3} = \frac{752\,320\text{ Nmm}}{\frac{\pi}{16}\cdot(45\text{ mm})^3} = 42{,}05\text{ N/mm}^2$$

Die maximale Schubspannung im linken Stab beträgt also $\tau_t = \mathbf{46{,}72\ N/mm^2}$

Berechnung der Sicherheit gegen Fließen

Festigkeitsbedingung:

$$\tau_t \le \tau_{t\,zul}$$

$$\tau_t = \frac{\tau_{tF}}{S_F}$$

$$\tau_t = \frac{R_{p0,2}/2}{S_F}$$

$$S_F = \frac{R_{p0,2}}{2\cdot\tau_t} = \frac{780\text{ N/mm}^2}{2\cdot 46{,}72\text{ N/mm}^2} = \mathbf{8{,}35} \quad (\text{ausreichend, da } S_F > 1{,}20)$$

c) **Berechnung des Verdrehwinkels der Querlasche**

$$\varphi_1 = \frac{180°}{\pi}\cdot\frac{M_{tA}\cdot l_1}{G\cdot I_{p1}} = \frac{180°}{\pi}\cdot\frac{M_{tA}\cdot l_1}{\frac{E}{2\cdot(1+\mu)}\cdot\frac{\pi}{32}\cdot d_1^4}$$

$$= \frac{180°}{\pi}\cdot\frac{247\,680\text{ Nmm}\cdot 300\text{ mm}}{\frac{210000\text{ N/mm}^2}{2\cdot(1+0{,}30)}\cdot\frac{\pi}{32}\cdot(30\text{ mm})^4} = \mathbf{0{,}663°}$$

Kontrolle:

Der Verdrehwinkel φ_2 muss betragsmäßig dem Verdrehwinkel φ_1 entsprechen.

$$\varphi_2 = \frac{180°}{\pi}\cdot\frac{M_{tC}\cdot l_2}{G\cdot I_{p2}} = \frac{180°}{\pi}\cdot\frac{M_{tC}\cdot l_2}{\frac{E}{2\cdot(1+\mu)}\cdot\frac{\pi}{32}\cdot d_2^4}$$

$$= \frac{180°}{\pi}\cdot\frac{752\,320\text{ Nmm}\cdot 500\text{ mm}}{\frac{210000\text{ N/mm}^2}{2\cdot(1+0{,}30)}\cdot\frac{\pi}{32}\cdot(45\text{ mm})^4} = 0{,}663°$$

Lösung zu Aufgabe 2

a) **Berechnung der Mindestdicke des Messelements**

Festigkeitsbedingung:

$$\tau_t \le \tau_{t\,zul}$$

$$\frac{M_t}{W_t} = \frac{\tau_{tF}}{S_F} = \frac{R_{p0,2}}{2 \cdot S_F}$$

$$\frac{M_t}{\frac{\pi}{16} \cdot d^3} = \frac{R_{p0,2}}{2 \cdot S_F}$$

$$d = \sqrt[3]{\frac{32 \cdot M_t \cdot S_F}{\pi \cdot R_{p0,2}}} = \sqrt[3]{\frac{32 \cdot 10\,000\,000\ \text{Nmm} \cdot 2{,}5}{\pi \cdot 680\ \text{N/mm}^2}} = \mathbf{72{,}1\ mm}$$

b) **1. Lösungsmöglichkeit: Mohrscher Verformungskreis**

Konstruktion des Mohrschen Verformungskreises

Zur Konstruktion des Mohrschen Verformungskreises benötigt man die Verformungen in zwei zueinander senkrechten Richtungen. Bekannt sind die Verformungen mit der x- bzw. y-Richtung als Bezugsrichtung.

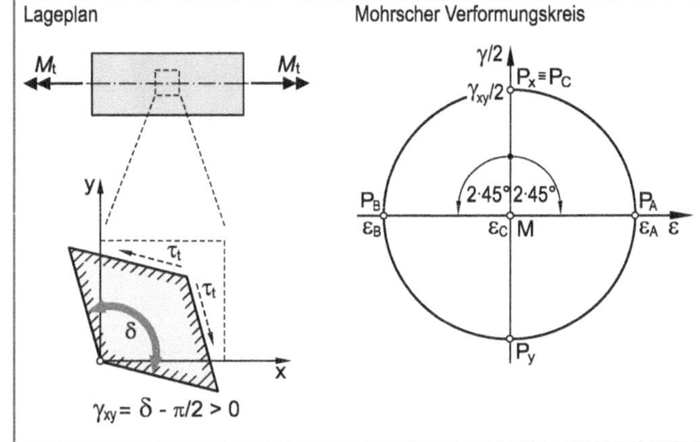

Einzeichnen der entsprechenden Bildpunkte P_x $(0 \mid \gamma_{xy}/2)$ und P_y $(0 \mid -\gamma_{xy}/2)$ in das ε-γ/2-Koordinatensystem unter Berücksichtigung der Vorzeichenregelung für Schiebungen.

Da die x- und die y-Richtung einen Winkel von 90° zueinander einschließen, müssen die Bildpunkte P_x und P_y auf einem Kreisdurchmesser liegen. Die Strecke P_xP_y schneidet die ε-Achse im Kreismittelpunkt M. Kreis um M durch die Bildpunkte P_x bzw. P_y ist der gesuchte Mohrsche Verformungskreis (siehe Abbildung).

Berechnung der Schiebung γ_{xy} mit Hilfe des Hookeschen Gesetzes für Schubbeanspr.

$$\tau_t \equiv \tau_{xy} = G \cdot \gamma_{xy} = \frac{E}{2 \cdot (1+\mu)} \cdot \gamma_{xy}$$

$$\gamma_{xy} = \frac{M_t}{\frac{\pi}{16} \cdot d^3} \cdot \frac{2 \cdot (1+\mu)}{E} = \frac{10\,000\,000\ \text{Nmm}}{\frac{\pi}{16} \cdot (75\ \text{mm})^3} \cdot \frac{2 \cdot (1+0{,}30)}{210\,000\ \text{N/mm}^2} = 0{,}001495$$

$$= 1{,}495\ ‰$$

Berechnung der Dehnungen in A-, B- und C-Richtung

$$\varepsilon_A = \frac{\gamma_{xy}}{2} = \frac{1{,}495\ ‰}{2} = \mathbf{0{,}747\ ‰}$$

$$\varepsilon_B = -\varepsilon_A = \mathbf{-0{,}747\ ‰}$$

$$\varepsilon_C = \mathbf{0}$$

2. Lösungsmöglichkeit: Rechnerische Auswertung [1)]

Die Dehnungen in Messrichtung der Dehnungsmessstreifen (ε_A, ε_B und ε_C) lassen sich auch mit Hilfe von Gleichung 4.32 (siehe Lehrbuch) berechnen.

Es gilt:

$$\varepsilon_A = \frac{\varepsilon_x + \varepsilon_y}{2} + \frac{\varepsilon_x - \varepsilon_y}{2} \cdot \cos 2\alpha - \frac{\gamma_{xy}}{2} \cdot \sin 2\alpha$$

$$\varepsilon_B = \frac{\varepsilon_x + \varepsilon_y}{2} + \frac{\varepsilon_x - \varepsilon_y}{2} \cdot \cos 2\beta - \frac{\gamma_{xy}}{2} \cdot \sin 2\beta$$

$$\varepsilon_C = \frac{\varepsilon_x + \varepsilon_y}{2} + \frac{\varepsilon_x - \varepsilon_y}{2} \cdot \cos 2\gamma - \frac{\gamma_{xy}}{2} \cdot \sin 2\gamma$$

Mit α = -45°, β = 45° und γ = 180° sowie $\varepsilon_x = 0$, $\varepsilon_y = 0$ und γ_{xy} = 1,495 ‰ folgt:

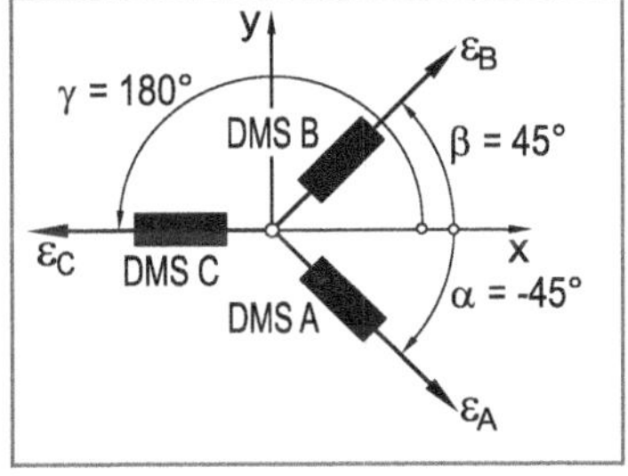

$$\varepsilon_A = -\frac{\gamma_{xy}}{2} \cdot \sin(2 \cdot (-45°)) = \frac{\gamma_{xy}}{2} = \frac{1{,}495\ ‰}{2} = 0{,}747\ ‰$$

$$\varepsilon_B = \frac{\gamma_{xy}}{2} \cdot \sin(2 \cdot 45°) = -\frac{\gamma_{xy}}{2} = -\frac{1{,}495\ ‰}{2} = -0{,}747\ ‰$$

$$\varepsilon_C = \frac{\gamma_{xy}}{2} \cdot \sin 0 = 0$$

c) **1. Lösungsmöglichkeit: Mohrscher Verformungskreis**

Verschiebt man DMS C längs der x-Achse (der Messwert ε_C ändert sich hierdurch nicht), dann erhält man eine 0°-45°-90° DMS-Rosette (siehe Abbildung).

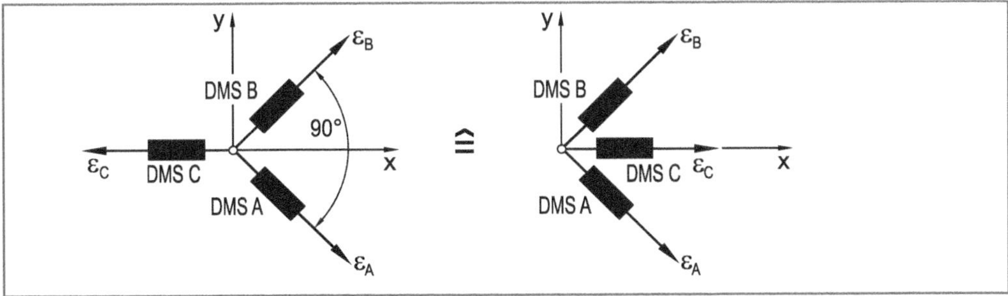

Der Mohrsche Verformungskreis kann damit entsprechend Kapitel 4.4.2 (siehe Lehrbuch) auf einfache Weise konstruiert werden.

[1)] Siehe Gleichung 4.32 im Lehrbuch auf Seite 101

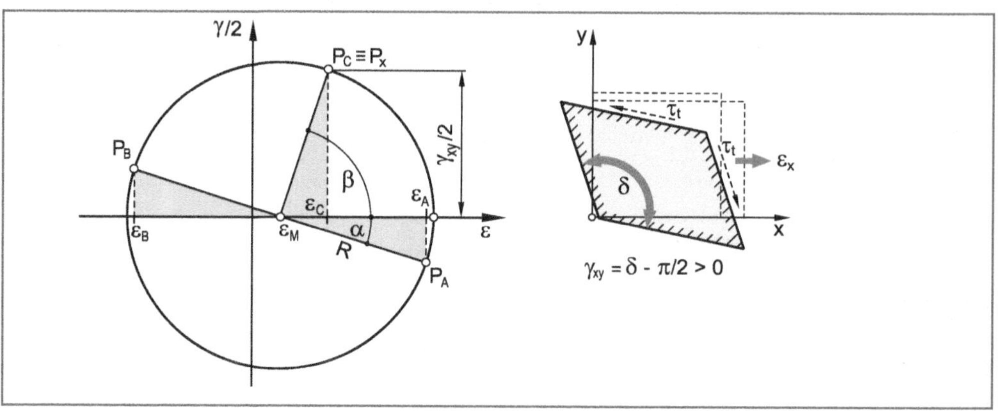

Berechnung von Mittelpunkt und Radius des Mohrschen Verformungskreises

$$\varepsilon_M = \frac{\varepsilon_A + \varepsilon_B}{2} = \frac{1{,}3096‰ + (-0{,}9324‰)}{2} = 0{,}1886‰$$

$$R = \sqrt{(\varepsilon_A - \varepsilon_M)^2 + (\varepsilon_C - \varepsilon_M)^2}$$

$$= \sqrt{(1{,}3096‰ - 0{,}1886‰)^2 + (0{,}5389‰ - 0{,}1886‰)^2} = 1{,}1745‰$$

Berechnung des Winkels α zwischen der Messrichtung von DMS A und der Hauptdehnungsrichtung

$$\alpha = \arctan\left(\frac{\varepsilon_C - \varepsilon_M}{\varepsilon_A - \varepsilon_M}\right) = \arctan\left(\frac{0{,}5389‰ - 0{,}1886‰}{1{,}3096‰ - 0{,}1886‰}\right) = \arctan 0{,}312 = 17{,}35°$$

Damit folgt für den Richtungswinkel β:

$$\beta = 90° - \alpha = 90° - 17{,}35° = 72{,}65°$$

Berechnung der Dehnung in x-Richtung

$$\varepsilon_x \equiv \varepsilon_C = 0{,}5389‰$$

Berechnung der Normalspannung in x-Richtung mit Hilfe des Hookeschen Gesetzes

Das Torsionsmoment bewirkt keine Dehnung in Messrichtung des DMS C. Die von DMS C registrierte Dehnung kann daher nur von der Zugspannung verursacht werden. Es gilt daher:

$$\sigma_x = E \cdot \varepsilon_x = 210000 \text{ N/mm}^2 \cdot 0{,}5389‰ \cdot 10^{-3} = 113{,}17 \text{ N/mm}^2$$

Berechnung der Zugkraft F

$$F = \sigma_x \cdot A = \sigma_x \cdot \frac{\pi}{4} \cdot d^2 = 113{,}17 \text{ N/mm}^2 \cdot \frac{\pi}{4} \cdot (75 \text{ mm})^2 = 499965 \text{ N} \approx \mathbf{500\ kN}$$

Berechnung der Schiebung γ_{xy} mit der x-Richtung als Bezugsrichtung

$$\frac{\gamma_{xy}}{2} = R \cdot \sin\beta = 1{,}1745‰ \cdot \sin 72{,}65° = 1{,}121‰$$

$\gamma_{xy} = 2{,}242‰$ (Winkelvergrößerung gemäß Vorzeichenregelung für Schiebungen)

Berechnung der Schubspannung τ_t durch Anwendung des Hookeschen Gesetzes für Schubbeanspruchung

$$\tau_{xy} \equiv \tau_t = G \cdot \gamma_{xy} = \frac{E}{2 \cdot (1+\mu)} \cdot \gamma_{xy} = \frac{210000\,\text{N/mm}^2}{2 \cdot (1+0{,}30)} \cdot 2{,}242\,‰ \cdot 10^{-3} = 181{,}09\,\text{N/mm}^2$$

Damit folgt für das Torsionsmoment M_t:

$$M_t = \tau_t \cdot W_t = \tau_t \cdot \frac{\pi}{16} \cdot d^3 = 181{,}09 \cdot \text{N/mm}^2 \cdot \frac{\pi}{16} \cdot (75\,\text{mm})^3$$

$$M_t = 149999936\ \text{Nmm} \approx \mathbf{15000\ Nm}$$

2. Lösungsmöglichkeit: Rechnerische Auswertung [1)]

Die Dehnungen in x- und y-Richtung (ε_x und ε_y) lassen sich auch mit Hilfe von Gleichung 4.32 (siehe Lehrbuch) berechnen.

Es gilt:

$$\varepsilon_A = \frac{\varepsilon_x + \varepsilon_y}{2} + \frac{\varepsilon_x - \varepsilon_y}{2} \cdot \cos 2\alpha - \frac{\gamma_{xy}}{2} \cdot \sin 2\alpha$$

$$\varepsilon_B = \frac{\varepsilon_x + \varepsilon_y}{2} + \frac{\varepsilon_x - \varepsilon_y}{2} \cdot \cos 2\beta - \frac{\gamma_{xy}}{2} \cdot \sin 2\beta$$

$$\varepsilon_C = \frac{\varepsilon_x + \varepsilon_y}{2} + \frac{\varepsilon_x - \varepsilon_y}{2} \cdot \cos 2\gamma - \frac{\gamma_{xy}}{2} \cdot \sin 2\gamma$$

Mit $\alpha = -45°$, $\beta = 45°$, $\gamma = 180°$ sowie $\varepsilon_A = 1{,}3096\,‰$, $\varepsilon_B = -0{,}9324\,‰$ und $\varepsilon_C = 0{,}5389\,‰$ folgt:

$$1{,}3096\,‰ = \frac{\varepsilon_x + \varepsilon_y}{2} + \frac{\varepsilon_x - \varepsilon_y}{2} \cdot \cos(2 \cdot (-45°)) - \frac{\gamma_{xy}}{2} \cdot \sin(2 \cdot (-45°))$$

$$-0{,}9324\,‰ = \frac{\varepsilon_x + \varepsilon_y}{2} + \frac{\varepsilon_x - \varepsilon_y}{2} \cdot \cos(2 \cdot 45°) - \frac{\gamma_{xy}}{2} \cdot \sin(2 \cdot 45°)$$

$$0{,}5389\,‰ = \frac{\varepsilon_x + \varepsilon_y}{2} + \frac{\varepsilon_x - \varepsilon_y}{2} \cdot \cos(2 \cdot 180°) - \frac{\gamma_{xy}}{2} \cdot \sin(2 \cdot 180°)$$

Damit folgt:

$$1{,}3096\,‰ = \frac{\varepsilon_x + \varepsilon_y}{2} + \frac{\gamma_{xy}}{2} \tag{1}$$

$$-0{,}9324\,‰ = \frac{\varepsilon_x + \varepsilon_y}{2} - \frac{\gamma_{xy}}{2} \tag{2}$$

$$0{,}5389\,‰ = \frac{\varepsilon_x + \varepsilon_y}{2} + \frac{\varepsilon_x - \varepsilon_y}{2} = \varepsilon_x \tag{3}$$

---

1) Siehe Gleichung 4.32 im Lehrbuch auf Seite 101

Berechnung der Zugkraft F

Das Torsionsmoment bewirkt keine Dehnung in Messrichtung des DMS C. Die von DMS C registrierte Dehnung kann daher nur von der Zugspannung verursacht werden. Es gilt daher:

$$\sigma_x = E \cdot \varepsilon_x = 210000\ \text{N/mm}^2 \cdot 0{,}5389\,‰ \cdot 10^{-3} = 113{,}17\ \text{N/mm}^2$$

und damit:

$$F = \sigma_x \cdot A = \sigma_x \cdot \frac{\pi}{4} \cdot d^2 = 113{,}17\ \text{N/mm}^2 \cdot \frac{\pi}{4} \cdot (75\ \text{mm})^2 = 499965\ \text{N} \approx \mathbf{500\ kN}$$

Berechnung des Torsionsmomentes M_t

Gleichung 1 und Gleichung 2 addiert liefern:

$$0{,}3772\,‰ = \varepsilon_x + \varepsilon_y$$

$$\varepsilon_y = 0{,}3772\,‰ - \varepsilon_x = 0{,}3772\,‰ - 0{,}5389\,‰ = -0{,}1617\,‰ \quad (= -\mu \cdot \varepsilon_x)$$

Aus Gleichung 2 folgt schließlich:

$$\begin{aligned}\gamma_{xy} &= \varepsilon_x + \varepsilon_y + 2 \cdot 0{,}9324\,‰ \\ &= 0{,}5389\,‰ + (-0{,}1617\,‰) + 2 \cdot 0{,}9324\,‰ \\ &= 2{,}242\,‰\end{aligned}$$

Damit folgt für das Torsionsmoment M_t:

$$M_t = W_t \cdot G \cdot \gamma_{xy} = \frac{\pi}{16} \cdot d^3 \cdot \frac{E}{2 \cdot (1+\mu)} \cdot \gamma_{xy} = \frac{\pi \cdot (75\ \text{mm})^3}{16} \cdot \frac{210000\ \text{N/mm}^2}{2 \cdot (1+0{,}30)} \cdot \frac{2{,}24197}{1000}$$

$$M_t = 149999936\ \text{Nmm} \approx \mathbf{15000\ Nm}$$

3. Lösungsmöglichkeit: Superpositionsprinzip

Man kann sich die Gesamtverformung zusammengesetzt denken, aus einer Verformung durch Zugbeanspruchung und einer Verformung aus Torsion. Man betrachtet also die Verformungen aus Zug und Torsion zunächst getrennt.

Konstruktion des Mohrschen Verformungskreises, falls nur die Zugkraft F wirkt

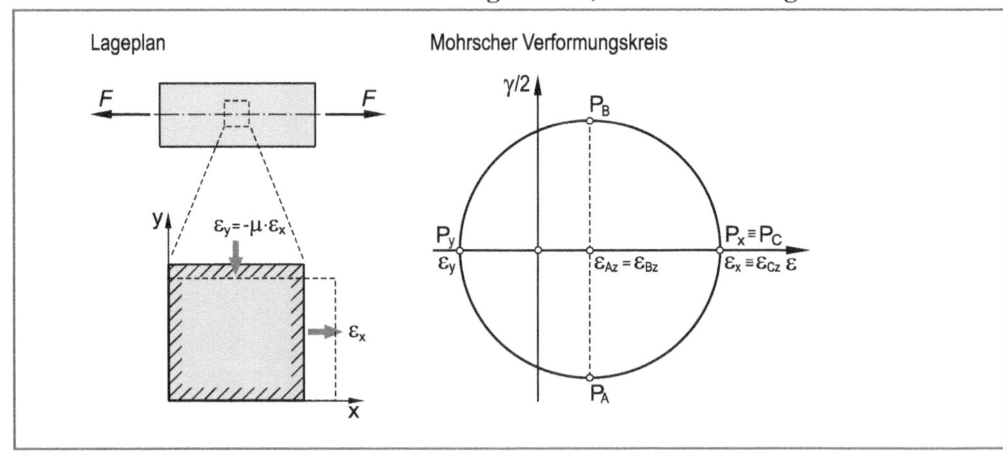

$$\varepsilon_x = \frac{\sigma_z}{E} = \frac{F}{A \cdot E} = \frac{4 \cdot F}{\pi \cdot d^2 \cdot E}$$

$$\varepsilon_y = -\mu \cdot \varepsilon_x$$

Berechnung der Dehnungsanzeigen, falls nur die Zugkraft *F* wirkt

$$\varepsilon_{Az} = \frac{\varepsilon_x + \varepsilon_y}{2} = \frac{\varepsilon_x - \mu \cdot \varepsilon_x}{2} = \varepsilon_x \cdot \frac{1-\mu}{2}$$

$$\varepsilon_{Bz} = \varepsilon_{Az}$$

$$\varepsilon_{Cz} = \varepsilon_x$$

Konstruktion des Mohrschen Verformungskreises, falls nur das Torsionsmoment M_t wirkt

$$\gamma_{xy} = \frac{\tau_t}{G} = \frac{16 \cdot M_t}{\pi \cdot d^3} \cdot \frac{2 \cdot (1+\mu)}{E}$$

$$\varepsilon_{At} = \frac{\gamma_{xy}}{2}$$

$$\varepsilon_{Bt} = -\frac{\gamma_{xy}}{2}$$

$$\varepsilon_{Ct} = 0$$

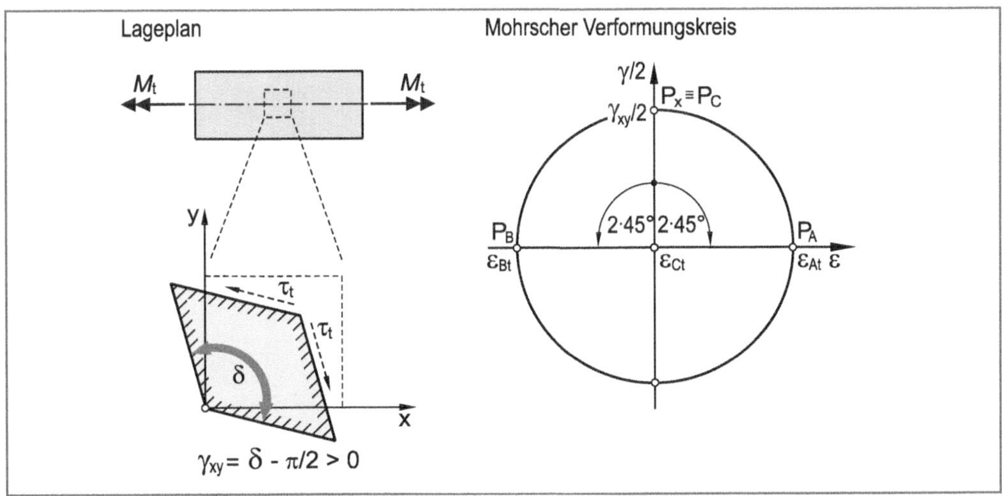

Wirken Zugkraft F und Torsionsmoment M_t gleichzeitig, dann erhält man die Dehnungen in Messrichtung der Dehnungsmessstreifen durch lineare Superposition der o. g. Einzeldehnungen. Es gilt also:

$$\varepsilon_A = \varepsilon_{Az} + \varepsilon_{At} \tag{1}$$

$$\varepsilon_B = \varepsilon_{Bz} + \varepsilon_{Bt} \tag{2}$$

$$\varepsilon_C = \varepsilon_{Cz} + \varepsilon_{Ct} = \varepsilon_{Cz} + 0 = \varepsilon_{Cz} \tag{3}$$

Gleichung 3 zeigt, dass die Anzeige von DMS C erwartungsgemäß nur von der Zugkraft F verursacht wird.

Berechnung der Zugkraft *F*

$$\varepsilon_{\mathrm{C}} = \varepsilon_{\mathrm{Cz}} = \varepsilon_{\mathrm{x}} = \frac{4 \cdot F}{\pi \cdot d^2 \cdot E}$$

$$F = \varepsilon_{\mathrm{C}} \cdot \frac{\pi \cdot d^2 \cdot E}{4} = \frac{0{,}5389}{1000} \cdot \frac{\pi \cdot (75\ \mathrm{mm})^2 \cdot 210000\ \mathrm{N/mm^2}}{4} = 499965\ \mathrm{N} \approx \mathbf{500\ kN}$$

Berechnung des Torsionsmomentes M_t

Für die Dehnungen in Messrichtung von DMS A gilt entsprechend Gleichung 1:

$$\varepsilon_{\mathrm{A}} = \varepsilon_{\mathrm{Az}} + \varepsilon_{\mathrm{At}}$$

$$= \varepsilon_{\mathrm{x}} \cdot \frac{1-\mu}{2} + \frac{\gamma_{\mathrm{xy}}}{2} = \varepsilon_{\mathrm{C}} \cdot \frac{1-\mu}{2} + \frac{\gamma_{\mathrm{xy}}}{2}$$

$$\gamma_{\mathrm{xy}} = 2 \cdot \left(\varepsilon_{\mathrm{A}} - \varepsilon_{\mathrm{C}} \cdot \frac{1-\mu}{2} \right) = 2 \cdot \left(1{,}3096\ ‰ - 0{,}5389\ ‰ \cdot \frac{1-0{,}30}{2} \right) = 2{,}24197\ ‰$$

Damit folgt für das Torsionsmoment M_t:

$$M_{\mathrm{t}} = W_{\mathrm{t}} \cdot G \cdot \gamma_{\mathrm{xy}} = \frac{\pi}{16} \cdot d^3 \cdot \frac{E}{2 \cdot (1+\mu)} \cdot \gamma_{\mathrm{xy}} = \frac{\pi \cdot (75\ \mathrm{mm})^3}{16} \cdot \frac{210000\ \mathrm{N/mm^2}}{2 \cdot (1+0{,}30)} \cdot \frac{2{,}24197}{1000}$$

$$M_{\mathrm{t}} = 149999936\ \mathrm{Nmm} \approx \mathbf{15000\ Nm}$$

Lösung zu Aufgabe 3

a) **Berechnung des maximalen Biegemomentes**

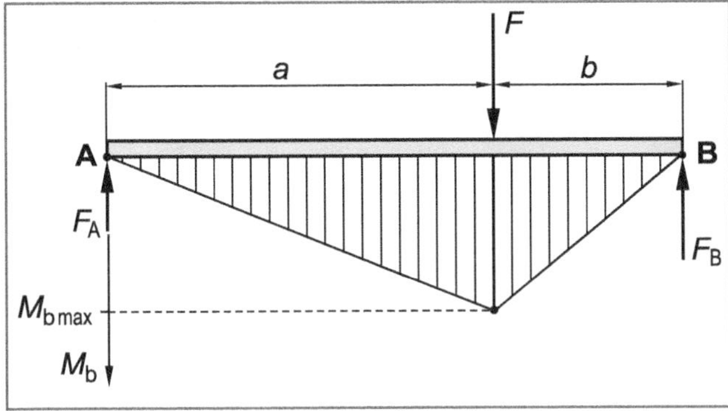

Ansetzen des Momentengleichgewichtes um den Lagerpunkt A

$$\Sigma M_A = 0$$

$$F_B \cdot (a+b) - F \cdot a = 0$$

$$F_B = F \cdot \frac{a}{a+b} = 25000\ \text{N} \cdot \frac{800\ \text{mm}}{800\ \text{mm} + 400\ \text{mm}} = 16\,666{,}67\ \text{N}$$

$$M_{b\max} = F_B \cdot b = 16\,666{,}67\ \text{N} \cdot 400\ \text{mm} = 6666666{,}67\ \text{Nmm} = \mathbf{6666{,}67\ Nm}$$

Das maximale Biegemoment wirkt in der den Kraftangriffspunkt beinhaltenden Querschnittsfläche.

b) Da es sich um eine symmetrische Querschnittsfläche handelt, fallen die Hauptachsen mit den Symmetrieachsen zusammen, d. h. das y-z-Koordinatensystem ist gleichzeitig Hauptachsensystem. Das maximale Flächenmoment 2. Ordnung ergibt sich bezüglich der y-Achse, das minimale Flächenmoment 2. Ordnung hingegen bezüglich der z-Achse.

c) **Berechnung der Hauptflächenmomente**

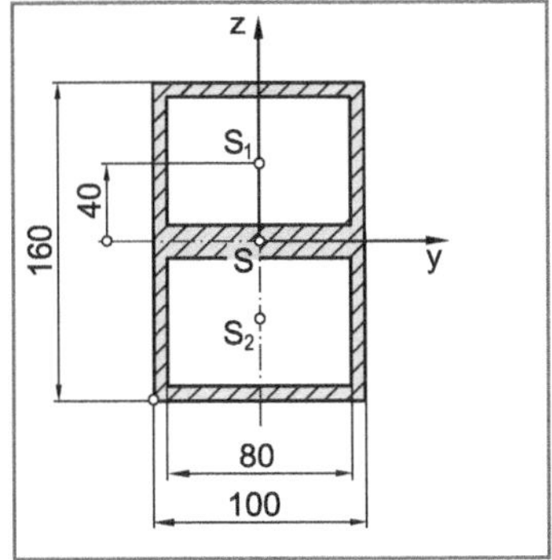

$$I_1 \equiv I_y = \frac{100\text{ mm}\cdot(160\text{mm})^3}{12} - 2\cdot\left(\frac{80\text{ mm}\cdot(60\text{mm})^3}{12} + (40\text{mm})^2\cdot 80\text{ mm}\cdot 60\text{ mm}\right)$$

$$= \mathbf{15893333\ mm^4}$$

$$I_2 \equiv I_z = \frac{160\text{ mm}\cdot(100\text{mm})^3}{12} - 2\cdot\frac{60\text{ mm}\cdot(80\text{mm})^3}{12} = \mathbf{8213333\ mm^4}$$

d) Momentenverhältnisse an der höchst beanspruchten Stelle:

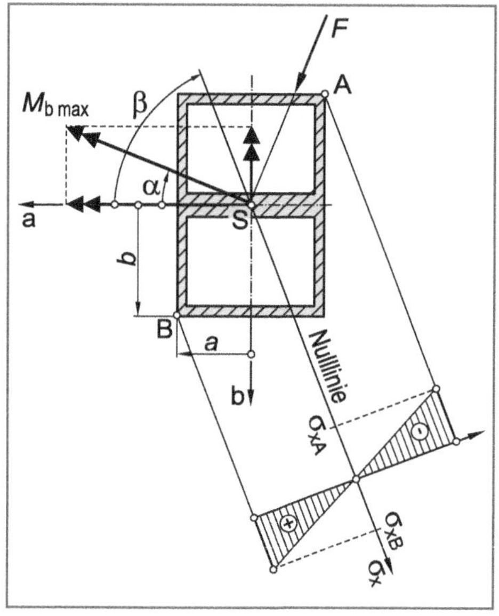

Berechnung des Winkels β zwischen der a-Achse und der Nulllinie

$$\beta = \arctan\left(\frac{I_1}{I_2}\cdot\tan\alpha\right) = \arctan\left(\frac{15893333\text{ mm}^4}{8213333\text{ mm}^4}\cdot\tan(-28°)\right) = \mathbf{-45{,}82°}$$

Die maximalen Biegespannungen befinden sich an denjenigen Orten der Querschnittsfläche, die einen maximalen Abstand zur Nulllinie haben, hier also an den Profileckpunkten B (σ_{xB}) und A ($\sigma_{xA} = -\sigma_{xB}$).

Berechnung der Biegespannung am Profileckpunkt *B* der Querschnittfläche (maximale Zugspannung)

$$\sigma_{xB} = M_{b\max}\cdot\left(\frac{\cos\alpha}{I_1}\cdot b - \frac{\sin\alpha}{I_2}\cdot a\right)$$

$$= 6666666{,}67\text{ Nmm}\cdot\left(\frac{\cos(-28°)}{15893333\text{ mm}^4}\cdot 80\text{mm} - \frac{\sin(-28°)}{8213333\text{ mm}^4}\cdot 50\text{mm}\right)$$

$$= \mathbf{48{,}68\,N/mm^2}$$

Damit folgt für die maximale Druckspannung am Profileckpunkt A:

$$\sigma_{\mathrm{xA}} = -\sigma_{\mathrm{xB}} = \mathbf{-48{,}68\,N/mm^2}$$

e) **Berechnung der Sicherheit gegen Fließen**

Festigkeitsbedingung:

$$\sigma \leq \sigma_{\mathrm{zul}}$$

$$\sigma_{\mathrm{xB}} = \frac{R_{\mathrm{p0,2}}}{S_{\mathrm{F}}}$$

$$S_{\mathrm{F}} = \frac{220\,\mathrm{N/mm^2}}{48{,}68\,\mathrm{N/mm^2}} = \mathbf{4{,}52} \quad \text{(ausreichend, da } S_{\mathrm{F}} > 1{,}20\text{)}$$

Anhang 6: Musterklausur 2

Bearbeitungsdauer:	120 min.		
Punkteverteilung:	1 a	2	Punkte
	b	4	Punkte
	c	19	Punkte
	2 a	21	Punkte
	b	14	Punkte
	3 a	3	Punkte
	b	16	Punkte
	c	15	Punkte
	d	6	Punkte
Gesamtpunktzahl:	100 Punkte		
Erlaubte Hilfsmittel:	alle		

Aufgabe 1

Eine einfache Seilrolle aus der Vergütungsstahlsorte 50CrMo4 wird in der dargestellten Weise statisch beansprucht. Um die Masse m (g = 9,81 m/s²) im Gleichgewicht zu halten, wirkt am linken Wellenende ein Torsionsmoment M_t ($M_t = m \cdot g \cdot c$).

Werkstoffkennwerte 50CrMo4 (vergütet):

R_m = 1170 N/mm²
$R_{p0,2}$ = 920 N/mm²
E = 209000 N/mm²
μ = 0,30

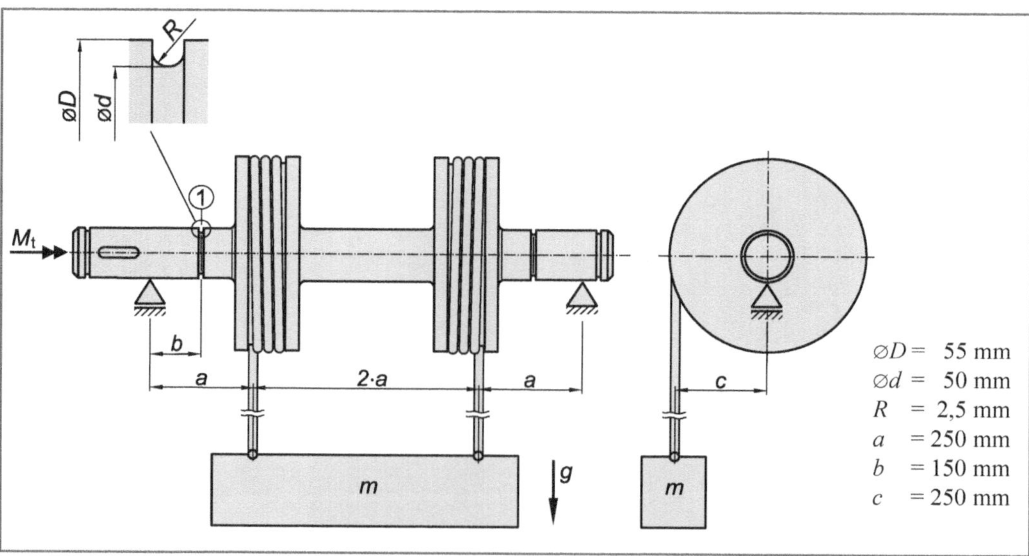

a) Skizzieren Sie den Verlauf des Biegemomentes über der Länge der Welle und berechnen Sie das Biegemoment an der Kerbstelle 1 in Abhängigkeit der Masse m.

b) Ermitteln Sie für den halbkreisförmigen Einstich an der Kerbstelle 1 die Formzahl für Biege- und für Torsionsbeanspruchung (α_{kb} und α_{kt}).

c) Berechnen Sie die maximal zulässige Masse m, falls Fließen an der Kerbstelle 1 mit einer Sicherheit von $S_F = 1{,}5$ ausgeschlossen werden soll.

Aufgabe 2

Zur Ermittlung des Innendrucks in einer dünnwandigen Getränkedose (Innendurchmesser d_i = 67 mm, Wandstärke s = 0,15 mm) aus Aluminiumblech (EN AW-Al 99,5) werden an der Außenoberfläche zwei Dehnungsmessstreifen (DMS) in der skizzierten Weise appliziert. Vor dem Öffnen der Dose werden die DMS auf den Wert Null abgeglichen. Nach dem Öffnen der Getränkedose zeigen die Dehnungsmessstreifen die folgenden Werte an:

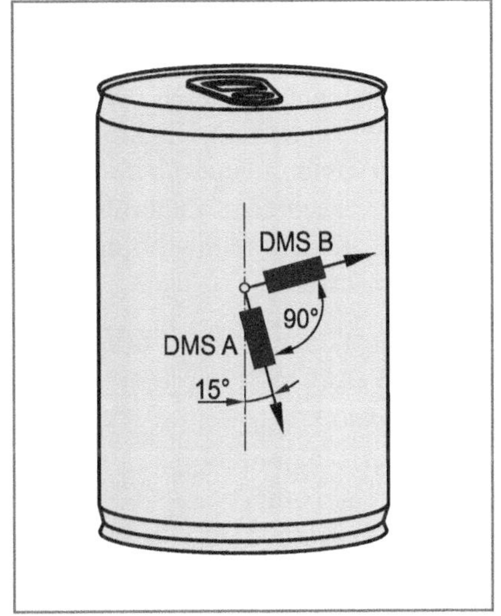

DMS A: ε_A = - 0,1664 ‰
DMS B: ε_B = - 0,6129 ‰

Werkstoffkennwerte für EN AW-Al 99,5:
R_m = 150 N/mm²
$R_{p0,2}$ = 120 N/mm²
E = 72000 N/mm²
μ = 0,33

a) Berechnen Sie anhand der experimentell ermittelten Dehnungswerte (ε_A und ε_B) den Innendruck in der Getränkedose vor dem Öffnen.

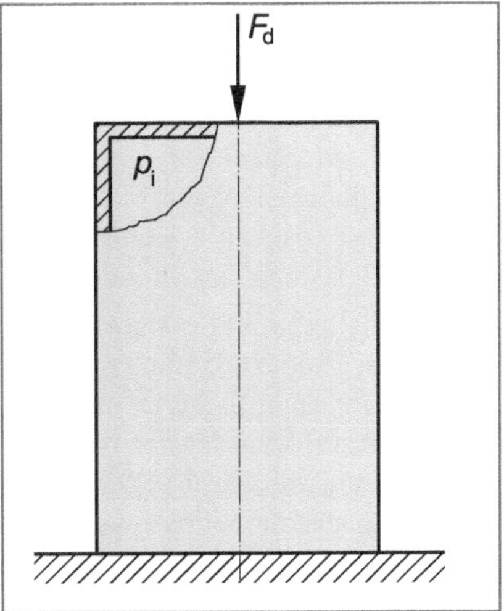

Bei der Lagerung werden die Getränkedosen übereinander gestapelt. Hierbei werden die Dosen zusätzlich mit einer statisch wirkenden, mittig angreifenden, axialen Druckkraft F_d beansprucht (siehe Abbildung).

b) Berechnen Sie die zulässige Druckkraft F_d, falls bei einem angenommenen maximalen Innendruck von p_i = 0,3 MPa Fließen des Werkstoffs mit einer Sicherheit von S_F = 1,20 ausgeschlossen werden soll.

Aufgabe 3

Eine rohrförmige Abschleppstange aus der warm ausgehärteten Aluminiumlegierung EN AW-Al Cu4 SiMg-T6 hat einen Innendurchmesser von d_i = 30 mm und eine Wanddicke von s = 5 mm. Die Länge der Abschleppstange beträgt l = 3,2 m. Der Oberflächenfaktor kann mit $C_{O\sigma}$ = 0,85 angenommen werden.

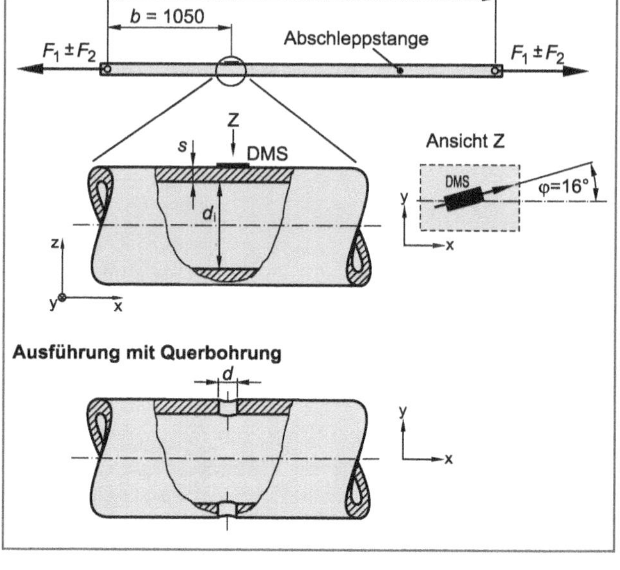

Im Abschleppbetrieb wird eine Belastung angenommen, die sich aus einer statischen Zugkraft von F_1 = 40 kN und einer überlagerten rein wechselnden Zugkraft von F_2 = ± 15 kN (sinusförmig) zusammensetzt.

Werkstoffkennwerte der Legierung EN AW-Al Cu4Si Mg-T6:

R_m = 540 N/mm^2
$R_{p0,2}$ = 410 N/mm^2
σ_{zdW} = 180 N/mm^2
E = 72000 N/mm^2
μ = 0,33

a) Skizzieren Sie das Kraft-Zeit-Diagramm.

b) Auf welche Weise könnte die Stange versagen? Ermitteln Sie hierfür die entsprechenden Sicherheiten. Sind die Sicherheiten ausreichend?

c) Zur Kontrolle der Belastung wird in einem Abstand von b = 1050 mm vom linken Stangenende, an dessen Oberseite ein Dehnungsmessstreifen (DMS) angebracht. Aufgrund einer Fertigungsungenauigkeit schließt der DMS mit der Längsachse der Stange einen Winkel von φ = 16° ein (siehe Abbildung). Ermitteln Sie die maximale Dehnungsanzeige ε_{DMS} für die Belastung aus F_1 und F_2.

d) Eine alternative Ausführung der Abschleppstange hat eine Querbohrung mit einem Durchmesser von d = 5 mm (siehe Abbildung). Ermitteln Sie, ob auch für diese Ausführung eine ausreichende Sicherheit gegen Dauerbruch (S_D) besteht (F_1 = 40 kN, F_2 = ± 15 kN). Die Formzahl kann für den rohrförmigen Rundstab mit Querbohrung zu α_k = 1,4 und die Kerbwirkungszahl zu β_k = 1,25 angenommen werden. Für die Berechnung der Nennspannungen kann die Querbohrung vernachlässigt werden.

Lösung zu Aufgabe 1

a) **Freischneiden der Seilrolle**

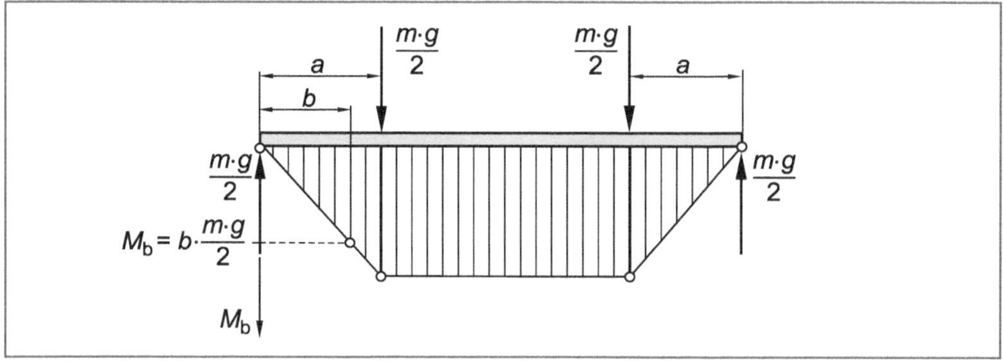

Berechnung des Biegemomentes in Abhängigkeit der Masse *m*

$$M_b = \frac{m \cdot g}{2} \cdot b$$

b) **Ermittlung der Verhältniszahlen**

$$\frac{D}{d} = \frac{55}{50} = 1{,}1$$

$$\frac{R}{d} = \frac{2{,}5}{50} = 0{,}05$$

Damit entnimmt man geeigneten Formzahldiagrammen:

$$\alpha_{kb} = \mathbf{2{,}25}$$

$$\alpha_{kt} = \mathbf{1{,}65}$$

c) **Berechnung der Nennspannungen an der Kerbstelle 1**

Biegung:

$$\sigma_{bn} = \frac{M_b}{W_{bn}} = \frac{\frac{m \cdot g}{2} \cdot b}{\frac{\pi}{32} \cdot d^3} = \frac{16 \cdot m \cdot g \cdot b}{\pi \cdot d^3}$$

Torsion:

$$\tau_{tn} = \frac{M_t}{W_{tn}} = \frac{m \cdot g \cdot c}{\frac{\pi}{16} \cdot d^3} = \frac{16 \cdot m \cdot g \cdot c}{\pi \cdot d^3}$$

Berechnung der maximalen Spannungen an der Kerbstelle 1

Biegung:

$$\sigma_{b\max} = \sigma_{bn} \cdot \alpha_{kb} = \frac{16 \cdot m \cdot g \cdot b}{\pi \cdot d^3} \cdot \alpha_{kb}$$

Torsion:

$$\tau_{\mathrm{t\,max}} = \tau_{\mathrm{t\,n}} \cdot \alpha_{\mathrm{kt}} = \frac{16 \cdot m \cdot g \cdot c}{\pi \cdot d^3} \cdot \alpha_{\mathrm{kt}}$$

Berechnung der Vergleichsspannung σ_V mit Hilfe der Schubspannungshypothese

Da es sich um eine Biegebeanspruchung mit überlagerter Torsion handelt, ergibt sich die Vergleichsspannung nach der SH zu (siehe Gleichung 6.14 im Lehrbuch):

$$\sigma_{\mathrm{V\,SH}} = \sqrt{\sigma_{\mathrm{b\,max}}^2 + 4 \cdot \tau_{\mathrm{t\,max}}^2}$$

$$= \sqrt{\left(\frac{16 \cdot m \cdot g \cdot b}{\pi \cdot d^3} \cdot \alpha_{\mathrm{kb}}\right)^2 + 4 \cdot \left(\frac{16 \cdot m \cdot g \cdot c}{\pi \cdot d^3} \cdot \alpha_{\mathrm{kt}}\right)^2}$$

$$= \frac{16 \cdot m \cdot g}{\pi \cdot d^3} \cdot \sqrt{(b \cdot \alpha_{\mathrm{kb}})^2 + 4 \cdot (c \cdot \alpha_{\mathrm{kt}})^2}$$

Festigkeitsbedingung

$$\sigma_{\mathrm{VSH}} \leq \sigma_{\mathrm{zul}}$$

$$\frac{16 \cdot m \cdot g}{\pi \cdot d^3} \cdot \sqrt{(b \cdot \alpha_{\mathrm{kb}})^2 + 4 \cdot (c \cdot \alpha_{\mathrm{kt}})^2} = \frac{R_{\mathrm{p0,2}}}{S_{\mathrm{F}}}$$

$$m = \frac{\pi \cdot d^3}{16 \cdot g \cdot \sqrt{(b \cdot \alpha_{\mathrm{kb}})^2 + 4 \cdot (c \cdot \alpha_{\mathrm{kt}})^2}} \cdot \frac{R_{\mathrm{p0,2}}}{S_{\mathrm{F}}}$$

$$m = \frac{\pi \cdot (50\ \mathrm{mm})^3}{16 \cdot 9{,}81\ \mathrm{m/s^2} \cdot \sqrt{(150\ \mathrm{mm} \cdot 2{,}25)^2 + 4 \cdot (250\ \mathrm{mm} \cdot 1{,}65)^2}} \cdot \frac{920\ \mathrm{N/mm^2}}{1{,}5}$$

$m = \mathbf{1721{,}5\ kg}$

Lösung zu Aufgabe 2

Berechnung des Durchmesserverhältnisses

$$\frac{d_a}{d_i} = \frac{67{,}3\,\text{mm}}{67\,\text{mm}} = 1{,}005 < 1{,}20 \quad \text{(dünnwandig)}$$

Die Schnittflächen mit der Axial- und Tangentialrichtung als Normale sind schubspannungsfrei (nur Innendruck). Daher erfährt ein achsparalleles Flächenelement auch keine Schiebung (Winkelverzerrung). Die Bildpunkte P_a und P_t, welche die Verformungen mit der Axial- bzw. Tangentialrichtung als Bezugsrichtung repräsentieren, fallen mit der ε-Achse zusammen, d. h. die Axial- und die Tangentialrichtung sind gleichzeitig Hauptdehnungsrichtungen. Der Mohrsche Verformungskreis lässt sich damit entsprechend der Abbildung auf einfache Weise konstruieren.

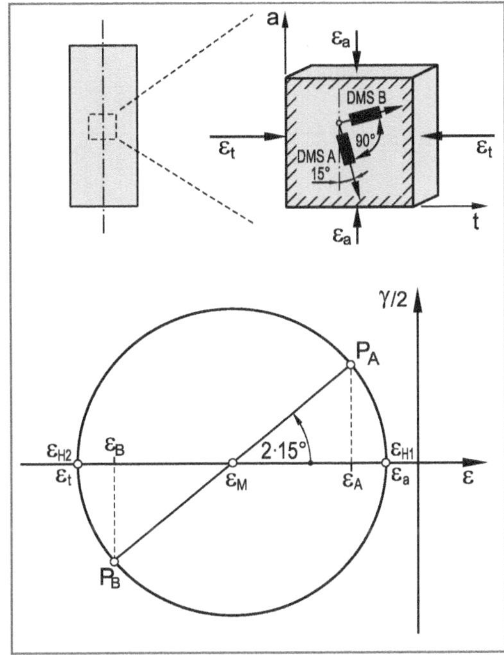

Die Bildpunkte P_A und P_B, welche die Verformungen mit der A- bzw. B-Richtung als Bezugsrichtung repräsentieren, erhält man durch Abtragen der Richtungswinkel 2·15° bzw. 2·15°+180° ausgehend von der nunmehr bekannten Axialrichtung (gleicher Drehsinn zum Lageplan).

Berechnung von Mittelpunkt und Radius des Mohrschen Verformungskreises

$$\varepsilon_M = \frac{\varepsilon_A + \varepsilon_B}{2} = \frac{-0{,}1664\,‰ + (-0{,}6129\,‰)}{2} = -0{,}38965\,‰$$

$$R = \frac{\varepsilon_A - \varepsilon_M}{\cos 2\alpha} = \frac{-0{,}1664\,‰ - (-0{,}38965\,‰)}{\cos(2\cdot 15°)} = 0{,}25779\,‰$$

Berechnung der Dehnungen in Tangential- und Axialrichtung (ε_t und ε_a)

$$\varepsilon_a = \varepsilon_M + R = -0{,}38965\,‰ + 0{,}25779\,‰ = -0{,}13186\,‰$$

$$\varepsilon_t = \varepsilon_M - R = -0{,}38965\,‰ - 0{,}25779\,‰ = -0{,}64744\,‰$$

Berechnung der Spannungen in Tangentialrichtung durch Anwendung des Hookeschen Gesetzes (zweiachsiger Spannungszustand)

$$\sigma_t = \frac{E}{1-\mu^2}\cdot(\varepsilon_t + \mu\cdot\varepsilon_a) = \frac{72000\,\text{N/mm}^2}{1-0{,}33^2}\cdot(-0{,}64744\,‰ + 0{,}33\cdot(-0{,}13186\,‰))\cdot 10^{-3}$$

$$= -55{,}83\,\text{N/mm}^2$$

Berechnung des Innendrucks p_i (dünnwandiger Druckbehälter)

$$\sigma_\mathrm{t} = p_\mathrm{i} \cdot \frac{d_\mathrm{i}}{2 \cdot s}$$

$$p_\mathrm{i} = |\sigma_\mathrm{t}| \cdot \frac{2 \cdot s}{d_\mathrm{i}} = 53{,}83\ \mathrm{N/mm^2} \cdot \frac{2 \cdot 0{,}15\ \mathrm{mm}}{67\ \mathrm{mm}} = 0{,}25\ \mathrm{N/mm^2} = \mathbf{0{,}25\ MPa}$$

b) **Berechnung der Lastspannungen**

Aus Innendruck:

$$\sigma_\mathrm{t} = p_\mathrm{i} \cdot \frac{d_\mathrm{i}}{2 \cdot s} = 0{,}3\ \mathrm{N/mm^2} \cdot \frac{67\ \mathrm{mm}}{2 \cdot 0{,}15\ \mathrm{mm}} = 67\ \mathrm{N/mm^2}$$

$$\sigma_\mathrm{a} = p_\mathrm{i} \cdot \frac{d_\mathrm{i}}{4 \cdot s} = \frac{67\ \mathrm{N/mm^2}}{2} = 33{,}5\ \mathrm{N/mm^2}$$

$$\sigma_\mathrm{r} = -\frac{p_\mathrm{i}}{2} = -\frac{0{,}3\ \mathrm{N/mm^2}}{2} = -0{,}15\ \mathrm{N/mm^2}$$

Aus Druckkraft:

$$\sigma_\mathrm{d} = \frac{F_\mathrm{d}}{\frac{\pi}{4} \cdot \left(d_\mathrm{a}^2 - d_\mathrm{i}^2\right)}$$

Die Druckspannung σ_d aus der unbekannten Druckkraft F_d überlagert sich linear der Axialspannung aus Innendruck, so dass die gesamte Axialspannung kleiner wird, im Vergleich zur Radialspannung. Es folgt dann für die Hauptnormalspannungen:

$$\sigma_1 = \sigma_\mathrm{t}$$

$$\sigma_3 \equiv \sigma_\mathrm{a} - \sigma_\mathrm{d} = \sigma_\mathrm{a} - \frac{F_\mathrm{d}}{\frac{\pi}{4} \cdot \left(d_\mathrm{a}^2 - d_\mathrm{i}^2\right)}$$

Festigkeitsbedingung

$$\sigma_\mathrm{VSH} \le \frac{R_\mathrm{p0,2}}{S_\mathrm{F}}$$

$$\sigma_1 - \sigma_3 = \frac{R_\mathrm{p0,2}}{S_\mathrm{F}}$$

$$\sigma_\mathrm{t} - \left(\sigma_\mathrm{a} - \frac{F_\mathrm{d}}{\frac{\pi}{4} \cdot \left(d_\mathrm{a}^2 - d_\mathrm{i}^2\right)}\right) = \frac{R_\mathrm{p0,2}}{S_\mathrm{F}}$$

$$\frac{F_\mathrm{d}}{\frac{\pi}{4} \cdot \left(d_\mathrm{a}^2 - d_\mathrm{i}^2\right)} = -\left(\sigma_\mathrm{t} - \sigma_\mathrm{a} - \frac{R_\mathrm{p0,2}}{S_\mathrm{F}}\right)$$

$$F_{\mathrm{d}} = -\frac{\pi}{4} \cdot \left(d_{\mathrm{a}}^2 - d_{\mathrm{i}}^2\right) \cdot \left(\sigma_{\mathrm{t}} - \sigma_{\mathrm{a}} - \frac{R_{\mathrm{p0,2}}}{S_{\mathrm{F}}}\right)$$

$$= -\frac{\pi}{4} \cdot \left(67{,}3^2 - 67^2\right)\mathrm{mm}^2 \cdot \left(67\ \mathrm{N/mm}^2 - 33{,}5\ \mathrm{N/mm}^2 - \frac{120\ \mathrm{N/mm}^2}{1{,}20}\right)$$

$$= \mathbf{2\,104{,}3\ N}$$

Lösung zu Aufgabe 3

a)

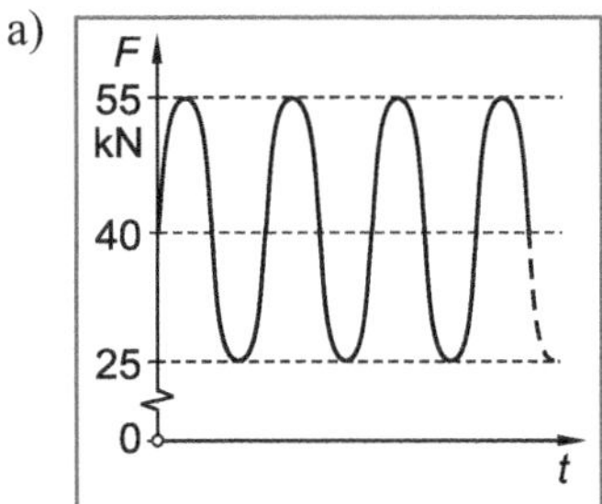

b) **Berechnung der Sicherheit gegen Fließen**

Festigkeitsbedingung:

$$\sigma_z \leq \sigma_{zul}$$

$$\frac{F_1 + F_2}{\frac{\pi}{4} \cdot \left(d_a^2 - d_i^2\right)} = \frac{R_{p0,2}}{S_F}$$

$$S_F = \frac{R_{p0,2} \cdot \pi \cdot \left(d_a^2 - d_i^2\right)}{4 \cdot (F_1 + F_2)}$$

$$= \frac{410\ \text{N/mm}^2 \cdot \pi \cdot \left(40^2 - 30^2\right)\text{mm}^2}{4 \cdot (40000 + 15000)\ \text{N}} = \mathbf{4{,}10} \quad \text{(ausreichend, da } S_F > 1{,}20\text{)}$$

Berechnung der Sicherheit gegen Bruch

Festigkeitsbedingung:

$$\sigma_z \leq \sigma_{zul}$$

$$\frac{F_1 + F_2}{\frac{\pi}{4} \cdot \left(d_a^2 - d_i^2\right)} = \frac{R_m}{S_B}$$

$$S_B = \frac{R_m \cdot \pi \cdot \left(d_a^2 - d_i^2\right)}{4 \cdot (F_1 + F_2)}$$

$$= \frac{540\ \text{N/mm}^2 \cdot \pi \cdot \left(40^2 - 30^2\right)\text{mm}^2}{4 \cdot (40000 + 15000)\ \text{N}} = \mathbf{5{,}40} \quad \text{(ausreichend, da } S_B > 2{,}0\text{)}$$

Berechnung der Sicherheit gegen Dauerbruch

Berechnung der Mittelspannung

$$\sigma_m = \frac{F_1}{\frac{\pi}{4} \cdot \left(d_a^2 - d_i^2\right)} = \frac{40000\ \text{N}}{\frac{\pi}{4} \cdot \left(40^2 - 30^2\right)\text{mm}^2} = 72{,}76\ \text{N/mm}^2$$

Berechnung der Spannungsamplitude

$$\sigma_a = \frac{F_a}{\frac{\pi}{4} \cdot \left(d_a^2 - d_i^2\right)} = \frac{15000\ \text{N}}{\frac{\pi}{4} \cdot \left(40^2 - 30^2\right)\text{mm}^2} = 27{,}28\ \text{N/mm}^2$$

Ermittlung des Oberflächenfaktors $C_{O\sigma}$ unter der Wirkung von Normalspannungen

$C_{O\sigma} = 0{,}85$ (aus Aufgabenstellung)

Berechnung der korrigierten Biegewechselfestigkeit

$$\sigma_{zdW}^* = C_{O\sigma} \cdot \sigma_{zdW} = 0{,}85 \cdot 180\ \text{N/mm}^2 = 153\ \text{N/mm}^2$$

Berechnung der dauernd ertragbaren Amplitude (Mittelspannungstransformation)

$$\sigma_{AD}^* = \sigma_{zdW}^* \cdot \sqrt{1 - \frac{\sigma_m}{R_m}} = 153\ \text{N/mm}^2 \cdot \sqrt{1 - \frac{72{,}76\ \text{N/mm}^2}{540\ \text{N/mm}^2}} = 142{,}32\ \text{N/mm}^2$$

Anmerkung: Das Dauerfestigkeitsschaubild nach Haigh entsprechend Bild 13.33 (Seite 275 im Lehrbuch) darf nur für duktile Stähle angewandt werden, nicht jedoch für Aluminiumwerkstoffe.

Festigkeitsbedingung:

$$\sigma_a \leq \sigma_{a\,zul} = \frac{\sigma_{AD}^*}{S_D}$$

$$S_D = \frac{\sigma_{AD}^*}{\sigma_a} = \frac{142{,}32\ \text{N/mm}^2}{27{,}28\ \text{N/mm}^2} = \mathbf{5{,}22} \quad \text{(ausreichend, da } S_D > 2{,}50\text{)}$$

c) **Berechnung der Spannung in Längsrichtung (Zugrichtung)**

$$\sigma_x = \frac{F_1 + F_2}{\frac{\pi}{4} \cdot \left(d_a^2 - d_i^2\right)} = \frac{40000\ \text{N} + 15000\ \text{N}}{\frac{\pi}{4} \cdot \left(40^2 - 30^2\right)\text{mm}^2} = 100{,}04\ \text{N/mm}^2$$

Konstruktion des Mohrschen Spannungskreises

Zur Konstruktion des Mohrschen Spannungskreises benötigt man die Spannungen in zwei zueinander senkrechten Schnittflächen. Bekannt sind die Spannungen in den Schnittflächen mit der x- und der y-Richtung als Normale.

Eintragen der entsprechenden Bildpunkte P_x (σ_x | 0) und P_y (0 | 0). P_x und P_y repräsentieren die Spannungen in den Schnittflächen mit der x- und der y-Richtung als Normale.

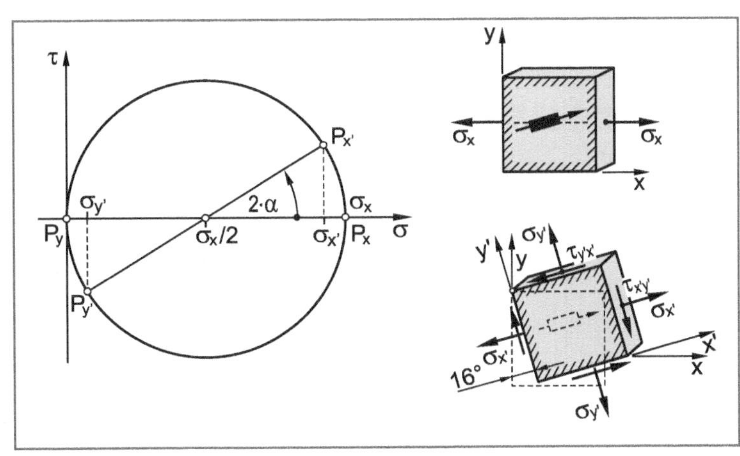

Da die beiden Schnittebenen einen Winkel von 90° zueinander einschließen, liegen die Bildpunkte P_x und P_y auf einem Kreisdurchmesser. Damit ist der Mohrsche Spannungskreis festgelegt (siehe Abbildung).

Die Bildpunkte $P_{x'}$ und $P_{y'}$, welche die Spannungen in den Schnittflächen mit der x'- bzw. y'-Richtung als Normale repräsentieren, erhält man ausgehend vom Bildpunkt P_x, durch Abtragen der Richtungswinkel $2\cdot\alpha$ bzw. $2\cdot\alpha + 180°$, (gleicher Drehsinn zum Lageplan).

Aus dem Mohrschen Spannungskreis folgt für die Normalspannungen $\sigma_{x'}$ und $\sigma_{y'}$:

$$\sigma_{x'} = \frac{\sigma_x}{2} + \frac{\sigma_x}{2}\cdot\cos 2\alpha = \frac{\sigma_x}{2}\cdot(1+\cos 2\alpha)$$
$$= \frac{100{,}04\ \text{N/mm}^2}{2}\cdot(1+\cos(2\cdot 16°)) = 92{,}44\ \text{N/mm}^2$$

$$\sigma_{y'} = \frac{\sigma_x}{2} - \frac{\sigma_x}{2}\cdot\cos 2\alpha = \frac{\sigma_1}{2}\cdot(1-\cos 2\alpha)$$
$$= \frac{100{,}04\ \text{N/mm}^2}{2}\cdot(1-\cos(2\cdot 16°)) = 7{,}60\ \text{N/mm}^2$$

Berechnung der Dehnung in x'-Richtung (Messrichtung des DMS) durch Anwendung des Hookeschen Gesetzes für den zweiachsigen Spannungszustand

$$\varepsilon_{x'} \equiv \varepsilon_{\text{DMS}} = \frac{1}{E}\cdot(\sigma_{x'} - \mu\cdot\sigma_{y'}) = \frac{92{,}44\ \text{N/mm}^2 - 0{,}33\cdot 7{,}60\ \text{N/mm}^2}{72\,000\ \text{N/mm}^2}$$
$$= 0{,}001249 = \mathbf{1{,}249\ ‰}$$

d) **Berechnung der maximalen Mittelspannung**

$$\sigma_{\text{m max}} = \alpha_k\cdot\sigma_{\text{mn}} = 1{,}4\cdot 72{,}76\ \text{N/mm}^2 = 101{,}86\ \text{N/mm}^2 \quad (\sigma_{\text{mn}} = 72{,}76\ \text{N/mm}^2)$$

Berechnung der maximalen Spannungsamplitude

$$\sigma_{\text{a max}} = \beta_k\cdot\sigma_{\text{an}} = 1{,}25\cdot 27{,}28\ \text{N/mm}^2 = 34{,}10\ \text{N/mm}^2 \quad (\sigma_{\text{an}} = 27{,}28\ \text{N/mm}^2)$$

Berechnung der dauernd ertragbaren Amplitude (Mittelspannungstransformation)

$$\sigma^*_{\text{AD}} = \sigma^*_{\text{zdW}}\cdot\sqrt{1-\frac{\sigma_{\text{m max}}}{R_m}} = 153\ \text{N/mm}^2\cdot\sqrt{1-\frac{101{,}86\ \text{N/mm}^2}{540\ \text{N/mm}^2}} = 137{,}82\ \text{N/mm}^2$$

Berechnung der Sicherheit gegen Dauerbruch

Festigkeitsbedingung:

$$\sigma_{\text{a max}} \le \sigma_{\text{a zul}}$$

$$\sigma_{\text{a max}} = \frac{\sigma^*_{\text{AD}}}{S_D}$$

$$S_D = \frac{\sigma^*_{\text{AD}}}{\sigma_{\text{a max}}} = \frac{137{,}86\ \text{N/mm}^2}{34{,}10\ \text{N/mm}^2} = \mathbf{4{,}04} \quad \text{(ausreichend, da } S_D > 2{,}50\text{)}$$

Anhang 7: Musterklausur 3

Bearbeitungsdauer:	120 min.	
Punkteverteilung:	1 a	10 Punkte
	b	5 Punkte
	2 a	15 Punkte
	b	5 Punkte
	3	25 Punkte
	4 a	15 Punkte
	b	5 Punkte
	c	20 Punkte
Gesamtpunktzahl:	100 Punkte	
Erlaubte Hilfsmittel:	alle	

Aufgabe 1

Die beiden Stäbe aus Werkstoff S275JR mit der dargestellten Querschnittsfläche und einer Länge von a = 1000 mm sind jeweils beidseitig gelenkig gelagert. Das Stabwerk soll durch eine horizontale Kraft F aus der dargestellten Position 1 in die Position 2 durchgedrückt werden. Die Wände sowie die Lagerstellen sind ideal starr.

a) Berechnen Sie für die Querschnittsfläche die axialen Flächenmomente 2. Ordnung bezüglich der y- und der z-Achse (I_y bzw. I_z). Für die Berechnung der Flächenmomente können die Aussparungen (5 mm x 10 mm) näherungsweise als Rechtecke betrachtet werden.

b) Ermitteln Sie den maximal zulässigen Winkel α, damit beim Durchdrücken von Pos. 1 in Pos. 2 kein Knicken der Stäbe auftritt. Für die Berechnung der Querschnittfläche können die Aussparungen (5 mm x 10 mm) näherungsweise ebenfalls als Rechtecke betrachtet werden.

Werkstoffkennwerte S275JR:

R_m = 530 N/mm^2
R_e = 285 N/mm^2
E = 211000 N/mm^2
μ = 0,30

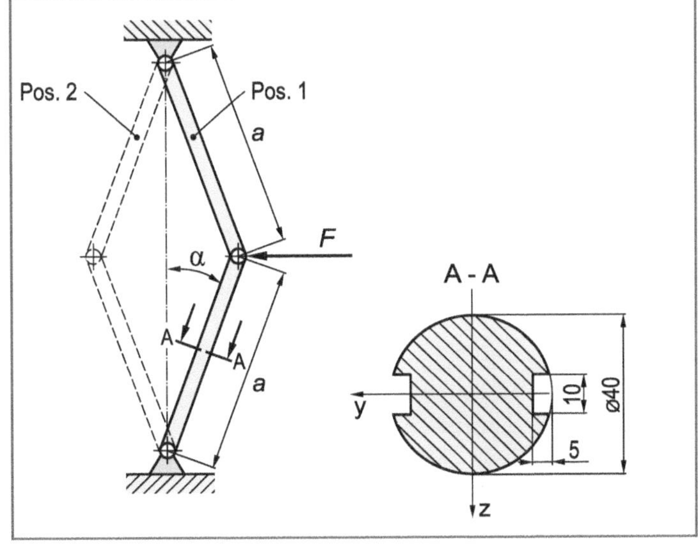

Aufgabe 2

Die Abbildung zeigt eine tragende Stütze aus Stahlbeton. Zur Bewehrung der Stütze wurden 14 Rundstäbe aus Betonstahl B500A mit einem Durchmesser von 12 mm eingearbeitet. Die Säule wird durch eine mittige, axiale Druckkraft von 2500 kN statisch beansprucht.

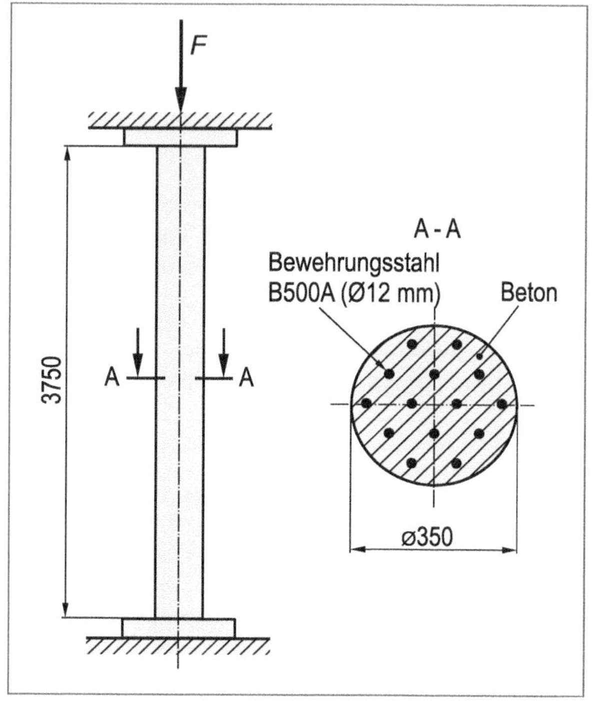

Beton (E = 23000 N/mm^2) und Bewehrungsstahl (E = 212000 N/mm^2) können als fest miteinander verbunden betrachtet werden.

a) Ermitteln Sie die Verkürzung der Stütze infolge der Beanspruchung durch die axiale Druckkraft.

b) Berechnen Sie für die gegebene axiale Druckkraft F die Spannungen im Stahlbeton sowie in den Bewehrungsstäben.

Aufgabe 3

Ein einseitig fest eingespannter Holzbalken mit rechteckiger Querschnittsfläche wird durch eine Streckenlast mit q_0 = 500 N/mm statisch beansprucht. Für die Beanspruchbarkeit des Balkens ist die Normalspannung senkrecht zur Holzmaserung (σ_m) und die Schubspannung in Richtung der Holzmaserung (τ_m) von Interesse.

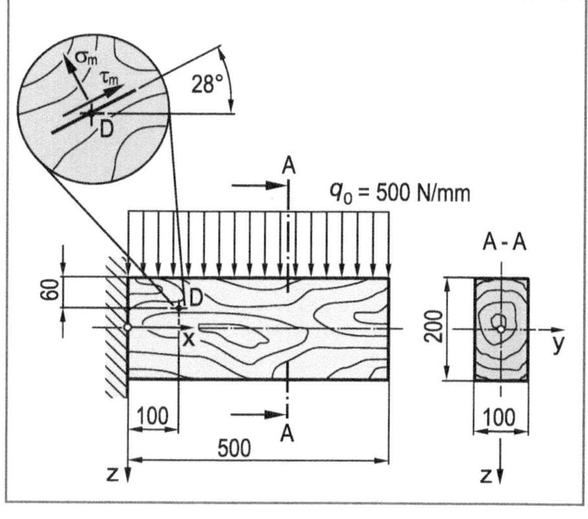

Berechnen Sie am Punkt D (siehe Abbildung) die Normalspannung senkrecht und die Schubspannung parallel zur Holzmaserung. Die Holzmaserung schließt an der Stelle D einen Winkel von 28° zur Balkenachse ein.

Aufgabe 4

Ein abgesetzter, gelochter Flachstab aus der Vergütungsstahlsorte 42CrMo4 wird einer zeitlich veränderlichen Zugkraft $F(t)$ ausgesetzt. Zur Ermittlung der Zugbeanspruchung wird in der Querbohrung (Stelle I) ein Dehnungsmessstreifen (DMS) appliziert. Aufgrund von Montageungenauigkeiten schließt der DMS mit der Stablängsachse (y-Achse) einen Winkel von 17° ein.

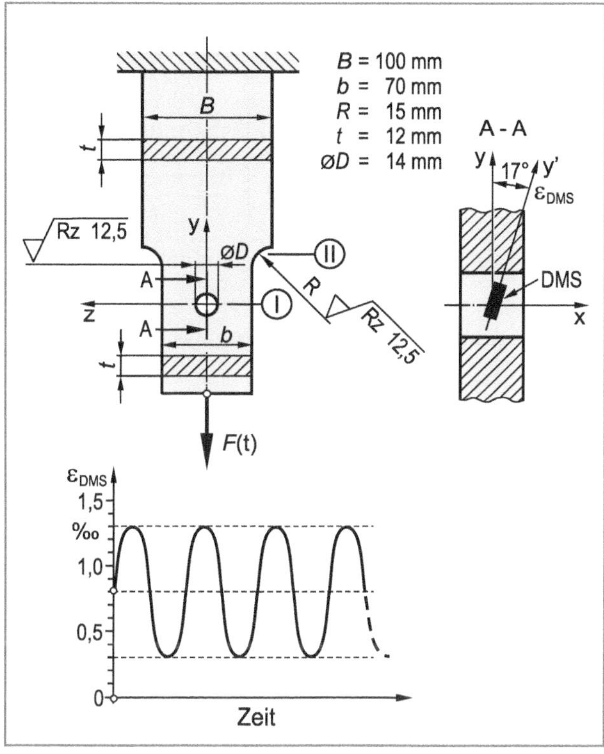

Werkstoffkennwerte 42CrMo4:

R_m = 1270 N/mm²
$R_{0,2}$ = 890 N/mm²
σ_{zdW} = 570 N/mm²
E = 209000 N/mm²
μ = 0,30

a) Leiten Sie eine allgemeine Beziehung (ohne Zahlenwerte) zwischen der Dehnung ε_{DMS} und der Zugkraft F für den Kerbquerschnitt I (Querbohrung) her.

b) Berechnen Sie für den Kerbquerschnitt I die mittlere Zugkraft F_m und die Kraftamplitude F_a.

c) Überprüfen Sie, für die Kerbstellen I und II, ob jeweils eine ausreichende Sicherheit gegenüber Dauerbruch vorliegt. Die Sicherheiten (S_D) sollten mindestens 2,5 betragen. Die Kerbwirkungszahlen β_k dürfen an beiden Kerbstellen näherungsweise gleich den jeweiligen Formzahlen α_k angenommen werden.

Hinweis: Falls die Aufgabenteile a) und b) nicht gelöst wurden, bitte mit F_m = 50,2 kN und F_a = 31,4 kN weiterrechnen.

Lösung zu Aufgabe 1

a) **Berechnung des axialen Flächenmomentes 2. Ordnung bezüglich der y-Achse**

$$I_y = \frac{\pi}{64} \cdot (40\ \text{mm})^4 - 2 \cdot \frac{5\ \text{mm} \cdot (10\ \text{mm})^3}{12} = \mathbf{124\,830{,}4\ mm^4}$$

Berechnung des axialen Flächenmomentes 2. Ordnung bezüglich der z-Achse

$$I_z = \frac{\pi}{64} \cdot (40\ \text{mm})^4 - 2 \cdot \left(\frac{10\ \text{mm} \cdot (5\ \text{mm})^3}{12} + (17{,}5\ \text{mm})^2 \cdot 10\ \text{mm} \cdot 5\ \text{mm} \right)$$

$$= \mathbf{94\,830{,}4\ mm^4}$$

b) **Berechnung der Verkürzung des Stabes**

$$\Delta a = a - a' = a - a \cdot \cos\alpha = a \cdot (1 - \cos\alpha)$$

Berechnung der Druckspannungen im Stab bei der Verkürzung um Δa:

$$\sigma = E \cdot \varepsilon = E \cdot \frac{\Delta a}{a} = E \cdot \frac{a \cdot (1 - \cos\alpha)}{a} = E \cdot (1 - \cos\alpha)$$

Berechnung der Querschnittsfläche (Aussparungen werden näherungsweise als Rechtecke betrachtet)

$$A = \frac{\pi}{4} \cdot (40\ \text{mm})^2 - 2 \cdot 5\ \text{mm} \cdot 10\ \text{mm} = 1156{,}6\ \text{mm}^2 \quad \text{(Anm.: exakter Wert: } 1160{,}8\ \text{mm}^2\text{)}$$

Festigkeitsbedingung

$$\sigma \le \sigma_K$$

mit $\sigma_K = \dfrac{\pi^2 \cdot \dfrac{E \cdot I_{min}}{a^2}}{A}$ (Knickfall 2) folgt:

$$E \cdot (1 - \cos\alpha) = \frac{\pi^2 \cdot \dfrac{E \cdot I_{min}}{a^2}}{A}$$

$$1 - \cos\alpha = \frac{\pi^2 \cdot I_{min}}{A \cdot a^2}$$

$$\alpha = \arccos\left(1 - \frac{\pi^2 \cdot I_{min}}{A \cdot a^2}\right) = \arccos\left(1 - \frac{\pi^2 \cdot 94830{,}4\ \text{mm}^4}{1156{,}6\ \text{mm}^2 \cdot (1000\ \text{mm})^2}\right) = \mathbf{2{,}31°}$$

Lösung zu Aufgabe 2

a) **Berechnung der Querschnittsflächen**

Bewehrungsstahl: $A_S = 14 \cdot \frac{\pi}{4} \cdot (12\text{ mm})^2 = 1583{,}4\text{ mm}^2$

Betonstütze: $A_B = \frac{\pi}{4} \cdot (350\text{ mm})^2 - 1583{,}4\text{ mm}^2 = 94\,627{,}9\text{ mm}^2$

Berechnung der Längenänderung der Betonstütze

Die Druckkraft F wird anteilig vom Beton (F_B) und vom Bewehrungsstahl (F_S) aufgenommen. Es gilt also:

$$F = F_B + F_S = \sigma_B \cdot A_B + \sigma_S \cdot A_S = E_B \cdot \varepsilon_B \cdot A_B + E_S \cdot \varepsilon_S \cdot A_S$$

Da Betonmantel und Bewehrungsstahl fest miteinander verbunden sind, gilt $\varepsilon_B = \varepsilon_S = \varepsilon$ (Verträglichkeitsbedingung) und damit für die Druckkraft F:

$$F = E_B \cdot \varepsilon \cdot A_B + E_S \cdot \varepsilon \cdot A_S = (E_B \cdot A_B + E_S \cdot A_S) \cdot \frac{\Delta l}{l_0}$$

Damit folgt für die Längenänderung der Betonstütze:

$$\Delta l = \frac{F \cdot l_0}{E_B \cdot A_B + E_S \cdot A_S} = \frac{2\,500\,000\text{ N} \cdot 3\,750\text{ mm}}{23\,000\text{ N/mm}^2 \cdot 94\,627{,}9\text{ mm}^2 + 212\,000\text{ N/mm}^2 \cdot 1583{,}4\text{ mm}^2}$$

$$= \mathbf{3{,}73\text{ mm}}$$

b) **Berechnung der Druckspannung im Betonmantel**

$$\sigma_B = E_B \cdot \varepsilon_B = E_B \cdot \frac{\Delta l}{l_0} = 23\,000\text{ N/mm}^2 \cdot \frac{3{,}73\text{ mm}}{3\,750\text{ mm}} = \mathbf{22{,}9\text{ N/mm}^2}$$

Berechnung der Druckspannung im Bewehrungsstahl

$$\sigma_S = E_S \cdot \varepsilon_S = E_S \cdot \frac{\Delta l}{l_0} = 212\,000\text{ N/mm}^2 \cdot \frac{3{,}73\text{ mm}}{3\,750\text{ mm}} = \mathbf{210{,}9\text{ N/mm}^2}$$

Lösung zu Aufgabe 3

Querkraftverlauf

$$Q(x) = -\int q(x) \cdot dx = -q_0 \int dx = -q_0 \cdot x + C_1$$

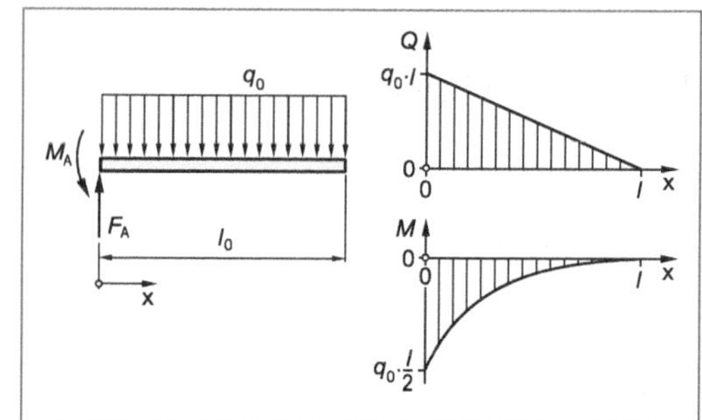

Randbedingung unter Beachtung der üblichen Vorzeichenkonvention für Schnittgrößen am Balken:

$$Q(x=0) = C_1$$
$$F_A = C_1$$
$$q_0 \cdot l = C_1 \rightarrow C_1 = q_0 \cdot l$$

damit folgt für den Querkraftverlauf:

$$Q(x) = -q_0 \cdot x + q_0 \cdot l$$

Mit $x = 100$ mm folgt für die Querkraft:

$$Q(x = 100\text{ mm}) = -500\text{ N/mm} \cdot 100\text{ mm} + 500\text{ N/mm} \cdot 500\text{ mm} = 200\,000\text{ N}$$

Biegemomentenverlauf

$$M_b(x) = \int Q(x) \cdot dx = \int (-q_0 \cdot x + q_0 \cdot l) \cdot dx = -\frac{1}{2} \cdot q_0 \cdot x^2 + q_0 \cdot l \cdot x + C_2$$

Randbedingung unter Beachtung der üblichen Vorzeichenkonvention für Schnittgrößen am Balken:

$$M_b(x=0) = C_2$$
$$M_A = C_2$$
$$q_0 \cdot l \cdot \frac{l}{2} = C_2 \rightarrow C_2 = -q_0 \cdot \frac{l^2}{2}$$

damit folgt für den Biegemomentenverlauf:

$$M_b(x) = -\frac{1}{2} \cdot q_0 \cdot x^2 + q_0 \cdot l \cdot x - q_0 \cdot \frac{l^2}{2}$$

Mit $x = 100$ mm folgt für das Biegemoment:

$$M_b(x = 100\text{ mm}) = -\frac{1}{2} \cdot 500\text{ N/mm} \cdot (100\text{ mm})^2 + 500\text{ N/mm} \cdot 500\text{ mm} \cdot 100\text{ mm}$$
$$- 500\text{ N/mm} \cdot \frac{(500\text{ mm})^2}{2} = -40\,000\,000\text{ Nmm}$$

Berechnung der Schubspannungen an der Stelle D

$$\tau_{xz}(z) = -\tau_{zx}(z) = \frac{3}{2} \cdot \frac{Q(x)}{b \cdot h} \cdot \left(1 - \frac{4 \cdot z^2}{h^2}\right)$$

mit x = 100 mm und z = -40 mm folgt:

$$\tau_{xz}(-40\text{ mm}) = -\tau_{zx}(-40\text{ mm}) = \frac{3}{2}\cdot\frac{200\,000\text{ N}}{100\text{ mm}\cdot 200\text{ mm}}\cdot\left(1-\frac{4\cdot(-40\text{ mm})^2}{(200\text{ mm})^2}\right) = 12{,}6\text{ N/mm}^2$$

Berechnung der Biegespannung an der Stelle D

$$\sigma_x(z) = \frac{M_b(x)}{I_y}\cdot z \quad \text{mit } I_y = \frac{b\cdot h^3}{12}$$

mit x = 100 mm und z = -40 mm folgt:

$$\sigma_x(-40\text{ mm}) = \frac{-40\,000\,000\text{ Nmm}}{\frac{100\text{ mm}\cdot(200\text{ mm})^3}{12}}\cdot(-40\text{ mm}) = 24\text{ N/mm}^2$$

Konstruktion des Mohrschen Spannungskreises

Eintragen des Bildpunktes P_x ($\sigma_x|\tau_{xz}$) und das Bildpunktes P_z ($0|\tau_{zx}$) in das σ-τ-Koordinatensystem unter Beachtung des speziellen Vorzeichenregelung für Schubspannungen.

Bildpunkt P_x repräsentiert die Spannungen in der Schnittebene mit der x-Achse als Normalenvektor. Bildpunkt P_z repräsentiert die Spannungen in der Schnittebene mit der z-Achse als Normalenvektor.

Da die beiden Schnittebenen einen Winkel von 90° zueinander einschließen, müssen die Bildpunkte P_x und P_z auf einem Kreisdurchmesser liegen. Die Strecke P_xP_z schneidet die σ-Achse im Kreismittelpunkt M. Kreis um M durch die Bildpunkte P_x oder P_z ist der gesuchte Mohrsche Spannungskreis.

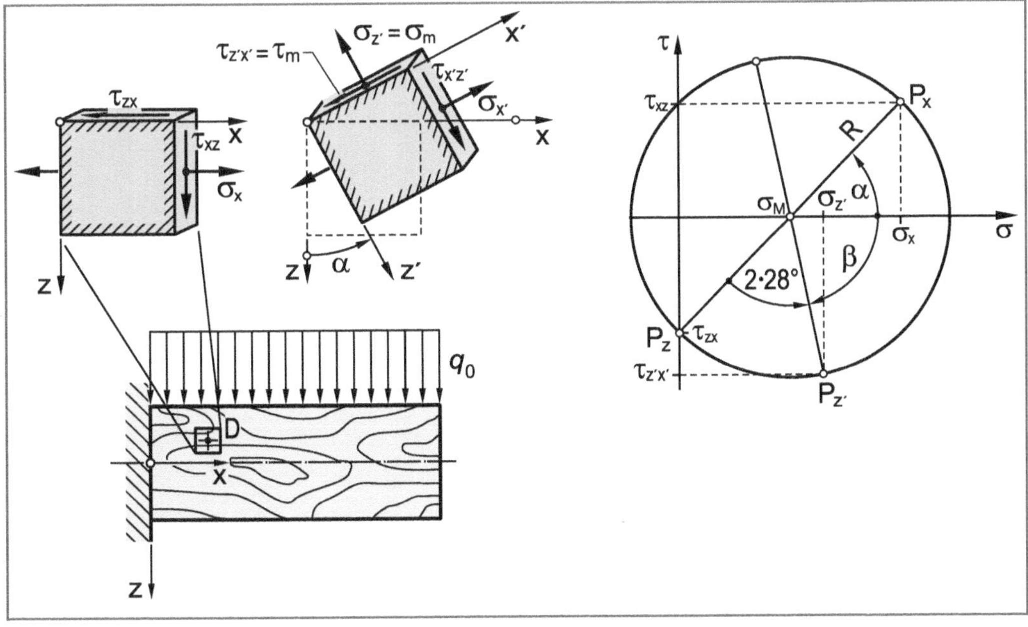

Berechnung von Mittelpunkt und Radius des Mohrschen Spannungskreises

$$\sigma_M = \frac{\sigma_x}{2} = \frac{24\ \text{N/mm}^2}{2} = 12\ \text{N/mm}^2$$

$$R = \sqrt{\left(\frac{\sigma_x}{2}\right)^2 + \tau_{xy}^2} = \sqrt{(12)^2 + (12{,}6)^2}\ \text{N/mm}^2 = 17{,}4\ \text{N/mm}^2$$

Berechnung der Hilfswinkel α und β

$$\alpha = \arctan\frac{\tau_{xy}}{\sigma_x / 2} = \arctan\frac{12{,}6\ \text{N/mm}^2}{24\ \text{N/mm}^2 / 2} = 46{,}39°$$

$$\beta = 180° - \alpha - 2 \cdot 28° = 180° - 46{,}39° - 2 \cdot 28° = 77{,}61°$$

Berechnung der Spannungen $\sigma_{z'}$ sowie $\tau_{z'x'}$ mit der y'-Richtung als Bezug

$$\sigma_m = \sigma_{z'} = \sigma_M + R \cdot \cos\beta = 12\ \text{N/mm}^2 + 17{,}4\ \text{N/mm}^2 \cdot \cos 77{,}61° = \mathbf{15{,}73\ N/mm^2}$$

$$\tau_m = \tau_{z'x'} = R \cdot \sin\beta = 17{,}4\ \text{N/mm}^2 \cdot \sin 77{,}61° = \mathbf{16{,}99\ N/mm^2}$$

Lösung zu Aufgabe 4

a) **Konstruktion des Mohrschen Verformungskreises**

Zur Konstruktion des Mohrschen Verformungskreises benötigt man die Verformungen in zwei zueinander senkrechten Richtungen. Bekannt sind die Verformungen mit der x- bzw. y-Richtung als Bezugsrichtung.

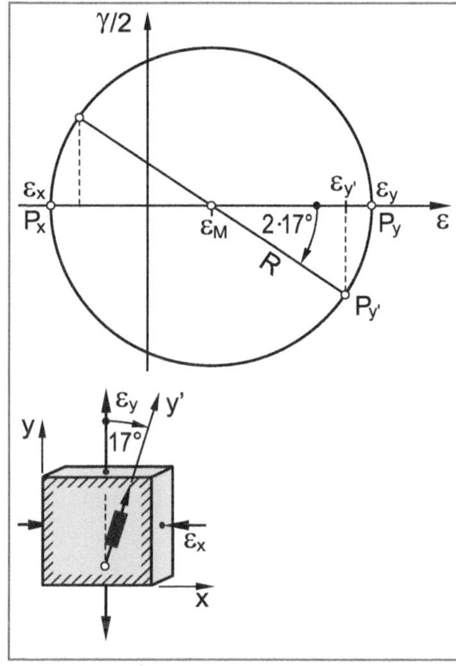

Einzeichnen der entsprechenden Bildpunkte P_x (ε_x | 0) und P_y (ε_y | 0) in das ε-γ/2-Koordinatensystem. Zwischen der Längsdehnung (ε_y) und der Querdehnung (ε_x) gilt hierbei das Poissonsche Gesetz: ($\varepsilon_x = -\mu \cdot \varepsilon_y$).

Da die x- und die y-Richtung einen Winkel von 90° zueinander einschließen, liegen die Bildpunkte P_x und P_y auf einem Kreisdurchmesser. Damit ist der Mohrsche Verformungskreis festgelegt (siehe Abbildung).

Den Bildpunkt $P_{y'}$, welcher die Verformungsgrößen in y'-Richtung als Bezugsrichtung (Messrichtung des DMS) repräsentiert, erhält man durch Abtragen des Richtungswinkels $2 \cdot \alpha$ (= 2·17°), ausgehend vom Bildpunkt P_y (gleicher Drehsinn zum Lageplan).

Für den Mittelpunkt und den Radius des Mohrschen Verformungskreises erhält man:

$$\varepsilon_M = \frac{\varepsilon_y + \varepsilon_x}{2}$$

$$R = \frac{\varepsilon_y - \varepsilon_x}{2}$$

Damit folgt die Dehnung in y'-Richtung (Messrichtung des DMS)

$$\varepsilon_{DMS} \equiv \varepsilon_{y'} = \varepsilon_M + R \cdot \cos 2\alpha$$

$$= \frac{\varepsilon_y + \varepsilon_x}{2} + \frac{\varepsilon_y - \varepsilon_x}{2} \cdot \cos 2\alpha = \frac{\varepsilon_y - \mu \cdot \varepsilon_y}{2} + \frac{\varepsilon_y + \mu \cdot \varepsilon_y}{2} \cdot \cos 2\alpha$$

$$= \frac{\varepsilon_y \cdot (1-\mu) + \varepsilon_y \cdot (1+\mu) \cdot \cos 2\alpha}{2} = \frac{\varepsilon_y}{2} \cdot [(1-\mu) + (1+\mu) \cdot \cos 2\alpha]$$

und damit für die Dehnung in Längsrichtung:

$$\varepsilon_y = \frac{2 \cdot \varepsilon_{DMS}}{(1-\mu) + (1+\mu) \cdot \cos 2\alpha}$$

Berechnung der Zugspannung σ_y in Längsrichtung (Hookesches Gesetz, einachsiger Spannungszustand)

$$\sigma_y = E \cdot \varepsilon_y = E \cdot \frac{2 \cdot \varepsilon_{DMS}}{(1-\mu)+(1+\mu) \cdot \cos 2\alpha}$$

Berechnung der Zugkraft F in Längsrichtung

$$\sigma_y = \alpha_{kz} \cdot \sigma_n = \alpha_{kz} \cdot \frac{F}{A_n} = \alpha_{kz} \cdot \frac{F}{t \cdot (b-D)}$$

und damit:

$$F = \frac{\sigma_y \cdot t \cdot (b-D)}{\alpha_{kz}}$$

$$\boxed{F = \frac{2 \cdot \varepsilon_{DMS} \cdot E}{(1-\mu)+(1+\mu) \cdot \cos 2\alpha} \cdot \frac{t \cdot (b-D)}{\alpha_{kz}}}$$

b) **Ermittlung der Formzahl α_{kz}**

Aus einem geeigneten Formzahldiagramm (Flachstab mit Querbohrung) entnimmt man für $a/b = 0{,}2$:

$$\alpha_{kz} = 2{,}52$$

Berechnung der mittleren Zugkraft F_m

$$F_m = \frac{2 \cdot \varepsilon_{DMS} \cdot E}{(1-\mu)+(1+\mu) \cdot \cos 2\alpha} \cdot \frac{t \cdot (b-D)}{\alpha_{kz}}$$

$$= \frac{2 \cdot 0{,}8 \cdot 10^{-3} \cdot 209\,000 \text{ N/mm}^2}{(1-0{,}30)+(1+0{,}30) \cdot \cos 2 \cdot 17°} \cdot \frac{12 \text{ mm} \cdot (70 \text{ mm} - 14 \text{ mm})}{2{,}52}$$

$$= 50\,160{,}8 \text{ N} = \mathbf{50{,}2 \text{ kN}}$$

Berechnung der Kraftamplitude F_a

$$F_a = \frac{2 \cdot \varepsilon_{DMS} \cdot E}{(1-\mu)+(1+\mu) \cdot \cos 2\alpha} \cdot \frac{t \cdot (b-D)}{\alpha_{kz}}$$

$$= \frac{2 \cdot 0{,}5 \cdot 10^{-3} \cdot 209\,000 \text{ N/mm}^2}{(1-0{,}3)+(1+0{,}3) \cdot \cos 2 \cdot 17°} \cdot \frac{12 \text{ mm} \cdot (70 \text{ mm} - 14 \text{ mm})}{2{,}52}$$

$$= 31\,350{,}5 \text{ N} = \mathbf{31{,}4 \text{ kN}}$$

c) **Ermittlung des Oberflächenfaktors $C_{O\sigma}$ unter der Wirkung von Normalspannungen**

$C_{O\sigma} = 0{,}82$ aus Diagramm für $Rz = 12{,}5\ \mu\text{m}$ und $R_m = 1270 \text{ N/mm}^2$

Berechnung der korrigierten Zug-Druck-Wechselfestigkeit

$$\sigma^*_{zdW} = C_{O\sigma} \cdot \sigma_{zdW} = 0{,}82 \cdot 570 \text{ N/mm}^2 = 467{,}4 \text{ N/mm}^2$$

Kerbstelle I

Berechnung der Mittelspannung σ_m

Nennspannung: $$\sigma_{mn} = \frac{F_m}{A_n} = \frac{F_m}{t \cdot (b - D)} = \frac{50160{,}8\ \text{N}}{12\ \text{mm} \cdot (70\ \text{mm} - 14\ \text{mm})} = 74{,}64\ \text{N/mm}^2$$

Maximale Spannung: $$\sigma_{m\,max} = \sigma_{mn} \cdot \alpha_{kz} = 74{,}64\ \text{N/mm}^2 \cdot 2{,}52 = 188{,}10\ \text{N/mm}^2$$

Berechnung der Spannungsamplitude σ_a

Nennspannung: $$\sigma_{an} = \frac{F_a}{A_n} = \frac{F_a}{t \cdot (b - D)} = \frac{31350{,}5\ \text{N}}{12\ \text{mm} \cdot (70\ \text{mm} - 14\ \text{mm})} = 46{,}65\ \text{N/mm}^2$$

Maximale Spannung: $$\sigma_{a\,max} = \sigma_{an} \cdot \beta_{kz} = 46{,}32\ \text{N/mm}^2 \cdot 2{,}52 = 117{,}56\ \text{N/mm}^2$$

mit $\beta_{kz} = \alpha_{kz} = 2{,}52$ gemäß Aufgabenstellung

Ermittlung der Mittelspannungsempfindlichkeit M_σ

$$M_\sigma = 0{,}00035 \cdot R_m - 0{,}1 = 0{,}00035 \cdot 1270\ \text{N/mm}^2 - 0{,}1 = 0{,}345$$

Berechnung der dauernd ertragbaren Amplitude (Mittelspannungstransformation)

$$\sigma^*_{AD} = \sigma^*_{zdW} - M_\sigma \cdot \sigma_{m\,max} \qquad \text{da } \sigma_{m\,max} < \frac{\sigma^*_{zdW}}{M_\sigma + 1}$$

$$\sigma^*_{AD} = 467{,}4\ \text{N/mm}^2 - 0{,}345 \cdot 188{,}10\ \text{N/mm}^2 = 402{,}51\ \text{N/mm}^2$$

Berechnung der Sicherheit gegen Dauerbruch

Festigkeitsbedingung:

$$\sigma_{a\,max} \le \sigma_{a\,zul}$$

$$\sigma_{a\,max} = \frac{\sigma^*_{AD}}{S_D}$$

$$S_D = \frac{\sigma^*_{AD}}{\sigma_{a\,max}} = \frac{402{,}51\ \text{N/mm}^2}{117{,}56\ \text{N/mm}^2} = \mathbf{3{,}42} \quad \text{(ausreichend, da } S_D > 2{,}5\text{)}$$

Kerbstelle II

Ermittlung der Formzahl α_{kz} an Kerbstelle II

$$\frac{B}{b} = \frac{100}{70} = 1{,}43$$

$$\frac{R}{b} = \frac{15}{70} = 0{,}214$$

Damit entnimmt man einem geeigneten Formzahldiagramm:

$\alpha_{kz} = 1{,}65$

Berechnung der Mittelspannung σ_m

Nennspannung: $\sigma_{mn} = \frac{F_m}{A_n} = \frac{F_m}{t \cdot b} = \frac{50160{,}8 \text{ N}}{12 \text{ mm} \cdot 70 \text{ mm}} = 59{,}72 \text{ N/mm}^2$

Maximale Spannung: $\sigma_{m\,max} = \sigma_{mn} \cdot \alpha_{kz} = 59{,}72 \text{ N/mm}^2 \cdot 1{,}65 = 98{,}53 \text{ N/mm}^2$

Berechnung der Spannungsamplitude σ_a

Nennspannung: $\sigma_{an} = \frac{F_a}{A_n} = \frac{F_a}{t \cdot b} = \frac{31350{,}5 \text{ N}}{12 \text{ mm} \cdot 70 \text{ mm}} = 37{,}32 \text{ N/mm}^2$

Maximale Spannung: $\sigma_{a\,max} = \sigma_{an} \cdot \beta_{kz} = 37{,}32 \text{ N/mm}^2 \cdot 1{,}65 = 61{,}58 \text{ N/mm}^2$

mit $\beta_{kz} = \alpha_{kz} = 1{,}65$ gemäß Aufgabenstellung

Ermittlung der Mittelspannungsempfindlichkeit M_σ

$M_\sigma = 0{,}00035 \cdot R_m - 0{,}1 = 0{,}00035 \cdot 1270 \text{ N/mm}^2 - 0{,}1 = 0{,}345$

Berechnung der dauernd ertragbaren Amplitude (Mittelspannungstransformation)

$\sigma^*_{AD} = \sigma^*_{zdW} - M_\sigma \cdot \sigma_{m\,max}$ da $\sigma_{m\,max} < \frac{\sigma^*_{zdW}}{M_\sigma + 1}$

$\sigma^*_{AD} = 467{,}4 \text{ N/mm}^2 - 0{,}345 \cdot 98{,}53 \text{ N/mm}^2 = 433{,}41 \text{ N/mm}^2$

Berechnung der Sicherheit gegen Dauerbruch

Festigkeitsbedingung:

$\sigma_{a\,max} \leq \sigma_{a\,zul}$

$\sigma_{a\,max} = \frac{\sigma^*_{AD}}{S_D}$

$S_D = \frac{\sigma^*_{AD}}{\sigma_{a\,max}} = \frac{433{,}41 \text{ N/mm}^2}{61{,}58 \text{ N/mm}^2} = \mathbf{7{,}04}$ (ausreichend, da $S_D > 2{,}5$)

Anhang 8: Englische Fachausdrücke

Deutsch - Englisch

A

Deutsch	Englisch
Abscherspannung	shear stress
Abscherung	shearing
Achse	shaft, axle
Alterung	ageing, aging
Aluminium	aluminium
Amplitude	amplitude
Amplitudenverhältnis	amplitude ratio
Anfälligkeit	susceptibility
Anisotropie	anisotropy
Anriss	incipient crack
Antriebswelle	output shaft
Aufhärtungsriss	age-hardening crack
Auflager	bearing
Ausdehnungskoeffizient	expansion coefficient
Ausfallwahrscheinlichkeit	failure probability
Auslenkung	excursion
Austenit	austenite
Axialspannung	axial stress

B

Deutsch	Englisch
Balken	beam
- beidseitig gelenkig gelagerter	simple beam
- einseitig eingespannter	cantilever beam
- gekrümmter	curved beam
- gerader	straight beam
Balkentheorie	theory of beams
Baustahl	construction steel, mild steel
Bauteil-Wöhlerkurve	structural S-N-curve
Bauteil	component
Beanspruchbarkeit	load capacity
Beanspruchung	load
Behälter	vessel, boiler
Behälterstutzen	vessel nozzle
Beispiel	example
Belastung	load
benachbart	adjacent
Berechnungsformel	formula
Bereich	region, area, domain
Beschädigung	damage
Beschichtung	coating
Beton	concrete
Betrag	amount, quantity
Betrieb	operation, in service
Betriebsbedingung	operation condition, service condition
Betriebsdaten	operating data
Betriebsfestigkeit	structural durability
Betriebsfestigkeitsversuch	fatigue test, endurance test
Betriebsstörung	interruption, disturbance
Betriebsverhalten	operating behaviour
Beulen	buckling
Bewegung	motion
Bezugssystem	frame of reference
Biegelinie	deflection curve
Biegemoment	bending moment
Biegespannung	bending stress
Biegesteifigkeit	bending stiffness
Biegeversuch	bending test
Biegewechselfestigkeit	bending fatigue strength
Biegung	bending
- gerade	ordinary bending
- reine	pure bending
- schiefe	oblique bending
Bindung	binding
- chemische	chemical bond
- atomare	atomic bond
Bindungsenergie	nuclear binding energy
Blech	sheet (metal)
Blechdicke	plate thickness
Blei	lead
bohren	drill
Bohrloch	bore-hole
Bohrsches Atommodel	Bohr atom model
Bohrung	cylindrical bore-hole
Bredtsche Formel	Bredt's formula
Bruch	fracture
Bruchdehnung	percentage elongation after fracture
Brucheinschnürung	percentage reduction of area after fracture
Bruchmechanik	fracture mechanics
Bruchstelle	location of rupture
Bruchwahrscheinlichkeit	fracture probability
Bruch-Wöhlerkurve	fracture S-N-curve
Bruchzähigkeit	fracture toughness
Brückenschaltung	bridge circuit

C

Deutsch	Englisch
Curietemperatur	Curie temperature

D

Dampfkessel	steam boiler
Dauerfestigkeit	fatigue strength, fatigue limit
Dauerfestigkeitsprüfung	fatigue test, endurance test
Dehngrenze	proof stress
Dehnung, technische	strain
Dehnungsmessstreifen	strain gauge(s)
Dehnungsmesstechnik	strain measurement
Dehnungszustand, ebener	plane strain state
Dekade	decade
denitrieren	denitrate, denitrify
Determinante	determinant
Dicke	thickness
dickwandig	thick-walled
Diffusion	diffusion
Dimensionieren	dimensioning
dimensionslos	dimensionless
Dose	can, box, case
Draht	wire
Drahtseil	wire rope
drehbar	rotatable
Drehbewegung	rotation
Drehsinn	sense of rotation
Drehwinkel	angle of revolution
dreiachsig	triaxial
Dreieck	triangle
Druck (mech.)	compression
Druck (phys.)	pressure
Druckbehälter	pressure vessel
Druckfestigkeit	compressive strength
Druckkraft	compressive force
Druckleitung	pressure pipe
Druckspannung	compressive stress
Druckversuch	compression test
duktil	ductile
Duktilität	ductility, plasticity
dünn	thin
dünnwandig	thin-walled
Durchbiegung	deflection
Durchläufer	run through specimen
Durchmesser	diameter

E

Ebene	plane
Eigenfrequenz	natural frequency
Eigenspannung	residual stress
Eigenspannungs-empfindlichkeit	residual stress sensitivity
einachsig	uniaxial
eingespannt	clamped, built-in
Einhüllende	envelope
Einkristall	single crystal
Einsatzhärten	case-hardening
Einschluss	inclusion
Einschnürung	reduction of area
Einschnürdehnung	percentage elongation after reduction of area
Einzelkraft	concentrated load
Eisen	iron
Eisenblech	iron sheet
Eisenrost	iron rust
Elastizität	elasticity
Elastizitätsgrenze	elastic limit, limit of elasticity
Elastizitätsmodul	Young's modulus
Elektron	electron
Element	element
Elementarteilchen	elementary particle
Ellipse	ellipse
elliptisch	elliptic(al)
Empfindlichkeit	sensitivity, susceptibility
Erdanziehung	gravitation
Ermüdungsbruchfläche	fatigue fracture surface
Ermüdungsfestigkeit	fatigue strength
Ermüdungsriss	fatigue crack
Ermüdungsrisswachstum	fatigue crack growth
Ermüdungstest	fatigue test, endurance test
Ermüdungsverhalten	fatigue behaviour
Erstarrungsriss	solidification crack
erwärmen	heating, warming
erweichen	soften
Eulersche Knickfälle	Euler's buckling load
Eulersche Kurve	Euler's curve
Exponent	exponent
Exponentialgesetz	exponential law
Extremwert	extreme value, extremum
Extrusion	extrusion
Exzentrizität	eccentricity

F

Faser, neutrale	neutral axis
Faserverbundwerkstoff	fiber composite material
faserverstärkt	fiber-reinforced
Fehler (Irrtum)	error, mistake
Fehler (Werkstoff)	defect, flaw, void
Feinkorn	fine grain
Feinkornbaustahl	fine-grained structural steel
Ferrit	ferrite
Ferritkorn	ferrite grain

fest	solid
Festigkeit	strength, resistance
Festigkeitsrechnung	calculation of strength
Festigkeitshypothese	failure theory
Festigkeitsprüfung	strength test
Finite-Element-Methode	finite element method
Flächenelement	surface element
Flächenmoment	moment of an area
- axiales, 2. Ordnung	second moment of an area, areal moment of inertia
- gemischtes	product moment of an area
- polares	polar second moment of an area
- 1. Ordnung	first moment of an area
- 2. Ordnung	second moment of an area
Flächennormale	surface normal
Flächenschwerpunkt	centroid
Flansch	flange, collar, nozzle
Fließbeginn	yield point
Fließspannung	yield stress
flüssig	liquid
Formänderungsenergie	strain energy
Freiheitsgrad	degree of freedom
freischneiden	isolate
freitragend	self-contained
Frequenz	frequency

G

Gefüge	microstructure
Gefügebestandteil	structural component
Gegenuhrzeigersinn	counterclockwise
Gelenk	joint, hinge
Gerade	straight line
Geschwindigkeit	velocity
Gestaltänderungsenergie	strain energy
Gestaltänderungsenergie-hypothese	strain energy theory
Gewicht	weight
Gewinde	thread
Gießen	cast, casting
Gleichgewicht	equilibrium
Gleichgewichts-bedingung	equilibrium condition
Gleichmaßdehnung	percentage elongation before reduction of area
Gleichung	equation
Glühen	annealing
Glühtemperatur	annealing temperature
Goodman Gerade	Goodman's line
Gradient	gradient
Graphik	graph, graphik(al) representation
Graphit	graphite
Grenzlast	limit load, maximum charge
Grenzschlankheitsgrad	slenderness ratio limit
Grenzschwingspielzahl	maximum numbers of load cycles
Größe	quantity
Größeneinfluss	influence of size
Größenfaktor	size factor
Grundbelastungsarten	basic load types
Gusseisen	cast iron
Gusseisen mit Lamellen-graphit	grey cast iron, cast iron with lamellar graphite

H

Haarriss	microcrack
Halbzeug	semi-finished product
Härten	hardening
Häufigkeitsverteilung	abundance distribution
Hauptachse	principal axis
Hauptdehnung	principal strain
Hauptdehnungsrichtung	principal strain direction
Hauptflächenelement	principal moment of area
Hauptnormalspannung	principal normal stress
Hauptspannungsrichtung	principal stress direction
Hauptschubspannung	principal shearing stress
Hauptspannung	principal stress
Hauptspannungsebene	principal stress plane
Hauptspannungselement	principal stress element
Hebel	lever
Hebelarm	lever arm
Heißriss	hot crack
Hochdruckbehälter	high pressure vessel
hochfest	high-resistant
hochlegiert	high-alloyed
Höchstlast	maximum load
Hohlkugel	hollow sphere
Hohlzylinder	hollow cylinder
homogen	homogeneous
Hookesche Gerade	Hooke's line
Hookesches Gesetz	Hooke's law
Hüllkurve	envelope
hydraulisch	hydraulic
hydrostatischer Druck	hydrostatic pressure
hydrostatischer Spannungszustand	hydrostatic stress state
Hypothese	theory

I

Innendruck	interior pressure
Innendurchmesser	internal diameter
Innenfläche	inner surface
instabil	unstable
Integral	integral
Intrusion	intrusion
isotrop	isotropic
Invariante	invariant

K

kaltgewalzt	cold rolled
Kaltverfestigung	cold work hardening
Kaltverformbarkeit	cold formability
Kaltverformung	cold forming
Kaltziehen	cold (wire) drawing
Kerbe	notch
Kerbempfindlichkeit	notch sensitivity
Kerbgrund	notch root
Kerbstelle	notch point
Kerbwirkung	notch sensitivity
Kerbwirkungszahl	stress concentration factor
Kessel	vessel, boiler
Kette	chain
Knetlegierung	wrought alloy
Knicken	buckling
Knickkraft	buckling load
Knickspannung	buckling stress
Koeffizient	coefficient
Konstruktion	construction, building-up
Koordinate	coordinate
Korngrenze	grain boundary
Kornwachstum	grain growth
Korrosion	corrosion
Korrosionsermüdung	corrosion fatigue
Korrosionsriss	corrosion crack
Korrosionsrissbildung	corrosion cracking
Kraft	force
- äußere	extrenal force
- innere	internal force
Kraftvektor	force vector
Kraft-Verlängerungs-Diagramm	load-elongation-diagram
Kreisquerschnitt	circular cross-section
Kreisring	circular disk
Kreisrohr	circular tube
Kriechen	creep
Kristallgitter	crystal lattice
Krümmung	curvature
Krümmungsradius	radius of curvature
Kugelbehälter	spherical tank
Kunststoff	plastics

L

Lager	bearing
Lagerung, gelenkig	pin connection
Last	load
Lastebene	load plane
Lastspielzahl	number of load cycles
Lebensdauer	fatigue life, product life
Lebensdauervorhersage	(fatigue) life prediction
Legierung	alloy
Lehrsatz	theorem, principle
logarithmisch	logarithmic(al)
Loslager	roller support

M

Makroriss	macrocrack
Maschinenbau	mechanical engineering
Masse	mass
Maßeinheit	unit
Massenpunkt	point mass
Massenträgheitsmoment	axial moment of inertia
Material	material
Materialeinsparung	saving of material
Materialkonstante	material property
Materialprüfung	material test
Mechanik	mechanics
mehrachsig	multiaxial
Metallkunde	metallurgy
Metallography	metallography
Mikroriss	microcrack
Mittelpunkt	centre, center (am.)
Mittelspannung	mean stress
Mittelspannungsempfindlichkeit	mean stress susceptibility
Modell	model
Mohrscher Spannungskreis	Mohr's stress circle
Mohrscher Verformungskreis	Mohr's strain circle
Mutter (für Schraube)	nut

N

Nichteisenmetall	non-ferrous metal
Neigungsexponent	inclination exponent
Nennspannung	nominal stress
neutrale Faser	neutral axis
niedriglegiert	low-alloyed
Niet	rivet
Nietverbindung	rivet joint
Normalkraft	normal force
Normalspannung	normal stress
Normalspannungshypothese	maximum principle stress theory

Nulllinie	zero line, base line
numerisch	numerical
Nut	notch, slot

O

Oberfläche	surface
Oberflächenrauigkeit	surface roughness
Oberspannung	maximum stress

P

Periode	period
perlitisch	perlitic
phasengleich	in phase
Phasengleichheit	phase coincidence
Phasenunterschied	phase difference
Phasenverschiebung	phase displacement, phase shift
plastisch	plastic
Plastizität	plasticity
Platte	plate
Plattierung	cladding
Poissonsche Zahl	Poisson's number
polares Flächenmoment	polar second moment of area
Polarkoordinaten	polar coordinates
Probe(körper)	specimen
Proportionalität	proportionality
Proportionalitätsgrenze	limit of proportionality
Prüfdauer	test duration
Prüffrequenz	test frequency

Q

Querkontraktionszahl	Poisson's ratio
Querkraft	shear(ing) force
Querkraftschub	shear in beams
Querkraftverlauf	shear force distribution
Querschnitt	cross section
Querschnittsfläche	cross-sectional area
Quetschgrenze	compression limit

R

Radialkomponente	radial component
Radialspannung	radial stress
Radius	radius
Randfaser	extreme fiber
Randschicht	peripheral layer, exterior layer
Rauigkeit	roughness
Raumtemperatur	room temperature
Rechteck	rectangle
rechteckig	rectangular
Rechte-Hand-Regel	right-hand-rule
Resultierende	resultant
Riss	crack
Risseinleitung	crack initiation
Risskeimbildung	crack nucleation
Risswachstum	crack propagation, crack growth
Rohr	tube
- dickwandiges	thick-walled tube
- dünnwandiges	thin-walled tube

S

Satz von Pythagoras	Pythagoras theorem
Satz von Steiner	parallel axis theorem
Schaden	damage
Schadenfall	failure
Scherbruch	shear fracture
Scherfestigkeit	shear strength
Scherung	shear strain
Scherversuch	shear(ing) test
Schiebung	shear strain
Schiebungsbruch	shear fracture
Schlankheitsgrad	slenderness ratio
Schnittfläche	intersection
Schnittgrößen	internal forces and moments
Schnittlinie	intersection line
Schnittprinzip	method of section
Schnittpunkt	point of intersection
Schraube	screw
Schraubverbindung	screw connection
Schub	shear
Schubfluss	shear flow
Schubmittelpunkt	shear center
Schubmodul	shear modulus, modulus of rigidity
Schubspannung	shear(ing) stress
Schubspannungs-hypothese	maximum shear stress theory
Schubspannungs-verteilung	distribution of shear-ing stress
Schubverformung	shear strain
Schweißeigenspannung	residual welding stress
Schweißgut	weld material
Schweißkonstruktion	welded structure
Schweißnaht	weld(ing) seam, welded joint
Schwerkraft	weight force
Schwerpunkt	center of mass, center of gravity
Schwingbeanspruchung	dynamic load
Schwingfestigkeit	fatigue strength

Schwingfestigkeits-untersuchung	fatigue test, endurance test
Schwingprüfmaschine	fatigue testing machine
Schwingspiel	load cycle
Schwingspielfrequenz	load cycle frequency
Schwingspielzahl	number of load cycles
Schwingungsamplitude	amplitude of oscillation
Schwingungsform	mode of oscillation
Schwingungsfrequenz	frequency of oscillation
Schwingungsrisskorrosion	corrosion fatigue
Schwingungsstreifen	fatigue striation(s)
Seil	rope, cable
senkrecht	perpendicular
Sicherheitsbeiwert	safety factor
Sicherheitsfaktor	safety factor
Spannung, mechanisch	stress
Spannungsarmglühen	stress-relieving
Spannungsanalyse	stress analysis
Spannungs-Dehnungs-Diagramm	stress-strain-diagram
Spannungs-Dehnungs-kurve	stress-strain-curve
Spannungsgradient	stress gradient
Spannungsnulllinie	neutral axis
Spannungstensor	stress tensor
Spannungsvektor	stress vector
Spannungsverhältnis	stress ratio
Spannungszustand	state of stress
- ebener	plane stress state
spröde	brittle
Stab	rod, bar
Stabachse	rod axis
stabil	stable
stabiles Gleichgewicht	stable equilibrium
Stabilität	stability
Stahl	steel
- austenitischer	austenitic steel
- ferritisch-perlitisch	ferritic-perlitic steel
- nicht rostend	stainless steel
- perlitisch	perlitic steel
Stahlguss	steel casting
Stahlkonstruktion	steel structure
Stahlplatte	steel plate
Stahlseil	steel rope, steel cable
Stahlträger	steel beam
Stange	bar, rod
starr	rigid
starrer Körper	rigid body
Statik	statics
statisch bestimmt	statical determined
statisch unbestimmt	statical indetermined
statisches Moment	static moment
Steinerscher Satz	parallel axis theorem
Stoffgesetz	material law
Streckenlast	distributed force
Streckgrenze	yield strength
- obere	upper yield strength
- untere	lower yield strength
Stutzen	nozzle
Symmetrie	symmetry
Symmetrieachse	symmetry axis, axis of symmetry
symmetrisch	symmetric(al)

T

Tabelle	table
tangential	tangential
Tangentialspannung	circumferential stress, hoop stress
Temperatur	temperature
Temperaturwechsel-beanspruchung	thermal cycling
Torsion	torsion
Torsionsmoment	torsional moment, twisting moment
Torsionsschwingung	torsional vibration
Torsionsstab	torsion bar
Torsionssteifigkeit	torsion(al) stiffness, torsional rigidity
Torsionsversuch	torsion test
Torsionswinkel	angle of twist
Träger	beam, support
Trennbruch	cleavage fracture
Turbinenwelle	turbine axis

U

Überlagerung	superposition
Überlastung	overload
Uhrzeigersinn	clockwise
Umfangsspannung	circumferential stress, hoop stress
Umgebungseinfluss	environmental influence
Umlaufbiegung	rotating bending
Umrechnung	conversion
Unabhängigkeit	independence
unendlich	infinite
Unterspannung	minimum stress
unsymmetrisch	asymmetric(al)

V

Vektor	vector
Verdrehung	twist
Verdrehversuch	torsion test
Verdrehwinkel	angle of twist

Verfestigung	strain hardening, work-hardening
Verformbarkeit	ductility, deformability
- elastische	elasticity
- plastische	ductility
Verformungsgröße	deformation quantity
Verformungszustand	state of strain, state of deformation
Vergleichsspannung	comparative stress, effective stress
Vergüten	tempering
Verhältnis	ratio
Verlängerung	elongation
Verminderung	decrease
Verschiebung	displacement
Verschiebungsvektor	displacement vector
Versetzung	dislocation
Versetzungsbewegung	dislocation movement
Versprödung	embrittlement
Versuch	test, experiment
Versuchsaufbau	experimental setup
vertikal	vertical
Vertikalkomponente	vertical component
verträglich	compatible
Verträglichkeitsbedingung	compatibility condition
Verwölbung	warping
Verzerrung	strain
Verzerrungstensor	strain tensor
Verzerrungszustand	state of strain, state of deformation
Vollbrücke	full bridge
Volumendehnung	dilatation
vorgespannt	prestressed
Vorspannung	initial tension
Vorzeichen	sign
Vorzeichenkonvention	sign convention

W

Wandstärke	wall thickness
Wärmeausdehnungskoeffizient	coefficient of thermal expansion
Wärmebehandlung	heat treatment
Wärmedehnung	thermal strain
Wärmespannung	thermal stress
Wasserstoffversprödung	hydrogen embrittlement
Wechselbeanspruchung	alternating stress
Wendepunkt	point of inflection
Werkstoff	material
Werkstoffeigenschaft	material property
Werkstoffermüdung	fatigue of material
Werkstoffkennwert	material property
Werkstoffkonstante	material constant
Werkstoffkunde	materials science
Werkstoffprüfung	testing of materials
Werkstoffverhalten	behaviour of material
Widerstandsmoment	
- axiales	elastic section modulus
Winkelhalbierende	bisector
Wirkungslinie	line of action
Wöhlerkurve	S-N-curve
Wöhlerversuch	fatigue test, endurance test
Wölbung	curvature

Z

zäh	ductile, tough
Zahnrad	gear
Zug(spannung)	tension
zugeordnete Schubspannung	complementary shear stress
Zugfestigkeit	tensile strength
Zugkraft	tensile force, tensile load
Zugprüfmaschine	tensile testing machine
Zugschwellbeanspruchung	pulsating tensile stress
Zugspannung	tensile stress
Zugstab	tensile bar
Zugversuch	tensile test
zweiachsig	biaxial
Zylinderkoordinaten	cylinder coordinates
zylindrisch	cylindric(al)

Englisch - Deutsch

A

abundance distribution	Häufigkeitsverteilung
adjacent	benachbart
age-hardening crack	Aufhärtungsriss
ageing	Alterung (BE)
aging	Alterung (AE)
alternating stress	Wechselbeanspruchung
aluminium	Aluminium
amount	Betrag
amplitude of oscillation	Schwingungsamplitude
amplitude ratio	Amplitudenverhältnis
amplitude	Amplitude
angle of revolution	Drehwinkel
angle of twist	Torsionswinkel, Verdrehwinkel
anisotropy	Anisotropie
annealing	Glühen
annealing temperature	Glühtemperatur
area	Bereich
areal moment of inertia	axiales Flächenmoment 2. Ordnung
asymmetric(al)	unsymmetrisch
atomic bond	atomare Bindung
austenite	Austenit
austenitic steel	austenitischer Stahl
axial moment of inertia	Massenträgheitsmoment
axial stress	Axialspannung
axis of symmetry	Symmetrieachse
axle	Achse

B

bar	Stab, Stange
base line	Nulllinie
basic load types	Grundbelastungsarten
beam	Balken, Träger
bearing	Lager, Auflager
behaviour of material	Werkstoffverhalten
bending	Biegung
bending fatigue strength	Biegewechselfestikeit
bending moment	Biegemoment
bending stiffness	Biegesteifigkeit
bending stress	Biegespannung
bending test	Biegeversuch
biaxial	zweiachsig
binding	Bindung
bisector	Winkelhalbierende
Bohr atom model	Bohrsches Atommodel
boiler	Kessel, Behälter
bore-hole	Bohrloch
box	Dose
Bredt's formula	Bredtsche Formel
bridge circuit	Brückenschaltung
brittle	spröde
buckling	Knicken, Beulen
buckling load	Knickkraft
buckling stress	Knickspannung
built-in	eingespannt

C

cable	Seil
calculation of strength	Festigkeitsrechnung
can	Dose
cantilever beam	einseitig eingespannter Balken
case	Dose
case-hardening	Einsatzhärten
cast iron	Gusseisen
cast iron with lamellar graphite	Gusseisen mit Lamellengraphit
cast	Gießen
casting	Gießen
chemical bond	chemische Bindung
center (AE)	Mittelpunkt
center of gravity	Schwerpunkt
center of mass	Schwerpunkt
centre (BE)	Mittelpunkt
centroid	Flächenschwerpunkt
chain	Kette
circular cross-section	Kreisquerschnitt
circular disk	Kreisring
circular tube	Kreisrohr
circumferential stress	Tangentialspannung, Umfangsspannung
cladding	Plattierung
clamped	eingespannt
cleavage fracture	Trennbruch
clockwise	Uhrzeigersinn
coating	Beschichtung
coefficient	Koeffizient
coefficient of thermal expansion	Wärmeausdehnungskoeffizient
cold (wire) drawing	Kaltziehen
cold formability	Kaltverformbarkeit
cold forming	Kaltverformung
cold rolled	kaltgewalzt
cold work hardening	Kaltverfestigung
collar	Flansch
comparative stress	Vergleichsspannung
compatibility condition	Verträglichkeitsbedingung
compatible	verträglich
complementary shear stress	zugeordnete Schubspannung
component	Bauteil
compression	Druck (mech.)

compression limit	Quetschgrenze
compression test	Druckversuch
compressive force	Druckkraft
compressive strength	Druckfestigkeit
compressive stress	Druckspannung
concentrated load	Einzelkraft
concrete	Beton
construction steel	Baustahl
construction	Konstruktion
conversion	Umrechnung
coordinate	Koordinate
corrosion	Korrosion
corrosion crack	Korrosionsriss
corrosion cracking	Korrosionsrissbildung
corrosion fatigue	Korrosionsermüdung
corrosion fatigue	Schwingungsriss-korrosion
counterclockwise	Gegenuhrzeigersinn
crack	Riss
crack growth	Risswachstum
crack initiation	Risseinleitung
crack nucleation	Risskeimbildung
crack propagation	Risswachstum
creep	Kriechen
cross section	Querschnitt
cross-sectional area	Querschnittsfläche
crystal lattice	Kristallgitter
Curie temperature	Curietemperatur
curvature	Krümmung , Wölbung
curved beam	gekrümmter Balken
cylinder coordinates	Zylinderkoordinaten
cylindric(al)	zylindrisch
cylindrical bore-hole	Bohrung

D

damage	Beschädigung, Schaden
decade	Dekade
decrease	Verminderung
defect	Fehler (Werkstoff)
deflection	Durchbiegung
deflection curve	Biegelinie
deformability	Verformbarkeit
deformation quantity	Verformungsgröße
degree of freedom	Freiheitsgrad
denitrate	denitrieren
denitrify	denitrieren
determinant	Determinante
diameter	Durchmesser
diffusion	Diffusion
dilatation	Volumendehnung
dimensioning	Dimensionieren
dimensionless	dimensionslos
dislocation	Versetzung
dislocation movement	Versetzungsbewegung
displacement	Verschiebung
displacement vector	Verschiebungsvektor
distribtion of shearing stress	Schubspannungs-verteilung
distributed force	Streckenlast
disturbance	Betriebsstörung
domain	Bereich
drill	bohren
ductile	duktil, zäh
ductility	Duktilität, plastische Verformbarkeit
dynamic load	Schwingbeanspruchung

E

eccentricity	Exzentrizität
effective stress	Vergleichsspannung
elastic limit	Elastizitätsgrenze
elastic section modulus	axiales Widerstands-moment
elasticity	elastische Verformbar-keit
elasticity	Elastizität
electron	Elektron
element	Element
elementary particle	Elementarteilchen
ellipse	Ellipse
elliptic(al)	elliptisch
elongation	Verlängerung
embrittlement	Versprödung
endurance test	Dauerfestigkeitsprüfung, Ermüdungsversuch, Schwingfestigkeits-versuch, Wöhlerversuch, Betriebsfestigkeitsver-such
envelope	Einhüllende, Hüllkurve
environmental influence	Umgebungseinfluss
equation	Gleichung
equilibrium	Gleichgewicht
equilibrium condition	Gleichgewichtsbeding-ung
error	Fehler (Irrtum)
Euler's buckling load	Eulersche Knickfälle
Euler's curve	Eulersche Kurve
example	Beispiel
excursion	Auslenkung
expansion coefficient	Ausdehnungskoeffizient
experiment	Versuch
experimental setup	Versuchsaufbau
exponent	Exponent
exponential law	Exponentialgesetz
exterior layer	Randschicht
extreme fiber	Randfaser
extreme value	Extremwert

extremum	Extremwert
extrenal force	äußere Kraft
extrusion	Extrusion

F

failure	Schadenfall
failure theory	Festigkeitshypothese
failure probability	Ausfallwahrscheinlichkeit
fatigue behaviour	Ermüdungsverhalten
fatigue crack	Ermüdungsriss
fatigue crack growth	Ermüdungsrisswachstum
fatigue fracture surface	Ermüdungsbruchfläche
fatigue life	Lebensdauer
fatigue limit	Dauerfestigkeit
fatigue of material	Werkstoffermüdung
fatigue strength	Dauerfestigkeit, Ermüdungsfestigkeit, Schwingfestigkeit
fatigue striation(s)	Schwingungsstreifen
fatigue test	Dauerfestigkeitsprüfung, Ermüdungsversuch, Schwingfestigkeitsversuch, Wöhlerversuch, Betriebsfestigkeitsversuch
fatigue testing machine	Schwingprüfmaschine
ferrite	Ferrit
ferrite grain	Ferritkorn
ferritic-perlitic steel	ferritisch-perlitischer Stahl
fiber composite	Faserverbundwerkstoff
fiber-reinforced	faserverstärkt
fine grain	Feinkorn
fine-grained structural steel	Feinkornbaustahl
finite element method	Finite-Element-Methode
first moment of an area	Flächenmoment 1. Ordnung
flange	Flansch
flaw	Fehler (Werkstoff)
force	Kraft
force vector	Kraftvektor
formula	Berechnungsformel
fracture	Bruch
fracture mechanics	Bruchmechanik
fracture probability	Bruchwahrscheinlichkeit
fracture S-N-curve	Bruch-Wöhlerkurve
fracture toughness	Bruchzähigkeit
frame of reference	Bezugssystem
frequency	Frequenz
frequency of oscillation	Schwingungsfrequenz
full bridge	Vollbrücke

G

gear	Zahnrad
Goodman's line	Goodman Gerade
gradient	Gradient
grain boundary	Korngrenze
grain growth	Kornwachstum
graph	Graphik
graphic(al) representation	Graphik
graphite	Graphit
gravitation	Erdanziehung
grey cast iron	Gusseisen mit Lamellengraphit

H

hardening	Härten
heat treatment	Wärmebehandlung
heating	erwärmen
high pressure vessel	Hochdruckbehälter
high-alloyed	hochlegiert
high-resistant	hochfest
hinge	Gelenk
hollow cylinder	Hohlzylinder
hollow sphere	Hohlkugel
homogeneous	homogen
Hooke's law	Hookesches Gesetz
Hooke's line	Hookesche Gerade
hoop stress	Tangentialspannung, Umfangsspannung
hot crack	Heißriss
hydraulic	hydraulisch
hydrogen embrittlement	Wasserstoffversprödung
hydrostatic pressure	hydrostatischer Druck
hydrostatic stress state	hydrostatischer Spannungszustand

I

in phase	phasengleich
incipient crack	Anriss
inclination exponent	Neigungsexponent
inclusion	Einschluss
independence	Unabhängigkeit
infinite	unendlich
influence of size	Größeneinfluss
initial tension	Vorspannung
inner surface	Innenfläche
integral	Integral
interior pressure	Innendruck
internal diameter	Innendurchmesser
internal force	innere Kraft
internal forces and moments	Schnittgrößen

interruption	Betriebsstörung
intersection	Schnittfläche
intersection line	Schnittlinie
intrusion	Intrusion
invariant	Invariante
iron rust	Eisenrost
iron	Eisen
iron sheet	Eisenblech
isolate	freischneiden
isotropic	isotrop

J

joint	Gelenk

L

lead	Blei
lever	Hebel
lever arm	Hebelarm
life prediction	Lebensdauervorhersage
alloy	Legierung
limit load	Grenzlast
limit of elasticity	Elastizitätsgrenze
limit of proportionality	Proportionalitätsgrenze
line of action	Wirkungslinie
liquid	flüssig
load	Beanspruchung, Last, Belastung
load capacity	Beanspruchbarkeit
load cycle frequency	Schwingspielfrequenz
load cycle	Schwingspiel
load plane	Lastebene
load-elongation-diagram	Kraft-Verlängerungs-Diagramm
location of rupture	Bruchstelle
logarithmic(al)	logarithmisch
low-alloyed	niedriglegiert
lower yield strength	untere Streckgrenze

M

macrocrack	Makroriss
mass	Masse
material	Werkstoff, Material
material constant	Werkstoffkonstante
material law	Stoffgesetz
material property	Werkstoffeigenschaft, Werkstoffkennwert
material test	Materialprüfung
materials science	Werkstoffkunde
maximum charge	Grenzlast
maximum load	Höchstlast
maximum numbers of load cycles	Grenzschwingspielzahl
maximum principle stress theory	Normalspannungshypothese
maximum shear stress theory	Schubspannungshypothese
maximum stress	Oberspannung
mean stress	Mittelspannung
mean stress susceptibility	Mittelspannungsempfindlichkeit
mechanical engineering	Maschinenbau
mechanics	Mechanik
metallography	Metallography
metallurgy	Metallkunde
method of section	Schnittprinzip
microcrack	Mikroriss, Haarriss
microstructure	Gefüge
mild steel	Baustahl
minimum stress	Unterspannung
mistake	Fehler (Irrtum)
mode of oscillation	Schwingungsform
model	Modell
modulus of rigidity	Schubmodul
Mohr's strain circle	Mohrscher Verformungskreis
Mohr's stress circle	Mohrscher Spannungskreis
moment of an area	Flächenmoment
motion	Bewegung
multiaxial	mehrachsig

N

natural frequency	Eigenfrequenz
neutral axis	neutrale Faser, Spannungsnulllinie
nominal stress	Nennspannung
non-ferrous metal	Nichteisenmetall
normal force	Normalkraft
normal stress	Normalspannung
notch	Kerbe, Nut
notch point	Kerbstelle
notch root	Kerbgrund
notch sensitivity	Kerbempfindlichkeit, Kerbwirkung
nozzle	Flansch, Stutzen
nuclear binding energy	Bindungsenergie
number of load cycles	Schwingspielzahl
numerical	numerisch
nut	Mutter (für Schraube)

O

oblique bending	schiefe Biegung
operating behaviour	Betriebsverhalten
operating data	Betriebsdaten

operation	Betrieb
operation condition	Betriebsbedingung
ordinary bending	gerade Biegung
output shaft	Antriebswelle
overload	Überlastung

P

parallel axis theorem	Satz von Steiner
percentage elongation after fracture	Bruchdehnung
percentage elongation after reduction of area	Einschnürdehnung
percentage elongation before reduction of area	Gleichmaßdehnung
percentage reduction of area after fracture	Brucheinschnürung
period	Periode
peripheral layer	Randschicht
perlitic steel	perlitischer Stahl
perpendicular	senkrecht
phase coincidence	Phasengleichheit
phase difference	Phasenunterschied
phase displacement	Phasenverschiebung
phase shift	Phasenverschiebung
pin connection	Lagerung, gelenkig
plane	Ebene
plane strain state	ebener Dehnungszustand
plane stress state	ebener Spannungszustand
plastic	plastisch
plasticity	Duktilität, Plastizität
plastics	Kunststoff
plate thickness	Blechdicke
plate	Platte
point mass	Massenpunkt
point of inflection	Wendepunkt
point of intersection	Schnittpunkt
Poisson's number	Poissonsche Zahl
Poisson's ratio	Querkontraktionszahl
polar coordinates	Polarkoordinaten
polar second moment of an area	polares Flächenmoment
pressure	Druck (phys.)
pressure pipe	Druckleitung
pressure vessel	Druckbehälter
prestressed	vorgespannt
principal axis	Hauptachse
principal moment of area	Hauptflächenelement
principal normal stress	Hauptnormalspannung
principal shearing stress	Hauptschubspannung
principal strain	Hauptdehnung
principal strain direction	Hauptdehnungsrichtung
principal stress	Hauptspannung
principal stress direction	Hauptspannungsrichtung
principal stress plane	Hauptspannungsebene
principal stress element	Hauptspannungselement
principle	Lehrsatz
product life	Lebensdauer
product moment of an area	gemischtes Flächenmoment
proof stress	Dehngrenze
proportionality	Proportionalität
pulsating tensile stress	Zugschwellbeanspruchung
pure bending	reine Biegung
Pythagoras theorem	Satz von Pythagoras

Q

quantity	Betrag, Größe

R

radial component	Radialkomponente
radial stress	Radialspannung
radius of curvature	Krümmungsradius
radius	Radius
ratio	Verhältnis
rectangle	Rechteck
rectangular	rechteckig
reduction of area	Einschnürung
region	Bereich
residual stress	Eigenspannung
residual stress sensitivity	Eigenspannungsempfindlichkeit
resistance	Festigkeit
resultant	Resultierende
right-hand-rule	Rechte-Hand-Regel
rigid	starr
rigid body	starrer Körper
rivet	Niet
rivet joint	Nietverbindung
rod	Stab, Stange
rod axis	Stabachse
roller support	Loslager
room temperature	Raumtemperatur
rope	Seil
rotatable	drehbar
rotating bending	Umlaufbiegung
rotation	Drehbewegung
roughness	Rauigkeit
run through specimen	Durchläufer

S

safety factor	Sicherheitsbeiwert, Sicherheitsfaktor
saving of material	Materialeinsparung
Schweißeigenspannung	residual welding stress
screw	Schraube
screw connection	Schraubverbindung
second moment of an area	axiales Flächenmoment 2. Ordnung
self-contained	freitragend
semi-finished product	Halbzeug
sense of rotation	Drehsinn
sensitivity	Empfindlichkeit
service condition	Betriebsbedingung
shaft	Achse
shear	Schub
shear center	Schubmittelpunkt
shear flow	Schubfluss
shear force distribution	Querkraftverlauf
shear fracture	Scherbruch, Schiebungsbruch
shear in beams	Querkraftschub
shear modulus	Schubmodul
shear strain	Scherung, Schiebung, Schubverformung
shear strength	Scherfestigkeit
shear stress	Abscherspannung
shearing	Abscherung
shear(ing) force	Querkraft
shear(ing) stress	Schubspannung
shear(ing) test	Scherversuch
sheet (metal)	Blech
sign	Vorzeichen
sign convention	Vorzeichenkonvention
simple beam	beidseitig gelenkig gelagerter Balken
single crystal	Einkristall
size factor	Größenfaktor
slenderness ratio	Schiebungsbruch
slenderness ratio limit	Grenzschlankheitsgrad
slot	Nut
S-N-curve	Wöhlerkurve
soften	erweichen
solid	fest
solidification crack	Erstarrungsriss
specimen	Probe(körper)
spherical tank	Kugelbehälter
stability	Stabilität
stable	stabil
stable equilibrium	stabiles Gleichgewicht
stainless steel	nicht rostender Stahl
state of deformation	Verformungszustand, Verzerrungszustand
state of strain	Verformungszustand, Verzerrungszustand
state of stress	Spannungszustand
static moment	statisches Moment
statical determined	statisch bestimmt
statical indetermined	statisch unbestimmt
statics	Statik
steam boiler	Dampfkessel
steel	Stahl
steel beam	Stahlträger
steel cable	Stahlseil
steel casting	Stahlguss
steel plate	Stahlplatte
steel rope	Stahlseil
steel structure	Stahlkonstruktion
straight beam	gerader Balken
straight line	Gerade
strain	Dehnung, Verzerrung
strain energy	Formänderungsenergie, Gestaltänderungs - energie
strain energy theory	Gestaltänderungsenergiehypothese
strain gauge(s)	Dehnungsmessstreifen
strain measurement	Dehnungsmesstechnik
strain hardening	Verfestigung
strain tensor	Verzerrungstensor
strength	Festigkeit
strength test	Festigkeitsprüfung
stress	Spannung, mechanisch
stress analysis	Spannungsanalyse
stress concentration factor	Kerbwirkungszahl
stress gradient	Spannungsgradient
stress ratio	Spannungsverhältnis
stress tensor	Spannungstensor
stress vector	Spannungsvektor
stress-relieving	Spannungsarmglühen
stress-strain-curve	Spannungs-Dehnungskurve
stress-strain-diagram	Spannungs-Dehnungs-Diagramm
structural component	Gefügebestandteil
structural durability	Betriebsfestigkeit
structural S-N-curve	Bauteil-Wöhlerkurve
superposition	Überlagerung
support	Träger
surface	Oberfläche
surface element	Flächenelement
surface normal	Flächennormale
surface roughness	Oberflächenrauigkeit
susceptibility	Anfälligkeit, Empfindlichkeit
symmetric(al)	symmetrisch
symmetry	Symmetrie
symmetry axis	Symmetrieachse

T

table	Tabelle
tangential	tangential
temperature	Temperatur
tempering	Vergüten
tensile bar	Zugstab
tensile force	Zugkraft
tensile load	Zugkraft
tensile strength	Zugfestigkeit
tensile stress	Zugspannung
tensile test	Zugversuch
tensile testing machine	Zugprüfmaschine
tension	Zug(spannung)
test	Versuch
test duration	Prüfdauer
test frequency	Prüffrequenz
testing of materials	Werkstoffprüfung
theorem	Lehrsatz
theory	Hypothese
theory of beams	Balkentheorie
thermal cycling	Temperaturwechsel-beanspruchung
thermal strain	Wärmedehnung
thermal stress	Wärmespannung
thickness	Dicke
thick-walled	dickwandig
thick-walled tube	dickwandiges Rohr
thin	dünn
thin-walled	dünnwandig
thin-walled tube	dünnwandiges Rohr
thread	Gewinde
torsion	Torsion
torsion bar	Torsionsstab
torsion test	Torsionsversuch, Verdrehversuch
torsion(al) stiffness	Torsionssteifigkeit
torsional moment	Torsionsmoment
torsional rigidity	Torsionssteifigkeit
torsional vibration	Torsionsschwingung
tough	zäh
triangle	Dreieck
triaxial	dreiachsig
tube	Rohr
turbine axis	Turbinenwelle
twist	Verdrehung
twisting moment	Torsionsmoment

U

uniaxial	einachsig
unit	Maßeinheit
unstable	instabil
upper yield strength	obere Streckgrenze

V

vector	Vektor
velocity	Geschwindigkeit
vertical	vertikal
vertical component	Vertikalkomponente
vessel	Kessel, Behälter
vessel nozzle	Behälterstutzen
void	Fehler (Werkstoff)

W

wall thickness	Wandstärke
warming	erwärmen
warping	Verwölbung
weight	Gewicht
weight force	Schwerkraft
weld material	Schweißgut
weld(ing) seam	Schweißnaht
welded joint	Schweißnaht
welded structure	Schweißkonstruktion
wire	Draht
wire rope	Drahtseil
work-hardening	Verfestigung
wrought alloy	Knetlegierung

Y

yield point	Fließbeginn
yield strength	Streckgrenze
yield stress	Fließspannung
Young's modulus	Elastizitätsmodul

Z

zero line	Nulllinie

Literaturverzeichnis

[1] **Läpple, V.; B. Drube, H.-G. Wittke, C. Kammer:**
Werkstofftechnik Maschinenbau
Verlag Europa-Lehrmittel, 5. Auflage 2015

[2] **FKM-Richtlinie**
Rechnerischer Festigkeitsnachweis für Maschinenbauteile aus Stahl, Eisenguss- und Aluminiumwerkstoffen
Hrsg: Forschungskuratorium Maschinenbau (FKM), Frankfurt/Main
VDMA-Verlag GmbH, Frankfurt/Main, 6. Auflage 2012

[3] **Papula, L.:**
Mathematik für Ingenieure und Naturwissenschaftler, Band 2
Springer Vieweg, 14. Auflage 2015

[4] **DIN 743:** Tragfähigkeitsberechnungen von Wellen und Achsen
Teil 1: Einführung, Grundlagen (12/2012)
Teil 2: Formzahlen und Kerbwirkungszahlen (12/2012)
Teil 3: Werkstoff-Festigkeitswerte (12/2012)
Teil 4: Zeitfestigkeit, Dauerfestigkeit-Schädigungsäquivalente (12/2012)

[5] **Wellinger, K.; H. Dietmann:**
Festigkeitsberechnung - Grundlagen und technische Anwendung
Kröner-Verlag, 3. Auflage 1976

[6] **Pilkey, W.D.; D.F. Pilkey:**
Peterson's Stress Concentration Factors
John Wiley & Sons, 3rd Edition 2008

[7] **Young, W.C.; R.G. Budynas, A. M. Sadegh:**
Roark's Formulas for Stress and Strain
McGraw-Hill, 8th Edition 2011

[8] **Wittel, H.; D. Muhs, D. Jannasch, J. Voßiek:**
Roloff/Matek Maschinenelemente. Normung, Berechnung, Gestaltung
Lehr- und Tabellenbuch
Springer Vieweg, 22. Auflage 2015

[9] **Berger, J.**
Technische Mechanik für Ingenieure - Band 2: Festigkeitslehre
Vieweg Verlag, 1994

[10] **Hagn, L.; H.-J. Schüller:**
Analyse von Schadensfällen
in: Dahl, W.; W. Anton: Werkstoffkunde Eisen und Stahl, Band 2
Verlag Stahleisen mbH, Düsseldorf, S. 792 - 815

[11] **Zammert, W.-U.:**
Betriebsfestigkeitsrechnung
Vieweg Verlag, 1985

[12] **Buxbaum, O.; V. Grubisic, H. Huth, D. Schütz:**
Betriebsfestigkeit
Stahleisen-Verlag, 2. Auflage 1992

[13] **Haibach, E.:**
Betriebsfestigkeit
Springer-Verlag, 3. Auflage 2006

[14] **Cottin, D.; E. Puls:**
Angewandte Betriebsfestigkeit
Hanser-Verlag, 2. Auflage 1992

[15] **Gudehus, H.; H. Zenner:**
Leitfaden für eine Betriebsfestigkeitsrechnung
Stahleisen-Verlag, 4. Auflage 1999

[16] **Radaj, D.; M. Vormwald:**
Ermüdungsfestigkeit
Springer-Verlag, 3. Auflage 2007

[17] **Schott, G.:**
Werkstoffermüdung - Ermüdungsfestigkeit
Wiley-VCH, 4. Auflage 1997

[18] **Naubereit, H.; J. Weihert:**
Einführung in die Ermüdungsfestigkeit
Hanser-Verlag, 1999

[19] **Fuchs, H. O.; R. J. Stephens:**
Metal Fatigue in Engineering
John Wiley, New York 1980

[20] **Hück, M.; L. Thrainer, W. Schütz:**
Berechnung von Wöhlerlinien für Bauteile aus Stahl, Stahlguss und Grauguss - Synthetische Wöhler-Linien.
VDEh-Bereicht Nr. ABF 11 (1981)

[21] **Juvinall, R. C.:**
Engineering Considerations of Stress, Strain and Strength
McGraw-Hill, New York 1967

[22] **Issler, L; H. Ruoß, P. Häfele:**
Festigkeitslehre - Grundlagen
Springer-Verlag, 2. Auflage 1997 (korr. Nachdruck 2006)

[23] **Siebel, E.:**
Neue Wege der Festigkeitsrechnung
VDI-Zeitschrift 90 (1948), Nr. 5, S. 135 - 139

[24] **Siebel, E.; H. Meuth:**
Die Wirkung von Kerben bei schwingender Beanspruchung
VDI-Zeitschrift 91 (1949), Nr. 13, S. 319 - 323

[25] **Stieler, M:**
Untersuchungen über die Dauerschwingfestigkeit metallischer Bauteile bei Raumtemperatur, Dissertation TH Stuttgart, 1954

[26] **Siebel, E.; M. Stieler:**
Ungleichförmige Spannungsverteilung bei schwingender Beanspruchung
VDI-Zeitschrift 97 (1955), Nr. 5, S. 121 - 126

[27] **Dietmann, H:**
Zur Berechnung von Kerbwirkungszahlen
Konstruktion 37 (1985), Nr. 2, S. 67 - 71

Sachwortverzeichnis

E

F

G

H

I

K

L

M

N

O

P

Q

R

S

T

U

V

W

Z

GPSR Compliance

The European Union's (EU) General Product Safety Regulation (GPSR) is a set of rules that requires consumer products to be safe and our obligations to ensure this.

If you have any concerns about our products, you can contact us on ProductSafety@springernature.com

In case Publisher is established outside the EU, the EU authorized representative is:

Springer Nature Customer Service Center GmbH
Europaplatz 3
69115 Heidelberg, Germany

Batch number: 10280942

Printed by Printforce, the Netherlands